徹底攻略

基本情報技術者教科書

大滝みや子 監修 月江伸弘 著

令和4年度
(2022年度)

インプレス

インプレス情報処理シリーズ 購入者限定特典!!

●電子版の無料ダウンロード

本書の全文の電子版（PDF ファイル。印刷不可）を無料でダウンロードいただけます。

●スマホで学べる単語帳アプリ「でる語句 200」について

出題頻度の高い 200 の語句をいつでもどこでも暗記できるウェブアプリ「でる語句 200」を無料で利用できます。

上記 2 つの特典は、以下の URL で提供しています。

https://book.impress.co.jp/books/1121101058

※特典の利用には、無料の読者会員システム「CLUB Impress」への登録が必要となります。
※本特典のご利用は、書籍をご購入いただいた方に限ります。
※ダウンロード期間は、いずれも本書発売より 1 年間です。

インプレスの書籍ホームページ

書籍の新刊や正誤表など最新情報を随時更新しております。

https://book.impress.co.jp/

はじめに

基本情報技術者試験は，経済産業省が“情報処理に関して必要な知識および技能”を有することを認定する国家試験の1つです。基本情報技術者試験に合格することは，「高度IT人材となるために必要な基本知識および技能をもち，実践的な活用能力を身に付けた者」であることの“証明書”を得ることになります。つまり，現在またはこれからのIT産業界で仕事をしていくために，必要な知識を身に付けたことの証となります。

その基本情報技術者試験において，2020年5月に出題の見直しが行われました。以下に，試験事務（運営）である独立行政法人情報処理推進機構（IPA）が公表したプレス発表（一部抜粋）を示します。

> …国家試験である「基本情報技術者試験」について、**AI人材育成のニーズ等を踏まえ、出題の見直しを実施**しました。具体的には、プログラム言語の見直し（COBOLの廃止、Pythonの追加）、**プログラミング能力、理数能力等に関する出題の強化**です。

人工知能（AI）技術，特にディープラーニングは，機械が自ら膨大なデータから解の導出を学習します。この技術を活用したサービスは，自動運転，画像認識などのさまざまな分野に活用されており，今後のIT技術の根幹を支えるものの1つになりつつあります。

AIによる産業・サービスは年々と増加していますが，まだAIを“信頼できる”というレベルまで到達はしていません。現時点では，AIを画像・音声の認識，囲碁・将棋の状況認識などの「合っている／間違っている」の限定的な範囲にとどまる程度です。

AIを医療や自動運転などのミッションクリティカル（極めて高い信頼性をもつシステム）なものとして社会実装するには，AI自体をよく理解し，使いこなせるための力が必要になります。そのためには，AI時代の到来に伴ってプログラミング能力だけでなく，高い理数能力をもって，社会実装で求められるアプリケーション開発が行える開発者が必要になるのです。

本書では，基本情報技術者試験（FE）で幅広く知識が問われる内容に対して，テーマごとに出題頻度を表記し，“多面的”かつ“効率的”に学習できるように配慮しています。

本書によりこれからのITエンジニアに必要な基礎力ならびに応用力を身に付け，基本情報技術者試験合格への切符を手にすることを心より願っております。そして，その力をもって，今後も激しく変化するIT社会に対応していくとともに，さらなる力を身に付けていただきたく思います。

令和3年10月　監修　大滝　みや子
著者　月江　伸弘

本書の使い方

本書は，過去の出題内容から頻出する分野や用語を中心に解説しています。重要な部分については，色文字や太文字で示しています。ポイントを押さえて学習してください。各節の最後には，その節で学んだ項目に関係する例題を載せ，スモールステップ方式でその項目がきちんと理解できているか，その場で確認できるようになっています。

さらに，各章の最後には，その章に関連する午前・午後の過去問を演習問題として掲載しました。各章のテーマの総仕上げとして挑戦してみてください。

また，本書の最後には，模擬問題（午後問題「ソフトウェア開発」を除く）と，その解答・解説を載せています。これは実際の試験に近い形式になっていますので，正解数を集計すれば，合格する力が付いているどうかの目安になります。不正解だった問題も，解説を読んでしっかり解答できるように復習しておきましょう。

本書の構成

アイコンをたよりに，側注で知識を補足します。

出題範囲に沿った構成になっているので，必要な知識が確実に身に付きます。

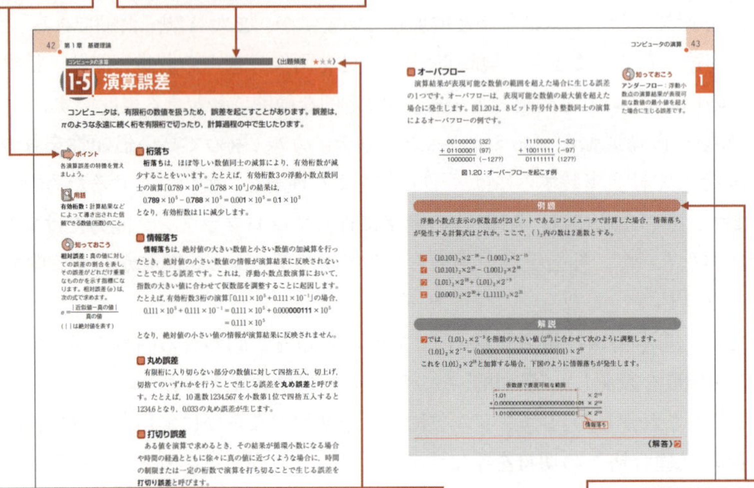

この節の内容の出題頻度を表します。

★★★ ： 頻繁に出題される

★★☆ ： よく出題される

★☆☆ ： ときどき出題される

基礎 ： 出題頻度に関係なく，基礎の内容です。

多くの例題を解くことで，知識が定着します。

本書で使用している側注

	知っておこう
学習のポイントになる部分です。頻出項目を紹介します。	知っておきたい関連知識を紹介します。

本文に登場した用語を詳しく解説します。	理解を助ける情報を紹介します。

各章末の演習問題の構成

問題に関連する節項目を示しています。解答が間違っていた場合は，その項目を見直しましょう。

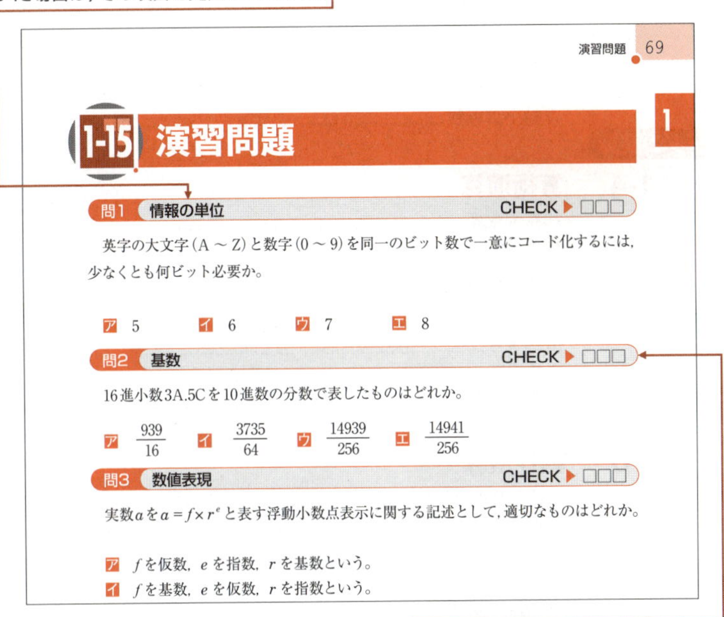

問題が解けたら，チェックしていきましょう。理解度が確認できます。

CONTENTS

目次

※出題頻度リスト（P.637）もご活用ください。

第4章 データベース

【テクノロジ系】

第5章 ネットワーク 【テクノロジ系】

第6章 セキュリティ 【テクノロジ系】

第7章 システム開発技術 【テクノロジ系】

第8章 プロジェクトマネジメント・サービスマネジメント【マネジメント系】

第9章 経営戦略・システム戦略 【ストラテジ系】

第10章 企業と法務 【ストラテジ系】

0 試験概要とポイント

試験概要

情報処理技術者試験は，経済産業省が「情報処理の推進に関する法律」に基づき，情報処理技術者としての知識と技能が一定以上の水準にあることを認定する国家試験の1つです。試験は，独立行政法人情報処理推進機構（IPA）の情報処理技術者試験センターが実施しています。現在，実施中の試験はITパスポート試験（IP），情報セキュリティマネジメント試験（SG），基本情報技術者試験（FE），応用情報技術者試験（AP）および高度試験（分野ごとに9区分）の計13区分です。知能・技能として要求されるレベルは，ITパスポート試験および情報セキュリティマネジメント試験のレベル1から高度試験のレベル4までとなっています。本書の対象となる基本情報技術者試験（FE）は，レベル2に該当します。

以下に，IPAのホームページに記載されている基本情報技術者試験の「試験要綱」から一部を抜粋し，その概要について示します。詳しくは，IPAホームページ（https://www.jitec.ipa.go.jp）を参照してください。

対象者像

高度IT人材となるために必要な基本的知識・技能をもち，実践的な活用能力を身に付けた者

業務と役割

基本戦略立案又はITソリューション・製品・サービスを実現する業務に従事し，上位者の指導の下に，次のいずれかの役割を果たす。

1. 需要者（企業経営，社会システム）が直面する課題に対して，情報技術を活用した戦略立案に参加する。
2. システムの設計・開発を行い，又は汎用製品の最適組合せ（インテグレーション）によって，信頼性・生産性の高いシステムを構築する。また，その安定的な運用サービスの実現に貢献する。

期待する技術水準

1. 情報技術を活用した戦略立案に関し，相当業務に応じて次の知識・技能を要求される。
   ① 対象とする業種・業務に関する基本的な事項を理解し，担当業務に活用できる。

② 上位者の指導の下に，情報戦略に関する予測・分析・評価ができる。
③ 上位者の指導の下に，提案活動に参加できる。

2. システムの設計･開発･運用に関し，担当業務に応じて次の知識･技能が要求される。
① 情報技術全般に関する基本的事項を理解し，担当業務に活用できる。
② 上位者の指導の下に，システムの設計・開発・運用ができる。
③ 上位者の指導の下に，ソフトウェアを設計できる。
④ 上位者の方針を理解し，自らソフトウェアを開発できる。

レベル対応

共通キャリア・スキルフレームワークの5人材像（ストラテジスト，システムアーキテクト，サービスマネージャ，プロジェクトマネージャ，テクニカルスペシャリスト）のレベル2に相当。

試験要項

1. 試験時間，出題形式，出題数・解答数，合格基準

	試験時間	出題形式	出題数・解答数	合格基準
午前	150分	多肢選択式 （四肢択一）	出題数：80問 （全問解答）	60点／100点満点 （48問正解）
午後	150分	多肢選択式	出題数：11問 解答数：5問	60点／100点満点

2. 問題別配点割合

	問番号	解答数	配点割合
午前	1～80	80	各1.25点
午後	1	1	20点
	2～5	2	各15点
	6	1	25点
	7～11	1	25点

3. 実施方法

CBT（Computer Based Testing）方式

※「実施時期」および「合格発表時期」については，IPAホームページを参照してください。

出題範囲

試験では，次の3分野について出題されます。

- **テクノロジ系**
  コンピュータまたはそれを利用するシステムの構成要素，データベース，ネットワーク，セキュリティを利用した情報処理を行ううえで必要な技術要素，企業で行われるシステム開発の手法と技術，テクノロジを支える基礎理論について問われます。
- **マネジメント系**
  システムの開発や運用に関する管理手法について問われます。開発側では，プロジェクト制における開発のマネジメントについて，運用側では，サービスの観点から捉えたシステム運用のマネジメントについて問われます。
- **ストラテジ系**
  IT分野に関わる企業において，情報を企業経営で役立てるための基本知識から戦略手法および技法，また，IT分野に関連する法務について問われます。

分野	大分類		中分類		小分類
テクノロジ系	1	基礎理論	1	基礎理論	離散数学，応用数学，情報・通信・計測・制御に関する理論
			2	アルゴリズムとプログラミング	データ構造，アルゴリズム，プログラミング，プログラム言語，その他の言語
	2	コンピュータシステム	3	コンピュータ構成要素	プロセッサ，メモリ，バス，入出力デバイス，入出力装置
			4	システム構成要素	システムの構成，システムの評価指標
			5	ソフトウェア	オペレーティングシステム，ミドルウェア，ファイルシステム，開発ツール，オープンソースソフトウェア
			6	ハードウェア	ハードウェア
	3	技術要素	7	ヒューマンインタフェース	ヒューマンインタフェース技術，インタフェース設計
			8	マルチメディア	マルチメディア技術，マルチメディア応用
			9	データベース	データベース方式・設計，データ操作，トランザクション処理，データベース応用
			10	ネットワーク	ネットワーク方式，データ通信と制御，通信プロトコル，ネットワーク管理，ネットワーク応用
			11	セキュリティ	情報セキュリティ，情報セキュリティ管理，セキュリティ技術評価，情報セキュリティ対策，セキュリティ実装技術

分野	大分類	中分類	小分類
テクノロジ系	4 開発技術	12 システム開発技術	システム要件定義，システム方式設計，ソフトウェア要件定義，ソフトウェア方式設計・ソフトウェア詳細設計，ソフトウェア構築，ソフトウェア結合・ソフトウェア適格性確認テスト，システム結合・システム適格性確認テスト，導入，受入れ支援，保守・廃棄
		13 ソフトウェア開発管理技術	開発プロセス・手法，知的財産適用管理，開発環境管理，構成管理・変更管理
マネジメント系	5 プロジェクトマネジメント	14 プロジェクトマネジメント	プロジェクトマネジメント，プロジェクトの統合，プロジェクトのステークホルダ，プロジェクトのスコープ，プロジェクトの資源，プロジェクトの時間，プロジェクトのコスト，プロジェクトのリスク，プロジェクトの品質，プロジェクトの調達，プロジェクトのコミュニケーション
	6 サービスマネジメント	15 サービスマネジメント	サービスマネジメント，サービスマネジメントシステムの計画及び運用，パフォーマンス評価及び改善，サービスの運用，ファシリティマネジメント
		16 システム監査	システム監査，内部統制
ストラテジ系	7 システム戦略	17 システム戦略	情報システム戦略，業務プロセス，ソリューションビジネス，システム活用促進・評価
		18 システム企画	システム化計画，要件定義，調達計画・実施
	8 経営戦略	19 経営戦略マネジメント	経営戦略手法，マーケティング，ビジネス戦略と目標・評価，経営管理システム
		20 技術戦略マネジメント	技術開発戦略の立案，技術開発計画
		21 ビジネスインダストリ	ビジネスシステム，エンジニアリングシステム，e-ビジネス，民生機器，産業機器
	9 企業と法務	22 企業活動	経営・組織論，OR・IE，会計・財務
		23 法務	知的財産権，セキュリティ関連法規，労働関連・取引関連法規，その他の法律・ガイドライン・技術者倫理，標準化関連

また，午後問題の分野別出題範囲と出題数は，次ページの表のようになっています。

<table>
<tr><th>分 野</th><th>問1</th><th>問2～5</th><th>問6</th><th>問7～11</th></tr>
<tr><td>情報セキュリティ</td><td>◎</td><td>−</td><td>−</td><td>−</td></tr>
<tr><td>ソフトウェア・ハードウェア</td><td>−</td><td rowspan="4">○×3</td><td>−</td><td>−</td></tr>
<tr><td>データベース</td><td>−</td><td>−</td><td>−</td></tr>
<tr><td>ネットワーク</td><td>−</td><td>−</td><td>−</td></tr>
<tr><td>ソフトウェア設計</td><td>−</td><td>−</td><td>−</td></tr>
<tr><td>プロジェクトマネジメント</td><td>−</td><td rowspan="4">○</td><td>−</td><td>−</td></tr>
<tr><td>サービスマネジメント</td><td>−</td><td>−</td><td>−</td></tr>
<tr><td>システム戦略</td><td>−</td><td>−</td><td>−</td></tr>
<tr><td>経営戦略・企業と法務</td><td>−</td><td>−</td><td>−</td></tr>
<tr><td>データ構造及びアルゴリズム</td><td>−</td><td>−</td><td>◎</td><td>−</td></tr>
<tr><td>ソフトウェア開発</td><td>−</td><td>−</td><td>−</td><td>○×5 ※</td></tr>
<tr><td>出題数</td><td>1</td><td>4</td><td>1</td><td>5</td></tr>
<tr><td>解答数</td><td>1</td><td>2</td><td>1</td><td>1</td></tr>
</table>

◎：必須解答問題　○：選択解答問題

※ソフトウェア開発分野からは，C, Java, Python, アセンブラ言語，表計算ソフトの問題が1問ずつ出題され，その中から1問を選択して解答。

午前問題のポイント

①出題傾向を知りましょう

午前問題は,「出題範囲」で示した各分野の問題がまんべんなく出題されます。そのため，各分野で重要な用語や知識・技術，さらに計算手法などを理解する必要があります。

ただし，出題比率から見ると，テクノロジ系（特に「コンピュータシステム」と「技術要素」）の問題は約50%，その他のマネジメント／ストラテジ系はほぼ均等に5%～10%出題される傾向にあります。

テクノロジ系は出題範囲のほとんどが，まんべんなく出題されています。現在のITを支える技術をしっかりと知識として押さえておきましょう。また，近年話題となった技術に関する内容もよく出題もされます。注意しておきましょう。

マネジメント系では，日程管理，品質管理，進捗管理などが頻出するので，このあたりにテーマを絞って学習するとよいでしょう。また，監査や内部統制も多く出題されていますので，苦手な人は押さえておくようにしましょう。

ストラテジ系の問題は，業務プロセス，要件定義，調達計画と実施，経営戦略，ビジネスシステム，e-ビジネス，会計，財務，知的財産権，セキュリティ関連法規，労働・取引関連法規あたりが頻出です。項目が多いですが，用語の意味を暗記しておけば十分に得点が可能です。

②頻出問題を確実に解けるようにしましょう

出題範囲のすべてを覚えることが理想ですが，数か月程度の勉強期間では現実的ではありません。そこで，**過去問の中で頻繁に出題されているものは確実に解答できるようにしておきましょう**。なぜなら，過去の試験問題からまったく同じものや，内容が多少異なっているものの，ほぼ同じ問題が出題される場合が少なくないからです。そのため，頻出する問題は確実に答えられるようにしておくことが合格に近づくポイントとなります。ぜひ，数年にわたる過去問題を徹底的に解いてみることをお勧めします。必要に応じて『かんたん合格 基本情報技術者過去問題集』（インプレス）などの書籍を利用してください。

午後問題のポイント

①問題文をよく見て，読み解く

午後問題では，各分野で用いられている技術のしくみを応用した形で出題されます。また，長文問題となるため，知識だけではなく，内容を読み解く能力が必要になります。出題される問題には，技術的なしくみがよく知られている内容のものから，あまり知られていないものまで幅広く出題されます。もしも初出の問題が出た場合としても，問題文の中にさまざまなヒントが隠されています。問題文をよく読み，本書で身に付けた知識を応用すれば解くことができる問題は多くあります。焦らず問題に取り組みましょう。

②選択解答問題は「ソフトウェア・ハードウェア」「データベース」「ネットワーク」「ソフトウェア設計」の4つの分野を集中的に勉強しておきましょう

問1は「情報セキュリティ」が必須問題となっています。問2～5は，前ページに示した出題範囲の表の8分野から4つが選択されて出題されます。問2～5の解答は，自分の得意分野を選択して解答できることが理想ですが，試験毎に出題分野が変わるので，必ず得意分野が出題されるとは限りません。

出題範囲を予測して集中的に勉強をするのであれば，「ソフトウェア・ハードウェア」「データベース」「ネットワーク」「ソフトウェア設計」の4分野です。このうち3つの分野が出題されるので，繰り返し過去問を解くなど対策しておきましょう。

一方，不得意な分野についても自分の弱点を知り，それをできるだけ克服するように，本書だけでなく，必要に応じて過去問題集を使うなどして対策してください。

③プログラム系の問題は経験が重要

問6および問7～11の問題は，プログラムに関する問題です。

問6で出題される擬似言語は，実際に使われている言語ではありませんが，誰もが読み解くことができるようにした情報処理技術者試験独自の言語です。そのため，解答必須問題となっています。この問題は，「データ構造及びアルゴリズム」とあるように，プログラム開発を行ううえでの方式や技法の理解が重要になります。そのため，“ある処理をプログラムで記述するためにはどのような方式や技法を使用し，どのように記述すればよいか”を中心的に学ぶとよいでしょう。たとえばデータのソート（整列）を行うアルゴリズムではさまざまな手法や技法が使われているため，良い勉強材料となります。ちなみに，ソートの問題は過去にもよく出題されています。

問7～11は，実際に使用されている言語（C，Java，Python，アセンブラ言語）を用いた実践的なソフトウェア開発と表計算の問題です。プログラムごとに記述形式が異なるため，経験を必要とします。プログラム開発を経験したことがない場合は，表計算に関する問題を解くことを勧めますが，その場合は“マクロ問題”において擬似言語を用いた問題が出題されることがあります。そのため，擬似言語の理解は必須といえます。

いずれにおいても，プログラム系の問題では問題文を読み解く力とともに，プログラムを読み解く力も試されるため，過去問題を多く解いて，経験を積むことが大切です。本書では紙面の都合によりプログラム言語については割愛しているので，言語の入門書などで学習するようにしてください。

なお，試験当日に問題を見てから解答する言語を選択する人はほとんどいません。プログラム言語の習得には時間がかかるので，早めに選択する言語を決めて学習を進めておくようにしましょう。

テクノロジ系　第1章

基礎理論

人が扱う情報には，「数字」「文字」「色」「音」などさまざまなものがあります。一方，コンピュータで扱える情報は「0」と「1」の2つだけです。つまり，人が扱う情報のほとんどは，コンピュータで処理するのに適した形式になっていません。コンピュータで処理をするためには，それに適した形式や手順に変換する必要があります。

コンピュータのデータ表現

基礎

1-1 情報の単位

コンピュータ内の情報は，すべて0と1からなる2進数で表されています。2進数の1桁はコンピュータ上の情報の最小単位で，これをビットと呼びます。

コンピュータの内部表現

数字，文字，画像や音声など，コンピュータはさまざまなデータを扱うことができます。これらのデータは，コンピュータ内部において「0」「1」の2つの値からなる2進数の組合せで表現します。

ビットとバイト

2進数の1桁を**ビット(bit)**と呼び，コンピュータが扱う情報の最小単位になります。また，2進数の8桁(8ビット)の単位を**バイト(byte)**と呼び，データの大きさを表す際の基本的な単位となります。

知っておこう

ビットの並び(ビット列，ビットパターン)の範囲を示す場合に，先頭のビットを最上位ビット(**MSB**：Most Significant Bit)，末尾のビットを最下位ビット(**LSB**：Least Significant Bit)として，他のビットと区別します。

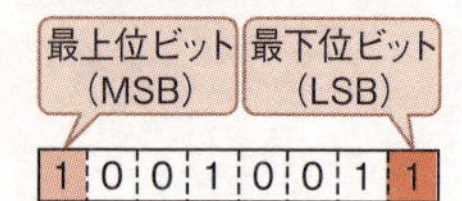

情報量

1つの情報をどれだけ多く表現できるかを表す用語に情報量があります。情報量は，ビット数(または，ビット幅)によって決まります。たとえば，1ビットでは，「0」「1」の2種類(2^1)，2ビットでは，「00 (ゼロゼロ)」「01 (ゼロイチ)」「10 (イチゼロ)」「11 (イチイチ)」の4種類(2^2)の情報を表現でき，1ビット増えるたびに情報量が2倍に増えます。

> n ビットの情報量 = 2^n 種類
> 1バイトの情報量 = 8ビットの情報量 = 2^8 = 256種類

補助単位

コンピュータで扱う情報量の単位には，1よりも大きい値を表す単位として，キロ(k)，メガ(M)，ギガ(G)，テラ(T)，ペタ(P)があります。これらの単位は，量や大きさ(例：ギガバイト)を表す際に用います(表1.1)。

表 1.1：大きい値を表すときに使用する補助単位

記号	10 進数の値	2 進数の値
k（キロ）	10^3	2^{10}
M（メガ）	10^6	2^{20}
G（ギガ）	10^9	2^{30}
T（テラ）	10^{12}	2^{40}
P（ペタ）	10^{15}	2^{50}

10進数を基底とした単位の大きさを覚えましょう。

また，1よりも小さい値を表現する単位として，ミリ(m)，マイクロ(μ)，ナノ(n)，ピコ(p)があります。これらの単位は，速度や時間(例：ミリ秒)の表現に用います(表1.2)。

表 1.2：小さい値を表すときに使用する補助単位

記号	10 進数の値
m（ミリ）	10^{-3}
μ（マイクロ）	10^{-6}
n（ナノ）	10^{-9}
p（ピコ）	10^{-12}

コラム

10進数と2進数の単位の差

10進数と2進数では，1キロ(k)の単位が表す数値に24の差(10^3=1000，2^{10}=1024)があります。この単位の差は，ビット幅が大きくなるほど大きくなります。この問題を解決するために，IEC（国際電気標準会議）では，既存の単位に「バイナリ(binary)」を付けた単位を定めています(表1.3)。しかし実際には，この単位は普及していません。

表 1.3：IECで定めた2進数を基数とした単位

記号	英語名	2 進数の値
Ki（キビ）	Kilobinary（Kibi）	2^{10}
Mi（メビ）	Megabinary（Mebi）	2^{20}
Gi（ギビ）	Gigabinary（Gibi）	2^{30}
Ti（テビ）	Terabinary（Tebi）	2^{40}
Pi（ペビ）	Petabinary（Pebi）	2^{50}

コンピュータのデータ表現

基礎

1-2 基数

コンピュータの内部では2進数を使って処理を行っています。2進数の表記は，私たちが普段見慣れた10進数とは異なりますが，実はどちらも同じ規則に基づいています。

参考

記数法：文字や記号を一定の規則で使用して数を表現することを記数法と呼びます。隣り合う上位の桁に下位の桁のr倍となるようにした位取りによって数を表現した記数法を**位取り記数法**と呼びます。

数の表記

私たちが日常で使用する10進数の表現は，次の特徴があります。

① 1桁は0～9の有限の記号（数字）で表される。

② 各桁は，左へ1桁進むたびに10倍，右へ1桁進むたびに$\frac{1}{10}$倍になる。

①の記号（数字）の数は**基数**（または，**底**（てい））と呼びます。また，r個の記号（数字）で表す数をr進数と呼びます。たとえば，基数が10であれば10進数，基数が2であれば2進数，基数が8であれば8進数です。

各桁には「重み」と呼ばれる“各桁の数字の大きさ”があります。たとえば，10進数の場合，整数部1桁目の重さを基準として整数部2桁目は10倍（10^1），3桁目は100倍（10^2）のようになります（図1.1）。

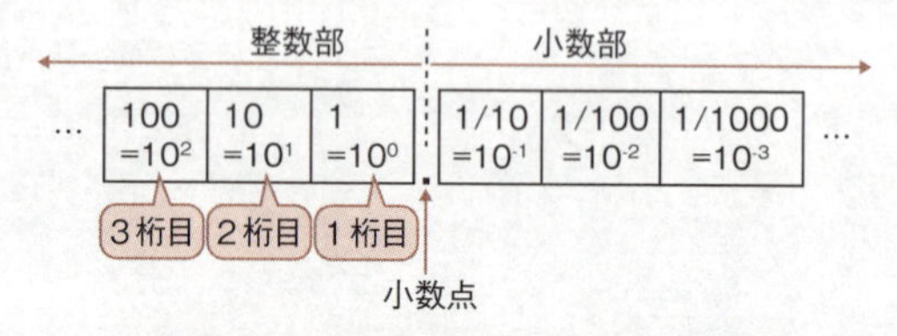

図1.1：10進数の各桁の重み

10進数の数値は，重みを使うと図1.2のように表せます。

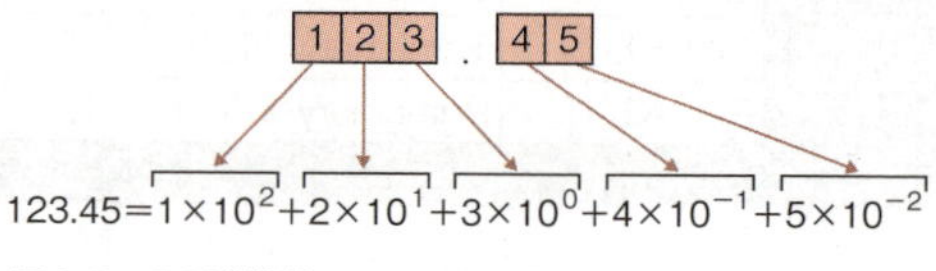

図1.2：10進数「123.45」を重みを使って表した場合

コンピュータが扱う数値

コンピュータ内部では，10進数ではなく2進数で数値を扱います。これは，電気信号のOFF，ONの2つの状態をそれぞれ0と1の数字(基数$r=2$)に対応させることで実現しています。以下に10進数と2進数の対応の例を示します。

10進数	0	1	2	3	4	5	6	7	8
2進数	0	1	10	11	100	101	110	111	1000

知っておこう
2進数の「10」と10進数の「10」を区別するために，次のような表記が用いられています。
$(10)_2$←2進数の「10」
$(10)_{10}$←10進数の「10」

基数変換

続いて，進数間の変換方式について説明します。

10進数整数をr進数へ変換

10進数の整数値xをr進数へ変換する手順は次のとおりです。

ポイント
各進数へ変換する問題が出題されています。変換する方法をしっかりと理解しましょう。

① xをrで割ったときの商pと余りqを求める。
② pの値が0ならば終了。それ以外ならばpをxとして読み替えて①へ戻る。

計算の終了後，これまでに求まったqの値のうち，最後に求まったqの値を最上位桁として順に下位方向へ並べたときの数列が，変換されたr進数の値です。2進数への変換例を図1.3に示します。

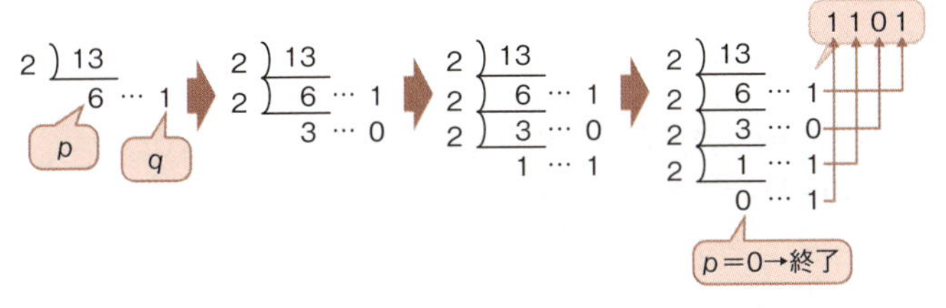

図1.3：$(13)_{10}$を2進数$(1101)_2$へ変換

知っておこう
10進数の小数を基数変換する場合，②の条件に達することなく，特定の数値のパターンが繰り返し現れる結果になることがあります。このような数値を**循環小数**と呼びます。
【循環小数の例】
$\frac{1}{3}=0.33333\cdots$
$\frac{1}{7}=0.142857142857\cdots$

10進数小数をr進数へ変換

10進数の小数値xをr進数へ変換する手順は次のとおりです。

① xをrで乗算した結果を，整数部の数値iとiを除いた小数値dに分ける。
② dの値が0ならば終了。それ以外ならばdをxに読み替えて，①へ戻る。

計算の終了後，これまでに求まったiの値のうち，最初に求まったiの値を小数第1位として順に下位方向へ並べたときの数列が，変換されたr進数の値になります。2進数への変換例を図1.4に示します。

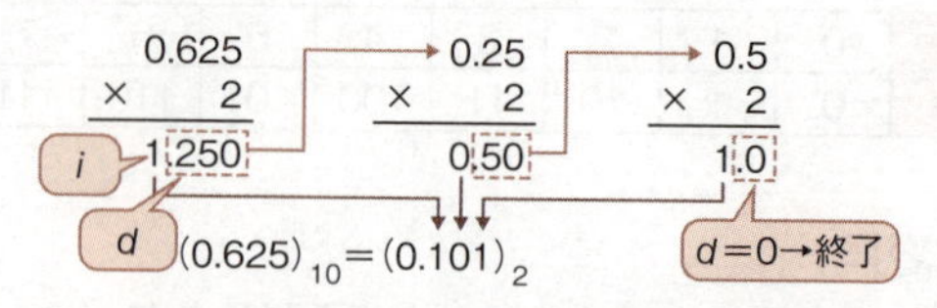

図1.4：$(0.625)_{10}$を2進数$(0.101)_2$へ変換

r進数を10進数へ変換

r進数の数値x（$X_nX_{n-1}\cdots X_2X_1X_0.X_{-1}X_{-2}\cdots X_{m-1}X_m$）を10進数へ変換する式は次のとおりです。

整数部の基数変換

$$X_n \times r^n + X_{n-1} \times r^{n-1} + \cdots + X_2 \times r^2 + X_1 \times r^1 + X_0 \times r^0 +$$
$$X_{-1} \times r^{-1} + X_{-2} \times r^{-2} + \cdots + X_{m-1} \times r^{m-1} + X_m \times r^m$$

小数部の基数変換

変換は，各桁の値（X）にその桁の重み（r）を掛け合わせて，総和を求めることで行います。計算例を以下に示します。

例：$(10011)_2$と$(0.011)_2$を10進数へ変換

$$(10011)_2 = 1 \times 2^4 + 0 \times 2^3 + 0 \times 2^2 + 1 \times 2^1 + 1 \times 2^0$$
$$= 16 + 2 + 1 = 19$$
$$(0.011)_2 = 0 \times 2^{-1} + 1 \times 2^{-2} + 1 \times 2^{-3}$$
$$= 0.25 + 0.125 = 0.375$$

例：$(165)_{16}$を10進数へ変換

$$(165)_{16} = 1 \times 16^2 + 6 \times 16^1 + 5 \times 16^0 = 256 + 96 + 5 = 357$$

2進数⇔8進数，2進数⇔16進数の変換

大きな10進数の数値を2進数に変換すると桁数が多くなり，とても読みにくくなります。そこで，桁数を少なくするために8進数や16進数が使われます。

8進数は，各桁を0～7の数字で表す数値です。8進数の1桁は，2進数の3桁分に相当します。また，16進数は，各桁を0～9, A, B,

C，D，E，Fの数字と英字で表す数値です。16進数の1桁は，2進数の4桁分に相当します。10進数，2進数，8進数，16進数の対応表を表1.4に示します。

2進数⇔8進数の変換では，8進数の1桁が2進数の3桁に対応することを利用します。2進数の最下位桁から3桁ずつで区切り（桁数に満たない場合は左側に0を補う），対応する値へ変換します。2進数⇔16進数の場合は，2進数の4桁で区切ります。図1.5は，2進数⇔8進数の相互変換の例です。

表1.4：2進数，8進数，10進数，16進数の対応

10進数	2進数	8進数	16進数	10進数	2進数	8進数	16進数
0	0	0	0	8	1000	10	8
1	1	1	1	9	1001	11	9
2	10	2	2	10	1010	12	A
3	11	3	3	11	1011	13	B
4	100	4	4	12	1100	14	C
5	101	5	5	13	1101	15	D
6	110	6	6	14	1110	16	E
7	111	7	7	15	1111	17	F

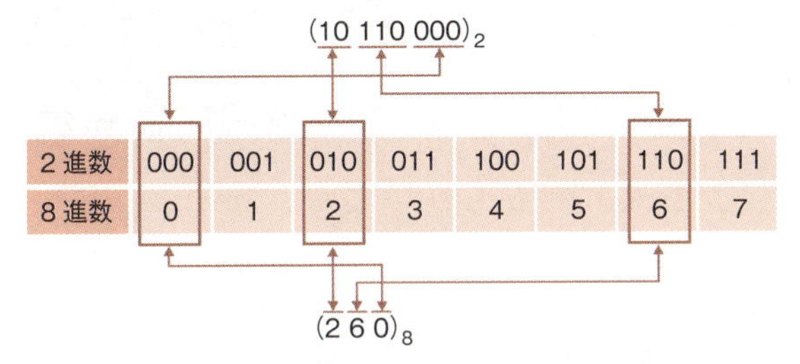

図1.5：$(10110000)_2$と$(260)_8$の相互変換

例題 1

16進小数2A.4Cと等しいものはどれか。

ア　$2^5+2^3+2^1+2^{-2}+2^{-5}+2^{-6}$

イ　$2^5+2^3+2^1+2^{-1}+2^{-4}+2^{-5}$

ウ　$2^6+2^4+2^2+2^{-2}+2^{-5}+2^{-6}$

エ　$2^6+2^4+2^2+2^{-1}+2^{-4}+2^{-5}$

解説

16進数の1桁は，2進数の4桁に対応します。これを利用して$(2A.4C)_{16}$を2進数に変換すると次のようになります。

```
  2      A   .   4     C
0010   1010  .  0100  1100
```

$2^5 + 2^3 + 2^1 + 2^{-2} + 2^{-5} + 2^{-6}$

《解答》ア

例題2

16進数の小数0.248を10進数の分数で表したものはどれか。

ア $\frac{31}{32}$　イ $\frac{31}{125}$　ウ $\frac{31}{512}$　エ $\frac{73}{512}$

解説

16進数において，小数第1位の重みは「$\frac{1}{16}$」，小数第2位の重みは「$\frac{1}{16^2} = \frac{1}{256}$」，小数第3位の重みは「$\frac{1}{16^3} = \frac{1}{4096}$」となります。

16進数の「0.248」を上記の重みを用いて10進数の分数で表すと次のようになります。

$$2 \times \frac{1}{16} + 4 \times \frac{1}{256} + 8 \times \frac{1}{4096} = \frac{1}{8} + \frac{1}{64} + \frac{1}{512} = \frac{64}{512} + \frac{8}{512} + \frac{1}{512} = \frac{73}{512}$$

よって，正解はエです。

《解答》エ

《出題頻度 ★★★》

1-3 数値表現

コンピュータの中では，整数だけでなく負数や小数点数なども，すべて0と1の2進数で表されます。ここでは，これらがコンピュータの中でどのように扱われているかを説明します。

コンピュータで扱う数値

コンピュータで扱う数値は，図1.6のように分類されます。

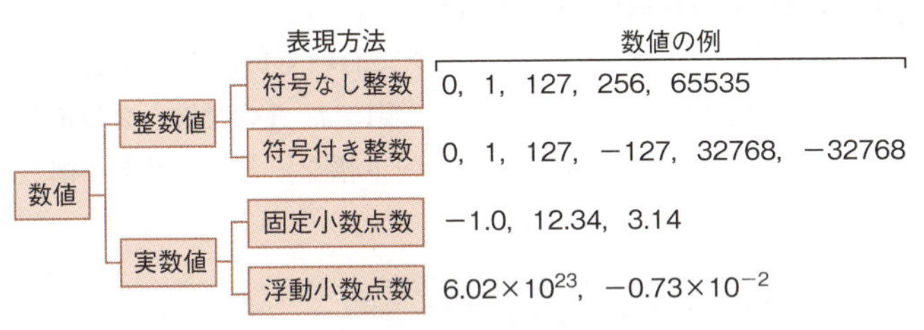

図1.6：数値の種類

数値は，有限のビット内で特定の表現方法に従って表されます。そのため，表現方法により，表せる数値の範囲が決まります。以下に，それぞれの表現方法について説明します。

ポイント

数値を格納するビット幅がnビットであったとき，それを2進数や16進数などの各表現方法で表したときに表現可能な数値の範囲を問う問題が出題されています。節末に過去問題がありますので，確認しておきましょう。

符号なし整数と符号付き整数

符号なし整数は，0と正の整数のみを扱う数値です。表現方法は，10進数の値を2進数に変換したものをそのまま使用します。

符号付き整数は，正と負の符号をもつ数値を扱います。符号は，最上位ビットを**符号ビット**（0を正，1を負）として扱います（図1.7）。正数の数値の表現では，符号ビットに「0」を置き，以下のビットに2進数に変換した数値を置きます。

知っておこう

符号なし整数で表現可能な数値の範囲（ビット幅：n）は以下のとおりです。

$0 \sim 2^n - 1$

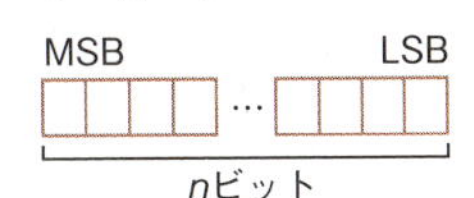

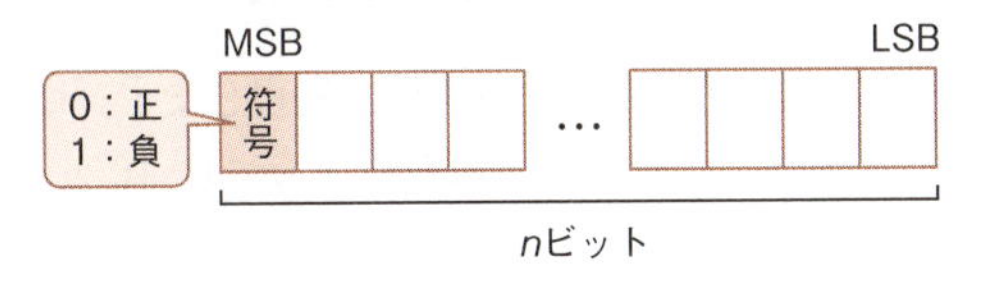

図1.7：符号付き整数

負数の数値の表現は，①絶対値表現，②**補数表現**の2つがあります。

絶対値表現（符号付き絶対値表現）

絶対値表現は，正数，負数とも数値 x の絶対値を2進数に変換し，符号ビットのみを変えて表します（図1.8）。

知っておこう

符号付き絶対値表現で表現可能な数値の範囲（ビット幅：n）は以下のとおりです。

$-(2^{(n-1)}-1) \sim 2^{(n-1)}-1$

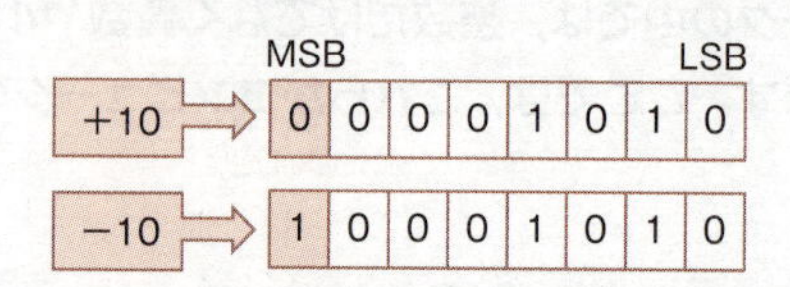

図1.8：符号付き絶対値表現（n ＝8の場合）

補数表現（1の補数，2の補数）

補数表現は，現在のコンピュータにおいて負数を表す表現方法として使用されています。補数表現には，**1の補数**と**2の補数**があります。10進数の負数を x，ビット幅を n としたとき，補数の求め方は，次のとおりです。

知っておこう

補数表現で表現可能な数値の範囲（ビット幅：n）は以下のとおりです。

【1の補数の場合】

$-(2^{(n-1)}-1) \sim 2^{(n-1)}-1$

【2の補数の場合】

$-2^{(n-1)} \sim 2^{(n-1)}-1$

① x の絶対値を求める。
② ①を2進数に変換し，n 桁内に収める（MSBに近い空きの桁には0を入れる）。
③ ②の各ビットを反転（0→1，1→0に変換）する。これが1の補数になる。
④ ③で求めた1の補数に1を加算する。これが2の補数になる。

例として，－10の補数表現を図1.9に示します。

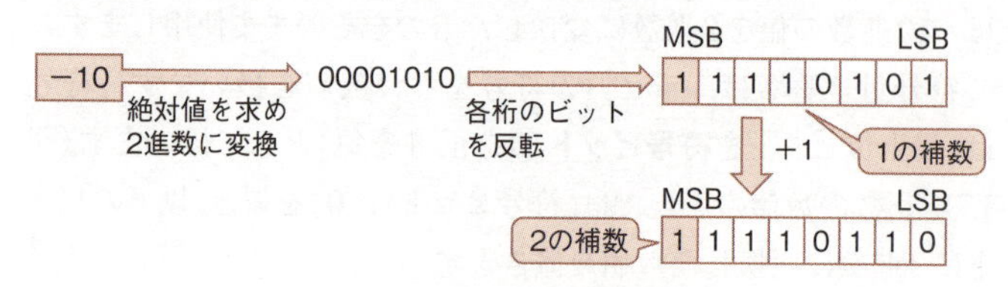

図1.9：補数表現（n ＝8の場合）

コンピュータでは減算を負数の加算で実現します。つまり，減算（A－B）に対して，Bの値を2の補数を使って（－B）として表し，A＋（－B）として計算を行います。

負数の各表現方法をまとめたものを次ページの表1.5に示します。

表1.5：8ビットにおける補数表現

10進数		符号付き絶対値表現	1の補数表現	2の補数表現
+127		01111111	01111111	01111111
+126		01111110	01111110	01111110
⋮		⋮	⋮	⋮
+2		00000010	00000010	00000010
+1		00000001	00000001	00000001
0	+0	00000000	00000000	00000000
	−0	10000000	11111111	
−1		10000001	11111110	11111111
−2		10000010	11111101	11111110
⋮		⋮	⋮	⋮
−126		11111110	10000001	10000010
−127		11111111	10000000	10000001
−128		（8ビットでは表現不可）		10000000

以下は，補数表現で表された2進数を10進数に変換する手順です。

①【符号ビットが0の場合】：10進数に変換して終了する。
　【符号ビットが1の場合】：2進数を反転させ，②へ。
②【1の補数の場合】：③へ。
　【2の補数の場合】：①の結果に+1をする。③へ。
③ ②で求まった2進数を10進数に変換し，「−」を付加する。

例として，2の補数表現で表された2進数を10進数に変換する例を図1.10に示します。

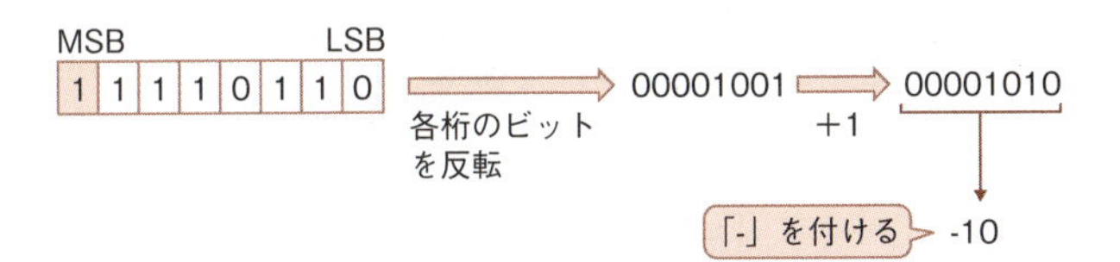

図1.10：2の補数表現で表された2進数を10進数に変換する例

固定小数点数

固定小数点数は，ビット内の特定の位置に小数点があるものと想定して小数点数を表現する方法です。固定小数点数は，整数と同様に「符号なし」と「符号付き」の2種類があります。

知っておこう

固定小数点数には，次の長所と短所があります。

【長所】
・浮動小数点数よりも高速に計算が行える。
・情報落ち（1-5節参照）による誤差が発生しない。

【短所】
・数値表現が狭く，極めて大きな数値や極めて小さな数値の表現には向かない。

符号なし固定小数点数

0と正の小数点数を扱う数値です。表現方法は，10進数の値を2進数に変換し，小数点の位置に合わせて配置します。図1.11に符号なし固定小数点数表現の例を示します。

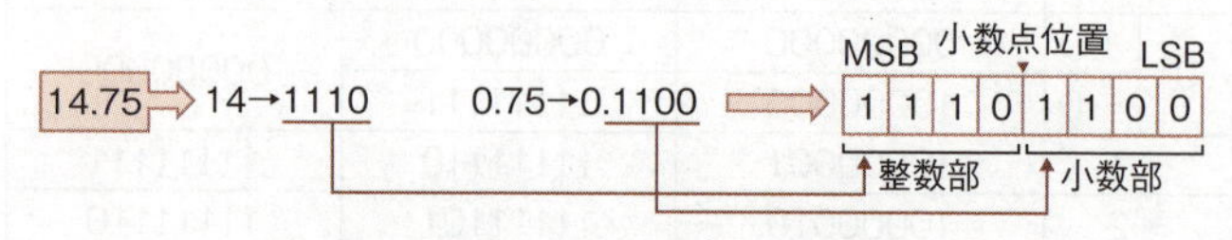

図1.11：符号なし固定小数点数

符号付き固定小数点数

正数と負数の小数点数を扱う数値です。符号ビットは，一般的に最上位桁に置きます。表現方法は，符号なし固定小数点数と同じですが，負数の場合は2の補数で表します（図1.12）。

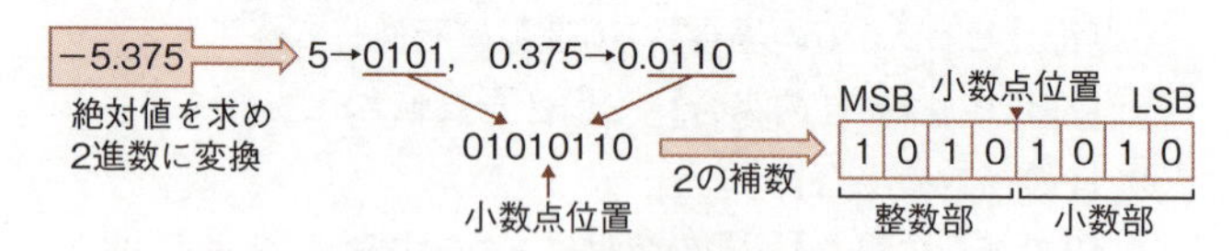

図1.12：符号付き固定小数点数

浮動小数点数

固定小数点数，浮動小数点数の形式をよく理解しておきましょう。ある数値を固定小数点数，浮動小数点数に格納したときのビット表現を問う問題が出題されています。

浮動小数点数は，小数点の位置を固定せずに小数点数を表現します。数値を指数形式「$\pm f \times r^{e}$」で表したときの，「符号（正:0，負：1）」「仮数f」「基数r」「指数e」を，図1.13のように並べて表現します。これを浮動小数点形式といいます。

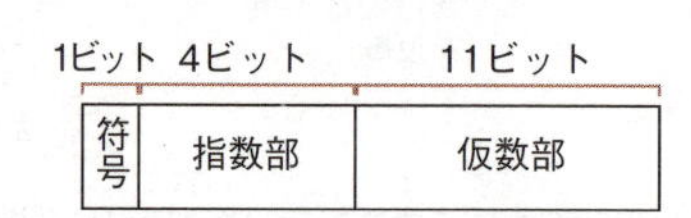

図1.13：16ビットの浮動小数点形式

正規化：仮数部の最上位桁が1になるように，指数部と仮数部を調節する（桁合わせする）操作を正規化と呼びます。

たとえば，「12.5」を浮動小数点形式で表現すると，図1.14のようになります。ここで，仮数fは「0.1xxx」となるように指数eを調整して桁合わせをしたときの例になります。

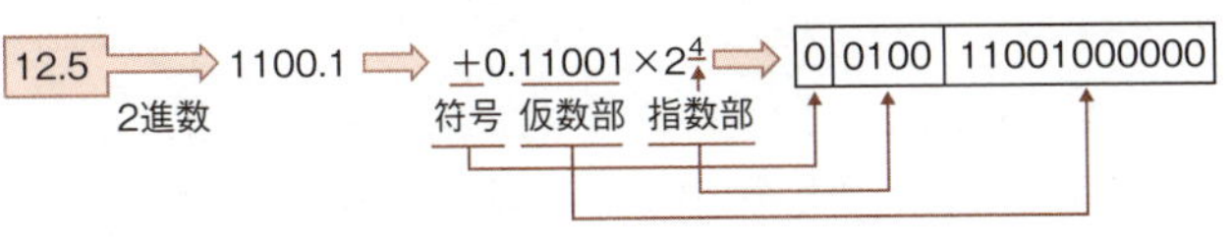

図1.14：10進数「12.5」を16ビットの浮動小数点形式に変換した例

IEEE 754

IEEE 754は浮動小数点演算法に関する標準規格で，いくつかの浮動小数点形式が定められています。このうち試験に出題されるのは，図1.15に示す単精度浮動小数点形式です。

符号	指数部	仮数部
1ビット	8ビット	23ビット

図1.15：IEEE 754単精度形式

表1.6：単精度形式の各部に割り当てる値

部	割り当てる値
符号	正の値：0，負の値：1
指数部	指数の値に127を加算した値（0～255）
仮数部	「1.XXX…」と正規化したときの「XXX…」を格納

たとえば，12.5は「$+1.1001\times2^3$」と表現できるので，図1.16のように表されます。

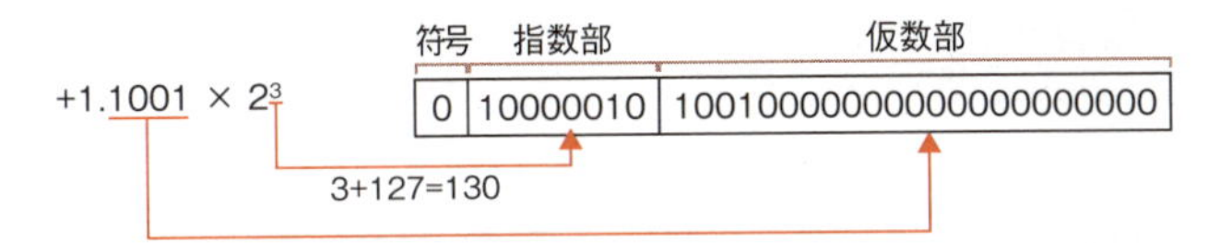

図1.16：「12.5」を単精度形式で表した場合

参考

IEEE 754の浮動小数点数形式：IEEE 754形式では，仮数を「1.XXX…」として正規化し，仮数部には，その小数点以下を格納します。これにより有効桁数を1つ増やしています。

参考

指数部の表現方法：指数部の表現方法には，絶対値表現，補数表現，ゲタ履き表現がありますが，IEEE 754形式で採用しているのはゲタ履き表現です。ゲタ履き表現では，指数部に本来の指数の値から127を加算した値が格納されます。

例題 1

負数を2の補数で表現する固定小数点表示法において，nビットで表現できる整数の範囲はどれか。ここで，小数点の位置は最下位ビットの右とする。

ア　$-2^{n}\sim2^{n-1}$　　イ　$-2^{n-1}-1\sim2^{n-1}$

ウ　$-2^{n-1}\sim2^{n-1}-1$　　エ　$-2^{n-1}\sim2^{n-1}$

解説

固定小数点数は，設問内容から小数点位置が最下位ビットの右にあると示されているため，nビットすべてを整数値として表現できることがわかります。また，補数により正負の数値を表現するため，符号：1ビット，数値：$n-1$ビットで表現します。

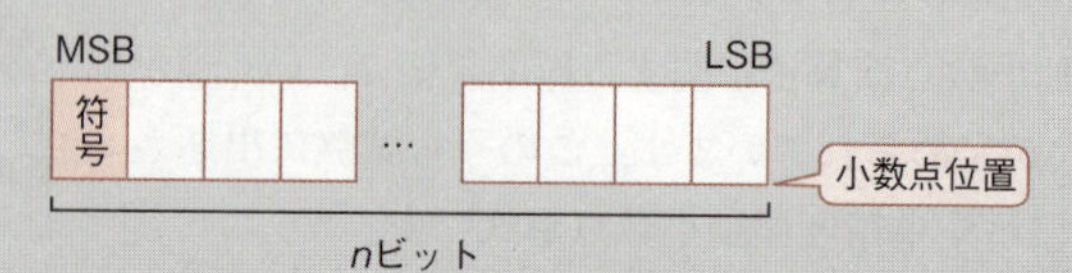

仮に$n=4$として考えた場合，正の整数値は，$(0000)_2$～$(0111)_2$が表現可能な範囲です。これは，nビットとして見たとき0～$2^{n-1}-1$になります。一方，負の整数値は，2の補数表現であれば，$(1111)_2=(-1)_{10}$～$(1000)_2=(-8)_{10}$が表現可能な範囲です。これは，nビットとして見たとき-1～-2^{n-1}になります。

以上のことから，nビットによる表現可能な範囲は，-2^{n-1}～$2^{n-1}-1$となります。

《解答》ウ

例題2

実数aを$a=f\times r^e$と表す浮動小数点表示に関する記述として，適切なものはどれか。

ア　fを仮数，eを指数，rを基数という。
イ　fを基数，eを仮数，rを指数という。
ウ　fを基数，eを指数，rを仮数という。
エ　fを指数，eを基数，rを仮数という。

解説

実数は，$f\times r^e$のように指数形式に変換することができます。このとき，fのことを「仮数」，rを「基数」，eを「指数」と呼びます。よって，正解はアです。

《解答》ア

コンピュータの演算　《出題頻度 ★★★》

1-4 算術演算

コンピュータがもつ演算機能は加算のみです。そのため，減算を行う場合でも加算で実現しています。また，乗算・除算を行う場合は，シフト演算を使用して効率良く演算を実現しています。

加算・減算

コンピュータがもつ演算機能は，基本的に加算機能のみです。そのため減算を行う場合は，減算する側の数値に対して2の補数を求め，それを加算することで行います。

演算は，限られたビット範囲の中で行います。加算・減算を行った結果，MSBを超えた値は無視されます。図1.17に，8ビット符号付き2進数同士の加算・減算の例を示します。

知っておこう

2進数1桁の加算機能

```
  0     0
+ 0   + 1
---   ---
  0     1

  1     1
+ 0   + 1
---   ---
  1    10
```

```
加算の例                     減算の例

  01101100 (108)          01101100 (108)        01101100 ( 108)
+ 00001010 ( 10)        - 00001010 ( 10)   ⇒  + 11110110 (-10)
  01110110 (118)                               101100010 ( 98)
                                        無視（先頭の1）

  00111000 (56)           00111000 (56)         00111000 ( 56)
+ 00011110 (30)         - 00111001 (57)    ⇒  + 11000111 (-57)
  01010110 (86)                                 11111111 ( -1)
```

図1.17：2進数同士の加算・減算の例

乗算・除算

乗算・除算は，シフト演算を利用します。シフトとは，ビット列を指定した回数だけ右または左の方向に移動させる操作のことです。この操作は，扱うビット列により**論理シフト**と**算術シフト**に分かれます。

論理シフト

符号ビットのないビット列に対して行うシフト演算です。シフトにより空いたビットおよびあふれた値の対応は，次ページの表1.7のとおりです。

表1.7：論理シフト時の各対応

種類	空いたビットの対応	あふれた値の対応
左シフト	0を挿入	無視
右シフト	0を挿入	余りの値として使用

nビットの左シフトは，元の値の2^n倍になります。一方，右シフトは，元の値の$\frac{1}{2^n}$倍になります。図1.18に2ビット論理シフトの例を示します。

知っておこう

論理シフト時のオーバフロー：論理左シフトにおいて，あふれたビットの中に1がある場合，オーバフローになります（「オーバフロー」については，1.5節を参照）。図1.18の場合，3ビット左に論理シフトするとオーバフローを起こします。

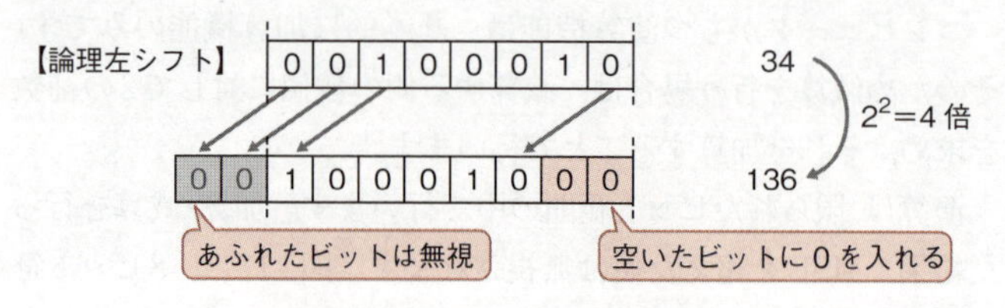

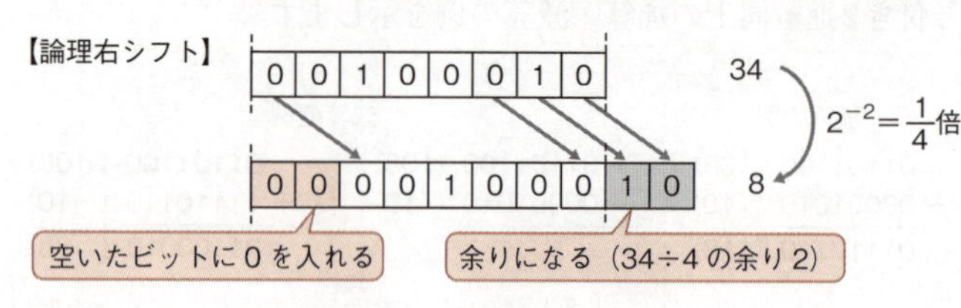

図1.18：論理シフト

ポイント

論理シフト，算術シフトの違いを理解しましょう。ある数値に対して論理シフト，算術シフトを行ったときの結果を求める問題が出題されています。

算術シフト

符号ビットのあるビット列に対して行うシフト演算です。算術シフトでは，符号ビットを除いたビット列に対してシフトを行います。シフトにより空いたビットおよびあふれた値の対応は表1.8のとおりです。

表1.8：算術シフト時の各対応

種類	空いたビットの対応	あふれた値の対応
左シフト	0を挿入	無視
右シフト	符号ビットの値を挿入	余りの値として使用

算術シフトによる結果は，論理シフトと同様に，nビットの左シフトの場合は元の値の2^n倍になり，右シフトの場合は元の値の$\frac{1}{2^n}$倍になります。図1.19に2ビット算術シフトの例を示します。

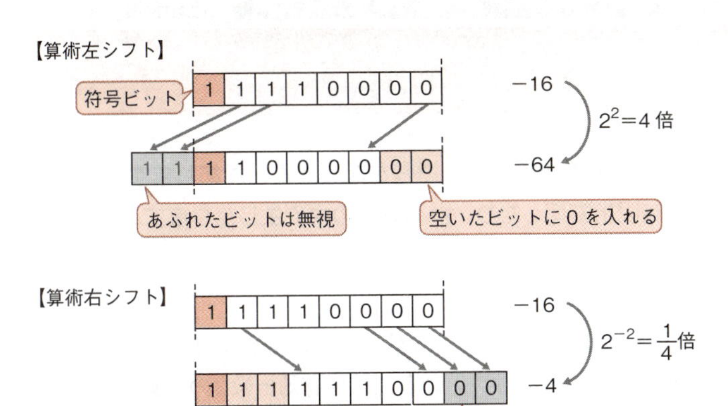

図1.19：算術シフト

知っておこう

算術シフト時のオーバフロー：算術左シフトにおいて，あふれたビットの中に符号ビットと異なる値のビットがある場合，オーバフローになります。図1.19の場合，4ビット左に算術シフトするとオーバフローを起こします。

2^n倍以外の乗算について

論理シフトと算術シフトは，2^n倍，$\frac{1}{2^n}$倍の演算を行う場合に適していますが，3倍や5倍などの倍数は，シフト演算と加算を組み合わせて実現します。

たとえば，5倍を求める場合は，「$5 = 2^2 + 1$」として考えれば，「ビット列を2ビット左シフトさせた後に，元のビット列を加算する」ことで求めることができます。

ポイント

2^n倍以外の乗算に関する問題がよく出題されます。

例題

10進数の演算式7 ÷ 32の結果を2進数で表したものはどれか。

ア 0.001011　イ 0.001101　ウ 0.00111　エ 0.0111

解説

10進数の7を2進数で表すと$(111)_2$になります。一方，2進数において「32で割る」ことは，「$\frac{1}{32}=\frac{1}{2^5}=2^{-5}$」であるため，5ビット右シフトすることと同じです。よって，$(111.0)_2$を5ビット右シフトすると$(0.00111)_2$となります。よって，ウが正解です。

《解答》ウ

コンピュータの演算 《出題頻度 ★★★》

1-5 演算誤差

コンピュータは，有限桁の数値を扱うため，誤差を起こすことがあります。誤差は，πのような永遠に続く桁を有限桁で切ったり，計算過程の中で生じたります。

ポイント

各演算誤差の特徴を覚えましょう。

用語

有効桁数：計算結果などによって導き出された信頼できる数値（桁数）のこと。

知っておこう

相対誤差：真の値に対しての誤差の割合を表し，その誤差がどれだけ重要なものかを示す指標になります。相対誤差（e）は，次の式で求めます。

$$e = \frac{|\text{近似値}-\text{真の値}|}{\text{真の値}}$$

（| |は絶対値を表す）

桁落ち

桁落ちは，ほぼ等しい数値同士の減算により，有効桁数が減少することをいいます。たとえば，有効桁数3の浮動小数点数同士の演算「$0.789 \times 10^5 - 0.788 \times 10^5$」の結果は，

$$0.\mathbf{789} \times 10^5 - 0.\mathbf{788} \times 10^5 = 0.00\mathbf{1} \times 10^5 = 0.\mathbf{1} \times 10^3$$

となり，有効桁数は1に減少します。

情報落ち

情報落ちは，絶対値の大きい数値と小さい数値の加減算を行ったとき，絶対値の小さい数値の情報が演算結果に反映されないことで生じる誤差です。これは，浮動小数点数演算において，指数の大きい値に合わせて仮数部を調整することに起因します。たとえば，有効桁数3桁の演算「$0.111 \times 10^5 + 0.111 \times 10^{-1}$」の場合，

$$0.111 \times 10^5 + 0.111 \times 10^{-1} = 0.111 \times 10^5 + 0.000\mathbf{000111} \times 10^5$$
$$= 0.111 \times 10^5$$

となり，絶対値の小さい値の情報が演算結果に反映されません。

丸め誤差

有限桁に入り切らない部分の数値に対して四捨五入，切上げ，切捨てのいずれかを行うことで生じる誤差を**丸め誤差**と呼びます。たとえば，10進数1234.567を小数第1位で四捨五入すると1234.6となり，0.033の丸め誤差が生じます。

打切り誤差

ある値を演算で求めるとき，その結果が循環小数になる場合や時間の経過とともに徐々に真の値に近づくような場合に，時間の制限または一定の桁数で演算を打ち切ることで生じる誤差を**打切り誤差**と呼びます。

1

オーバフロー

演算結果が表現可能な数値の範囲を超えた場合に生じる誤差の1つです。オーバフローは，表現可能な数値の最大値を超えた場合に発生します。図1.20は，8ビット符号付き整数同士の演算によるオーバフローの例です。

知っておこう
アンダーフロー：浮動小数点の演算結果が表現可能な数値の最小値を超えた場合に生じる誤差です。

```
   00100000 (32)          11100000 (−32)
 + 01100001 (97)        + 10011111 (−97)
   10000001 (−127?)       01111111 (127?)
```

図1.20：オーバフローを起こす例

例題

浮動小数点表示の仮数部が23ビットであるコンピュータで計算した場合，情報落ちが発生する計算式はどれか。ここで，$(\ )_2$内の数は2進数とする。

ア　$(10.101)_2 \times 2^{-16} - (1.001)_2 \times 2^{-15}$
イ　$(10.101)_2 \times 2^{16} - (1.001)_2 \times 2^{16}$
ウ　$(1.01)_2 \times 2^{18} + (1.01)_2 \times 2^{-5}$
エ　$(10.001)_2 \times 2^{20} + (1.1111)_2 \times 2^{21}$

解説

ウでは，$(1.01)_2 \times 2^{-5}$を指数の大きい値(2^{18})に合わせて次のように調整します。

$(1.01)_2 \times 2^{-5} = (0.00000000000000000000000101) \times 2^{18}$

これを$(1.01)_2 \times 2^{18}$と加算する場合，下図のように情報落ちが発生します。

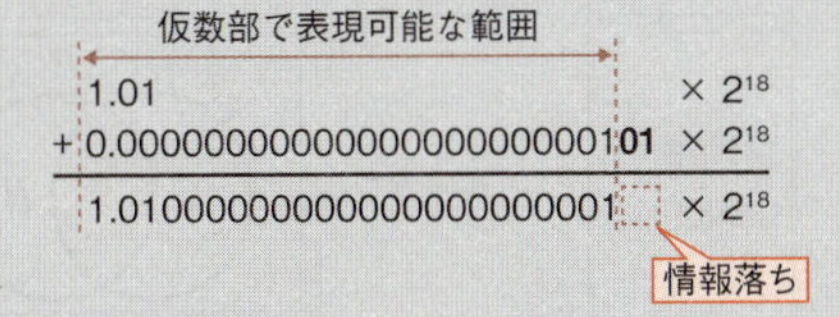

《解答》ウ

コンピュータの演算 《出題頻度 ★★★》

1-6 論理演算

論理演算は，コンピュータにおける情報の基本である0（偽）と1（真）の2つのみを基にして演算を行うもので，すべての演算機能の基礎になります。

論理演算と真理値表

論理演算は，**真**と**偽**の2つの値による演算で，演算結果も真と偽のどちらかになります。コンピュータは，「1＝真」「0＝偽」として論理演算を行います。

論理演算には基本となる論理演算が3種類あり，それ以外の論理演算はその3種類の組合せで表されます。

基本論理演算

基本となる論理演算は，**論理和**，**論理積**，**否定**です。表1.9に各論理演算の論理式，ベン図，真理値表を示します。

- 論理和：A，Bどちらかの値が1のとき結果が1になる。
- 論理積：A，Bの両方の値が1のとき結果が1になる。
- 否定：値を反転（0→1，1→0）する。

知っておこう

ベン図：集合間の関係を図で表したもので，四角で囲まれた領域を全体として，部分集合を円で描き，その集合間の「結び」や「交わり」の箇所を色や模様で示します。

知っておこう

真理値表：論理演算の結果をまとめた表のことです。

表1.9：基本論理演算

<table>
<tr><th>論理演算</th><th>論理式</th><th>ベン図</th><th>真理値表</th></tr>
<tr><td>論理和
(OR)</td><td>$F = A + B$</td><td>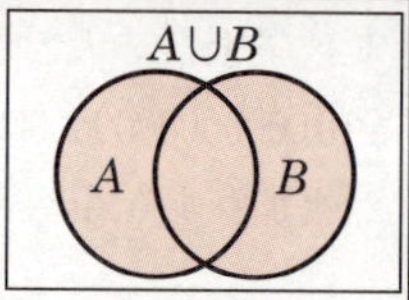</td><td><table><tr><th>A</th><th>B</th><th>F</th></tr><tr><td>0</td><td>0</td><td>0</td></tr><tr><td>0</td><td>1</td><td>1</td></tr><tr><td>1</td><td>0</td><td>1</td></tr><tr><td>1</td><td>1</td><td>1</td></tr></table></td></tr>
<tr><td>論理積
(AND)</td><td>$F = A \cdot B$</td><td>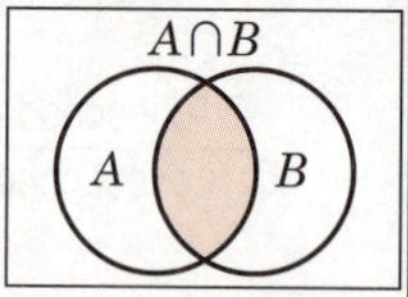</td><td><table><tr><th>A</th><th>B</th><th>F</th></tr><tr><td>0</td><td>0</td><td>0</td></tr><tr><td>0</td><td>1</td><td>0</td></tr><tr><td>1</td><td>0</td><td>0</td></tr><tr><td>1</td><td>1</td><td>1</td></tr></table></td></tr>
<tr><td>否定
(NOT)</td><td>$F = \overline{A}$</td><td>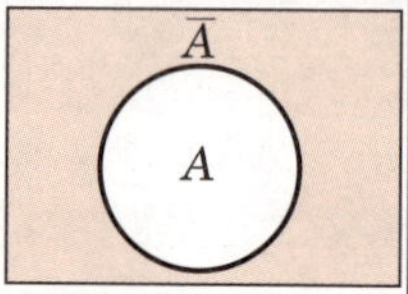</td><td><table><tr><th>A</th><th>F</th></tr><tr><td>0</td><td>1</td></tr><tr><td>1</td><td>0</td></tr></table></td></tr>
</table>

1

組合せ論理演算

基本論理演算を組み合わせてできる論理演算で，**否定論理和**，**否定論理積**，**排他的論理和**があります。それぞれを表1.10に示します。

表1.10：組合せ論理演算

論理演算	論理式	ベン図	真理値表
否定論理和（NOR）	$F = \overline{A + B}$	A B	A B F: 0 0 1 / 0 1 0 / 1 0 0 / 1 1 0
否定論理積（NAND）	$F = \overline{A \cdot B}$	A B	A B F: 0 0 1 / 0 1 1 / 1 0 1 / 1 1 0
排他的論理和（XOR，EOR，EXOR）	$F = A \oplus B$	A B	A B F: 0 0 0 / 0 1 1 / 1 0 1 / 1 1 0

論理演算の性質

四則演算に交換法則，結合法則，分配法則などの性質があるように，論理演算にも基本法則，交換則，結合則，分配則，吸収則，べき等則，**ド・モルガンの法則**があります。

ド・モルガンの法則

ド・モルガンの法則は，否定論理和を論理和の式，否定論理積を論理積の式に変換するものです。

$$\overline{A \cdot B} = \overline{A} + \overline{B}$$
$$\overline{A + B} = \overline{A} \cdot \overline{B}$$

ド・モルガンの法則が正しいことを証明する方法として，次ページの表1.11，表1.12のような真理値表を作り，基本論理演算の出力結果を1つ1つ求めることで確認します。最終的に，両辺の式の結果が等しいので，ド・モルガンの法則は正しいことがわかり

知っておこう

論理演算の性質

【基本法則】
$0+A=A$，$1+A=1$，
$A+\overline{A}=1$
$0 \cdot A=0$，$1 \cdot A=A$，
$A \cdot \overline{A}=0$，$\overline{\overline{A}}=A$

【交換則】
$A \cdot B=B \cdot A$，
$A+B=B+A$

【結合則】
$A \cdot (B \cdot C)=(A \cdot B) \cdot C$
$A+(B+C)=(A+B)+C$

【分配則】
$(A+B) \cdot C=A \cdot C+B \cdot C$
$(A \cdot B)+C=(A+C) \cdot (B+C)$

【吸収則】
$A+(A \cdot B)=A$
$A \cdot (A+B)=A$

【べき等則】
$A+A=A$，$A \cdot A=A$

ド・モルガンの法則を覚えましょう。式の変換においてよく使われます。

ます。

表1.11：ド・モルガンの法則（$\overline{A \cdot B} = \overline{A} + \overline{B}$）の証明

A	B	$\overline{A}$	$\overline{B}$	$A \cdot B$	$\overline{A \cdot B}$	$\overline{A}+\overline{B}$
0	0	1	1	0	1	1
0	1	1	0	0	1	1
1	0	0	1	0	1	1
1	1	0	0	1	0	0

表1.12：ド・モルガンの法則（$\overline{A + B} = \overline{A} \cdot \overline{B}$）の証明

A	B	$\overline{A}$	$\overline{B}$	$A+B$	$\overline{A+B}$	$\overline{A} \cdot \overline{B}$
0	0	1	1	0	1	1
0	1	1	0	1	0	0
1	0	0	1	1	0	0
1	1	0	0	1	0	0

ビットマスク演算の利用法：ネットワークに関する問題では，「IPアドレス」と「サブネットマスク」をビットマスク演算して「ネットワークアドレス」を求める問題などが出題されています。

論理演算によるビット操作

論理演算を利用して，ビット列の一部を取り出したり，ビット列を反転させたりするなどのビット操作を行うことができます。

ビットマスク演算

あるビット列の一部を取り出すビット演算をビットマスク演算と呼びます。ビットマスクは，取り出したいビット部分を1に，それ以外を0とするビット列です。この値と取出し元のビット列とを論理積演算（AND演算）します。たとえば，8ビットのビット列から下位4ビットを取り出す場合のビットマスク演算は，図1.21のようになります。

取出し元のビット列		1	0	1	1	0	1	0	1
ビットマスク	AND	0	0	0	0	1	1	1	1
		0	0	0	0	0	1	0	1

図1.21：ビットマスク演算の例

ビット反転

ビット列中の0を1に，1を0に反転するには，元のビット列と同じビット数ですべてが1のビット列とXOR演算を行います。ビット反転の例を図1.22に示します。

元のビット列		1	0	1	1	0	1	0	1
すべて1のビット列	XOR	1	1	1	1	1	1	1	1
		0	1	0	0	1	0	1	0

図1.22：ビット反転の例

ビット列のクリア

ビット列をすべて0にするには，同じビット列同士でXOR演算を行います（図1.23）。

元のビット列		1	0	1	1	0	1	0	1
同じビット列	XOR	1	0	1	1	0	1	0	1
		0	0	0	0	0	0	0	0

図1.23：ビット列のクリアの例

例題

論理式 $\overline{(\overline{A}+B)\cdot(A+\overline{C})}$ と等しいものはどれか。ここで，・は論理積，＋は論理和，$\overline{X}$ はXの否定を表す。

ア $A\cdot\overline{B}+\overline{A}\cdot C$　　イ $\overline{A}\cdot B+A\cdot\overline{C}$

ウ $(A+\overline{B})\cdot(\overline{A}+C)$　　エ $(\overline{A}+B)\cdot(A+\overline{C})$

解説

論理積で結ばれた左右のカッコの式をそれぞれ，$(\overline{A}+B)=X$，$(A+\overline{C})=Y$としてみれば，$\overline{X\cdot Y}$と表すことができます。この式は，ド・モルガンの法則により，次のように変換できます。

$$\overline{X\cdot Y}=\overline{X}+\overline{Y}=\overline{(\overline{A}+B)}+\overline{(A+\overline{C})}$$

論理和の左右にある式は，再びド・モルガンの法則が適用できます。

$$\overline{(\overline{A}+B)}+\overline{(A+\overline{C})}=\overline{\overline{A}}\cdot\overline{B}+\overline{A}\cdot\overline{\overline{C}}=A\cdot\overline{B}+\overline{A}\cdot C$$

よって，アが正解です。

《解答》ア

回路 《出題頻度 ★★★》

1-7 論理回路

各種論理演算の動作を電子回路で実現するものが論理回路です。コンピュータ上で行う演算はすべて，基本となる論理回路の組合せで実現します。

ポイント

論理回路図から論理式を問う問題が出題されています。図と式の対応をよく覚えておきましょう。

回路記号

コンピュータには，1-6節で示した各論理演算を行うための論理回路が組み込まれています。論理回路は，図1.24の**MIL記号**で表します。

OR回路	AND回路	NOT回路
A, B → F	A, B → F	A → F
NOR回路	**NAND回路**	**XOR（EOR）回路**
A, B → F	A, B → F	A, B → F

図1.24：MIL記号

参考

組合せ回路と順序回路：
論理回路には，「組合せ回路」と「順序回路」があります。組合せ回路は，入力値が決まれば出力値が一意に決まります。一方，順序回路は内部に状態をもち，その状態に応じて入力値に対する出力値が決まります。

図1.25は，論理式 $\overline{C + (A \cdot B)}$ を論理回路で表したものです。また，図中には入力値 $A = 1$，$B = 1$，$C = 0$ を与えたときの各論理回路の出力値も示しています。

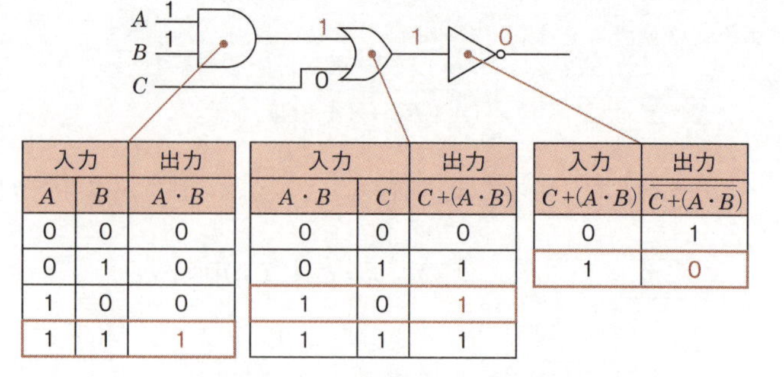

入力		出力
A	B	$A \cdot B$
0	0	0
0	1	0
1	0	0
1	1	1

入力		出力
$A \cdot B$	C	$C+(A \cdot B)$
0	0	0
0	1	1
1	0	1
1	1	1

入力	出力
$C+(A \cdot B)$	$\overline{C+(A \cdot B)}$
0	1
1	0

図1.25：論理回路の出力結果の例

加算器

1桁の2進数同士を加算する加算器には，**半加算器**と**全加算器**があります。両者の違いは，加算を行う際に下位の桁からの桁上がりを含めるか含めないかです。

半加算器

半加算器は，下位の桁からの桁上がりを考慮しない加算回路です。半加算器は，AとBに入力した2進数の1桁を加算し，加算した結果(S)と桁上がり(C)を出力します。

半加算器の真理値表とその回路図を図1.26に示します。

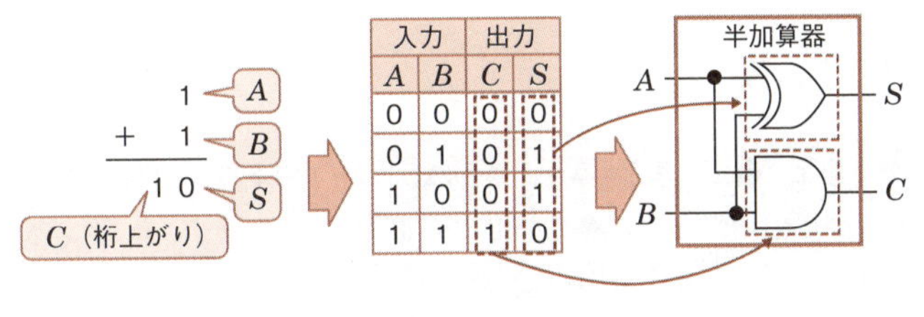

入力		出力	
A	B	C	S
0	0	0	0
0	1	0	1
1	0	0	1
1	1	1	0

図1.26：半加算器

全加算器

全加算器は，下位の桁からの桁上がりを含めた加算を行う演算回路で，2つの半加算器と1つのOR回路で構成します。

全加算器の真理値表とその回路図を図1.27に示します。

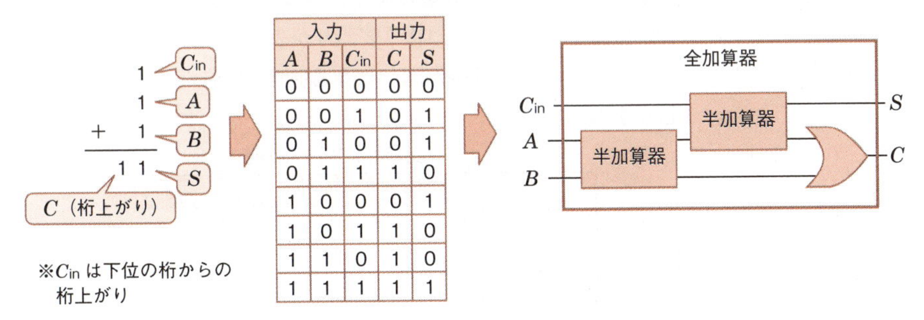

入力			出力	
A	B	C_{in}	C	S
0	0	0	0	0
0	0	1	0	1
0	1	0	0	1
0	1	1	1	0
1	0	0	0	1
1	0	1	1	0
1	1	0	1	0
1	1	1	1	1

図1.27：全加算器

知っておこう

真理値表から回路図の論理式を求める方法に「加法標準形」があります。求める手順は次のようになります。

①出力が1である行について，それぞれの入力を論理式の積で表す。たとえば，A＝1, B=0なら「$A \cdot \overline{B}$」

②①で表したすべての論理式を論理和で結ぶ。

たとえば，半加算器のSを出力させる回路図を求める際は，出力値が1となる「$A=0, B=1$」と「$A=1, B=0$」の2箇所に注目します。「$A=0, B=1$」は「$\overline{A} \cdot B$」，「$A=1, B=0$」は「$A \cdot \overline{B}$」となります。よって，出力値Sに対する論理式は，次のようになります。

$$S=\overline{A} \cdot B+A \cdot \overline{B}$$

応用数学

《出題頻度 ★★★》

1-8 確率

結果が不確定で一意に定まらない現象や事象は，確率を求めることで傾向を把握することがあります。計算方法をしっかりと理解しましょう。

ポイント
計算問題が出題されます。公式を覚えておきましょう。

確率

確率とは，ある事象（結果）が発生する可能性を表す数値です。一般に，事象Aが発生する確率を$P(A)$と表します。$P(A)$は，事象Aが起こり得る場合の数（r）と，すべての事象の数（n）から，次のように求めます。

$$P(A) = \frac{r}{n}$$

例：♠1，♠2，♠3，♠4，♠5の5枚（n）のトランプカードから1枚を引いたときに♠1が出る確率

$r = 1$　：♠1が出るという事象が起きる場合の数は1

$n = 5$　：5枚のカードがあるため5

$$P(♠1) = \frac{1}{5}$$

単純マルコフ過程

単純マルコフ過程とは，途中の経過に関係なく，現在の状態によって次に起きる事象の確率が決まる確率過程のことをいいます。たとえば，天気の移り変わりが表1.13の確率に従うものとしたとき，「雨の2日後が晴れになる確率」を求める例を基に説明します。

表1.13：翌日の各天気の確率

天気	翌日晴れ	翌日曇り	翌日雨
晴れ	40%	40%	20%
曇り	30%	40%	30%
雨	30%	50%	20%

雨の2日後が晴れになるのは，「雨→晴れ→晴れ」「雨→曇り→晴れ」「雨→雨→晴れ」の3通りです。計算は，各パターンの確率を積算で求め，求まった各確率を加算で総合します。

1

雨→晴れ→晴れ　雨→曇り→晴れ　雨→雨→晴れ

$0.3 \times 0.4 + 0.5 \times 0.3 + 0.2 \times 0.3 = 0.33$（33%）

順列，組合せ

n 個の要素から r 個を取り出すときの取出し方の順番が何通りあるかを**順列**と呼びます。

$${}_nP_r = \frac{n!}{(n-r)!}$$

例：♠1，♠2，♠3，♠4，♠5の5枚（n）のトランプカードから2枚（r）を引いたときの順列

$${}_nP_r = \frac{5!}{(5-2)!} = \frac{5 \times 4 \times 3 \times 2 \times 1}{3 \times 2 \times 1} = 20\text{通り}$$

また，n 個の要素から r 個を取り出すときの選び方が何通りあるかを**組合せ**と呼びます。

$${}_nC_r = \frac{n!}{r!(n-r)!}$$

例題 1

5本のくじがあり，そのうち2本が当たりである。くじを同時に2本引いたとき，2本とも当たりとなる確率は幾らか。

ア $\frac{1}{25}$　イ $\frac{1}{20}$　ウ $\frac{1}{10}$　エ $\frac{4}{25}$

解説

5本のくじから2本を取り出す組合せは，以下のとおりです。

$${}_5C_2 = \frac{5!}{2!(5-2)!} = \frac{5 \times 4 \times 3 \times 2 \times 1}{2 \times 1 \times 3 \times 2 \times 1} = \frac{20}{2} = 10$$

また，2本の当たりくじを同時に取り出す組合せは，1通りしかありません。よって，2本とも当たりくじを引く確率は，$\frac{1}{10}$ となります。ウが正解です。

《解答》ウ

例題2

次の例に示すように，関数$f(x)$はx以下で最大の整数を表す。

$$f(1.0) = 1$$
$$f(0.9) = 0$$
$$f(-0.4) = -1$$

小数点以下1桁の小数-0.9，-0.8，…，-0.1，0.0，0.1，…，0.8，0.9からxを等確率で選ぶとき，$f(x+0.5)$の期待値（平均値）は幾らか。

解説

-0.9～0.9までの19個の小数を選ぶ確率が等確率であることから，各小数が1回ずつ現れるものとして考えます。

関数fに代入される値の範囲は，$f(x+0.5)$から-0.4～1.4までの範囲であることがわかります。設問内容から「1」「0」「-1」として求められる数は次のようになります。

- $f(x)=1$として求まるxの個数　：1.0～1.4（5個）
- $f(x)=0$として求まるxの個数　：0.0～0.9（10個）
- $f(x)=-1$として求まるxの個数：-0.4～-0.1（4個）

よって期待値は次のようになります。エが正解です。

$$期待値=\frac{1\times5+0\times10+-1\times4}{19}=\frac{1}{19}$$

《解答》エ

例題3

ある工場では，同じ製品を独立した二つのラインA，Bで製造している。ラインAでは製品全体の60%を製造し，ラインBでは40%を製造している。ラインAで製造された製品の2%が不良品であり，ラインBで製造された製品の1%が不良品であることがわかっている。いま，この工場で製造された製品の一つを無作為に抽出して調べたところ，それは不良品であった。その製品がラインAで製造された確率は何%か。

ア 40　イ 50　ウ 60　エ 75

解説

仮に100個の製品を生産した場合を考えます。ラインAで不良品が出る個数は60個×2%＝1.2個，ラインBで不良品が出る個数は40個×1%＝0.4個，工場全体で1.2個＋0.4個＝1.6個となります。

製品を無作為に抽出した結果，それがラインAの不良品である確率は，工場全体の不良品の個数（1.6個）のうち，ラインAでの不良品の個数（1.2個）に当たることになるため，1.2÷1.6＝0.75，すなわち75%となります。正解はエです。

《解答》エ

応用数学 《出題頻度 ★★★》

1-9 統計

統計学は，情報に関わるあらゆる分野で利用されており，本章以外のさまざまな場面で登場します。確率と同様に計算方法を理解しましょう。

知っておこう

平均値の他に，最頻値や中央値などがあります。

用語

最頻値(モード)：データの中で出現する頻度が最も高いデータ。

中央値(メジアン)：データを順に並べたときに中央に位置するデータ。データの数が偶数の場合は，中央付近の2つのデータの平均値から求めます。

平均

データの特徴を表す指標の1つに平均値があります。データx_1，x_2，…，x_nの平均値$\overline{x}$は，次の式で求まります。

$$\overline{x} = \frac{1}{n} \times (x_1 + x_2 + \cdots + x_n) = \frac{1}{n}\sum_{i=1}^{n} x_i$$

期待値

データx_1，x_2，…，x_nにおいて，各データがp_1，p_2，…，p_nの確率で得られる場合，期待値は次の式で求められます。

$$\overline{x} = x_1p_1 + x_2p_2 + \cdots + x_np_n = \sum_{i=1}^{n} x_ip_i$$

例：箱に入った4種類の硬貨(100円，50円，10円，5円)が，それぞれ0.1，0.2，0.3，0.4の確率で得られるとき，箱から1枚の硬貨を引いたときの金額の期待値はいくつか。

解答：$\overline{x}$ = 100円×0.1 + 50円×0.2 + 10円×0.3 + 5円×0.4
　　= 25円

分散，標準偏差

平均値は，観測されたデータ全体の散らばり具合において中心に位置する値を指します。しかし，同じ平均値をもった観測データでも，そのデータの分布が必ずしも同じになるとは限りません。そのため，各データが平均値からどれだけ散らばりを見せているかを示す指標として**分散**および**標準偏差**があります。分散δ^2および標準偏差δは，次の式で求まります。

$$\delta^2 = \frac{(x_1 - \overline{x})^2 + (x_2 - \overline{x})^2 + \cdots + (x_n - \overline{x})^2}{n} = \frac{1}{n}\sum_{i=1}^{n}(x_i - \overline{x})^2$$

$$\delta = \sqrt{\delta^2} = \sqrt{\frac{1}{n}\sum_{i=1}^{n}(x_i - \overline{x})^2}$$

例：サイコロを5回投げて，「4，3，6，3，4」の目が出たときの分散はいくつか。

解答：

$$\overline{x} = \frac{4+3+6+3+4}{5} = \frac{20}{5} = 4$$

$$\delta^2 = \frac{(4-4)^2+(3-4)^2+(6-4)^2+(3-4)^2+(4-4)^2}{5}$$

$$= \frac{1+4+1}{5} = \frac{6}{5} = 1.2$$

正規分布

正規分布は，ある事象の発生確率を表す分布のことで，図1.28のようなグラフ（横軸：確率変数，縦軸：確率変数に対する確率密度）で示されます。正規分布の形状は，平均値μと標準偏差δの値で決まります。形状は平均値を中心に左右対称で，標準偏差が小さければ，データの分布は平均値付近にまとまります。

参考

正規分布のモデル：正規分布は，測定誤差のばらつきや自然現象の度数分布に多く見られ，複雑な現象を簡単に表すモデルとして用いられています。

知っておこう

一様分布：すべての事象の起こる確率が等しい現象を表す確率分布のこと。

ポアソン分布：離散的に発生し，発生確率は一定である離散確率分布のこと。

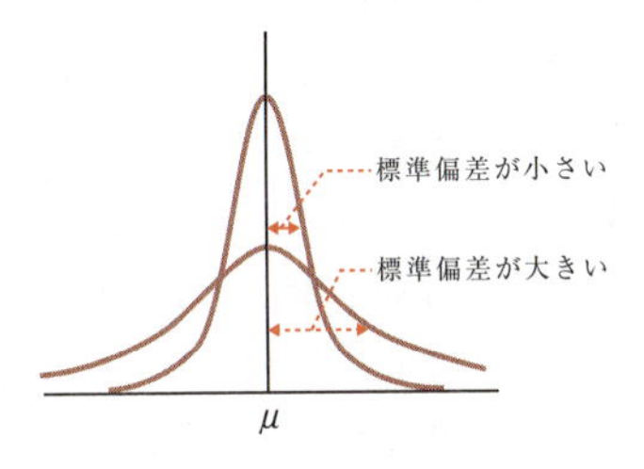

図1.28：正規分布

標準正規分布

正規分布についての次の問題文があったとします。

ポイント

正規分布を標準正規分布に変換する方法を理解しておきましょう。

教科A（平均点：45，標準偏差：18），教科B（平均点：60，標準偏差：15）の得点分布が正規分布に従っていたとき，90点以上の得点者が最も多かったと推測できる教科はどちらか。

正規分布は，平均値と標準偏差の2つの値により形はさまざまです。この場合，各正規分布を比較してどちらに優劣があるかを知ることは困難です。そこで，各正規分布を標準正規分布（平均値μを0，標準偏差を1とした正規分布）に変換することで正規分布同士を比較しやすくすることができます。

正規分布から標準正規分布へ変換するには，正規分布における確率変数値xを次の式を用いて変換します。

参考

変換された確率変数値Zの位置は，確率変数xと平均値との差が，標準偏差の何倍になるかを表しています。

Z = (x − 平均値) ÷ 標準偏差

先ほどの問題を確率変数値$x = 90$として，教科Aと教科Bを標準正規分布へ変換します。

教科A：$Z = (90 - 45) \div 18 = 2.5$
教科B：$Z = (90 - 60) \div 15 = 2$

計算結果から，教科Bが平均値に近い位置にあるため，90点以上の得点者が多いと推定できます。

標準正規分布表

参考

「z=1.0」は「1×標準偏差」と同じ意味です。正規分布の形状は左右対象なので，P(z)=P(-z)=0.1587です。よって，正規分布の特徴である「平均値±標準偏差の範囲にデータ全体の約68.3%が含まれる」は，下の図のように求まります。

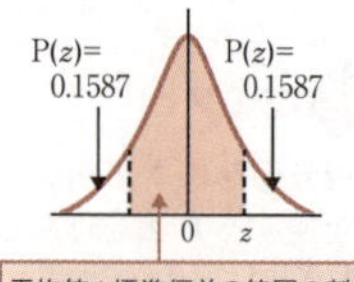

平均値±標準偏差の範囲の割合
= 1 - (0.1587×2)
= 1 - 0.3174
= 0.6826

正規分布は，「平均値±標準偏差の範囲にデータ全体の約68.3%が含まれる」という特徴があります。これは，正規分布である限り，変わることのない比率になります。

標準正規分布表は，正規分布の凸型の全体面積を1.0としたとき，確率変数値における分布の割合を表したものです（図1.29）。たとえば，図1.29に示す標準正規分布表において，確率変数$z = 1.0$の場合，正規分布の色のついた部分の割合は0.1587と求まります。

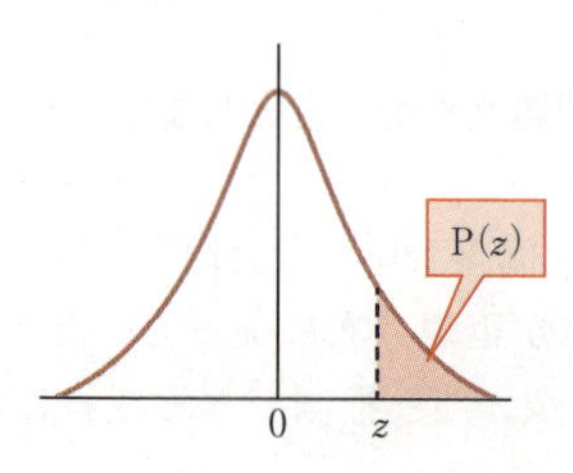

z	P (z)
0.0	0.5000
0.5	0.3085
1.0	0.1587
1.5	0.0668
2.0	0.0228
2.5	0.0062
3.0	0.0013

図1.29：標準正規分布表

1

例題

ある工場で大量に生産されている製品の重量の分布は，平均が5.2kg，標準偏差が0.1kgの正規分布であった。5.0kg未満の製品は，社内検査で不合格とされる。生産された製品の不合格品の割合は約何％か。

標準正規分布表

u	P
0.0	0.500
0.5	0.309
1.0	0.159
1.5	0.067
2.0	0.023
2.5	0.006
3.0	0.001

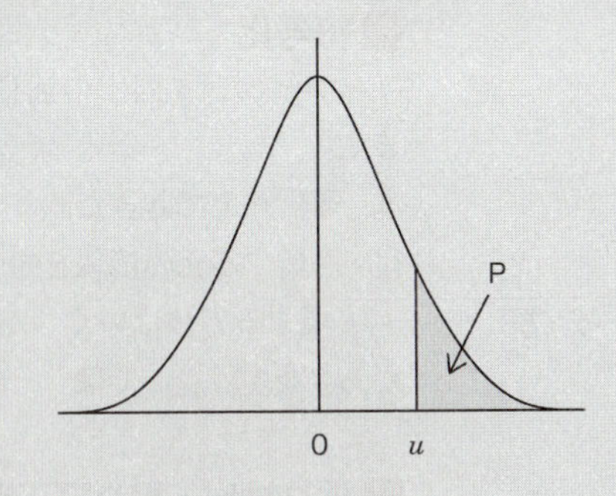

ア 0.159　イ 0.6　ウ 2.3　エ 6.7

解説

平均値と標準偏差の値から，製品の重量の分布を標準正規分布の確率変数 u に変換します。

$u = (5.0 - 5.2)/0.1 = -2.0$

ここで，正規分布は平均値を中心に左右対称の分布図をもつことから，$P(u)=P(-2.0)$ は $P(2.0)$ と等しく扱うことができます。

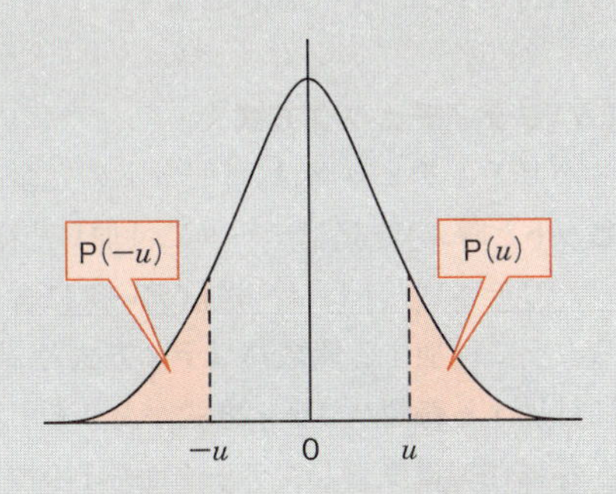

標準正規分布表から，$P(2.0) = 0.023$ であることから，製品の不合格品の割合は約2.3%であることがわかります。正解はウです。

《解答》ウ

情報理論 《出題頻度 ★★★》

1-10 符号理論

データの通信で注意しなければならないことは，データを“正しく”，“速く”送れることです。ここでは符号化に着目し，その手法について説明します。

符号化

コンピュータ同士の通信では，次の点を考慮する必要があります。

① 通信路上で起きた誤りの検出・訂正を受信側で行えること
② 送信する元の情報を短くし，通信効率を高めること

実現する方法はいくつかありますが，その1つとして，**符号化**があります。ここでは，その方式について説明します。

ポイント
各符号化方式の特徴を覚えましょう。

誤り検出・誤り訂正をもつ符号化方式

「誤り検出」とは，送信データが送信途中で誤りを生じたことがわかることです。誤り検出には，送信データとは別の検査用データが必要です。検査用データは，送信データからある計算方法で求めた値が格納されます。そして，送信時に送信データに付加して符号化した後に送信します。受信側では，受信したデータと検査用データから誤りが生じていないかを検査します。

知っておこう
ハミング符号方式：2ビットの誤り検出と1ビットの誤り訂正が可能な符号化方式で，コンピュータ内のメモリアクセスに使用されます。

代表的な符号化方式として，**パリティチェック方式**，**CRC方式**，**ハミング符号方式**があります。以下では，パリティチェック方式とCRC方式について説明します。

パリティチェック方式

知っておこう
偶数パリティの例

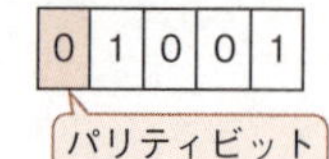

パリティチェックは，1ビットの冗長ビット（これを**パリティビット**と呼ぶ）を送信データに付加した符号化方式です。

パリティビットには，送信データに含まれる1の数が偶数になるように付加する**偶数パリティ方式**と，1の数が奇数になるように付加する**奇数パリティ方式**があります。

受信側では受信したデータから1の数を数え，パリティビットに入るべき値と同じものがパリティビットに入っていれば「誤りなし」，異なれば「誤りあり」とみなします（図1.30）。

パリティチェック方式は，ビット列に誤りがあることを知るこ

とができますが，どこに誤りがあるかまではわかりません。

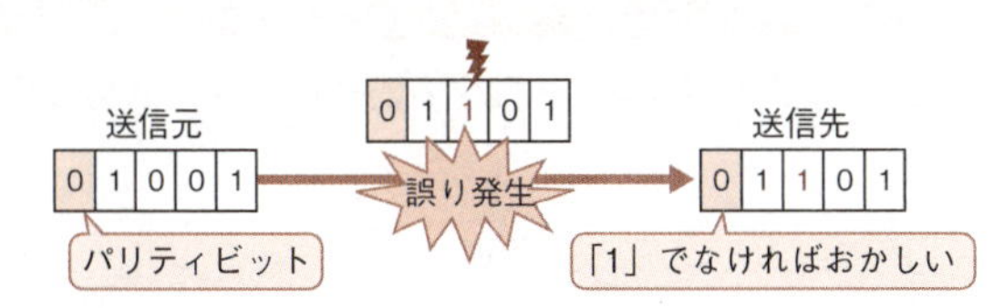

図1.30：偶数パリティでデータの送受信を行う場合の例

CRC方式（巡回符号方式）

CRCは，送信するデータを，あらかじめ定められた生成多項式で割り，余り（これをCRC符号という）を冗長ビットとして付加して送信します。受信側では，受信したデータを同じ生成多項式で割り，余りがなければ「誤りなし」，余りがあれば「誤りあり」とみなします。

CRCでは，**ブロック誤り**（ひと固まりの誤り），**バースト誤り**（連続するビットの誤り），**ランダム誤り**（規則性のない誤り）を検出できます。ただし，訂正を行うことはできません。

知っておこう

複数のデータをまとめ，パリティビットを垂直方向と水平方向に付けたものを垂直水平パリティチェックと呼びます。

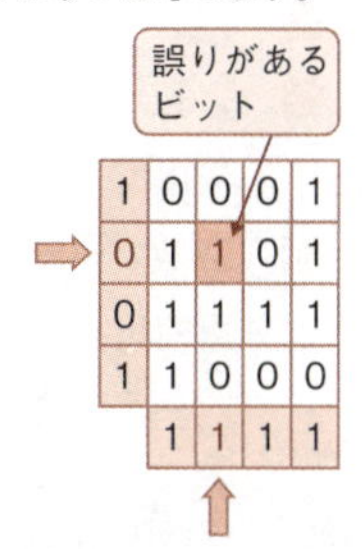

垂直水平パリティビットには，次の特徴があります。

- 1ビットの誤りの検出・訂正が可能。
- 2ビットの誤りの検出は可能だが，訂正は不可。

送信元の情報を短く（圧縮）する符号化方式

送信データの転送時間は，そのデータの長さに比例します。そのため，データを短く（圧縮）することができれば，転送時間も短くできます。データを短く（圧縮）する代表的な符号化方式として，**ランレングス符号化**，**ハフマン符号化**があります。

ランレングス符号化（連長圧縮法）

データ列の中で連続して現れる文字を「繰返し回数」と「文字」の組合せに置き換えて符号化する方法です（図1.31）。

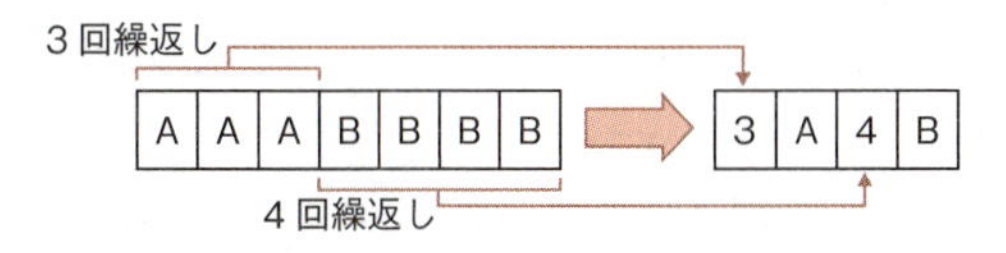

図1.31：ランレングス符号化

ハフマン符号化

ハフマン符号化は，出現頻度の高い文字には短いビット列，低い文字には長いビット列を対応させることで，1文字当たりの平均ビット長を最小にする符号化方式です。

参考

ハフマン符号化の使用例：
ハフマン符号化は，JPEGやZIPなどの圧縮方式として使用されています。

例題1

通信回線のパリティチェック方式(垂直パリティ)に関する記述のうち，適切なものはどれか。

ア 1ビットの誤りを検出できる。
イ 1ビットの誤りを訂正でき，2ビットの誤りを検出できる。
ウ 奇数パリティならば1ビットの誤りを検出できるが，偶数パリティは1ビットの誤りも検出できない。
エ 奇数パリティならば奇数個のビット誤りを，偶数パリティならば偶数個のビット誤りを検出できる。

解説

パリティチェック方式は，1ビットの誤りのみ検出が可能です。よってアが正解です。

《解答》ア

例題2

文字列中で同じ文字が繰り返される場合，繰返し部分をその反復回数と文字の組に置き換えて文字列を短くする方法はどれか。

ア EBCDIC符号　　イ 巡回符号
ウ ハフマン符号　　エ ランレングス符号化

解説

データ列中に繰り返し現れる文字を，繰返し回数と文字の組合せに置き換えて符号化する方法は，ランレングス符号化です。よってエが正解です。

アは，文字コードの1つでIBM製の汎用コンピュータ用に定めた文字コードの説明です。
イは，誤り検出用の符号化方法で，生成多項式から冗長ビットを作成し，送信データに付加して送信する方法です。CRC方式とも呼ばれています。
ウは，データ列の文字の出現頻度に応じて，データ長を圧縮する方法です。

《解答》エ

情報理論 《出題頻度 ★★★》

1-11 オートマトン

オートマトンは，コンピュータ上で処理する基本動作を数学的な観点から概念化したものです。オートマトンに関する図と動作について理解しましょう。

オートマトンとは

オートマトンとは，コンピュータの動作を数学的な観点からモデル化したもので，「入力」に対し，「状態」を変化させて処理を行い，「停止」することで結果を出力するといった，仮想的な機械の概念を示します。特に入力と状態の個数が有限個からなるオートマトンを**有限オートマトン**と呼びます。

有限オートマトンの遷移図において，受理される記号列を選択する問題が出題されます。

有限オートマトンは，次のような点を表または図で示します。

- 入力に対する状態変化を状態遷移表，状態遷移図で示す。
- 入力の開始位置は，初期状態（→で示す位置）から始まる。
- 入力に対する正常終了（これを「受理された」と呼ぶ）は，必ず受理状態で終わる必要があり，◎で示す。

		遷移先				
		S_0	S_1	S_2	S_3	S_4
遷移元	S_0	0	1			
	S_1	0			1	
	S_2	0				1
	S_3	0		1		
	S_4					0, 1

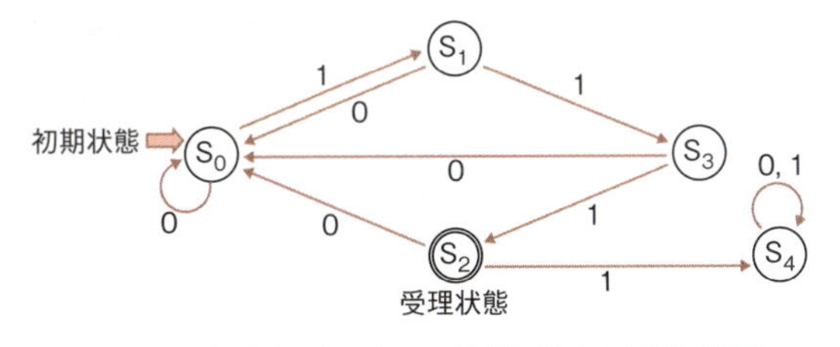

図1.32：有限オートマトンの状態遷移表と状態遷移図

図1.32の有限オートマトンで，入力値として「10111」を入力した場合，「$S_0 \rightarrow S_1 \rightarrow S_0 \rightarrow S_1 \rightarrow S_3 \rightarrow S_2$」と遷移するため，正常に受理されます。一方，「11110」を入力した場合，「$S_0 \rightarrow S_1 \rightarrow S_3 \rightarrow S_2 \rightarrow S_4 \rightarrow S_4$」と遷移するため，正常に受理されないことになります。

情報理論 《出題頻度 ★★★》

1-12 形式言語

コンピュータは，決められた文法の規則に従って処理を実行します。文法規則は，表現する内容によりそれぞれ異なる表記方法が存在します。

ポイント

正規表現やBNFの各形式で表された構文規則からどのような記号列が生成できるかを読み取れるようにしましょう。

形式言語とは

私たちが日常的に使用する自然言語は，ある形式に従って言葉が作られますが，その使用方法には多様性があり，形式を明確に定義することは困難です。

一方，コンピュータで使用する言語は，明確な定義の基で作成した形式（**フォーマット**）に従って，文字やプログラムが作られます。これを**形式言語**と呼びます。形式言語の代表的な表記方法として，**正規表現**，**BNF**があります。

正規表現

文字列などの記号列を表現する形式言語です。正規表現では，規則を表す**メタ文字**を組み合わせて記号列を表現します（表1.14）。

表1.14：代表的なメタ文字

メタ文字	意味
[A-Z]	英字の大文字1文字を表す
＊	直前の正規表現の0回以上の繰返し
＋	直前の正規表現の1回以上の繰返し
?	直前の正規表現が0個または1個あることを表す
｜	左右にある正規表現のいずれかを表す

たとえば，[A-Z]+[0-9]＊は，

A

ABC

WINDOWS11

LINUX

などが該当しますが，「20220401」などの文字列は該当しません。

BNF

文法の定義（構文規則）を表現する形式言語です。構文規則には，順次，反復，選択があり，表1.15の記号を用います。

表1.15：BNFの代表的な記号

記号	意味
<x>	xという構文要素を表す
::=	左に示す構文要素に対し，右の構文規則を定義することを表す
…	左の構文要素を繰り返すことを表す
|	左右の構文要素のどちらかを表す
[ ]	[ ]で囲まれた構文要素は省略可能を表す

以下に，順次，選択，反復の表記方法を示します。

- 順次

【表記例】<x>::=<y><z>

【意味】 構文要素<x>は，構文要素<y>の後に構文要素<z>が続いたものになる。

【例】 <符号付き整数>::=<符号><数字列>

- 選択

【表記例】<x>::=<y>|<z>

【意味】 構文要素<x>は，構文要素<y>または構文要素<z>からなる。

【例】 <符号>::=＋|－
<数字列>::=<数字>|<数字列><数字>
<数字>::=0|1|2|3|4|5|6|7|8|9

- 反復

【表記例】<x>::=<y>…

【意味】 構文要素<x>は，構文要素<y>の1個以上の繰返しからなる。

【例】 <循環小数>::=<数字列><.><数字列>…
<数字列>::=<数字>|<数字列><数字>
<数字>::=0|1|2|3|4|5|6|7|8|9

たとえば，次のような構文規則が定義されたとします。

<式>::=<変数>|（<式>＋<式>）|<式>＊<式>
<変数>::=A|B|C|D

この定義によって表現できる構文は，

A

B

C＊D

(A＋B)＊(C＋D)

などが該当します。「(A＊B)」「A＋B」などは，構文規則から外れるため，該当しません。

例題

次のBNFで定義されるビット列Sであるものはどれか。

<S>::=01|0<S>1

ア 000111　イ 010010　ウ 010101　エ 01111

解説

イからエの解答は，すべて「01…」から始まり，その後もビット列が続いています。この問題の場合，構文規則の“0<S>1”が適用されることになります。<S>の部分について，それぞれの構文規則を割り当ててみると

- “01”の場合：「0**01**1」
- “0<S>1”の場合：「0**0<S>1**1」

となるため，イウエは構文規則に該当しないことがわかります。よって正解はアです。

《解答》ア

情報理論　《出題頻度 ★★★》

1-13 数式記法

私たちが一般的に扱う数式は，コンピュータにとって処理しやすい数式であるとは限りません。ここでは，数式記法の1つである逆ポーランド記法について説明します。

数式記法

数式の計算結果を求めるには，演算の優先順位を正しく把握することが重要です。人は，式全体を見渡してどこから演算を始めればよいかがわかりますが，コンピュータは数式を先頭から順に読みながら把握をするため，一般的な数式の記述方式では式全体を理解することが困難な場合があります。

逆ポーランド記法は，コンピュータで数式を処理しやすいようにした記法の1つです。

逆ポーランド記法（後置表記法）

逆ポーランド記法では，数式にカッコが現れず，オペランド（演算対象となる値または変数）と演算子のみで構成されます。また，演算子を2つのオペランドの右側に配置して表現します。

たとえば，「Y = (A + B) × (C − (D ÷ E))」の数式は，逆ポーランド記法にすると「YAB + CDE ÷ − × =」になります。

この際の変換は，図1.33のように行います。

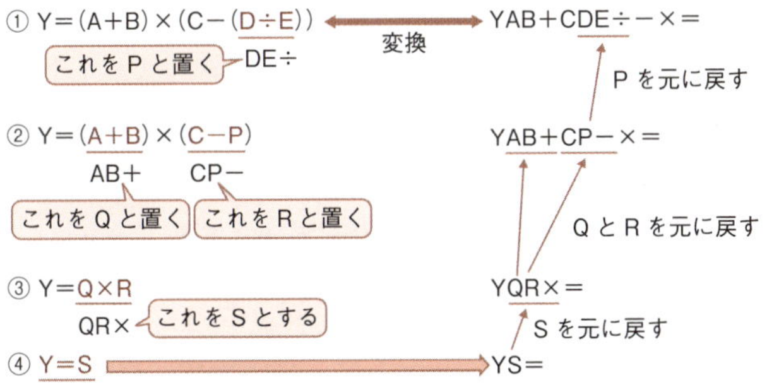

① Y＝(A＋B)×(C−(D÷E))　←変換→　YAB＋CDE÷−×＝
これをPと置く　DE÷
Pを元に戻す
② Y＝(A＋B)×(C−P)　　YAB＋CP−×＝
AB＋　CP−
これをQと置く　これをRと置く
QとRを元に戻す
③ Y＝Q×R　　YQR×＝
QR×　これをSとする
Sを元に戻す
④ Y＝S　→　YS＝

図1.33：逆ポーランド記法への変換

逆ポーランド記法の数式から演算を行う場合は，**スタック**（詳しくは2-3節を参照）を使用します。

参考

ポーランド記法：演算子を左側に置く記法は，ポーランド記法（前置表記法）と呼ばれています。

【元の数式】
Z＝(A＋B)×C
【逆ポーランド記法】
ZAB＋C×＝
【ポーランド記法】
＝Z×＋ABC

ポイント

逆ポーランド記法への変換に慣れないうちは，四則演算の優先順に記号への置換え／戻しの過程を紙面に書いて行うとよいでしょう。

手順は，数式を左から順に見ていき，現れた内容によって以下の操作を行います。

- オペランドの場合，スタックへ格納する。
- 演算子の場合，スタックから2つのオペランドを取り出し，結果をスタックに入れる。

この操作を最右にある記号まで行うと，スタック内に演算結果が格納されます。

図1.34に，逆ポーランド記法で表された式「YAB＋CDE÷－×＝」の演算過程を示します。

ポイント

逆ポーランド記法からの演算過程も，慣れないうちはスタックを紙面上に書いて行うとよいでしょう。

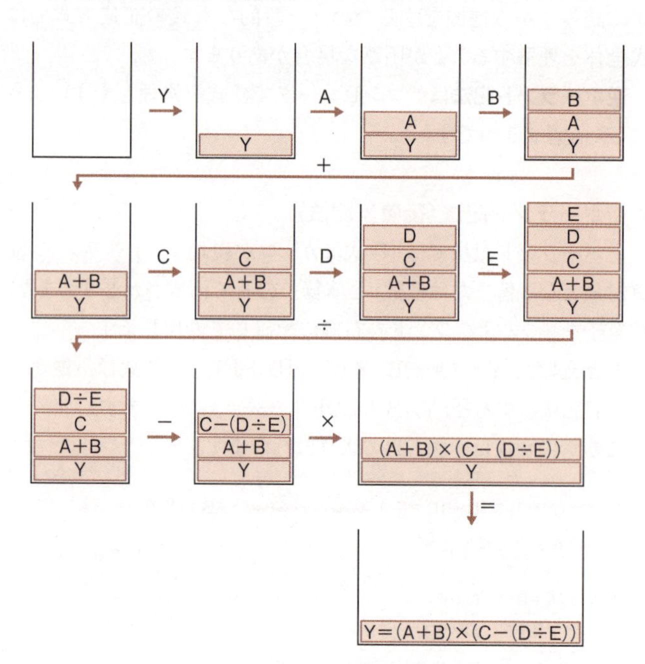

図1.34：逆ポーランド記法による演算

情報理論 《出題頻度 ★★★》

1-14 人工知能(AI)

近年では，人間の脳の機能を人工知能(AI)として機器やシステムにもたせることが増えています。特に機械学習と呼ばれる人の学習能力を計算機で実現することへの期待が高まっています。

機械学習

機械学習は，機械に与えるデータをAI自身が解析してルールや法則を反復的に学習し，人間が行う知的な振る舞いを人工的に再現する技法です。

機械学習における学習方法は，表1-16に示す3つがあります。

AI(Artificial Intelligence)：
人間が行う知的な振る舞い(違いを見分けるなど)をコンピュータプログラムで人工的に再現すること。

表1-16：機械学習の学習方法

種類	内容
教師あり学習	学習データに正解ラベルを付けて学習する方法。主に入力と出力の関係を学習させる
教師なし学習	学習データに正解ラベルを付けないで学習する方法。主にデータの構造を学習させる
強化学習	正解ラベルの代わりに，与えられた環境でとった行動に対して報酬(評価)を与える学習方法。将棋，囲碁や株の売買など，場面に応じてとるべき最良の行動を学習させる

ディープラーニング(深層学習)

ディープラーニングは，機械学習においてニューラルネットワークによるパターン認識を利用した機械学習技術の1つです。その構造は，ニューラルネットワークの中間層(隠れ層)が幾重にも重なる構造をもたせて，より効率的な学習が行われるようになっています(次ページ図1-35)。

ディープラーニングを実装したAI機器は，会議収録においての音声認識や発話認識，自動運転における歩行者／車の認識，人が書いた癖のある文字の認識などに活用されます。

ニューラルネットワーク：
ニューロンと呼ばれる脳細胞の特性をコンピュータ上で表現したモデルのことです。

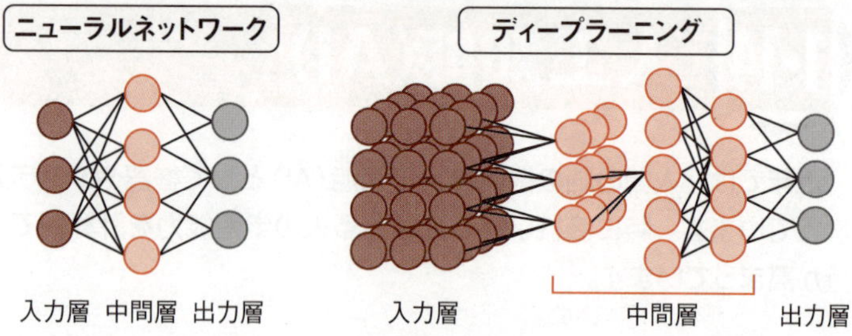

図1-35：ニューラルネットワークとディープラーニング

例題

機械学習における教師あり学習の説明として，最も適切なものはどれか。

ア　個々の行動に対しての善しあしを得点として与えることによって，得点が最も多く得られるような方策を学習する。

イ　コンピュータ利用者の挙動データを蓄積し，挙動データの出現頻度に従って次の挙動を推論する。

ウ　正解のデータを提示したり，データが誤りであることを指摘したりすることによって，未知のデータに対して正誤を得ることを助ける。

エ　正解のデータを提示せずに，統計的性質や，ある種の条件によって入力パターンを判定したり，クラスタリングしたりする。

解説

教師あり学習は，正解ラベルを付けたデータを使用する学習方法です。そのため，設問の中では，「正解のデータを提示したり，データが誤りであることを指摘したりすることによって，…」とある内容が教師あり学習となります。正解はウです。

アは，強化学習の説明です。

イとエは，教師なし学習の説明です。

《解答》ウ

1-15 演習問題

問1 情報の単位 CHECK ▶ □□□

英字の大文字（A ～ Z）と数字（0 ～ 9）を同一のビット数で一意にコード化するには，少なくとも何ビット必要か。

ア 5　　イ 6　　ウ 7　　エ 8

問2 基数 CHECK ▶ □□□

16進小数3A.5Cを10進数の分数で表したものはどれか。

ア $\frac{939}{16}$　　イ $\frac{3735}{64}$　　ウ $\frac{14939}{256}$　　エ $\frac{14941}{256}$

問3 数値表現 CHECK ▶ □□□

10進数-5.625を，8ビット固定小数点形式による2進数で表したものはどれか。ここで，小数点位置は3ビット目と4ビット目の間とし，負数には2の補数表現を用いる。

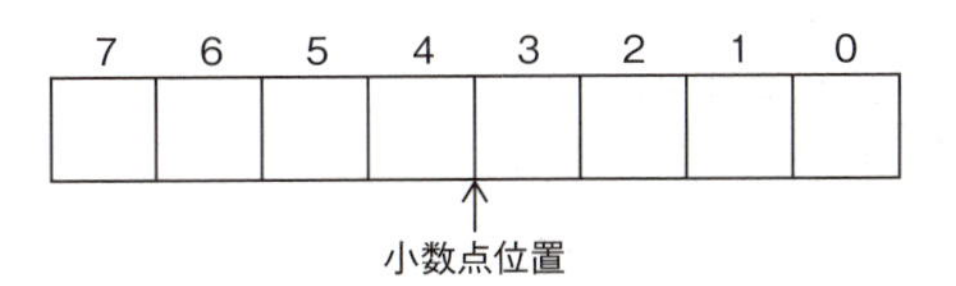

ア 01001100　　イ 10100101　　ウ 10100110　　エ 11010011

問4 論理演算 CHECK ▶ □□□

X 及び *Y* はそれぞれ0又は1の値をとる変数である。*X* □ *Y* を *X* と *Y* の論理演算としたとき，次の真理値表が得られた。*X* □ *Y* の真理値表はどれか。

X	*Y*	*X* AND (*X*□*Y*)	*X* OR (*X*□*Y*)
0	0	0	1
0	1	0	1
1	0	0	1
1	1	1	1

ア

X	Y	X□Y
0	0	0
0	1	0
1	0	0
1	1	1

イ

X	Y	X□Y
0	0	0
0	1	1
1	0	0
1	1	1

ウ

X	Y	X□Y
0	0	1
0	1	1
1	0	0
1	1	1

エ

X	Y	X□Y
0	0	1
0	1	1
1	0	1
1	1	0

問5 確率 CHECK ▶ □□□

図の線上を，点Pから点Rを通って，点Qに至る最短経路は何通りあるか。

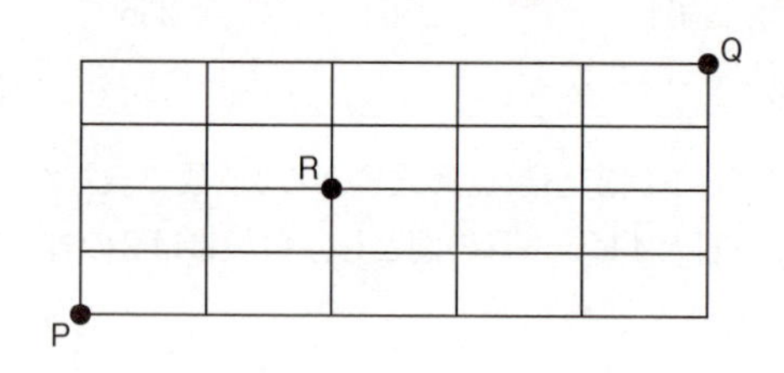

ア 16　イ 24　ウ 32　エ 60

問6 確率 CHECK ▶ □□□

プロジェクトメンバが16人のとき，2人ずつの総当たりでプロジェクトメンバ相互の顔合わせ会を行うためには，延べ何時間の顔合わせ会が必要か。ここで，顔合わせ会1回の所要時間は0.5時間とする。

ア 8　イ 16　ウ 30　エ 60

問7 統計 CHECK ▶ □□□

N個の観測値の平均値を算出する式はどれか。ここで，SはN個の観測値の和（ただし，$S>0$）とし，$[X]$はX以下で最大の整数とする。また，平均値は，小数第1位を四捨五入して整数値として求める。

ア $\left[\dfrac{S}{N}-0.5\right]$　イ $\left[\dfrac{S}{N}-0.4\right]$　ウ $\left[\dfrac{S}{N}+0.4\right]$　エ $\left[\dfrac{S}{N}+0.5\right]$

問8 数式記法 CHECK ▶ □□□

A = 1, B = 3, C = 5, D = 4, E = 2のとき，逆ポーランド表記法で表現された式 AB + CDE ／ − ＊の演算結果はどれか。

ア −12　イ 2　ウ 12　エ 14

問9 演算誤差 CHECK ▶ □□□

桁落ちの説明として，適切なものはどれか。

ア 値がほぼ等しい浮動小数点数同士の減算において，有効桁数が大幅に減ってしまうことである。
イ 演算結果が，扱える数値の最大値を超えることで生じる誤差のことである。
ウ 数表現の桁数に限度があるとき，最小の桁より小さい部分について四捨五入，切上げ又は切捨てを行うことによって生じる誤差のことである。
エ 浮動小数点数の加算において，一方の数値の下位の桁が結果に反映されないことである。

問10 符号理論 CHECK ▶ □□□

送信側では，ビット列をある生成多項式で割った余りをそのビット列に付加して送信し，受信側では，受信したビット列が同じ生成多項式で割り切れるか否かで誤りの発生を判断する誤り検査方式はどれか。

ア CRC方式　イ 垂直パリティチェック方式
ウ 水平パリティチェック方式　エ ハミング符号方式

問11 半加算器と全加算器 CHECK ▶ □□□

半加算器と全加算器に関する次の記述を読んで，設問1～3に答えよ。

(1) 1ビット同士を加算する半加算器の真理値表を，表1に示す。

```
     X
+    Y
―――――――
   C Z    C：けた上がり
```

表1　半加算器の真理値表

X	Y	C	Z
0	0	0	0
0	1	0	1
1	0	0	1
1	1	1	0

(2) 下位からのけた上がりC_{in}を考慮して1ビット同士を加算する全加算器の真理値表を，表2に示す。

　　X
　　Y
＋ C_{in} 　C_{in}：下位からのけた上がり
C Z 　C：けた上がり

表2　全加算器の真理値表

C_{in}	X	Y	C	Z
0	0	0	0	0
0	0	1	0	1
0	1	0	0	1
0	1	1	1	0
1	0	0	0	1
1	0	1	1	0
1	1	0	1	0
1	1	1	1	1

設問1 半加算器を実現する論理回路を，図1に示す。図1中の空欄に入れる正しい答えを，解答群の中から選べ。ただし，ANDは論理積，ORは論理和，XORは排他的論理和，NANDは否定論理積，NORは否定論理和を表す。

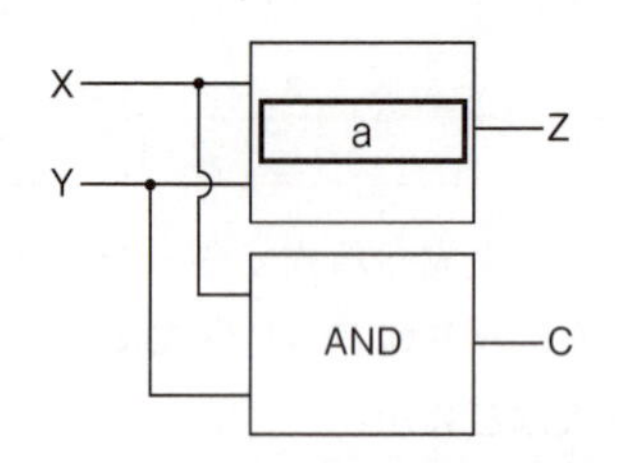

図1　半加算器を実現する論理回路

解答群

ア AND　　イ NAND　　ウ NOR　　エ OR　　オ XOR

設問2 全加算器を実現する論理回路について，次の記述中の空欄に入れる正しい答えを，解答群の中から選べ。

全加算器は，図2に示すように半加算器を2段に接続して実現する。半加算器1はXとYを加算し，半加算器2は半加算器1の結果とC_{in}を加算する。このとき，半加算器1のけた上がりをC_1，半加算器2のけた上がりをC_2とする。X，Y，C_{in}と，C_1，C_2との関係は表3のとおりになる。

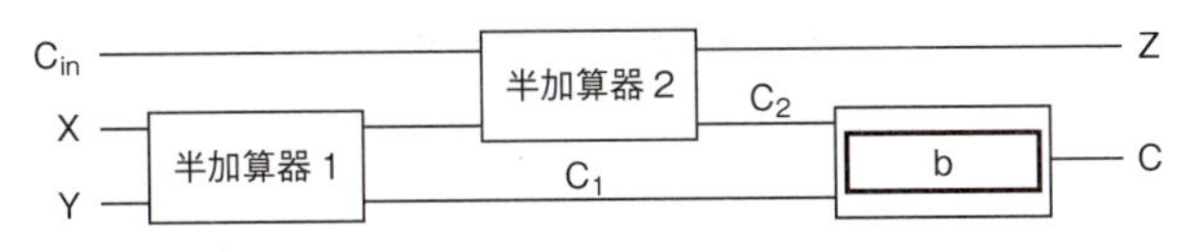

図2　全加算器を実現する論理回路

表3　X, Y, C_{in}と, C_1, C_2との関係

C_{in}	X	Y	C_1	C_2
0	0	0	0	0
0	0	1	0	0
0	1	0	0	0
0	1	1	1	0
1	0	0	0	0
1	0	1	0	1
1	1	0	0	1
1	1	1	c	

bに関する解答群

ア AND　　イ NAND　　ウ NOR　　エ OR

cに関する解答群

	C_1	C_2
ア	0	0
イ	0	1
ウ	1	0
エ	1	1

設問3 A, B及びSを2の補数表現による4ビットの符号付2進整数とし，それぞれのビット表現を$A_4A_3A_2A_1$，$B_4B_3B_2B_1$及び$S_4S_3S_2S_1$で表す（符号ビットはA_4，B_4及びS_4）。

図3は，AとBの加算を行い，結果をSに求める加算器であり，半加算器と全加算器で実現されている。ここで，C_1～C_4は半加算器及び全加算器からのけた上がりを表す。

この加算器に，Aとして－1を，Bとして－2（いずれも10進表記）を与えたとき，図3のC_1～C_4の値として正しい組合せを，解答群の中から選べ。

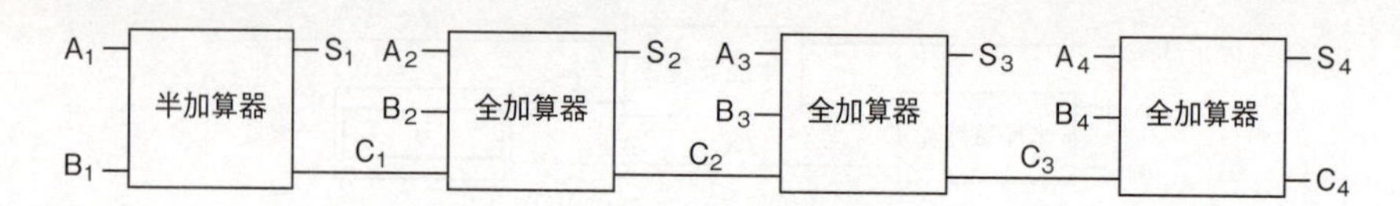

図3 AとBを加算してSを求める加算器

解答群

	C_1	C_2	C_3	C_4
ア	0	1	0	0
イ	0	1	0	1
ウ	0	1	1	0
エ	0	1	1	1
オ	1	0	0	0
カ	1	0	0	1
キ	1	0	1	0
ク	1	0	1	1

1-16 演習問題の解答

問1

《解答》イ

大文字のアルファベットは26文字，数字は10文字であるため，36文字（種類）を表せるだけのビット数が必要になります。そのため，6ビット（64種類を表現可能）を必要とします。よって，正解はイです。

問2

《解答》イ

$(3A.5C)_{16}$を10進に変換すると，次のようになります。

$$\begin{aligned}(3A.5C)_{16} &= 3 \times 16^1 + 10 \times 16^0 + 5 \times \frac{1}{16} + 12 \times \frac{1}{16^2} \\ &= 48 + 10 + \frac{5}{16} + \frac{12}{256} = \frac{14940}{256} = \frac{3735}{64}\end{aligned}$$

よって正解はイです。

問3

《解答》ウ

「－5.625」の数値を符号付き固定小数点数として表すには，次の手順で変換します。

① 絶対値を求める
　「－5.625」の絶対値 ⇒ 5.625
② 「5.625」の整数部と小数部をそれぞれ2進数に変換する
　整数部の「5」を2進数に変換 ⇒ 101
　小数部の「0.625」を2進数に変換 ⇒ 0.101
　よって，「5.625」の2進数は，「101.101」
③ 求めた2進数を設問の8ビット内に小数点位置に合わせて置く

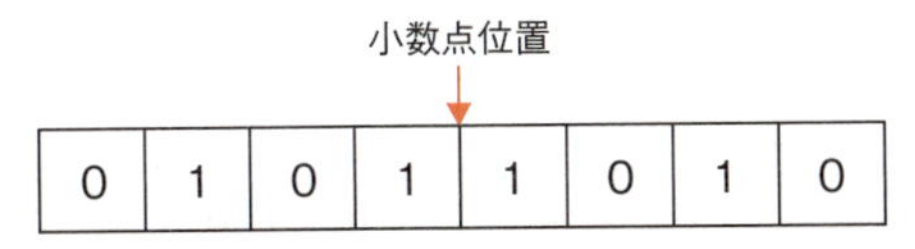

④ 元の値は負数なので，③の2進数に対して2の補数を求める

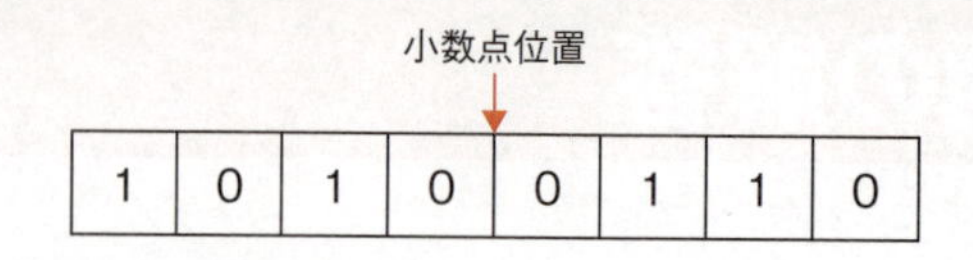

よって，正解はウです。

問4 《解答》ウ

X AND ($X□Y$) の部分は，$X□Y$ の演算結果と X のAND演算を行います。AND演算の結果は，2つの値がどちらも1の場合に1，それ以外は0になります。よって，下記の真理値表の(a)(b)の部分は，明らかに(a)：0，(b)：1が入ることがわかります。

X	X□Y	X AND (X□Y)
0	//////	0
0	//////	0
1	(a) 0	0
1	(b) 1	1

（1行目・2行目について）X□Yの結果は，0と1のどちらもあり得る

X OR($X□Y$)の部分は，$X□Y$の演算結果とXのOR演算を行います。OR演算の結果は，2つの値のいずれかが1の場合に1，それ以外は0になります。よって，次の真理値表の(c)(d)の部分は，明らかに(c)：1，(d)：1が入ることがわかります。

X	X□Y	X OR (X□Y)
0	(c) 1	1
0	(d) 1	1
1	//////	1
1	//////	1

（3行目・4行目について）X□Yの結果は，0と1のどちらもあり得る

以上から，正解はウです。

問5 《解答》エ

点Pから点Rに最短経路でたどり着くための選択肢は，必ず"上を2回"，"右を2回"選ぶ必要があります。ここで，上または右をどの地点で選択するかは任意であるため，最短経路は「4回のうち，2回の上（または右）をどこで選択するか」の組合せとして考えることができます。

$$_{4}C_{2}=\frac{4\,!}{2\,!\,(4-2)\,!}=\frac{4\times3\times2\times1}{2\times1\times2\times1}=\frac{4\times3}{2\times1}=6$$

組合せの式から，全部で6通りあることがわかります。

同様に，点Rから点Qへの最短経路を考えると，その選択肢は，必ず“上を2回”，“右を3回”選ぶことになります。よって，最短経路は「5回のうち，2回の上（または，3回の右）をどこで選択するか」の組合せとなるため，10通りと求まります。

$$_{5}C_{2}=\frac{5\,!}{2\,!\,(5-2)\,!}=\frac{5\times4\times3\times2\times1}{2\times1\times3\times2\times1}=\frac{5\times4}{2\times1}=10$$

よって，点Pから点Qまでの最短経路は，6×10＝60通りあることが求まります。正解は**エ**です。

問6 《解答》エ

「プロジェクトメンバが16人のとき，2人ずつの総当たりでプロジェクトメンバ相互の顔合わせ会を行う」とあることから，顔合わせをする回数は，“16人から2人を選ぶ”組合せの数を求めればよいことがわかります。

$$_{16}C_{2}=\frac{16\,!}{2\,!\,(16-2)\,!}=\frac{16\times15}{2\times1}=120$$

顔合わせ会1回の所要時間は0.5時間であるため，総時間は，120回×0.5時間＝60時間になります。正解は**エ**です。

問7 《解答》エ

$\frac{S}{N}$を小数第1位で四捨五入するということは，小数点以下が0.5以上であれば桁上がりを起こさせることを意味します。ただし，$[\frac{S}{N}]$とした場合，小数点以下がどのような値であっても切捨てが生じます。

そのため，小数点以下が0.5以上の値の場合，整数部へ桁上がりが起きるように0.5を加算すれば，切捨てが起きても四捨五入後の結果として求めることができます。よって**エ**が正解です。

問8 《解答》ウ

逆ポーランド記法で表現された式AB＋CDE／－＊をスタックを使用して計算処理をすると，次のような計算過程になります。

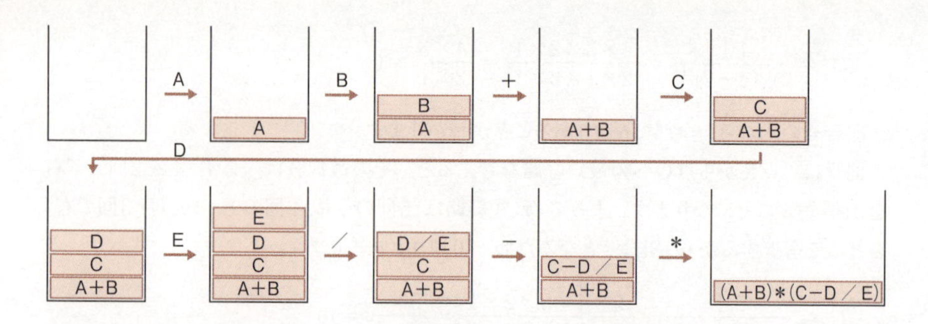

以上から，結果は12になることがわかります。正解はウです。

問9 《解答》ア

桁落ちは，浮動小数点数同士の演算において，ほぼ等しい値同士を引き算した結果，小数点位置の移動により有効桁数が減少することをいいます。よって，正解はアです。

イ：オーバフローの説明です。

ウ：丸め誤差の説明です。

エ；情報落ちの説明です。

問10 《解答》ア

生成多項式を用いてデータ誤りを検出するための冗長ビットを付加する検査方式は，CRCです。よって正解はアです。

問11 《解答》設問1：a−オ　設問2：b−エ，c−ウ　設問3：エ

設問1：空欄a

表1から出力値Zは，XおよびYのいずれか一方が1となるときに出力を1とします。この場合，論理演算は，排他的論理和で対応することができます。よって，正解はオです。

設問2：空欄b，c

空欄cについて，先に考えます。X＝1，Y＝1，C_{in}＝1を入力したときに各回路上に流れる値は，次のようになります。

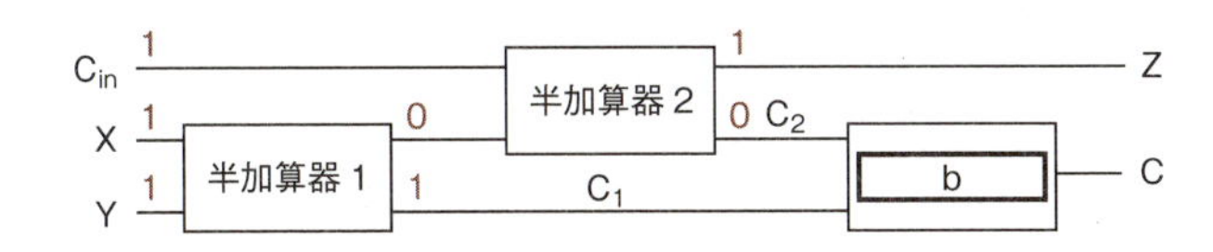

よって，$C_1=1$，$C_2=0$となることから，ウが正解です。

出力値Cは，表2と表3および空欄cの解答から入力値C_1とC_2の真理値表を整理してみると次のようになります。

C_1	C_2	C
0	0	0
0	0	0
0	0	0
1	0	1
0	0	0
0	1	1
0	1	1
1	0	1

整理すると…

C_1	C_2	C
0	0	0
0	1	1
1	0	1
1	1	?

「$C_1=1$，$C_2=1$」以外の真理値の結果から，該当する論理式は論理和（OR）か排他的論理和（XOR）の2つが該当します。しかし，解答群にORしかないため，bはエが正解です。

設問3

負数は符号付き4ビットの2の補数で表します。よって-1は$(1111)_2$，-2は$(1110)_2$となります。各ビットを回路図上に入力したときのC_1～C_4の出力値は，表1および表2から次の図のようになります。

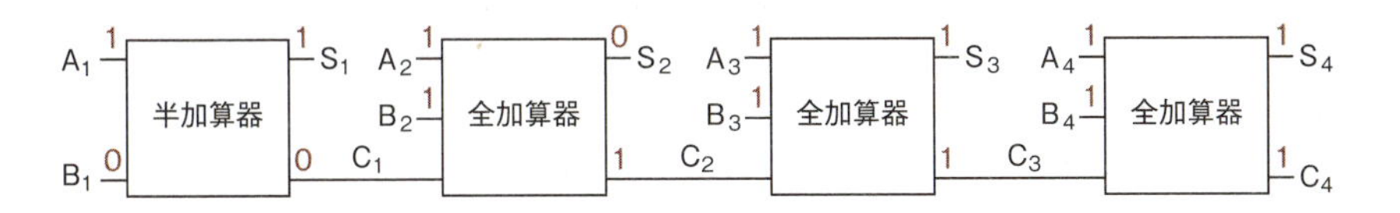

よって，$C_1=0$，$C_2=1$，$C_3=1$，$C_4=1$となり，エが正解となります。

テクノロジ系

第2章 アルゴリズムとプログラミング

コンピュータにとってプログラムは，「命令書」に相当します。コンピュータは，プログラムに書かれた1つ1つの命令を実行し，すべてを実行し終えたときに，1つの処理を完了します。処理の方法は処理の対象物やその利用方法によって，さまざまな“やり方”があります。また，やり方は，処理の効率の善し悪しに関わります。この処理のやり方（処理手順）をアルゴリズムと呼びます。基本情報技術者試験におけるアルゴリズムの出題では，データ構造，フローチャート，擬似言語を理解しておく必要があります。

データ構造

基礎

2-1 基本的なデータ構造

データ構造は，プログラムでデータを扱うための枠組みのことです。ここでは，データ構造の基本として「変数」と「配列」を学習します。

ポイント

変数や配列そのものの知識を問う出題はありませんが，アルゴリズムの問題では変数と配列の知識がないと解答はできません。配列と変数は，基本的な知識として確実に理解しておきましょう。

変数

変数は，データを格納するための入れ物のようなもので，名前（**変数名**）を付けて各変数を区別します。変数は，プログラムで使用するデータを一時的に格納するために用いられ，データを使用する際には，変数名を指定します。

変数の代入

変数へ値を格納することを**代入**と呼び，数値や文字，計算結果や他の変数の値を代入することができます。ここでは，代入を示す書式を次のように示すことにします。

代入元変数名→代入先変数名

代入先の変数に元々格納されていた値は，新たに代入した値に置き換わります。また，変数同士の代入の場合は，代入元の変数の値は変化しないため，値のコピーと同じです（図2.1）。

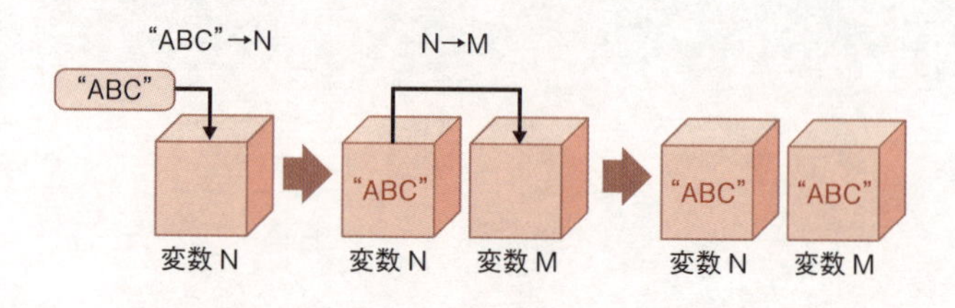

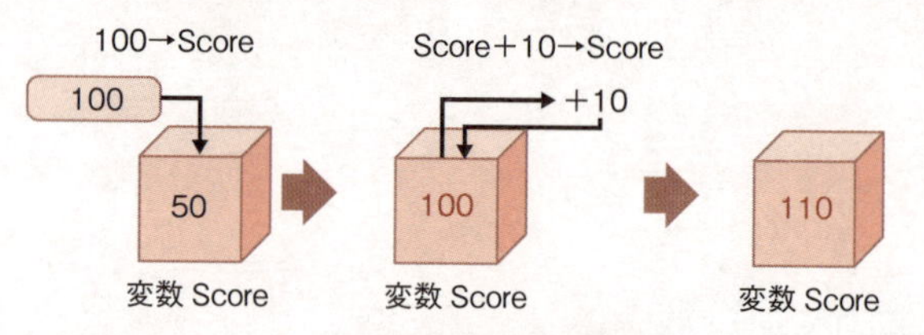

図2.1：変数値の代入と更新

定数：変数はその名のとおり内容が変化するものですが，値が変化しない数値や文字列は定数といいます。

配列

配列は，同じデータ型の複数の変数を連続して配置するデータ構造です。各変数を要素と呼び，要素が横方向に並ぶ配列を**1次元配列**，縦と横（行と列）に並ぶ配列を**2次元配列**と呼びます（図2.2）。

要素の指定は，配列に付けた**配列名**と要素の位置を示す**添字**で行います。要素を指定する書式を次に示します。

> 1次元配列の場合：配列名［番号］
> 2次元配列の場合：配列名［行番号，列番号］　添字

参考

添字の開始値：プログラム言語によって，添字が0から始まる場合と1から始まる場合があります。試験では，どちらであるかが問題文に指定されています。

なお，本書において以降の添字の扱いは，具体的に明記しない限り，1から始まるものとします。

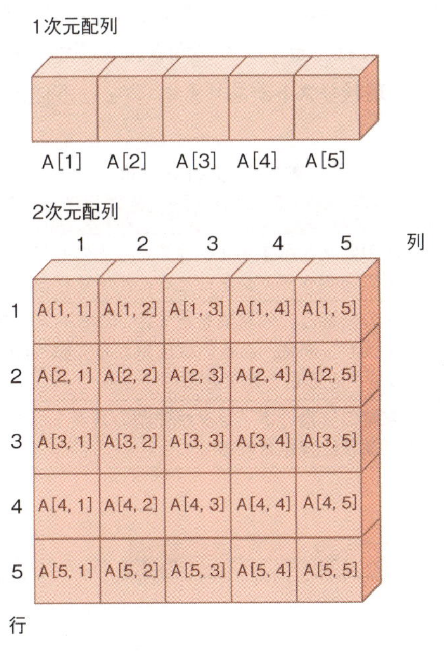

図2.2：1次元配列，2次元配列

添字には変数を使うこともできます。例として，変数Nに2が格納されているときの，要素の指定例を以下に示します。

> A［N］：配列Aの2番目の要素
> A［N＊3］：配列Aの6番目の要素
> A［N, N+1］：配列Aの2行3列目の要素

データ構造 《出題頻度 ★★★》

2-2 リスト

リストは，データとポインタを1つの要素としてもち，ポインタで要素間をつなげたデータ構造です。ポインタによってデータが連結されている様子から，連結リストともいいます。

リストへの要素の追加や削除などの，操作に関する問題が多く出題されています。配列の場合との処理効率を比較する問題も出題されているため，それぞれの操作の違いを理解しておきましょう。

リストの構造

リストは要素を連結したデータ構造で，各要素はデータ部とポインタ部で構成されます。データ部にはデータ自体を格納し，ポインタ部には次の要素の場所を格納します。このポインタをたどることで，個々の要素にアクセスすることができます。

リストの種類には，ポインタの向きによって，**単方向リスト**，**双方向リスト**，**環状リスト**があります（表2.1，図2.3）。

表2.1：リストの種類

種類	内容
単方向リスト	次の要素を示すポインタのみをもつリスト。先頭から末尾の方向へデータをたどることができる
双方向リスト	次の要素と前の要素を示す2つのポインタをもつリスト。先頭から末尾，あるいは末尾から先頭へ向かって，データをたどることができる
環状リスト	末尾の要素のポインタが先頭の要素を示すリスト。要素が環状に連結される

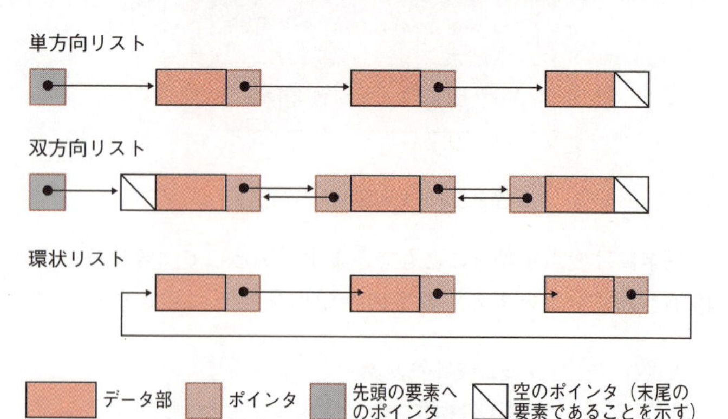

図2.3：リストの構造

リストの操作

リストに要素の追加や削除を行う操作は，配列と比較すれば簡単に行えます。配列では，要素を追加する場合，追加位置以降にある要素を後方へずらさないと要素の追加が行えません。また，削除の場合は，要素の削除後に後方にある要素を前方へ詰める必要があります。この操作は，要素数が多いと処理に時間がかかります。一方，リストの場合はポインタの参照先を変更するだけで済むので，短時間での要素の追加と削除の処理が可能です。

例として，図2.4に示す英単語をアルファベット順に格納した配列とリストに，要素の追加と削除をしてみます。

配列の場合

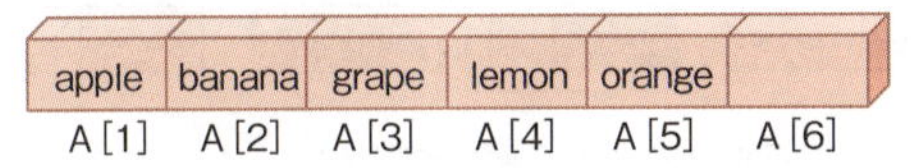

リストの場合

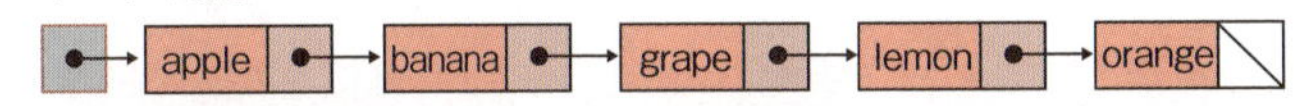

図2.4：英単語をアルファベット順に格納した配列とリストの例

- **追加（例：“blueberry”を追加，図2.5）**

【配列の場合】

①A [3] からA [5] の要素を1つずつ後ろへずらす。

②空いたA [3] に“blueberry”を追加する。

【リストの場合】

①“blueberry”のポインタを“grape”に設定する。

②“banana”のポインタを“blueberry”へ変更する。

配列の場合

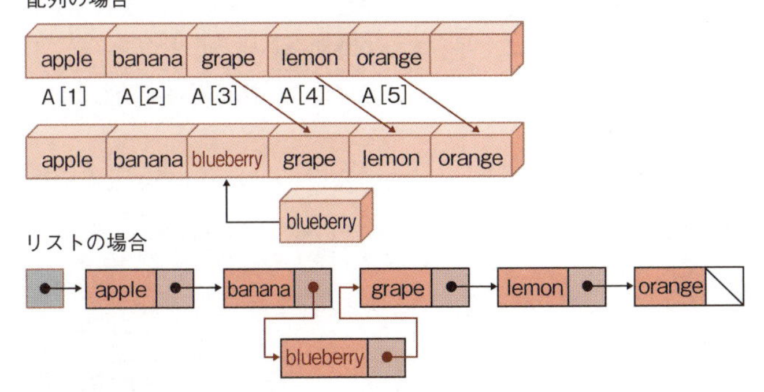

図2.5：配列とリストに要素を追加

知っておこう

リスト末尾のポインタ： 単方向リスト・双方向リストの末尾の要素のポインタには，後に続く要素がないことを示すため，「空の値」であるNULLを設定します。

参考

配列によるリスト： 配列でリストを表現する場合には，2次元配列に「データ」と「リンク先データを示すための配列の行番号」を格納して示します。

要素の追加前

	1	2
1	apple	2
2	banana	3
3	grape	4
4	lemon	5
5	orange	0
6		

要素の追加後

	1	2
1	apple	2
2	banana	6
3	grape	4
4	lemon	5
5	orange	0
6	blueberry	3

- **削除（例：“grape”を削除，図2.6）**

【配列の場合】

①A［3］を削除する。

②A［4］とA［5］を1つずつ前へずらす。

【リストの場合】

①“banana”のポインタを“lemon”へ変更する。

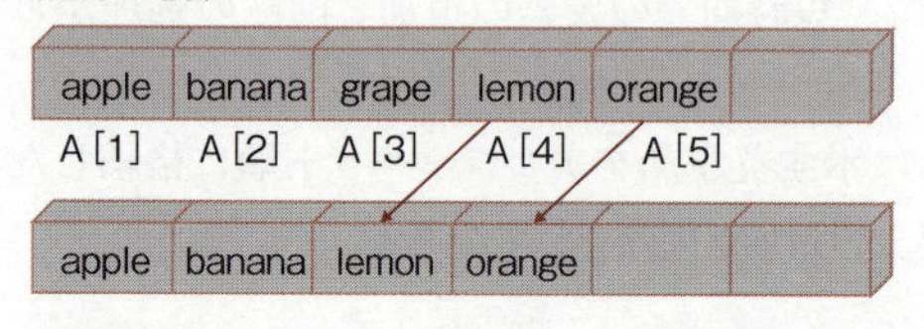

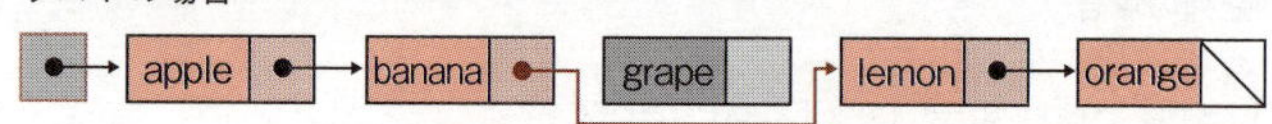

図2.6：配列とリストから要素を削除

例題

配列と比較した場合の連結リストの特徴に関する記述として，適切なものはどれか。

ア　要素を更新する場合，ポインタを順番にたどるだけなので，処理時間は短い。

イ　要素を削除する場合，削除した要素から後ろにあるすべての要素を前に移動するので，処理時間は長い。

ウ　要素を参照する場合，ランダムにアクセスできるので，処理時間は短い。

エ　要素を挿入する場合，数個のポインタを書き換えるだけなので，処理時間は短い。

解説

ア：リストは末尾に近いデータほど，そこにたどるまでの時間を必要とします。

イ：この説明は配列の操作の記述です。リストの場合，ポインタの修正だけで済むため，処理時間は短くて済みます。

ウ：配列は，添字の指定で直接データにアクセスできるため，ランダムアクセスが可能です。リストは，データを順にたどるためシーケンシャルアクセスになり，処理時間は長くなります。

エ：正しい記述です。

《解答》エ

データ構造 《出題頻度 ★★★》

2-3 キューとスタック

キュー(queue)は「列に並ぶ」,スタック(stack)は「積み重ねる」という意味の言葉で,その名が示すとおりにデータを扱うデータ構造です。本来の言葉の意味を覚えておくと,両者の違いを整理しやすいでしょう。

キュー

キューは,先に格納したデータから順に取り出す,先入先出型(**FIFO**:First In First Out)のデータ構造です(図2.7)。キューへデータを格納することを**enqueue(エンキュー)**,キューからデータを取り出すことを**dequeue(デキュー)**と呼びます。

スタックへの格納と取り出しの操作を問う問題がよく出題されています。キューはほとんど出題がありませんが,待ち行列としてさまざまな技術で利用されているため,しっかりと理解しておきましょう。

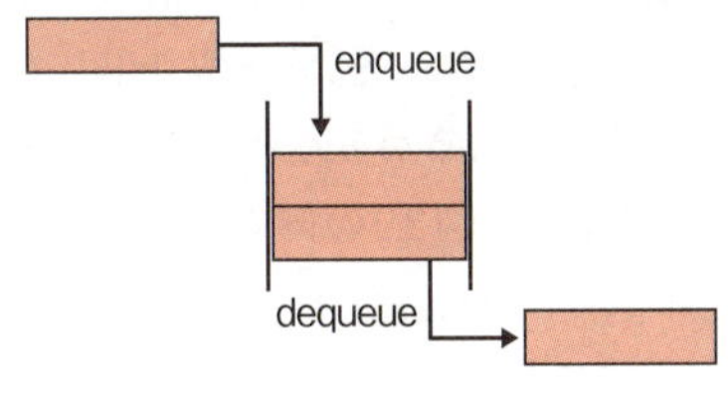

図2.7:キュー

スタックは,サブルーチンや再帰処理(2-5節参照)における,戻り先アドレスや呼出し時点のデータの一時的な格納に利用されます。

スタック

スタックはキューとは逆に,後に格納したデータから順に取り出す,後入先出型(**LIFO**:Last In First Out)のデータ構造です(図2.8)。スタックにデータを格納することを**push(プッシュ)**,スタックからデータを取り出すことを**pop(ポップ)**と呼びます。

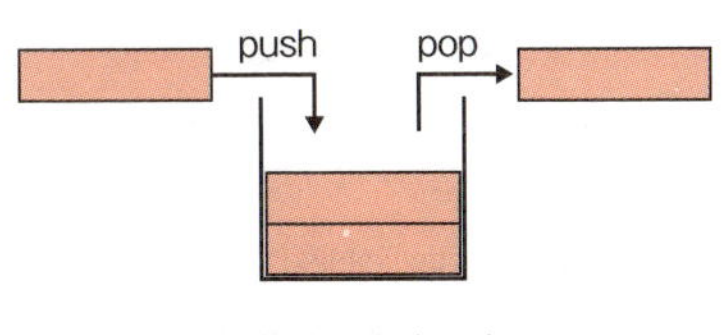

図2.8:スタック

データ構造 《出題頻度 ★★★》

2-4 木構造

木構造は，データを階層的に格納するデータ構造をもちます。上位から下位に向かって，データが樹木の枝葉のように広がった形状から木構造と呼ばれます。

主に2分探索木とヒープが頻出しています。用語を問うだけでなく，木への要素の格納や走査の結果を問う問題が多く出題されています。

木の構成

木構造は，データを格納する**節（ノード）**と，節同士を結ぶ**枝（ブランチ）**で構成します。節同士には上下関係があり，ある節から見て上位の節を親，下位の節を子と呼びます。また，階層の最上位の節を**根（ルート）**，子をもたない節を**葉（リーフ）**と呼びます（図2.9）。

木構造は，根以外のある節から以下の構造も木構造とみなすことができ，木構造全体から一部分を取り出した木を**部分木**と呼びます。また，根または節から左側の部分木を左部分木，右側を右部分木と呼びます。図2.9の例では，節eから見て，節f以下が左部分木，節g以下が右部分木に相当します。

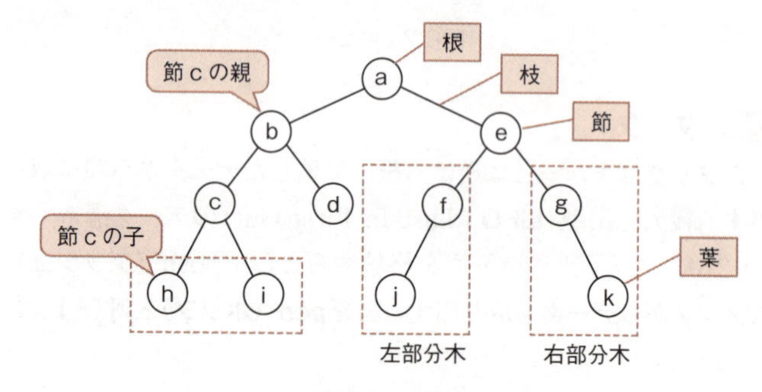

図2.9：木構造

2分木

木構造のうち，すべての親が2個以下の子をもつ木を**2分木**と呼びます。さらに2分木には，**完全2分木**，**2分探索木**，**ヒープ**があります。

完全2分木

根から葉までの深さがすべて等しい，または，1つだけ深い葉

が木全体の左側にある木を完全2分木と呼びます（図2.10）。

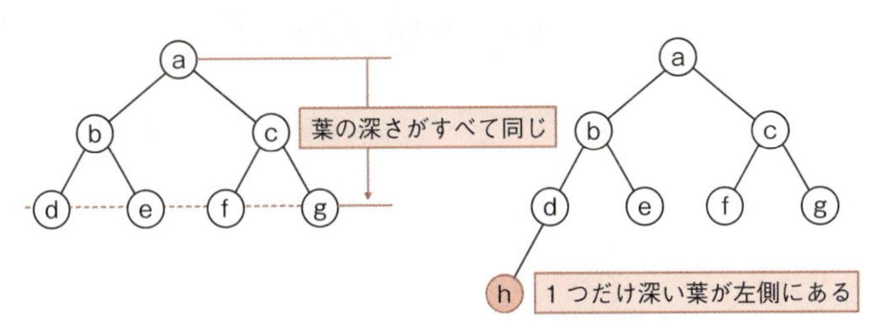

図2.10：完全2分木

2分探索木

すべての節において，「左側の子の値＜節の値」「節の値＜右側の子の値」という大小関係をもつ木を2分探索木と呼び，探索を効率的に行うことができます。図2.11は，1～9の数字が各節に格納された2分探索木です。節a（根）から見ると，節bは「節b＜節a」，節cは「節a＜節c」の関係になっています。

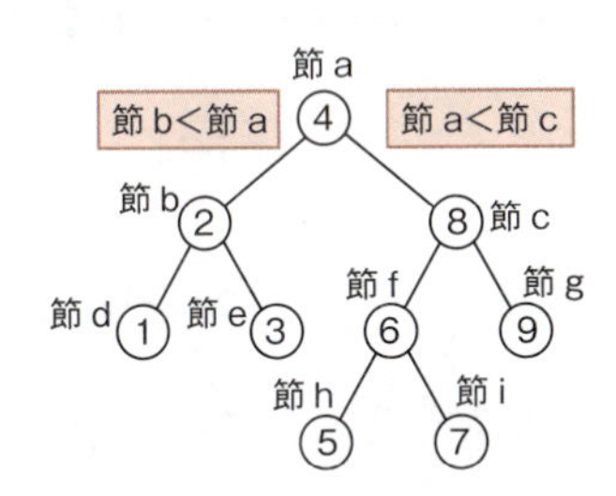

図2.11：2分探索木

2分探索木からデータを探索する場合，探索値と節の値を比較し，その結果によって，次の処理を行います（次ページ図2.12）。

- **探索値＞節の値**→右部分木をたどり，探索を続行。
- **探索値＜節の値**→左部分木をたどり，探索を続行。
- **探索値＝節の値**→探索を終了。

葉に達した時点で一致しない場合は，探索値が存在しないことになるため，探索が終了します。

参考

2分探索木へ追加

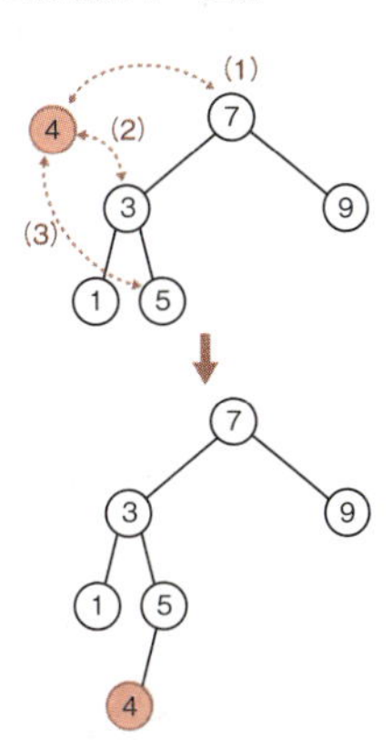

(1) 追加要素と根を比較し，「追加要素＜根」のため，左部分木と比較する。

(2) 要素3と比較し，「要素3＜追加要素」のため，右部分木と比較する。

(3) 要素5と比較し，「追加要素＜要素5」のため，左部分木へ追加する。

2分探索木からの削除

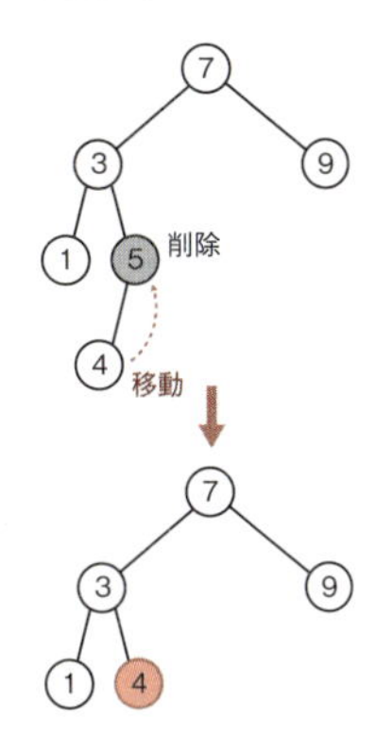

要素5を削除することにより，子の要素4を要素5の位置へ移動する。

参考

2分木の走査：2分木のすべての要素をたどる方法には，以下の方法があります。

- 幅優先：同じ階層の要素を優先とする。
- 深さ優先：階層の深い要素を優先とする。さらに，以下の3つの順序がある。

●前順

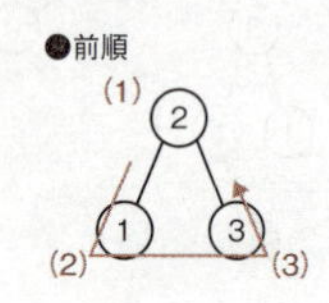

●間順

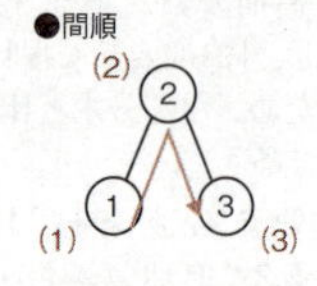

●後順

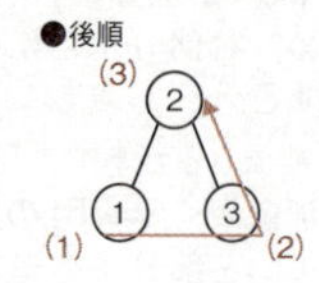

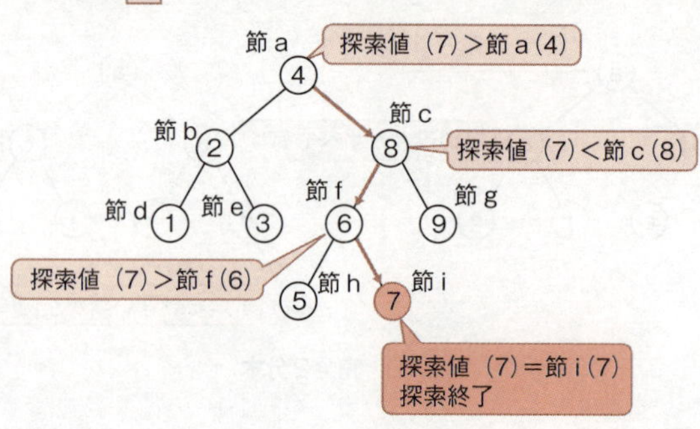

図2.12：2分探索木による探索の例

ヒープ

ヒープは，すべての節で「親の節の値＜子の節の値」，または「親の節の値＞子の節の値」の大小関係が成り立つ木です（図2.13）。そのため，ヒープへ要素を追加すると，親子の大小関係を保つように節を入れ替える，木の再構成が行われます。

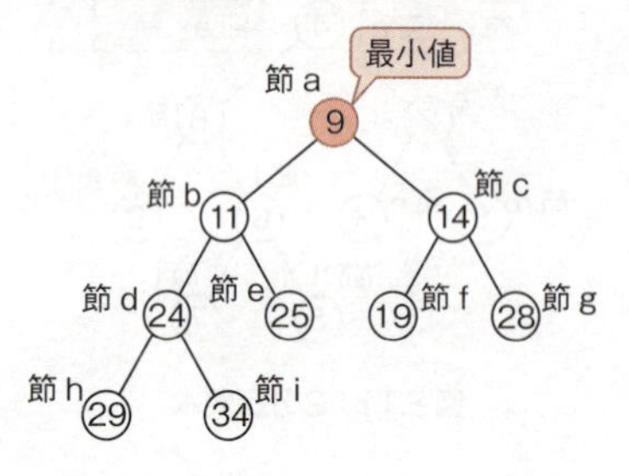

図2.13：ヒープ

ヒープの根には，「親の節の値＜子の節の値」となる場合は最小値が，「親の節の値＞子の節の値」となる場合は最大値が格納されます。そのため，根を取り出すことで整列処理を効率的に行うことが可能です。

例題

親の節の値が子の節の値より小さいヒープがある。このヒープへの挿入は，要素を最後尾に追加し，その要素が親よりも小さい間，親と子を交換することを繰り返せばよい。次のヒープの＊の位置に要素7を追加したとき，Aの位置に来る要素はどれか。

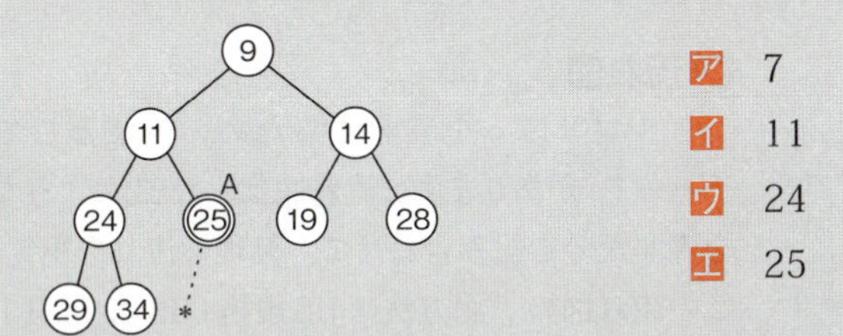

ア　7
イ　11
ウ　24
エ　25

解説

要素7の追加によって「親の節の値＞子の節の値」となるため，「親の節の値＜子の節の値」になるように要素の交換を行います。その結果，根には追加した要素7（最小値）が格納され，Aには要素11が移動します。

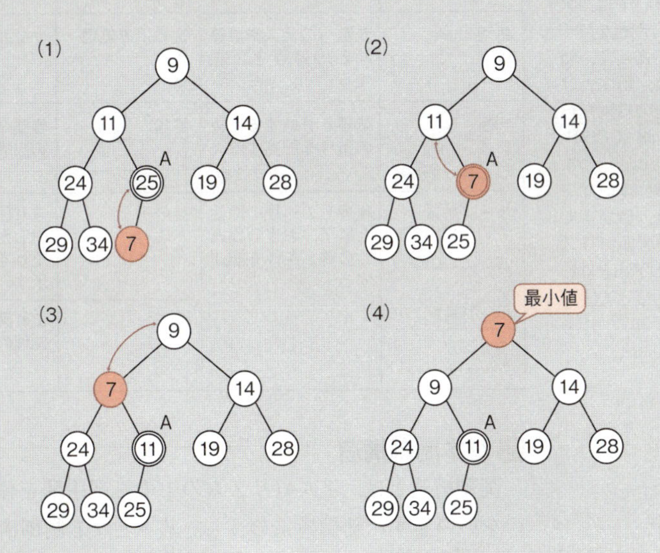

《解答》イ

アルゴリズム　《出題頻度　★★★》

2-5 アルゴリズムの表現

アルゴリズムとは，ある処理を行うための「明確に定義された手続きの集合」のことです。ここでは，アルゴリズムを理解するための基本として，アルゴリズムの表現方法について解説します。

流れ図

アルゴリズムを表記するための方法として流れ図（フローチャート）があります。流れ図は，表2.2のような，手続きの種類を表す記号を組み合わせて，処理の流れを視覚化したものです。この流れ図の表記方法はJIS規格（JIS X 0121-1986）で定義されています。

ポイント

アルゴリズムは，午後の必須問題として出題され，この後で解説する整列や探索のアルゴリズムのほか，図形の操作，数値計算など，さまざまなテーマで出題されています。

表2.2：流れ図（フローチャート）記号

記号	意味	記号	意味
端子	処理の開始と終了を示す	入出力	データの入出力を記述する
処理	変数への代入や計算などの処理を記述する	定義済み処理	サブルーチンを示す
判断	処理を分岐するための条件を記述する	書類	帳票などの紙媒体への出力を示す
ループ始端	繰返しの処理の開始と終了，および繰返しの終了条件を記述する	結合子	流れ図を分割して記述した場合の，それぞれを結合する点を示す
ループ終端		線	流れ図記号を結び，処理の流れを示す

参考

アルゴリズムの定義：JIS（日本工業規格）では，アルゴリズムを「問題を解くためのものであって，明確に定義され，順序付けられた有限個の規則からなる集合」（JIS X 0001-1994）としています。つまり，手順のあいまいなアルゴリズムや，いつまでも終わらないアルゴリズムは，アルゴリズムとはいえない，ということです。

基本制御構造

制御構造とは，アルゴリズムの中の処理手順を体系化したものをいいます。制御構造のうち，基本となる制御構造を**基本制御構造**と呼び，**順次型**，**選択型（分岐型）**，**繰返し型**の３種類があります。

順次型

順次型は，処理を順番に実行する制御構造です（図2.14左）。

選択型

選択型（分岐型）は，条件に従って処理の流れを分岐させる制御構造です。判断記号の中に「>」「<」「≦」「≧」「=」「≠」の条件式を使用して条件を記述します（図2.14右）。

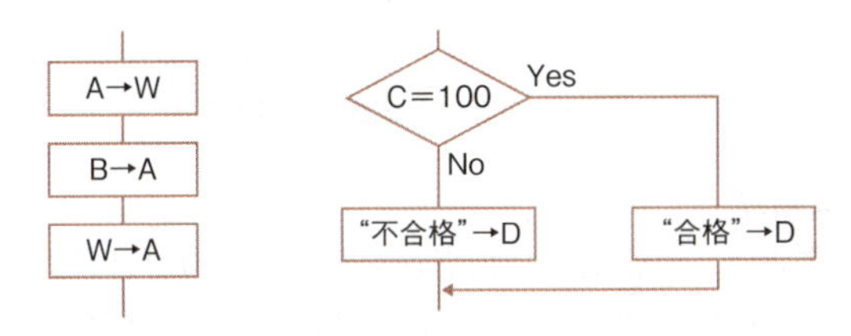

図2.14：順次型構造（左側）と選択型構造（右側）

繰返し型

繰返し型（反復型，ループ）は，繰返し条件を満たしている間，あるいは終了条件を満たすまで，処理を繰り返す制御構造です。

繰返し型には，条件の判定を繰返し処理の前で行う**前判定型**（図2.15）と，後で行う**後判定型**（次ページ図2.16）があります。前判定型は処理の状況によっては一度も繰返し処理を行わない場合がありますが，後判定型は必ず一度は繰返し処理を実行します。

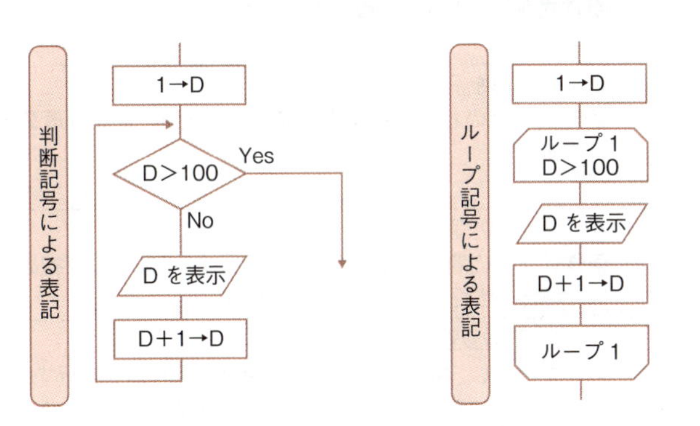

図2.15：繰返し型構造（前判定型）

知っておこう

流れ図と擬似言語の条件表記の違い：基本情報技術者試験において，流れ図に示す繰返し条件は，終了条件を使用します。一方，擬似言語では，反復条件を使用します。表記が異なるので注意してください。

用語

構造化プログラミング：
goto（手続きの順番を無条件に変更する制御構造）を用いずに(gotoless programming)，基本制御構造のみでアルゴリズムを組み立てて，プログラムの論理構造をわかりやすくするための考え方。

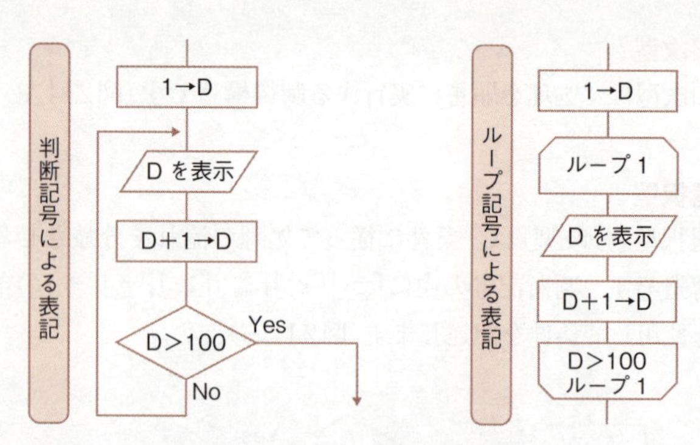

図2.16：繰返し型構造（後判定型）

擬似言語

擬似言語は，情報処理技術者試験用のアルゴリズム記述用の言語です。擬似言語はプログラム言語に近い形式をもち，表2.3の記述形式を用いてアルゴリズムを記述します。

表2.3：擬似言語の記述形式（午後問題に掲載されている）

記述形式		説明
○		手続，変数などの名前，型などを宣言する。
/* **文** */		**文**に注釈を記述する。
処理	・**変数**←**式**	**変数**に**式**の値を代入する。
	・**手続**（**引数**，…）	**手続**を呼び出し，**引数**を受け渡す。
	▲ **条件式** 　**処理** ▼	単岐選択処理を示す。 **条件式**が真のときは**処理**を実行する。
	▲ **条件式** 　**処理１** ―― 　**処理２** ▼	双岐選択処理を示す。 **条件式**が真のときは**処理１**を実行し，偽のときは**処理２**を実行する。
	■ **条件式** 　**処理** ■	前判定繰返し処理を示す。 **条件式**が真の間，**処理**を繰り返し実行する（条件式が初めから偽の場合，処理は一度も実行されない）。
	■ 　**処理** ■ **条件式**	後判定繰返し処理を示す。 **処理**を実行し，**条件式**が真の間，**処理**を繰り返し実行する（条件式の真偽にかかわらず，最低１回は処理が実行される）。
	■ **変数**：**初期値**，**条件式**，**増分** 　**処理** ■	繰返し処理を示す。 開始時点で**変数**に**初期値**（式で与えられる）が格納され，**条件式**が真の間，**処理**を繰り返す。また，繰り返すごとに，**変数**に**増分**（式で与えられる）を加える。

変数の宣言

プログラム中で使用する変数の名前（変数名）とデータ型を宣言します。変数宣言の記述形式は，次のとおりです。

```
○型：変数名←1つの変数の宣言
○型：変数名［要素数］←1次元配列の宣言
○型：変数名［行の要素数］［列の要素数］←2次元配列の宣言
```

型は，「整数型」「実数型」「文字型」「論理型」が指定できます。

式

使用できる演算子を，表2.4に示します。

表2.4：擬似言語の演算子

演算子の種類	演算子
単項演算子	+，−，not
四則演算子	+，−，×，÷，%（剰余）
関係演算子	>，<，≧，≦，=，≠
論理演算子	and，or

単項演算子は値に単独で使用する演算子で，「−1」「−x」のように使用します。「not」は，論理値に対してのみ使用します。四則演算子は，演算子の左右にある数値または変数に対して演算を行います。関係演算子は，演算子の左右にある値に対して比較を行い，結果を論理値として返します。論理演算子は，論理値に対して演算を行う演算子です。

演算には優先順位がありますが，擬似言語においても，表2.5に示すように各演算子に優先順位があります。

表2.5：演算子の優先順位

演算の種類	演算子	優先順位
単項演算	+，−，not	高
乗除演算	×，÷，%	↑
加減演算	+，−	
関係演算	>，<，≧，≦，=，≠	
論理積	and	↓
論理和	or	低

知っておこう

2つ以上の変数を同時に宣言する場合は，「,」に続いて変数名を記述することができます。

知っておこう

2次元配列の宣言は，次のように記述することも可能です。

○型：変数名［行の要素数，列の要素数］

知っておこう

初期化（イニシャライズ）： 変数の宣言と同時に初期値を格納することです。

【例】

○整数型：x=0

○整数型：z［］={10, 20}

配列の場合，初期値によって，要素数が決定します。この例では要素数は2つになります。

参考

論理値： 論理値は，真（true）と偽（false）の2つの値をもちます。

参考

優先順位の指定： 優先順位の低い演算子を優先的に演算させるにはカッコを使用して，優先順位を高くすることができます。

図2.17は，1から100までの整数のうち，偶数なら配列evenへ，奇数なら配列oddへ，それぞれ格納する処理を，流れ図と擬似言語で記述したものです。

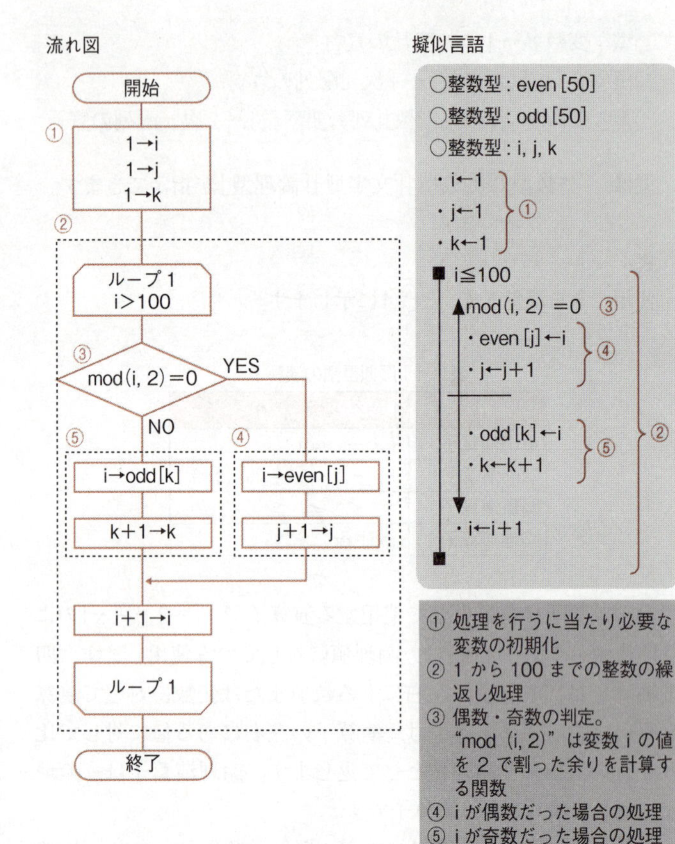

図2.17：フローチャートと擬似言語の例

ポイント

問題文の処理の内容からアルゴリズムのイメージがつかみづらいときには，その処理を手作業で行うとしたらどういう手順になるかを考えてみましょう。処理を行うために必要な手順を洗い出すことで，アルゴリズムの具体的なイメージがつかみやすくなります。

副プログラム

副プログラム（サブルーチン）は，複数のプログラムに共通する処理を別のプログラムとして独立させたものです。副プログラムは，プログラムから呼び出して実行することができます。このとき，副プログラムを呼び出す側のプログラムを**主プログラム**と呼びます（次ページ図2.18）。

主プログラムから副プログラムを呼び出すと，主プログラム

知っておこう

再入可能（リエントラント）：実行中のプログラムが別のプログラムから呼び出されても正しく動作する性質のことをいいます。この性質をもったプログラムを再入可能プログラムと呼びます。

の実行が中断され，**引数**に格納された値を受け取って副プログラムの実行が開始されます。副プログラムの実行が終了すると，呼出し元の主プログラムの実行が再開します。

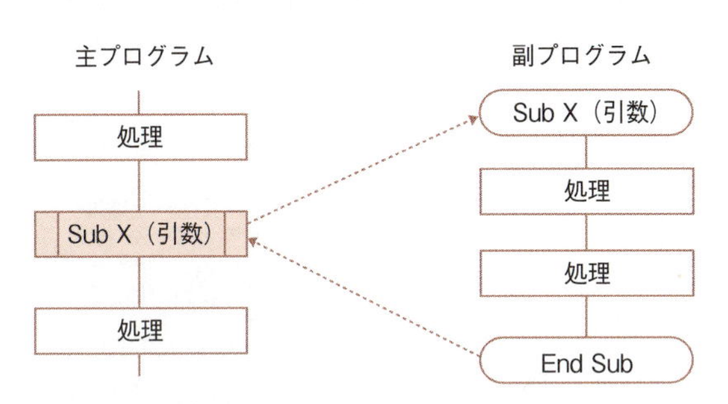

図2.18：副プログラム

副プログラムにおいて，処理の結果を呼出し元へ返す副プログラムを**関数**といいます。関数から返される値を**戻り値**と呼び，呼出し元でその値を使用することができます。一方，呼出し元へ値を返さない副プログラムを**手続き**と呼びます。

手続き型は，処理の結果を呼出し元に返さないため，主に出力処理などに使用されますが，手続き型においても関数と同様に処理の結果を呼出し元へ返す方法があります。それは，呼出し元と呼出し先で指定した引数の変数間で同期（どちらかの値が変わると，もう一方も変わること）が取られていることで，呼出し元に処理の結果を返すことができます。

再帰処理

再帰（リカーシブ）は，副プログラムの中で，自分自身の副プログラムを呼び出すことをいいます。

再起処理の例として，n の階乗（$n!$）を求めるアルゴリズムを考えてみます。$n!$は次の式で求まります。

$$n! = n \times (n-1) \times (n-2) \cdots 3 \times 2 \times 1 = n \times (n-1)!$$

式から，$n!$は，n と $(n-1)!$ の積で求まることがわかります。これは，$(n-1)!$ においても，$n-1$ と $(n-2)!$ から求まることを表し，最終的に$0!$になるまで続きます。

階乗を関数化すると次のようになります。

用語

引数：副プログラムの呼出し時に，主プログラムから渡される値のこと。

知っておこう

関数から値を返す場合はreturn文を使用します。

ポイント

試験では，問題文中に副プログラムの仕様が記述されていることがあり，引数の変数の仕様の記述に「出力」「入出力」とあった場合は，同期を取る変数であると判断できます。

用語

値呼出し：変数の値をコピーして渡す方法。すなわち関数型のことです。

参照呼出し：変数を共有して渡す方法。すなわち，手続き型において，変数間で同期を取る方法です。

ポイント

再帰処理はよく出題されます。しっかりと理解しておきましょう。

$$f(n)=\begin{cases} n\times f(n-1) & n>0\text{のとき} \\ 1 & n=0\text{のとき} \end{cases}$$

これをアルゴリズムとして表すと図2.19のようになります。また，$n=5$として実行したときの様子を図2.20に示します。

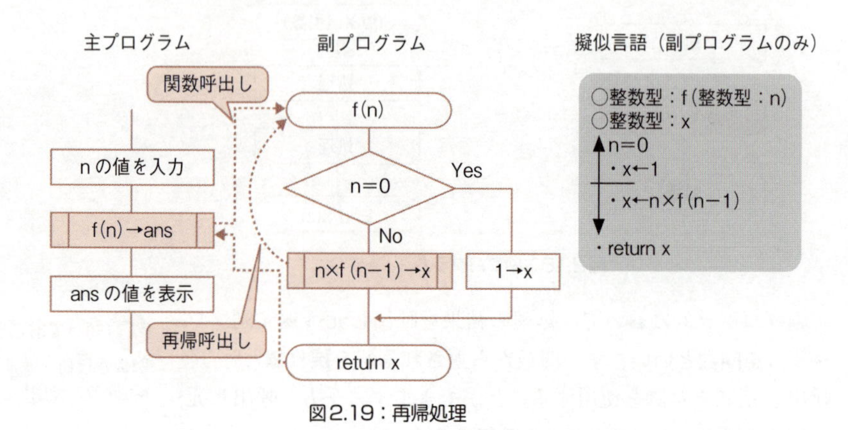

図2.19：再帰処理

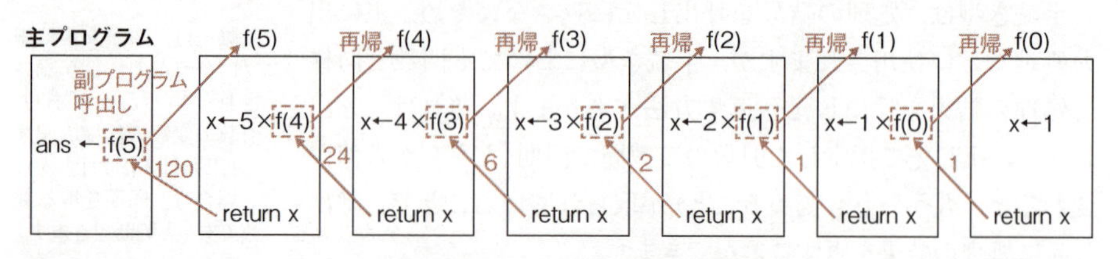

図2.20：n=5のときの実行結果の様子

ポイント

フローチャートや擬似言語プログラムから手順の流れを追うことをトレースといいます。トレースを行う際には，変数に格納される値の変化を紙に書き出しておくと，流れを追いやすくなります。なお，トレースばかりに集中して解答時間がなくなることのないよう，処理の開始直後と終了前後などトレースするポイントを絞るとよいでしょう。

計算量

アルゴリズムの効率性を評価する基準として，処理を行うデータ件数をnとしたときの実行時間の目安を表す**計算量**があります。

計算量は，「O」(英字の大文字で，オーダと読む)の記号を用いて，「$O(n)$」と表します。計算量が$O(n)$の場合は，処理件数nに計算量が比例し，$O(1)$は処理件数にかかわらず計算量は変わらないことをそれぞれ意味しています。

例として，次のプログラムの計算量を考えてみます。

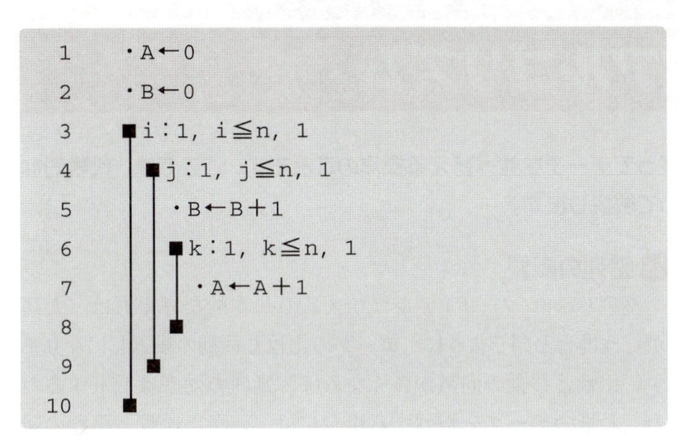

```
1    ・A←0
2    ・B←0
3    ■i：1, i≦n, 1
4     ■j：1, j≦n, 1
5       ・B←B＋1
6       ■k：1, k≦n, 1
7         ・A←A＋1
8       ■
9     ■
10   ■
```

1～2行目の各計算量は，3行以降の反復処理の回数にかかわらず，処理回数は1回となります。そのため，計算量は$O(1)$です。

3行目以降の計算量は，次のようになります。

① 6～8行目の反復処理の計算量は，「A←A＋1」をn回繰り返すため，$O(n)$となる。

② 4～9行目の反復処理の計算量を求めるには，次の2つの要素を考慮する。

- 「B←B＋1」をn回行うため，計算量は$O(n)$
- ①の処理をn回繰り返すため，計算量は$O(n \cdot n) = O(n^2)$

4～9行目の計算量は，上記の2つのうち最も大きい計算量をもつ方になるため，$O(n^2)$となる。

③ 3～10行目の反復処理の計算量は，②の処理をn回繰り返すため，$O(n \cdot n^2) = O(n^3)$となる。

以上から，プログラム全体の計算量は次のようになります。

$O(1) + O(1) + O(n^3)$

ここで，nを大きな数にした場合の計算量を考えると，$O(n^3)$の項についてはn^3のオーダで増加しますが，$O(1)$については計算量が増加しないため，無視することができます。よって，$O(n^3)$で近似することができます。

計算量のオーダの大小関係を以下に示します。

【計算量の大小】

$O(1) < O(\log_2 n) < O(n) < O(n \log_2 n) < O(n^2) < O(n^3)$
$< O(2^n) < O(3^n) < O(n!)$

アルゴリズム　《出題頻度 ★★★》

2-6 整列アルゴリズム

整列は，ある基準に従ってデータを並べ替える操作のことです。ここでは，代表的な整列アルゴリズムについて解説します。

ポイント

午前問題では，整列アルゴリズムの特徴（考え方，効率）について出題されています。また，午後のアルゴリズム問題でも，整列アルゴリズムの問題が出題されています。

整列の概要

整列（sort：ソート）アルゴリズムの基本的な考え方は，人間が行う場合と同じように，データの比較と移動の繰返しになります。比較と移動の回数が多くなるほど処理の効率は低下するため，大量のデータを整列する場合には，いかに比較と移動の回数を減らせるかがポイントになります。

参考

基本交換法の効率性：

・比較回数：$\frac{n(n-1)}{2}$

・計算量：$O(n^2)$

基本交換法では，整列開始時点の並び方にかかわらず，隣り合うデータ同士の比較を未整列のデータすべてに対して行うため，比較回数は一定になります。

基本交換法

基本交換法（隣接交換法，バブルソート）は，隣り合ったデータ同士の比較と入替えを繰り返して整列を行うアルゴリズムです（次ページ図2.21）。昇順（小さい順）に整列する場合は最大値が，降順（大きい順）に整列する場合は最小値が，徐々に配列の端のほうへ，“泡”（バブル）が浮き上がるように移動していくのが特徴で，それが「バブルソート」の語源になっています。

考え方

① 未整列データ（N個）の中の最大値（最小値）を確定するサイクルを繰り返す。

② 1つのサイクルは，未整列データの先頭から順に隣り合う要素同士の比較・入替えを行う。

③ 1つのサイクルが終了すると，未整列データの末尾に最大値（最小値）が移動しているため，未整列データの範囲を1つ手前に狭めて，次のサイクルを行う。

④ N－1回目のサイクルで，先頭と2番目の要素の比較・入替えによって整列が完了する。

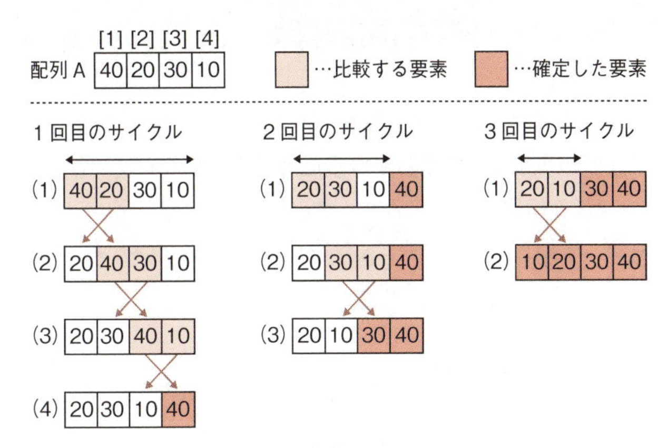

図2.21：基本交換法

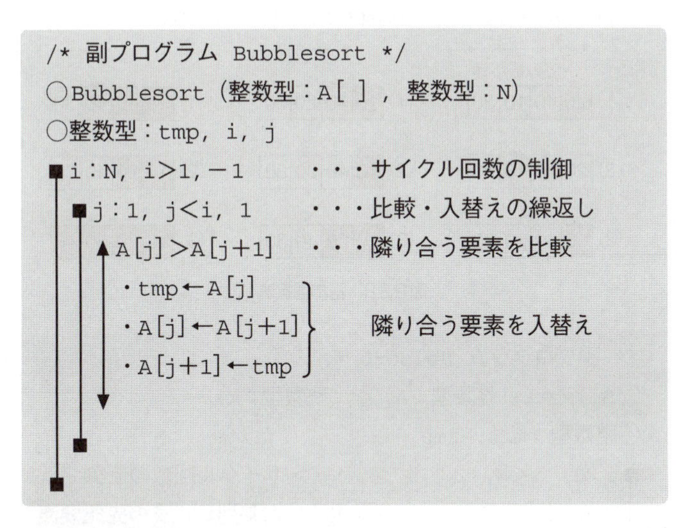

```
/* 副プログラム Bubblesort */
○Bubblesort (整数型：A[ ], 整数型：N)
○整数型：tmp, i, j
■i：N, i>1, −1           ・・・サイクル回数の制御
  ■j：1, j<i, 1          ・・・比較・入替えの繰返し
    ▲A[j]>A[j+1]         ・・・隣り合う要素を比較
      ・tmp←A[j]        ┐
      ・A[j]←A[j+1]     ├  隣り合う要素を入替え
      ・A[j+1]←tmp      ┘
    ▼
  ■
■
```

基本選択法

基本選択法（選択ソート）は，昇順に整列する場合は最小値を，降順に整列する場合は最大値を選択して，配列の先頭から順々に入替えを繰り返すアルゴリズムです（次ページ図2.22）。

考え方

① 未整列データ（N個）の中の最小値（最大値）を確定するサイクルを繰り返す。

② 1つのサイクルは，未整列データの先頭から末尾の要素ま

知っておこう

スワップ：2つの変数間で値の入替えをする操作のことです。操作は，変数の値が置き換えられないように，退避用に3つ目の変数を用意して，以下のように行います（例：変数AとBの値の入替え）。

①A→W：変数Aの値を変数Wへ退避する。

②B→A：変数Bの値を変数Aに代入する。

③W→B：変数Wに退避した値を変数Bに代入する。

参考

基本選択法の効率性：

・比較回数：$\frac{n(n-1)}{2}$

・計算量：$O(n^2)$

基本選択法も基本交換法と同様に，整列開始時点の並び方にかかわらず，比較回数は一定になります。これは，最小値を探す際に，未整列データのすべてに対する比較を行うためです。

での中から，要素同士の比較を繰り返して最小値(最大値)を選択する。

③ 1つのサイクルが終了すると，未整列データの先頭に最小値(最大値)が移動しているため，未整列データの範囲を1つ後ろに狭めて，次のサイクルを行う。

④ N－1回目のサイクルで，N番目とN－1番目の要素の比較・入替えによって整列が完了する。

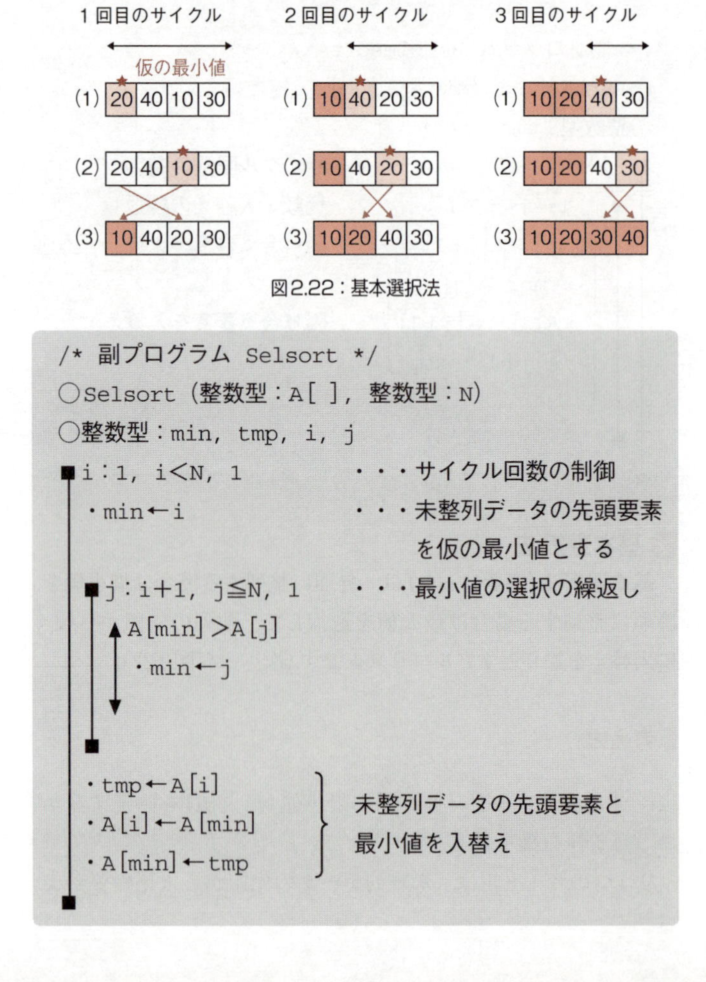

図2.22：基本選択法

```
/* 副プログラム Selsort */
○Selsort (整数型：A[ ], 整数型：N)
○整数型：min, tmp, i, j
■i：1, i<N, 1                  ・・・サイクル回数の制御
 ・min←i                        ・・・未整列データの先頭要素
                                     を仮の最小値とする
 ■j：i+1, j≦N, 1               ・・・最小値の選択の繰返し
  ▲A[min]>A[j]
   ・min←j
  ▼
 ■
 ・tmp←A[i]          ｝未整列データの先頭要素と
 ・A[i]←A[min]       ｝最小値を入替え
 ・A[min]←tmp        ｝
■
```

基本挿入法

基本挿入法（挿入ソート）は，未整列データから要素を順次取り出して，整列済みデータへ順序を保ちながら挿入していくアルゴリズムです（図2.23）。

考え方

① 未整列データ（N個）の先頭の要素を確定済みの要素へ移動するサイクルを繰り返す。
② 1回目のサイクルでは，配列の先頭要素を確定済みとして，整列を開始する。
③ 1つのサイクルは，未整列データの先頭と確定済みの要素の比較と入替えを繰り返す。入替えが発生しなくなった時点で，データの位置が確定したことになる。
④ 1つのサイクルが終了すると，未整列データの範囲を1つ後ろに狭めて，次のサイクルを行う。
⑤ N－1回目のサイクルで，N番目の要素の比較・入替えによって整列が完了する。

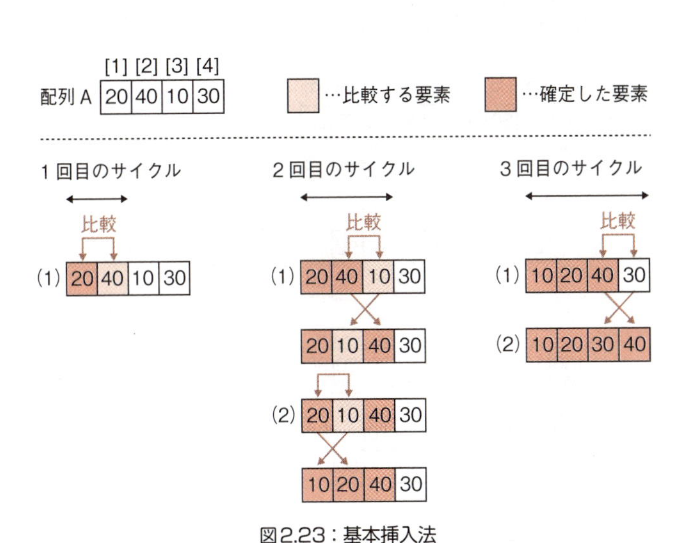

図2.23：基本挿入法

参考

基本挿入法の効率性：

・比較回数：$\frac{n(n-1)}{2}$

ただし，整列開始時点の並び方による。

・計算量：$O(n^2)$

基本挿入法の場合は，整列開始時点である程度整列された状態になっていると，挿入位置を探すための比較回数が少なくなります。そのため，基本交換法と基本選択法に比べて，効率の良いアルゴリズムといえます。

```
/* 副プログラム InsertSort */
○InsertSort(整数型：A[ ] , 整数型：N)
○整数型：tmp, i, j
■i:2, i≦N, 1                    ・・・サイクル回数の制御
| ・j←i
| ■j>1 and (A[j]<A[j−1])・・・入替えの繰返し
| | ・tmp←A[j]
| | ・A[j]←A[j−1]
| | ・A[j−1]←tmp
| | ・j←j−1
| ■
■
```

高速な整列アルゴリズム： ヒープソートは，高速な整列を行うアルゴリズムで，計算量は「$O(n \log_2 n)$」になります。なお，シェルソートの場合は，間隔の取り方によって計算量が変化しますが，おおむね「$O(n^{1.25})$」程度になります。

シェルソート

シェルソート(改良挿入法)は，基本挿入法を効率化したアルゴリズムで，一定の間隔を空けて挿入法で整列を行い，その間隔を1になるまで段階的に狭めながら，挿入法による整列を繰り返す方法です(図2.24)。

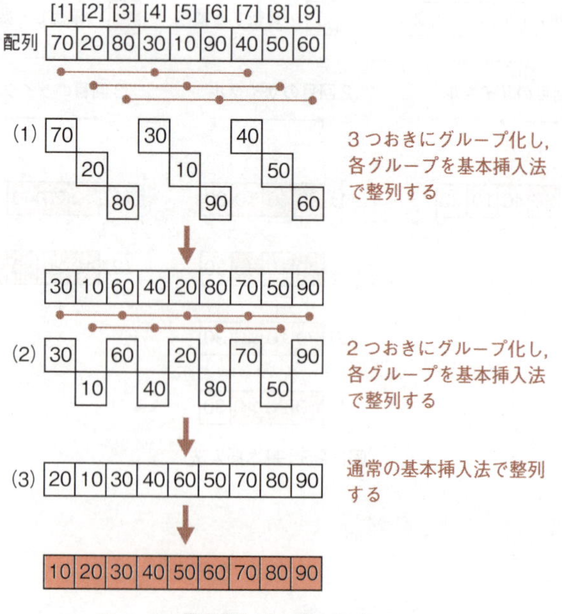

図2.24：シェルソート

クイックソート

クイックソートは，整列データをピボットという基準値よりも小さい値のグループと大きい値のグループに分割し，さらにそれぞれのグループで新たにピボットを選択して，値の大小によるグループ化を繰り返して整列を行う方法です(図2.25)。

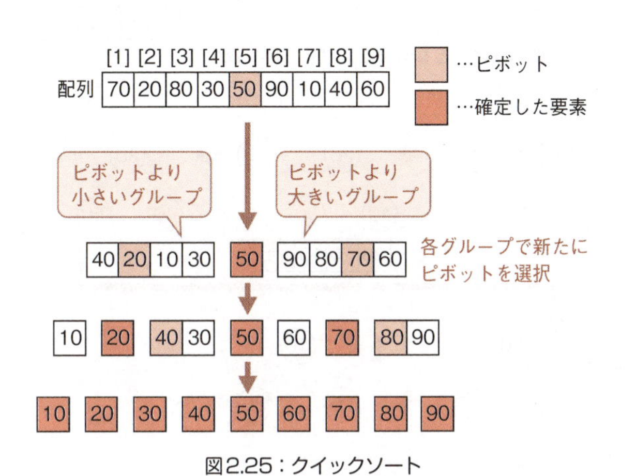

図2.25：クイックソート

> **知っておこう**
> クイックソートでは，整列データを，ピボットを基準として2つのグループに分割し，さらに分割した各グループを同様に2分割する処理を繰り返します。これは，「ピボットを基準として2分割する」を再帰処理することで実現することができます。

ヒープソート

ヒープソートは，未整列データからヒープを作成して整列を行うアルゴリズムです(図2.26)。ヒープとは，2-4節で説明したように，木構造のすべての節で「親の節の値 ≧ 子の節の値」あるいは「親の節の値 ≦ 子の節の値」という関係をもつ2分木です。

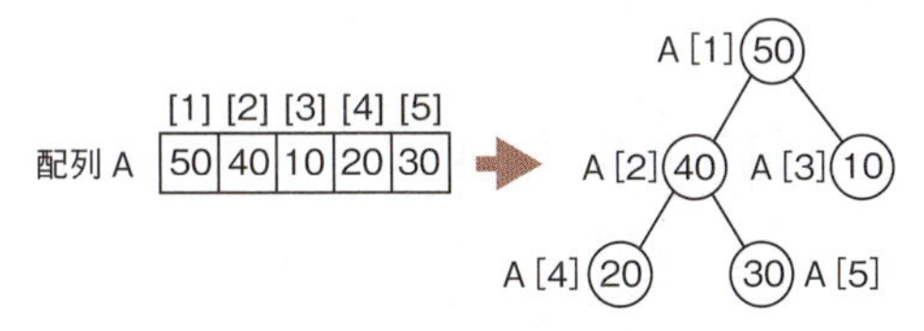

図2.26：配列から木構造の作成

ヒープの特徴は，配列の先頭要素(すなわち根)の値が最大値あるいは最小値になることです。ヒープソートは，これを応用して，根に格納された値の取出しとヒープの再構成を繰り返します(次ページ図2.27)。

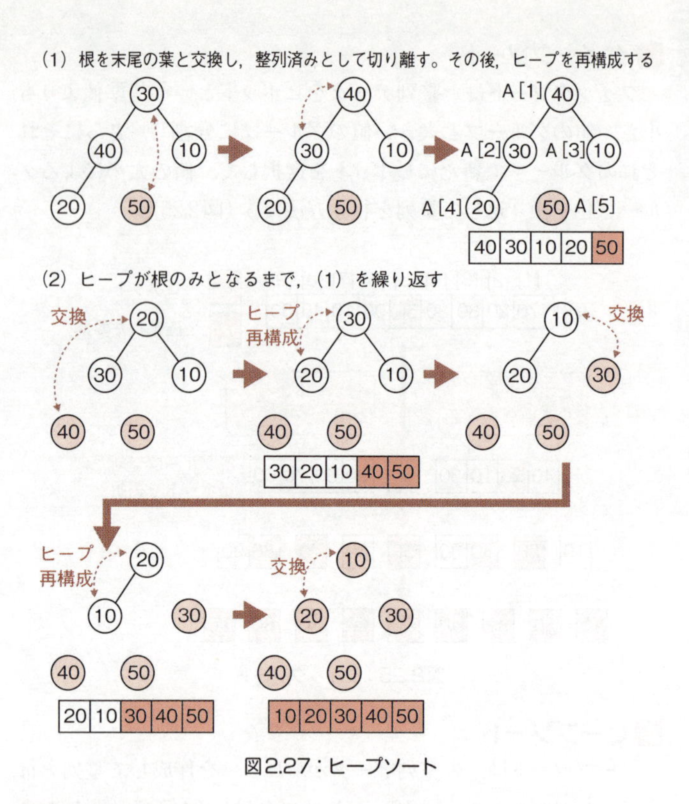

図2.27：ヒープソート

マージソート

マージソートは，配列の要素を繰り返し“分割”し，分割によって少なくなった要素間で並べ替えと“併合(マージ)”を繰り返して元の配列に戻すソート方法です(図2.28)。

参考

マージソートの特徴：マージソートは，あらかじめソート済みの要素間同士の並べ替えが容易であることに着目したソート方法です。

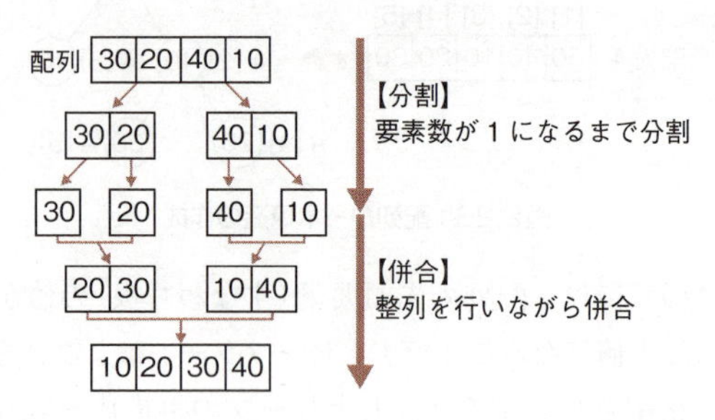

図2.28：マージソート

アルゴリズム 《出題頻度 ★★★》

2-7 探索アルゴリズム

探索は，データの集合に目的のデータが存在するかを調べる処理です。整列アルゴリズムと同様によく出題されます。よく理解しておきましょう。

線形探索

線形探索は，探索範囲の先頭から順に見つけたい値（探索値）があるかを調べるアルゴリズムです（図2.29）。探索範囲内に探索値がある場合は，値が一致した位置で探索が終了します。一方，探索範囲内に探索値がない場合は，最後まで一致せずに探索が終了します。

ハッシュ法による探索アルゴリズムがよく出題されています。

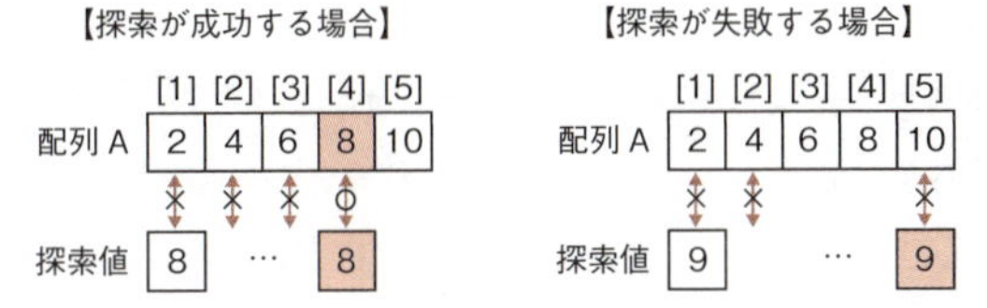

図2.29：線形検索

線形探索の効率性：

・比較回数：$\frac{n+1}{2}$

・計算量：$O(n)$

探索値と一致する要素が，探索対象の先頭にあれば比較回数は1回，探索対象の末尾にあれば比較回数はn回となるため，平均すると「$(n+1) \div 2$」になります。

```
○整数型：A[5]＝{2, 4, 6, 8, 10}
○整数型：N=5                /* データの個数 */
○整数型：X                  /* 探索値を格納 */
○整数型：i=1
・read(X)                   /* 入力値をXに格納 */
■ (i≦N) and (A[i]≠X)
│ ・i←i+1
■
▲ i≦N
│ ・print(“探索成功”)       /* カッコ内の内容を表示 */
├─────────
│ ・print(“探索失敗”)
▼
```

擬似言語では，特定の処理を行う任意の関数（本文の例では，readやprint）が記述されることがあります。これらの関数の処理内容は，問題文に記述されます。問題文をよく読んで理解しましょう。

番兵法

番兵法は，探索範囲の末尾要素の後ろにあらかじめ探索値を格納して探索を行うアルゴリズムです。この最後に置いたデータを番兵と呼びます（図2.30）。これにより，探索の終了条件を簡素化することができます。たとえば，前ページの線形探索では終了条件に「(i≦N) and (A [i] ≠ X)」とありましたが，番兵法を用いると「A [i] ≠ X」だけで済むようになります。

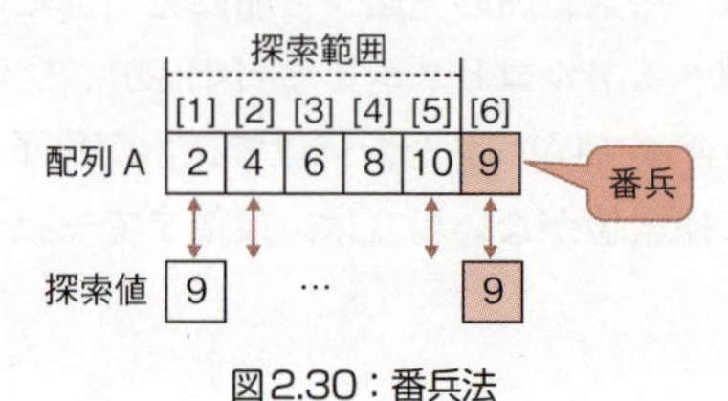

図2.30：番兵法

```
○整数型：A[6]＝{2, 4, 6, 8, 10, 0}
○整数型：N＝5                /* データの個数 */
○整数型：X                   /* 探索値を格納 */
○整数型：i＝1
・read(X)                    /* 入力した値をXに格納 */
・A[N＋1]←X                  /* 番兵の配置 */
■A[i] ≠ X
│ ・i←i＋1
■
▲i≦N
│ ・print("探索成功")         /* カッコ内の内容を表示 */
├──────
│ ・print("探索失敗")
▼
```

2分探索

2分探索の効率性：

・比較回数：$\log_2 n$

・計算量：$O(\log_2 n)$

2分探索では，範囲を2分しながら探索を行うため，平均の比較回数は「$\log_2 n$」になります。

2分探索は，あらかじめ整列済みのデータの中から探索値を探し出す場合に有効な方法です。中間に位置する値Mと探索値Xを比較した結果が「M<X」であれば中間よりも後半を，「M>X」であれば中間よりも前半を，それぞれ次に探索する範囲とすることで，探索を効率化できます（図2.31）。

2分探索では，探索範囲の始点Lと終点Hの対応関係が崩れるとき，すなわち「L＞H」となる場合に探索失敗となります。

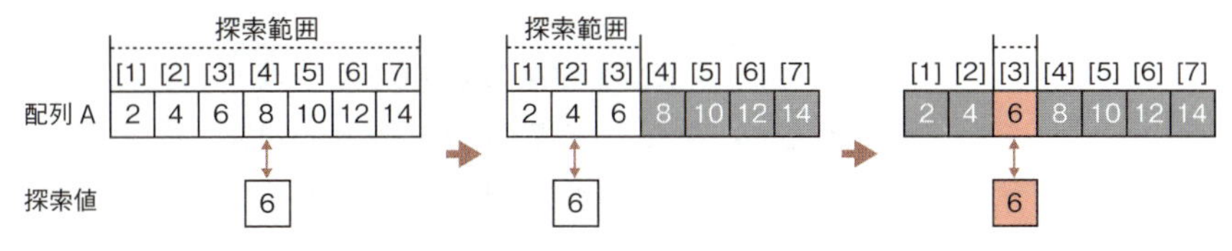

図2.31：2分探索

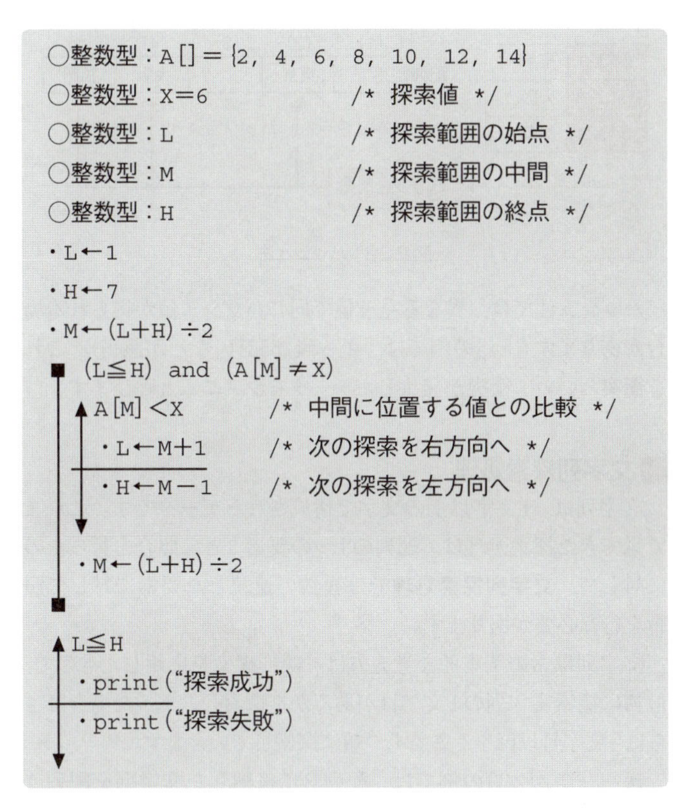

```
○整数型：A[]＝{2, 4, 6, 8, 10, 12, 14}
○整数型：X＝6                /* 探索値 */
○整数型：L                   /* 探索範囲の始点 */
○整数型：M                   /* 探索範囲の中間 */
○整数型：H                   /* 探索範囲の終点 */
・L←1
・H←7
・M←(L＋H)÷2
■ (L≦H) and (A[M]≠X)
│ ▲ A[M]＜X          /* 中間に位置する値との比較 */
│ │ ・L←M＋1         /* 次の探索を右方向へ */
│ ├──────
│ │ ・H←M－1         /* 次の探索を左方向へ */
│ ▼
│ ・M←(L＋H)÷2
■
▲ L≦H
│ ・print("探索成功")
├──────
│ ・print("探索失敗")
▼
```

ハッシュ法

ハッシュ法は，探索値に紐づいた固有の値（キー値）から探索値が格納されている位置を計算する方法です。この計算は，ハッシュ関数と呼ばれる関数から求められます。また，ハッシュ関数から求められた値をハッシュ値と呼びます（次ページ図2.32）。

ハッシュ法の効率性：

・比較回数：1

・計算量：$O(1)$

ハッシュ法の場合，シノニム（次ページ参照）が発生する確率が無視できる程度であれば，1回の計算によって格納場所を求めることができます。

ハッシュ関数は，主に剰余を求める式が利用されます。例として，「キー値の各桁の数値の合計を13で割った余り」をハッシュ関数とした場合，ハッシュ値は次のようになります。

54321：5＋4＋3＋2＋1＝15　15÷13の余り＝2
54323：5＋4＋3＋2＋3＝17　17÷13の余り＝4
54324：5＋4＋3＋2＋4＝18　18÷13の余り＝5

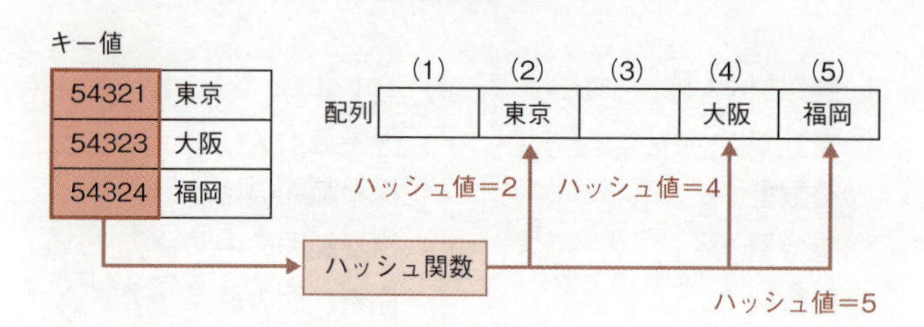

図2.32：ハッシュ法

ハッシュ法では，異なるキー値で同じハッシュ値が得られる場合があります（上述の例では，キー値「55311」などが該当）。これを**衝突**といい，衝突が発生したデータを**シノニム**と呼びます。

文字列探索処理

文字列は，1文字以上の文字で構成されるデータです。これまで見てきた探索処理は，配列の1つの要素ごとに照合を行ったのに対して，**文字列探索処理**では複数の連続した要素に対して照合を行う必要があります。

文字列探索の基本的な考え方は，線形探索を応用したもので，最初に探索文字列の1文字目があるかを探索し，あった場合はさらに2文字目以降を1文字ずつ順に探索していきます。

次ページ図2.33の例では，配列Bに格納した文字列を配列Aから探し出す手順を示しています。

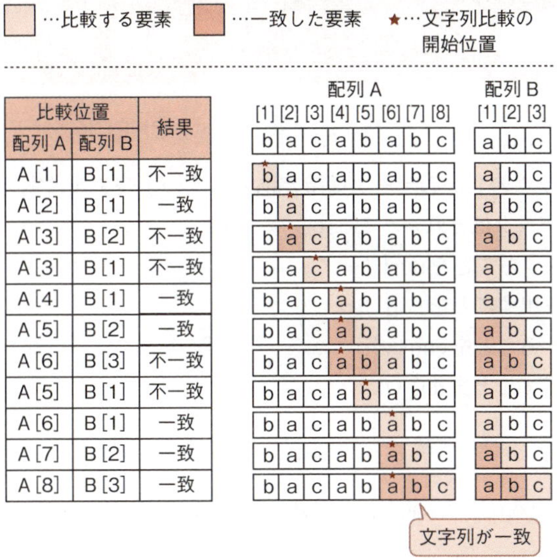

…比較する要素　…一致した要素　★…文字列比較の開始位置

比較位置		結果
配列A	配列B	
A[1]	B[1]	不一致
A[2]	B[1]	一致
A[3]	B[2]	不一致
A[3]	B[1]	不一致
A[4]	B[1]	一致
A[5]	B[2]	一致
A[6]	B[3]	不一致
A[5]	B[1]	不一致
A[6]	B[1]	一致
A[7]	B[2]	一致
A[8]	B[3]	一致

配列A
[1] [2] [3] [4] [5] [6] [7] [8]
b a c a b a b c

配列B
[1] [2] [3]
a b c

文字列が一致

図2.33：文字列探索

例題

16進数で表される9個のデータ1A, 35, 3B, 54, 8E, A1, AF, B2, B3を順にハッシュ表に入れる。ハッシュ値をハッシュ関数f(データ) = mod (データ, 8) で求めたとき，最初に衝突が起こる(既に表にあるデータと等しいハッシュ値になる)のはどのデータか。ここで，mod (a, b) はaをbで割った余りを表す。

ア 54　　イ A1　　ウ B2　　エ B3

解説

ハッシュ値は，設問より8で割った余りから求まることがわかります。順にハッシュ値を求めた結果は次のとおりです(カッコ内の値は10進数の値)。

格納順	データ	ハッシュ値	格納順	データ	ハッシュ値
①	1A (26)	**2**	⑤	8E (142)	6
②	35 (53)	5	⑥	A1 (161)	1
③	3B (59)	3	⑦	AF (175)	7
④	54 (84)	4	⑧	B2 (178)	**2**

よって，ウが正解です。

《解答》ウ

2-8 演習問題

問1 キューとスタック CHECK ▶ □□□

空の状態のキューとスタックの二つのデータ構造がある。次の手続を順に実行した場合，変数xに代入されるデータはどれか。ここで，

データyをスタックに挿入することをpush(y)，

スタックからデータを取り出すことをpop()，

データyをキューに挿入することをenq(y)，

キューからデータを取り出すことをdeq()，

とそれぞれ表す。

push(a) ⇒ push(b) ⇒ enq(pop()) ⇒ enq(c) ⇒ push(d) ⇒ push(deq()) ⇒ x ← pop()

ア a　イ b　ウ c　エ d

問2 整列アルゴリズム CHECK ▶ □□□

クイックソートの処理方法を説明したものはどれか。

ア 既に整列済みのデータ列の正しい位置に，データを追加する操作を繰り返していく方法である。

イ データ中の最小値を求め，次にそれを除いた部分の中から最小値を求める。この操作を繰り返していく方法である。

ウ 適当な基準値を選び，それより小さな値のグループと大きな値のグループにデータを分割する。同様にして，グループの中で基準値を選び，それぞれのグループを分割する。この操作を繰り返していく方法である。

エ 隣り合ったデータの比較と入替えを繰り返すことによって，小さな値のデータを次第に端の方に移していく方法である。

問3 アルゴリズムの表現 CHECK ▶ □□□

関数$f(x, y)$が次のように定義されているとき，$f(775, 527)$の値は幾らか。ここで，x mod yはxをyで割った余りを返す。

$f(x, y)$: if $y = 0$ then return x else return $f(y, x \bmod y)$

ア 0　イ 31　ウ 248　エ 527

問4 木構造 CHECK ▶ □□□

節点1，2，…，nをもつ木を表現するために，大きさnの整数型配列A[1]，A[2]，…，A[n]を用意して，節点iの親の番号をA[i]に格納する。節点kが根の場合はA[k]=0とする。表に示す配列が表す木の葉の数は，幾つか。

i	1	2	3	4	5	6	7	8
A[i]	0	1	1	3	3	5	5	5

ア 1　　イ 3　　ウ 5　　エ 7

問5 探索アルゴリズム CHECK ▶ □□□

5桁の数$a_1a_2a_3a_4a_5$を，ハッシュ法を用いて配列に格納したい。ハッシュ関数をmod(a_1+a_2+a_3+a_4+a_5, 13)とし，求めたハッシュ値に対応する位置の配列要素に格納する場合，54321は次の配列のどの位置に入るか。ここで，mod(x, 13)の値は，xを13で割った余りとする。

位置	配置
0	
1	
2	
⋮	⋮
11	
12	

ア 1　　イ 2　　ウ 7　　エ 11

問6 組合せ CHECK ▶ □□□

次のプログラムの説明及びプログラムを読んで，設問に答えよ。

N個の要素中からK個の要素を選ぶ組合せをすべて求める。例えば，5個の要素中から3個の要素を選ぶ組合せの場合，計10通りある組合せをすべて求める。

プログラムでは，N個の要素（要素番号1～N）からなる配列Sを用意し，このうちK個の要素には1を，残りの要素には0を設定することによって，組合せの一つを表現する。例えば，図1 (1)のように5個の要素1～5中から3個の要素2，4，5を選んだ状態は，プログラム中では図1 (2)のとおりに表現する。

(1) ☆ ★ ☆ ★ ★ (選択: 2, 4, 5) 1 2 3 4 5

(2) 配列S (要素記号)

0	1	0	1	1
1	2	3	4	5

図1 5個の要素中から3個の要素を選ぶ例とそのプログラム中での表現

〔プログラムの説明〕

プログラムは，主プログラムMain並びに組合せを求めるための関数Init及びNextからなる。

主プログラムMain

機能：N=5，K=3として，5個の要素中から3個の要素を選ぶ組合せ計10通りを順次求めて，配列Sに設定する。

整数型関数：Init（整数型：S[]，整数型：N，整数型：K）

引数：S[]は出力用，N及びKは入力用の引数である。

機能：1≦K≦Nの場合，配列Sの先頭からK個の要素に1を，続くN－K個の要素に0をそれぞれ設定し，返却値として0を返す。それ以外の場合，配列Sには値を設定せずに，返却値として－1を返す。

整数型関数：Next（整数型：S[]，整数型：N）

引数：S[]は入出力用，Nは入力用の引数である。

機能：渡された配列Sの先頭からN個の要素には，直近に求めた組合せの状態が設定されている。この渡された組合せの状態に対して所定の操作を行い，次の組合せの状態を求めて配列Sに設定し，返却値として0を返す。ただし，渡された組合せの状態が，この関数のアルゴリズムで得られる最終形である場合，配列Sには値を設定せずに，返却値として－1を返す。

〔プログラム〕

```
○主プログラム：Main
○整数型：S[5]，K，N，R      /* 1≦K≦N */
・K←3                       /* 選択する要素の個数 */
・N←5                       /* 要素の個数 */
┌ - - - - - - - - - - - - ┐
・R←Init(S，N，K)
■R＝0                       ←――――― α
│ ・R←Next(S，N)
■
└ - - - - - - - - - - - - ┘
```

```
○整数型関数：Init(整数型：S[]，整数型：N，整数型：K)
○整数型：L
```

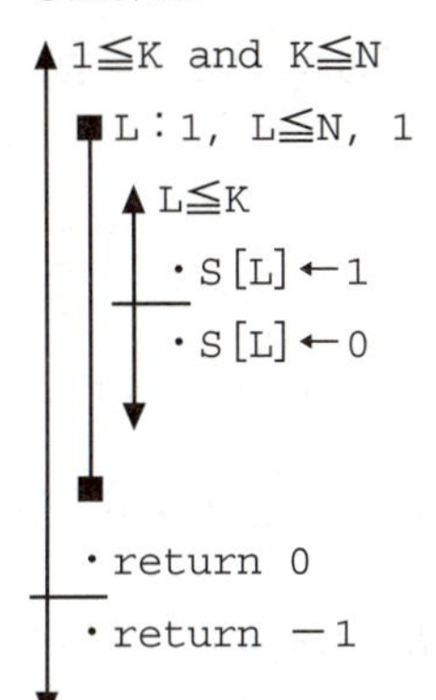

```
▲1≦K and K≦N
  ■L：1，L≦N，1
    ▲L≦K
      ・S[L]←1
    ―
      ・S[L]←0
    ▼
  ■
  ・return 0
―
  ・return −1
▼
```

```
○整数型関数：Next(整数型：S[]，整数型：N)
○整数型：C，L，R
・C←0
・L←1
・R←−1
■L<N and R=−1
  ▲S[L]=1
    ▲S[L+1]=0
      ・S[L]←0
      ・S[L+1]←1
      ・Init(S，L−1，C)
      ・R←0
    ―
      ・C←C+1
    ▼
  ▼
  ・L←L+1
■
・return R
```

設問 次の記述中の空欄に入れる正しい答えを，解答群の中から選べ。

(1) 主プログラムMainで，配列Sに組合せの一つの状態が得られるたびに，配列Sの内容を印字したい。印字には次の副プログラムを用いる。

副プログラムDump（整数型：S[]，整数型：N）
　引数：S[]及びNは入力用の引数である。
　機能：配列Sの先頭からN個の要素に格納されている値を，1行に印字する。

そのためには，主プログラムMainのαの部分を［ a ］に示す部分と入れ替えればよい。

(2) 関数Nextは，受け取った配列Sを要素番号の小さい方から検査し，連続する2要素の値が［ b ］に見つかったものについて，その内容を入れ替える。続いて，配列Sの一部でその2要素［ c ］の部分について関数Initを呼ぶ。例えば，関数Nextの実行開始時点で，配列Sの要素番号1～5の内容が1，0，1，0，1であったとき，実行終了時点での配列Sの要素番号1～5の内容は［ d ］となる。

(3) このプログラムを実行して，関数Initが関数Nextから呼ばれるとき，関数Initが受け取るNの値の範囲は［ e ］，Kの値の範囲は［ f ］である。したがって，関数Initが受け取るNとKの値は，1≦K≦Nを満たさない場合がある。

(4) 主プログラムMainの実行終了時点において，配列Sの要素番号1～5の内容は［ g ］となっている。

aに関する解答群

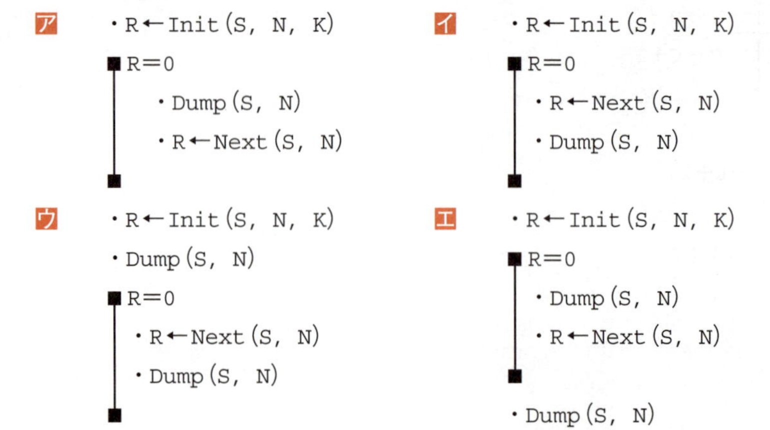

bに関する解答群

ア 0，1で最後　イ 0，1で最初　ウ 1，0で最後　エ 1，0で最初

cに関する解答群

ア 及びその後　イ 及びその前　ウ より後　エ より前

dに関する解答群

ア 0，1，1，0，1
イ 1，0，0，1，1
ウ 1，0，1，1，0
エ 1，1，0，0，1

e，fに関する解答群

ア 0～2　イ 0～3　ウ 1～3　エ 1～4
オ 2～4　カ 2～5

gに関する解答群

ア 0，0，0，0，0
イ 0，0，1，1，1
ウ 1，1，1，0，0
エ 1，1，1，1，1

2-9 演習問題の解答

問1 《解答》イ

操作の流れは以下のようになります。

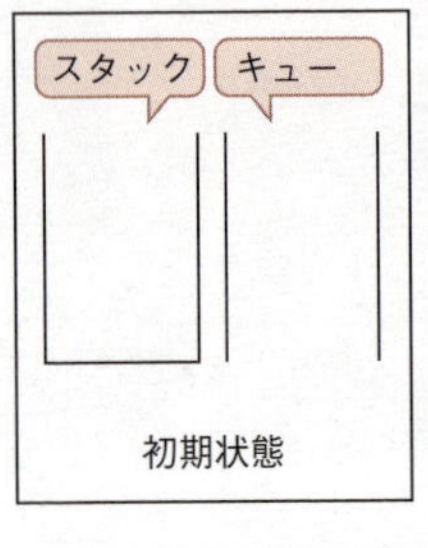

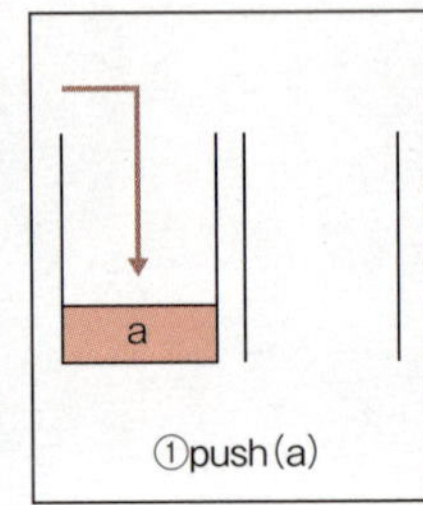

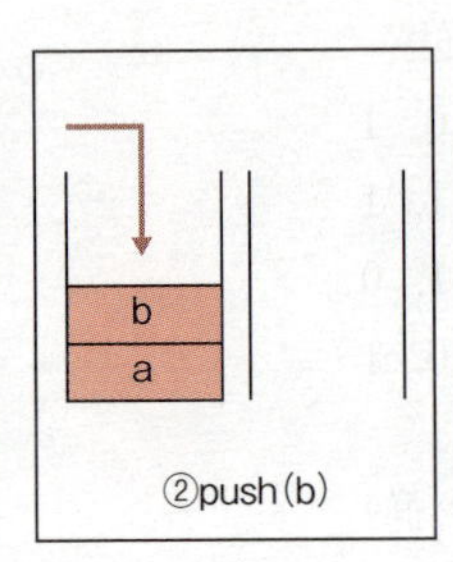

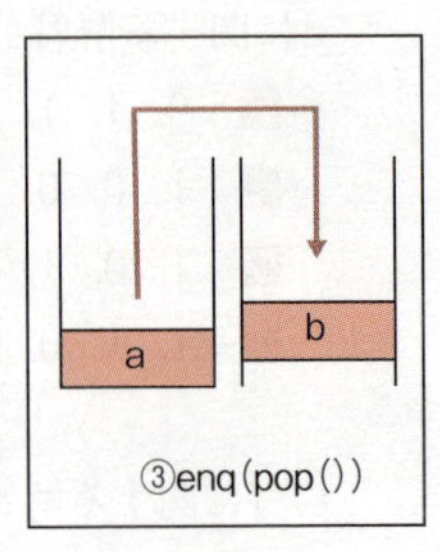

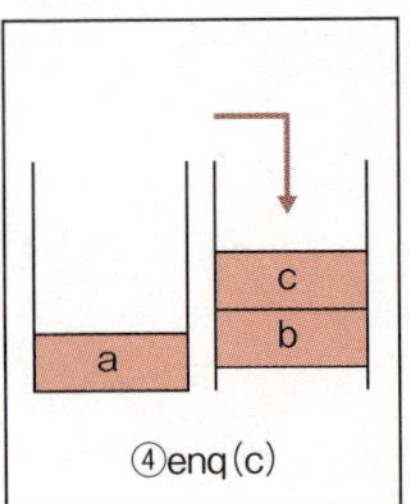

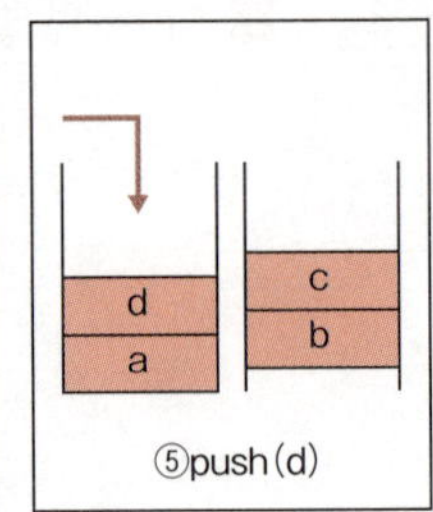

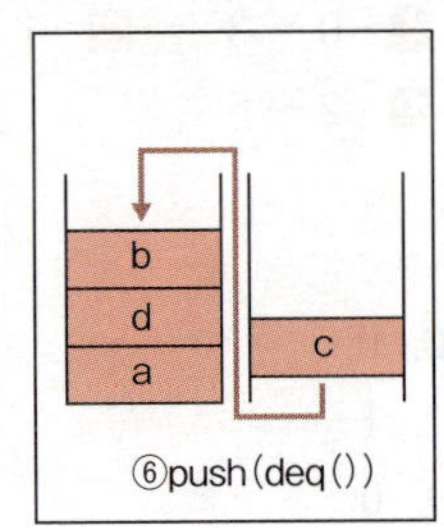

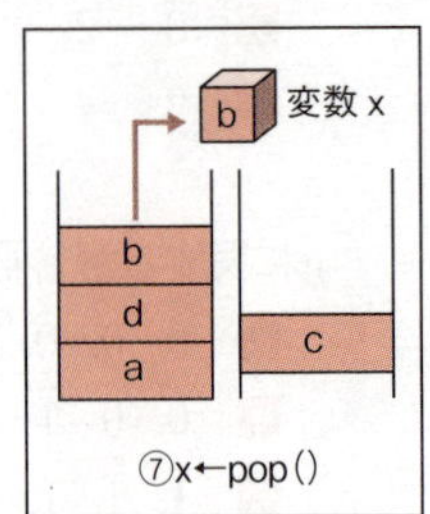

よって，正解はイになります。

問2 《解答》ウ

クイックソートは，未整列データ全体から適当な基準値（ピボット）を選び，その基準値より小さな値と大きな値のグループを作ります。各グループを，さらに同じ手法を用いて分割し，整列が完了するまで繰り返します。よって正解はウです。

ア：挿入ソートの説明です。

イ：選択ソートの説明です。

エ：バブルソートの説明です。

問3 《解答》イ

関数 $f(x,y)$ は，$y=0$ のときに x を返しますが，$y \neq 0$ のときは再び自分自身の関数を呼び出しています。そのため，この関数は再帰関数であることがわかります。

再帰が行われる処理過程は次のようになります。

関数	x	y	処理
f(775, 527)	775	527	f(527, 775 mod 527) = f(527, 248)
f(527, 248)	527	248	f(248, 527 mod 248) = f(248, 31)
f(248, 31)	248	31	f(31, 248 mod 31) = f(31, 0)
f(31, 0)	31	0	return 31

よって，正解はイになります。ちなみに，関数 $f(x, y)$ は，x と y との最大公約数を求めるもので，ユークリッドの互除法を利用して求めています。

問4 《解答》ウ

配列 A[] に格納された値から，次の木構造が求まります。

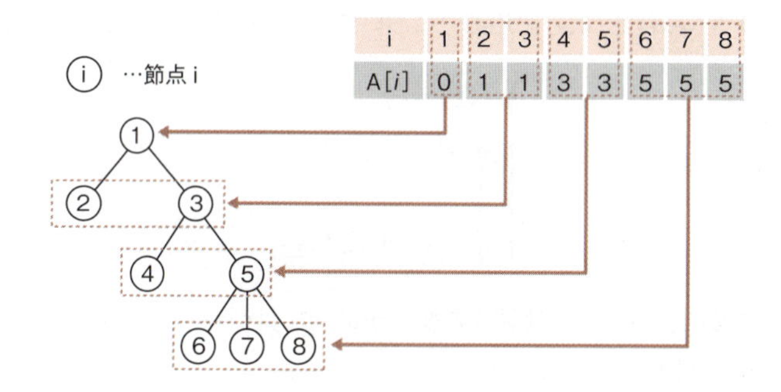

よって，葉の数は5つになり，ウが正解になります。

問5 《解答》イ

「54321」は，$a_1=5$，$a_2=4$，$a_3=3$，$a_4=2$，$a_5=1$ として扱われます。ハッシュ関数 $\mathrm{mod}(a_1+a_2+a_3+a_4+a_5, 13)$ は，各桁の値を加算した合計値に対して，13で割った余りをハッシュ値とすることから，

$$\mathrm{mod}(5+4+3+2+1, 13) = \mathrm{mod}(15, 13) = 2$$

となります。よって，イが正解です。

問6

《解答》a－ア，b－エ，c－エ，d－ア，e－イ，f－ア，g－イ

空欄a

副プログラムInitとNextは，問題文にあるように配列Sへの組合せの格納が正常に行われない場合があり，その際に返却値として「R＝－1」が返されます。この場合，配列Sの内容は正しいものではないのでDumpによる出力処理を行ってはいけません。

イおよびウは，副プログラムInitおよびNextの結果にかかわらず，直後に出力処理を行う記述となっており，配列Sへの格納失敗時にもDumpによる出力処理が行われてしまうので誤りです。また，エにおいても，初期値の設定に失敗した場合，繰返しを行わずにDumpを実行するため，正しくありません。

よって，空欄aは返却値Rが0の場合だけ副プログラムDumpを実行するアが正解です。

空欄b

副プログラムNextは，次の記述部分において，要素の入替えを行っています。

```
▲ S[L]=1
│ ▲ S[L+1]=0
│ │ ・S[L]←0
│ │ ・S[L+1]←1
```

上記の内容から，「1，0」と連続する要素が最初に見つかった場合に，入替えが行われます。よって，空欄bはエが正解です。

空欄c

「・Init (S, L－1, C)」について，各引数の意味を考えてみます。

たとえば，配列Sが0，1，1，1，0の要素で副プログラムNextを実行した場合，Initまでの処理の内容は，次のようになります。

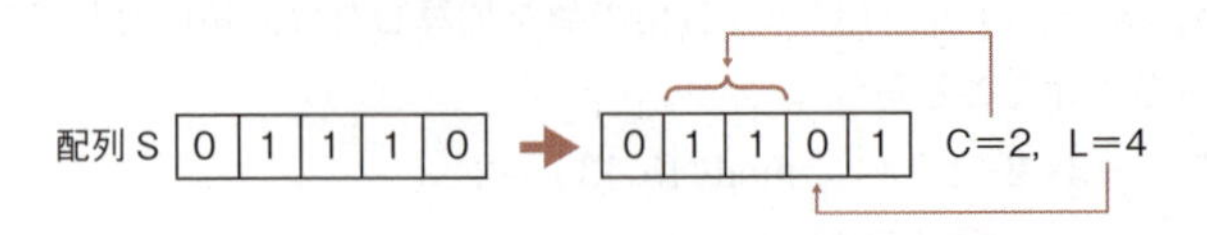

上記のLおよびCの内容から，Lは「交換を行った2要素の先頭位置」，Cは「Lより前の要素に1がいくつあるか」を示していることがわかります。

「・Init (S, 3, 2)」と呼び出すと，副プログラムInitでは引数を「N←3」,「K←2」として

受け取ります。設問の機能の説明で「1≦K≦Nの場合，配列Sの先頭からK（=2）個の要素に1を，続くN－K（=3－2=1）個の要素に0をそれぞれ設定…」とあることから次のような処理を実行することがわかります。

配列S | 0 | 1 | 1 | 0 | 1 | → | 1 | 1 | 0 | 0 | 1 |

以上のことから，副プログラムInitは2要素より前の部分について呼び出されているため，空欄cはエが正解です。

空欄d

配列Sが1，0，1，0，1の場合，要素の交換直後は次のようになっています。

配列S | 1 | 0 | 1 | 0 | 1 | → | 0 | 1 | 1 | 0 | 1 | C=0，L=1

副プログラムInitの呼出しは，「・Init（S, 0, 0）」となるため，配列の要素は変化しません。よって，空欄dはアが正解です。

空欄e

変数Nが最小値および最大値を取る値は，副プログラムNextの変数Lの値が次のような配列Sを処理するときに受け取ります。

Nの最小値：「1，0，…」→L=1

Nの最大値：「0，1，1，1，0」→L=4

Initの呼出し時にL－1としてNに引き渡されるため，Nの範囲は0～3となり，空欄eはイが正解になります。

空欄f

変数Kが最小値および最大値を取る値は，副プログラムNextの変数Cの値が次のような配列Sを処理するときに受け取ります。

Kの最小値：「1，0，…」→C=0

Kの最大値：「1，1，1，0，0」，「0，1，1，1，0」→C=2

よって，Kの範囲は0～2となり，空欄fはアが正解になります。

空欄g

主プログラムMainで副プログラムInitを呼び出すと，配列Sの内容は「1，1，1，0，0」になります。続いて，繰返し処理に入り，副プログラムNextを最初に呼び出すと，配列

Sの内容は「1, 1, 0, 1, 0」に変わります。これ以降，副プログラムNextを呼び出すたびに，配列Sの内容は次のように変わっていきます。

2回目：「1, 0, 1, 1, 0」
3回目：「0, 1, 1, 1, 0」
4回目：「1, 1, 0, 0, 1」
5回目：「1, 0, 1, 0, 1」
6回目：「0, 1, 1, 0, 1」
7回目：「1, 0, 0, 1, 1」
8回目：「0, 1, 0, 1, 1」
9回目：「0, 0, 1, 1, 1」

Nextは，配列Sで「1, 0」と連続する要素が最初に見つかった場合に入替えを行います。10回目の呼出しでは配列Sが「0, 0, 1, 1, 1」となっており，「1, 0」と連続する要素がないため，R ≠ −1の状態を維持したまま，return Rにより主プログラムMainに返り，実行終了になります。よって，空欄gはイが正解です。

テクノロジ系　第3章

コンピュータシステム

コンピュータはハードウェアとソフトウェアが密接に関わり合うことで動作します。また，近年のコンピュータシステムでは，コンピュータ同士が協調して動作して，業務や営業に関わる処理を行っています。試験では，コンピュータを動かすためのさまざまな装置や技術要素，システムの性能や信頼性に関する計算問題などが幅広く出題されています。

ハードウェア

基礎

3-1 コンピュータの基本構成

コンピュータには，データの「入力」と「記憶」，結果の「出力」，数値の「演算」そしてコンピュータそのものの「制御」，の5つの機能があり，それぞれに対応する装置によって，コンピュータを構成します。

コンピュータの5大装置

コンピュータは，**入力装置**，**出力装置**，**記憶装置**，**演算装置**，**制御装置**の5つの装置で構成され，図3.1に示すデータおよび制御の流れにより処理が実行されます。

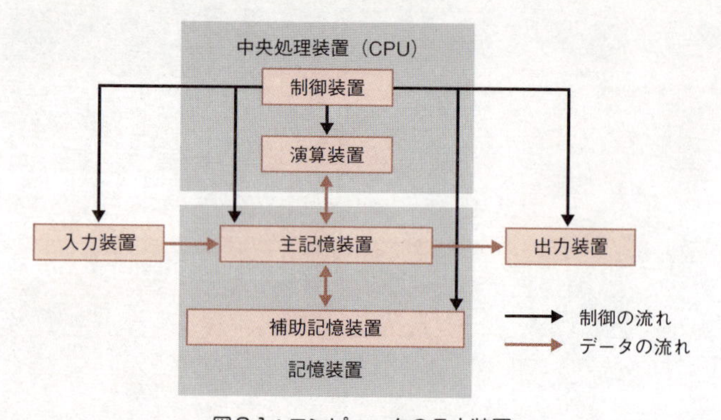

図3.1：コンピュータの5大装置

中央処理装置（CPU：Central Processing Unit）

制御装置と演算装置を合わせた装置を**中央処理装置（CPU）**と呼びます（図3.2）。

CPUは，主記憶装置に格納されたプログラムから命令を順に取り出して解読し，各装置の動作制御やデータ同士の演算などを実行します。これを**プログラム格納方式**と呼びます。

図3.2：CPU

知っておこう

入力装置：コンピュータへの指示やデータを入力する装置で，キーボードやマウスが相当します。

出力装置：処理の結果や文書，画像などのデータを表示する装置で，ディスプレイやプリンタが相当します。

記憶装置：プログラムやデータを格納（記憶）する装置で，主記憶装置（メインメモリ，キャッシュメモリ）と補助記憶装置（ハードディスク，光ディスクなど）に分かれます。

演算装置：四則演算や論理演算などの演算を行います。

制御装置：プログラムの実行やコンピュータの動作を制御します。

知っておこう

マルチコアプロセッサ：制御装置と演算装置を1つのCPU内に複数もった装置のこと

ハードウェア 《出題頻度 ★★★》

3-2 CPU

CPUはプログラムの実行を制御する装置で，命令の解読と演算，各装置の動作の指示を行います。ここでは，CPUの構成，性能，アーキテクチャについて説明します。

CPUの構成

CPUは，表3.1に示す装置からなり，各種装置は図3.3に示すような構成でつながっています。

表3.1：CPUの構成要素

種類	内容
デコーダ（解読器）	CPUで実行する命令を解読する装置
プログラムカウンタ（プログラムレジスタ）	実行する命令が保持されている主記憶装置のアドレスを格納するレジスタ
命令レジスタ	主記憶装置から取り出した命令を格納するレジスタ
メモリアドレスレジスタ	操作の対象となるアドレスを格納するレジスタ
汎用レジスタ	演算に使用するデータを格納する汎用的なレジスタ
ALU	四則演算や論理演算を行う装置

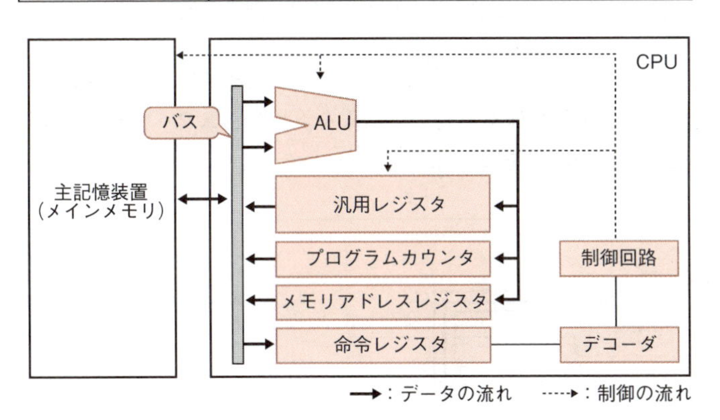

図3.3：CPUの構成

用語

レジスタ：データやアドレス，命令などを格納する，小容量で高速アクセス可能な記憶装置。

用語

ALU：算術論理演算装置。

参考

バスの種類：バスには，流れるデータによって以下の3種類があります。

・アドレスバス：アドレス情報を送るバス。
・データバス：処理するデータを送るバス。
・コントロールバス：制御情報を送るバス。

命令語

プログラムは，複数の命令語で記述したものです。よって，プログラムを実行するというのは，プログラムを構成する命令語を1つずつ実行することになります。

命令語は，次ページの図3.4に示すように**命令部**と**オペランド**

部（アドレス部）で構成され，命令部に“実行する操作に対応した命令”，オペランド部に“操作対象のデータやアドレス”を指定します。

命令語 | 命令部 | オペランド部

図3.4：命令語

命令実行の流れ

1つの命令語の実行は，表3.2の手順を踏んで実行されます。

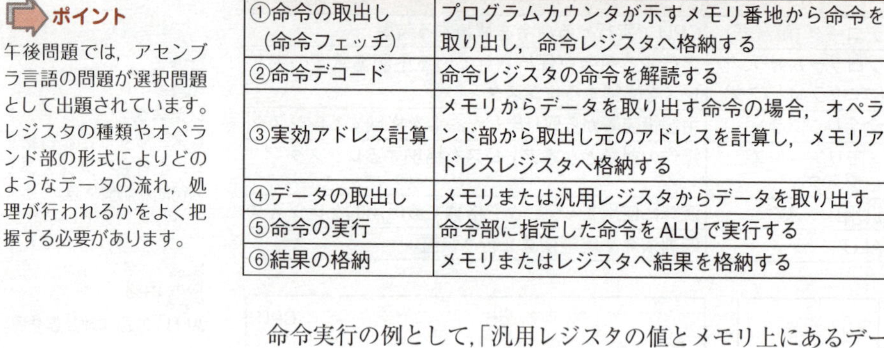

ポイント
午後問題では，アセンブラ言語の問題が選択問題として出題されています。レジスタの種類やオペランド部の形式によりどのようなデータの流れ，処理が行われるかをよく把握する必要があります。

表3.2：命令実行フェーズ

ステージ	内容
①命令の取出し（命令フェッチ）	プログラムカウンタが示すメモリ番地から命令を取り出し，命令レジスタへ格納する
②命令デコード	命令レジスタの命令を解読する
③実効アドレス計算	メモリからデータを取り出す命令の場合，オペランド部から取出し元のアドレスを計算し，メモリアドレスレジスタへ格納する
④データの取出し	メモリまたは汎用レジスタからデータを取り出す
⑤命令の実行	命令部に指定した命令をALUで実行する
⑥結果の格納	メモリまたはレジスタへ結果を格納する

命令実行の例として,「汎用レジスタの値とメモリ上にあるデータ値を使用して演算を行い，結果を汎用レジスタへ格納」する命令の実行の流れを図3.5に示します。

主記憶装置（メインメモリ）
ALU
汎用レジスタ
プログラムカウンタ
メモリアドレスレジスタ
命令レジスタ
制御回路
デコーダ
①命令の取出し
②命令デコード
③実効アドレス計算
④データの取出し
⑤命令の実行
⑥結果の格納
→：データの流れ　……→：制御

図3.5：命令実行の流れ

アドレス指定方式

主記憶装置上の命令やデータは，**番地（アドレス）**を指定することで取り出すことができます。取り出す命令のアドレス指定は，プログラムカウンタで行いますが，データのアドレス指定は，オペランド部の値を基に**実効アドレス**を計算して求めます。

実効アドレスの指定方法には，表3.3に示す方式があり，アルゴリズムやプログラムの特性に適した方式を用います。

用語

実効アドレス：処理対象のデータが存在するアドレスの番地。

3

表3.3：アドレス指定方式

方式	内容
即値アドレス方式	オペランド部に操作対象のデータを指定する方式。主記憶装置からデータの取出しは行わない
直接アドレス方式	オペランド部の値を実効アドレスとする方式
間接アドレス方式	オペランド部に指定したアドレスに格納されたデータを実効アドレスとする方式
相対アドレス方式	オペランド部の値とプログラムカウンタの値を加算した結果を実効アドレスとする方式
指標（インデックス）アドレス方式	オペランド部の値とインデックスレジスタの値を加算した結果を実効アドレスとする方式
基底（ベース）アドレス方式	オペランド部の値とベースレジスタの値を加算した結果を実効アドレスとする方式

指標アドレス方式：インデックスレジスタの値を変化させることで，配列の添字操作と同様の処理を行うことができます。

参考

基底アドレス方式：ベースレジスタがプログラムの開始位置を格納するレジスタであるため，プログラムの格納位置が変化してもプログラムを変更せずに実行することが可能になります。

表3.3に示す各アドレス指定方式の実行例を図3.6に示します。

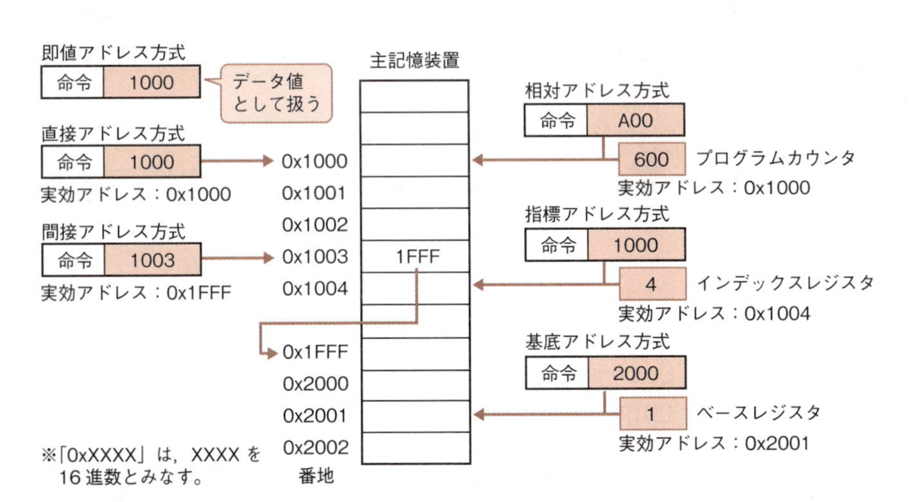

図3.6：アドレス指定方式の例

CPUの性能

CPUの性能を表す指標の1つに**MIPS**（Million Instructions Per Second）値があります。MIPSは，1秒間当たりに実行可能な命令数を100万単位で表したものです。

MIPSの値は，「1命令の実行に必要な時間」がわかれば求めることができますが，これを求めるためには，**クロック周波数**と**CPI**を知る必要があります。

ポイント
MIPSの計算問題が出題されています。計算できるようにしておきましょう。

クロック周波数

クロック信号は，発振器と呼ばれる装置から発生する，電圧の高低が繰り返された信号です。CPUは，このクロック信号に同期して，命令を実行します。1秒間に発生するクロック信号の回数をクロック周波数と呼び，Hz（ヘルツ）の単位で表します。

1クロックにかかる時間は，クロック周波数から求まります。

1クロックの時間＝1秒÷クロック周波数

知っておこう

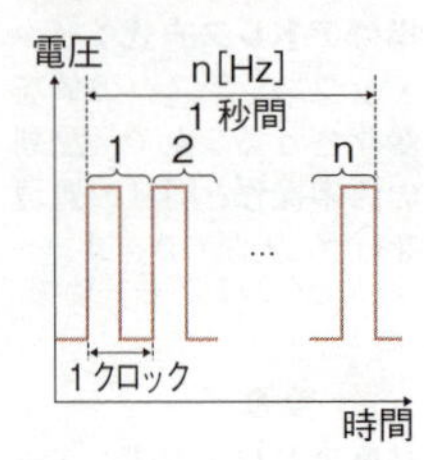

知っておこう
同じ構造をもつCPUでクロック周波数が異なる場合，クロック周波数が高いほうが高速に動作するため，性能は高いといえます。

CPI

CPI（Cycles Per Instruction）は，1命令の実行に必要なクロック数を表します。たとえば，表3.2に示した命令実行フェーズは，6ステージありました。ステージの移行は，クロックに同期して行われてるため，6ステージで命令を実行し終わる場合，CPIは6となります。

1命令の実行時間は，次の式で求まります。

1命令の実行時間＝1クロックの時間×CPI

参考
FLOPS：浮動小数点数演算の性能を示す指標で，1秒間に実行可能な浮動小数点数演算命令数を表します。

MIPS

1秒当たりの命令実行数は，1秒を1命令の実行時間で割れば求まります。MIPSは，1秒間に100万命令を実行できることを1MIPSとして表したものです。

1秒当たりの命令実行数＝1秒÷1命令の実行時間
MIPS＝1秒当たりの命令実行数÷10^6

CPUアーキテクチャ

CPUアーキテクチャには，大きく分類すると**CISC**（Complex Instruction Set Computer）と**RISC**（Reduced Instruction Set Computer）があります。特徴を表3.4に示します。

表3.4：CISCとRISC

種類	説明
CISC	・CPU内に格納されているマイクロプログラム（ハードウェアを制御する小さな命令の集合）をソフトウェア的に実行する ・命令数は多く，1つの命令で複雑な処理を行うことができる ・命令語の長さは可変
RISC	・ワイヤドロジック方式によりハードウェア的に実行する ・命令数は少なく，基本的な命令で構成する ・命令語の長さは固定

CPUの高速化技法

ある命令の実行を終えた後に次の命令の実行を開始する方式を**逐次制御方式**と呼びます。この場合，1つの命令の実行を終えるには最低でも複数クロックが必要なので，CPIは1を超える値になります。CPIを1に近づけるには，複数の命令の実行を並列に行う必要があります。この並列処理方式として**パイプライン方式**や**スーパスカラ**があります（図3.7）。

	クロック	1	2	3	4	5	6	7	8	9	10
逐次制御方式	命令①	IF	ID	EX	MA	WB					
	命令②						IF	ID	EX	MA	WB
パイプライン方式	命令①	IF	ID	EX	MA	WB					
	命令②		IF	ID	EX	MA	WB				
	命令③			IF	ID	EX	MA	WB			
スーパスカラ	命令①	IF	ID	EX	MA	WB					
	命令②	IF	ID	EX	MA	WB					
	命令③		IF	ID	EX	MA	WB				
	命令④		IF	ID	EX	MA	WB				
	命令⑤			IF	ID	EX	MA	WB			
	命令⑥			IF	ID	EX	MA	WB			

IF	命令取出し
ID	命令解読
EX	実行
MA	メモリへの書込み
WB	レジスタへの書込み

図3.7：命令実行の逐次処理と並列処理

用語

アーキテクチャ：設計方針や設計思想を意味します。CPUのアーキテクチャでは，命令の種類や実行の方式，物理的な回路などの設計に関する事項が含まれます。

ポイント

CISCとRISCの特徴や高速化技法のそれぞれの特徴を覚えましょう。

用語

ワイヤドロジック方式：電子回路のみで命令制御を行う方式。

参考

VLIW(Very Long Instruction Word)：命令語を長く取り，同時に実行可能な複数の動作をまとめて1つの命令として同時に実行し，高速化を図る方式。

知っておこう
並列処理を有効に機能させるためには，分岐命令を少なくする必要があります。

パイプライン方式では，1つの命令の実行を終える前に次の命令を先読みし，ステージをずらしながら並行して実行します。図3.7の例では，2クロック目で，命令①の「命令解読」ステージと命令②の「命令取出し」ステージが同時に実行されています。

その他のCPUの高速化技法

並列処理方式では，命令間にデータの依存関係がある場合や分岐命令により次に実行する命令のアドレス先が変わるような場合，並列処理が正しく行えるようにNOP命令（No Operation：命令を実行しない）を置く必要があります。しかし，この場合，命令の処理が行われない空きの時間が生じるため，処理効率は下がります。

表3.5は，上記のような並列処理における問題点を改善するための命令処理の高速化技法です。

参考
データハザード：「データの依存関係」とは，2つの命令間で同じレジスタへの読出しと書込みがある場合，後の命令で古いレジスタの値を参照して処理が行われてしまうようなことで，これを「データハザード」と呼びます。

参考
SoC（System on a Chip）：コンピュータを構成する装置（CPU，メモリ，バス，入出力インタフェースなど）は一般的に独立していますが，複数の装置を1つのICチップの中に統合することで，製品の小型化や処理の高速化を実現できます。

表3.5：その他の高速化技法

技法	内容
アウトオブオーダ実行	依存関係にない複数の命令を，プログラム中での出現順序に関係なく実行する技法
マルチスレディング	パイプラインの空き時間を利用して2つのスレッドを実行し，あたかも2つのプロセッサで実行しているかのように見せる技法
投機実行	分岐命令の分岐先が決まる前に，あらかじめ予測した分岐先の命令の実行を開始する技法
遅延分岐	分岐命令に引き続くいくつかの命令を実行してから実際の分岐を行う技法

例題 1

インデックス修飾によってオペランドを指定する場合，表に示す値のときの実効アドレスはどれか。

インデックスレジスタの値	10
命令語のアドレス部の値	100
命令が格納されているアドレス	1000

ア　110　　イ　1010　　ウ　1100　　エ　1110

解説

指標（インデックス）アドレス方式による実効アドレスは，次のように求めます。

実効アドレス＝命令語のアドレス部（オペランド部）の値

＋インデックスレジスタの値

＝100＋10＝110

よってアが正解です。

《解答》ア

例題2

表のCPIと構成比率で，3種類の演算命令が合計1,000,000命令実行されるプログラムを，クロック周波数が1GHzのプロセッサで実行するのに必要な時間は何ミリ秒か。

演算命令	CPI (Cycles Per Instruction)	構成比率(%)
浮動小数点加算	3	20
浮動小数点乗算	5	20
整数演算	2	60

ア 0.4　　イ 2.8　　ウ 4.0　　エ 28.0

解説

1命令の実行時間を求める問題において，各命令のCPIが異なるような場合は，平均CPIを求めます。

(1) 平均CPIは，各命令のCPIと出現頻度（構成比率）を掛け合わせた総和を求めます。

平均CPI＝$3 \times 0.2 + 5 \times 0.2 + 2 \times 0.6 = 2.8$

(2) クロック周波数から1クロックの時間を求め，1命令の平均実行時間を求めます。

1クロックの時間＝$1 \div 10^{9} = 10^{-9} = 1$ ［ns］

1命令の平均実行時間＝2.8×10^{-9} ［s］

(3) 1,000,000命令の実行に必要な時間を求めます。

実行時間＝$10^{6} \times 2.8 \times 10^{-9} = 2.8 \times 10^{-3} = 2.8$ ［ms］

よってイが正解です。

《解答》イ

例題3

平均命令実行時間が20ナノ秒のコンピュータがある。このコンピュータの性能は何MIPSか。

ア 5　　イ 10　　ウ 20　　エ 50

解説

平均命令実行時間からMIPSを求めるには，1秒間の実行命令数を計算します。

1秒間の実行命令数 $= 1 \div (20 \times 10^{-9}) = 0.05 \times 10^{9} = 5 \times 10^{7}$

さらに，10^{6}で割ってMIPSに変換します。

$\mathrm{MIPS} = 5 \times 10^{7} \div 10^{6} = 50$

よってエが正解です。

《解答》エ

CASL-Ⅱにおける命令語

基本情報技術者試験のアセンブラ言語問題で出題される仮想コンピュータCOMET-Ⅱのプログラム言語「CASL-Ⅱ」では，命令後の形式は以下のようになっています。

命令部	オペランド部	
LD	GR0,GR1	：レジスタ GR1 の内容を GR0 へ格納する。
LD	GR0,10,GR1	：レジスタ GR1 の内容に 10 を加算した値のアドレスからデータを取り出し，GR0 へ格納する。

なお，CASL-Ⅱの命令には以下のようなものがあります。

- 主記憶装置からデータを取り出す命令：LD命令
- 主記憶装置へデータを格納する命令：ST命令
- 加減算命令：ADDA命令，SUBA命令など
- 論理演算命令：AND命令，OR命令，XOR命令
- シフト演算命令：SLA命令，SRA命令など
- 分岐命令：JPL命令，JMI命令など
- オペランドがない命令：NOP命令（何も実行しない命令）

ハードウェア　《出題頻度 ★★★》

3-3 記憶装置

記憶装置には，容量とアクセス速度が異なるいくつかの種類があります。効率的なメモリアクセスは，これらの異なる特徴をうまく組み合わせることで実現しています。

記憶階層

記憶装置は，メモリに使用する素材により，図3.8のようなアクセス速度と記憶容量の違いがあります。

ポイント
各記憶装置の種類や特徴を覚えましょう。

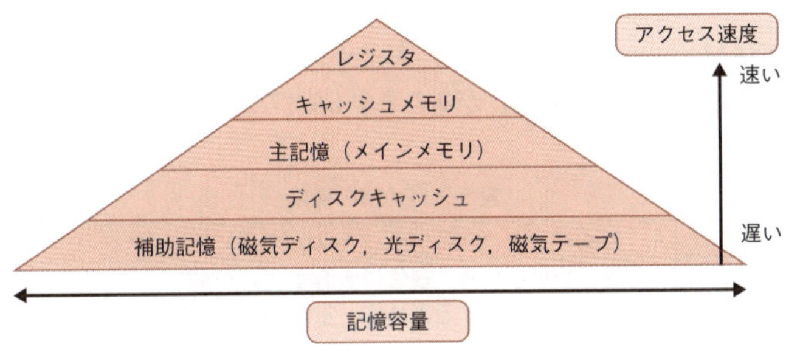

図3.8：記憶階層

メモリの種類

メモリは，トランジスタ，コンデンサなどの電子部品で構成されます。また，記憶内容の書換えの可否によって**ROM**と**RAM**に分かれます。

参考
トランジスタ：電流の増幅やスイッチとしての役割をもちます。
コンデンサ：電荷を蓄えることができます。

ROM（Read Only Memory）

ROMは，電源が切れても記憶内容が保持される性質をもち，不揮発性メモリとも呼びます。

基本的にROMは読出し専用ですが，記憶した内容の書換えが可能なものもあります。読出し専用のROMを**マスクROM**と呼び，コンピュータの動作に関わるマイクロプログラムなどの格納に使用します。一方，書換えが可能なROMを**プログラマブルROM（PROM）**と呼び，次ページの表3.6に示す種類があります。

表3.6：PROMの種類

種類	特徴
EPROM	紫外線で記憶内容をすべて消去し，電気的に書き込む
EEPROM	記憶内容の一部の消去と再書込みを電気的に行う
フラッシュメモリ	電気的に記憶内容の一部あるいはすべての消去と再書込みをブロック単位で高速に行う

RAM（Random Access Memory）

RAMは読み書き可能なメモリで，電源が切れると記憶内容が消える性質をもつため，揮発性メモリとも呼ばれます。

RAMには，素子の構造によって，主記憶装置に用いられる**DRAM**（Dynamic RAM）と，キャッシュメモリなどに用いられる**SRAM**（Static RAM）があります（表3.7）。

参考
VRAM（Video RAM）：ディスプレイ画面への表示を行う際に使用されるメモリです。

参考
リフレッシュ：DRAMは，記憶素子としてコンデンサを使用しています。コンデンサは電荷の有無で1ビットを記憶しますが，電荷はそのままでは自然に失われるため，一定の間隔で電荷の状態を更新するリフレッシュという動作が必要になります。

表3.7：RAMの種類

種類	特徴
DRAM	・構造が簡単なため，安価に大容量化が可能 ・記憶内容を保持するために一定時間ごとに**リフレッシュ**（再書込み）が必要 ・リフレッシュ動作により速度は低下する
SRAM	・構造が複雑なため，大容量化には向かない ・2つの安定状態をもつ順序回路（**フリップフロップ回路**）で1ビットの情報を記憶し続けることが可能 ・リフレッシュ動作が不要なため，DRAMよりも高速

知っておこう
SDRAM（Synchronous DRAM）：DRAMの一種で，クロック周波数に同期して動作します。

メモリアクセスの高速化技術

主記憶または補助記憶の動作は，CPUと比べると遅く，各記憶装置からCPUへアクセスする際は待ち時間が生じ，コンピュータの処理速度が低下します。そこでメモリアクセスを高速化する手法として，**キャッシュメモリ**と**メモリインタリーブ**による方法があります。

キャッシュメモリ

キャッシュメモリは，CPUと主記憶装置の間に配置される高速な読み書きが可能な記憶装置で，主記憶装置のデータの一部をコピーしておき，CPUが次に同じデータを読み込む際にはキャッシュメモリにアクセスすることで，メモリアクセスを高速化します。

キャッシュメモリのしくみ

キャッシュメモリを用いたCPU・主記憶装置間のメモリアクセスは，次の手順で行います（図3.9）。

キャッシュメモリに関する出題は，用語から計算問題まで，幅広く出題されています。

① CPUは，キャッシュメモリにアクセスする。
② 【キャッシュメモリにデータがある】：CPUへ転送。終了。
【キャッシュメモリにデータがない】：主記憶へアクセス。
③ 主記憶からデータをCPUへ転送。その際にキャッシュメモリにデータを格納する。

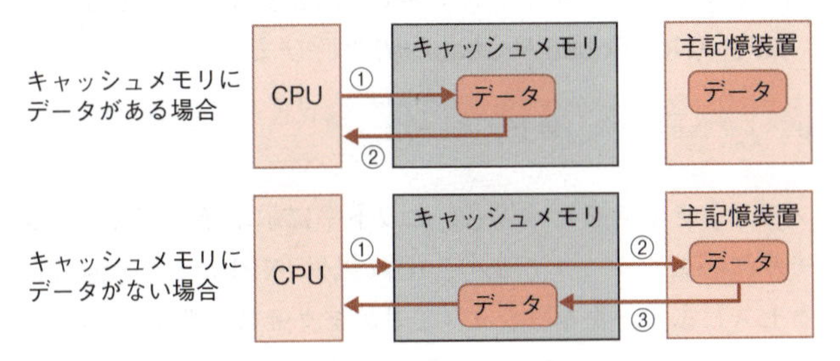

図3.9：キャッシュメモリへのアクセス

キャッシュメモリに格納するデータの入替え方式

キャッシュメモリの記憶容量は主記憶装置よりも小さいため，すぐに空きがなくなります。その場合は，表3.8に示す"追い出しアルゴリズム"に従って，キャッシュメモリに存在するデータを新しいデータに置き換えます。

表3.8：追い出しアルゴリズム

アルゴリズム	置換え方法
FIFO（First in First Out）	最初にキャッシュメモリに読み込んだデータを置き換える
LIFO（Last in First Out）	最後にキャッシュメモリに読み込んだデータを置き換える
LRU（Least Recently Used）	最後に参照されてから最も長い時間が経過したデータを置き換える
LFU（Least Frequently Used）	参照頻度の最も低いデータを置き換える

また，データを更新する命令によってCPUがキャッシュメモリのデータを更新した場合，次ページの表3.9に示す2つの方法

のいずれかで，主記憶装置への更新を行います。

表3.9：主記憶装置への更新方式

方法	更新タイミング
ライトスルー	キャッシュメモリと主記憶装置の両方を更新する
ライトバック	キャッシュメモリだけを更新し，そのデータが置き換えられるタイミングで，主記憶装置を更新する

ヒット率と実効アクセス時間

キャッシュメモリに必要なデータがある確率は，**ヒット率**(h)で表します。逆に，キャッシュメモリに必要なデータがない確率を，**NFP（Not Found Probability）**と呼びます。

$$h = 1 - NFP \qquad NFP = 1 - h$$

メモリアクセスを行う場合，ヒット率に示す確率でキャッシュメモリに必要なデータがあり，それ以外(NFP)は主記憶装置にアクセスします。キャッシュメモリのアクセス時間をC［秒］，主記憶装置へのアクセス時間をS［秒］としたときのメモリアクセスに要する時間(**実効アクセス時間**) M［秒］は，次の式で求まります。

$$M = hC + (1 - h)S$$

メモリインタリーブ

CPUと主記憶装置の間のアクセス時間は，データの転送時間以外に“メモリの読み書きを行えるまでに必要な準備”の遅延時間(これを「レイテンシ」と呼ぶ)が若干必要になります。主記憶装置へのアクセスは頻繁に発生するため，この積み重ねにより大きな処理速度の低下を招きます。

レイテンシを小さくする方法として，メモリアクセスの特性を利用する方法があります。その特性は，“短い時間内においてのメモリアクセスは，局所に集中する”というものです。

メモリインタリーブは，この特性を利用して主記憶装置を複数の**バンク**に分割し，各バンクの同じ行位置にデータが連続するように配置します(次ページ図3.10)。メモリへのアクセス時には，あるバンクのアクセス時に生じる遅延時間の間に次のバンクの読込み準備を整えておくことで，小さいレイテンシでメモリアクセスが行えるようになります。

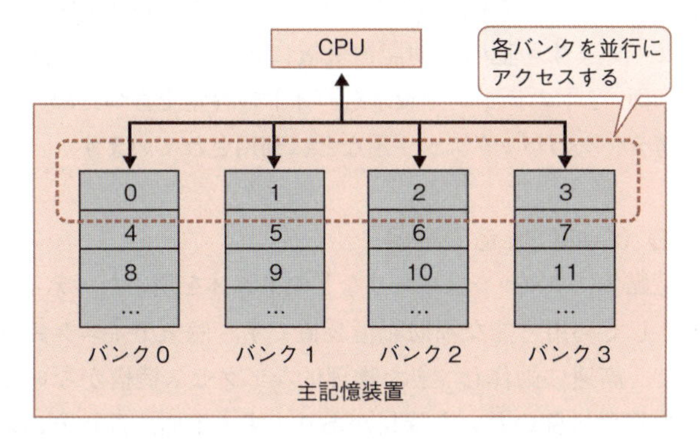

図3.10：メモリインタリーブ

補助記憶装置

補助記憶装置は，データの長期保管を目的とするため，多くのデータを記録できるように大容量化が図られています。補助記憶には，**磁気ディスク**（詳しくは，次節で説明），**光ディスク**，**磁気テープ**，**SSD**などがあります。

光ディスク装置

レーザ光で読み書きを行う装置で，記録媒体に直径12cmの円盤を用います。現在では，CD，DVD，Blu-ray Discが主流です。これらは再生専用や追記型など方式の違いにより表3.10に示す種類があります。

表3.10：光ディスクの種類

種類	再生専用	追記型	書換え型	容量
CD	CD-ROM	CD-R	CD-RW	最大700Mバイト
DVD	DVD-ROM	DVD-R DVD+R DVD-R DL DVD+R DL	DVD-RAM DVD-RW DVD+RW	4.7～17Gバイト
Blu-ray Disc	BD-ROM	BD-R	BD-RE	25・50Gバイト

CD（Compact Disc）：音楽用に開発された記憶媒体で，コンピュータ用としても普及しています。片面のみ記憶可能です。

DVD（Digital Versatile Disc）：レーザ光の波長をCDよりも短くし，記憶密度を高くすることで大容量の記憶を可能にしています。記録面に片面と両面があり，さらに片面の記録層に1層と2層があります。片面1層が4.7Gバイトで，両面2層では17Gバイトになります。

Blu-ray Disc：DVDのレーザ光よりもさらに波長の短い青紫色レーザを採用することで大容量の記憶を可能にしています。データ量の多いハイビジョン映像の記録が可能な媒体です。

磁気テープ

記録媒体に磁性体を塗布したテープを用いるもので，カートリッジに磁気テープを格納したDAT（Digital Audio Tape）が用いられています。他の補助記憶装置に比べて，アクセス速度が遅い半面，1本のテープで数十Gバイトの容量をもつため，企業の業務データのバックアップ用などに利用されています。

SSD（Solid State Drive）

記憶媒体にフラッシュメモリなどの半導体を用いた，ディスク装置として利用可能な補助記憶装置です。磁気ディスク装置に比べて，高速に動作し，また物理的なアクセス機構がないため衝撃や振動に強いという特長があります。半面，書込みにより記憶媒体が劣化するため，ある回数以上の書込みができません。

例題1

主記憶のアクセス時間60ナノ秒，キャッシュメモリのアクセス時間10ナノ秒のシステムがある。キャッシュメモリを介して主記憶にアクセスする場合の実効アクセス時間が15ナノ秒であるとき，キャッシュメモリのヒット率は幾らか。

ア 0.1　　イ 0.17　　ウ 0.83　　エ 0.9

解説

キャッシュメモリのアクセス時間をC［ナノ秒］，主記憶装置へのアクセス時間をS［ナノ秒］としたときのメモリアクセスに要する時間（実効アクセス時間）M［ナノ秒］は，次の式で求めます。

$M = hC + (1 - h)S$

この式に対して，設問に与えられた各アクセス時間を代入し，ヒット率hを求めます。

$15 = 10h + 60(1 - h)$

$15 = 60 - 50h$

$50h = 45$

$h = 0.9$

よって エ が正解です。

《解答》エ

例題2

A～Dを，主記憶の実効アクセス時間が短い順に並べたものはどれか。

	キャッシュメモリ			主記憶
	有無	アクセス時間（ナノ秒）	ヒット率（%）	アクセス時間（ナノ秒）
A	なし	—	—	15
B	なし	—	—	30
C	あり	20	60	70
D	あり	10	90	80

ア　A，B，C，D　　イ　A，D，B，C
ウ　C，D，A，B　　エ　D，C，A，B

解説

AとBはキャッシュメモリがないため，「アクセス時間」に示す値がそのまま実効アクセス時間になります。

CとDはキャッシュメモリをもちます。実行アクセス時間は，次のように求まります。

C：$20 \times 0.6 + 70 \times (1 - 0.6) = 12 + 28 = 40$ナノ秒

D：$10 \times 0.9 + 80 \times (1 - 0.9) = 9 + 8 = 17$ナノ秒

よって，実行アクセス時間の短い順にA，D，B，Cとなります。正解はイです。

《解答》イ

ハードウェア　《出題頻度　★★★》

3-4 磁気ディスク装置

試験では，磁気ディスク装置の記憶容量やアクセス時間を求める計算問題が出題されています。問題を解くには，公式だけでなく，装置の構造を理解することが必要です。

磁気ディスクの容量やアクセス時間などの計算問題が出題されます。これを求めるには，磁気ディスクの構造の理解が必須です。

用語

トラック：磁気ディスクを同心円状に分けた領域。

シリンダ：各磁気ディスクの同じ位置のトラックの集合。

セクタ：トラックを複数に分割した1つの領域。データの読み書きの最小単位であり，データはセクタ単位で記録されます。

磁気ヘッド：アクセスアームの先端にあり，磁気ディスク上のデータの読み書きを行う装置。

磁気ディスク装置

磁気ディスク装置（ハードディスク装置）は，磁性体を塗布した円盤状のディスク（磁気ディスク）を記録媒体に用いる補助記憶装置です。複数枚の磁気ディスクで構成し，それぞれのディスクの片面または両面に記憶することができます。

磁気ディスクの構造を図3.11に示します。

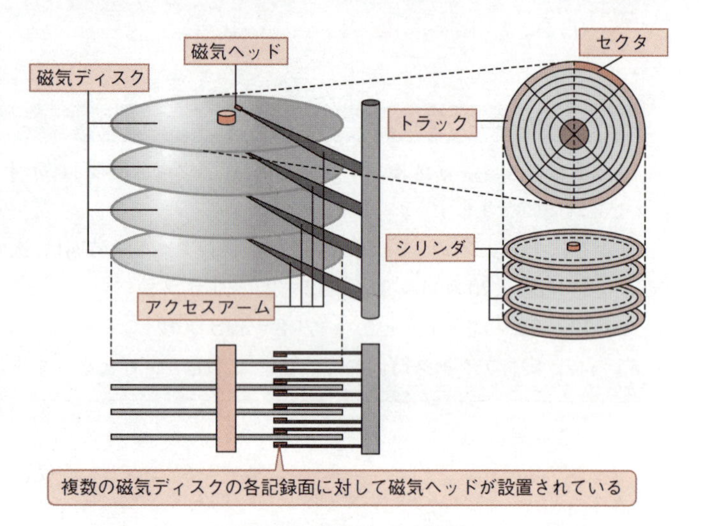

図3.11：磁気ディスク装置

容量計算

磁気ディスク全体の容量は，セクタ長をB［バイト］，1トラック当たりのセクタ数をS，1シリンダ当たりのトラック数をT，シリンダ数をCとしたとき，次の式で求めます。

磁気ディスク容量＝C×T×S×B［バイト］

磁気ディスクに記録するデータは，ブロック（1ブロックは，さらに複数のレコードからなる）の単位で保存されます。ただし，ブロック間には各ブロックを識別するためのIBG (Inter Block Gap)があります(図3.12)。

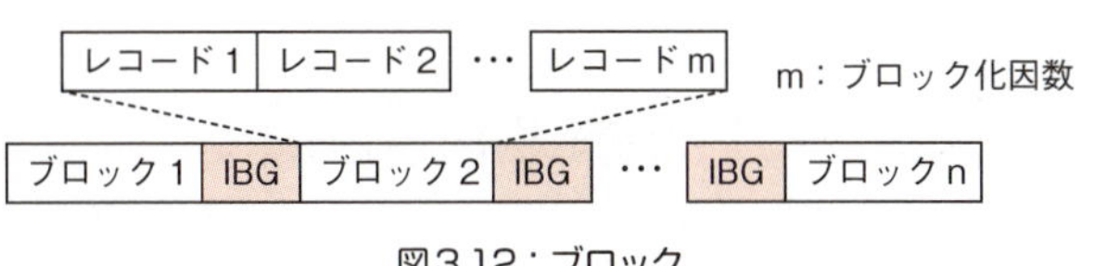

図3.12：ブロック

あるデータを磁気ディスクに保存するときは，次の点に注意する必要があります。

① 1つのブロックは，セクタ単位で保存される。

② 1つのブロックは，トラックをまたがって記録できない。

1ブロック長(B)：レコード長×ブロック化因数

1ブロックの記録に必要なセクタ数(Bs)：B÷セクタ長(小数点以下切上げ)

1トラックに記録できるブロック数：1トラック長÷Bs(小数点以下切捨て)

3

磁気ディスクのアクセス時間

磁気ディスク装置の読み書きに要する時間(アクセス時間)は，CPUから磁気ディスク装置への読み書き動作の指示を出してから目的のデータの読み書きが完了するまでの時間で，以下の時間の合計になります。

フォーマット：磁気ディスク上にデータの読み書きができるように設定することをフォーマット(初期化，イニシャライズ)といいます。トラックやセクタは，フォーマットによって設定されます。

> アクセス時間＝平均位置決め時間＋平均回転待ち時間
> 　　　　　　　＋データ転送時間

平均位置決め時間(平均シーク時間)

磁気ヘッドが目的のトラックへの移動にかかる平均時間です。

平均回転待ち時間

磁気ヘッドの真下へ目的のセクタが来るまでの平均時間で，磁気ディスクが1回転する時間の半分になります。1回転に要する時間は，磁気ディスクの性能を示す1分間当たりの回転数(RPM)から求められます。

RPM (Revolutions Per Minute)：1分間当たりの回転数を示す単位。

> 平均回転待ち時間＝1回転に要する時間÷2
> 1回転に要する時間＝60秒÷1分間当たりの回転数

データ転送時間

データ転送時間は，目的のデータの読み書きを開始してから終了するまでの時間で，次ページの式で求めます。

データ転送時間＝対象データの容量÷データ転送速度
データ転送速度＝1トラック長÷1回転当たりの時間

例題 1

表の仕様の磁気ディスク装置に，1レコード200バイトのレコード10万件を順編成で記録したい。10レコードを1ブロックとして記録するときに必要なシリンダ数は幾つか。ここで，一つのブロックは複数のセクタにまたがってもよいが，最後のセクタで余った部分は利用されない。

トラック数／シリンダ	19
セクタ数／トラック	40
バイト数／セクタ	256

ア 103　　イ 105　　ウ 106　　エ 132

解説

(1) 1ブロックのサイズを求めます。
10レコード／ブロック×200バイト／レコード＝2,000バイト／ブロック

(2) 1ブロックの記録に必要なセクタ数を求めます。
2,000バイト／ブロック÷256バイト／セクタ≒7.8…セクタ
ただし，ブロックはセクタ単位で記録するため，切り上げて8セクタになります。

(3) 1トラックに記録できるブロック数を求めます。
40セクタ／トラック÷8セクタ／ブロック＝5ブロック／トラック

(4) 1シリンダに記録できるブロック数を求めます。
19トラック／シリンダ×5ブロック／トラック＝95ブロック／シリンダ

(5) 10万レコード（件）のブロック数を求めます。
100,000レコード÷10レコード／ブロック＝10,000ブロック

(6) 10,000ブロックの記録に必要なシリンダ数を求めます。
10,000ブロック÷95ブロック／シリンダ≒105.2シリンダ

ただし，1ブロックはシリンダにまたがって記録できないため，端数部分の記録に1シリンダ必要になり，小数点以下を切り上げます。よって106シリンダになります。正解はウです。

《解答》ウ

例題2

表に示す仕様の磁気ディスク装置において，1,000バイトのデータの読取りに要する平均時間は何ミリ秒か。ここで，コントローラの処理時間は平均シーク時間に含まれるものとする。

回転数	6,000回転／分
平均シーク時間	10ミリ秒
転送速度	10Mバイト／秒

ア 15.1　　イ 16.0　　ウ 20.1　　エ 21.0

解説

(1) 平均位置決め時間（平均シーク時間）は問題から次のように読み取れます。

10ミリ秒

(2) 平均回転待ち時間を求めます。

磁気ディスクの1回転に要する時間＝60秒÷1分間当たりの回転数

＝60÷6,000回転／分＝0.01秒＝10ミリ秒

平均回転待ち時間＝磁気ディスクの1回転に要する時間÷2

＝10ミリ秒÷2＝5ミリ秒

(3) データ転送時間を求めます。

データ転送時間＝1,000バイト÷10Mバイト／秒＝10^3バイト÷10^7バイト／秒

＝10^{-4}秒＝0.1ミリ秒

(4) 以上から読取りに要する平均時間を求めます。

アクセス時間＝平均位置決め時間（平均シーク時間）＋平均回転待ち時間

＋データ転送時間

＝10ミリ秒＋5ミリ秒＋0.1ミリ秒＝15.1ミリ秒

正解はアです。

《解答》ア

ハードウェア 《出題頻度 ★★★》

3-5 入出力装置

入出力装置は，ユーザとコンピュータとの間の情報伝達を行うための機器で，さまざまな種類があります。また，コンピュータの周辺機器同士を接続するための入出力インタフェースにも多くの種類があります。

ポイント
入力装置，出力装置の種類を問う問題が出題されています。各装置とその特徴を覚えておきましょう。

知っておこう
タッチパネルの静電容量による検知方式では，タッチパネルの表面電荷の変化により画面に触れた位置を検出します。

QRコード: QRコードには，文字，数値，画像を記すことが可能です。

入出力装置

代表的な入出力装置を表3.11，表3.12，次ページの表3.13に示します。

表3.11：入力装置

種類	装置	説明
文字	OCR	手書きの文字を光学的に読み取る
	OMR	マークを塗りつぶし，光学的に読み取る
	キーボード	キーに対応するコードを入力する
座標	マウス	ポインタの座標位置を入力する
	ジョイスティック	スティックによる座標情報を入力する
	ディジタイザ	専用ペンにより位置，動きの座標情報を取得。イラスト・図面の描画に使う
	タッチパネル	画面上のタッチ検出用センサにより，指やペンなどで画面に触れた位置を検出する。検出する方式により，抵抗膜方式，静電容量方式，赤外線方式などがある
画像	イメージスキャナ	画像情報に光を照射し，CCD（光学式センサ）で読み取り，ディジタル化する
	バーコードリーダ	バーコード（1次元）を光学式センサで情報を読み取る
	QRコード	白黒の格子（2次元）で記されたマークをカメラにより読み取る

表3.12：出力装置（画面：ディスプレイ）

装置	説明
CRT	ブラウン管を使用。電子ビームを蛍光体へ照射して表示。大型で高消費電力
液晶	液晶パネルを使用。バックライトの光を透過／遮断して表示。薄型で低消費電力
有機EL	自ら発光する有機化合物で構成する発光ダイオードで表示
PDP	プラズマガス放電によって発生する光を利用して表示を行う

表3.13：出力装置（印刷：プリンタ）

装置	説明
レーザ	レーザを感光体に照射してトナーを付着させて，紙に転写して印刷
インクジェット	インクの粒子を紙に吹きつけて印刷
熱転写	インクリボンを加熱して紙に転写し，印刷
プロッタ	2軸の座標を制御し，図面を線で描画して印刷。CADの図面の印刷に利用

知っておこう

3Dプリンタ：熱溶解積層方式などによって，立体物を造形するプリンタ。

解像度

コンピュータで扱う画像は，色情報をもつ**画素（ピクセル）**の集まりで表現します。**解像度**はディスプレイやプリンタで扱う画像の精細さを表す尺度で，ある範囲内の画素の密度を表します。解像度の表記において，ディスプレイでは一般的にモニタ内の横と縦の画素数で表し，プリンタでは**dpi（dots per inch：1インチ当たりの画素数）**で表します。

ディスプレイで画像を表示するには，解像度に応じたVRAMの容量が必要になります。その容量は，縦／横の画素数と1画素の色情報として割り当てるビット数（4ビット＝16色，8ビット＝256色など）から，次の式で求まります。

VRAMの容量＝画素数（横）×画素数（縦）
×1画素の色情報（ビット数）

用語

ドット：ピクセルは色情報をもつ最小要素であり，ドットは色情報をもたない物理的な最小要素。

参考

ディスプレイの表示規格：

名称	解像度（横×縦）
VGA	640×480
SVGA	800×600 （その他，複数の解像度あり）
XGA	1,024×768
SXGA	1,280×1,024
UXGA	1,600×1,200

動画像の容量

動画は，短い間隔で静止画像を連続して表示して動きを表現します。動画像では，動画の基になる静止画像を**フレーム**と呼び，1秒間に表示するフレームの数を**フレームレート**と呼びます。

1秒間の動画に必要な容量は，次の式で求まります。

1秒間の動画の容量＝画素数（横）×画素数（縦）
×1画素の色情報（ビット数）
×フレームレート

ポイント

解像度などの情報から画像や動画（フレーム）の保存に必要な情報量を求める計算問題が出題されています。

入出力インタフェースの伝送方式

コンピュータと周辺装置を接続する入出力インタフェースには，大きく分けて，**パラレル伝送方式**（複数ビットをまとめて伝送），**シリアル伝送方式**（1ビットずつ連続して伝送）があります（図3.13）。

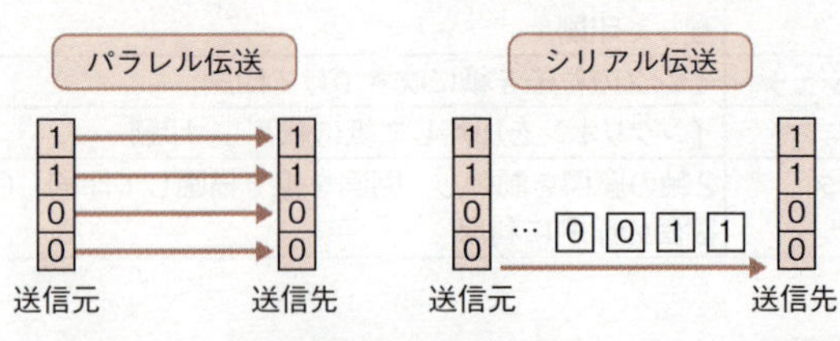

図3.13：伝送方式

有線方式の入出力インタフェース

接続に物理的なケーブルを用いた代表的な有線方式のインタフェースを表3.14，表3.15に示します。

表3.14：ハードディスクのインタフェース

装置	伝送方式	説明
SATA	シリアル	転送速度は1.5Gbps。ホットプラグに対応している。上位規格にeSATAがある
SCSI	パラレル	ハードディスクやその他の装置をデイジーチェーンで8台まで接続可能。各機器の識別に0～7のIDを割り当てて管理する。SCSI-1，SCSI-2，SCSI-3などがあり，バス幅が異なる

表3.15：外部接続のインタフェース

装置	伝送方式	説明
USB	シリアル	キーボード，マウス，各種ドライブ，プリンタなど各種装置の接続が可能で，ホットプラグに対応。USBハブを使うことでツリー状に接続が可能（最大127台）。伝送速度には，ロースピード（1.5Mbps），フルスピード（USB 1.0：12Mbps），ハイスピード（USB 2.0：480Mbps），スーパスピード（USB 3.0：5Gbps）がある
IEEE 1394	シリアル	ディジタル家電の接続を想定したインタフェース。デイジーチェーンまたはツリーにより最大63台が接続可能。ホットプラグに対応。伝送速度は，100Mbps，200Mbps，400Mbps，800Mbpsなどがある

無線方式の入出力インタフェース

無線方式の入出力インタフェースは，赤外線や電波を使って

用語

ホットプラグ：コンピュータや周辺機器の電源を入れたまま接続を行い，すぐに利用できる機構を備えたしくみ。

用語

デイジーチェーン接続：複数の機器をケーブルで数珠つなぎにする接続方式。

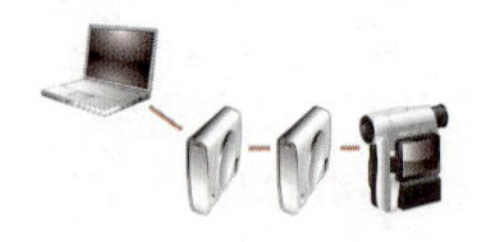

知っておこう

DMA：CPUを介さずに入出力装置とのデータ転送処理を実行する方法です。入出力装置とのデータ転送処理は外部のDMAコントローラが実行するので，CPUは低速な入出力処理に占有されることなく，別の処理を実行できます。

データ伝送を行います。パソコンと携帯電話や周辺機器とのデータ交換用に利用されています。

IrDA（Infrared Data Association）

赤外線による入出力インタフェースで，携帯電話で多く利用されています。光で通信するため通信の範囲は数十cm程度と短く，装置の間に遮蔽物があると通信ができません。

知っておこう

NFC（Near Field Communication：近距離無線通信技術）：通信距離は10cm程度で，NFCに対応した機器同士を近づけることにより，機器同士の認証やデータ交換が行える技術です。

Bluetooth

Bluetoothは電波を用いる入出力インタフェースで，2m～10m程度の範囲で通信が可能です。IrDAに比べて通信範囲が広く，伝送速度も高速なため，ゲーム機のコントローラやヘッドホン等のオーディオ機器などの接続にも利用されています。

知っておこう

組込みシステム：特定の機能のみを実現したコンピュータシステムのことで，これにより低消費電力化，小型化，低価格化が実現できます。

Zigbee

電波を用いたインタフェースで，Bluetoothとほぼ同じ特徴をもちますが，より省電力であり，多接続が可能であるため，組込みシステムによく用いられます。

3

例題 1

自発光型で，発光ダイオードの一種に分類される表示装置はどれか。

ア CRTディスプレイ	イ 液晶ディスプレイ
ウ プラズマディスプレイ	エ 有機ELディスプレイ

解説

バックライトを必要とせずに素子そのものが発光して出力表示させるディスプレイは，有機ELディスプレイです。よってエが正解です。

ア：ブラウン管を利用します。

イ：バックライトを利用し，光の透過／遮蔽により表示を行います。

ウ：ガスの放電を利用し発光させ，表示します。

《解答》エ

例題2

96dpiのディスプレイに12ポイントの文字をビットマップで表示したい。正方フォントの縦は何ドットになるか。ここで，1ポイントは1／72インチとする。

ア 8　　イ 9　　ウ 12　　エ 16

解説

12ポイントの文字の一辺の長さをインチに変換すると，

$12 \times \frac{1}{72}$ インチ $= \frac{1}{6}$ インチ

として求まります。これを1インチ当たり96ドットのディスプレイに表示することから，

96dpi $\times \frac{1}{6}$ インチ = 16ドット

が求まります。正解はエです。

《解答》エ

例題3

表示解像度が1,000 × 800ドットで，色数が65,536色（2^{16}色）の画像を表示するのに最低限必要なビデオメモリ容量は何Mバイトか。ここで，1Mバイト = 1,000kバイト，1kバイト = 1,000バイトとする。

ア 1.6　　イ 3.2　　ウ 6.4　　エ 12.8

解説

1つの画像の総画素数は，1,000 × 800 = 800,000として求まります。

1つの画素には，色の情報として2^{16}色 = 2バイトの情報量が必要なため，1つの画像の総データ量は，800,000 × 2バイト = 1,600,000バイト = 1.6Mバイトになります。正解はアです。

《解答》ア

システム構成要素 《出題頻度 ★★★》

3-6 システムの処理方式

システムの処理方式は，処理を行うタイミング（一括・即時）と場所（集中・分散）によって分類できます。システムの利用目的に応じて，適切な処理方式を選択します。

バッチ処理とリアルタイム処理

コンピュータシステムの処理方式を，データを処理するタイミングで分類すると，一括処理を行う**バッチ処理**と，即時処理を行う**リアルタイム処理**に分かれます。

ポイント
バッチ処理，リアルタイム処理の各特徴を理解しておきましょう。

バッチ処理

一定の期間内のデータを蓄積しておき，一括して処理する方式です。あらかじめ決められた手順に従って，毎日や毎月など一定の間隔で処理を行います（図3.14）。

参考
バッチ処理の用途：バッチ処理は，給与計算や請求処理などの大量データを一定期間ごとに処理する業務に適しています。

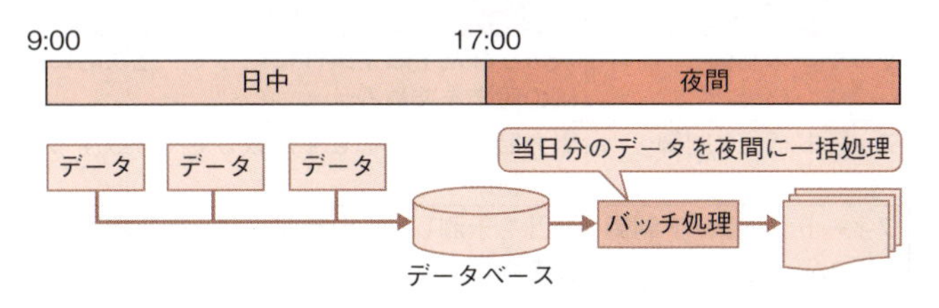

図3.14：バッチ処理

リアルタイム処理

リアルタイム処理は，“決められた時間（デッドライン）までに処理を終える”という即時性が求められる処理方式です。また，即時性を満たせなかった場合の影響の度合いによって，表3-16のようにシステムの分類があります。

表3.16：リアルタイム処理の分類

分類	内容	該当するシステム
ハードリアルタイムシステム	デッドライン内に処理を終えなかった場合，システムや外部に大きな影響を与えるシステム	製造業用ロボット，エアバッグ制御システム など
ソフトリアルタイムシステム	デッドライン内に処理を終えなくても，システムや外部に影響がないシステム	座席予約システム，銀行ATM，オンラインショッピング など

ハードリアルタイムシステムは，即時性が強く求められるシステムです。該当するシステムとしては，たとえば，センサにより機器の状態や外部の状況を常に監視して状態変化に即座に対応できるような組込みシステムが該当します。

ソフトリアルタイムシステムは，即時性を満たさなくてもよいシステムです。該当するシステムとしては，たとえば，オンライン上の端末から入力されたデータをコンピュータ側で処理するような**オンラインリアルタイム処理（オンライントランザクション処理）**が該当します。

自動制御システム

自動制御システムは，外的要素から他の機器やシステムを管理・制御するシステムです。目的とする機能によって，表3.17に示す制御方法があります。

知っておこう

アクチュエータ：ロボットなどの制御システムにおいて，入力されたエネルギやコンピュータが出力した電気信号を力学的な運動に変換する駆動機構のことです。

表3.17：自動制御方式

制御方式	内容
シーケンス制御	決められた手順や条件に従って，逐次的に制御の段階を進める
フィードバック制御	出力結果と目標値とを比較して，一致するように制御を行う
フィードフォワード制御	外乱を予測して，影響が生じる前に機器の動作を制御する

例題

フィードバック制御の説明として，適切なものはどれか。

ア　あらかじめ定められた順序で制御を行う。
イ　外乱の影響が出力に現れる前に制御を行う。
ウ　出力結果と目標値とを比較して，一致するように制御を行う
エ　出力結果を使用せず制御を行う。

解説

フィードバック制御は，出力結果と目標値とを比較して，一致するように制御を行う制御方式です。よって，正解はウです。

《解答》ウ

システム構成要素 《出題頻度 ★★★》

3-7 システムの構成方式

システムを構成するときは，処理の効率性や，障害に対する可用性，信頼性を考慮する必要があります。ここでは，5つのシステム構成について説明します。

シンプレックスシステム

シンプレックスシステムは，必要最小限の装置で構成したシステムです（図3.15）。冗長性をもたず，障害が発生するとシステム全体に影響を及ぼすため，信頼性は高くありません。

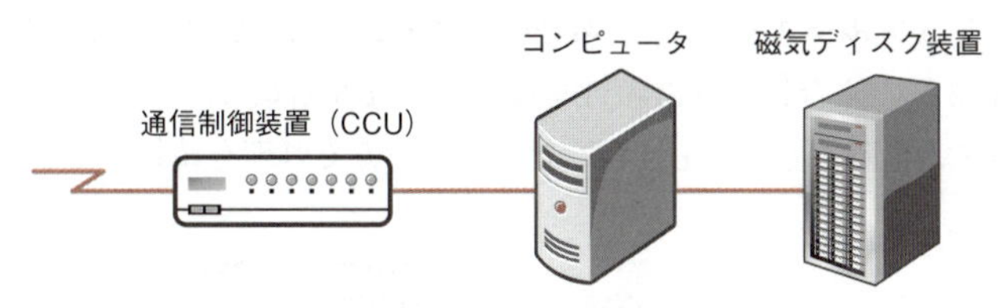

図3.15：シンプレックスシステム

デュプレックスシステム

デュプレックスシステムは，**主系**（現用系）と**従系**（待機系）の2系統のシステムで構成し，主系に障害が発生した場合に従系へ切り替えて処理を継続します（図3.16）。

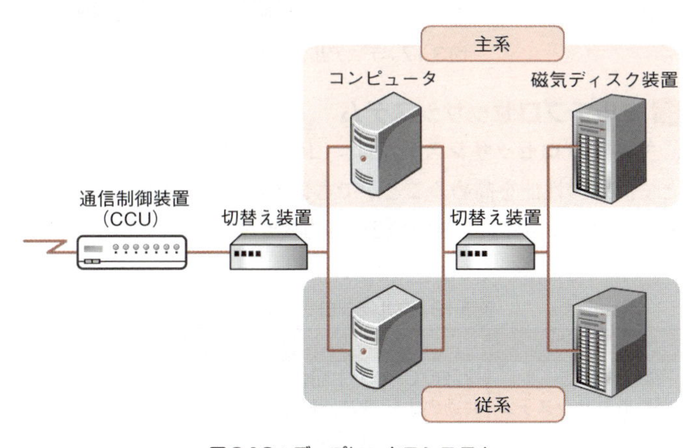

図3.16：デュプレックスシステム

ポイント

各システム構成方式の名称や特徴を問う問題が出題されています。特徴とその構成を覚えておきましょう。

知っておこう

仮想化技術：コンピュータの物理リソース（サーバ，ストレージ（補助記憶装置），ネットワークなど）を抽象化し，論理リソースとして動作させる技術のことです。複数の物理ストレージを1つの論理ストレージに集約する「ストレージ仮想化」や，1台の物理コンピュータに複数の仮想サーバを配置する「サーバ仮想化」があります。なお，サーバ仮想化の主な方式は，次の2つです。

- ホスト型：コンピュータのOS上に仮想化ソフトウェアをインストールし，そこに論理リソースを配置する。
- ハイパーバイザ型：ハードウェアに直接仮想化ソフトウェアをインストールし，そこに論理リソースを配置する。ホスト型と比べてオーバヘッドが少ない。

知っておこう

クラスタリングシステム： 同じ性能の複数のコンピュータをネットワークで結合し，全体で1台のシステムのように構成したシステムのことです。

知っておこう

グリッドコンピューティング： インターネットなどのネットワーク上にある異なる性能の複数のコンピュータを結び付け，全体で1台のシステムのように構成したシステムのことです。

主系から従系への切替え方式は，表3.18の3種類があります。

表3.18：切替え方式

方式	説明
ホットスタンバイ	従系を主系と同じ状態で起動しておき，主系に障害が発生した場合は瞬時に従系に切り替える
コールドスタンバイ	通常時は従系を停止しておき，主系に障害が発生した場合に従系を起動して，主系の処理を行う
ウォームスタンバイ	従系は起動状態で待機し，主系に障害が発生した場合に処理を切り替える

デュアルシステム

デュアルシステムは，2系統のシステムで同一処理を行い，処理結果の照合により信頼性を高めています（図3.17）。一方のシステムに障害が発生した場合は，もう一方で処理を続行します。

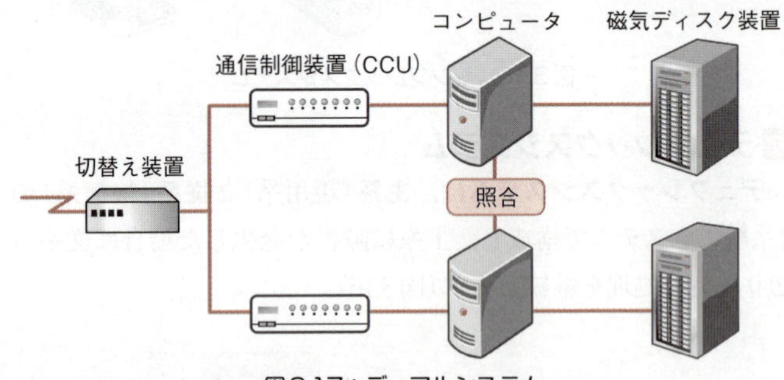

図3.17：デュアルシステム

マルチプロセッサシステム

マルチプロセッサシステムは，CPUが複数あるシステムのことで，処理性能を高めることができます。CPUとOS，主記憶装置の関係によって，表3.19の2つの方式があります。

表3.19：マルチプロセッサの方式

方式	説明
密結合マルチプロセッサシステム	複数のCPUで主記憶装置を共用する。各CPUは，共通の主記憶装置にあるOSで制御される
疎結合マルチプロセッサシステム	CPUごとに主記憶装置を割り当てる。各CPUは，それぞれの主記憶装置にあるOSで制御される

RAID（レイド）システム

RAID（Redundant Arrays of Inexpensive Disks）は，複数の磁気ディスク装置を組み合わせて仮想的な1台の磁気ディスク装置を構成し，システムの高速化と信頼性を高める技術です。

データの記録方法によりいくつかの種類がありますが，特に表3.20と図3.18に示す4つが一般的に用いられています。

ポイント
4つのRAID方式の特徴を覚えましょう。

表3.20：RAIDの種類

種類	説明
RAID0	ストライピングによる記録方式。並列アクセスによる高速化が行えるが，障害に弱いため，信頼性が最も低い
RAID1	ミラーリングによる記録方式。重複して記録するため障害に強いが，使用効率は低下する
RAID3	ストライピングとパリティデータによる記録方式。1台の磁気ディスク装置が故障しても，残りの磁気ディスクとパリティデータからデータを復元することが可能
RAID5	データとパリティデータを，ストライピングで記録する方式。RAID0の高速性とRAID3の信頼性を兼ね備えた方式で，信頼性は最も高い

用語

ストライピング： データを分割し，複数の磁気ディスクに分散して高速な書込みおよび読込みを可能にすること。

ミラーリング： 同一データを複数の磁気ディスクに書き込むこと。

パリティデータ： データのエラー検出用データ。

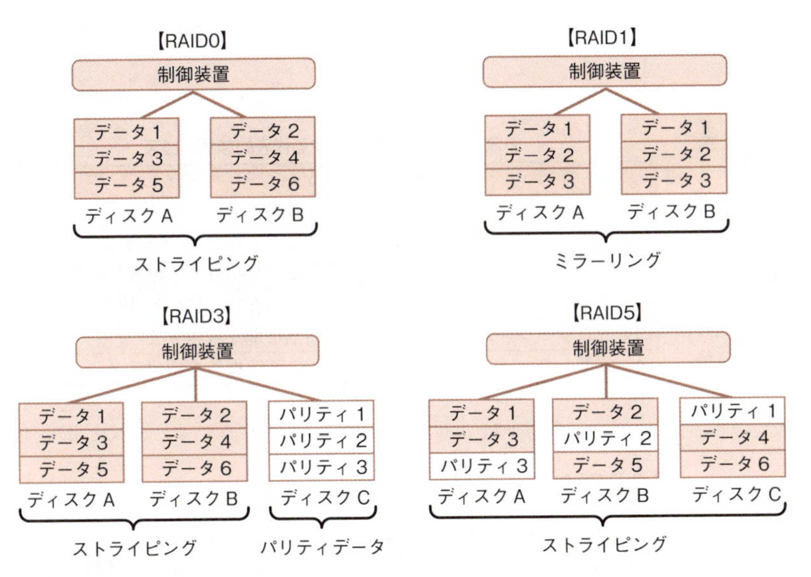

図3.18：各RAID方式によるデータの格納方法

システム構成要素 《出題頻度 ★★★》

3-8 クライアントサーバシステム

クライアントサーバシステムは，分散処理形態の代表的なシステムです。このシステムは，サービスを要求するクライアントとサービスを提供するサーバから構成されています。

ポイント
クライアントサーバシステムのそれぞれの役割について覚えておきましょう。

クライアントサーバシステムの特徴

クライアントサーバシステム（CS：Client Server System）は，サービスを提供するサーバとサーバに対してサービスを要求するクライアントで構成されます（図3.19）。

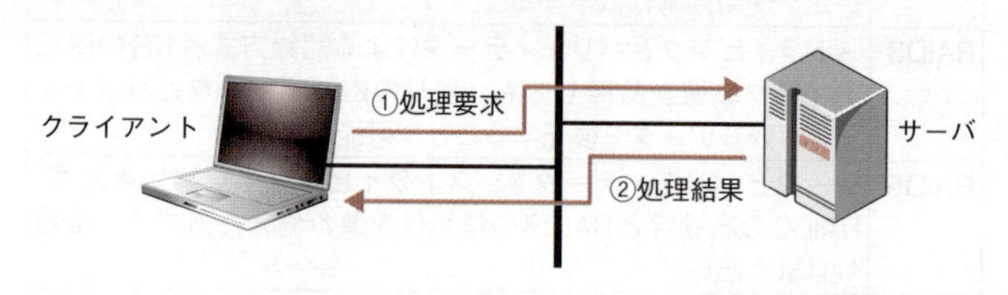

図3.19：クライアントサーバシステム

サーバが提供する代表的なサービスの種類を表3.21に示します。

知っておこう
NAS（Network Attached Storage）：ファイルサーバ専用装置で，サーバ用のコンピュータを介さずに直接ネットワークへ接続します。磁気ディスク装置とネットワーク接続装置，制御プログラムなどで構成されます。

表3.21：サーバが提供する代表的なサービス

サービス	内容
ファイルサーバ	ファイルの共有機能を提供する
プリントサーバ	1台のプリンタを複数のクライアントで共有し，印刷要求を制御して印刷を行う
データベースサーバ	データベースの管理，アクセス制御を行う
コミュニケーションサーバ	外部との通信機能を提供する
メールサーバ	電子メールの配信機能を提供する

3層クライアントサーバシステム

サーバは，必要に応じて処理の一部を更に別のサーバに要求するためのクライアント機能をもつことがあります。**3層クライアントサーバシステム**は，現在のデータベースを主体とする業務アプリケーションシステム機能を3階層で構成したものです（図

3.20)。各層の機能を表3.22に示します。

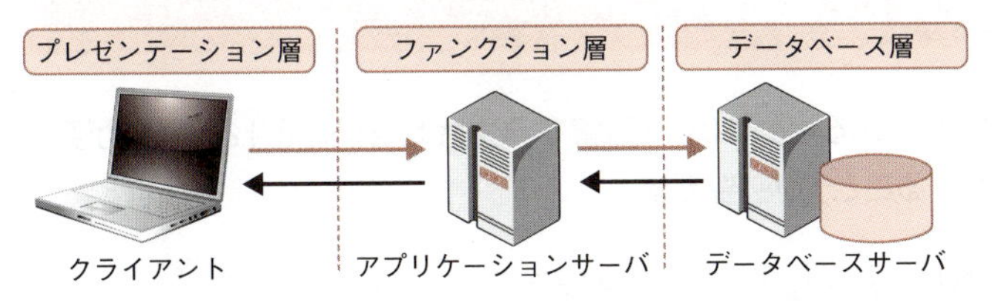

図3.20：3層クライアントサーバシステムの例

表3.22：3層の各機能

層	方式	機能
3	データベース層	データベースを管理する機能
2	ファンクション層（アプリケーション層）	データ処理条件の組立て，データの加工
1	プレゼンテーション層	ユーザインタフェースの提供

3層化したシステムでは，データの処理をサーバ側（ファンクション層，データベース層）ですべて行い，クライアント側はWebブラウザなどで入出力処理のみを行います。これにより，クライアントとサーバ間のデータ転送量を抑えることができます。また，プログラムの修正が発生しても影響はサーバ側だけにとどまるため，保守が容易になります。

関連技術

クライアントサーバシステムに関連する技術を表3.23に示します。

表3.23：クライアントサーバシステムの関連技術

名称	内容
RPC（Remote Procedure Call）	ネットワーク上の異なるコンピュータ上で処理を実行する手続きのこと。プログラム内の一部の手続き（プロシージャ）を別のコンピュータに任せることができる
シンクライアント	必要最低限の機能のみをもつクライアント専用のコンピュータ。補助記憶装置をもたないためクライアント側にデータが残らず，情報漏えいを防止することができる
ストアドプロシージャ	利用頻度の高い命令群をあらかじめサーバ上のデータベースに用意し，データベースアクセスの負荷を軽減するしくみのこと

システム構成要素 《出題頻度 ★★★》

3-9 高信頼性設計

システムの信頼性を向上させるためには,「障害を発生させないこと」と「障害が発生しても影響を最小限に抑えること」が必要です。

ポイント

設問の内容から，どの信頼性設計方式であるかを答える問題が出題されています。用語とその内容を覚えましょう。

フォールトアボイダンス

フォールトアボイダンスは，信頼性の高い機器でシステムを構成し，機器の定期保守などによって，障害の発生を防ぎます。

フォールトトレランス

フォールトトレランスは，障害が発生した場合に一部の機能を止めてでもシステムを稼働させ続けることを目的に，機器を冗長化してシステムの停止を回避します。

フォールトトレランスには，表3.24に示す概念があります。

表 3.24：フォールトトレランスの概念

名称	内容
フェールセーフ	障害が発生した場合に，安全な状態になるようにシステムを制御する 例）信号機：故障すると赤信号を表示する
フェールソフト	障害が発生した場合に，システム機能を完全に停止させるのではなく，必要最小限の機能で稼働を継続させる。なお，フェールソフトにより，障害箇所を切り離し，システム機能を落として稼働することを**フォールバック（縮退運転）**という 例）飛行機：故障したエンジンを停止し，残りのエンジンで飛行を継続する
フェールオーバ	システムに障害が発生した場合に備えて，待機系の機器を用意し，障害発生時に待機系に自動的に切り替える。なお，フェールオーバで待機系に処理が切り替えられた後，障害が回復して主系に処理を戻すことを**フェールバック**という
フールプルーフ	利用者の誤操作による障害を防ぐしくみを備える 例）電気ポット：ロックボタンを解除しないと給湯できない

3

例題

仮想化マシン環境を物理マシン20台で運用しているシステムがある。次の運用条件のとき，物理マシンが最低何台停止すると縮退運転になるか。

〔運用条件〕

(1) 物理マシンが停止すると，そこで稼働していた仮想マシンは他の全ての物理マシンで均等に稼働させ，使用していた資源も同様に配分する。

(2) 物理マシンが20台のときに使用する資源は，全ての物理マシンにおいて70%である。

(3) 1台の物理マシンで使用している資源が90%を超えた場合，システム全体が縮退運転となる。

(4) (1) ～ (3) 以外の条件は考慮しなくてよい。

ア 2　　イ 3　　ウ 4　　エ 5

解説

運用条件 (2) より，平常時ではマシン1台当たりの70%の物理資源を使用しています。これは，物理マシンの数として換算すると，

20台×70%＝14台

すなわち，20台のうち14台の物理資源を100%使用しているときと同じになります。

運用する物理マシンが1台から5台まで停止したときの物理資源の使用率は，次のように求まります。

停止なし：$\frac{14}{20} = 0.7$（70%）

1台停止　：$\frac{14}{19} \fallingdotseq 0.74$（74%）

2台停止　：$\frac{14}{18} \fallingdotseq 0.78$（78%）

3台停止　：$\frac{14}{17} \fallingdotseq 0.82$（82%）

4台停止　：$\frac{14}{16} \fallingdotseq 0.88$（88%）

5台停止　：$\frac{14}{15} \fallingdotseq 0.93$（93%）

縮退運転の開始は，運用条件 (3) から物理資源の使用率が90%を超えたときとあることから，5台停止したときであることがわかります。正解はエです。

《解答》エ

システム構成要素 《出題頻度 ★★★》

3-10 システムの性能評価

システムを評価する重要な指標として「性能」「信頼性」「コストパフォーマンス」があります。システムには複数の要素や構成があるため，各指標の評価方法は複雑になります。ここでは，「性能」の指標について説明します。

ポイント
システムの性能指標を計算する問題が出題されます。各性能指標の式を理解しましょう。

システムの性能指標

システムの性能を評価する基準には，データの処理時間を基にした，次の3つの指標があります。

レスポンスタイム

レスポンスタイム（応答時間）は，システムにデータを入力し終えてから，最初の反応が返ってくるまでの時間です（図3.21）。

レスポンスタイムは，CPUが処理を行っている時間（CPU時間）と，他の処理で占有された入出力装置やCPUなどが使用できるようになるまでの待ち時間（処理待ち時間）の合計になります。

レスポンスタイム＝CPU時間＋処理待ち時間
＋オーバヘッド時間

用語
オーバヘッド：本来の処理とは別に余分にかかる作業のこと。

ターンアラウンドタイム

ターンアラウンドタイムは，システムに処理の依頼（ジョブの投入）を行ってから，処理結果の出力が完了するまでの時間です（図3.21）。

ターンアラウンドタイム＝入出力時間＋レスポンスタイム
＋オーバヘッド時間

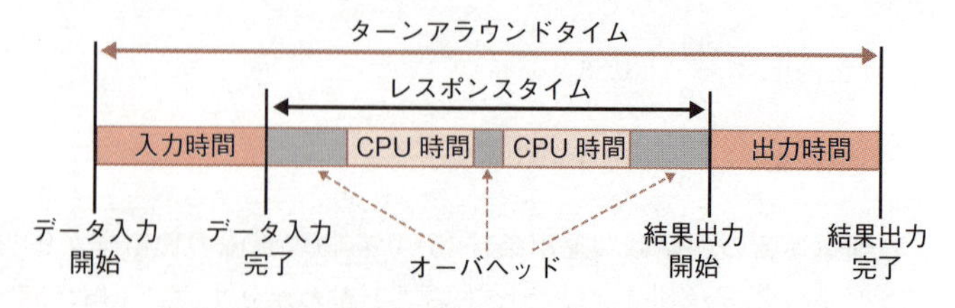

図3.21：レスポンスタイムとターンアラウンドタイム

スループット

スループットは，システムが単位時間当たりに処理できる量を示す指標です。スループットが高ければ，一定時間に多くのデータを処理できることになります。

スループットに影響を与える要素には，CPUや入出力装置などのハードウェアの性能のほか，CPUの遊休時間やオーバヘッドに要する時間などがあります。そのため，スループットを上げるには，ハードウェアの性能向上だけでなく，CPUの遊休時間やオーバヘッドを削減するなどの対応が必要になります。

知っておこう

サーバの処理能力向上のアプローチとして，次の2つがあります。

スケールアップ：既存のサーバのCPUやメモリの機能を強化してパフォーマンスを向上させること。

スケールアウト：サーバの数を増やし，サーバ群全体のパフォーマンスを向上させること。

システムの性能評価方法

システムの性能を評価する方法には，測定用のプログラムを実行して性能を計測する**ベンチマークテスト**と，実際の処理状況を測定する**モニタリング**などがあります。

ベンチマークテスト

ベンチマークテストというプログラムを実行して性能を測定します。代表的なベンチマークテストを表3.25に示します。

ポイント

ベンチマークテストの特徴や用途を覚えておきましょう。

表3.25：ベンチマークテスト

種類	説明
SPEC	非営利団体SPECが策定したベンチマーク。整数演算性能を測定するSPECint，浮動小数点数演算を測定するSPECfpがある
TPC	非営利団体TPCが策定したオンライントランザクション処理の性能評価用のベンチマークテスト。TPC-C，TPC-E（TPC-Cの後継）がある
命令ミックス	CPUの性能評価に使用。プログラム中で頻繁に使用される命令の出現頻度から1命令当たりの平均命令実行時間を設定し，CPUの処理速度を算出する

用語

SPEC（Standard Performance Evaluation Corporation）：標準性能評価法人

TPC（Transaction Processing Performance Council）：トランザクション処理性能評議会

モニタリング

モニタリングには，測定用のプログラムを対象のシステムで稼働させて各種の性能を収集する**ソフトウェアモニタリング**と，専用のハードウェアを接続して対象のシステムの測定を行う**ハードウェアモニタリング**があります。

ソフトウェアモニタリングの場合は，測定対象のシステムでモニタリングプログラムを稼働させることによる測定値への影響がありますが，ハードウェアモニタリングの場合は影響を抑えることができます。

例題

プログラムのCPU実行時間が300ミリ秒，入出力時間が600ミリ秒，その他のオーバヘッドが100ミリ秒の場合，ターンアラウンドタイムを半分に改善するには，入出力時間を現在の何倍にすればよいか。

ア $\frac{1}{6}$　　イ $\frac{1}{4}$　　ウ $\frac{1}{3}$　　エ $\frac{1}{2}$

解説

問題に処理待ち時間が指定されていないため，これを無視すると，以下の式になります。

ターンアラウンドタイム＝入出力時間＋レスポンスタイム＋オーバヘッド時間
＝入出力時間＋CPU実行時間＋オーバヘッド時間
＝600ミリ秒＋300ミリ秒＋100ミリ秒＝1,000ミリ秒

ターンアラウンドタイムを半分の500ミリ秒にするには，以下の式を解きます。

500＝入出力時間＋300＋100

入出力時間＝500－300－100＝100ミリ秒

したがって，入出力時間は $\frac{1}{6}$ にする必要があります。よってアが正解です。

《解答》ア

システム構成要素　《出題頻度　★★★》

3-11 システムの信頼性

システムの信頼性とは，「故障せずに機能すること」を表します。これは，ユーザから見れば，「システムをいつでも正常に使えること」，つまり可用性を意味します。試験では，この可用性に関する稼働率計算が出題されています。

稼働率

稼働率の計算は，システムの稼働時間の合計と故障による停止時間の合計から求める方法と，**MTBF**と**MTTR**から求める方法があります。

ポイント
稼働率計算は必ず出題されます。確実に計算できるようにしましょう。

(a) 稼働率＝稼働時間合計÷運転時間
　　　　＝稼働時間合計÷（稼働時間合計＋停止時間合計）
(b) 稼働率＝MTBF÷（MTBF＋MTTR）

MTBF

MTBF（Mean Time Between Failure：平均故障間隔）は，故障の修復が完了して稼働を再開してから，次の故障で停止するまでの時間，つまり稼働している時間の平均値を表します。

MTBFが大きいということは，稼働し続けている時間が長いこととなり，故障が起きにくいという評価になります。

知っておこう
ミッションクリティカルシステム：障害が起きると，企業活動に重大な影響を及ぼすシステムのことで，24時間365日常に動き続けることを求められます。

MTBF＝稼働時間の合計÷故障した回数

MTTR

MTTR（Mean Time To Repair：平均修理時間）は，故障の修理によりシステムが停止している時間の平均値です。MTTRが小さいほど修理の時間が短いということになるため，保守性が良いという評価になります。

MTTR＝故障時間の合計÷故障した回数

例として，システムの運転時間が次のとおりであったときの稼働率計算を示します。

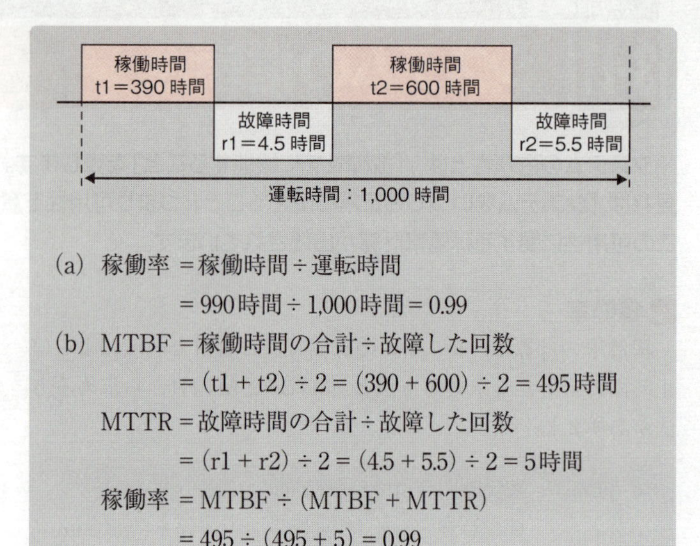

(a) 稼働率 ＝稼働時間÷運転時間

＝990時間÷1,000時間＝0.99

(b) MTBF ＝稼働時間の合計÷故障した回数

＝(t1＋t2)÷2＝(390＋600)÷2＝495時間

MTTR＝故障時間の合計÷故障した回数

＝(r1＋r2)÷2＝(4.5＋5.5)÷2＝5時間

稼働率 ＝MTBF÷(MTBF＋MTTR)

＝495÷(495＋5)＝0.99

参考

稼働率の計算の考え方： 直列の場合，すべての装置が稼働しなければシステム全体が稼働しないため，各稼働率の積で求めます。一方，並列の場合，いずれかの装置が稼働していればシステムは稼働します。したがって稼働率は，すべての装置が稼働しない確率（非稼働率）を1から引くことで求めることができます。

直列システムと並列システムの稼働率

稼働率がA_1およびA_2の装置が図3.22のように直列および並列に接続された場合，全体の稼働率は，次のように計算します。

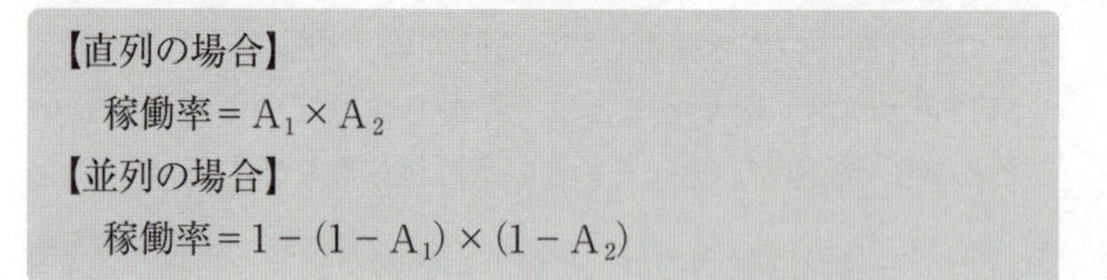

【直列の場合】

稼働率＝$A_1 \times A_2$

【並列の場合】

稼働率＝$1-(1-A_1)\times(1-A_2)$

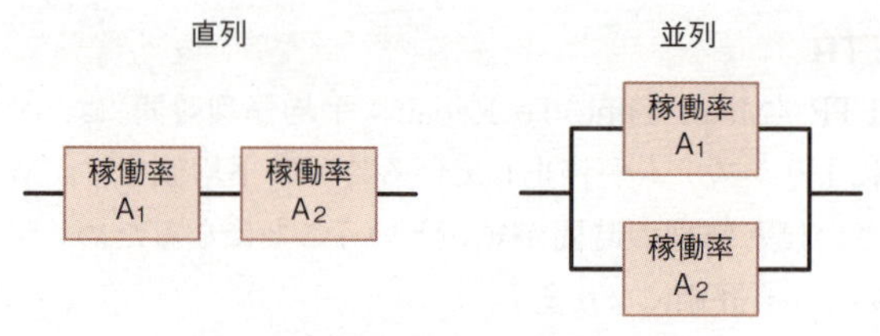

図3.22：直列／並列に接続されたシステム

ポイント

RASISの5つの特性を覚えましょう。

RASIS

RASISは，次ページの表3.26に示すシステムの信頼性に関する5つの特性の頭文字をつなげた言葉です。

表3.26：RASIS

特性	説明
信頼性（Reliability）	障害が発生しにくいこと
可用性（Availability）	常にシステムが利用可能な状態であること
保守性（Serviceability）	障害発生時に正常な状態への回復のしやすさ
保全性（Integrity）	データの矛盾・不整合が起きないこと
機密性（Security）	システムの不正利用や，機密情報の漏えいを防ぎ，システムのセキュリティが保たれていること

バスタブ曲線

システムの故障の発生頻度は，図3.23に示す関係にあるといわれています。このグラフの形状がバスタブに似ていることから，**バスタブ曲線**と呼ばれています。

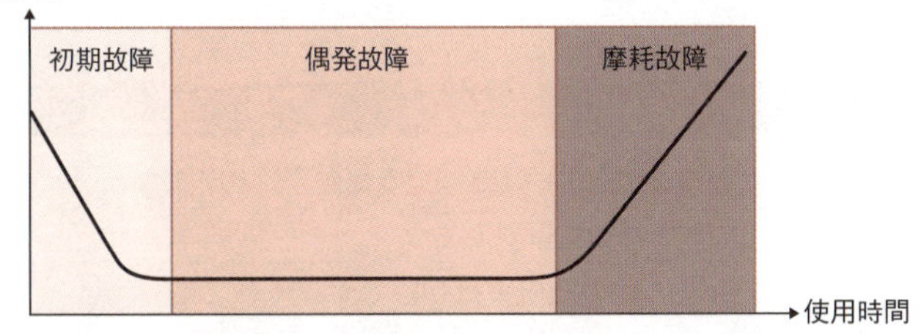

図3.23：バスタブ曲線

グラフから表3.27に示す3つの故障期間に分かれます。

表3.27：バスタブ曲線の３つの故障期間

故障期間	説明
初期故障	稼働開始後しばらくの間は，設計や製造段階で取り除くことのできなかった不具合による障害が多発します。不具合の改修を重ねるにつれて障害の発生が徐々に収まります
偶発故障	障害は偶発的な要因によるものとなり，システムが安定して稼働します
摩耗故障	時間の経過に伴って，部品の摩耗や劣化などにより障害が徐々に増えていきます

例題

稼働率が0.9の装置を複数個接続したシステムのうち，2番目に稼働率が高いシステムはどれか。ここで，並列接続部分については，少なくともどちらか一方が稼働していればよいものとする。

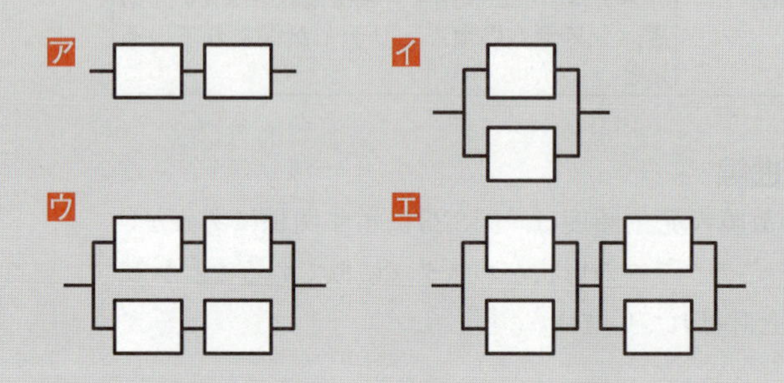

解説

ア：稼働率は直列なので掛け算で求めます。0.9 × 0.9 = アの稼働率は0.81です。

イ：並列システムの稼働率の公式に当てはめて計算します。
1 − (1 − 0.9) × (1 − 0.9) = 1 − 0.01 = イの稼働率は0.99です。

ウ：2つの直列システムが並列に接続する複合システムです。この場合は，直列部分の稼働率を個々に計算し，その結果を並列部分として計算します。

① 直列システム部分
稼働率 = 0.9 × 0.9 = 0.81

② 並列システム部分
稼働率 = 1 − (1 − 0.81) × (1 − 0.81) = 1 − 0.0361 = ウの稼働率は0.9639です。

エ：2つの並列システムが直列に接続する複合システムです。この場合は，並列部分を個々に計算し，その結果を直列部分として計算します。

① 並列システム部分
稼働率 = 1 − (1 − 0.9) × (1 − 0.9) = 1 − 0.01 = 0.99

② 直列システム部分
稼働率 = 0.99 × 0.99 = エの稼働率は0.9801です。

以上から，稼働率の高い順に並べるとイ→エ→ウ→アになり，エが正解です。

《解答》エ

ソフトウェア 《出題頻度 ★★★》

3-12 オペレーティングシステム

オペレーティングシステム(OS)は，コンピュータを動かすために欠かせないソフトウェアです。OSは，ハードウェアとユーザとの間に立って，基本的な機能を提供します。

オペレーティングシステムの目的

オペレーティングシステム(OS：Operating System)は，ハードウェアとユーザ(またはソフトウェア)の中間に位置するソフトウェアです。

OSの目的は，表3.28に示すようなものが挙げられます。

ポイント
OSの目的とユーザから見た各種ソフトウェアの位置付けを理解しておきましょう。

知っておこう
リアルタイムOS：組込みシステムのOSの1つで，重要度や緊急度に応じて処理を行うような場合に，優先度に基づいて処理のスケジューリングと実行を行います。

表3.28：OSの目的

目的	内容
基本機能の提供	各ハードウェアの操作に必要な基本的な機能を提供し，ユーザがハードウェアを意識せずに使えるよう抽象化させる
資源の有効活用	CPU，メモリ，入出力装置などのコンピュータ資源を無駄なく割り当て，効率的な制御を行う
操作と運用支援	誰にでもコンピュータが容易に利用できるように操作・運用上の支援を行う

ソフトウェアの分類

ソフトウェアは，大別すると**システムソフトウェア**と**応用ソフトウェア**に分けられます(図3.24)。また，システムソフトウェアは**基本ソフトウェア**と**ミドルウェア**の2つからなります。

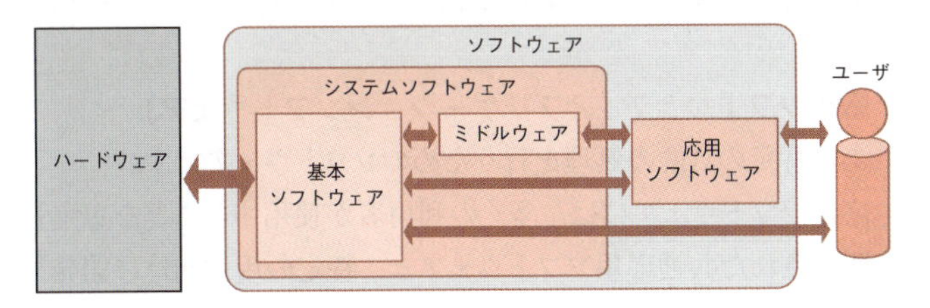

図3.24：ソフトウェアの分類

基本ソフトウェア

OSは基本ソフトウェア（広義のOS）とも呼ばれ，表3.29に示す複数のプログラムで構成されています。

表3.29：基本ソフトウェアの構成

構成プログラム	内容
制御プログラム（狭義のOS）	コンピュータ資源の管理と制御を行う。制御プログラムは，以下から構成されている。 ・**カーネル**：OSの中核部分で，ジョブ管理，タスク管理，記憶管理やシステムコールなどの機能をもつ ・**デバイスドライバ**：周辺機器を制御・管理する ・**ファイルシステム**：ファイルやフォルダの作成や記憶領域の割当て，アクセス権管理などのファイル管理を行う
言語処理プログラム	プログラムをコンピュータで実行可能な機械語に変換する。この翻訳・変換を行うソフトウェアを言語プロセッサと呼び，コンパイラ，アセンブラ，インタプリタ，ジェネレータなどがある
サービスプログラム	コンピュータの利用を支援するプログラムの集まり。テキスト編集プログラム，フォーマット変換プログラム，ソートプログラムなどがある

参考

システムコール：OSの制御プログラムを呼び出すために使用する機構のことです。

ミドルウェア

基本ソフトウェアと応用ソフトウェアの間で，応用ソフトウェアに対して汎用的な機能を提供するものです。

主なミドルウェアとして，データベース管理システム（DBMS），API，バッチ処理の実行制御を行う運用管理ソフト，プログラムの開発支援ソフトなどがあります。

知っておこう

API（Application Programming Interface）：OSに用意された汎用的な機能を利用するためのしくみです。プログラムがAPIを利用することでプログラム開発の負担を削減し，生産性を向上させます。

応用ソフトウェア（アプリケーションソフトウェア）

ある特定の目的の処理を行うためのソフトウェアです。

応用ソフトウェアには，多くの利用者が使用することを想定して開発された共通応用ソフトウェアと，特定の用途向けに開発した個別応用ソフトウェアがあります。

知っておこう

Web API：Webアプリケーション開発に利用できるAPIのことで，インターネット経由で高機能なコンテンツを利用することができます。

ソフトウェア 《出題頻度 ★★★》

3-13 ジョブ管理

ジョブは，コンピュータに与える仕事の単位で，複数の処理作業が一つにまとまったものです。ジョブ管理は，ジョブに対し，優先度の決定，資源の割当て，スケジューリングなどを行い，効率の良い処理を実現させます。

ジョブ管理

ジョブは1つ以上の**ジョブステップ**で構成され，1つのジョブステップは1つのタスクに対応しています（図3.25）。

タスク：OS上で実行されるプログラムの処理単位。プロセスとも呼ばれています。

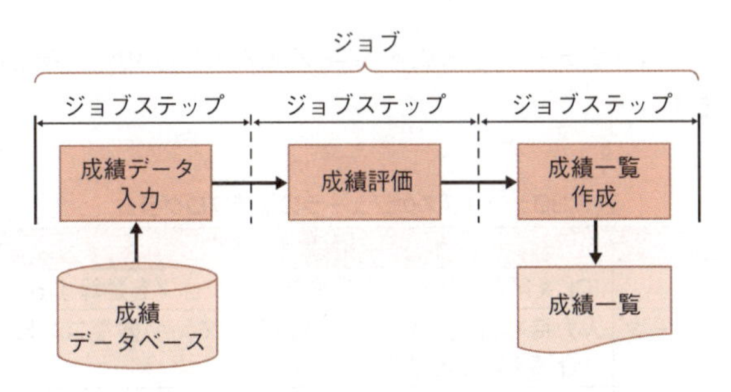

図3.25：ジョブ

バッチ処理をコンピュータに行わせる場合，コンピュータに投入するジョブは，専用の記述言語JCL（Job Control Language）を用いてジョブの優先度，ジョブステップの実行順序や使用するコンピュータ資源などを記述します。

ジョブ実行の流れ

ジョブの実行は，ジョブ管理機能の**マスタスケジューラ**と**ジョブスケジューラ**の2つのプログラムで行います（次ページ図3.26）。

マスタスケジューラは，ジョブの実行指示や監視を行うオペレータとコンピュータとの仲介を行い，オペレータからの操作指示を受け付けたり，ジョブの実行状態や処理結果をオペレータの端末（操作卓）に表示したりします。

ジョブスケジューラは，投入されたジョブの実行を制御し，実行するジョブの選択や実行の開始・終了の管理を行います。

操作卓：オペレータがマスタスケジューラを介して各種操作や監視などをキーボードおよびディスプレイから行う装置。

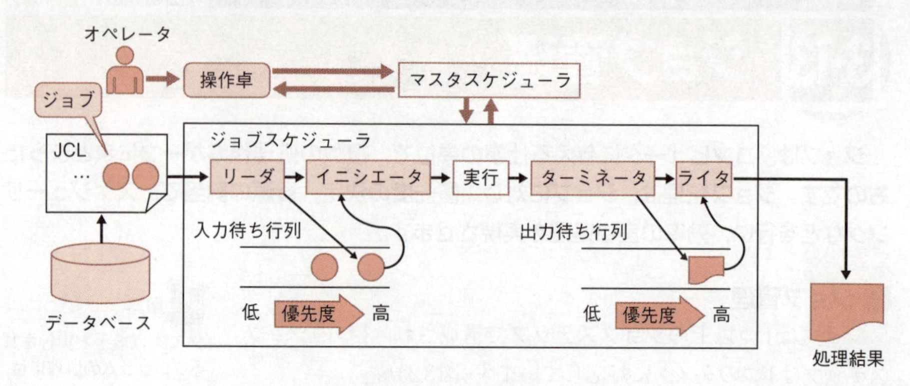

図3.26：ジョブ実行の流れ

ジョブスケジューラを構成する各プログラムの説明を表3.30に示します。

表3.30：ジョブスケジューラの構成プログラム

プログラム	内容
リーダ	JCLを解読して，入力待ち行列にジョブを登録する
イニシエータ	入力待ち行列からジョブを選択して，必要なコンピュータ資源を割り当てる
ターミネータ	実行を終了したジョブからコンピュータ資源を解放し，ジョブログ（ジョブの実行結果）を出力待ち行列へ登録する
ライタ	出力待ち行列からジョブログを選択し，処理結果を出力する

ポイント

ジョブ管理で多く出題されるのは，このスプーリングです。スプーリングの役割を理解しておきましょう。

スプーリング

スプーリングは，CPUに比べて低速な装置からの入出力処理からCPUを解放して，スループットの向上を図るしくみです。

たとえば，出力データをプリンタで印刷する処理は時間がかかります。プリンタが稼働している間，CPUをその出力処理が終えるまで占有し続けることは，スループットを低くする原因となります。そこで，プリンタへの出力データを磁気ディスク装置のスプールファイルへ格納しておき，そこからプリンタがいつでもデータを取り出して印刷処理できるようにすれば，CPUを他の処理へ割り当てることができるようになります。

ソフトウェア 《出題頻度 ★★★》

3-14 タスク管理

ジョブは人間から見た処理の単位であるのに対して，タスクはコンピュータから見た処理の単位です。ここでは，タスクの管理方法について説明します。

タスク管理

プログラムの実行は，OSによってプログラムを複数のタスクに分解して，タスク管理の制御の下で実行されます。

CPUは一度に1つのタスクしか実行することができません。競合が起きることなく複数のタスク（マルチタスク）をCPUに割り当てられるようにするには，タスクの実行過程にいくつかの状態をもたせ，その状態を遷移させながら実行できるようにする必要があります。

タスクの状態遷移

タスクの生成から消滅までの間の状態を表3.31に示します。各状態は図3.27のように遷移します。

表3.31：タスクの状態

状態	説明
実行可能状態	実行準備が整い，CPUにいつでも割り当てられる状態
実行状態	タスクがCPUに割り当てられ，実行されている状態
待ち状態	他の処理により実行準備を整えている状態

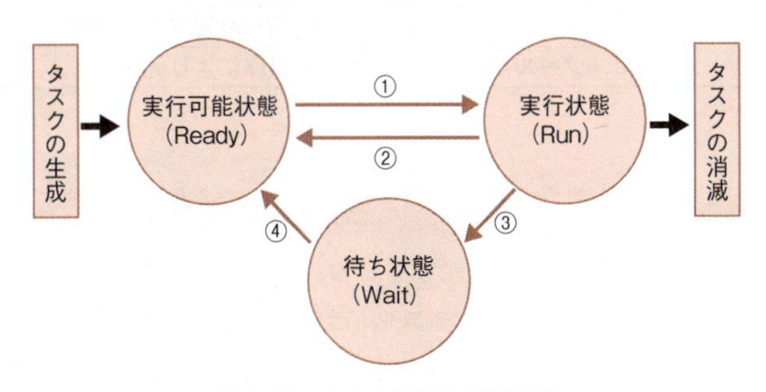

図3.27：タスク実行の状態遷移

状態の遷移は，次ページの表3.32の条件で発生します。

ポイント

タスクの状態遷移とその条件，また，ディスパッチやプリエンプションなどの用語を覚えましょう。

知っておこう

タスクのスケジューリング：タスクへCPUを割り当てる方式には，次のようなものがあります。

- **優先度方式**：あらかじめタスクに設定した優先度に応じてCPUを割り当てる。
- **ラウンドロビン**：設定された実行時間（タイムクウォンタム）ごとにCPUの割当てを行う。
- **到着順方式**：優先度をもたず，到着した順にCPUに割り当てる。FCFS（First Come First Served）とも呼ばれる。

用語

ディスパッチャ：ディスパッチを行うプログラムのこと。

用語

タイムクウォンタム：CPUでタスクを実行させることのできる設定された時間のこと。「タイムスライス」とも呼ばれています。

表3.32：遷移条件

遷移	内容
①	実行状態にある他のタスクの実行が終わり，実行可能状態の待ち行列に割当て可能なタスクがあるとき（タスクを実行状態へ遷移させ，CPUに割り当てることを**ディスパッチ**と呼ぶ）
②	次の条件において，遷移が発生する。 ・CPUのタイムクウォンタムを使い切ったとき ・優先度の高いタスクが実行可能状態に入り，実行権を奪われたとき（これを**プリエンプション**と呼ぶ）
③	タイムクウォンタムを使い切らない途中で，入出力要求の割込みが起きたとき
④	タスクの入出力処理が終了したとき

割込み

何らかの要因で実行中の処理を中断し，別の処理を実行することを**割込み**と呼びます。割込みには，実行中のプログラムから呼び出す**内部割込み**と，ハードウェアの状態から生じる**外部割込み**があります（表3.33）。

知っておこう

ポーリング：いつ発生するかわからないイベントを監視することを目的として，CPUが状態レジスタまたはビジー信号を定期的に収集し，入出力装置の状態を判断します。これをポーリングといいます。

表3.33：割込み

分類	種類	発生条件
内部割込み	プログラム割込み	プログラム実行中の異常処理（ゼロ除算エラー，オーバフロー，記憶保護例外など）で発生
	スーパバイザコール割込み	プログラムからOSの機能を呼び出す（システムコール）場合に発生
外部割込み	入出力割込み	入出力処理の終了時に発生
	機械チェック割込み	ハードウェアの異常（電源異常，装置の故障）が生じたときに発生
	タイマ割込み	設定した時間が経過すると発生
	コンソール割込み	端末からの操作により発生

例題

CPUが1台で，入出力装置（I/O）が同時動作可能な場合の二つのタスクA，Bのスケジューリングは図のとおりであった。この二つのタスクにおいて，入出力装置がCPUと同様に，一つの要求だけを発生順に処理するように変更した場合，両方のタスクが終了するまでのCPU使用率はおよそ何％か。

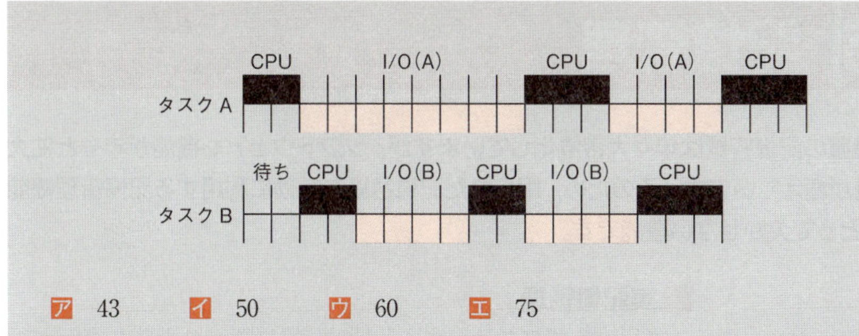

ア 43　　イ 50　　ウ 60　　エ 75

解説

タスクA・Bの実行の流れを，CPUとI/Oを基準とした図にすると以下のようになります（わかりやすくするために1つのマス目を秒として考える）。

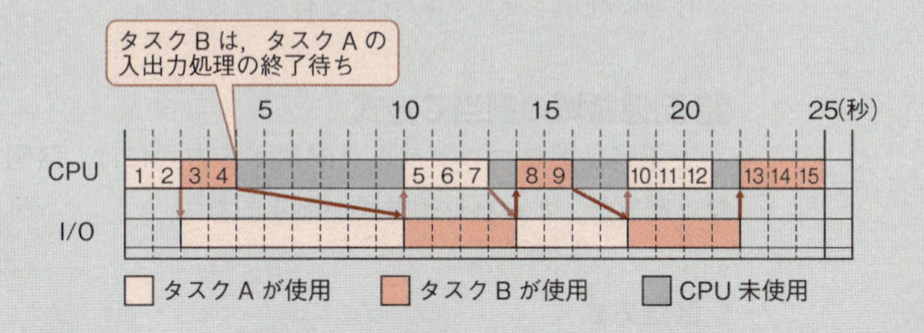

CPUの使用率は，全体の時間のうちの実際にCPUが使用されている割合のことです。入出力装置（I/O）が同時動作可能な場合は，タスクA・Bの終了まで20秒かかり，そのうちの15秒がCPUを使用している時間なので，

CPU使用率＝15秒÷20秒＝75％

になります。

一方，入出力装置が1つの要求だけを発生順に処理する場合は，入出力装置の割当て待ちが発生するため，CPUが使用されない時間が増加しています。タスクA・Bの終了までは25秒かかり，そのうちの15秒がCPUを使用している時間なので，

CPU使用率＝15秒÷25秒＝60％

になります。よって正解はウです。

《解答》ウ

ソフトウェア 《出題頻度 ★★★》

3-15 記憶管理

記憶装置の記憶容量は年々大容量化していますが，ソフトウェアも機能が年々と拡大して容量が増えています。そのため，限られた記憶容量を有効に利用する記憶管理機能はOSにとって欠かせない機能です。

用語

実記憶：物理的な記憶装置のこと。主記憶装置のことを指します。

実記憶管理

実行するプログラムは，主記憶装置に置かれた後に実行が行われます（これを「プログラム格納方式」と呼びます）。

記憶装置を管理するとは，「格納可能な領域を探し，プログラムを格納する」「プログラムの実行が終わったら他のプログラムが使えるように領域を解放する」などの作業を行い，主記憶装置を有効に利用するための管理を行うことです。

記憶領域の割当て方式

主記憶装置にプログラムを配置する方式には，**区画方式**，**スワッピング**，**オーバレイ方式**があります。

区画方式

記憶領域を区画の単位で割り当てる方式です。区画方式には，一定の大きさ（固定長）の区画に分割して割り当てる**固定区画方式**とプログラムの大きさに合わせて区画の大きさを変える**可変区画方式**があります（図3.28）。

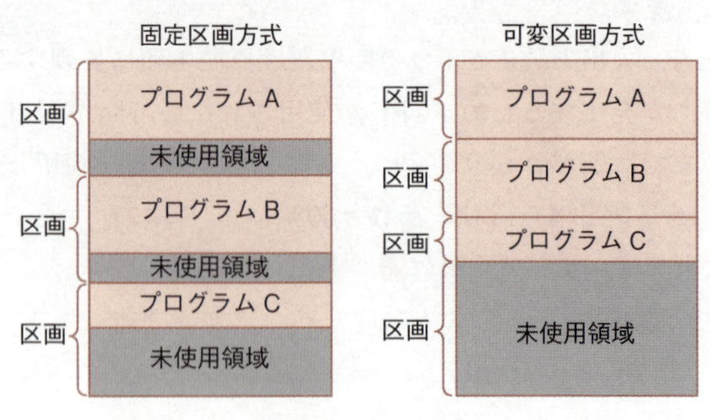

図3.28：区画方式

スワッピング

記憶領域の未使用領域が不足している状態で，優先度の高いプログラムを実行する必要が生じた場合に，優先度の低いプログラムを補助記憶装置へ移し（**スワップアウト**または**ロールアウト**），空いた記憶領域に実行するプログラムを格納する方式です。補助記憶装置へ移したプログラムを実行する場合は，再度，主記憶装置へ格納し（**スワップイン**または**ロールイン**）実行します。

知っておこう

動的再配置：プログラムの実行中でも主記憶装置内のプログラムの格納位置を移動させることをいいます。

3

オーバレイ方式

オーバレイ方式は，主記憶装置の容量よりも大きいプログラムを実行するためのしくみで，プログラムをあらかじめ**セグメント**という単位に分割しておき，必要なセグメントのみを主記憶に格納します。

例として，A～Gのプログラム（セグメント）を図3.29に示すオーバレイ構造（棒の長さは，プログラムの容量を表す）で配置した場合，プログラムCを実行するのに必要な記憶容量はA＋C，プログラムEを実行するには，A＋B＋E，プログラムFを実行するにはA＋B＋D＋Fの容量が必要になります。

参考

ルートセグメント：オーバレイ方式では，使用頻度の最も高いセグメントを常に主記憶へ格納します（図3.29では，セグメントAに相当）。このセグメントをルートセグメントと呼びます。

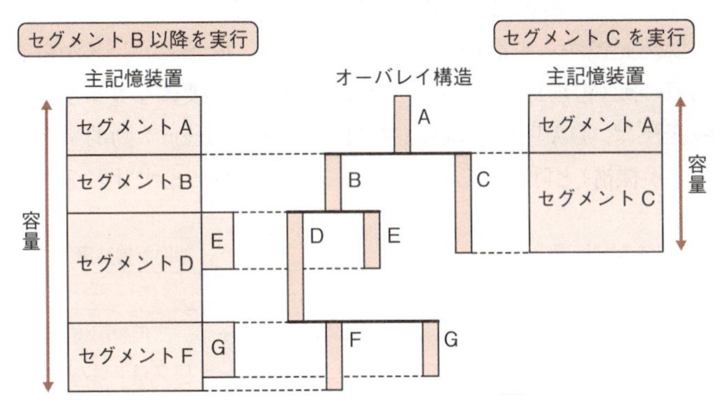

図3.29：オーバレイ方式

フラグメンテーション

可変区画方式では，プログラムの大きさに合わせて動的に区画の大きさを変化させるため，記憶領域の割当てと解放を繰り返すと，細切れの未使用領域が複数生じる**フラグメンテーション**という現象が起きます。フラグメンテーションにより記憶領域

用語

メモリリーク：OSやアプリケーションが確保した主記憶領域が，何らかの理由で解放されずに残される現象のこと。これにより使用可能なメモリが徐々に減っていきます。多くはOSのメモリ管理方法の問題や，アプリケーションのバグにより発生します。

をプログラムへ割り当てることができなくなるため，未使用領域を1つにまとめ連続した広い空き領域に再編します。これを**メモリコンパクション**といいます（図3.30）。

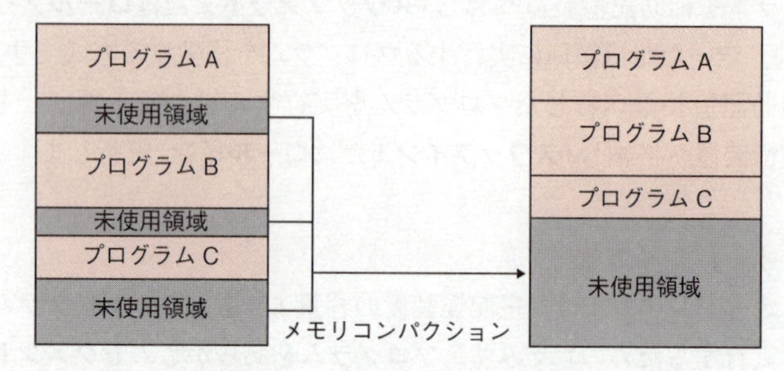

図3.30：メモリコンパクション

仮想記憶管理

ポイント

仮想記憶に関する問題がよく出題されています。特に次ページのページングに関する内容はよく理解しておきましょう。

仮想記憶は，補助記憶装置を組み合わせて，主記憶装置の容量よりも大きい仮想的な記憶領域を提供するためのしくみです。

仮想記憶とは，補助記憶に作り出された仮想の記憶領域（仮想空間）を指し，ここに実行するプログラムが仮想（論理）アドレスとともに見かけ上配置されます。主記憶（実記憶）には，実行に必要な部分のみが仮想記憶からロードされます。

仮想記憶から主記憶へロードする際は，仮想アドレスから主記憶の実（物理）アドレスへアドレス変換が必要になります。この変換は，DAT（Dynamic Address Translation：動的アドレス変換機構）と呼ばれるハードウェア機構で行います（図3.31）。

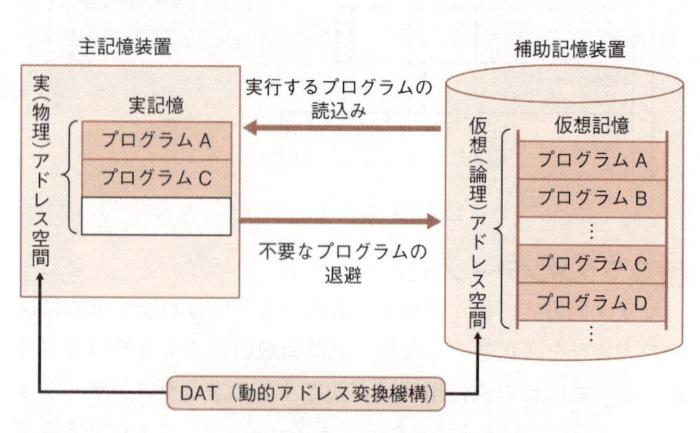

図3.31：仮想記憶

3

ページング方式

仮想記憶管理の方式の1つに，**ページング方式**があります。

ページング方式では，プログラムを**ページ**と呼ばれる固定長サイズ(2～4kバイト)に分割して番号で管理します。仮想記憶と実記憶との対応は，ページテーブルによって行われます。テーブルには，各ページに対応したエントリがあり，そのページを実記憶に配置した場合は，実記憶の開始アドレスが記録されるようになっています(図3.32)。

ページテーブルを参照した結果，ページが実記憶に存在しない場合は**ページフォールト**と呼ばれる割込みが発生し，該当ページを仮想記憶から実記憶の空き領域へロード(ページイン)します。

知っておこう

スラッシング：実記憶の容量不足によりページフォールトが頻発し，CPUがページング処理に使用される頻度が高くなり，処理効率が低下すること。

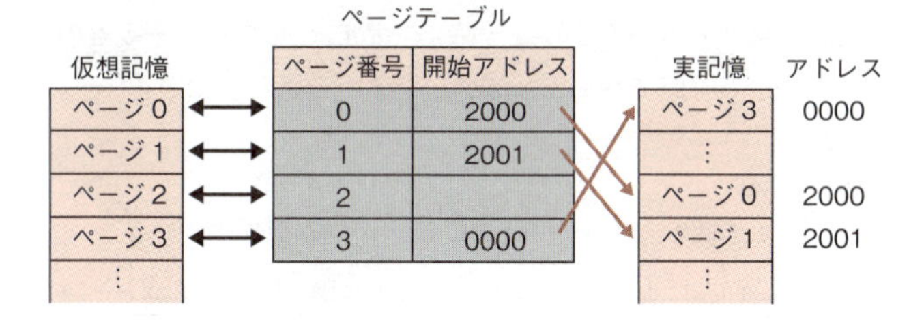

図3.32：ページング方式

ページ置換えアルゴリズム

ページフォールトが発生し実記憶に空きがない場合は，実記憶から仮想記憶へ退避(**ページアウト**)するページを選択します。この選択基準として，表3.34に示すページ置換えアルゴリズムがあります。

表3.34：ページ置換えアルゴリズム

方式	内容
LRU	最後に使用してから経過時間が最も長いページを置き換える
FIFO	最も古くから実記憶に存在するページを置き換える

用語

LRU：Least Recently Used

FIFO：First In First Out

例題 1

ページング方式の仮想記憶において，ページ置換えアルゴリズムにLRU方式を採用する。主記憶に割り当てられるページ枠が4のとき，ページ1，2，3，4，5，2，1，3，2，

6の順にアクセスすると，ページ6をアクセスする時点で置き換えられるページはどれか。ここで，初期状態では主記憶にどのページも存在しないものとする。

ア 1　　イ 2　　ウ 4　　エ 5

解説

参照ページ1，2，3，4までは順次ページインし，ページ5の参照時にページフォールトが発生します（図のa）。この時点で最後に参照してからの経過時間が最も長いページ1をページアウトし，ページ5をページインします。その結果，今度の置換え対象はページ2になりますが，次でページ2を参照するため，置換え対象はページ3となります（図のb）。ページ6を参照する際にページフォールトにより置換え対象となるのはページ5となります。よって正解はエです。

なお，FIFO方式の場合は，2回目のページ2の参照時点で置換え対象はページ2のままとなり（図のc），次のページ1の参照でページ2がページアウトされます（図のd）。

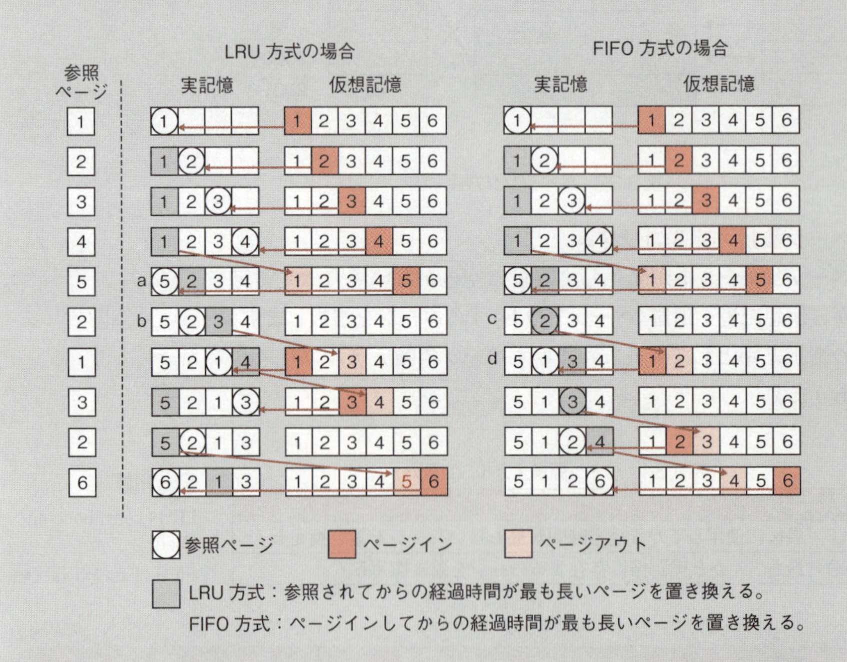

《解答》エ

例題2

図のメモリマップで，セグメント2が解放されたとき，セグメントを移動（動的再配置）し，分散する空き領域を集めて一つの連続領域にしたい。1回のメモリアクセスは4バイト単位で行い，読取り，書込みがそれぞれ30ナノ秒とすると，動的再配置をするために必要なメモリアクセス時間は合計何ミリ秒か。ここで，1kバイトは1,000バイトとし，動的再配置に要する時間以外のオーバヘッドは考慮しないものとする。

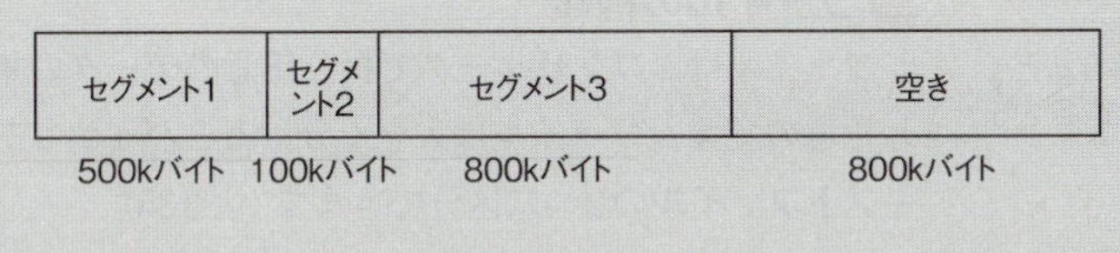

ア 1.5　　イ 6.0　　ウ 7.5　　エ 12.0

解説

セグメント2の解放後の動的再配置の様子は，以下の図のようになります。

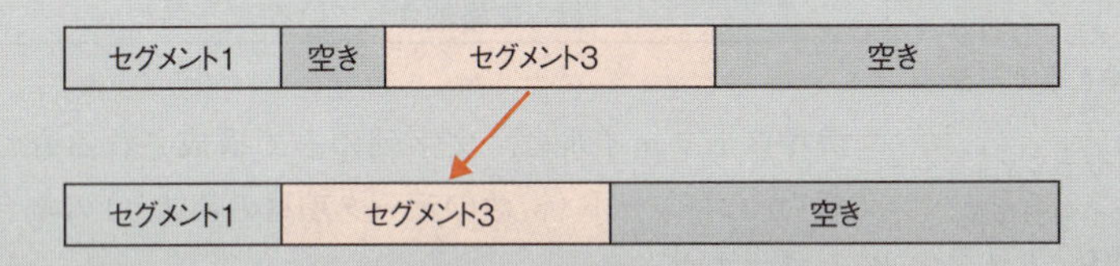

メモリアクセスは4バイト単位で行われるため，セグメント3（800kバイト）全体のアクセスに要するアクセス回数は，800,000バイト÷4バイト＝200,000回を必要とします。また，セグメント3を別の領域に移動させるため，アクセス回数は読取りと書込みの2回を必要とします。よって，全アクセス回数は，400,000回と求まります。

1回のアクセス回数につき30ナノ秒かかることから，動的再配置に要するメモリアクセス時間は次のようにして求まります。

30ナノ秒×400,000回＝12,000,000ナノ秒＝12,000,000×10^{-9}秒＝12×10^{-3}秒＝12ミリ秒

正解はエです。

《解答》エ

ソフトウェア 《出題頻度 ★★★》

3-16 ファイル管理

データの物理的な記録方式は，磁気ディスク装置，DVDなどの補助記憶装置により異なります。OSのファイル管理機能は，この差異を吸収して，利用者やアプリケーションソフトにファイルアクセスの統一的なインタフェースを提供します。

ポイント

各ファイル編成方法とその特徴を覚えておきましょう。

知っておこう

ファイルは，利用目的や処理方法により，以下のようなものがあります。

格納内容による分類

- プログラムファイル：プログラム自体を格納。
- データファイル：プログラムが処理するデータを格納。
- バックアップファイル：重要なファイルの複製。障害や災害などによるファイルの損壊に備えて作成する。
- アーカイブファイル：関連するファイルをひとまとめにしたファイル。

処理方法による分類

- マスタファイル：顧客情報や商品情報など基本的なデータを記録した台帳としてのファイル。
- トランザクションファイル：1日分の売上や受注などの一定期間に発生したデータを記録したファイル。

ファイルの種類

ファイルは，コンピュータで扱う任意のデータの集まりを記録したものです。ファイルは大きく分けると**バイナリファイル**と**テキストファイル**の2つに区分できます（表3.35）。

表3.35：バイナリファイルとテキストファイル

種類	内容
バイナリファイル	コンピュータが直接処理することができる2進数で格納されたデータ
テキストファイル	文字列を記録したファイル。文字は，文字コードに従って格納されている

テキストファイルは，文字列のみで構成されるもの（データ，文章）からレコード（複数のデータ項目の集まり）の集合体までを含んでいます。

ファイルのアクセス法と編成法

ファイルへの読み書きの処理効率は，アクセス法および記録（編成）法により，大きく影響を受けます。記録するデータの種類に応じて，適切なアクセス法と編成法を選ぶことが重要です。

アクセス法

ファイルに記録されたレコードの読み書きを行う方法のことで，**順次アクセス**（シーケンシャルアクセス），**直接アクセス**（ランダムアクセス），**動的アクセス**（ダイナミックアクセス）があります（次ページ表3.36）。

表3.36：アクセス法

方法	内容
順次アクセス	レコードを先頭から順に読み書きする方法
直接アクセス	特定のレコードに直接読み書きする方法
動的アクセス	順次アクセスと直接アクセスを組み合わせた方法で，最初に直接アクセスで移動し，後に順次アクセスを行う

編成法

レコードを特定の形式でファイルに記録する方法のことで，**順編成ファイル**，**直接編成ファイル**，**索引編成ファイル**，**区分編成ファイル**，**VSAM編成ファイル**があります（表3.37）。

表3.37：編成法

方法	内容
順編成ファイル	レコードを順番に記録する方法。原則的に順次アクセスのみ行える
直接編成ファイル	レコード中のキーとなる値からアドレスを算出し，記録位置を決める方法。アドレス算出にはハッシュ関数などを使用する。順次，直接，動的のいずれでもアクセスが可能
索引編成ファイル	基本データ域（レコードを記録する），索引域（索引を記録する），あふれ域（レコード追加であふれたレコードを記録する）の3つの領域により構成。順次／直接アクセスが可能
区分編成ファイル	順編成をメンバとして構成し，各メンバを記録する位置をディレクトリで管理する。メンバへのアクセスは直接アクセスで，メンバ内のレコードは順次アクセスで行う
VSAM編成ファイル	仮想記憶方式で利用される編成法。順編成，直接編成，索引編成の特徴をもち合わせており，順次／直接アクセスが可能

ディレクトリによるファイル管理

現在のOSでは，ディレクトリを用いた階層構造によってファイルを管理します。階層の最上位のディレクトリを**ルートディレクトリ**，ディレクトリの中に作成したディレクトリを**サブディレクトリ**，操作対象となっているディレクトリを**カレントディレクトリ**といいます（次ページ図3.33）。

参考

アクセス権： 多数のユーザが使用するコンピュータシステムでは，ディレクトリおよびファイルにアクセス権を付加し，データを保護する機能があります。

UNIX OSでは，「所有者」「所有者が所属するグループ」「他の利用者」の3つのユーザグループに対して，読取り権限(r)，書込み権限(w)，実行権限(x)，権限なし(-)の4つの記号を用いてアクセス権を表しています。

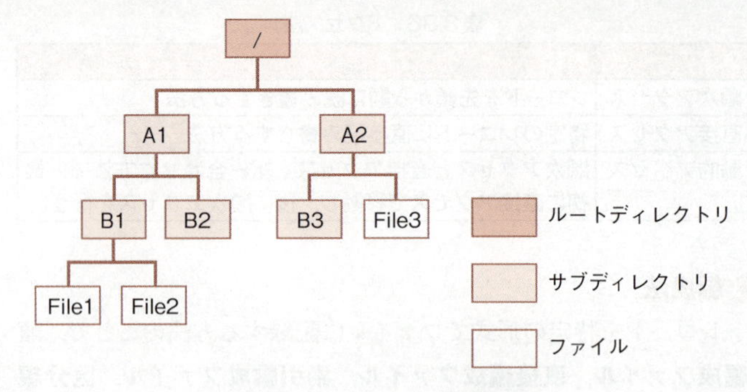

図3.33：ディレクトリ階層構造

パス指定

ファイルを使用する場合，対象ファイルの階層構造での位置をパスで指定します。パスは，起点となるディレクトリから目的のファイルまでの経路を表す文字列で，ルートディレクトリを起点とする**絶対パス指定**と，カレントディレクトリを起点とする**相対パス指定**があります。パスの表記に使用する記号は，表3.38に示すものがあります。

参考

Windowsの場合：「/」は，Windows OSにおいて「¥」で表します。

表3.38：パスの表記記号

記号	内容
/	ルートディレクトリまたはディレクトリとディレクトリの区切りを表す
.	カレントディレクトリを表す
..	1つ上の階層のディレクトリを表す

図3.33において，カレントディレクトリをA1にしたとき，File1とFile3を指定する絶対パスと相対パスは次のとおりです。

- File1の指定
  絶対パス：/A1/B1/File1　　相対パス：B1/File1
- File3の指定
  絶対パス：/A2/File3　　相対パス：../A2/File3

ソフトウェア　《出題頻度 ★★★》

3-17 ソフトウェアの開発言語

ソフトウェアを開発する言語には，ソフトウェアの動作を記述するプログラム言語と情報を表現する言語があります。

3

プログラム言語

プログラム言語の体系を図3.34に示します。以下では，高水準言語について，詳しく説明します。

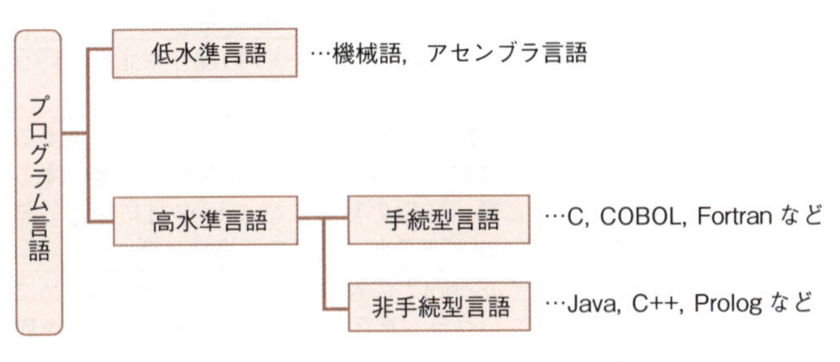

図3.34：プログラム言語の分別

高水準言語

自然言語に近い形式でプログラム（アルゴリズム）を記述できる言語です。高水準言語には，処理手順をアルゴリズムとして記述する**手続型言語**（表3.39）とアルゴリズムを意識せずに記述する**非手続型言語**があります（次ページ表3.40）。

表3.39：手続型言語の種類

言語	特徴
C	UNIX OSの記述言語として開発された言語。システムの記述に適している
COBOL	金額計算などの事務処理に適した言語
Fortran	科学技術計算に適した言語
BASIC	Fortranを基にした，初心者向けの言語
Pascal	教育目的として開発された言語
Perl	テキスト処理に適した言語。インタプリタ言語（3.18節を参照）であり，CGIの開発にも適している
Python	汎用向けのプログラミング言語。専門処理を行うライブラリを組み込むことで，効率的な開発が行える

ポイント
各言語の特徴を覚えておきましょう。

用語
低水準言語：コンピュータが理解しやすい表現形式で書かれた言語。コンピュータが直接理解できる機械語と，機械語の命令を英数字表記の命令に置き換え，人が理解しやすくしたアセンブラ言語があります。どちらもコンピュータアーキテクチャへの依存度が高い言語です。

知っておこう
CGI（Common Gateway Interface）：Webサーバと外部プログラムを連携させ，動的なWebページを作成するしくみです。

表3.40：非手続型言語の種類

言語	特徴
RPG	IBM製サーバ向けの言語。**表形式言語**に分類される
Lisp	リスト処理用の言語。数式処理などの人工知能開発に利用されている。**関数型言語**に分類される
Prolog	人工知能開発に利用され，推論機能をもつ言語。**論理型言語**に分類される
Smalltalk	オブジェクト指向に基づき，Lispの機能などを組み合わせて作られた初期のオブジェクト指向型言語
C++	C言語を拡張した**オブジェクト指向型言語**
Java	オブジェクト指向型言語。JVM（Java仮想マシン）により異なるOS環境でも動作が可能。また，メモリ管理のためのガーベジコレクションの機能が備わっている
SQL	関係データベースに対して，データの操作や定義を行うための言語
JavaScript	Netscape社によって開発された，HTML内に記述するJava仕様のプログラムで，Webブラウザ上で実行するスクリプト言語。類似の言語にMicrosoft社によって開発されたJScriptがあるが，両者の互換性は低い
ECMAScript	JavaScriptとJScriptとの互換性の低さを改善するために策定されたプログラム言語で，両者で共通する部分を取り入れ，動作を統一させている

参考

ガーベジコレクション：プログラムが記憶領域の動的な割当てと解放を繰り返すと，どこからも利用されない領域が生じることがあります。この領域を再び利用できるようにする処理をガーベジコレクションと呼びます。

参考

スクリプト言語：プログラムを簡易的に作成できるプログラム言語で，小規模なプログラムを比較的簡単に作成することができます。

ポイント

Javaの関連技術を問う問題がよく出題されます。

Javaに関連する技術

Javaに関連する技術は数多く存在します。その代表的な技術を表3.41に示します。

表3.41：Java関連の技術

名称	特徴
Javaアプレット	Webサーバからダウンロードして Webブラウザ上で稼働するJavaアプリケーション
Javaサーブレット	Webページで動的処理を行うためにサーバ側で稼働するJavaアプリケーション
JavaBeans	Javaの部品プログラムを組み合わせて，Javaアプリケーションを開発するための再利用技術

マークアップ言語

情報を表現する言語の1つにマークアップ言語があります（次ページ表3.42）。マークアップ言語は，“＜＞”で囲んだタグで段落や属性（文字の大きさや書体など）を指定します。

表3.42：マークアップ言語の種類

言語	特徴
SGML	マニュアルなどの技術文書の記述用言語として開発されたマークアップ言語。HTML，XMLの基になっている
HTML	WWWにおける文書記述用の言語。ハイパーリンクにより文書間の移動ができるほか，画像や動画などのマルチメディアデータを扱うことができる。HTMLに示す各要素に対して，どのように装飾を施すか（文字の大きさや色，行間など）を指定する仕様として**CSS**（Cascading Style Sheets）がある
HTML5	HTMLにおいて5回目の改訂版となるもの。文書記述の機能改良の他に，Webアプリケーション製作に役立つ各種APIの追加が行われている
XML	独自のタグの定義が可能な文書記述用言語。タグを使用するための文書構造を記述するためにDTDが使用される。XMLには，次のような規格や応用技術がある。 ・**Ajax**：XML形式のデータを用いて，JavaScriptの非同期通信機能により，画面遷移なしにページを更新できる技術 ・**RSS**：ブログやニュースサイトなどのWebページの見出しや要約，更新日時などのデータをXMLで記述する文書 ・**XBRL**：財務情報の交換を行うためのXML規格
XHTML	HTMLとXMLを基に記述方式を統一させたマークアップ言語。記述方式はHTMLとほぼ同じだが，統一が取れているため，従来のWebブラウザでも動作が可能となっている

用語

SGML：Standard Generalized Markup Language

HTML：HyperText Markup Language

XML：Extensible Markup Language

DTD：Document Type Definition

Ajax：Asynchronous JavaScript + XML

XBRL：Extensible Business Reporting Language

XHTML：Extensible Hyper Text Markup Language

3

例題

Webページのスタイルを定義する仕組みはどれか。

ア CMS　　イ CSS　　ウ PNG　　エ SVG

解説

Webページ（HTMLファイル）の各要素に対して，どのような装飾を施すかをスタイルとして定義する仕様は，CSSです。

よって，正解はイです。

《解答》イ

ソフトウェア 《出題頻度 ★★★》

3-18 オープンソースソフトウェア

一般的にソフトウェアのソースコードは作成した個人または組織の知的財産になり，ライセンス料を徴収して販売されます。一方，オープンソースソフトウェア（OSS）は，ソースコードを無償で公開し，その利用や改変，再配布が自由に認められたソフトウェアです。

オープンソースソフトウェア（OSS）の定義

OSS（Open Source Software）とは，ソフトウェア作成者の知的財産権を保持したまま，開発したソフトウェアを無償で公開し，誰にでもそのソフトウェアの改良，再配布を行えるようにしたライセンス形態，または，そのライセンス形態に従ったソフトウェアを指します。

開発したソフトウェアがOSSと呼べるようになるには，オープンソースイニシアティブ（OSI）が策定した以下に示すオープンソースの定義（OSD：The Open Source Definition）を満たす必要があります。

① 自由な再頒布ができること
② ソースコードを入手できること
③ 派生物が存在でき，派生物に同じライセンスを適用できること
④ 差分情報の配布を認める場合には，同一性の保持を要求してもかまわないこと
⑤ 個人やグループを差別しないこと
⑥ 適用領域に基づいた差別をしないこと
⑦ 再配布において追加ライセンスを必要としないこと
⑧ 特定製品に依存しないこと
⑨ 同じ媒体で配布される他のソフトウェアを制限しないこと
⑩ 技術的な中立を保っていること

知っておこう

代表的なOSS：
【OS】Linux
【データベース】MySQL，PostgreSQL
【プログラム言語】Java，Perl，PHP，Python
【アプリケーション】
Eclipse，Apache Hadoop，Firefoxなど

参考

OSI（Open Source Initiative）：オープンソースソフトウェアを促進することを目的とする組織。

コピーレフト

コピーレフトとは,「著作権を保持したまま, プログラムの複製や改変, 再配布を制限せず, そのプログラムから派生した2次著作物(派生物)には, オリジナルと同じ配布条件を適用する」という考え方のことです。

この考え方を踏まえたライセンスの種類には, オープンソースソフトウェアの組織や企業によって, 表3.43に示す3種類に分類できます。

表3.43：OSSのライセンス

種類	ソースコードの公開義務		ライセンステキストの添付	代表的なライセンス名
	改変部分	リンクした範囲		
コピーレフト	必要	必要	必要	AGPL, GPL
準コピーレフト	必要	不要	必要	LGPL, Mozilla Public Licenseなど
非コピーレフト	不要	不要	必要	BSD License, MIT Licenseなど

例題

オープンソースライセンスにおいて,“著作権を保持したまま, プログラムの複製や改変, 再配布を制限せず, そのプログラムから派生した二次著作物(派生物)には, オリジナルと同じ配布条件を適用する”とした考え方はどれか。

ア BSDライセンス　イ コピーライト
ウ コピーレフト　エ デュアルライセンス

解説

設問にある「著作権を保持したまま, プログラムの複製や改変, 再配布を制限せず, そのプログラムから派生した二次著作物(派生物)には, オリジナルと同じ配布条件を適用する」という考え方は,「コピーレフト」のことを指します。正解はウです。

《解答》ウ

ソフトウェア 《出題頻度 ★★★》

3-19 言語プロセッサ

高水準言語で記述されたプログラムをコンピュータで実行できるようにするには，そのプログラムをハードウェアに合わせて機械語に変換する必要があります。この変換を行うのが言語プロセッサです。

言語処理の過程

高水準言語で記述された**ソースプログラム（原始プログラム）**を，コンピュータ上で実行可能なプログラム（**ロードモジュール**）にするためには，図3.35に示す過程を踏む必要があります。

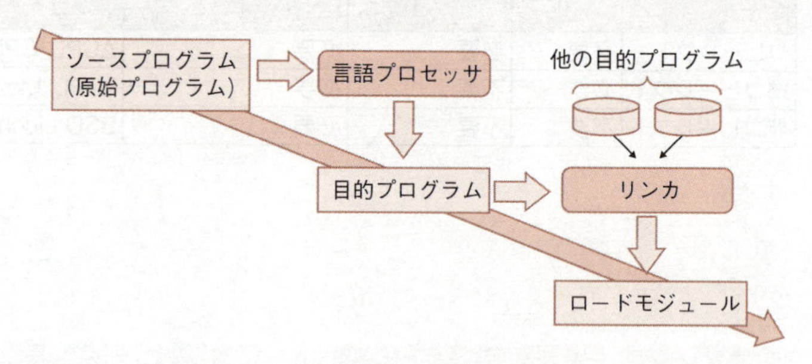

図3.35：言語処理

言語プロセッサ

ソースプログラムを機械語に変換するプログラムです。ソースプログラムの記述に利用された言語により，表3.44に示す**言語プロセッサ**があります。

参考
プリプロセッサ：言語プロセッサで変換する前に，ソースプログラムに対してデータ入力やデータ整形を行うプログラムです。

表3.44：言語プロセッサの種類

種類	特徴
アセンブラ	アセンブラ言語を機械語に変換する
コンパイラ	高水準言語のプログラムを機械語に変換する。一度にすべての命令を機械語に変換する。また，変換の過程において処理の最適化が図られている
ジェネレータ	非手続型言語のプログラムを機械語に変換する。手続きを指定することなく，入力・処理・出力などの必要なパラメータ指定のみでプログラムを自動的に生成する
インタプリタ	命令を1行ずつ解釈し，実行する。対話的に実行ができるため，デバッグしやすい

用語
デバッグ：プログラム中の誤りを修正する作業のこと。

コンパイラ

コンパイラによるソースプログラムから**目的プログラム（オブジェクトプログラム）**への変換過程を図3.36に示します。

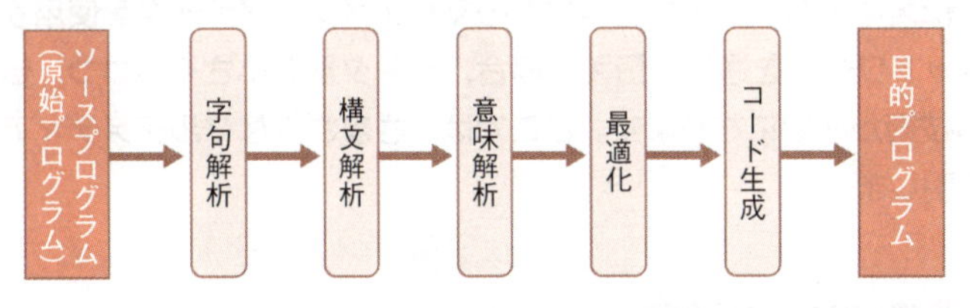

図3.36：コンパイラの処理手順

各工程で行われる処理の内容を表3.45に示します。

表3.45：コンパイラにおける各工程の処理内容

工程	内容
字句解析	ソースプログラムを変数名，定数，予約語，記号などの最小単位（トークンと呼ぶ）に分解する
構文解析	トークンから構文木を作成し，文法規則に従うかを解析
意味解析	プログラムに意味的な誤りがないかを解析
最適化	無駄な処理内容をなくし，プログラムサイズ，処理時間の最適化を図る
コード生成	目的プログラムに変換する

リンカ

リンカ（リンケージエディタ）は，目的プログラムに，サブルーチンや関数として呼び出す他の目的プログラムを組み合わせるプログラムです。

リンカが目的プログラムを組み合わせる処理を連係編集と呼び，あらかじめ用意された他の目的プログラムの集合から必要な目的プログラムを取り出して，1つのロードモジュールに組み立てます。

参考

最適化の手法：最適化には次のような手法があります。

【関数のインライン展開】関数を呼び出す箇所に，呼び出される関数のプログラムを展開する。

【共通部分式の削除】同じ式が複数の箇所に存在し，それらの式が使用している変数の値が変更されず，式の値が変化しないとき，その式の値を作業用変数に格納する処理を追加し，複数の同じ式をその作業用変数で置き換える。

【定数の折畳み】変数を定数で置き換える。

【無用命令の削除】プログラムの実行結果に影響しない処理を削除する。

【ループ内不変式の移動】ループ中で値の変化しない式があるとき，その式をループの外に移動する。

【ループのアンローリング】ループ中の繰返しの処理を展開する。

ソフトウェア 《出題頻度 ★★★》

3-20 マルチメディア技術

多くの情報量を相手に伝える場合，画像や音声などのマルチメディアデータを使用することが最適ですが，ネットワークを通じて伝える場合，データ量を小さくしつつ，伝える情報量は変わらない技術が必要になります。ここでは，さまざまなマルチメディアデータの形式について説明します。

ポイント

各データ形式の特徴を覚えておきましょう。

マルチメディアデータの圧縮方式：ランレングス法やハフマン符号による可逆圧縮（完全に元どおりに復元できる）方式と，人間の視聴覚では劣化が目立たない部分のデータを間引く非可逆圧縮方式があります。非可逆圧縮方式のほうが圧縮する割合を高めることでデータの容量を大きく削減することができますが，比例して劣化も目立つようになります。

GIF：Graphics Interchange Format

BMP：BitMap Image

PNG：Portable Network Graphics

JPEG：Joint Photographic Experts Group

TIFF：Tagged Image File Format

画像データ形式

画像データには，ディジタルカメラやスキャナから入力した写真やイラスト，あるいはグラフィックソフトで作成した画像があります。画像データは，表現する色数やデータの大きさなどにより，表3.46のデータ形式を利用します。

表3.46：画像データ形式

形式	特徴
GIF	256色まで表現できる画像データ形式で，ランレングス法で圧縮する。色数の制限により写真画像に適さないため，Webページ用のイラスト画像などに利用されている
BMP	Windowsで標準の画像データ形式。非圧縮のため，データの容量は大きくなる
PNG	フルカラー（1,677万色）画像データ方式で，ハフマン符号などを応用した可逆圧縮方式を使用。国際標準規格（ISO/IEC 15948）になっている
JPEG	フルカラー画像データ形式で，非可逆圧縮方式を採用。国際標準規格（ISO/IEC 10918-1:1994）の写真画像用のデータ形式として利用されている
TIFF	解像度や色数，符号化方式などの形式が属性情報（タグ）による記録形式で保存されており，これを呼び出すことで画像を再生することが可能。そのため，比較的アプリケーションソフトに依存しない画像形式となっている

動画データ形式

動画データは，動画をコンピュータなどで扱うためのものです。動画のデータ形式で代表的なものは，国際標準規格のMPEG（Moving Picture Experts Group）です（次ページ表3.47）。

表3.47：動画データ形式

形式	特徴
MPEG-1	CD-ROMへの動画記録用として策定
MPEG-2	ディジタルテレビ放送やDVDビデオに利用
MPEG-4	携帯電話などの低速な回線での利用を目的として開発された。Blu-ray Discで利用されている

知っておこう

H.264/MPEG-4 AVC： ワンセグやインターネットで用いられる動画データの圧縮符号化方式です。

3

音声データ形式

代表的な音声データ形式を表3.48に示します。

表3.48：音声データ形式

形式	特徴
MP3	MPEG-1の圧縮方式を利用した音声圧縮方式。国際標準化(ISO 11172-3)され，音声配信用に用いられている
MIDI	電子楽器の演奏用データ形式。データとして演奏情報(音程，音色，音の強弱)が記録されている

用語

MP3： MPEG Audio Layer-3

MIDI： Musical Instrument Digital Interface

アナログ音声をディジタル化するには，連続するアナログの波形信号を一定間隔で測定(**標本化**)し，測定した信号を振幅に応じて整数値などの離散値で近似化(**量子化**)し，その整数値を2進数へ変換(**符号化**)します(図3.37)。

用語

PCM (Pulse Code Modulation)： アナログ信号をディジタル信号に変換する変調方式の1つ。アナログ信号を標本化→量子化→符号化の順でディジタル化する。

参考

標本化定理： ディジタル化した信号を元のアナログ信号に戻せるようにするには，「アナログ信号に含まれる最高周波数の2倍以上の周波数で標本化しなければならない」という定理のこと。

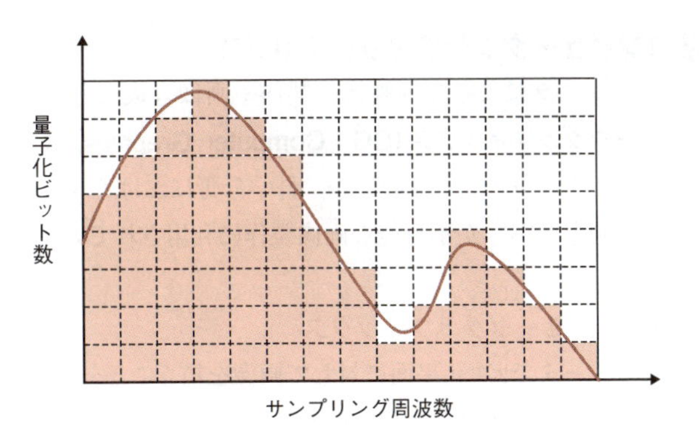

図3.37：アナログ信号のサンプリング化

音声の品質は，サンプリングの頻度を表す**サンプリング周波数**と**量子化ビット数**に左右されます。1秒間の音声を録音するのに必要なデータ量は次の式で求まります。

1秒間のデータ量＝サンプリング周波数×量子化ビット数

知っておこう

文字フォントの表現には次の形式があります。

- **ビットマップフォント：** 文字を点（ドット）で表した形式。
- **アウトラインフォント：** 文字の輪郭の情報を基に表現する形式。拡大／縮小しても文字の形状が保たれるという特徴がある。

用語

CSV： Comma-Separated Values

PDF： Portable Document Format

文章データ形式

文章データ形式にはさまざまなものがありますが，汎用的に扱われる文章データ形式としては，表3.49に示すものがあります。

表3.49：文章データ形式

形式	特徴
TXT	文字情報だけで構成されるデータ形式で，文書の体裁や画像などのマルチメディアデータを扱うことはできない
CSV	TXT形式の一種で，レコードを扱う場合に使用するデータ形式。項目の区切りをカンマで表現する（図3.38）
PDF	電子文書の標準的なデータ形式で，国際標準規格（ISO 32000-2）で標準化されている。電子書籍や電子マニュアルなど，広範囲に利用されている

表計算ソフトで作成したデータ

商品番号	商品名	価格
A0001	Tシャツ	1000
A0002	Yシャツ	7800
A0101	ポロシャツ	12000
B0011	パーカー	6500

CSV形式のデータ

商品番号,商品名,価格
A0001,Tシャツ,1000
A0002,Yシャツ,7800
A0101,ポロシャツ,12000
B0011,パーカー,6500

図3.38：CSV形式

コンピュータグラフィックス（CG）

コンピュータによって動画像の製作や画像合成などを行う**コンピュータグラフィックス（CG：Computer Graphics）**は，映画やテレビのアニメーションのほか，科学分野におけるシミュレーション動画など実写が不可能な画像製作に利用されています。

2Dコンピュータグラフィックス

コンピュータで2次元平面に対して画像を描くことを指します。2DCGの作成に使用するソフトウェアは「ペイント系」と「ドロー系」の2つに分類されます（表3.50）。

表3.50：ペイント系とドロー系の違い

分類	特徴
ペイント系	画像をビットマップで表現するラスタ形式。フリーハンドによる描画や画像の修正に適している
ドロー系	画像を図形の組合せで表現するベクタ形式。製図や地図の描画に適している

3Dコンピュータグラフィックス

ポリゴンにより形状化した物体，視点や光源などの位置・方向の情報を基にコンピュータ自身が画像を生成します。3DCGで利用される技術要素を表3.51に示します。

表3.51：3DCGの技術要素

形式	特徴
アンチエイリアシング	図形の境界に中間色を用いることで，画像に生じるギザギザ（ジャギー）を目立たなくする技術
クリッピング	画像の一部だけを表示する処理
シェーディング	陰影の変化によって物体に立体感を与える技法
テクスチャマッピング	モデリングした物体の表面に模様などを貼り付けて質感を出す技法
レンダリング	CG作成の最終工程で，物体のデータをディスプレイに描画できるように映像化する処理
モーフィング	ある形状から別の形状へ，徐々に変化していく様子を表現する技法

マルチメディア応用

近年では，現実世界の動きをそのままディジタル化して3DCG化する技術や，現実世界または仮想世界にマルチメディアの技術を適用して，現実感をもたせる技術が発展しています。マルチメディアを応用した技術に関する用語を表3.52に示します。

表3.52：マルチメディア応用

名称	内容
モーションキャプチャ	実際の人やモノの動きを記録する技術。記録対象にマーカーと呼ばれる印を配置し，そのマーカーをトラッカーと呼ばれる機器でキャプチャして記録する
バーチャルリアリティ（VR）	CGや音響，入出力機器を組み合わせて人の感覚に刺激を与え，仮想の現実感を作り出す技術
拡張現実（AR）	VR手法の1つであり，コンピュータを使って現実環境に対して情報を付加・強調し，現実感を拡張する技術

用語

ポリゴン（polygon）：3Dコンピュータグラフィックスにおいて，立体の形状を三角形や四角形などの多角形で表現したときの各要素のこと。

知っておこう

隠線消去，陰面消去：レンダリングにおいて，指定された視点から見える部分の線または面だけを描くようにする処理のことです。

例題

音声のサンプリングを1秒間に11,000回行い，サンプリングした値をそれぞれ8ビットのデータとして記録する。このとき，512×10^6バイトの容量をもつフラッシュメモリに，記録できる音声は最大何分か。

ア 77　　イ 96　　ウ 775　　エ 969

解説

(1) まず1秒間当たりの音声データの容量を求めます。

=11,000Hz／秒×8ビット

=88,000ビット／秒

=11,000バイト／秒

=11×10^3バイト／秒

(2) 次にフラッシュメモリに記録可能な音声の時間を求めます。

=$512\times10^6\div11\times10^3$バイト／秒

≒46.5×10^3秒

=46,500秒÷60秒

=775分…となります。正解はウです。

《解答》ウ

3-21 演習問題

問1 CPU　CHECK ▶ □□□

1GHzで動作するCPUがある。このCPUは，機械語の1命令を平均0.8クロックで実行できることが分かっている。このCPUは1秒間に平均何万命令を実行できるか。

ア 125　　イ 250　　ウ 80,000　　エ 125,000

問2 CPU　CHECK ▶ □□□

動作クロック周波数が700MHzのCPUで，命令の実行に必要なクロック数及びその命令の出現率が表に示す値である場合，このCPUの性能は約何MIPSか。

命令の種別	命令実行に必要なクロック数	出現率(%)
レジスタ間演算	4	30
メモリ・レジスタ間演算	8	60
無条件分岐	10	10

ア 10　　イ 50　　ウ 70　　エ 100

問3 タスク管理　CHECK ▶ □□□

外部割込みが発生するものはどれか。

ア 仮想記憶管理での，主記憶に存在しないページへのアクセス
イ システムコール命令の実行
ウ ゼロによる除算
エ 入出力動作の終了

問4 記憶装置

図に示す構成で，表に示すようにキャッシュメモリと主記憶のアクセス時間だけが異なり，他の条件は同じ2種類のCPU XとYがある。

あるプログラムをCPU XとYでそれぞれ実行したところ，両者の処理時間が等しかった。このとき，キャッシュメモリのヒット率は幾らか。ここで，CPU処理以外の影響はないものとする。

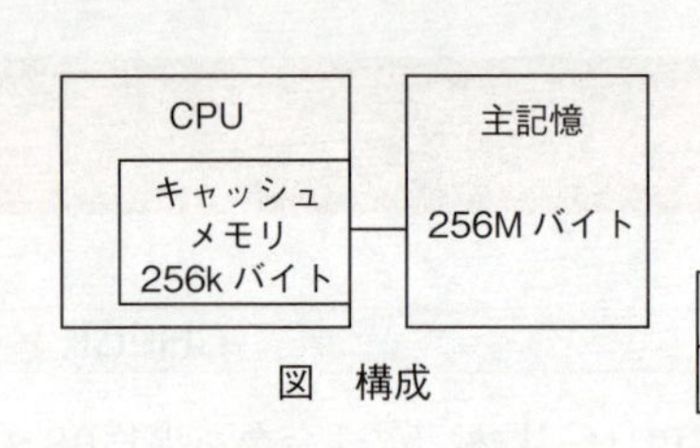

図 構成

表 アクセス時間

単位 ナノ秒

	CPU X	CPU Y
キャッシュメモリ	40	20
主記憶	400	580

ア 0.75　　イ 0.90　　ウ 0.95　　エ 0.96

問5 入出力装置 CHECK ▶ □□□

800×600ピクセル，24ビットフルカラーで30フレーム／秒の動画像の配信に最小限必要な帯域幅はおよそ幾らか。ここで，通信時にデータ圧縮は行わないものとする。

ア 350kビット／秒　　イ 3.5Mビット／秒
ウ 35Mビット／秒　　エ 350Mビット／秒

問6 システムの性能評価 CHECK ▶ □□□

あるオンラインリアルタイムシステムでは，20件／秒の頻度でトランザクションが発生する。このトランザクションはCPU処理と4回の磁気ディスク入出力処理を経て終了する。磁気ディスク装置の入出力処理時間は40ミリ秒／回であり，CPU処理時間は十分に短いものとする。それぞれの磁気ディスク装置が均等にアクセスされるとしたとき，このトランザクション処理には最低何台の磁気ディスク装置が必要か。

ア 3　　イ 4　　ウ 5　　エ 6

問7 記憶装置 CHECK ▶ □□□

メモリインタリーブの説明はどれか。

ア CPUと磁気ディスク装置との間に半導体メモリによるデータバッファを設けて，磁気ディスクアクセスの高速化を図る。

イ 主記憶のデータの一部をキャッシュメモリにコピーすることによって，CPUと主記憶とのアクセス速度のギャップを埋め，メモリアクセスの高速化を図る。

ウ 主記憶へのアクセスを高速化するために，アクセス要求，データの読み書き及び後処理が終わってから，次のメモリアクセスの処理に移る。

エ 主記憶を複数の独立したグループに分けて，各グループに交互にアクセスすることによって，主記憶へのアクセスの高速化を図る。

問8 マルチメディア技術 CHECK ▶ □□□

64kビット／秒程度の低速回線用の動画像の符号化に用いられる画像符号化方式はどれか。

ア MPEG-1　イ MPEG-2　ウ MPEG-4　エ MPEG-7

問9 マルチメディア技術 CHECK ▶ □□□

60分の音声信号（モノラル）を，標本化周波数44.1kHz，量子化ビット数16ビットのPCM方式でディジタル化した場合，データ量はおよそ何Mバイトか。ここで，データの圧縮は行わないものとする。

ア 80　イ 160　ウ 320　エ 640

問10 記憶管理 CHECK ▶ □□□

仮想記憶を用いたコンピュータでのアプリケーション利用に関する記述のうち，適切なものはどれか。

ア アプリケーションには，仮想記憶を利用するためのモジュールを組み込んでおく必要がある。
イ 仮想記憶は磁気ディスクにインストールされたアプリケーションだけが利用できる。
ウ 仮想記憶を使用していても主記憶が少ないと，アプリケーション利用時にページフォールトが多発してシステムのスループットは低下する。
エ 仮想記憶を利用するためには，個々のアプリケーションで仮想記憶を使用するという設定が必要である。

問11 アプリケーションの開発言語 CHECK ▶ 

Javaのプログラムにおいて，よく使われる機能などを部品化し，再利用できるようにコンポーネント化するための仕様はどれか。

ア JavaBeans　イ JavaScript
ウ Javaアプリケーション　エ Javaアプレット

問12 システムの処理方式 CHECK ▶ □□□

オンラインリアルタイム処理における一つのトランザクションについて，端末側で応答時間，回線伝送時間，端末処理時間が測定できるとき，サーバ処理時間を求める式として適切なものはどれか。ここで，他のオーバヘッドは無視するものとする。

ア　サーバ処理時間＝応答時間＋回線伝送時間＋端末処理時間
イ　サーバ処理時間＝応答時間＋回線伝送時間－端末処理時間
ウ　サーバ処理時間＝応答時間－回線伝送時間＋端末処理時間
エ　サーバ処理時間＝応答時間－回線伝送時間－端末処理時間

問13　高信頼性設計　CHECK ▶ □□□

フォールトトレラントシステムを実現する上で不可欠なものはどれか。

ア　システム構成に冗長性をもたせ，部品が故障してもその影響を最小限に抑えることで，システム全体には影響を与えずに処理を続けられるようにする。
イ　システムに障害が発生したときの原因究明や復旧のため，システム稼働中のデータベースの変更情報などの履歴を自動的に記録する。
ウ　障害が発生した場合，速やかに予備の環境に障害前の状態を復旧できるよう，定期的にデータをバックアップする。
エ　操作ミスが発生しにくい容易な操作にするか，操作ミスが発生しても致命的な誤りとならないように設計する。

問14　CPUの割当て方式　CHECK ▶ □□□

CPUの割当て方式に関する次の記述を読んで，設問1，2に答えよ。

オペレーティングシステムの役割の一つとして，プロセスにCPUを割り当てることがある。そして，プロセスの実行順序を決定する方式には，次のようなものがある。

(1)　到着順方式

到着順にプロセスを待ち行列の末尾に登録する。実行中のプロセスが終了すると，待ち行列の先頭からプロセスを一つ取り出して実行を開始する。

到着順方式を図1に示す。待ち行列に登録されているプロセスの状態を実行可能状態，実行中のプロセスの状態を実行状態と呼ぶ。

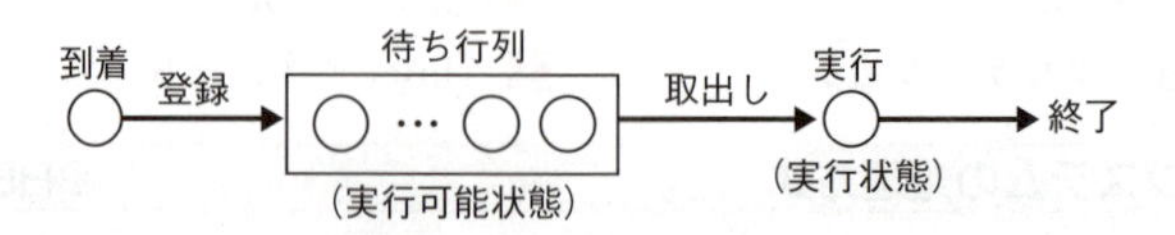

注 ○はプロセスを表す。

図1　到着順方式

(2) ラウンドロビン方式

到着順にプロセスを待ち行列の末尾に登録する。実行中のプロセスが終了すると，待ち行列の先頭からプロセスを一つ取り出して実行を開始する。また，実行中のプロセスが一定時間（以下，タイムクウォンタムという）を経過したら，実行を中断して，待ち行列の末尾に再登録し，待ち行列の先頭からプロセスを一つ取り出して実行を開始する。

ラウンドロビン方式を図2に示す。

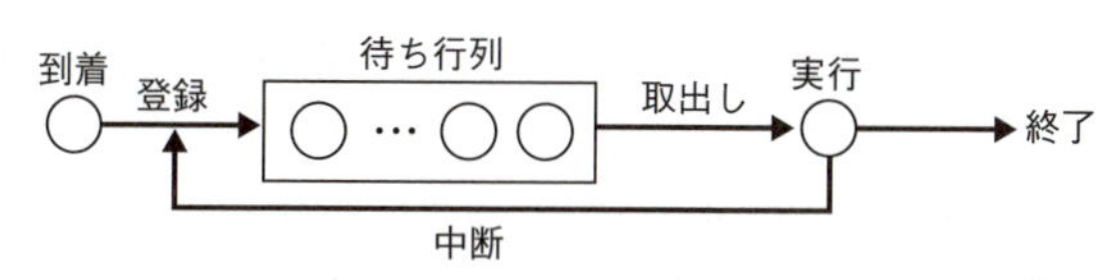

注 ○はプロセスを表す。

図2 ラウンドロビン方式

これらの方式の効率を示す指標としてターンアラウンドタイムがある。ここで，ターンアラウンドタイムとは，プロセスが待ち行列に到着してから実行が終了するまでの時間であり，プロセスの実行順序に影響される。

なお，このコンピュータシステムのCPUは一つであり，CPUは同時に一つのプロセスしか実行できない。

設問1 次の記述中の空欄に入れる正しい答えを，解答群の中から選べ。

四つのプロセスA～Dがあり，各プロセスの到着時刻と処理時間を表1に示す。表1において，到着時刻とは，プロセスAが待ち行列に到着した時刻を0としたときの各プロセスが到着する時刻であり，処理時間とは，各プロセスの処理が完了するために必要なCPUの処理時間である。

表1 プロセスの到着時刻と処理時間

プロセス	到着時刻（ミリ秒）	処理時間（ミリ秒）
A	0	180
B	10	80
C	30	40
D	50	20

このとき，到着順方式におけるターンアラウンドタイムの平均は [a] ミリ秒である。そして，タイムクウォンタムが20ミリ秒のとき，ラウンドロビン方式に

おけるターンアラウンドタイムの平均は［ b ］ミリ秒である。ここで，プロセスAが到着したとき，実行可能状態及び実行状態のプロセスはないものとする。

なお，プロセスの登録と取出し，及び中断の処理でのオーバヘッドは考えない。また，CPUを割り当てられたプロセスは，タイムクウォンタム以外で中断することはない。

解答群

ア 80.0　イ 102.5　ウ 182.5　エ 192.5　オ 242.5

設問2 次の記述中の空欄に入れる正しい答えを，解答群の中から選べ。

プロセスの実行順序を決める別の方式に優先度順方式がある。優先度順方式の例を図3に示す。プロセスにはあらかじめ優先度が付けてあり，待ち行列は優先度ごとに用意してある。ここで，優先度は1～10の10種類で，値の大きい方が優先度は高い。

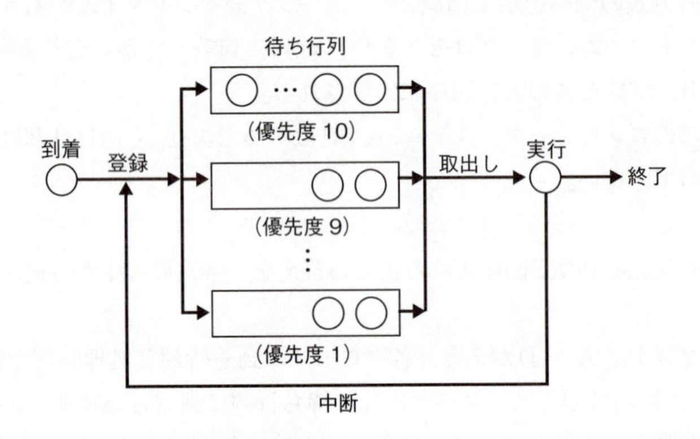

図3 優先度順方式の例

この方式では，次のとおりにプロセスの実行を制御する。

① プロセスを優先度に対応した待ち行列の末尾に登録する。

② プロセスが登録されている優先度の最も高い待ち行列の先頭からプロセスを一つ取り出して実行を開始する。

③ 実行中のプロセスの優先度が2以上のとき，実行時間が20ミリ秒経過するごとに優先度を一つ下げる。優先度を下げた結果，実行中のプロセスの優先度が実行可能状態にある優先度の最も高いプロセスよりも低くなった場合，実行中のプロセスを中断して，①に戻る。

④ 実行中のプロセスが終了した場合，②に戻る。

優先度順方式において，あるプロセスが終了した時点で表2に示す三つのプロセスだけが優先度に対応した待ち行列に登録されていたとする。このとき，三つのプロセスが終了する順番は［ c ］である。そして，プロセスBの実行が終了したときのプロセスBの優先度は［ d ］である。ここで，三つのプロセスが終了するまで新たに到着するプロセスはないものとする。

なお，プロセスの登録と取出し，及び中断の処理でのオーバヘッドは考えない。また，CPUを割り当てられたプロセスは，タイムクウォンタム以外で中断することはない。

表2　プロセスの処理時間と優先度の初期状態

プロセス	処理時間（ミリ秒）	優先度
A	60	6
B	70	8
C	100	5

cに関する解答群

ア A，B，C　　イ A，C，B　　ウ B，A，C
エ B，C，A　　オ C，A，B　　カ C，B，A

dに関する解答群

ア 1　　イ 2　　ウ 3　　エ 4　　オ 5　　カ 6

3-22 演習問題の解答

問1 《解答》エ

1命令の実行に必要な平均クロック数(CPI)は0.8であることがわかっています。

CPUの動作クロック周波数は「1GHz」とあることから，1秒間に10^9回のクロックを発生させています。よって，このCPUにおいて1秒間に実行できる命令数は，$10^9 \div 0.8 = 1.25 \times 10^9$と求まります。

解答は万単位で求めていますので，$1.25 \times 10^9 = 1.25 \times 10^5 \times 10^4 = 125{,}000$万となります。正解はエです。

問2 《解答》エ

1命令の実行に必要な平均CPIは，「命令実行に必要なクロック数」と「出現率」から次のように求まります。

$$\underbrace{4 \times 0.3}_{\text{レジスタ間演算}} + \underbrace{8 \times 0.6}_{\text{メモリ・レジスタ間演算}} + \underbrace{10 \times 0.1}_{\text{無条件分岐}} = 1.2 + 4.8 + 1 = 7$$

CPUの動作クロック周波数は「700MHz」とあることから，1秒間に700×10^6回のクロックを発生させています。よって，このCPUにおいて1秒間に実行できる命令数は，$700 \times 10^6 \div 7 = 100 \times 10^6$と求まります。

MIPSは1秒間に実行可能な命令数(100万単位$= 10^6$)であることから，100MIPSと求まります。正解はエです。

問3 《解答》エ

割込みには，プログラム(ソフトウェア)から発生する内部割込みと周辺機器(ハードウェア)から発生する外部割込みがあります。

ア：OS (システムソフトウェア)から発生する割込みであるため，内部割込みです。

イウ：プログラムから発生する割込みであるため，内部割込みです。

エ：正解です。周辺機器による割込みであるため，外部割込みです。

問4　《解答》イ

ヒット率をhとすると，両者の実効アクセス時間が等しいことから次の式が求まります。

40h + 400(1 − h) = 20h + 580(1 − h)

40h − 400h − 20h + 580h = 580 − 400

200h = 180 → h = 0.90

よって，正解はイです。

問5　《解答》エ

1つの画像（フレーム）の容量は，画素数（800 × 600）と色情報（24ビット）から，800 × 600 × 24ビット = 11,520,000ビットとして求まります。

1秒間の動画は，さらにフレームレート（30）を掛け合わせて，11,520,000ビット × 30 = 345,600,000ビット = 345.6Mビット ≒ 350Mビットになります。正解はエです。

問6　《解答》イ

(1) トランザクション1件当たりの発生間隔を求めます。

1秒 ÷ 20件／秒 = 0.05秒／件 = 50ミリ秒／件

(2) トランザクション1件当たりの入出力時間を求めます。

磁気ディスク装置の入出力時間 × 回数 = 40ミリ秒 × 4回 = 160ミリ秒

(3) (1)と(2)から磁気ディスクの台数を求めます。

(1) ÷ (2) = 160ミリ秒 ÷ 50ミリ秒 = 3.2台　小数以下を切上げ…4台

よって，正解はイです。

問7　《解答》エ

メモリインタリーブは，CPUと主記憶装置のアクセスを高速化する手法の1つで，主記憶をバンクと呼ばれる複数のグループに分割し，並列アクセスを可能にした技法です。

よって，エが正解です。

ア：主記憶と磁気ディスクの間に設けるキャッシュメモリの説明です。

イ：CPUと主記憶の間に設けるキャッシュメモリの説明です。

ウ：高速化の説明ではありません。

問8　《解答》ウ

MPEG方式において，携帯電話などの低速な回線での利用を目的として開発された方式はMPEG-4です。よってウが正解です。

ア：CD-ROMへの動画記録用として策定された符号化方式です。

イ：ディジタル放送やDVDビデオに利用される符号化方式です。

エ：動画データの内容を記述するための規格です。

問9 《解答》ウ

1秒間の音声データ量は，標本化周波数（44.1kHz）と量子化ビット数（16ビット＝2バイト）から，44.1k×2バイト＝88.2kバイトとして求まります。

求める音声データ量は60分（3,600秒）間のため，88.2kバイト×3,600＝317,520,000バイト＝317.52Mバイト≒320Mバイトになります。正解はウです。

問10 《解答》ウ

仮想記憶は，主記憶のメモリ領域を超えるプログラムでも実行できるようにしたメモリ管理手法の1つで，主記憶領域をページと呼ばれる固定サイズに分割し，プログラムの実行に必要な部分のみを割り当てます。主記憶に空きがない（ページフォールト）場合は，実行に不要なページを補助記憶へ退避させます。よって，ウが正解です。

ア：仮想記憶はOSの機能の一部であるため，アプリケーション側にモジュールを組み込む必要はありません。

イ：主記憶を利用するアプリケーションであれば仮想記憶を利用できるため，そのアプリケーションのインストール先を限定することはありません。

エ：仮想記憶の利用は，アプリケーション側で設定する必要はありません。

問11 《解答》ア

Javaの部品プログラムを組み合わせて，Javaアプリケーションを開発するための再利用技術は，JavaBeansです。よって，正解はアです。

イ：HTML内に記述されたJava仕様のプログラムで，Webブラウザ上から実行するスクリプト言語です。

ウ：単独で実行可能なJavaプログラムのことです。

エ：Webサーバからダウンロードして，Webブラウザ上で稼働するJavaアプリケーションのことです。

問12　《解答》エ

端末－サーバ間の応答時間を求める場合には，次の図の4つの要素を考慮する必要があります。

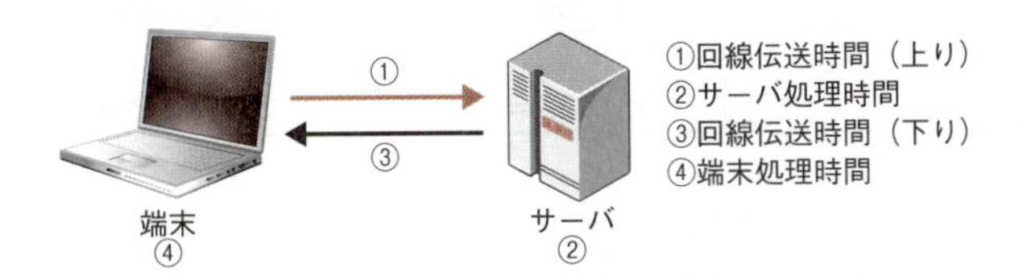

以上より，応答時間は次の式から求まることになります。

応答時間＝回線伝送時間（上り＋下り）＋サーバ処理時間＋端末処理時間

サーバ処理時間＝応答時間－回線伝送時間（上り＋下り）－端末処理時間

よって，正解はエです。

問13　《解答》ア

フォールトトレラントは，障害が発生した場合に一部の機能を止めてでもシステムを稼働させ続けることを目的に，機器を冗長化してシステムの停止を回避することをいいます。

よって，正解はアです。

問14　《解答》設問1：a－オ，b－ウ　設問2：c－ウ，d－オ

設問1：空欄a

到着順方式では，到着した順からプロセスへの割当てが行われ，実行終了まで実行し続けます。CPUの実行中に他のプロセスが到着した場合，そのプロセスは，実行可能状態として待ち行列に並べられます。

プロセスA～Dの到着から終了までの流れは，以下のようになります。

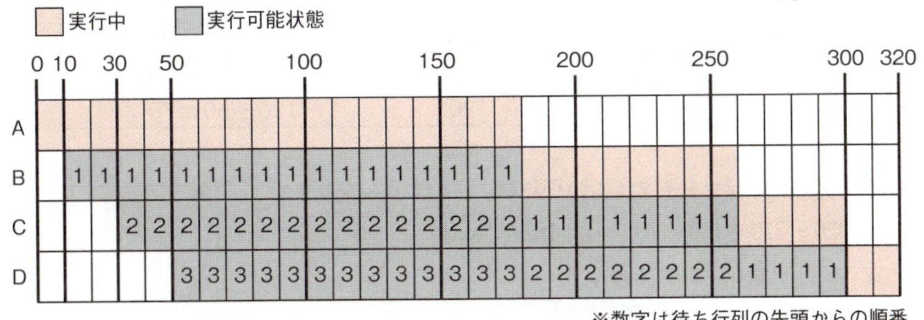

※数字は待ち行列の先頭からの順番

各プロセスのターンアラウンドタイムは，「終了時刻－到着時刻」から求められます。

プロセス	到着時刻［ms］	終了時刻［ms］	ターンアラウンドタイム［ms］
A	0	180	180－0＝180
B	10	180＋80＝260	260－10＝250
C	30	260＋40＝300	300－30＝270
D	50	300＋20＝320	320－50＝270

ターンアラウンドタイムの平均は，次のようになります。

(180＋250＋270＋270)÷4＝242.5 ［ms］

よって，空欄aの正解はオです。

設問1：空欄b

ラウンドロビン方式では，各プロセスがCPUで実行できる時間（タイムクウォンタム，またはタイムスライスとも呼ぶ）が20ミリ秒と決められており，時間内に終わらない場合は，実行可能状態の待ち行列に並び直し，再び実行順番が来るまで待ちます。

プロセスA～Dの到着から終了までの流れは，次のようになります。

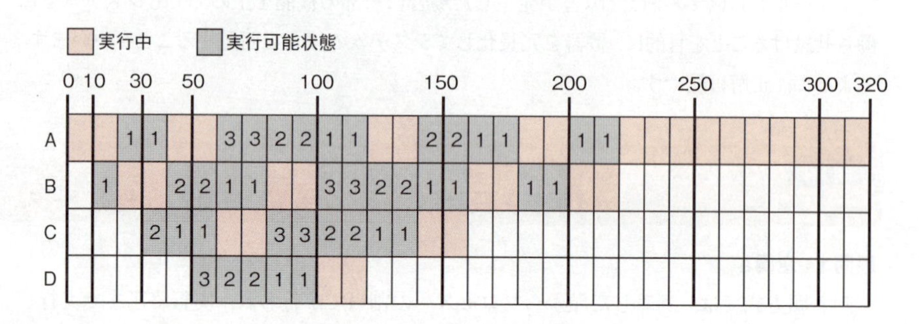

各プロセスのターンアラウンドタイムは，次のようになります。

プロセス	到着時刻［ms］	終了時刻［ms］	ターンアラウンドタイム［ms］
A	0	320	320－0＝320
B	10	220	220－10＝210
C	30	160	160－30＝130
D	50	120	120－50＝70

平均ターンアラウンドタイムの平均は，次のようになります。

(320＋210＋130＋70)÷4＝182.5 ［ms］

よって，空欄bの正解はウです。

設問2：空欄c，d

優先度順方式は，各プロセスに与えられた優先度に応じてCPUを割り当てる方式です。設問では実行中のプロセスが20ミリ秒ごとに優先度が1つ下げられることが示されています。また，CPUへの割当てのタイミングは，実行中のプロセスの優先度が実行可能状態にあるプロセスの優先度よりも下がった場合に切替えが起きることがわかります。

各プロセスのCPUへの割当て状況を以下に示します。

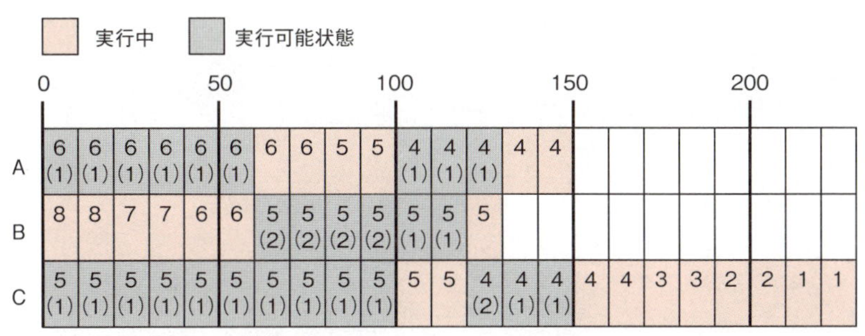

以上から，3つのプロセスが終了する順番はB→A→Cとなり，Bの終了時の優先度は5であることがわかります。よって，空欄cは**ウ**，空欄dは**オ**が正解です。

テクノロジ系

第4章

データベース

データベースで特に難しいのはSQL文です。SQL文は，少ない句からなる構文であればそれほど難しいものではありませんが，複数の句からなる長い構文になると，表の結合や取出し，さらにはグループ化や条件判定などの処理の結果を頭の中で想像できる力が必要になります。よって，単純に構文を暗記しただけでは，データベースの問題を解くことは困難です。長いSQL文を1つ1つの構文に分解して照らし合わせ，理解し，最終的に全体を理解していく。これを繰り返すことがSQLの問題を解くために必要になります。

データベース設計

基礎

4-1 データベースの利点と設計手法

データベースとはいわば表の集まりです。しかし，一般的に私たちが使っている表とは大きく異なる特徴をもっています。また，データベースの実装は，表の組立て方法が重要になるため，実装に至るまでにいくつかの設計が必要になります。

表とデータベースの違い

関連したデータの集まりを整理するとき，私たちはよく表を使います。表は，縦方向および横方向に関連性のあるデータを並べることで，“個々のデータ”から“1つの意味のあるデータ”としてまとめることができます（図4.1）。

10月スケジュール表

日付	時間	場所
10/11	10:00	東京本社
10/12	11:30	東京本社
10/12	15:00	横浜支社

図4.1：表

用語

レコード：表において1件分のデータに相当するもの。「行」ともいいます。

列：レコードがもつ各項目に相当するもの。図4.1の「日付」「時間」「場所」に相当します。

日付	時間	場所
10/11	10:00	東京本社
10/12	11:30	東京本社
10/12	15:00	横浜支社

表の利点は，知りたいデータを素早く検索できることです。しかし，レコード数やレコードに含む要素の数が多い場合，1つの表で管理するには限界があります。この場合，表を分割してデータを管理します。ただし，分割による管理でも注意が必要です。分割方法によっては，表にデータの変更が生じた場合に，複数の箇所を修正しなければならないことがあります（図4.2）。

10月スケジュール表

日付	時間	場所
10/11	10:00	東京本社
10/12	12:30	東京本社
10/12	15:00	横浜支社

10月12日スケジュール表

時間	場所
11:30	東京本社
15:00	横浜支社

図4.2：分割した表の管理

これは，分割された各表の間に関連性（リンク）をもたせていないためです。そのため，データの不整合が生じ，図4.2のような問題が起きます。

データベースは，分割された複数の表の間にリンクをもち，データ間に不整合が生じないようコンピュータが管理します。これにより膨大なデータをもつ表でも容易に管理することができます。

用語

データウェアハウス：「データの倉庫」を意味し，店の売上や顧客のデータなどの日々蓄積されるデータを集め，整理・統合したデータベース。経営の意思決定などに利用されます。

データマイニング：データウェアハウスに集められたデータを基に統計的手法を用いて調査対象の傾向分析を行う手法。法則や因果関係を見つけ出すことができます。

データベースの設計手法

データベースの実装には，綿密な設計が必要になります。設計は，表4.1に示す3つの段階を踏む必要があります（図4.3）。次の節からは，各設計手法について説明します。

表4.1：3つの設計手法

設計名	説明
概念設計	データベースの対象となる実世界のデータを分析し，データがもつ意味や関係を崩すことなく抽象化したデータ構造で表現する。構造化の表現に**E-R図**を用いる
論理設計	実装するデータベース（**階層型**，**網型**，**関係**など）に合わせて，データ構造（モデル）を作成する
物理設計	データの量や使用頻度，パフォーマンスを考慮し，データベース用の言語を用いて，データベースを構築する

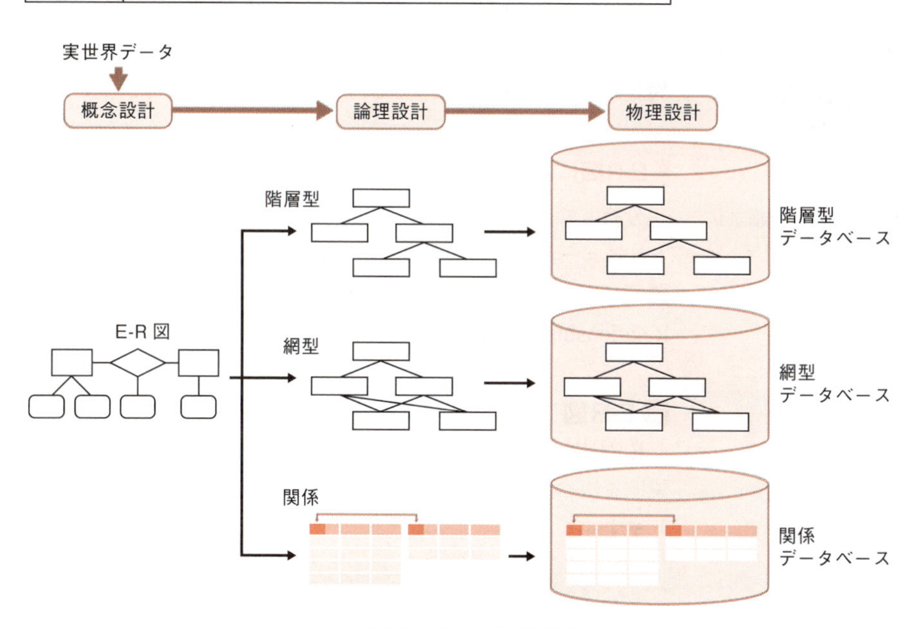

図4.3：データベース設計

データベース設計 《出題頻度 ★★★》

4-2 概念設計（E-R図）

概念設計では，データベース化する実世界の情報を「実体」と「関連」という2つの概念で抽象化し，E-R図で表現します。E-R図は，次の論理設計の基盤となるため，要件を漏れなく含んだ設計が必要になります。

概念設計の概要

概念設計では，データベース化する実際の世界の情報を，**実体（エンティティ）**と**関連（リレーションシップ）**の概念でモデル化します。

概念設計の手順は，次のようになります。

① データ分析と標準化

② E-R図によるモデル化

データ分析と標準化

データ分析では，データベース化するデータを洗い出し，またデータの意味やデータ間の関連を整理します。

標準化では，同じ意味でも異なるデータ項目になるもの（異音同義語：**シノニム**）や同じ名前でも異なる意味をもつもの（同音異義語：**ホモニム**）を取り除き，データ項目を標準化させます。

参考

シノニム，ホモニムの例：
シノニムの例として，「氏名」と「名前」があります。
ホモニムの例として，「担当者」でも「営業担当者」と「開発担当者」がある場合などが挙げられます。

E-R図によるモデル化

分析したデータを基に，データを「エンティティ（実体）」「アトリビュート（属性）」「リレーションシップ（関連）」の3つの構成要素でモデル化（これを**E-Rモデル**と呼ぶ）し，**E-R図**（Entity Relationship Diagram）で表現します。

ポイント

E-R図の図記号や表記方法についてよく理解しておきましょう。

E-R図

E-R図は，前述した3つの要素により構成されます。各要素の説明を次ページ表4.2に，また，E-R図の例を次ページ図4.4に示します。

表4.2：E-R図の要素

要素	説明
エンティティ（実体）	実世界を構成する要素を表す
アトリビュート（属性）	エンティティがもつ性質や特性を表す
リレーションシップ（関連）	実世界で働く規則やルールによるエンティティ間の関係を表す。また，リレーションシップも属性がもてる

参考

エンティティの記号

エンティティ名

アトリビュートの記号

属性名

リレーションシップの記号

関連名

実世界のデータ

【履修科目一覧】学生番号：1001　名前：森　良太郎
　　　　　　　　クラス：IS02　担任：折井　薫

【履修科目一覧】学生番号：1000　名前：竹田　達弘
　　　　　　　　クラス：IS01　担任：足立　徹

履修コード	科目名	教員番号	教員名	評価
A01	数学Ⅰ	T01	足立　徹	80
A02	数学Ⅱ	T02	稲垣　太一	67
B01	英語Ⅰ	T03	折井　薫	45

概念設計

E-R 図

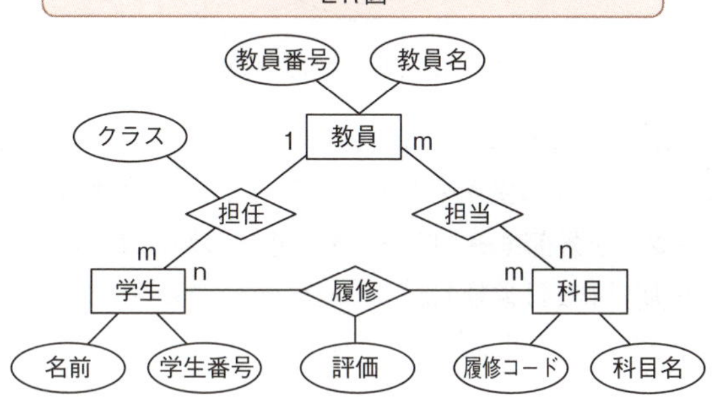

図4.4：E-R図の例

参考

E-R図の表現方法： 本文で示した図は，「Peter Chen記法」と呼ばれるものです。その他にも，アトリビュートの記号を省略した記法やエンティティ間を矢印で示す記法などがあります。

インスタンス（オカレンス）

エンティティがもつ属性に具体的な値をもたせたものを**インスタンス**といいます。属性の中には，学生番号のような1つのインスタンスを一意に識別できるものがあります。これは**識別子**と呼ばれ，論理設計時に「**主キー**」としての役割をもちます。

参考

候補キー：表中の特定の行を一意に識別できる属性のことです。候補キーは主キーになり得るキーです。

カーディナリティ

図4.4のE-R図において，“履修”のリレーションシップ（関連）は，次のような対応関係があります。

- 学生は，“いくつか”の科目を履修する。
- 科目は，“何人か”の学生が履修する。

つまり，“学生”と“科目”の間の“履修”というリレーションシップは，“多対多”の対応関係があります。このようなエンティティ間の対応関係を表す記述を**カーディナリティ**と呼び，「1対1」「1対多」「多対多」の3つがあります。図4.5にカーディナリティの表記を示します。

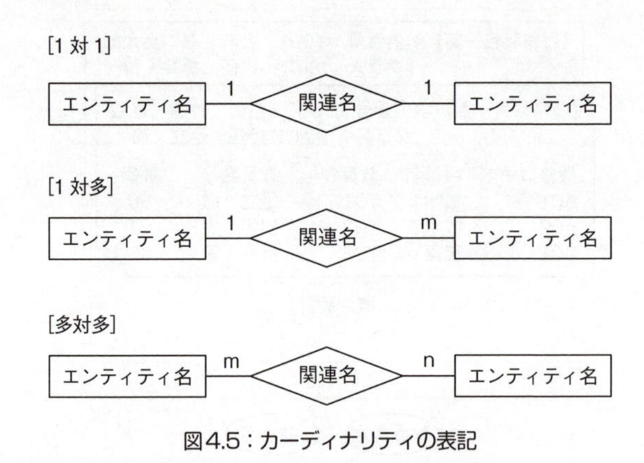

図4.5：カーディナリティの表記

一般的に，「1対多」の対応関係は，「多」側のエンティティに「1」側のエンティティの**主キー**をインスタンスとしてもちます。このインスタンスを**外部キー**と呼びます。図4.6の例では，エンティティ"学生"の属性「教員番号」は，エンティティ"教員"の主キー「教員番号」を参照する外部キーとなります。

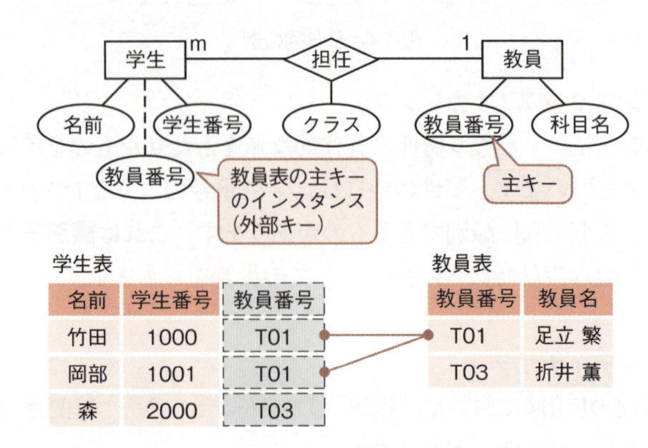

名前	学生番号	教員番号
竹田	1000	T01
岡部	1001	T01
森	2000	T03

教員番号	教員名
T01	足立 繁
T03	折井 薫

図4.6：弱エンティティと強エンティティ

知っておこう

強エンティティと弱エンティティ：「1対多」の対応関係において，「多」側のエンティティは，「1」側の存在なしにはいられないエンティティであることを表します。このとき，「1」側を強エンティティ，「多」側を弱エンティティと呼びます。

また,「多対多」の対応関係は,その間のリレーションシップを1つのエンティティ(連関エンティティ)として捉え,「多」側にあるそれぞれの主キーを外部キーとしてもたせることで,「1対多」の関連に変換できます(図4.7)。

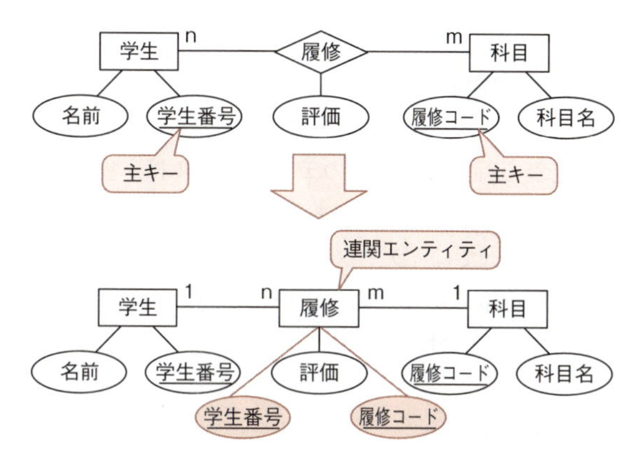

図4.7:多対多から1対多への変換

参考

連関エンティティ:「学生番号」と「履修コード」の組が連関エンティティ"履修"の主キーになります。また,「学生番号」はエンティティ"学生"を参照する外部キー,「履修コード」はエンティティ"科目"を参照する外部キーです。

4

例題

E-R図に関する記述として,適切なものはどれか。

ア 関係データベースの表として実装することを前提に作成する。
イ 業務で扱う情報をエンティティ及びエンティティ間のリレーションシップとして表現する。
ウ データの生成から消滅に至るデータ操作を表現できる。
エ リレーションシップは,業務上の手順を表現する。

解説

E-R図は,「エンティティ(実体)」「アトリビュート(属性)」「リレーションシップ(関連)」の3つの要素を基にデータ間の関係を図に示したものです。

よって正解はイです。

《解答》イ

データベース設計　《出題頻度 ★★★》

4-3 論理設計（データモデル）

論理設計では，概念設計から求められたモデルを基に，実装するデータベースに合わせてデータモデルを定義していきます。3つのデータモデルを理解しましょう。

ポイント
各データモデルの種類と特徴を覚えましょう。

論理設計の概要

論理設計では，概念設計で得られたモデルから詳細なデータモデルの定義を行います。このデータモデルは，実装するデータベースに合わせて作る必要があります。

また，論理設計では，データをモデル化したことによるデータの重複や矛盾を取り除くための**正規化**が行われます。正規化については，次節で説明します。

データモデル

代表的なデータモデルは，表4.3および図4.8に示す3種類があります。

表4.3：代表的なデータモデル

モデル	特徴
階層型	データの構造を木構造で表現するデータモデル。1つの親レコードに対し，子レコードは複数存在できる
網型	階層型において，子レコードが複数の親レコードをもてるデータモデル
関係	データを2次元の表形式で表したデータモデル。表間のリンクは，表中の列の値を用いて関連付ける

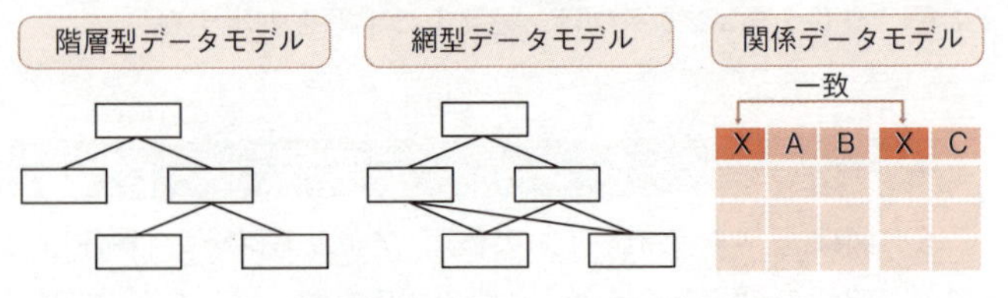

図4.8：図式化したデータモデル

現在のデータベースの設計は，ほとんどが関係データモデルを採用しています。次節からは，関係データモデルの設計手法を説明します。

データベース設計 《出題頻度 ★★★》

4-4 論理設計(正規化)

正規化は，関係データベースに実装できる形にデータモデルを設計する重要な技法です。試験でよく出題される内容なので，よく理解しておきましょう。

正規化

関係データベースに実装できるデータモデル(表)は，繰り返し現れる属性を排除した平坦な表でなければなりません。正規化とは，データの重複(冗長性)や矛盾を排除して，データベースの論理的な構造を導き出す手法です。

正規化は第1正規化から第3正規化の3つに分かれます。以下では，図4.9に示す表を基に説明します。

平坦な表：行と列の交差するマスに，1つのデータのみが入るような2次元の表のこと。

正規化のレベル：正規化の本来のレベルは第1正規化から第5正規化までありますが，一般的には第3正規化までを行います。

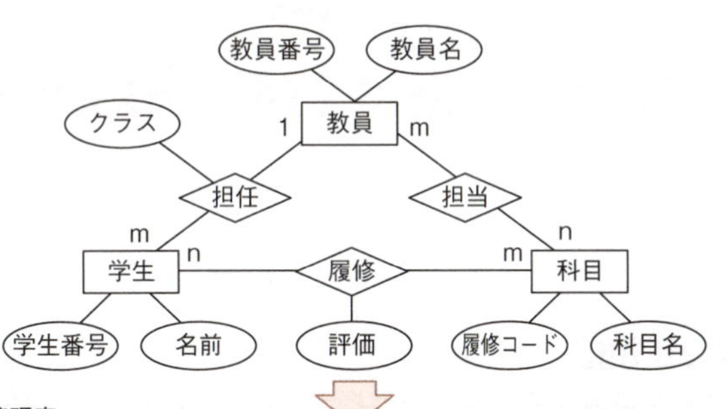

履修管理表

学生番号	名前	クラス	担任	履修コード	科目名	教員番号	教員名	評価
1000	竹田	IS01	T01	A01	数学Ⅰ	T01	足立	80
				A02	数学Ⅱ	T02	稲垣	67
				B01	英語Ⅰ	T03	折井	45
1001	岡部	IS01	T01	B01	英語Ⅰ	T03	折井	55
2000	森	IS02	T03	B01	英語Ⅰ	T03	折井	98
				B02	英語Ⅱ	T03	折井	77

図4.9：E-R図から求めた表

第1正規化

図4.9では，1つの学生番号に複数の履修コードが繰返し現れています。これを排除し，関係データベースに定義できる2次元の表にします(次ページ図4.10)。

第1正規化から第3正規化の各正規化手法をしっかり理解しましょう。

履修管理表

学生番号	名前	クラス	担任	履修コード	科目名	教員番号	教員名	評価
1000	竹田	IS01	T01	A01	数学Ⅰ	T01	足立	80
1000	竹田	IS01	T01	A02	数学Ⅱ	T02	稲垣	67
1000	竹田	IS01	T01	B01	英語Ⅰ	T03	折井	45
1001	岡部	IS01	T01	B01	英語Ⅰ	T03	折井	55
2000	森	IS02	T03	B01	英語Ⅰ	T03	折井	98
2000	森	IS02	T03	B02	英語Ⅱ	T04	安西	77

図4.10：第1正規化

また，表内の各行を識別できる主たる属性を**主キー**とします。図4.10の「履修管理表」では，「学生番号」と「履修コード」が主キーに該当します。これにより，図4.11のような関数従属が定まり，表中の1行を指定することができます。

用語

関数従属：Xが決まればAが決まる関係。X→Aで表します。

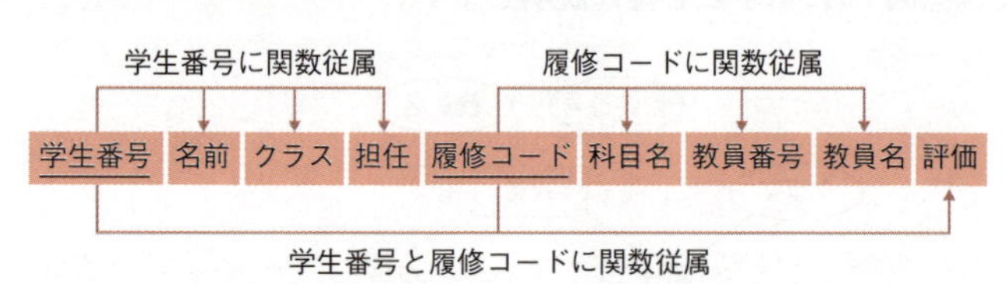

図4.11：主キーと関数従属

知っておこう

主キーには，次の制約をもたせる必要があります。

一意性制約：1つの表内に同じ値があってはいけないことです（例：同じ学生番号をもつ学生が複数人いることはあり得ない）。

NOT NULL制約：主キーを構成する属性は必ず値をもつことです。空値（NULL）は許されません。

第2正規化

主キーを構成する一部の属性に，非キー属性（主キー以外の属性）が関数従属していることを**部分関数従属**と呼びます。第2正規化では，この部分関数従属を排除し，非キー属性が主キーに完全に従属（**完全関数従属**）するように表を分割します。

履修管理表

学生番号	名前	クラス	担任	履修コード	科目名	教員番号	教員名	評価

学生表

学生番号	名前	クラス	担任

科目表

履修コード	科目名	教員番号	教員名

受講表

学生番号	履修コード	評価

主キー：———

図4.12：第2正規化

用語

部分関数従属：非キー属性Aが主キー（X，Y）のいずれかに関数従属すること。

完全関数従属：非キー属性Aが主キー（X，Y）の両方が決まらなければ関数従属しないこと。

第3正規化

第2正規化後の表においても，まだ冗長性が残る場合があります。たとえば，図4.13に示す科目表と学生表では，主キー以外の属性においてデータの重複があります。この重複を排除するのが第3正規化です。

科目表

履修コード	科目名	教員番号	教員名
A01	数学Ⅰ	T01	足立
A02	数学Ⅱ	T02	稲垣
B01	英語Ⅰ	T03	折井
B02	英語Ⅱ	T03	折井

学生表

学生番号	名前	クラス	担任
1000	竹田	IS01	T01
1001	岡部	IS01	T01
2000	森	IS02	T03

図4.13：第2正規化後の科目表と学生表

第3正規化では，非キー属性間で関数従属している部分を別の表として分割し，**推移的関数従属**がない状態にします。

たとえば，科目表では，“教員名”は“教員番号”に関数従属しています。また，学生表では，“担任”は“クラス”に関数従属しています。この関数従属に基づいて，各表を2つの表に分けます（図4.14）。分割した後は，分割した表の主キーを分割元の表に外部キーとして設定し，参照できるようにします。

用語

推移的関数従属：1つの表において，非キー属性が連続する関数従属により決まる状態にあること。たとえば，X→Y，Y→Zが成り立ち，かつY→Xが成り立たないとき，「ZはXに推移的に関数従属している」という。

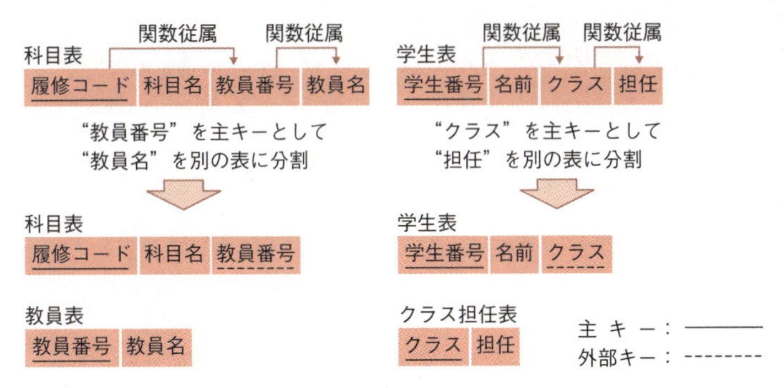

図4.14：第3正規化

以上の第1～第3正規化により得られた表を次ページ図4.15に示します。

参考

図4.15は，図4.9の履修管理表を第1～第3正規化した結果です。ここで，図4.9の履修管理表の「担任」は「教員番号」の別名であることに注意してください。つまり，正規化されたクラス担任表の「担任」は，「教員番号」と同じ意味をもつため，ここでは教員表の主キー（教員番号）を参照する外部キーに設定しています。

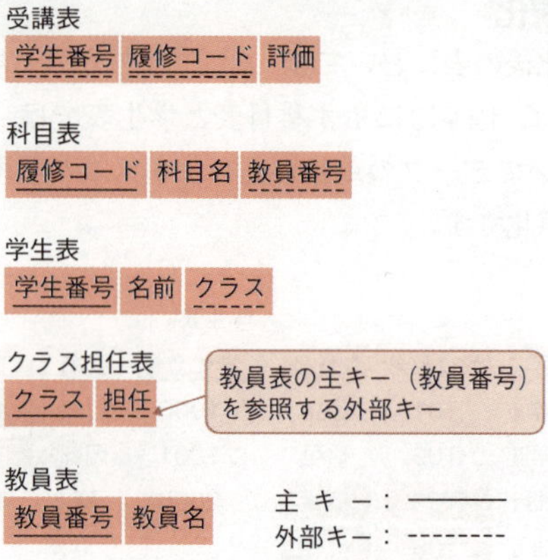

受講表

学生番号	履修コード	評価

科目表

履修コード	科目名	教員番号

学生表

学生番号	名前	クラス

クラス担任表

クラス	担任

教員表の主キー（教員番号）を参照する外部キー

教員表

教員番号	教員名

主 キ ー：———

外部キー：--------

図4.15：正規化による結果

例題1

データの正規化に関する記述のうち，適切なものはどれか。

ア 関係データベースに特有なデータベース構築技法であり，データの信頼性と格納効率を向上させる。

イ データの重複や矛盾を排除して，データベースの論理的なデータ構造を導き出す。

ウ データベースの運用管理を容易にするために，レコードをできるだけ短く分割する。

エ ファイルに格納するデータの冗長性をなくすことによって，アクセス効率を向上させる。

解説

正規化の目的は，データベース内に同じデータが重複することによる矛盾を排除し，論理的なデータ構造を作ることにあります。よって正解はイです。正規化の結果，アとエに示されているデータの信頼性，格納効率，アクセス効率が向上するわけではありません。また，ウのレコードを短く分割することは，正規化の内容として正しいとはいえません。

《解答》イ

例題2

“発注伝票”表を第3正規形に書き換えたものはどれか。ここで，下線部は主キーを表す。

発注伝票（<u>注文番号</u>, <u>商品番号</u>, 商品名, 注文数量）

- ア　発注（注文番号, 注文数量），商品（商品番号, 商品名）
- イ　発注（注文番号, 注文数量），商品（注文番号, 商品番号, 商品名）
- ウ　発注（注文番号, 商品番号, 注文数量），商品（商品番号, 商品名）
- エ　発注（注文番号, 商品番号, 注文数量），商品（商品番号, 商品名, 注文番号）

解説

発注伝票において，商品名は商品番号に関数従属します。よって，この2つの属性を商品表として分離し，発注表には商品番号を外部キーとして設定します。正解はウです。

《解答》ウ

データベース管理システム(DBMS) 《出題頻度 ★★★》

4-5 物理設計(データベースの定義)

物理設計では，データベースを実際に動かす環境の定義を行います。DBMSはその環境管理を引き受け，利用者・プログラムからの操作を補助します。

物理設計の概要

物理設計では，データベースを動かす環境に合わせて，次の点を考慮する必要があります。

① テーブル(表)のサイズやデータ項目のサイズ・型の決定
② テーブルサイズの見積りに応じた物理ディスクへの配置
③ ログ，バックアップなどの方式決定

これらを含むデータベースの管理は，**データベース管理システム(DBMS**：DataBase Management System)が行います。

DBMSの代表的な機能を表4.4に示します。

ポイント
DBMSの機能を覚えておきましょう。

表4.4：DBMSの代表的な機能

機能	説明
データベース定義	データベースの構造やデータの格納形式を3つの枠組み(**スキーマ**)として定義する
排他制御	同時に複数のプログラムまたは利用者がデータベースを参照したときのデータに対する保全機能
障害回復	物理的／論理的な障害に対し，速やかに回復させるための機能
データベース操作	データベースへの操作(登録，読出し，更新，削除)をデータベース言語を用いて行う

用語
スキーマ(schema)：形式，一定の様式，枠組み。

ANSI/SPARC 3層スキーマ

データベース定義では，データベースの構造やデータの格納形式を定義します。これを「スキーマ」と呼び，ANSIにより標準化された**ANSI/SPARC 3層スキーマ**があります(表4.5，次ページ図4.16)。

ポイント
3層スキーマの各層の役割を覚えておきましょう。

表4.5：ANSI/SPARC 3層スキーマ

層	内容
外部スキーマ	利用者・プログラムから見たデータの定義。関係データベースのビュー定義(4-11節参照)に相当する
概念スキーマ	データの論理的構造とその内容を定義
内部スキーマ	記憶装置上のデータ配置に関する物理構造の定義

ANSI(American National Standards Institute)：米国内における工業分野の規格制定を行う団体。

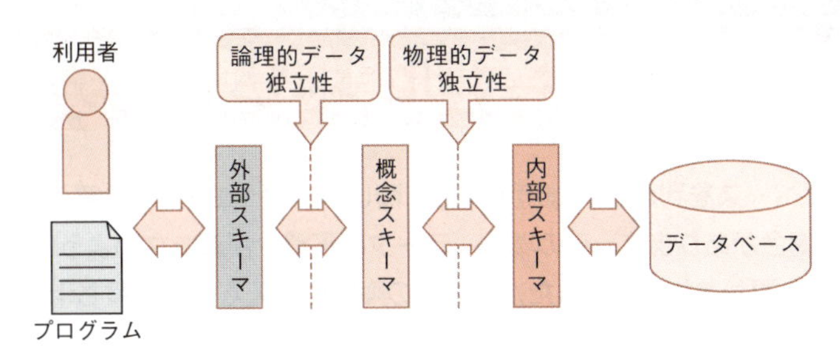

図4.16：3層スキーマによるデータ独立性

スキーマの定義や定義したデータの参照は，**データベース言語**で行います。代表的な言語としては，**SQL**や**NDL**があります。

用語

SQL：関係データベース用のデータベース言語。ISO（国際標準化機構）により標準化されています。

NDL：網型データベース用のデータベース言語。CODASYL（米政府の主催で，情報システムに用いる標準言語を策定する委員会）により制定されています。

4

例題

データベースの3層スキーマ構造に関する記述として，適切なものはどれか。

ア　3層スキーマ構造は，データベースサーバ層，アプリケーションサーバ層，及びクライアント層の三つの層から成る。

イ　データの論理的関係を示すスキーマと，利用者が欲するデータの見方を示すスキーマを用意することによって，論理データの独立性を実現している。

ウ　内部スキーマは，データそのものを個々のアプリケーションの立場やコンピュータの立場から離れて記述するものである。

エ　物理的なデータベース構造をユーザが意識する必要がないように，データを記憶装置上にどのように記憶するかを記述したものを外部スキーマという。

解説

3層スキーマは，“論理的なデータと利用者・プログラムから見たデータとの独立”と“記憶装置との独立”を定義するもので，イは前者の説明になります。アは3層クライアントサーバシステムの説明です。ウの内部スキーマは，データの配置方法を定義します。また，エの外部スキーマは，利用者から見た必要なデータの定義をします。よって正解はイです。

《解答》イ

データベース管理システム（DBMS）　《出題頻度 ★★★》

4-6 排他制御と障害回復処理

多くの利用者がデータベースを利用する環境下では，同じデータへの操作（参照，更新など）が同時に起こる場合があります。この場合，データに不整合が起きないように，正しくデータ処理を行う必要があります。また，万が一の障害に備えて復旧手段も十分考慮する必要があります。

用語

トランザクション：処理を2つ以上に分けて行うことが基本的にできないような一連の情報処理の単位。

（例）

利用者側から見た処理

・受講表の成績を変える。

データベースから見た処理

①受講表から学生番号を基に評価を取り出し，値を変える。

②①の結果を受講表に書き戻す。

①の後で②を行わないと，データの内容に不整合が生じます。よって，この2つの処理は分けることができません。

トランザクション処理

データベースへの操作は，利用者側からは1つの処理の内容に見えても，データベースにとっては2つ以上の処理からなることがほとんどです。データベースの処理の基本単位は，**トランザクション**と呼びます。

トランザクションは，表4.6の**ACID特性**を保持しながら処理を実行する必要があります。この管理は，DBMSが行います。

表4.6：ACID特性

特性	内容
原子性（Atomicity）	すべての処理が完了するか，まったく実行されていないかのどちらかで終了すること
一貫性（Consistency）	常に整合性の状態が保たれていること
隔離性（Isolation）	複数のトランザクションを同時実行した場合と逐次に実行した場合との処理結果が一致すること
耐久性（Durability）	トランザクションの正常終了後は，更新結果に障害が発生してもデータベースからデータが消えたり，内容が変化したりしないこと

ポイント

排他制御，障害回復処理の内容や使用される技術について理解しておきましょう。

排他制御

排他制御とは，2つ以上のトランザクションが同じデータへ更新作業を行う際に起こりうる“変更の消失（ロストアップデート）”やデータの整合性の侵害を避ける制御方法です（次ページ図4.17）。

排他制御の一般的な方法は，**ロック方式**です。DBMSでは，トランザクションの並行実行度を高めるために，次ページの表4.7に示す2つのロックモードを提供しています。

変更の消失例

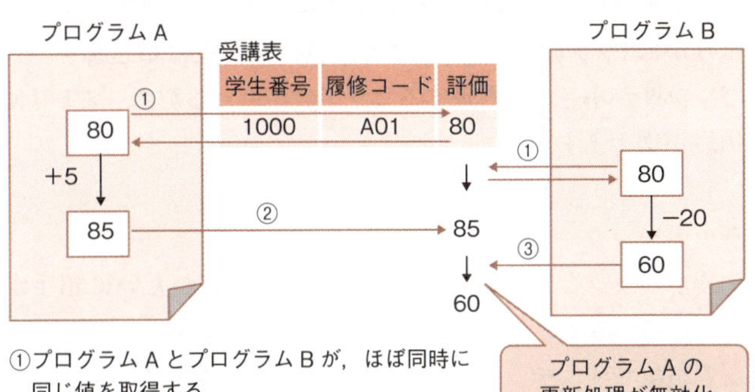

①プログラムAとプログラムBが，ほぼ同時に同じ値を取得する。
②プログラムAの変更処理が終わり，更新する。
③プログラムBの変更処理が終わり，更新する。

排他制御によるロストアップデートの防止

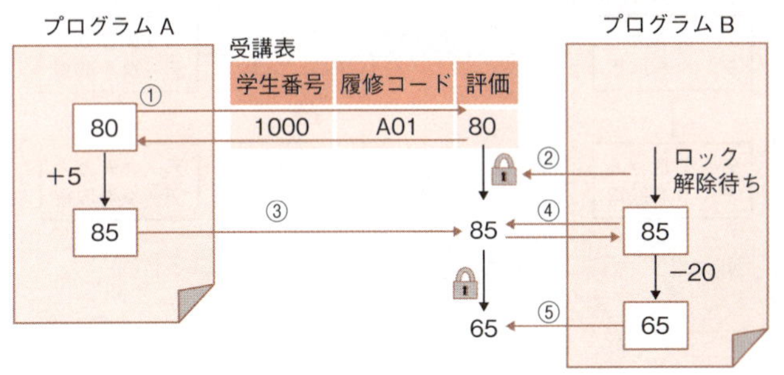

①プログラムAが受講表の評価の値を取得。その後，占有ロックをかける。
②プログラムBがほぼ同時にアクセスするが，占有ロックのため取得できない。
③プログラムAの変更処理が終わり，更新。その後，占有ロックを解除する。
④プログラムBは，ロック解除確認後，評価の値を取得。その後，占有ロックをかける。
⑤プログラムBの変更処理が終わり，更新。その後，占有ロックを解除する。

図4.17：ロストアップデートと排他制御

表4.7：ロックモード

種類	内容
占有ロック	データ更新を行う場合に使用されるロック。他のトランザクションからのアクセスは一切禁止される
共有ロック	データの読取りの際に使用されるロック。他のトランザクションは，参照のみ許可される

参考

2相ロッキングプロトコル： データ操作の開始時に処理対象の全データをロックし（第1相），操作終了後にロックをすべて解除（第2相）します。

知っておこう

ロック方式の他にも，次のような方式があります。

セマフォ： データにアクセスできるトランザクション数を制限する方式です。共有変数セマフォの値が0以外ならデータにアクセスでき，0ならアクセスを禁止（待ち）にすることで排他制御を実現します。

タイムスタンプ： 次の3つの時刻を比較し，参照または更新を行うかを判断する方式です。
- トランザクションの発生時刻
- データが最近参照された時刻
- データが最近更新された時刻

楽観的方式： あるトランザクションが処理したデータを書き戻すときに，そのデータが他のトランザクションによって更新されていないかをチェックする方式です。
- 更新なし⇒書込み
- 更新あり⇒ロールバック後，再度実行

トランザクションの並行実行度は，ロックをかける範囲（粒度）によって変わります。ロックを表全体に行うよりも行単位で行ったほうが「**ロックの粒度**」は小さく，並列実行度は増します。一方で，粒度が小さいと管理するロック数が増えるため，メモリ使用領域が増えます。

デッドロック

デッドロックとは，複数のトランザクションが互いに相手がロックしているデータを要求することで，互いにロック解除待ちとなる現象です。デッドロックになると，トランザクションは相手のトランザクションのロック解除を待ち続ける状態になるため，トランザクションの処理が進まなくなります（図4.18）。

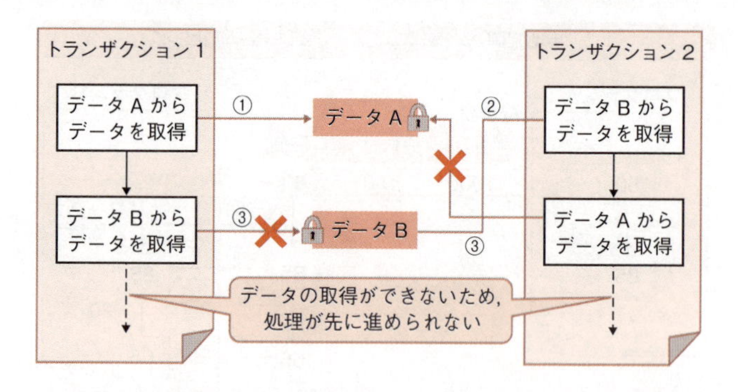

①トランザクション1はデータAに占有ロックをかけて，データを取得する。
②トランザクション2は（トランザクション1よりも先に）データBに占有ロックをかけて，データを取得する。
③トランザクション1と2は，もう一方のデータを取得しようとするが，ロックされているため，ロックが解除されるのを待ち続ける状態（デッドロック）になる。

図4.18：デッドロック

障害回復処理

障害回復処理は，データベースの運用中に起きた何らかの障害から，正常状態へ戻す処理のことです。障害のケースには，①データベースが格納されている記憶媒体の障害，②トランザクション処理中に起きた障害，③システムエラーなどが考えられます。

障害回復を行うには，正常稼働中のデータベースに対して，表

4.8に示す2つのファイルを事前に採取しておく必要があります。

表4.8：バックアップファイルとログファイル

種類	内容
バックアップファイル	ある時点のデータベース内容を複写したもの。バックアップ方法には，フルバックアップ，差分バックアップ，増分バックアップがある
ログファイル（ジャーナルファイル）	データベースの更新処理を記録したファイル。更新前のデータ（更新前ログ）と更新後のデータ（更新後ログ）を時系列順に記録する。ログファイルへ書き出されるタイミングは，トランザクションの**コミット**または**チェックポイント**で行う

記憶媒体の障害に対する回復処理

記憶媒体などの物理的な障害が発生したときの回復方法は，障害前に複写し保存したバックアップファイルに対して，ログファイルに保存されている更新後のデータを反映させて，障害発生直前の状態に復旧させます。この方法を**ロールフォワード（前進復帰）**と呼びます（図4.19）。

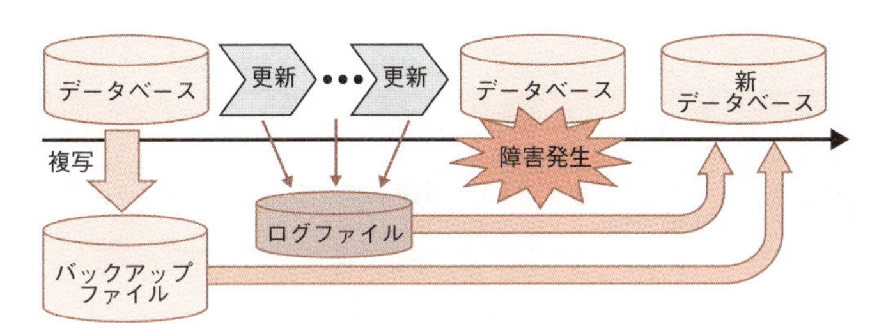

図4.19：ロールフォワード

トランザクション処理中の障害に対する回復処理

トランザクション処理中に障害が発生したときの回復方法として，**ロールバック（後退復帰）**があります。

1つのトランザクションが処理を終えた場合，コミットで更新内容を確定し，終了します。このとき，更新内容はログファイルに保存されます。もし，あるトランザクションがエラーを起こしてコミットできなかった場合，障害直前に行ったコミットの箇所までログファイルを参照して戻すことで回復させます。この処理をロールバックと呼びます（次ページ図4.20）。

用語

フルバックアップ：データベース全体をバックアップ。

差分バックアップ：フルバックアップ後に変更のあったデータのみバックアップ。

増分バックアップ：前回のバックアップ（フルバックアップまたは増分バックアップ）後に変更のあったデータのみバックアップ。

コミット：トランザクション処理をすべて終えたという合図。

知っておこう

チェックポイント：データベースの更新は，いったん主記憶装置に更新データが保存された後に行われます。更新は，「あらかじめ決められた一定の間隔」または「ログファイルの切替え時」に行われます。このタイミングをチェックポイントと呼び，回復処理の起点とします。

図4.20：コミットとロールバック

ただし，トランザクションの回復処理は，トランザクションの開始位置やコミットの実行位置が，チェックポイントの前または後にあるかによって，ロールバックまたはロールフォワードを適用するかが分かれます。その対応方法を図4.21および表4.9に示します。

知っておこう

ウォームスタート方式： チェックポイントまで戻り，更新ログを使用してデータベースを復旧させ，処理を再始動する方法です。

コールドスタート方式： コンピュータの電源を切り，メモリなどのハードウェアをリセットして復旧させ，処理を再始動する方法です。

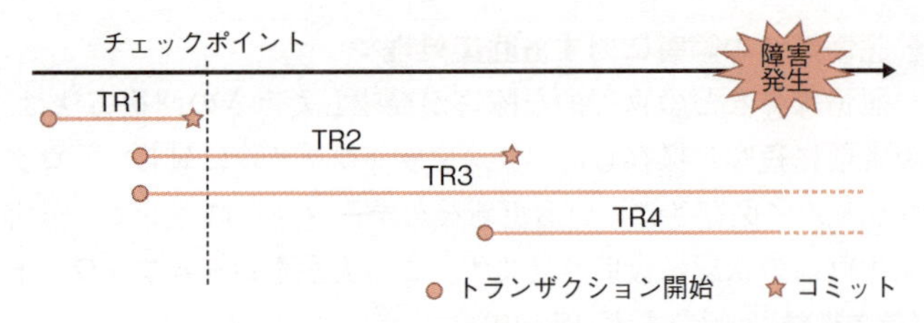

図4.21：回復手法の適用

表4.9：トランザクション（TR）に対する回復処理

TR	回復処理内容
TR1	障害の対象にならない
TR2	チェックポイントから更新後ログを用いてロールフォワード。コミット時点まで復旧させる
TR3	チェックポイントから更新前ログを用いてロールバック。トランザクション開始時点まで復旧させる
TR4	再処理を行う

例題 1

DBMSにおいて，同じデータを複数のプログラムが同時に更新しようとしたときに，データの矛盾が起きないようにするための仕組みはどれか。

ア アクセス権限　イ 機密保持　ウ 排他制御　エ リカバリ制御

解説

DBMSにおいて，データベースへの複数の利用者またはプログラムからのデータ更新に対し，データに矛盾がなく正しく更新が行えるようにする制御機能は，ウの排他制御です。

《解答》ウ

例題2

媒体障害発生時にデータベースを復旧するために使用するファイルは主に二つある。一つはバックアップファイルであるが，あと一つはどれか。

ア　トランザクションファイル　　イ　マスタファイル
ウ　ロールバック　　エ　ログファイル

解説

媒体に障害が起きた場合は，一般的にロールフォワードを行います。その際にはバックアップファイルとエのログファイルを使用して復旧させます。

《解答》エ

例題3

DBMSにおけるログファイルの説明として，適切なものはどれか。

ア　システムダウンが発生したときにデータベースの回復処理時間を短縮するため，主記憶上の更新データを定期的にディスクに書き出したものである。
イ　ディスク障害があってもシステムをすぐに復旧させるため，常に同一データのコピーを別ディスクや別サイトのデータベースに書き出したものである。
ウ　ディスク障害からデータベースを回復するため，データベースの内容をディスク単位で複写したものである。
エ　データベースの回復処理のため，データの更新前後の値を書き出してデータベースの更新記録を取ったものである。

解説

ログファイル（ジャーナルファイル）は，データベースに対して行われた更新処理を記録するファイルで，更新前のデータの値と更新後のデータの値を時系列順に記録します。ログファイルは，バックアップファイルとともに障害回復時のデータ復元のために利用されます。

よって，正解はエです。

《解答》エ

例題4

DBMSにおけるデッドロックの説明として，適切なものはどれか。

ア 2相ロックにおいて，第1相目でロックを行ってから第2相目でロックを解除するまでの状態のこと

イ ある資源に対して占有ロックと占有ロックが競合し，片方のトランザクションが待ち状態になること

ウ あるトランザクションがアクセス中の資源に対して，他のトランザクションからアクセスできないようにすること

エ 複数のトランザクションが，互いに相手のロックしている資源を要求して待ち状態となり，実行できなくなること

解説

複数のトランザクションが互いに相手がロックしているデータの取得を要求すると，双方が相手のロック解除待ちとなり，デッドロックと呼ばれる問題を引き起こします。デッドロックが起きると，双方の処理がまったく進まなくなります。よって，正解はエです。

ア：ロックを行う手法（2相ロッキングプロトコル）の1つで，データ操作の開始時に処理対象の全データをロックし（第1相），操作終了後にロックをすべて解除（第2相）します。

イ：占有ロックが競合した場合，双方のトランザクションは待ちの状態となります。

ウ：排他制御の説明です。

《解答》エ

《出題頻度 ★★★》

4-7 関係データベースの基本演算

データベースから条件に合ったデータを取り出す手法には，数学の集合論が用いられています。ここでは，その基礎を学びます。

基本演算の種類

表を1つの集合体として考えた場合，**集合演算**(**和**，**積**，**差**)を用いて新たな表を構成することができます。また，関係モデル特有の演算として**関係演算**(**射影**，**選択**，**結合**，**商**)があります。

集合演算

和，積，差の集合演算は，同じ構造をもつ表に対して行う演算です。各演算の内容を表4.10に，演算例を図4.22に示します。

表4.10：集合演算

演算	内容
和(∪)	2つの表に属している行を合わせて新しい表を作る
積(∩)	2つの表に共通して属している行を取り出して新しい表を作る
差(−)	2つの表(A，B)に対する差(A−B)は，Aに属してBに属さない行を取り出して新しい表を作る

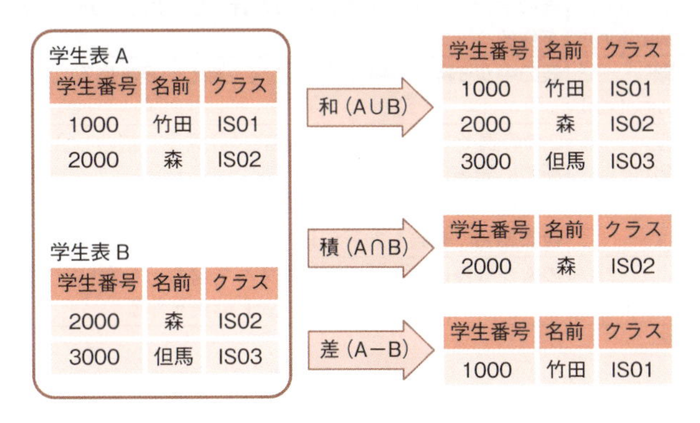

図4.22：集合演算の例

また，異なる構造をもつ表に対する集合演算に**直積**があります。直積は，一方の表の各行に対して，もう一方の表の各行をつなぎ合わせる操作(交差結合)を行います。演算例を次の図

4.23に示します。

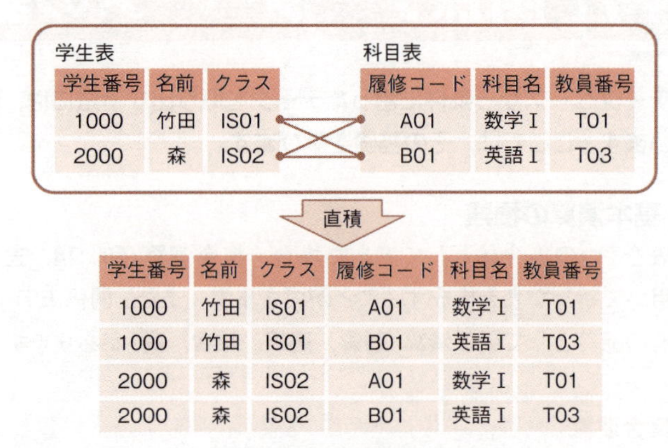

学生表

学生番号	名前	クラス
1000	竹田	IS01
2000	森	IS02

科目表

履修コード	科目名	教員番号
A01	数学Ⅰ	T01
B01	英語Ⅰ	T03

学生番号	名前	クラス	履修コード	科目名	教員番号
1000	竹田	IS01	A01	数学Ⅰ	T01
1000	竹田	IS01	B01	英語Ⅰ	T03
2000	森	IS02	A01	数学Ⅰ	T01
2000	森	IS02	B01	英語Ⅰ	T03

図4.23：直積演算の例

選択，射影，結合に関する問題がよく出題されます。

関係演算

関係演算は，関係データモデル特有の演算です。各演算の内容を表4.11に，演算例を次ページの図4.24に示します。選択，射影，結合は，SQLのSELECT文（4-9節参照）で行われます。

表4.11：関係演算

演算	内容
選択 (selection)	表の中から特定の条件に合った行を取り出し，新しい表を作る
射影 (projection)	表の中から特定の列を取り出して，新しい表を作る
結合 (join)	2つの表で共通にもつ属性（結合列）同士で結合し合い，新しい表を作る **等結合**：結合した表には双方の結合列が重複して含まれる **自然結合**：結合した表には片方の結合列のみが含まれる
商 (division)	表Aから表Bの各行の属性をすべて含む行を取り出し，さらに表Bの属性を取り除いた新しい表を作る

知っておこう

ソートマージ結合法：結合する列の値で並べ替えたそれぞれの表の行を，先頭から順に結合する方法です。

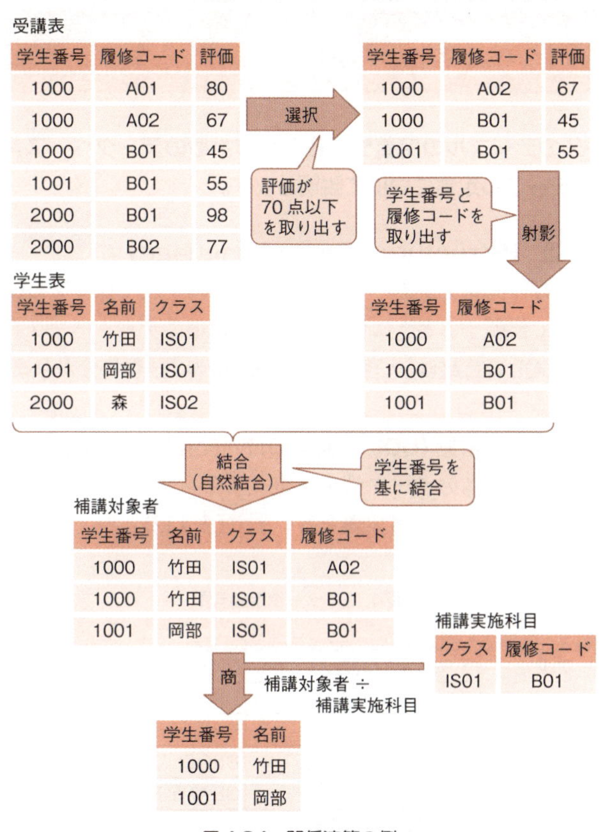

図4.24：関係演算の例

例題

関係データベースにおいて，表から特定の列を得る操作はどれか。

ア 結合　　イ 削除　　ウ 射影　　エ 選択

解説

正解はウの射影です。アは，2つの表に共通する項目を基に1つの表にまとめる操作です。イは，表から特定の行を削除する操作です。エは，表から特定の行を取り出す操作です。

《解答》ウ

データベース言語 — SQL 《出題頻度 ★★★》

4-8 テーブル定義

SQLは，関係データベースのテーブルの定義や操作を行うためのデータベース言語です。ここでは，SQLによるテーブル定義について説明します。

SQL (Structured Query Language)

SQLは，関係データベースのテーブルの定義や操作をDBMSを介して依頼するときに使用する世界標準のデータベース言語です。SQLの言語は，大きく**DDL**と**DML**の2種類に分かれます。

データ定義言語（DDL：Data Definition Language）

データベースのデータ構造を定義する言語で，3層スキーマ（4-5節参照）における各定義を行います（表4.12）。

参考
データ定義言語のビューは，4-11節を参照。

表4.12：データ定義言語

操作内容		命令コード
テーブル	テーブルの定義	CREATE TABLE文
	テーブルの削除	DROP TABLE文
ビュー	ビューの定義	CREATE VIEW文
	ビューの削除	DROP VIEW文
権限	権限の付与	GRANT文
	権限の取消し（削除）	REVOKE文

参考
権限：テーブルやビューなどの操作や使用の権限のことです。
例：利用者Aに学生表の検索の実行権限を与える。
「GRANT SELECT ON 学生表 TO 利用者A」

データ操作言語（DML：Data Manipulation Language）

作成したテーブルやビューに対して，各種操作を行うための言語です（表4.13）。各操作の説明は，次節で行います。

表4.13：データ操作言語

操作内容		命令コード
データ操作	データの検索	SELECT文
	データの挿入（追加）	INSERT文
	データの更新（変更）	UPDATE文
	データの削除	DELETE文

テーブル定義

●構文

```
CREATE TABLE テーブル名(列名1 データ型 [列制約],
                        列名2 データ型 [列制約],
                        … [表制約])        ※[ ]は省略可能
```

●説明

テーブルを定義します。以下では，構文で指定する型および制約について説明します。

> **ポイント**
> 定義を行う命令文のフォーマットを細かく覚える必要はありません。例文を基にどのような定義を行っているかをよく照らし合わせて把握していくことが必要です。

データ型

データ型は，指定された列に入力できる値の型を指定します。一般的に使用されるデータ型を表4.14に示します。

表4.14：主なデータ型

データ型	定義名	内容
文字型	CHAR(n)	英数字からなるnバイトの固定長文字列
漢字型	NCHAR(n)	漢字などのn文字の固定長文字列
数値型	INTEGER	整数値。「INT」でも記述可
	NUMERIC(m,n)	全桁数mのうち，小数部n桁の数値
日付型	DATE	yy-mm-dd形式の日付
	TIME	hh-mm-ss形式の時間

列制約

列制約は，1つの列(属性)に対する制約を指定します。指定できる列制約を表4.15に示します。

表4.15：列制約

制約	定義名	内容
一意性制約	PRIMARY KEY	主キーに指定
非NULL制約	NOT NULL	空値を許可しない列に指定
参照制約	REFERENCES	外部キーに指定
検査制約	CHECK(条件)	格納値の条件を指定。条件に合わない値は受け付けない
既定値	DEFAULT 値	既定値を指定。列に値が指定されない場合，既定値が使用される

> **参考**
> **NULL**：データベースでは，“何も値(数値や文字)が入っていない(空値)”ということを示す値として「NULL」値があります。テーブル内に値が入っていない箇所は，そこにはNULLという値が必ず入ることになります。

参照制約は，次の書式で外部キー列に指定します。

```
REFERENCES 被参照表名 [(列名)]
```

ここで，列名を省略した場合は，被参照表の主キーが参照されます。

表制約

表制約は，主キーや外部キーが複数の列（属性）から構成される場合に使用します（表4.16）。

表4.16：表制約

制約	定義名
一意性制約	PRIMARY KEY （主キーを構成する列名リスト）
参照制約	FOREIGN KEY （外部キーを構成する列名リスト） REFERENCES 被参照表名 [(列名リスト)]

CREATE文を使ったテーブルの定義例を図4.25に示します。なお，学生表と受講表は4-4節で正規化した表です。

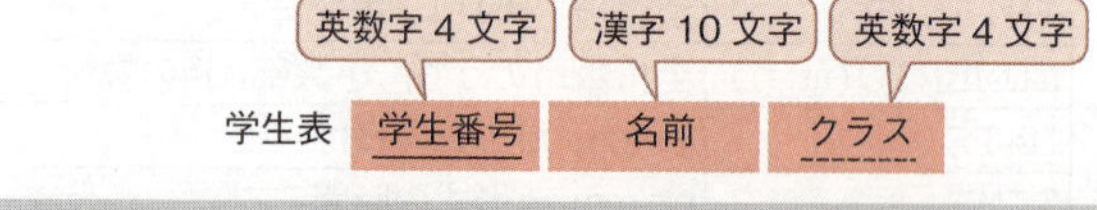


```
CREATE TABLE 学生表 (
   学生番号    CHAR(4)     PRIMARY KEY,
   名前        NCHAR(10)   NOT NULL,
   クラス      CHAR(4)     REFERENCES クラス担任表 (クラス)
)
```

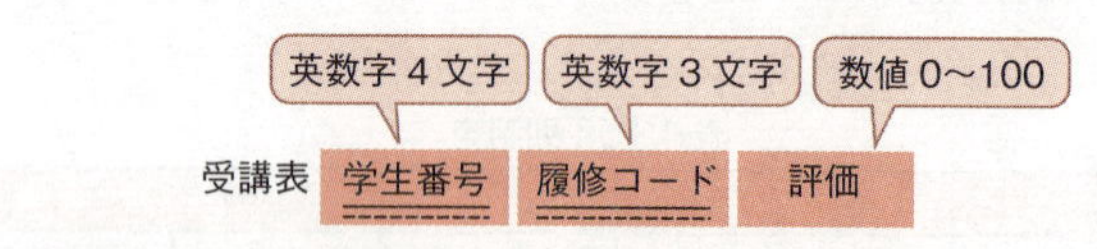


```
CREATE TABLE 受講表 (
   学生番号      CHAR(4),
   履修コード    CHAR(3),
   評価          INT          CHECK(評価>=0 AND 評価<=100),
   PRIMARY KEY  (学生番号, 履修コード),
   FOREIGN KEY  (学生番号)   REFERENCES 学生表 (学生番号),
   FOREIGN KEY  (履修コード) REFERENCES 科目表 (履修コード)
)
```

図4.25：テーブルの定義例

参考

外部キーの設定方法：下図の表構成において，表Aの“学部”を外部キーに設定するコマンドは次のようになります。

```
REFERENCES 表B (学部)
または
REFERENCES 表B
```

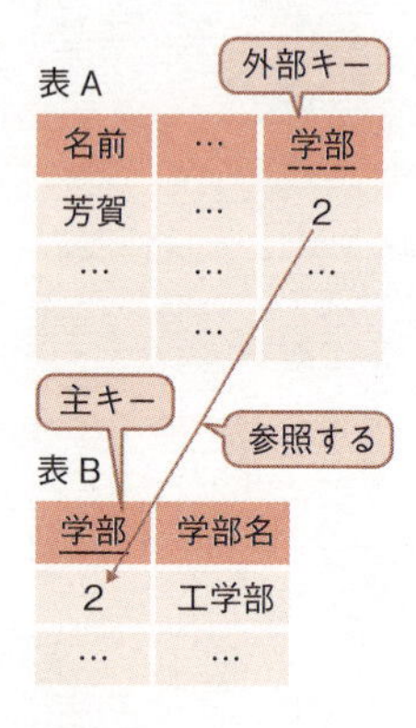

用語

参照制約：外部キーの値が被参照表（参照される側の表）にあることを保証する制約。これにより，外部キーとして設定した値を勝手に変更・削除ができなくなります。

データベース言語 — SQL 《出題頻度 ★★★》

4-9 テーブル検索

SELECT文によるテーブルの検索はSQLの基本操作です。試験に出題される頻度が比較的高いのでしっかりと理解しましょう。

テーブル検索

●構文

```
SELECT [ALL | DISTINCT] 選択リスト FROM 表リスト
                [WHERE      抽出条件または結合条件]
                [GROUP BY 列名リスト]
                [HAVING     グループ抽出条件]
                [ORDER BY 列名 [ASC | DESC], …]
※[ ]は省略可能, |は「または」を意味する
```

ポイント
SELECT文はよく出題されます。必ず理解しておきましょう。

●説明

実テーブルまたはビューからデータを取り出します。SELECTに記述する各句は，実行される順番が決まっています（「知っておこう」参照）。以下では，各句について説明します。

知っておこう
句の実行順序は，次のとおりです。
① FROM句
② WHERE句
③ GROUP BY句
④ HAVING句
⑤ ORDER BY句
⑥ SELECT句

FROM句

データを抽出するテーブルまたはビューを指定します。指定するテーブルが複数の場合は，それらの直積演算を行った結果を返します。ここで取り出した結果は，次のWHERE句に渡されます。

参考
相関名（別表名）：表名が長い場合，WHERE句に記述する表名を「相関名（別表名）」により簡略化できます。相関名は，FROM句で次のように記述します。
「… FROM 学生表 A, クラス担任表 B」
これにより，WHERE句では学生表を「A」，クラス担任表を「B」の別表名で記述できます。

WHERE句

特定の行を抽出するための**抽出条件**または**結合条件**を記述します。

抽出条件は，列の値と比較を行うための条件で，次に示す5つの記述形式があります。

(1) 比較述語（比較演算子，論理演算子）

比較演算子は，①列の値同士，②列の値と定数，③列の値と**副問合せ**（4-10節参照）を演算子で比較します。

論理演算子は，複数の条件を組み合わせて条件式の作成に使用します。

比較述語を使用した例を図4.26に示します。

知っておこう

A，Bを列名としたときの各演算子の種類と記述例は以下のとおりです。

比較演算子の種類

比較演算子	記述例
等しい (=)	A = 100
等しくない (<>)	A <> 100
より大きい (>)	A > 100
より小さい (<)	A < 100
以上 (>=)	A >= 100
以下 (<=)	A <= 100

論理演算子の種類

論理演算子	記述例
論理和 (OR)	A OR B
論理積 (AND)	A AND B
否定 (NOT)	NOT A

受講表

学生番号	履修コード	評価
1000	A01	80
1000	A02	67
2000	B01	98

受講表から「評価が 80 以上」かつ「履修コードが A01」の学生番号を取り出す

```
SELECT 学生番号 FROM 受講表
 WHERE 評価 >= 80 AND
        履修コード ='A01'
```

図4.26：比較述語

(2) BETWEEN述語

列の値がある範囲に含まれているかの指定に使います（図4.27）。

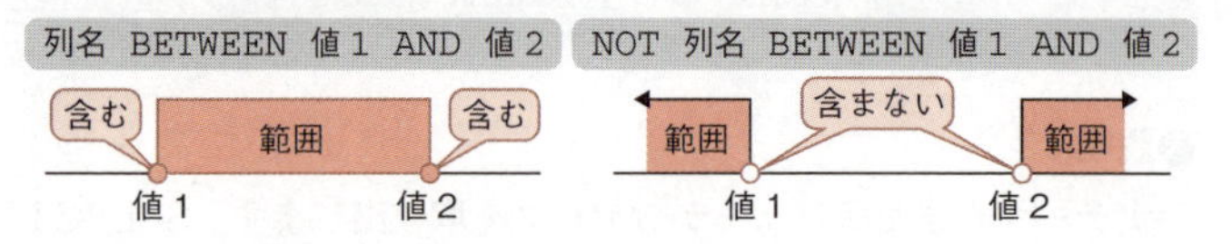

図4.27：BETWEEN述語

(3) LIKE述語

文字列が指定のパターン（表4.17）に一致するかを調べるのに使います。

表4.17：パターンの指定

パターン	意味	使用例
%	0文字以上の文字	Aで始まる文字列【前方一致】：'A%' Aで終わる文字列【後方一致】：'%A' Aを含む文字列【任意一致】：'%A%'
_	任意の1文字	Aで始まる3文字：'A__'

(4) NULL述語，IN述語

NULLは，列の値が空値をもつかもたないかを調べます。INは，列の値が値リストの中のいずれかに一致するかを調べます。

```
列の値が空値であるか：列名 IS NULL
列の値が空値でないか：列名 IS NOT NULL または NOT 列名 IS NULL
列の値が値リストの中のいずれかに一致するか ：列名 IN (値1, 値2, …)
列の値が値リストの中のいずれにも一致しないか：列名 NOT IN (値1,値2,…)
```

図4.28に，BETWEEN，LIKE，NULL，INの使用例を示します。

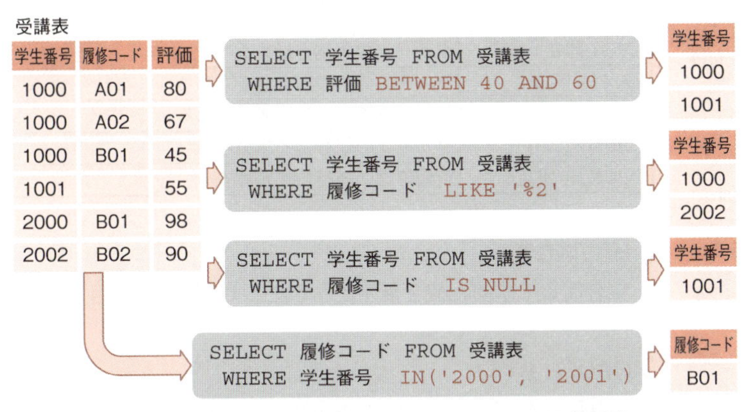

図4.28：BETWEEN，LIKE，NULL，INの使用例

結合条件では，複数のテーブルを共通する列の値を基に結合します。書式は，FROM句に結合するテーブルを指定し，WHERE句に結合条件を図4.29のように記述します。

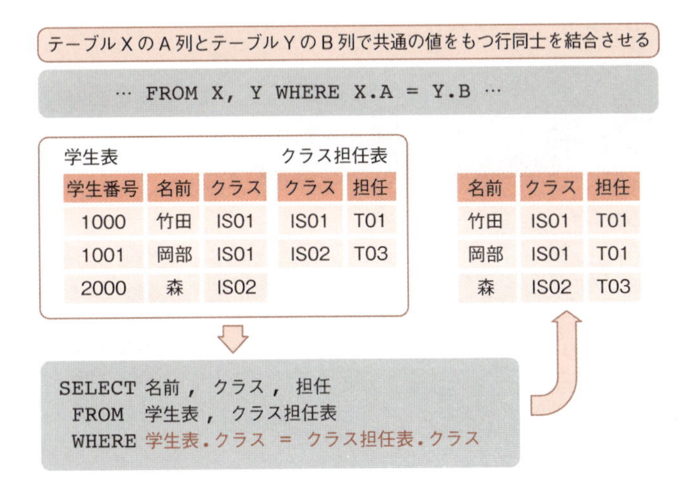

図4.29：結合条件

GROUP BY句

指定した列において，同じ値をもつ行をグループ化します。グループ化したものは，次ページ表4.18の**集合関数**で結果を求めます。この集合関数は，SELECT句やHAVING句で使用します。

知っておこう
結合条件では，次の手順で値を取り出します。
① FROM句に指定された2つ以上のテーブルで直積を作成する。
② WHERE句で条件に合う行を取り出す。
③ SELECT句で指定された列を取り出す。

参考
別名(エイリアス)：
SELECT句で指定した列または集合関数で集計した列に別名(エイリアス)を付けることができます。
「列名 AS 別名」
「集合関数(列名) AS 別名」

知っておこう
GROUP BY句を使用する場合，SELECT句には次の3つのみ指定できます。
・定数
・集合関数
・GROUP BY句で指定した列名

参考

集合関数の使用上の注意点：集合関数を使用する場合，次の点に気を付ける必要があります。

- SUMとAVGはすべての列に数値が入っている必要がある。
- 空値(NULL)は除かれてから集計される。
- カッコ内は算術式を指定できる。
- 集合関数を入れ子で示すことはできない。

表4.18：集合関数

集合関数	内容
SUM(列名)	グループの合計を求める
AVG(列名)	グループの平均を求める
MAX(列名)	グループの中の最大値を求める
MIN(列名)	グループの中の最小値を求める
COUNT(*)	グループの総行数を求める
COUNT(列名)	空値でない総行数を求める

HAVING句

集合関数で求めた値を条件として使用する場合に使用します。

「ASC」「DESC」の省略時：昇順(ASC)，降順(DESC)の指定を省略した場合は，昇順が指定されたとみなされます。

ORDER BY句

取り出したデータを属性の指定順に従い，昇順(ASC)または降順(DESC)に並べ替えます。

```
… ORDER BY 列名1 [ASC | DESC], 列名2 [ASC | DESC] …
```

GROUP BY句，HAVING句，ORDER BY句の使用例を図4.30に示します。

受講表

学生番号	履修コード	評価
1000	A01	80
1000	A02	67
1000	B01	45
1001	B01	55
2000	B01	98
2000	B02	77

```
SELECT 学生番号,SUM(評価)
 FROM 受講表 GROUP BY 学生番号
```

学生番号	SUM(評価)
1000	192
1001	55
2000	175

```
SELECT 学生番号,SUM(評価)
 FROM 受講表 GROUP BY 学生番号
 HAVING SUM(評価) > 180
```

学生番号	SUM(評価)
1000	192

```
SELECT 学生番号, 評価
 FROM 受講表 ORDER BY 評価 ASC
```

学生番号	評価
1000	45
1001	55
1000	67
2000	77
1000	80
2000	98

図4.30：GROUP BY句，HAVING句，ORDER BY句の使用例

SELECT句

各句で抽出されたテーブルのデータから取り出す列を指定します。すべての列を取り出す場合は「＊」を指定します。

「ALL」を指定した場合，抽出されたテーブルの列において，重複行を取り除きません。一方,「DISTINCT」を指定した場合は，重複行を取り除きます。

参考

「ALL」「DISTINCT」の省略時：「ALL」「DISTINCT」を省略した場合は，ALLが指定されたとみなされます。

4

例題

A表からB表を得るためのSQL文はどれか。

A

社員コード	名前	部署コード	給料
10010	伊藤 幸子	101	200,000
10020	斉藤 栄一	201	300,000
10030	鈴木 裕一	101	250,000
10040	本田 一弘	102	350,000
10050	山田 五郎	102	300,000
10060	若山 まり	201	250,000

B

部署コード	社員コード	名前
101	10010	伊藤 幸子
101	10030	鈴木 裕一
102	10040	本田 一弘
102	10050	山田 五郎
201	10020	斉藤 栄一
201	10060	若山 まり

ア SELECT 部署コード，社員コード，名前 FROM A GROUP BY 社員コード

イ SELECT 部署コード，社員コード，名前 FROM A GROUP BY 部署コード

ウ SELECT 部署コード，社員コード，名前 FROM A ORDER BY 社員コード，部署コード

エ SELECT 部署コード，社員コード，名前 FROM A ORDER BY 部署コード，社員コード

解説

B表を見ると，部署コード順に並べ替えが行われており，また，同一部署コード内では，社員コードによる並べ替えが行われています。よって，並べ替えを行うORDER BY句を使用し，並べ替えの優先順位指定が①部署コード，②社員コードとなっているエが正解になります。

《解答》エ

データベース言語 — SQL 《出題頻度 ★★★》

4-10 副問合せ

副問合せは，「SELECT文による検索結果」を抽出条件に使ったりする場合に使用されます。つまり，副問合せを使ったSQL文は，SELECT文の中にSELECT文がある書式になります。

副問合せ

SQLで，あるテーブルの検索結果を抽出条件に使う場合，SELECT文（主問合せ）の中に，もう1つのSELECT文（**副問合せ**）を記述します。

副問合せには，「値を1つだけ返す副問合せ」や「値を複数返す副問合せ」があります。以下では，これらの副問合せを使った例を説明します。

値を1つだけ返す副問合せ

●構文

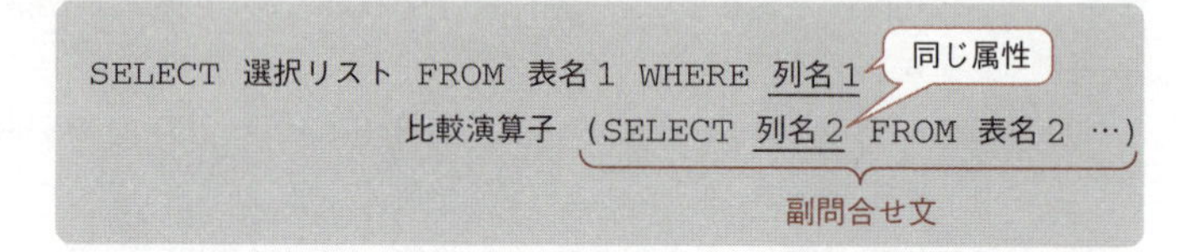

●説明

副問合せ側から返される結果が1つのみの場合は，4-9節で説明したWHERE句における比較述語の構文と同じ処理が行えます。ただし，この場合，主問合せのWHERE句にある列名1と，副問合せのSELECT句にある列名2は同じ属性でなければなりません。

値を複数返す副問合せ

構文は，値を1つだけ返す副問合せとほとんど同じですが，値を複数返す副問合せの場合，比較演算子は使用できません。比較演算子の代わりに次ページ表4.19に示すIN述語と限定述語（ANY，ALL）を用います。

参考

値を1つだけ返す副問合せの例：下記に示す，教員表とクラス担任表を使って，"IS01"のクラス担任の名前を抽出するSQL文は次のようになります。

```
SELECT 教員名
FROM 教員表
WHERE 教員番号=
  (SELECT 担任
   FROM クラス担任表
   WHERE
     クラス= 'IS01')
```

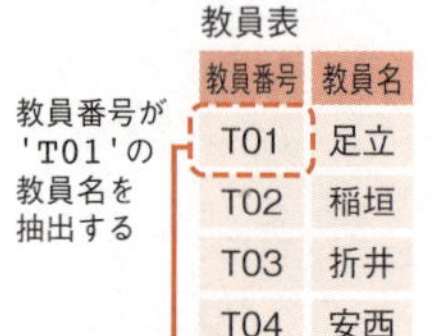

教員表

教員番号	教員名
T01	足立
T02	稲垣
T03	折井
T04	安西

クラス担任表

クラス	担任
IS01	T01
IS02	T03

副問合せから'T01'が返される

表4.19：比較語

比較語	結果が真になる条件
[NOT] IN	副問合せ結果のいずれかと一致（NOT INの場合は不一致）
比較演算子 ANY	副問合せ結果のいずれかが比較条件を満たす
比較演算子 ALL	副問合せ結果のすべてが比較条件を満たす

参考
ANYおよびALLの前に記述する「比較演算子」には，p236に示した演算子が使用できます。

クラス担任表

クラス	担任
IS01	T01
IS02	T03

教員表

教員番号	教員名
T01	足立
T02	稲垣
T03	折井
T04	安西

```
SELECT 教員名 FROM 教員表
 WHERE 教員番号 IN
   (SELECT 担任 FROM クラス担任表)
```

教員名
足立
折井

図4.31：値を複数返す副問合せ

EXISTSを使った相関副問合せ

主問合せの結果を1行ずつもらって順次実行（評価）する副問合せを**相関副問合せ**と呼びます。図4.32に示すように，副問合せ内のWHERE句でFROM句にない表を参照している場合は，相関副問合せであると判断できます。

知っておこう
EXISTS演算子：副問合せの結果が1件でもある場合は真，なければ偽を返します。NOT EXISTSは，その逆の結果を返します。

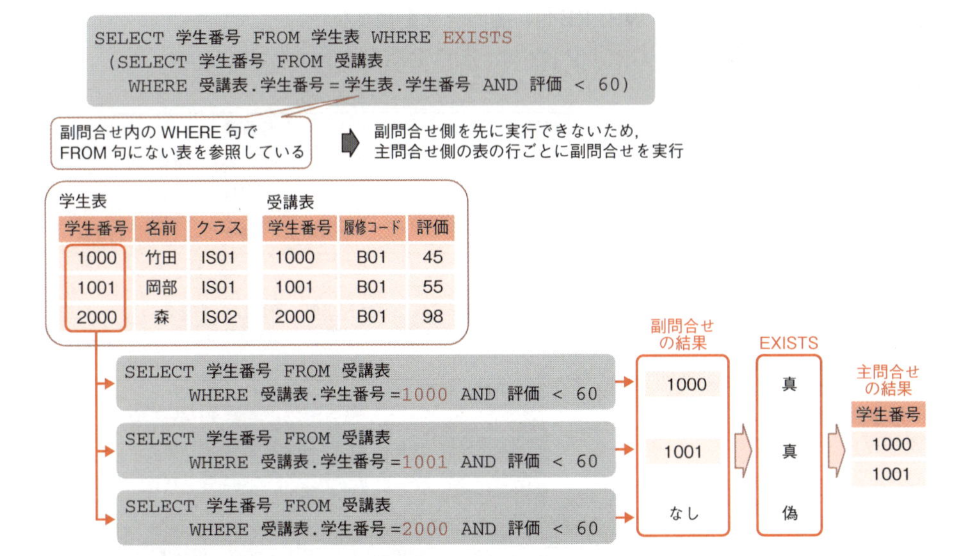

図4.32：相関副問合せ

データベース言語 — SQL　《出題頻度　★★★》

4-11 ビュー定義

利用者から見ることができるデータベースは，3層スキーマの外部スキーマによって定義された仮想表になります。この仮想表の作成をビュー定義といいます。

ビュー定義

●構文

```
CREATE VIEW ビュー名 [(列名1, 列名2, …)] AS SELECT …
```

●説明

実表（CREATE TABLE文で作成したテーブル）から仮想表を作成し，外部スキーマとして設定します（図4.33）。

ビューは仮想的な表ではありますが，利用者側から見える視点を決めているだけであり，ビューの内容を更新すれば，実表に対しても更新内容は反映されます。ただし，更新が可能なビューには，次の条件が必要になります。

① 1つの表から作成されている。
② SELECT句に算術式，集合関数，DISTINCTを含まない。
③ WHERE句に副問合せを含まない。
④ GROUP BY句，HAVING句を含まない。

用語

仮想表：1つまたは複数の実表から新しく作り出された仮想的な表のこと。ビューとも呼ばれます。

参考

仮想表の利点：仮想表は，利用者側から通常のテーブルと同じように操作できるため，利用範囲を限定してデータの保護・保全に役立てることができます。

ポイント

FROM句に「科目表 X，教員表 Y」と記述した場合，WHERE句では，科目表を「X」，教員表を「Y」として使います。

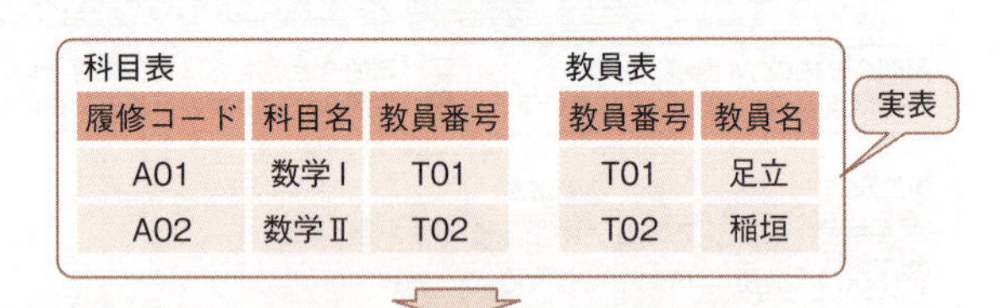

科目表

履修コード	科目名	教員番号
A01	数学Ⅰ	T01
A02	数学Ⅱ	T02

教員表

教員番号	教員名
T01	足立
T02	稲垣


```
CREATE VIEW 担当講義一覧表 AS SELECT 科目名 , 教員名
       FROM 科目表 X, 教員表 Y WHERE X.教員番号 = Y.教員番号
```

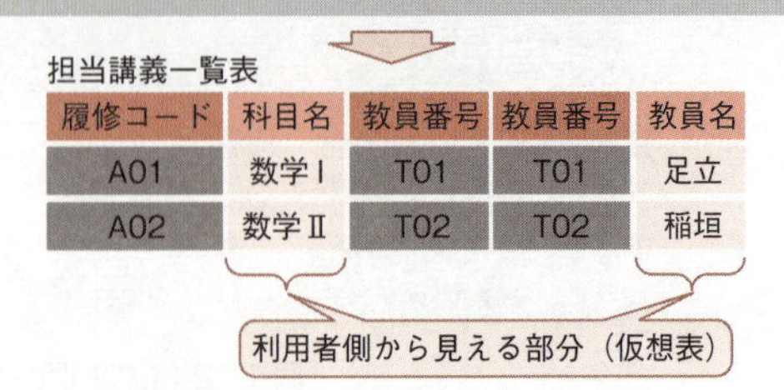

担当講義一覧表

履修コード	科目名	教員番号	教員番号	教員名
A01	数学Ⅰ	T01	T01	足立
A02	数学Ⅱ	T02	T02	稲垣

図4.33：ビュー定義の例

 《出題頻度 ★★★》

4-12 その他のSQL

SQLで定義されている命令は，これまでに紹介した以外に多く存在します。ここでは，過去の基本情報技術者試験において出題されたその他のSQLを紹介します。

列の追加，削除，変更，データ型の変更

テーブルの列の変更は，表4.20に示す「ALTER TABLE」を使用します。

表4.20：列の変更

命令文	内容
ALTER TABLE 表名 ADD	列を追加する
ALTER TABLE 表名 DROP	列を削除する
ALTER TABLE 表名 CHANGE	列名を変更する
ALTER TABLE 表名 MODIFY	列のデータの型を変更する

知っておこう

再編成：データベースに追加や更新，削除などのトランザクションを繰り返すことによる記憶領域の断片化を整理し，処理速度の回復を図ることです。

再構成：データ項目の追加や削除などによりデータベースの一部を変更し，再利用できるようにすることです。

データの挿入，削除，更新

●構文

```
【挿入】INSERT INTO 表名 [(列名リスト)] VALUES (値リスト)
【削除】DELETE FROM 表名 [WHERE 条件]
【更新】UPDATE 表名 SET 列名1=変更値, 列名2=変更値, …
                                        [WHERE 条件]
```

●説明

表中のデータに対して変更を行う処理です。各操作のコマンド例を図4.34に示します。

参考

削除・更新のWHERE句：削除および更新のWHERE句は，条件に一致した行に対してのみ変更が行われます。WHERE句を省略した場合，テーブル中のすべての行に対して削除および変更が行われます。

```
例1：受講表に学生番号が2001，履修コードがA02，成績が100のレコードを追加する。
  INSERT INTO 受講表 VALUES ('2001', 'A02', 100)
例2：受講表から学生番号が1000，かつ，履修コードがB01のレコードを削除する。
  DELETE FROM 受講表 WHERE 学生番号='1000' AND 履修コード='B01'
例3：受講表から学生番号が1000，かつ，履修コードがA02のレコードを取り出し，その評価を+10する。
  UPDATE 受講表 SET 評価=評価+10 WHERE 学生番号='1000' AND 履修コード='A02'
```

図4.34：INSERT，DELETE，UPDATEのコマンド例

データベース応用　《出題頻度 ★★★》

4-13 分散データベース

データベースの分散化は，応答速度の向上やデータの可用性において注目されている技術の1つです。ここでは，分散データベースについて説明します。

知っておこう
分散データベースの透過性：2つ以上のデータベースを使い，あたかも1つのデータベースにアクセスしているように見せかけることです。

分散データベース

複数の場所に分散して配置したデータベースを論理的に1つのデータベースのように操作できるようにしたものを**分散データベース**と呼びます。

分散データベースでは，一連のトランザクション処理を行う場合，分散するすべてのデータベースに対して更新可能かを問い合わせ，すべてから更新可能であることを確認してから，更新処理（コミット）を行う必要があります。この制御を**2相コミットメント制御**といいます（図4.35）。

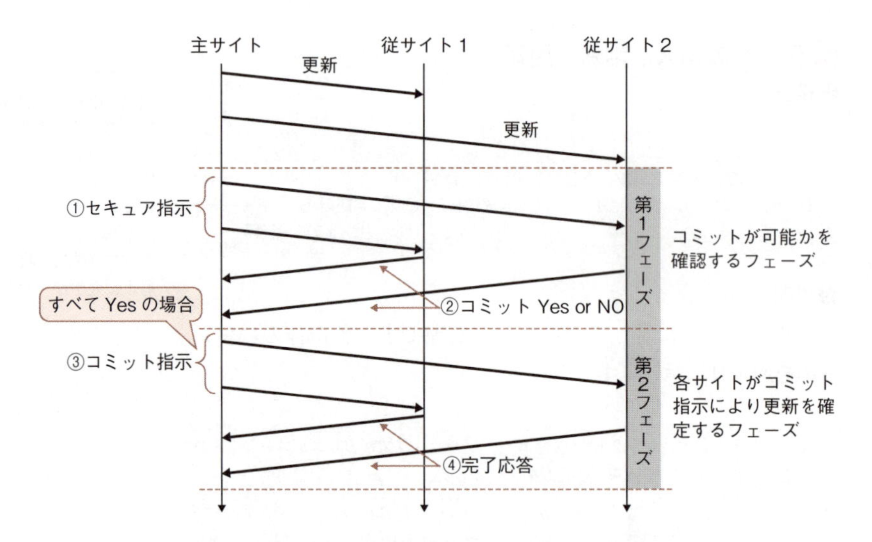

①主サイトは．各従サイトにコミットの準備要求（セキュア指示）を出す。
②各従サイトは，コミットの可否を主サイトに返答する。
③【すべての従サイトからコミット可の返答があった場合】
　→全従サイトにコミット指示を発行する。
　【1つでもコミット不可の返答があった場合】
　→全従サイトにロールバック指示を出す。

図4.35：2相コミットメント制御

4-14 演習問題

問1 論理設計 CHECK ▶ □□□

関係データベースの主キーの性質として，適切なものはどれか。

ア 主キーとした列に対して検索条件を指定しなければ，行の検索はできない。
イ 数値型の列を主キーに指定すると，その列は算術演算の対象としては使えない。
ウ 一つの表の中に，主キーの値が同じ行が複数存在することはない。
エ 複数の列からなる主キーを構成することはできない。

問2 データベースの利点 CHECK ▶ □□□

企業のさまざまな活動を介して得られた大量のデータを整理・統合して蓄積しておき，意思決定支援などに利用するものはどれか。

ア データアドミニストレーション　イ データウェアハウス
ウ データディクショナリ　エ データマッピング

問3 データモデル CHECK ▶ □□□

関係データベースの説明として，適切なものはどれか。

ア 属性単位に，属性値とその値をもつレコード格納位置を組にして表現する。索引として利用される。
イ データを表として表現する。表間は相互の表中の列の値を用いて関連付けられる。
ウ レコード間の関係を，ポインタを用いたデータ構造で表現する。木構造の表現に制限される。
エ レコード間の関係を，リンクを用いたデータ構造で表現する。木構造や網構造も表現できる。

問4 排他制御と障害回復処理

データベースの更新前や更新後の値を書き出して，データベースの更新記録として保存するファイルはどれか。

ア ダンプファイル　イ チェックポイントファイル
ウ バックアップファイル　エ ログファイル

問5 概念設計 CHECK ▶ □□□

E-R図で表せるものはどれか。

ア エンティティ間の関連
イ エンティティの型とインスタンスの関連
ウ データとプロセスの関連
エ プロセス間の関連

問6 テーブル検索 CHECK ▶ □□□

SQLの構文として，正しいものはどれか。

ア SELECT 注文日， AVG(数量) FROM 注文明細
イ SELECT 注文日， AVG(数量) FROM 注文明細 GROUP BY 注文日
ウ SELECT 注文日， AVG(SUM(数量)) FROM 注文明細 GROUP BY 注文日
エ SELECT 注文日 FROM 注文明細 WHERE SUM(数量) > 1000 GROUP BY 注文日

問7 ビュー定義 CHECK ▶ □□□

“商品”表のデータが次の状態のとき，[ビュー定義]で示すビュー“収益商品”表に現れる行数が減少する更新処理はどれか。

商品

商品コード	品名	型式	売値	仕入値
S001	T	T2003	150,000	100,000
S003	S	S2003	200,000	170,000
S005	R	R2003	140,000	80,000

[ビュー定義]

```
CREATE VIEW 収益商品 AS SELECT * FROM 商品
                 WHERE 売値－仕入値 >= 40000
```

ア 商品コードがS001の行の売値を130,000に更新する。
イ 商品コードがS003の行の仕入値を150,000に更新する。
ウ 商品コードがS005の行の売値を130,000に更新する。
エ 商品コードがS005の行の仕入値を90,000に更新する。

問8 コールセンターの対応記録管理 CHECK ▶ □□□

コールセンターの対応記録管理に関する次の記述を読んで，設問1～4に答えよ。

F社では，新しいソフトウェア製品の発売と同時に，そのソフトウェア製品に関する質問を受けるコールセンターを開設することにした。コールセンターでの対応内容は，すべてデータベースに記録する。

〔コールセンターの業務〕

(1) 製品を購入した利用者には，一意な利用者IDが発行されている。質問を受ける際は，この利用者IDを通知してもらう。

(2) 対応内容をデータベースに記録する際，その質問の原因を特定する種別を設定する。種別とは，“マニュアル不備”，“使用法誤解”などの情報である。それぞれの種別に対して一意に種別IDを割り当てる。

(3) データベースを検索し，過去に同じ種別IDをもつ類似の質問があった場合は，その受付番号を類似受付番号として記録しておく。

図1は，これらの業務を基に，データベースを構成するデータ項目を抽出したものである。下線付きの項目は主キーを表す。

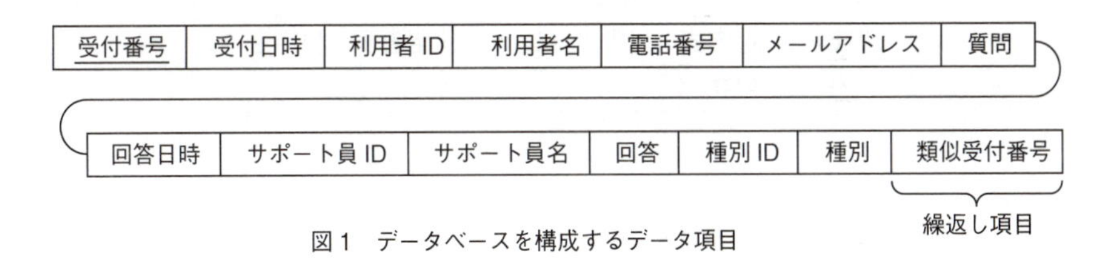

図1 データベースを構成するデータ項目

設問1 図1に示したデータ項目を正規化して図2に示す表を設計して，運用を始めた。実施した正規化に関する説明文の空欄に入れる正しい答えを，解答群の中から選べ。

利用者表

利用者 ID	利用者名	電話番号	メールアドレス

サポート員表

サポート員 ID	サポート員名

種別表

種別 ID	種別

類似表

受付番号	類似受付番号

対応表

受付番号	受付日時	利用者 ID	質問	回答日時	サポート員 ID	回答	種別 ID

図2 正規化検討後の表

図1に示した状態は非正規形と呼ばれ，1事実1か所の関係が成立していないので，重複更新，事前登録，関係喪失などの問題がある。このため，第1正規化から順に第3正規化までを行うことにした。

まず，第1正規化の作業では，［ a ］。次に，第2正規化の作業では，［ b ］。そして，第3正規化の作業では，［ c ］。

解答群

ア 受付番号と類似受付番号の組合せを主キーとし，繰返し要素を排除した
イ 既に当該正規形に準じていたので，適用は不要だった
ウ データ参照時の処理性能を考慮し，質問と回答を一つの表で管理するようにした
エ 利用者表，サポート員表及び種別表を作成し，主キー以外の項目における関数従属性を排除した
オ 類似表を作成し，主キーの一部における関数従属性を排除した

設問2 ある利用者から“オプションの指定方法”に関する質問を受けた。過去に類似の質問があったかどうかを確認するため，“オプション”というキーワードを含む質問をすべて抽出する。次のSQL文の空欄に入れる正しい答えを，解答群の中から選べ。

```
SELECT 対応表.受付番号， 利用者表.利用者名， 対応表.質問
  FROM 対応表， 利用者表
  WHERE 対応表.利用者ID = 利用者表.利用者ID
    AND [                              ]
```

解答群

ア 質問 ANY ('%オプション%')
イ 質問 ANY ('_オプション_')
ウ 質問 IN ('%オプション%')
エ 質問 IN ('_オプション_')
オ 質問 LIKE '%オプション%'
カ 質問 LIKE '_オプション_'

設問3 製品のバージョンアップに当たり，コールセンターの対応記録を参考にして機能改善を検討することにした。種別が“使用法誤解”であった質問を抽出し，類似件数の多い順に表示する。次のSQL文の空欄に入れる正しい答えを，解答群の中から選べ。

```
SELECT 類似受付番号, COUNT(*) FROM 対応表, 種別表, 類似表
   WHERE [          ]
   ORDER BY COUNT(*) DESC
```

解答群

ア 対応表.種別ID =
(SELECT 種別ID FROM 種別表 WHERE 種別 = '使用法誤解')
GROUP BY 類似表.類似受付番号

イ 対応表.種別ID =
(SELECT 種別ID FROM 種別表 WHERE 種別 = '使用法誤解')
AND 対応表.受付番号 = 類似表.受付番号
GROUP BY 類似表.受付番号

ウ 対応表.種別ID = 種別表.種別ID
AND 対応表.受付番号 = 類似表.受付番号
AND 種別表.種別 = '使用法誤解'
GROUP BY 類似表.受付番号

エ 対応表.種別ID = 種別表.種別ID
AND 対応表.受付番号 = 類似表.受付番号
AND 種別表.種別 = '使用法誤解'
GROUP BY 類似表.類似受付番号

設問4 新たに提供する製品に関する質問を記録するために，現在の表に製品型番の列を追加して製品を識別できるようにする。表の拡張と同時に，これまで蓄積した情報の製品型番の列にはすべて“A001”を設定する。正しいSQL文を，解答群の中から選べ。

解答群

ア ALTER TABLE 対応表 ADD 製品型番 CHAR(4) DEFAULT 'A001' NOT NULL

イ ALTER TABLE 対応表 MODIFY 製品型番 CHAR(4) DEFAULT 'A001' NOT NULL

ウ CREATE TABLE 対応表 (製品型番 CHAR(4) DEFAULT 'A001')

エ INSERT INTO 対応表 製品型番 VALUES 'A001'

4-15 演習問題の解答

問1 《解答》ウ

主キーは，各行を一意に識別するためのものであるため，重複して行に存在してはなりません。よって，正解はウです。

ア：検索条件の指定は，主キー以外の列でも可能です。

イ：数値型の列を主キーにしても算術演算は可能です。

エ：複数の列で主キーを構成することは可能です。

問2 《解答》イ

売上や顧客のデータなどの日々蓄積されるデータを集め，整理・統合したデータベースのことをデータウェアハウスといいます。よって，正解はイです。

問3 《解答》イ

関係データベースは，行（1件分のデータ）と列（属性）からなる表形式で表され，各表はキーとして関連付けを行います。よって，正解はイです。

ア：インデックス（索引）ファイルの説明です。

ウ：階層型データベースの説明です。

エ：網型データベースの説明です。

問4 《解答》エ

データベースの更新履歴はログファイルに残します。ログファイルは，データの更新前と更新後の内容を時系列に沿って記録します。よって，正解はエです。

ア：ダンプファイルは，現在の内容を書き出したものです。

イ：チェックポイントファイルは，メモリ上にある更新内容を定期的に書き出したものです。

ウ：バックアップファイルは，データベース全体の内容をチェックポイント時に別の場所に保存したものです。

問5 《解答》ア

E-R図は，実体（エンティティ）と関連（リレーションシップ）をモデル化したものです。よって，正解はアです。

問6 《解答》イ

ア：GROUP BYによる集合関数の適用がないため，「AVG（数量）」は行ごとの数量データ1つに対して行われることとなり，意味がありません。

ウエ：集合関数の間違った使用例であり，入れ子による実行やWHERE句での集合関数の使用はできません。

よって，正解はイです。

問7 《解答》ア

ビュー定義から，抽出条件として「売値－仕入値」の値が40,000以上であれば，1つの行を取り出すことがわかります。つまり，各問いの更新処理によって，「売値－仕入値」の値が40,000を下回ることになれば，行数が減少することになります。これに該当するのはアです。

問8
《解答》設問1：a－ア，b－オ，c－エ　設問2：オ　設問3：エ　設問4：ア

設問1：空欄a～c

正規化における第1から第3正規化までの手順は，①繰返し項目の排除，②主キーの一部だけに関数従属するように表（ここでは類似表）を分離，③主キー以外の項目で関数従属している部分を分離（ここでは利用者表，サポート員表，種別表を作成），になります。次ページにデータ項目例から正規化を行った結果を示します。

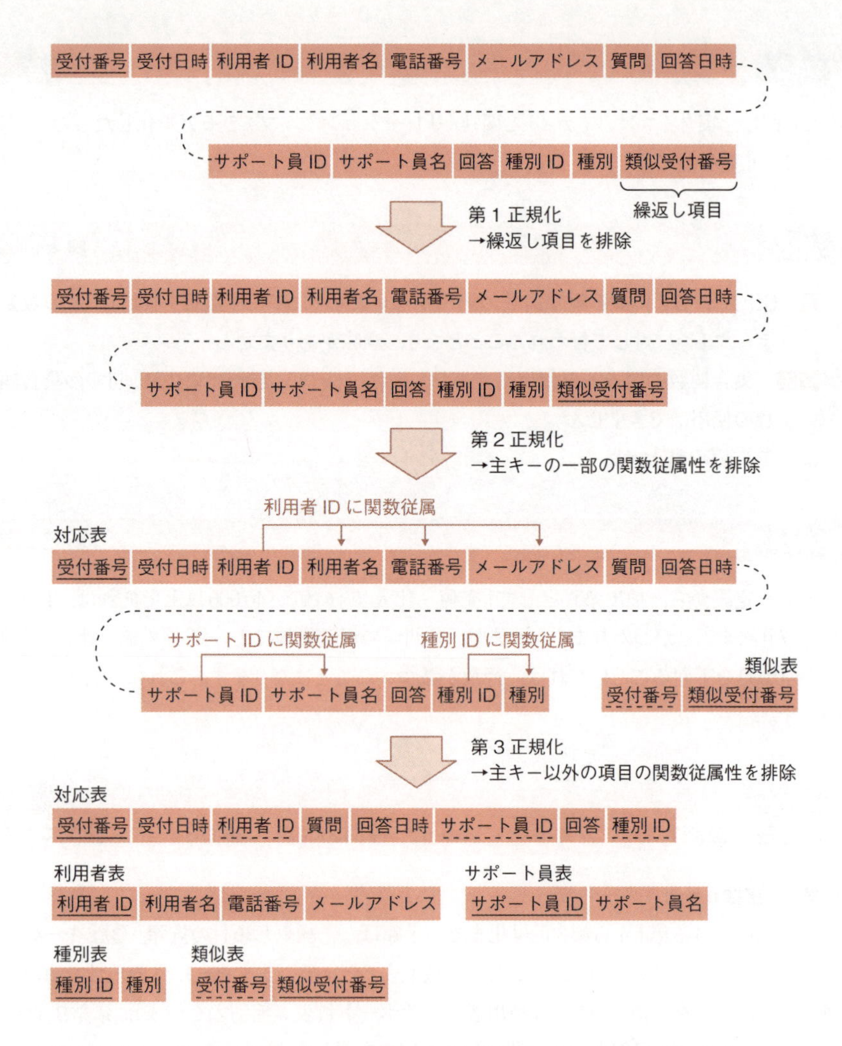

上記内容から，空欄aがア，空欄bがオ，空欄cがエにそれぞれ対応します。

設問2

データの中から文字列を検索する場合は“LIKE”を使用します。文字列のパターン指定として使用できる「_」と「%」は，前者が任意の1文字，後者が0文字以上を表します。よって,「オプション」を含む文字列の指定は,「%オプション%」と指定します。正解はオです。

設問3

設問では「類似件数の多い順」を求めているため，GROUP BYを使用して類似受付番号の列をグループ化し，その件数を数える必要があります。そのため，解答候補は，アとエに絞られます。

種別が“使用法誤解”となるデータを抽出する方法は，単一行副問合せによるアの方法と表を結合して取り出すエの方法に分かれますが，ここで，“使用法誤解”を条件として類似受付番号を抽出するには，対応表と類似表が結合(対応表.受付番号＝類似表.受付番号)されていることが必要になります。この構文が書かれているのはエのみとなるため，アは候補から外れます。よって正解はエです。

設問4

表に列を追加する構文は,「ALTER TABLE 表名 ADD」です。よって正解はアです。

テクノロジ系

第5章

ネットワーク

ネットワークは，現在の日常や社会の中で必須といえるほど大きな存在となっています。IT分野で働く技術者の多くは，ネットワークをビジネスの基盤としたサービスの開発や運営を経験することになります。基本情報技術者試験で出題されるネットワークの知識や技術は，かなり広範囲に及んでおり，知識の獲得に大変苦労します。ネットワークを理解するうえでキーポイントとなるのは，OSI基本参照モデルの理解です。OSI基本参照モデルがもつ各階層の働きを理解することが，LAN，WAN，インターネットと呼ぶネットワークの中のさまざまな知識や技術を理解する大きな助けとなるでしょう。

ネットワークのしくみ

基礎

5-1 ネットワークの種類

日常的によく耳にする“インターネット”という言葉は，ネットワーク（情報連絡網）の1つの形態です。ネットワークの形は，大きさや使用されるネットワークデバイスによっていくつかに分類されます。

コンピュータネットワーク

コンピュータ同士が情報のやり取りをするための情報連絡網のことを**コンピュータネットワーク**といいます。コンピュータネットワークは，ネットワークの規模や接続形態により，表5.1に示す3つに分けることができます。

表5.1：コンピュータネットワークの分類

分類	説明
LAN	同じ敷地内のコンピュータを接続したネットワーク
WAN	離れた位置にあるLAN同士を接続したネットワーク
インターネット	世界中のLANやWANを接続したネットワーク

LAN（Local Area Network）

企業や学校などの同じ敷地内にあるコンピュータや周辺機器を接続したネットワークを指します（図5.1）。LAN内では，接続にLANケーブル（ツイストペアケーブル，光ファイバケーブル），赤外線や電波などが利用されます（これらの伝送媒体については，5-2節を参照）。

用語

有線LAN:ケーブルを使ったLAN接続。

無線LAN:主に電波を使ったLAN接続。

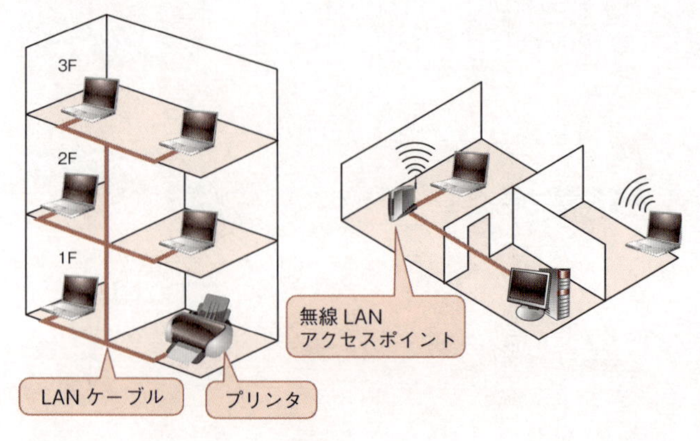

図5.1：LAN

WAN（Wide Area Network）

地理的に離れた場所のLAN間を接続したネットワークを指します（図5.2）。WAN内では，接続に光ファイバケーブル，電話回線などが利用されますが，接続形態は**インターネットサービスプロバイダ（ISP）**が提供するサービスによって異なります。

電気通信事業者：WANを構築する場合は，NTTやKDDIなどの電気通信事業者のサービスを利用します。ISPは電気通信事業者の1つとして位置付けられています。

用語

ISP：インターネットサービスプロバイダ。インターネットへの接続を提供する電気通信事業者を指します。

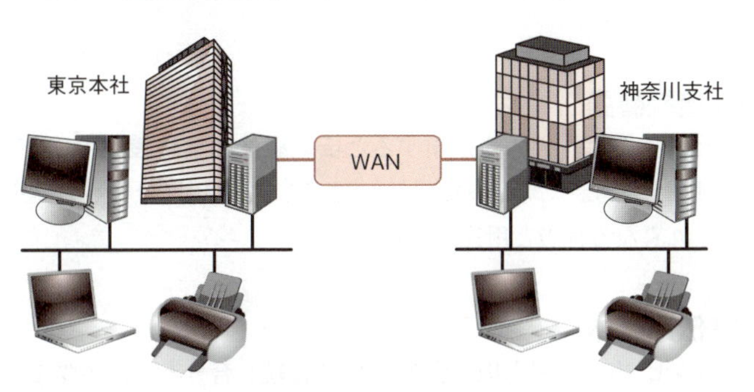

図5.2：WAN

インターネット（Internet）

世界中のLANやWANを相互接続した世界的な規模のネットワークを指します（図5.3）。インターネットはISP同士が接続し合った状態であり，接続に光ファイバケーブル，衛星通信などが利用されます。

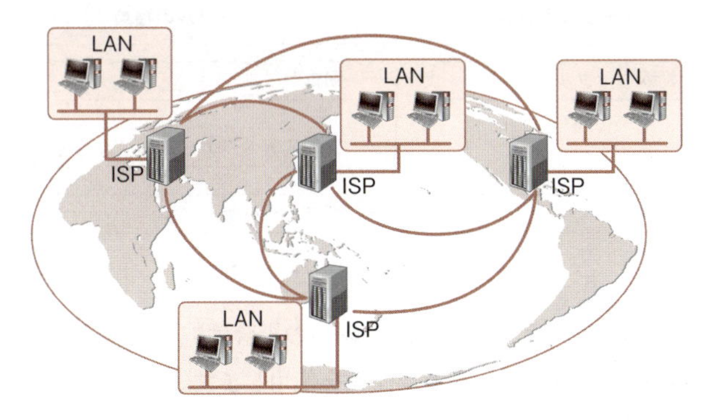

図5.3：インターネット

5

ネットワークのしくみ 《出題頻度 ★★★》

5-2 LANの接続機器と接続形態

ネットワークの接続形態（ネットワークトポロジー）は，使用する伝送媒体やネットワークデバイスにより変わります。ここでは，LANで用いられる接続機器と接続形態について説明します。

ポイント

LANで使用する装置について，それぞれの特徴を覚えましょう。

接続機器

接続機器は，大きく分類すると**伝送媒体**と**集線装置**の2つに分けられます。これらの機器は，さらに数種類に分類され，それぞれ異なる特徴と用途があります。

伝送媒体

コンピュータや周辺機器を1対1で接続し合うときに必要な媒体です。媒体には，有線と無線の2つがあります。

有線

有線は，ケーブル内にデータ（信号）を流して相手に伝えるもので，一般的に**LANケーブル**と呼ばれています。LANケーブルは，素材により図5.4に示すものがあります。

参考

PLC（Power Line Communication）：伝送媒体に電力線を使用した通信技術です。有線LANからの送信データをPLCモデムで電力線に流せるデータに変換し，受信側でもPLCモデムを使って有線LANに変換します。

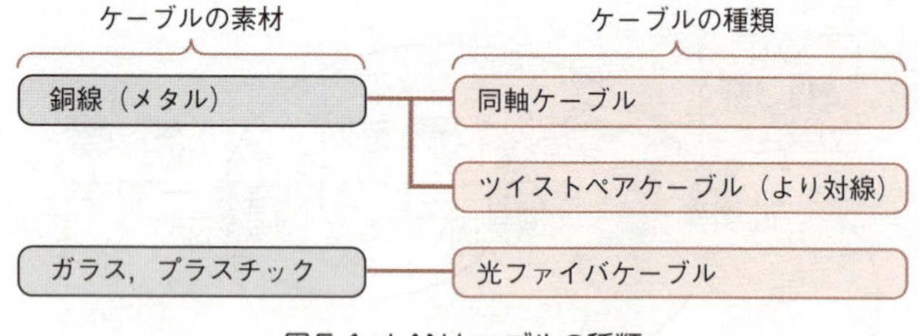

図5.4：LANケーブルの種類

伝送信号は，ケーブル素材が銅線の場合は電気信号を使用し，ガラス・プラスチックの場合は光を使用します。

同軸ケーブルは，1本の銅線の周りを絶縁体，メッシュ銅線，外部被膜で包んだ構造になっています（次ページ図5.5左）。外部からのノイズに強く，伝送距離が長いという長所がありますが，硬くて曲げにくいため配線が困難という欠点があります。

ツイストペアケーブルは，8本の銅線をもち，2本を1組として均等により合わせて外部被膜に収めた単純な構造となっています(図5.5中)。折り曲げやすく配線しやすいことや，広く普及していることから安価であるという長所がありますが，同軸ケーブルと比べるとノイズに弱いという欠点があります。

光ファイバケーブルは，ガラスとプラスチックなどの光の屈折率の異なる素材(コアとクラッド)からできており，コア内を光が反射しながら伝わります(図5.5右)。長距離伝送が可能で，ノイズに強く，高速通信が可能という長所がありますが，折り曲げに弱く，ケーブルが高価であるという欠点があります。

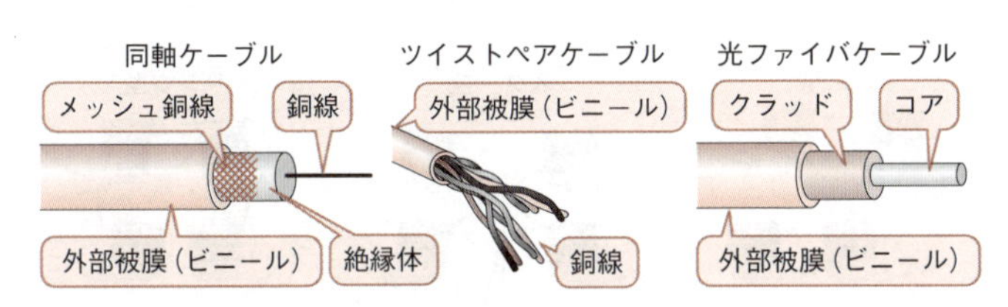

図5.5：LANケーブルの構造

無線

無線は，データを赤外線や電波などの媒体に乗せて送ります。この無線を使用したLANのことを**無線LAN**と呼びます。

赤外線は，光の一部の波長を利用した伝送方式です。障害物に非常に弱く，近距離通信の用途として使用されます。

電波は，無線免許なしで使用できる2.4GHz帯と5GHz帯の電波を使用したもので，通常，無線LANといえば，電波を利用したものを指します。

集線装置

集線装置の役割は，主に2つあります。

- 複数のノード間でデータのやり取りをできるようにする。
- 2つのケーブル間を延長接続させ，長距離通信を行わせる。

集線装置の機器には，次ページの表5.2のようなものがあります。

用語

ノード：LANに接続されたコンピュータや周辺機器のこと。

5

知っておこう

ブリッジ，スイッチは，内部に「MACアドレステーブル」と呼ばれる表をもち，接続ポートの番号と，そのポートに接続された機器がもつMACアドレス（5-4節を参照）が対応付けられて登録されています。ブリッジ，スイッチにデータが到着すると，そのデータ内の宛先MACアドレスを基に，MACアドレステーブルから送出先のポートを判断し，そのポートのみに転送します。

用語

終端抵抗器（ターミネータ）：バスの両端にたどり着いたデータを消去するための装置。

ポイント

各トポロジーの特徴を理解しておきましょう。

表5.2：集線装置

分類	説明
リピータ	減衰したデータの電気信号を修復し，伝送距離を延ばす
ブリッジ，スイッチ	複数のノードを接続する装置。リピータ機能も備わっている。接続ポートの数は，ブリッジよりもスイッチのほうが多い

LANは，これらの装置を使用して**ネットワークトポロジー**を形成します。代表的なネットワークトポロジーには，**バス型**，**スター型**，**リング型**があります。各ネットワークトポロジーの構成を図5.6に，また，その種類と特徴を表5.3に示します。

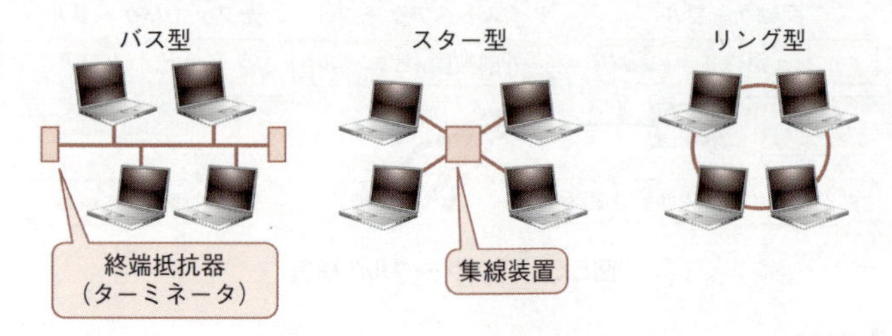

図5.6：ネットワークトポロジー

表5.3：トポロジーの種類

トポロジー	形態	特徴
バス	1本のケーブル（これをバスと呼ぶ）にノードを接続	・1本のバスを共有して通信 ・バスに障害が起きるとすべてのノードからの通信が不可能になる
スター	集線装置から複数のケーブルでそれぞれのノードを接続	・集線装置に障害が発生するとすべてのノードが通信不可能になる
リング	リング状につながったケーブルにノードを接続	・データは，一方向に巡回して目的のノードへ送る ・ノードやケーブルに障害が起こるとデータが巡回できなくなる

ネットワークのしくみ

基礎

5-3 IEEE 802規格

LANで使用する伝送媒体には，IEEE 802委員会の取り決めた標準化規格があります。

IEEE 802.3規格

有線LANで使用する伝送媒体は，**IEEE 802.3規格**（アイ・トリプルイー）によって定められています（表5.4）。規格名は伝送速度，伝送方式，ケーブルの種類を表しています（「参考」を参照）。たとえば，「100BASE-TX」は伝送速度が100Mビット／秒のベースバンド方式であり，ツイストペアケーブルを使用します。

ポイント

各規格の特徴を覚えるのは大変です。しかし，以下の「参考」にあるIEEE 802.3規格の表記方法を理解すれば，どのような特徴をもっているかがわかってきます。

表5.4：IEEE 802.3規格

規格名	接続形態	最大伝送速度	最大伝送距離
10BASE5	バス型	10Mビット／秒	500m
10BASE2	バス型	10Mビット／秒	185m
10BASE-T	スター型	10Mビット／秒	100m
10BASE-F	スター型	10Mビット／秒	100m
100BASE-TX	スター型	100Mビット／秒	100m
100BASE-FX	スター型	100Mビット／秒	20km
1000BASE-SX	スター型	1Gビット／秒	550m
1000BASE-LX	スター型	1Gビット／秒	5000m
1000BASE-CX	スター型	1Gビット／秒	25m

参考

IEEE 802.3規格の表記：

n BASE m
①　②　③

①伝送速度（単位：Mビット／秒）
②伝送方式
・BASE：ベースバンド方式
・BROAD：ブロードバンド方式
③ケーブルの種類
・2：同軸ケーブル
・5：同軸ケーブル
・T：ツイストペアケーブル
・F：光ファイバケーブル

IEEE 802.11規格

無線LANの規格は，**IEEE 802.11規格**で定められています。使われる周波数帯や最大伝送速度によって表5.5の規格があります。

表5.5：IEEE 802.11規格

規格名	周波数帯	最大伝送速度
IEEE 802.11	2.4GHz	2Mビット／秒
IEEE 802.11a	5GHz	54Mビット／秒
IEEE 802.11b	2.4GHz	11Mビット／秒
IEEE 802.11g	2.4GHz	54Mビット／秒
IEEE 802.11n	2.4GHz/5GHz	600Mビット／秒
IEEE 802.11ac	5GHz	6.93Gビット／秒

ネットワークのしくみ　《出題頻度 ★★★》

5-4 データ通信のしくみ

伝送媒体に同時に流すことができるデータ数は，基本的に1つです。2つ以上のデータが同時に流れた場合，データ同士が衝突し，破壊されます。そのため，うまく送信する手順が必要になります。

トークンパッシング方式：トークンと呼ばれるデータを巡回させ，それを取得したノードだけがデータを送る"送信権"を得ることができる方式。バス型およびリング型で利用され，バス型の場合は「トークンバス方式」，リング型の場合は「トークンリング方式」と呼びます。

TDMA方式：伝送路（データチャネル）を一定の時間間隔で分割して単位化（タイムスロット）し，各ノードに与えてデータの衝突を回避する方式。

CSMA/CD方式のアクセス制御手順を覚えましょう。

CSMA/CD：Carrier Sense Multiple Access with Collision Detection

メディアアクセス制御

IEEE 802において，もう1つ重要な標準化の取決めが送信ルールです。LANでは，使用する伝送媒体や接続形態に応じてノード間のデータの送受信方法を決めておかなければ，データの**衝突（コリジョン）**が起こり，データが壊れて正常に通信ができません。それを防ぐためのルールがメディアアクセス制御です。

代表的な方式には，**CSMA/CD方式，トークンパッシング方式，TDMA方式，CSMA/CA方式**があります。ここでは，代表的なCSMA/CD方式とCSMA/CA方式について説明します。

CSMA/CD方式

CSMA/CD方式は，次の手順でアクセス制御を行います。

① データを送信したいノードは，伝送路に他のノードから送信されたデータがないかを確認する（**キャリア検知**）。
② 確認した結果…
- 流れていない：データ送信を開始する。
- 流れていた：待機する。

上記のアクセス制御を行ってもデータの衝突が起きる場合があります。衝突を検知した場合は，再送までに**ランダムな時間だけ待機**をした後に，データ送信を再開します。

用語

CSMA/CA：Carrier Sense Multiple Access/Collision Avoidance

CSMA/CA方式

無線LANで使用されるアクセス制御方式です。無線方式では，衝突を検知できないため，データ送信後にデータが正しく相手に届けられたかを応答メッセージ（**ACK信号**）として送り返してもらうことにより確認を行います。

LAN内のデータ伝送のしくみ

LAN内でのデータ送受信は，ノード間で直接行われます。送信元ノードから伝送路に流すデータは，宛先ノードのアドレスと送信元ノードのアドレスが記載された**ヘッダ情報**をデータに付加した，**Ethernetフレーム**として送られます（図5.7）。

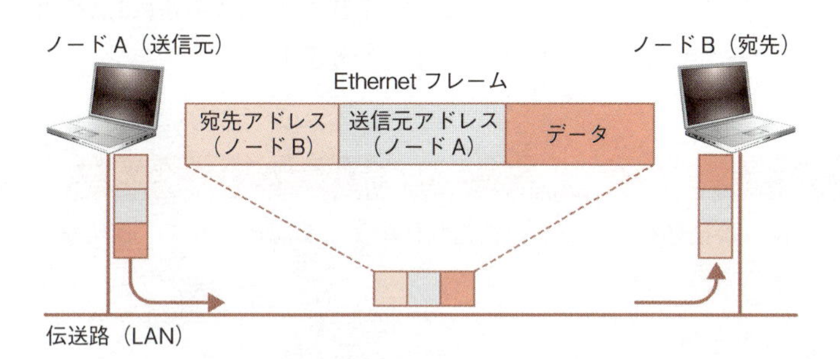

図5.7：Ethernetフレーム

このとき，ノードのアドレスとして使用されるのが**MACアドレス**です。MACアドレスは，NIC（ネットワークインタフェースカード）に付けられた48ビット（16進12桁）からなる固有の値です。前半24ビットは製造元を表す「ベンダコード（OUI）」，後半24ビットは各製造元で自由に付けられる「シリアルコード」からなります（図5.8）。

ベンダコード　シリアルコード

00 - 0F - B5 - 10 - BA - 38

図5.8：MACアドレス

Ethernetフレームを作るには，宛先アドレスを事前に知る必要があります。そのために，送信元ノードは「ノードX（Xは宛先）はいますか？」というメッセージをネットワークにつながっている全ノードに対して同報（**ブロードキャスト**）します。宛先ノードがその中に含まれていた場合，宛先ノードは自身のMACアドレスを応答として返します。これにより送信元ノードは宛先のMACアドレスを知ります。

知っておこう

ブロードキャストの他に，次の送信方法があります。

マルチキャスト：複数の相手を指定し送信します。

ユニキャスト：特定の相手を指定して送信します。

LAN間のデータ伝送のしくみ

同報が送られる範囲はLAN内に限られます。もし，全世界のノードに同報を送った場合，あまりにもノードの数が多いため宛先ノードの特定が困難になります。

そのため，全世界のノードを小領域に区切ったいくつかのグループに分けて，「グループ番号+ノード番号」といった形式のアドレスによる管理が必要になります。これが**IPアドレス**です(5-7節で詳しく説明)。そして，宛先IPアドレスを基にLAN間のデータ転送を行う機器が**ルータ**になります。

例題

CSMA/CD方式のLANに接続されたノードの送信動作に関する記述として，適切なものはどれか。

ア　各ノードに論理的な順位付けを行い，送信権を順次受け渡し，これを受け取ったノードだけが送信を行う。

イ　各ノードは伝送媒体が使用中かどうかを調べ，使用中でなければ送信を行う。衝突を検出したらランダムな時間の経過後に再度送信を行う。

ウ　各ノードを環状に接続して，送信権を制御するための特殊なフレームを巡回させ，これを受け取ったノードだけが送信を行う。

エ　タイムスロットを割り当てられたノードだけが送信を行う。

解説

CSMA/CD方式のアクセス制御は，以下の通りです。

1　データを送信したいノードは，伝送路に他のノードから送信されたデータがないかを確認する

2　確認した結果，データが流れていなければデータ送信を開始する

3　データ送信後に衝突を検知した場合は，ランダムな時間だけ待機した後に再送する

よって，正解はイです。

《解答》イ

ネットワークのしくみ 《出題頻度 ★★★》

5-5 OSI基本参照モデル

OSI基本参照モデルは，ネットワークの分野において最も重要な内容です。OSI基本参照モデルを理解することが，ネットワーク全体のしくみを理解する手助けになります。しっかりと理解しましょう。

OSI基本参照モデル

ネットワークに接続するノードが，すべて同じ機種であるとは限りません。また,使用する通信方式が異なる可能性もあります。

利用者がその差異を意識して専用の装置を購入したり，相手の機種に合わせて文字コードなどの設定を変えて通信するのは大きな手間になります。また，装置を作るメーカにとっては，機種や通信方式ごとに装置を作ることは，製造コストを増大させることになります。そのため，異機種間でも問題なく通信を行えるルール（**プロトコル**）が作成されました。それが**OSI基本参照モデル**です（表5.6）。

表5.6：OSI基本参照モデル

層	機能
第7層 アプリケーション層	アプリケーションと通信機能の間のインタフェースを提供する
第6層 プレゼンテーション層	異なるシステムのデータ表現形式を標準化。文字コードやデータ圧縮，暗号化などの機能を提供
第5層 セション層	アプリケーション間で通信を開始して終了するまでの手順（確立，維持，切断）を規定。全二重や半二重の通信モード管理や同期・非同期モードの管理を行う
第4層 トランスポート層	ノード間における高品質なデータ転送を提供。データの到達確認，フロー制御，誤り検出などがある
第3層 ネットワーク層	IPアドレスに基づいたデータの転送（**ルーティング**）や順序制御の手順を規定。IPアドレス（5-7節参照）の規定も行われている
第2層 データリンク層	隣接ノード間のデータ伝送制御手順を提供。誤り検出や再送制御などの機能がある。プロトコルとして**HDLC**（5-6節参照）がある
第1層 物理層	伝送媒体にデータを送信する物理的な手段を提供。電気,光,電波，伝送路などの機械的特性を規定している

ポイント

OSI基本参照モデルの各層に関する働きについて，よく出題されています。しっかりと覚えておきましょう。

知っておこう

上位層（5～7層）は，通信アプリケーションに着目したプロトコルが配置されており，下位層（1～4層）は，ノード間のデータ配信に着目したプロトコルが配置されています。

用語

フロー制御：転送するデータ量を制御すること。

誤り検出：通信途中で何らかの原因により誤りが生じたデータを検出すること。

順序制御：分割して送信されたデータを正しい順序で受信できるようにすること。送信するデータが大きい場合，データはある一定のデータ量で分割され，順番を示す番号を付けられた後に送信されます。受信側では，到着したデータの番号を基にデータの並べ替えを行い，元のデータに戻します。

OSI基本参照モデルは，通信に必要な各種プロトコルを機能別に7つの階層に分けて区分しています。

TCP/IP：Transmission Control Protocol/Internet Protocol

TCP/IP

OSI基本参照モデルは豊富な機能が盛り込まれ，国際的な標準として決められていますが，あくまでも“参照となるモデル”です。現在のLANやインターネットでは，OSI基本参照モデルを簡略化した**TCP/IP**が使われ，事実上の標準規格となっています。

	OSI基本参照モデル	TCP/IP
第７層	アプリケーション層	アプリケーション層
第６層	プレゼンテーション層	
第５層	セション層	
第４層	トランスポート層	トランスポート層（TCP層）
第３層	ネットワーク層	インターネット層（IP層）
第２層	データリンク層	ネットワークインタフェース層
第１層	物理層	

図5.9：OSI基本参照モデルとTCP/IPの階層の対応

例題

OSI基本参照モデルにおけるネットワーク層の説明として，適切なものはどれか。

ア　エンドシステム間のデータ伝送を実現するために，ルーティングや中継などを行う。
イ　各層のうち，最も利用者に近い部分であり，ファイル転送や電子メールなどの機能が実現されている。
ウ　物理的な通信媒体の特性の差を吸収し，上位の層に透過的な伝送路を提供する。
エ　隣接ノード間の伝送制御手順（誤り検出，再送制御など）を提供する。

解説

ネットワーク層は，データの転送（ルーティング）や中継を行う層です。よって，アが正解です。イはアプリケーション層，ウは物理層，エはデータリンク層になります。

《解答》ア

 《出題頻度 ★★★》

5-6 TCP/IPによる通信のしくみ

5-5節で解説したように，TCP/IPは，OSI基本参照モデルを4層に簡略化した構造をもちます。各階層の働きを理解することで，アプリケーションの通信手段だけでなく，ノード間を接続する各ネットワーク機器の働きを理解することができます。

TCP/IPによる通信の流れ

TCP/IPネットワーク上で通信を行う場合，データはTCP/IPの上位層から下位層へデータが渡り，最下層で伝送路へと流れます。このとき，トランスポート層では，どのサービス（Webやメールなど）による通信であるかを識別するためのポート番号がデータに付与されます。また，インターネット層では宛先を示す情報としてIPアドレスが付加され，さらに，ネットワークインタフェース層ではMACアドレスが付加されます。このように各層で通信に必要な情報を付加する処理を，**カプセル化**と呼びます（図5.10）。

参考

カプセル化されたデータの呼び名：各層でカプセル化されたデータは，次のような名前で呼ばれています。

- トランスポート層：セグメント
- インターネット層：IPデータグラム（またはパケット）
- ネットワークアクセス層：イーサネットフレーム

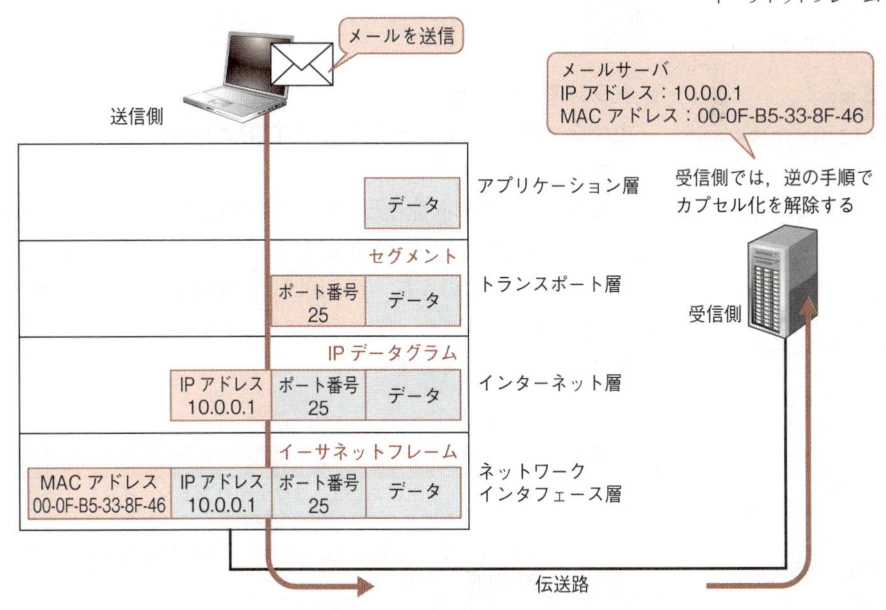

図5.10：カプセル化の流れ

ポイント

各層の主要プロトコルの名称とその内容を覚えましょう。また，ネットワークデバイスがどの層の機器であるかの対応もしっかりと覚えましょう。

各階層の主要なプロトコルと働き

TCP/IPの各階層には，各種のプロトコルが配置されています。ここでは，各階層の主要なプロトコルについて説明します。

アプリケーション層

通信に使用するアプリケーションによって，プロトコルが異なります。主要なプロトコルは，表5.7のようなものがあります。

参考

その他のアプリケーション層プロトコル：

- IMAP：電子メールを受信するプロトコル。
- LDAP：ディレクトリデータベース（ユーザや資源の情報）にアクセスするためのプロトコル。
- HTTPS：HTTPにおいてセキュアなWebアクセスを行うためのプロトコル。

表5.7：アプリケーション層のプロトコル

プロトコル	概要
FTP	ファイル転送に利用されるプロトコル
TELNET	遠隔地にあるネットワーク上の他のコンピュータを操作するプロトコル
SMTP	メールを送信するときに利用されるプロトコル
DNS	ドメイン名とIPアドレスとの変換を行うプロトコル
DHCP	IPアドレスをコンピュータに対して自動的に割り当てるためのプロトコル
HTTP	WebブラウザとWebサーバ間でHTMLなどのファイル送受信を行うプロトコル
POP3	電子メールサーバからメールを受信するプロトコル
NTP	ノードの時刻の同期を図るプロトコル
SNMP	ネットワーク上にある機器を管理するためのプロトコル
MIME	メールで音声や画像なども送信できるプロトコル

用語

ドメイン名： インターネット上のコンピュータやネットワークを識別するために付けられた名前。

トランスポート層

主要なプロトコルは，表5.8に示す**TCP**と**UDP**です。

トランスポート層では，アプリケーション層で使われるプロトコルに対応したポート番号と通信方式（TCP，UDP）の内容を基にセグメントとしてカプセル化します。ポート番号は0～65535までありますが，このうち，0～1023は，**Well-known（ウェル・ノウン）ポート**と呼ばれ，代表的なアプリケーション層のプロトコルに割り当てられています。

参考

3ウェイハンドシェイク： TCPで接続を確立する手順です。パケット（SYN, ACK）の送受信が3工程にわたり行われます。

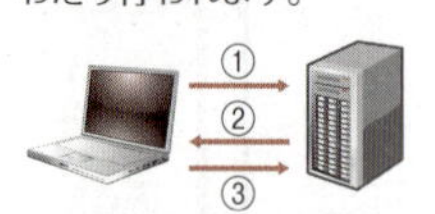

①接続要求（SYN）
②応答確認（ACK）／接続要求（SYN）
③応答確認（ACK）

表5.8：トランスポート層のプロトコル

プロトコル	概要
TCP	データの送受信において，**3ウェイハンドシェイク**による通信開始の手続き，データの到達確認を取りながら通信を行う（コネクション型）。信頼性の高い通信が行えるが，通信速度は低下する
UDP	確認を取らずにデータを送受信する（コネクションレス型）。信頼性はTCPと比べて劣るが，通信速度は速い

インターネット層

主要プロトコルは，表5.9に示す**IP**，**ARP**，**RARP**です。

インターネット層はIPアドレスを扱う層です。そのため，上位層から来たセグメントに宛先，送信元のIPアドレス情報を付加し，IPデータグラムとしてカプセル化します。

また，ネットワーク機器の1つであるルータは，宛先IPアドレスに基づいてIPデータグラムを転送する機器です。つまり，ルータはインターネット層（ネットワーク層）の機器になります。

表5.9：インターネット層のプロトコル

プロトコル	概要
IP	IPアドレスに基づき，通信経路の選定（ルーティング）を行う。また，IPアドレスの形式も定義する
ARP	IPアドレスを基に，そのIPアドレスが割り振られたノードのMACアドレスを問い合わせるプロトコル
RARP	MACアドレスを基に，そのMACアドレスをもつノードに割り振られたIPアドレスを問い合わせるプロトコル

ネットワークインタフェース層

プロトコルは，使用するネットワーク環境によって異なります。LAN接続であれば802.3（Ethernet），無線LAN接続であれば802.11を用います。WAN接続であれば表5.10に示すデータリンク層で規定されたプロトコルが使用されます。

表5.10：ネットワークインタフェース層のプロトコル

プロトコル	概要
HDLC	データ伝送制御手順の1つ。任意のビットパターンが送信可能で，誤り制御を行うなどの利点があり，信頼性・効率性の高いデータ送受信が可能
PPP	電話回線を使用したネットワーク接続方式の1つ。上位層のプロトコルをサポートし，認証，圧縮などの機能をもつ
フレームリレー	パケット交換方式の1つ。フレーム単位で誤り制御や送信確認の省略により高速なデータ伝送が可能。最低通信速度（CIR）の保証をすることができる
ATM	パケット交換方式の1つ。送信データをセル単位（固定長，53バイト）に分割して送信する。各種データを統一的に扱えるとともに，ルーティング処理を簡素化できるため，高速データ伝送が可能となる

参考

Well-knownポート：

プロトコル	ポート	TCP/UDP
FTP	20，21	TCP
TELNET	23	TCP
SMTP	25	TCP
DNS	53	TCP/UDP
DHCP	67，68	UDP
HTTP	80	TCP
POP3	110	TCP
NTP	123	UDP
IMAP	143	TCP
SNMP	161	TCP/UDP
LDAP	389	TCP
HTTPS	443	TCP

知っておこう

パケット交換方式：データをパケット単位に分割して送受信する通信方式のことです。

参考

OSIの各階層とネットワーク機器：MACアドレスは，データリンク層で規定されています。そのため，ブリッジやスイッチは，データリンク層の機器になります。
リピータは，MACアドレスを参照することなく，電気的な結線機能しかもたないため，物理層の機器になります。

知っておこう

レイヤ3スイッチ：宛先アドレスに従って適切なLANポートにIPデータグラムを中継できるスイッチです。

用語

ゲートウェイ：トランスポート層（第4層）以上の異なるネットワーク同士を中継する装置。

知っておこう

QoS（Quality of Service）：特定の通信を優先させるために帯域を予約したり，データの種別ごとに優先度を付けたりすることにより，通信の品質を保証する技術のことです。音声や動画などリアルタイム性が求められる通信に使用されます。

ネットワークインタフェース層は，上位層から来たIPデータグラムにMACアドレス情報を付加し，Ethernetフレームへカプセル化します。そして，使用する環境に応じた伝送技術を用い，伝送路に流す信号へ変換します。

ネットワークインタフェース層に位置するネットワーク機器は，MACアドレスを基に転送先を判断するブリッジやスイッチ，電気的な接続機能しかもたないリピータが該当します。

OSI基本参照モデルから見た通信のしくみ

OSI基本参照モデルから見た場合，ネットワーク機器は，それぞれ次の階層に位置します。

ネットワーク層	ルータ
データリンク層	ブリッジ，スイッチ
物理層	リピータ

また，コンピュータは，1層から7層のすべての機能をもつ「ゲートウェイ」の役割になります。

OSIから見たネットワーク通信は，データが各種ネットワーク機器の各層をカプセル化およびカプセル化解除を行いながら通過し，宛先までたどり着きます（図5.11）。

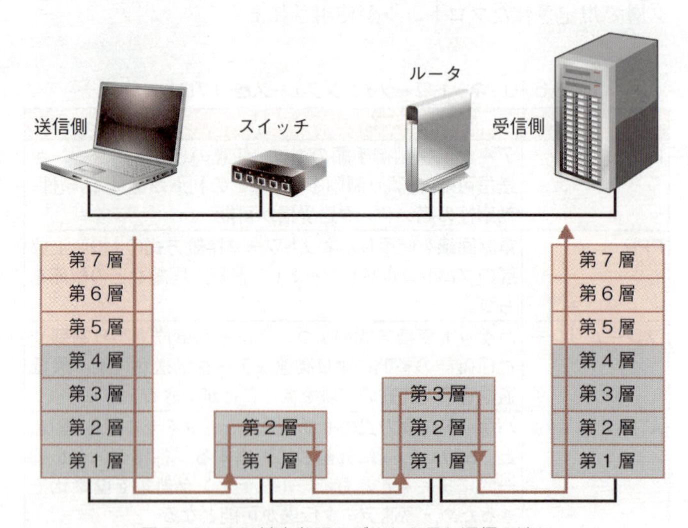

図5.11：OSI基本参照モデルから見た通信の流れ

例題1

トランスポート層のプロトコルであり，信頼性よりもリアルタイム性が重視される場合に用いられるものはどれか。

ア HTTP　イ IP　ウ TCP　エ UDP

解説

トランスポート層のプロトコルには，TCPとUDPの2つのプロトコルがあります。TCPは通信開始の手続きやデータの到達確認などの行うため，信頼性の高い通信が行えますが，通信速度は低下します。一方のUDPでは，通信の確認を取らずにデータの送受信を行うため，信頼性はTCPと比べて劣りますが，通信速度が速くなります。そのため，リアルタイム性が重視される通信ではUDPが用いられます。

よって，正解はエです。

《解答》エ

例題2

OSI基本参照モデルの各層で中継する装置を，物理層で中継する装置，データリンク層で中継する装置，ネットワーク層で中継する装置の順に並べたものはどれか。

ア ブリッジ，リピータ，ルータ　イ ブリッジ，ルータ，リピータ
ウ リピータ，ブリッジ，ルータ　エ リピータ，ルータ，ブリッジ

解説

LAN内またはLAN間の通信に必要なネットワーク機器は，OSI基本参照モデルにおいて，それぞれ次の階層に位置します。

- リピータ：物理層
- ブリッジ，スイッチ：データリンク層
- ルータ：ネットワーク層

よって，正解はウです。

《解答》ウ

TCP/IP 《出題頻度 ★★★》

5-7 IPアドレス

IPアドレスは，短い数字の中にさまざまな要素が含まれています。その1つ1つを理解しながら，しっかりと学んでいきましょう。

IPアドレスのクラス

IPアドレス（IPv4アドレス）は32ビットからなる1つの値です。この値は，「グループを表す番号」と「ノード（ホスト）を表す番号」の2つからなります。前者を**ネットワークアドレス部**，後者を**ホストアドレス部**と呼びます。

この2つの境目は，“クラス”という概念により図5.12に示すように決まっています。

知っておこう

各クラスのIPアドレスの範囲は次のようになります。

- クラスA：0.0.0.0～127.255.255.255
- クラスB：128.0.0.0～191.255.255.255
- クラスC：192.0.0.0～223.255.255.255

参考

クラスA～C以外のクラス：

- クラスD：マルチキャスト用
- クラスE：実験用

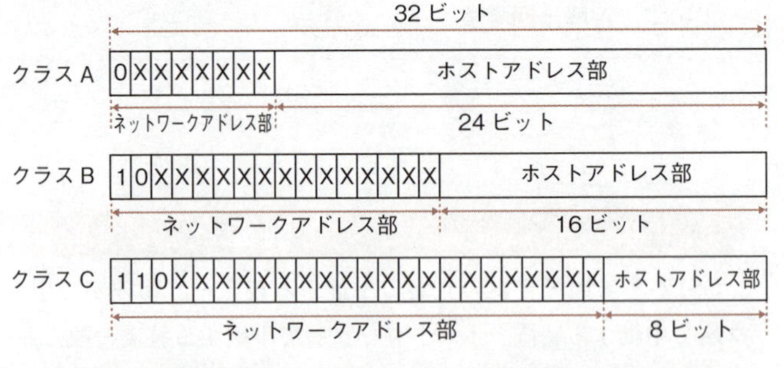

図5.12：IPアドレスのネットワークアドレスとホストアドレス

クラスごとのネットワーク数とホスト数

クラスによって各部のビット幅が異なるということは，扱えるネットワーク数，ホスト数が異なることになります（表5.11）。

表5.11：クラスごとのネットワーク数，ホスト数の変化

クラス	表現可能なネットワーク数	表現可能なホスト数
A	128	16,777,214
B	16,384	65,534
C	2,097,152	254

ホストの数は，ホストアドレスのビット数をnとしたとき，「2^n-2」になります。2を引いている理由は，次の2つのアドレスが

予約されていて，ホストアドレスとして使用できないためです（図5.13）。

- **ホストアドレスがすべて0：ネットワークアドレス**
- **ホストアドレスがすべて1：ブロードキャストアドレス**

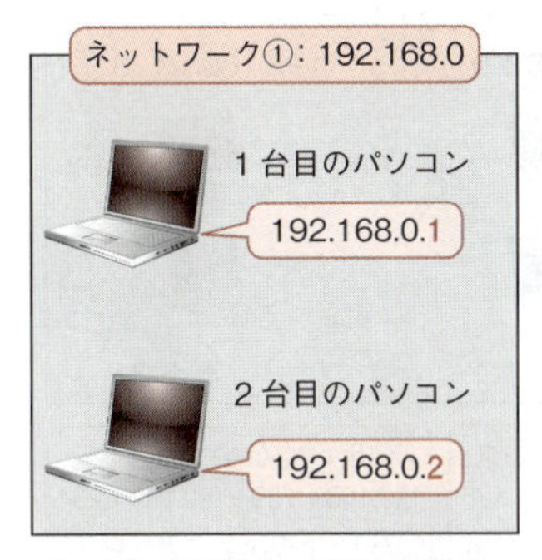

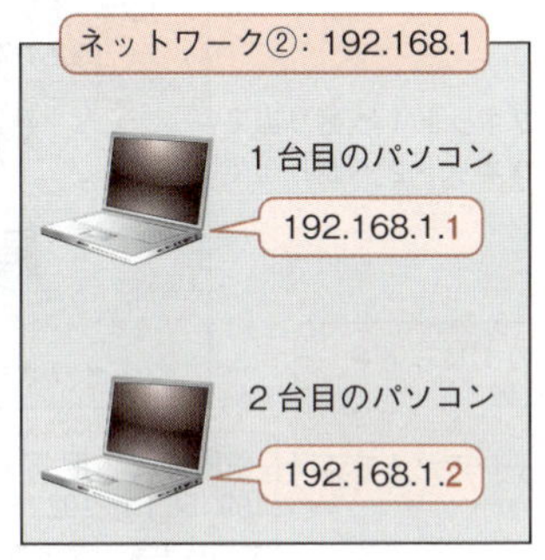

図5.13：ネットワークアドレスとブロードキャストアドレス

参考

その他の予約されたアドレス：

- デフォルトルート：0.0.0.0
- ローカルブロードキャスト：255.255.255.255
- ループバックIPアドレス：127.0.0.0～127.255.255.255

サブネット化

サブネットとは，クラスに基づく1つのネットワークをさらに細分化したネットワークをいいます（図5.14）。

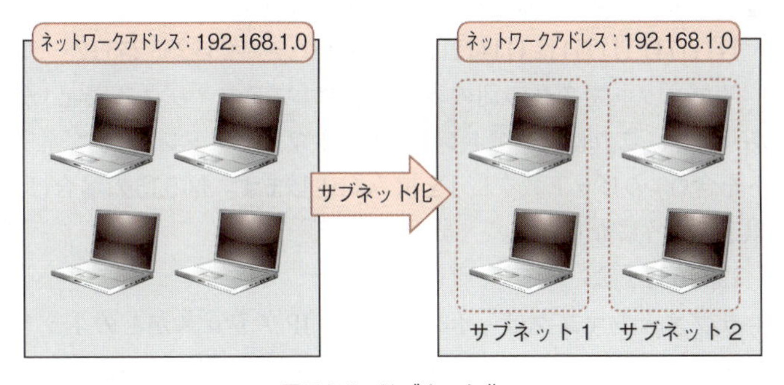

図5.14：サブネット化

参考

サブネット化の目的：サブネット化の目的は，IPアドレスの効率的な利用にあります。たとえば，図5.14のようにあるネットワークに「192.168.1.0」が割り当てられた場合，そのネットワークに接続するコンピュータが1台だけであっても254台分のIPアドレスが割り振られるため，残り253台分のIPアドレスが無駄になります。サブネット化は，割り当て可能なIPアドレスの範囲を狭めることで，無駄なIPアドレスが極力生じないようにしています。

サブネット化は，ホストアドレス部のビット（hビット）から先頭nビットをサブネット用のビット（これを**サブネットアドレス部**と呼ぶ）とし，残りのh－nビットを新たなホスト部として使用します。nの値の決定は，サブネット化する数や1つのサブネットに必要なホスト数によって変わります。

図5.14に示すサブネット化の場合，サブネットアドレス部とし

て使用するビット数nは，2つのサブネットワークに分けることから，最低でも1ビット必要になります（図5.15）。

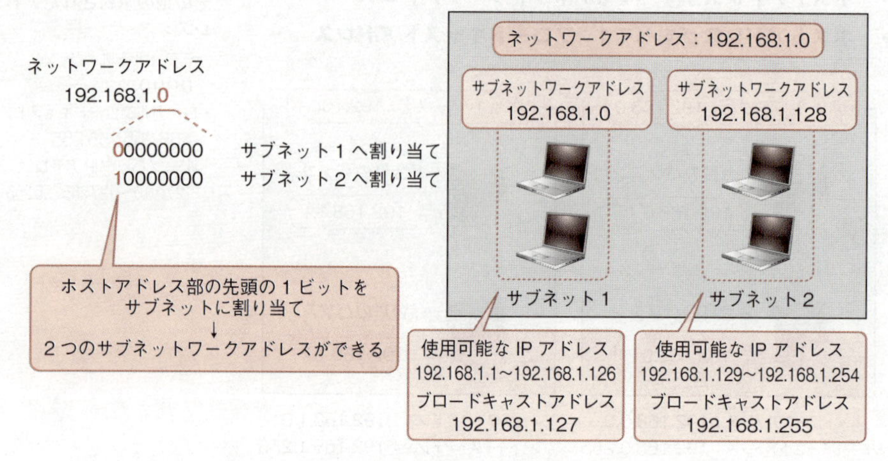

図5.15：サブネット化の例

IPアドレスとサブネットマスクからネットワークアドレスを求める問題が出題されています。計算できるようにしておきましょう。

サブネットマスク

サブネットマスクとは，ネットワーク部とサブネットワーク部に1，ホスト部に0を置いた32ビットの値です。例として，図5.15のサブネットマスクは，次のようになります。

11111111.11111111.11111111.10000000 → 255.255.255.128

サブネットマスクの別の表記方法に「プレフィックス表記」があります。これは，IPアドレスとネットワークアドレス（サブネットを含む）のビット数を「/」を挟み記述します。図5.15の場合は，以下のようになります。

192.168.1.1/25

サブネットマスクは，ホストがもつIPアドレスがどのネットワークアドレス（サブネットワークアドレス）に属しているかを求めるために使用されます。求め方は，IPアドレスとサブネットマスクの各ビットに対して論理積（AND）を求めることで得られます。

たとえば，「192.168.1.32」「192.168.1.243」のIPアドレスが属するサブネットワークアドレスをサブネットマスク「255.255.255.128」で求める場合は，次ページ図5.16のようになります。

```
11000000.10101000.00000001.00100000(192.168.1.32)
              論理積
11111111.11111111.11111111.10000000(255.255.255.128)
----------------------------------------------------
11000000.10101000.00000001.00000000
                 ↓
          192.168.1.0
```
192.168.1.32 が属する
サブネットワークアドレス

```
11000000.10101000.00000001.11110011(192.168.1.243)
              論理積
11111111.11111111.11111111.10000000(255.255.255.128)
----------------------------------------------------
11000000.10101000.00000001.10000000
                 ↓
          192.168.1.128
```
192.168.1.243 が属する
サブネットワークアドレス

図5.16：サブネットマスクからネットワークアドレスを求める方法

IPアドレス枯渇化への対策

IPアドレス（IPv4）は住所と同じで基本的に世界で唯一固有のアドレス（これを**グローバルアドレス**と呼ぶ）です。しかし，コンピュータの普及に伴い，IPアドレスの枯渇が進み，それを解決するためのさまざまな対応策や技術が開発されてきました。

プライベートIPアドレス

プライベートIPアドレスはLANの内部でのみ自由に使用できるIPアドレスです。このIPアドレスは，各クラスごとに表5.12に示す範囲で使用することができます。

表5.12：クラスごとのプライベートIPアドレス

クラス	使用可能な範囲
A	10.0.0.0 ～ 10.255.255.255
B	172.16.0.0 ～ 172.31.255.255
C	192.168.0.0 ～ 192.168.255.255

ポイント

プライベートIPアドレスの範囲を覚えましょう。

プライベートIPアドレスはインターネット上へ流れることのない（流してはいけない）アドレスですが，**NAT**（5-9節参照）の機能を使用してプライベートIPアドレスをグローバルIPアドレスに変換すれば，プライベートIPアドレスをもつコンピュータでもインターネット上にアクセスすることができます。

IPv6

IPv4の次期バージョンとして標準化されたのが**IPv6**です。IPv6では，IPアドレスの長さを128ビットに拡張しています。そのため，アドレス空間がIPv4の2^{32}（約43億）個から2^{128}（約340澗＝340兆の1兆倍の1兆倍）に増えます。

澗（かん）＝10^{36}

事実上，無限のアドレス数なので，枯渇の心配はありません。今後はIPv4からIPv6に移行していくといわれています。

その他にも，以下の特徴があります。

- DHCPがなくてもIPアドレスが自動的に設定される。
- IPヘッダが簡略化され，処理の高速化が行える。
- IPsecが標準装備され，セキュリティ性が強化されている。
- ブロードキャストが廃止されている。同様の通信は，マルチキャストで行われる。

IPv4からIPv6への移行方法：代表的なものとして以下があります。

・デュアルスタック：IPv4とIPv6の両方を実装する方法。

・トンネリング：IPv6のパケットをIPv4に埋め込んで，IPv4の通信回線を通して通信を行う方式。トンネリングを行う代表的な方式として，6to4やISATAPなどがある。

IPv6のアドレスは，16進数で表記され，16ビット（以下では「16ビットセクション」と表す）ごとに「:」で区切ります。また，次の規則により，アドレス表記を短く表現することが許されています。

① 各16ビットセクションの先行する0を省略できる。

例1：2001:0db8:0000:0000:0000:ff00:0042:8329

↓

2001:db8:0:0:0:ff00:42:8329

例2：2001:0db8:0000:0000:cd30:0000:0000:0000

↓

2001:db8:0:0:cd30:0:0:0

② 0の16ビットセクションが連続する場合，「::」で表す。ただし，この表記は1か所のみ使用できる。

例1：2001:0db8:0000:0000:cd30:0000:0000:0000

↓

2001:db8::cd30:0:0:0 または 2001:db8:0:0:cd30::

例2：0000:0000:0000:0000:0000:0000:0000:0001

↓

::1

例題

192.168.0.0/23（サブネットマスク255.255.254.0）のIPv4ネットワークにおいて，ホストとして使用できるアドレスの個数の上限はどれか。

ア 23　　イ 24　　ウ 254　　エ 510

解説

IPv4のIPアドレスのビット長は，32ビットです。このうち，設問にある「192.168.0.0/23」の内容からネットワークアドレス部のビット長は23ビットであることがわかります。よって，ホストアドレス部は「32 − 23 = 9ビット」であることがわかります。

ホストアドレス部が9ビットであることから，ホストアドレスとして表現可能な数は「2^9 = 512」と求まります。ただし，ホストアドレス部が，「すべて0」または「すべて1」となるものはネットワークアドレス，ブロードキャストアドレスを表すために使用するため，ホストアドレスとして使用することはできません。そのため，「512 − 2 = 510」が使用できるアドレス数の上限となります。

よって，正解はエです。

《解答》エ

伝送技術 《出題頻度 ★★★》

5-8 ネットワークの性能

ネットワークの問題では，通信の速度や利用率などの計算問題が出題されます。ここでは，通信速度，回線利用率，ビット誤り率の3つについて説明します。

ポイント

通信の性能に関する計算問題が午前／午後問題で出されています。これらの計算をできるようにしておきましょう。

通信速度

通信速度に関わる指標には，次の3つがあります。

表 5.13：通信速度に関する指標

指標	内容
転送速度（bps）	単位時間内に伝送できる平均データ量を表します。単位はbps（ビット／秒）で，1秒間に転送できるビット数を表します。
伝送効率	データの転送時間は，次の計算式で求まります。 データ転送時間＝伝送データ量÷データ転送速度 伝送データ量は，データを流す伝送路の種類により，データに付加するヘッダ情報の長さが異なるため，変わります。よって，転送時間は，伝送制御方式やデータ回線の伝送効率によって変化します。
変調速度（baud）	1秒間に変調される回数を伝送速度で表したものです。単位はボー（baud）で表します。

たとえば，回線速度：128kbps，伝送効率：80%の回線を使用して1Mバイト（$=10^6$バイト）のデータを転送するときの転送時間は，次のようにして求めます。

① 転送するデータをバイトからビットへ変換する。

$10^6 \times 8 = 8{,}000{,}000$ ビット

② 回線速度と伝送効率から実際の回線速度を求める。

$128 \times 10^3 \times 0.8 = 102{,}400$bps

③ 転送時間を求める。

$8{,}000{,}000 \div 102{,}400 = 78.125$ 秒

よって，転送時間は78.125秒となります。

回線利用率

回線の混み具合を表す数値で，次の式から求めます。

$$\text{回線利用率} = \frac{\text{平均データ量}}{\text{回線利用率 100\%時のデータ量}} \times 100$$

ビット誤り率

データは，必ずしも相手に誤りなく伝えられるとは限りません。ノイズなど何らかの要因により伝送途中でデータのビットが変わってしまうことがあります。この誤りの発生率をビット誤り率といいます。

ビットエラー：特定のビットが意図しない要因により変化し，データが送れないこと。

例題 1

1,000bpsの信号速度の伝送路に，1文字8ビットの調歩同期方式（スタート／ストップビットはともに1ビット）で1,000文字を送信する場合，転送時間は何秒か。

解説

1文字の容量は，調歩同期方式により1+8+1=10ビットとなります。よって，

1,000文字×10ビット÷1,000bps=10秒…となります。

《解答》10秒

例題 2

10Mバイトのデータを100,000ビット／秒の回線を使って転送するとき，転送時間は何秒か。ここで，回線の伝送効率を50%とし，1Mバイト＝10^6バイトとする。

ア 200　イ 400　ウ 800　エ 1,600

解説

まず，データをバイト単位からビット単位へ変換します。

①$10 \times 10^6 \times 8 = 10 \times 1{,}000{,}000 \times 8 = 80{,}000{,}000$ ビット

100,000bpsの回線の伝送効率が50%なので，実際の回線速度は次のとおりです。

②$100{,}000 \times 0.5 = 50{,}000$bps

①を②で割ります。

$80{,}000{,}000 \div 50{,}000 = 1{,}600$（秒）

よって，正解は**エ**です。

《解答》**エ**

例題3

通信速度64,000ビット／秒の専用線で接続された端末間で，平均1,000バイトのファイルを，2秒ごとに転送するときの回線利用率は何%か。ここで，ファイル転送に伴い，転送量の20%の制御情報が付加されるものとする。

ア 0.9　　**イ** 6.3　　**ウ** 7.5　　**エ** 30.0

解説

1回の送信データのサイズを求めます。送信データには20%の制御情報を付加することを考慮し，次のようにして求めます。

①1,000バイト × 8 × 1.2（制御情報）= 9,600ビット

1秒当たりの送信データ量を求めます。設問に2秒ごとに転送するとあるため，①のデータ量の半分となります。

②9,600ビット／2秒 = 4,800ビット／秒

回線利用率は，②の値を64,000ビット／秒で割った値となります。

4,800ビット／秒 ÷ 64,000ビット／秒 × 100 = 7.5（%）

よって，正解は**ウ**です。

《解答》**ウ**

インターネット 《出題頻度 ★★★》

5-9 インターネット技術

インターネット上で使われる技術は，TCP/IPで紹介したもの以外にもさまざまなものがあります。ここでは，NAT，Proxy，VPN，RADIUSについて紹介します。

NAT（Network Address Translation）

プライベートIPアドレスをもつコンピュータは，インターネット上への通信ができません。**NAT**は，プライベートIPアドレスをグローバルIPアドレスに変換する技術です。NATには，変換方式が複数ありますが，現在ではNAPTが主流となっています。

ポイント

NAPTのアドレス変換の動作や使用される環境について出題されています。しくみを理解しましょう。

5

NAPT（Network Address Port Translation）

NAPTは，1つのグローバルIPアドレスを複数のプライベートIPアドレスで共有するためのしくみです。変換の際，変換元である複数のプライベートIPアドレスを識別するために，トランスポート層のポート番号（1024～65535）を使用しています。

NAPTによる変換過程の例を図5.17に示します。

用語

IPマスカレード：NAPTの別名。その他にPATとも呼ばれています。

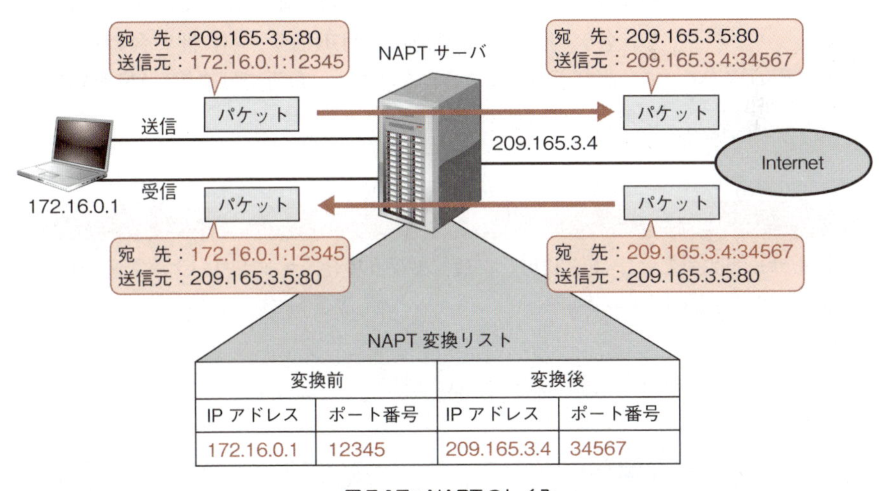

変換前		変換後	
IP アドレス	ポート番号	IP アドレス	ポート番号
172.16.0.1	12345	209.165.3.4	34567

図5.17：NAPTのしくみ

Proxy（代理）サーバ

一度アクセスしたWebページをProxyサーバのキャッシュに

保存しておき，別のコンピュータから同じWebページへアクセスする際にはProxyサーバからキャッシュしておいた情報を提供することで，処理を高速化するサーバです。

VPN（Virtual Private Network）

ポイント
VPN，IPsec，RADIUSは，組み合わされて出題されることがあります。

公衆回線を専用回線のように利用できるサービスで，データを暗号化して通信内容を盗聴から守ります。インターネット上で実現されるVPNは**インターネットVPN**と呼ばれており，拠点間のLANを結ぶための**IPsec-VPN**やリモートアクセスへの用途を考慮した**SSL-VPN**などがあります。

参考
IPsec：ネットワーク層でパケットの暗号化を行います。IPv6では標準で実装されています。

VPNは，暗号化通信用のプロトコルである**IPsec**を使用して，パケットの暗号化，認証による送信デバイスの確認などにより高いセキュリティをもった通信が可能です。

RADIUS

用語
RADIUS：Remote Authentication Dial In User Service

RADIUSは，ユーザ認証を行うプロトコルの1つです。

個々のデバイスで認証を行う場合，ユーザ情報の参照は，そのデバイスに保存されたものを使用しなければならず，管理が複雑化します。RADIUSサーバは認証に必要な情報を一元管理し，各デバイスが認証時にRADIUSサーバに問い合わせることで，認証が行えるようになります。最近では無線LANやVPNで使用されています。

例題

PCからサーバに対し，IPv6を利用した通信を行う場合，ネットワーク層で暗号化を行うのに利用するものはどれか。

ア IPsec　イ PPP　ウ SSH　エ SSL

解説

IPsecは，パケットの暗号化をネットワーク層で行うプロトコルです。次世代のIPアドレスの規格であるIPv6では，標準で組み込まれています。正解はアです。

《解答》ア

ネットワーク応用　《出題頻度　★★★》

5-10 ネットワーク応用

ネットワークの進化は目覚ましく，年々進化を遂げています。ここでは，ネットワーク分野における仮想化技術と，モバイル通信における移動体通信の技術について説明します。

SDN（Software-Defined Networking）

SDNとはネットワークを構成する通信機器をソフトウェアにより制御する技術の総称で，ネットワークの構成，設定などを動作中でも動的に変更することが可能となります。

従来のネットワーク機器は，ハードウェアとそのハードウェアを制御するソフトウェアが対となって実装されています。この場合，その機器の製造ベンダに依存した機能しか使用することができません。

SDNでは，ネットワーク機器のソフトウェアとハードウェアを分離し，その間で行われる制御が標準化された仕様のもとで行われます。この標準化した技術の1つに**OpenFlow**があります（図5.18）。これにより，製造ベンダ以外の独自の機能開発が可能となります。また，制御を分離させることで，管理の一元化が可能となります。

用語

標準化：製品や製造のプロセスを統一化または単純化し，互換性を保つこと。これにより，製品のサービス品質の改善や，生産や使用の合理化や取引の公正化を図ることができます。

参考

IETF（Internet Engineering Task Force）：インターネット上で利用される技術やプロトコルなどを標準化する組織です。

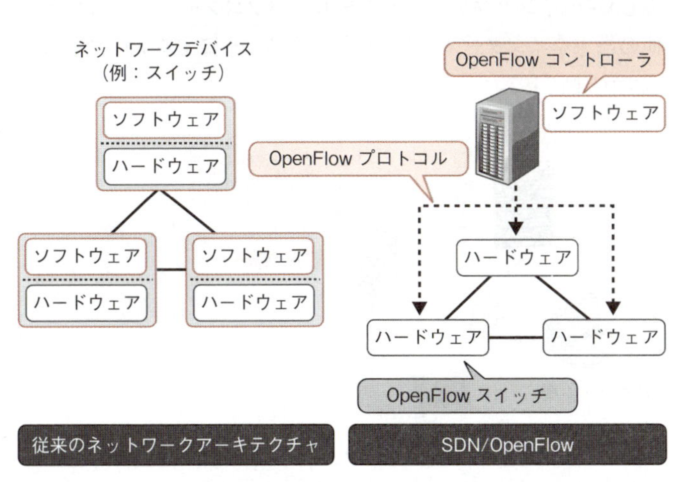

図5.18：SDN/OpenFlow

SIMカード：MNOの利用者（加入者）を特定するID番号が記録されたICカードのことです。移動体に挿して使用します。

モバイルシステム

携帯電話やPHS，スマートフォンなどの移動可能な機器による通信を「移動体通信」と呼びます。

移動体通信事業者（**MNO**：Mobile Network Operator）とは，無線を使った移動体通信を行うための回線網をもち，通信サービスを提供する通信事業者のことをいいます。また，回線網をもたずに他のMNOから回線網を借りて通信サービスを提供する**仮想移動体通信事業者**（**MVNO**：Mobile Virtual Network Operator）もあります。

3G：第3世代携帯電話の通信規格であり，標準規格の種類によって，「W-CDMA（3GPP規格）」や「CDMA2000（3GPP2規格）」と呼ばれています。

4G：3.9Gの上位に位置する通信規格です。LTEは「LTE-Advanced」と呼ばれています。

LTE（Long Term Evolution）

LTEは，第3世代携帯電話（3G）と第4世代携帯電話（4G）との間で使われる通信規格であり，「3.9G」とも呼ばれています。

LTEでは通信速度が大きく向上し，音声およびデータの通信をすべてパケット交換方式で行う**VoLTE**（Voice over LTE）が採用されています。

参考

キャリアアグリゲーション：無線通信で使用する複数の周波数帯を同時に使用して，1つの通信回線として使用し，通信の安定性と速度を向上させる技術です。

テザリング

テザリングは，携帯電話やスマートフォンの端末の機能の1つです。端末をモデムまたはアクセスポイントのように用いて，無線LANのインタフェースのみをもつパソコンやゲーム機などの他の端末をインターネットに接続できるようにするデータ通信方式です（図5.19）。

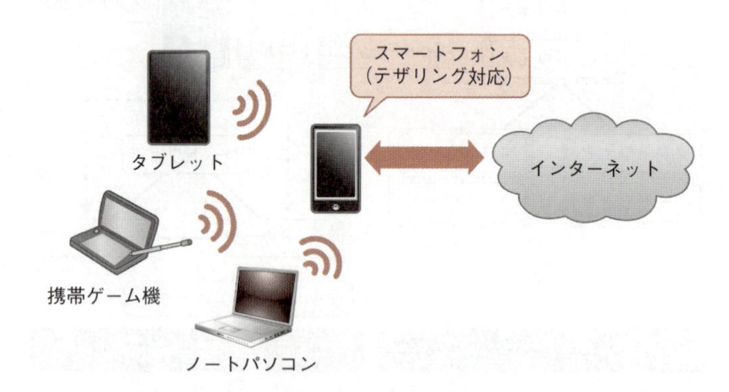

図5.19：テザリング

例題

OpenFlowを使ったSDN（Software-Defined Networking）の説明として，適切なものはどれか。

ア RFIDを用いるIoT（Internet of Things）技術の一つであり，物流ネットワークを最適化するためのソフトウェアアーキテクチャ
イ 様々なコンテンツをインターネット経由で効率よく配信するために開発された，ネットワーク上のサーバの最適配置手法
ウ データ転送と経路制御の機能を論理的に分離し，データ転送に特化したネットワーク機器とソフトウェアによる経路制御の組合せで実現するネットワーク技術
エ データフロー図やアクティビティ図などを活用し，業務プロセスの問題点を発見して改善を行うための，業務分析と可視化ソフトウェアの技術

解説

SDNは，ネットワークを構成する通信機器をソフトウェアにより制御する技術の総称で，ネットワークの構成，設定などを動作中でも動的に変更することが可能となります。SDNでは，ネットワーク機器のソフトウェアとハードウェアを分離し，その間で行われる制御が標準化された仕様のもとで行われます。OpenFlowは，この標準化した技術の1つに該当します。

よって，正解はウです。

《解答》ウ

5-11 演習問題

問1 OSI基本参照モデル　CHECK ▶ □□□

LAN同士を接続する装置に関する記述のうち，ルータについて述べたものはどれか。

ア　データリンク層で接続する装置
イ　ネットワーク層で接続する装置
ウ　ネットワーク層よりも上位の層で接続する装置
エ　物理層で接続する装置

問2 TCP/IPにおける通信のしくみ　CHECK ▶ □□□

TCP及びUDPのプロトコル処理において，通信相手のアプリケーションを識別するために使用されるものはどれか。

ア　MACアドレス　イ　シーケンス番号　ウ　プロトコル番号
エ　ポート番号

問3 TCP/IPにおける通信のしくみ　CHECK ▶ □□□

TCP/IPネットワークで利用されるプロトコルのうち，ホストにリモートログインし，遠隔操作ができる仮想端末機能を提供するものはどれか。

ア　FTP　イ　HTTP　ウ　SMTP　エ　TELNET

問4 IPアドレス　CHECK ▶ □□□

IPアドレス10.1.2.146，サブネットマスク255.255.255.240のホストが属するサブネットワークはどれか。

ア　10.1.2.132/26　イ　10.1.2.132/28　ウ　10.1.2.144/26　エ　10.1.2.144/28

問5 ネットワークの性能　CHECK ▶ □□□

符号化速度が192kビット／秒の音声データ2.4Mバイトを，通信速度が128kビット／秒のネットワークを用いてダウンロードしながら途切れることなく再生するためには，再生開始前のデータのバッファリング時間として最低何秒間が必要か。

ア 50　　イ 100　　ウ 150　　エ 250

問6 ネットワークの性能 CHECK ▶ □□□

本社と工場との間を専用線で接続してデータを伝送するシステムがある。このシステムでは2,000バイト／件の伝票データを2件ずつまとめ，それに400バイトのヘッダ情報を付加して送っている。伝票データは，1時間に平均100,000件発生している。回線速度を1Mビット／秒としたとき，回線利用率はおよそ何％か。

ア 6.1　　イ 44　　ウ 49　　エ 53

問7 ネットワークの性能 CHECK ▶ □□□

地上から高度約36,000kmの静止軌道衛星を中継して，地上のA地点とB地点で通信をする。衛星とA地点，衛星とB地点の距離がどちらも37,500kmであり，衛星での中継による遅延を10ミリ秒とするとき，Aから送信し始めたデータがBに到達するまでの伝送遅延時間は何秒か。ここで，電波の伝搬速度は3×10^8m／秒とする。

ア 0.13　　イ 0.26　　ウ 0.35　　エ 0.52

問8 インターネット技術 CHECK ▶ □□□

無線LANやVPN接続などで利用され，利用者を認証するためのシステムはどれか。

ア DES　　イ DNS　　ウ IDS　　エ RADIUS

問9 データ通信のしくみ CHECK ▶ □□□

ネットワーク機器に付けられているMACアドレスの構成として，適切な組合せはどれか。

	先頭24ビット	後続24ビット
ア	エリアID	IPアドレス
イ	エリアID	固有製造番号
ウ	OUI（ベンダID）	IPアドレス
エ	OUI（ベンダID）	固有製造番号

問10 データ送信とその符号化 CHECK ▶ □□□

データ送信とその符号化に関する次の記述を読んで，設問1～3に答えよ。

(1) 機器Aにはセンサが一つ接続されており，接続されたセンサから4バイト（1バイトは8ビット）の符号付整数で表される値（以下，測定値という）を1秒当たり100回取得する。

(2) 機器Aは，図に示す構造のパケットに測定値を格納し，ネットワークを経由して送信する。一つのパケットには，連続する複数の測定値を格納する。ネットワークはデータの送信に十分な帯域をもつ。

(3) パケットは，150バイトのヘッダと測定値の列で構成される。ただし，パケットの最大長は1,478バイトとする。

(4) 一つのパケットに格納する測定値の個数はヘッダに格納され，(3)の条件を満たす範囲で，任意に設定できる。

(5) 機器Aは，設定した個数分の測定値をセンサから取得後，遅滞なく送信する。

(6) 機器Aは，測定値の取得と送信を同時に行うのに十分な能力をもつ。

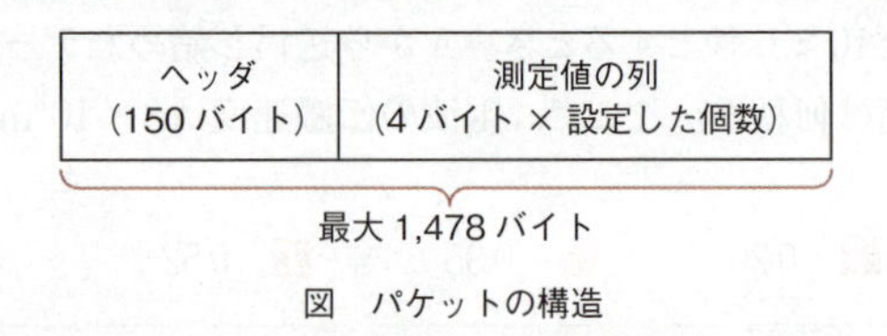

図　パケットの構造

設問1 1パケットに格納する測定値の個数と単位時間当たりの送信量（ヘッダと測定値の総量）の関係の記述として正しい答えを，解答群の中から選べ。

解答群

- ア　1パケットで送信する測定値の個数が多いほど，単位時間当たりの送信量は多くなる。
- イ　1パケットで送信する測定値の個数が多いほど，単位時間当たりの送信量は少なくなる。
- ウ　1パケットで送信する測定値の個数が変わっても，単位時間当たりの送信量は変わらない。

設問2 次の記述中の空欄に入れる正しい答えを，解答群の中から選べ。

一つのパケットには，最大［　a　］秒分の測定値を格納できる。

また，測定値の送信に必要なネットワーク帯域wは次の式で表せる。ただし，1パケットに格納する測定値の個数をnとする。

w= [b] ×8× (150+ [c]) ビット／秒

aに関する解答群

ア 1.66　イ 3.32　ウ 6.64　エ 13.28　オ 26.56

b，cに関する解答群

ア 100　イ 150　ウ 1,200　エ 4n　オ 32n

カ 100n　キ 1／n　ク 100／n　ケ n　コ n／100

設問3 次の記述中の空欄に入れる正しい答えを，解答群の中から選べ。

測定値の時刻による変動は小さいことが多く，たとえば，全体の70%の測定値は一つ前の測定値との差が，－128～127（$-2^7 \sim 2^7-1$）の範囲にあることがわかった。

そこで，測定値を次の方法で圧縮して送ることにする。

① パケットの先頭に格納する測定値は，これまでどおり格納する。

② 2番目以降に格納する測定値は，一つ前の測定値との差を，表の“圧縮符号のビット長”で示す長さ（差の値によって異なる）に符号化し，パケットにビット単位で詰めて格納する。たとえば，2番目以降に格納する測定値のビット数は，一つ前の測定値との差が10ならば9ビットに，200ならば18ビットになる。

なお，圧縮後の測定値の列のビット長は，ヘッダに設定する。

表　差の符号化方式と出現確率

差の範囲	$-2^7 \sim 2^7-1$	$-2^{15} \sim 2^{15}-1$ （$-2^7 \sim 2^7-1$）は除く	$-2^{23} \sim 2^{23}-1$ （$-2^{15} \sim 2^{15}-1$）は除く	$-2^{31} \sim 2^{31}-1$ （$-2^{23} \sim 2^{23}-1$）は除く
圧縮符号	0 | 差（8ビット）	10 | 差（16ビット）	110 | 差（24ビット）	111 | 差（32ビット）
圧縮符号のビット長	9	18	27	35
出現確率	70%	25%	4%	1%

一つ前の測定値との差の分布は，表の“出現確率”のとおりであるとすると，2番目以降の測定値の圧縮符号のビット長の期待値は，測定値一つ当たり [d] ビットである。

解答群

ア 9.0　イ 12.23　ウ 15.575　エ 22.25　オ 32.0

5-12 演習問題の解答

問1 《解答》イ

ルータは，LAN間のパケットの転送をIPアドレスに基づいて行います。IPアドレスを規定している層はネットワーク層です。よって，正解はイです。

問2 《解答》エ

TCP，UDPを扱う層はトランスポート層です。トランスポート層ではポート番号を使用し，上位層のアプリケーションを識別するポート番号を付加してカプセル化します。よって，正解はエです。

ア：データリンク層で扱います。

イ：トランスポート層で扱いますが，アプリケーションを識別するものではありません。

ウ：ネットワーク層のカプセル化で使用します。

問3 《解答》エ

リモートのコンピュータに接続して操作を可能とするプロトコルは，TELNETです。よって，正解はエです。

ア：リモートコンピュータにファイルを転送するプロトコルです。

イ：Webページの取得に使用するプロトコルです。

ウ：電子メールの送信時に使用するプロトコルです。

問4 《解答》エ

IPアドレスとサブネットマスクから，各ビットの論理積を取って次のように求まります。

```
    00001010.00000001.00000010.1001|0010 (10.1.2.146)
AND 11111111.11111111.11111111.1111|0000 (255.255.255.240)
    -----------------------------------
    00001010.00000001.00000010.1001|0000
```

10.1.2.144/28

よって，正解はエです。

問5　《解答》ア

音声データ（2.4Mバイト×8＝19.2Mビット）を符号化する時間は，次のようにして求まります。

19.2Mビット÷192kビット／秒＝100秒

一方，音声データをダウンロードするのにかかる時間は，次のようにして求まります。

19.2Mビット÷128kビット／秒＝150秒

計算結果から，ダウンロード時間は符号化する時間よりも50秒長く，あらかじめ50秒間のデータを先行してダウンロードする必要があることがわかります。正解はアです。

問6　《解答》ウ

このシステムでの1つの送信データは，「2件の伝票データ＋ヘッダ情報」からなります。よって，1つの送信データのデータ量は，2,000バイト×2件＋400バイト＝4,400バイト×8＝35,200ビットです。

伝票データは，「1時間に平均100,000件発生…」とあることから，1秒当たりのデータ量は，次のようにして求まります（注意として，伝票データは2件で1つの送信データとなるため，送信データの件数は50,000件となる）。

$(35{,}200 \times 50{,}000) \div 3{,}600 = 488{,}888.88\cdots \fallingdotseq 4.9 \times 10^5$ビット

通信に使用する回線速度は1Mビット／秒であるため，回線利用率は，$4.9 \times 10^5 \div 10^6 = 0.49$（49%）となります。正解はウです。

問7　《解答》イ

A地点（またはB地点）と衛星間の距離（37,500km）と電波の伝搬速度（3×10^8m）から，送信にかかる時間は，次のようにして求まります。

$(37{,}500 \times 10^3) \div (3 \times 10^8) = 12{,}500 \times 10^{-5} = 0.125$秒

A地点から衛星を経由してB地点までの伝送時間は，衛星での中継にかかる遅延時間（10ミリ秒＝0.01秒）を考慮すると，次のようにして求まります。

0.125秒（A地点→衛星）＋ 0.01秒（中継にかかる遅延時間）＋ 0.125秒（衛星→B地点）＝0.26秒

よって，正解はイです。

問8 《解答》エ

無線LANやVPNのユーザ管理を別の認証サーバとして配置し，認証機能を一元管理するのはRADIUSです。よって，正解はエです。

ア：暗号化で使用する方式の1つです。

イ：ドメイン名とIPアドレスの相互変換を行うプロトコルです。

ウ：経路上のパケットを解析し，ウイルスとしての判定，パターンの解析，解析結果のその他のシステムへの通知などを行う侵入検知システムのことです。

問9 《解答》エ

MACアドレスは，NIC（ネットワークインタフェースカード）に付けられた固有のアドレス値で，48ビット（16進12桁）で構成されています。その構成は，前半24ビットが製造元を表す「ベンダコード（OUI）」，後半24ビットが各製造元で自由に付けることができる「シリアルコード（固有製造番号）」となっています。

よって，正解はエです。

問10

《解答》設問1：イ　設問2：a−イ，b−ク，c−エ　設問3：d−イ

設問1

1パケットに100個の測定値を入れて送信するとき，1秒間当たりの送信量は次のように求まります。

パケットの長さは	150 （ヘッダ長）	＋	4×100 （測定値）	＝	550バイト
よって1パケットの送信量は	550	×	1（パケット）	＝	550バイト

仮に同じ条件で1パケットに測定値を10個だけ入れて送信するとき，100個の測定値をすべて送信するためには10パケットを必要とします。このときのパケットのサイズは以下の計算で求まります。

パケットの長さは	150 （ヘッダ長）	＋	4×10 （測定値）	＝	190バイト
10パケットの送信量は	190	×	10（パケット）	＝	1,900バイト

よって，1パケットに入れる測定値を多くすると送信量は小さくなることがわかります。これは，1パケットの送信に必要なヘッダ情報が，送信するパケット数に応じて増えるた

めです。正解はイです。

設問2：空欄a

解法としてのポイントは，「1秒当たり100個」の内容から，1パケット当たりに何個の測定値があるかがわかれば，必要な秒数が求まることになります。

問題文の(3)から1パケットの最大長は1,478バイトであることがわかります。ヘッダ(150バイト)を除けば，1,328バイトです。そして1回の測定量は4バイトですから，この中の測定値の数は，1,328÷4＝332個であることがわかります。さらに測定値は1秒当たり100個取得できることから，1パケットで送信できる測定値は，332÷100＝3.32秒分となります。よって，空欄aの正解はイです。

設問2：空欄b，c

1パケットの大きさは，格納する測定値の個数をnとしたとき，(150＋4n)になります。ただし，帯域幅の単位はbpsであるため，バイトからビットに直し，(150＋4n)×8となります。1秒間に送れるパケットの数は，1秒当たりに100個の測定値を送信する必要があるため，(100／n)となります。以上のことから帯域幅は，次の式で求まります。

(100／n)×(150＋4n)×8［bps］

よって空欄bはク，空欄cはエです。

設問3：空欄d

確率における期待値は，“確率と確率変数の総和”になります。“確率”は出現確率，“確率変数”は，ビット長の期待値を求めているため“圧縮符号のビット長”になります。よって，

9(ビット)×0.7＋18(ビット)×0.25＋27(ビット)×0.04＋35(ビット)×0.01
＝12.23ビット

となります。空欄dの正解はイです。

テクノロジ系

第6章 セキュリティ

ネットワークの発展に伴い，情報がビジネスの道具として使われるようになった現在では，その情報を狙ってさまざまな脅威が次々と現れ，また，その手口は年々巧妙化しています。一方で，情報化社会の中でより利便性の高いサービスや技術への要求は止みません。利便性とセキュリティは相反する関係にあり，利便性を求めればセキュリティが甘くなり，逆にセキュリティを強くすれば，利便性を失います。情報セキュリティの難しさはその点にあり，IT分野に携わる技術者として，脅威の種類やその特徴を知ることは最も重要なことです。

情報セキュリティ管理 《出題頻度 ★★★》

6-1 情報セキュリティの目的と脅威

ネットワークの利用が当たり前となった現在において，情報セキュリティの脅威の種類も多様化しています。IT分野に携わる場合，セキュリティの目的と各種脅威の特徴を理解することは，必須といえます。

ISO/IEC 27002とJIS Q 27002：ISO/IEC 27002は，国際標準化機構（ISO）と国際電気標準会議（IEC）が共同で策定した情報セキュリティマネジメントシステムについての規格です。この内容を日本語訳したものがJIS Q 27002として規格化されています。

情報セキュリティの3要素

情報セキュリティは，企業などの組織が保有する情報資産の保護を目的とするものです。情報セキュリティの標準規格JIS Q 27002（ISO/IEC 27002）では，図6.1に示す3つの要素を，情報システムを維持する3大目的として定義しています。

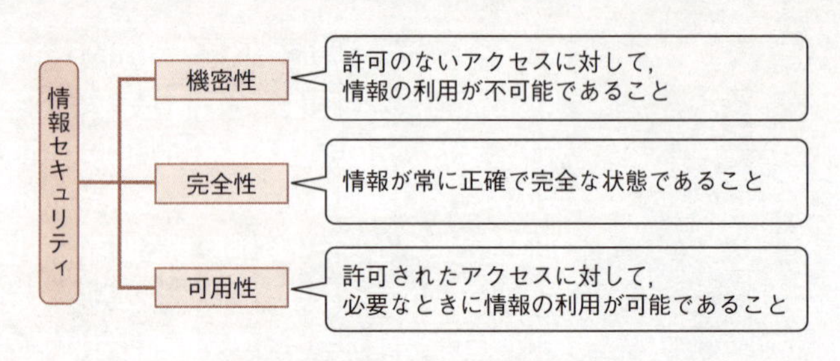

図6.1：情報セキュリティの3要素

脅威の種類とその特徴をよく覚えておきましょう。

情報セキュリティの脅威

情報セキュリティの脅威を受け入れてしまう可能性がある，システムやソフトウェアの不具合，仕様上の問題を**セキュリティホール**と呼びます。

情報資産の盗難や破壊，システム停止などを引き起こす脅威には，表6.1に示す**物理的脅威**，**技術的脅威**，**人的脅威**の3種類があります。

表6.1：情報セキュリティに対する脅威の種類

脅威	特徴	実行形態
物理的脅威	サーバやネットワーク装置の破壊や故障など，情報資産に対して物理的な被害を及ぼす	部外者の侵入，機器の故障，停電，災害
技術的脅威	物理的脅威とは異なり，情報資産に対して目に見えにくい方法で被害を及ぼす	不正アクセス，盗聴，改ざん，なりすまし，DoS攻撃，コンピュータウイルス
人的脅威	故意，無意識にかかわらず，人為的な行動によって被害が生じる	誤操作，認識不足，詐欺行為，ソーシャルエンジニアリング（後述）

以下に，技術的／人的脅威の代表的なものを説明します。

不正アクセス

許可されていない利用者が不正な手段で情報資源にアクセスする技術的脅威です。**不正アクセス**によって，情報の漏えいや破壊などの被害を被る可能性があります。

不正アクセスは，次のような行為が該当します。

- 正規利用者のパスワードを不正に利用する。
- 制限機能を不正に解除する。
- 正規のアクセス経路とは別の経路（**バックドア**）を設置して不正に侵入する。

知っておこう

ハニーポット：侵入者の挙動を調査することを目的とした，意図的に脆弱性をもたせたシステムまたはネットワークのことをいいます。

盗聴・なりすまし・改ざん

盗聴，**なりすまし**，**改ざん**の特徴を表6.2に示します。これらの行為は，主にネットワークの利用時に行われます。図6.2は，電子メールを例に各行為の内容を示しています。

**参考**

サイバー攻撃：ネットワークを通じて不正に侵入し，破壊活動，データの窃取，改ざんなどを行うことをいいます。

表6.2：盗聴・なりすまし・改ざんの特徴

脅威	特徴
盗聴	送信中のデータを不正に盗み見る
なりすまし	第三者が本来の利用者を偽り，詐欺行為を行う
改ざん	不正な手法によりデータの改変・破壊が行われる

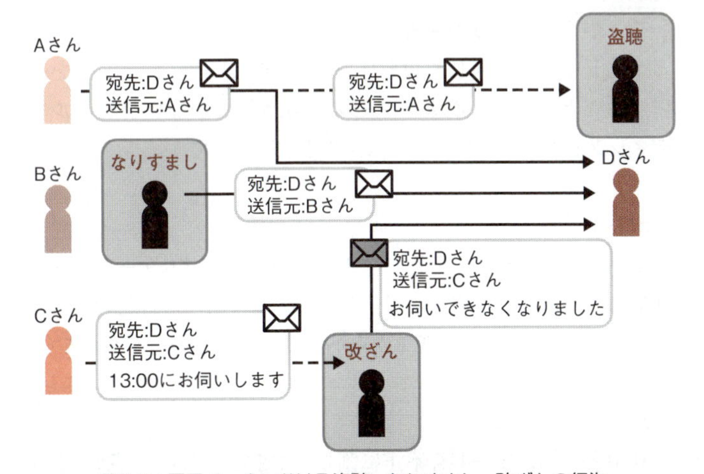

図6.2：電子メールにおける盗聴，なりすまし，改ざんの行為

参考

踏み台攻撃：攻撃者のコンピュータからではなく，他のコンピュータを踏み台にして攻撃が行われる手法です。踏み台にされるコンピュータは，一般的にウイルスに感染したものが多いです。DoS攻撃は踏み台攻撃を利用して行われています。

用語

ボットネット：コンピュータウイルスなどの感染により外部からの指令で操れる状態となり，攻撃のための踏み台とされたPC群のこと。

知っておこう

C&Cサーバ：コマンド&コントロールサーバのことで，ボットネットに対して，情報収集や攻撃活動の指示を行うサーバです。

知っておこう

スパムメール（迷惑メール）：受信者の許可なく，無差別かつ一斉に送信される広告メールです。ネットワークを混雑させ，正常な通信ができなくなるなど，悪影響を及ぼす可能性があります。

メールボム：受信者に害を与える目的で大量の電子メールを送ることをいいます。

DoS（Denial of Service）攻撃

システムに通常ではあり得ない極めて大量のデータを送信して過大な負荷を与え，システムを停止させる攻撃です。

DDoS（Distributed Denial of Service）攻撃

攻撃の種別としてはDoSと同じですが，DoSは攻撃元が1つなのに対して，DDoSはボットネット化した複数のPCから攻撃をするものです。

Webビーコン

HTML形式の電子メールやWebページにごく小さな画像を埋め込み，利用者のWebブラウザにそれを読み込ませることで利用者の情報を収集します。本来は利用者のWeb閲覧動向を把握するものですが，悪用することによって利用者の個人情報が漏えいする危険性があります。

DNSキャッシュポイズニング

DNSサーバは，名前解決の問合せ内容をキャッシュに保持し，同様の問合せに対して素早く対応することができます。このキャッシュに偽情報を登録し，ユーザを悪意のあるサイトへ誘導する行為のことをいいます。

ディレクトリトラバーサル

ネットワークを通じた攻撃手法の一種で，特殊な文字列を送信することにより，本来アクセスが許されていないファイルやディレクトリへ不正にアクセスする手法のことです。

ポートスキャン

ポートスキャナを使用して，サーバが各種アプリケーションの通信の入口として使用するポートを不正に検索する行為のことです。ポートによっては，そこから不正侵入される場合があります。

パスワードクラック

利用者のパスワードを不正に割り出す手法のことで，次のような方法があります。

- 辞書攻撃：辞書にある単語をパスワードとして入力する。
- ブルートフォース攻撃:考えられるあらゆるパスワードを片っ端から入力する。総当たり攻撃とも呼ばれる。
- キーロガー：ユーザが入力したキー操作を不正に記録する。
- パスワードリスト攻撃：別のサービスやシステムから流出したアカウント認証情報を用いて，アカウント認証情報を使い回している利用者のアカウントを乗っ取る。

知っておこう
レインボー攻撃：平文のパスワードとハッシュ値をチェーンによって管理するテーブルを準備しておき，それを用いて，不正に入手したハッシュ値からパスワードを解読する攻撃手法。

スパイウェア

コンピュータ内部の個人情報や設定情報などを収集し，外部に無断で送信するソフトウェアです。ソフトウェアのインストールも無断で行われます。

知っておこう
rootkit：サーバ内に不正に侵入した後に，その痕跡を隠蔽する機能や再び侵入するためのバックドアを設置する機能などがまとめられたソフトウェア群です。

ランサムウェア

コンピュータウイルスに感染させることでPCをログインできなくしたり，ファイルを暗号化して開けなくして使用不能にしたりした後で，元に戻すことと引き換えに身代金を要求する不正プログラムのことです。

知っておこう
標的型攻撃：特定の組織（政府，公共サービス，製造業など）の価値の高い情報を狙って行われるサイバー攻撃の一種です。攻撃手法は，メールによるウイルスメールの送信や特定サイトへの誘導などがあります。

ソーシャルエンジニアリング

人間の心理や行動の隙をついて，情報を不正に入手する行為をいいます。キーボード操作を盗み見たり，緊急事態と偽ってパスワードを聞き出したりするなどの手段があります。

参考
その他の脅威：「バッファオーバフロー」「セッションハイジャック」「SQLインジェクション」「クロスサイトスクリプティング」などがあります。詳しくは，6-10節を参照してください。

サラミ法

金融機関のシステムなどにおいて，多額の資産から不正が発覚しない程度の詐取を繰り返し行うことです。たとえば銀行の利息計算システムにおいて，本来なら捨てられる小数点以下の値を大量の顧客から少しずつ詐取する行為が該当します。

SEOポイズニング

SEO（Search Engine Optimization）とは，検索エンジンで特定のキーワードを検索したときの結果が上位に表示されるように最適化を図る手法のことです。これを悪用し，悪意のあるサイトを検索結果の上位に並ぶように細工する攻撃をいいます。

6

ドライブバイダウンロード

利用者がWebサイトにアクセスした際に，その利用者の意図にかかわらず，悪意のあるプログラムをダウンロードさせて感染させる攻撃です。

不正のメカニズム（不正のトライアングル）

米国の犯罪学者ドナルド・R・クレッシーは，不正行為が「“機会”，“動機”，“正当性”の3つの条件がそろったときに発生する」という**不正のトライアングル**理論を提唱しています（図6.3）。

【機会】：不正行為をやろうと思えばできる環境
【動機】：抱えている悩みや望みから実行に至った心情
【正当性】：不正を正当な行為とみなす考え

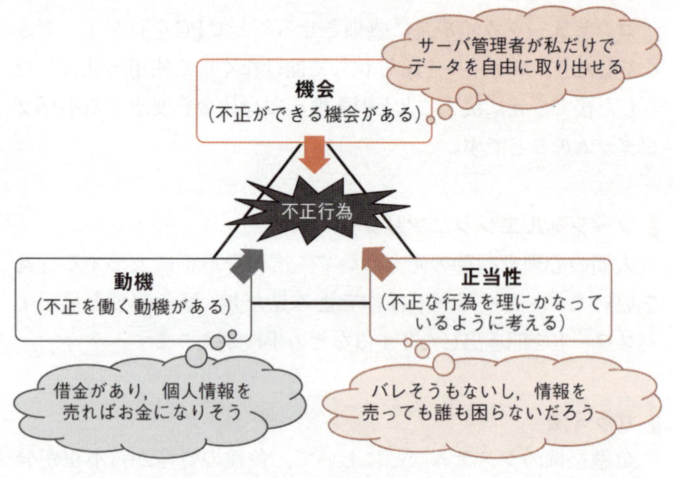

図6.3：不正のトライアングル

不正のトライアングルは，3つの要素のいずれかをなくすことで不正を防ぐことができると考えられています。ただし，“動機”については個人の問題に基づくことが多いため，“機会”と“正当性”を情報セキュリティの対策として捉えることが一般的です。

例題 1

Webビーコンに該当するものはどれか。

ア PCとWebサーバ自体の両方に被害を及ぼす悪意のあるスクリプトによる不正な手口
イ Webサイトからダウンロードされ，PC上で画像ファイルを消去するウイルス
ウ Webサイトで用いるアプリケーションプログラムに潜在する誤り
エ Webページなどに小さい画像を埋め込み，利用者のアクセス動向などの情報を収集する仕組み

解説

Webビーコンは，HTML形式の電子メールやWebページにごく小さな画像を埋め込み，利用者の閲覧動向を収集するしくみです。よって，エが正解です

《解答》エ

例題 2

緊急事態を装って組織内部の人間からパスワードや機密情報を入手する不正な行為は，どれに分類されるか。

ア ソーシャルエンジニアリング　イ トロイの木馬
ウ パスワードクラック　エ 踏み台攻撃

解説

人間の心理や行動の隙をついて，情報を不正に入手する行為は，ソーシャルエンジニアリングです。よって，アが正解です。

イは，正規のプログラムに見せかけて侵入し，特定の条件により発病するコンピュータウイルスです。ウは，辞書攻撃やブルートフォース攻撃などにより，利用者のパスワードを不正に取得する行為です。エは，攻撃者が別のコンピュータを乗っ取り，それに攻撃を代行させる手法です。

《解答》ア

情報セキュリティ管理 《出題頻度 ★★★》

6-2 コンピュータウイルス

コンピュータウイルスには，「自己伝染」「潜伏」「発病」の3つの機能があり，ウイルスとしての定義付けがされています。これらの特徴を踏まえた事前および事後の対策が，ウイルス被害を最小限に抑えるために必要です。

ポイント

コンピュータウイルスの定義について，覚えておきましょう。

知っておこう

耐タンパ性：ソフトウェアやハードウェアの内部に備えられた情報を読み取られることに対する耐性のことです。

コンピュータウイルスの3つの機能

経済産業省が策定したコンピュータウイルス対策基準では，コンピュータウイルスを，「**自己伝染機能，潜伏機能，発病機能**のいずれか1つ以上をもつ，第三者のプログラムやデータベースに何らかの被害を与えるプログラム」と定義されています。各機能の内容を表6.3に示します。

表6.3：コンピュータウイルスの機能

機能	内容
自己伝染	ウイルス自身をUSBメモリなどの媒体へコピーして他のPCに伝染する機能
潜伏	ウイルスに感染したことを利用者に気づかれないように自己の存在を隠す機能。一定条件を満たすとウイルスが発病する
発病	プログラムやデータなどの破壊や異常動作など，コンピュータへ悪影響を及ぼす機能

コンピュータウイルスの種類

感染の方法や機能によって，表6.4に示す種類が存在します。

表6.4：コンピュータウイルスの種類

種類	内容
ブートセクタ型ウイルス	コンピュータの起動時にアクセスするハードディスクの領域（ブートセクタ）に感染し，コンピュータが起動するたびに発病する
マクロウイルス	表計算ソフトなどアプリケーションソフトのマクロ機能を悪用したコンピュータウイルス
ワーム	自己の複製を単独で行うことができ，ネットワークを介して他のPCへ感染し自己増殖する
トロイの木馬	無害で有益なプログラムを装い侵入し，ユーザの実行によって発病する

コンピュータウイルス対策

コンピュータウイルス対策では「①事前の防止」「②感染時の対応」の2つが重要です。

事前の防止

対策として，OSおよびアプリケーションの修正パッチの適用や，ウイルス対策ソフトの導入があります。ウイルス対策ソフトは，ウイルスの検知や駆除を行うもので，ウイルスがもつ固有のコード（シグネチャコード）を記録した**パターンファイル（ウイルス定義ファイル）**と比較し，ウイルスを検出します。

コンピュータウイルスの感染を防止するためには，次の対策を実施することが必要です。

- 新種のウイルスに対応するため，最新のパターンファイルに更新する。
- ネットワークやUSBメモリなどを経由して入手したプログラムやデータは，ウイルス対策ソフトでウイルスに感染していないことを確認してから使用する。
- 入手経路が不明なプログラムやデータは使用しない。
- ウイルスが駆除できない場合，ハードディスクの初期化が必要になるため，復旧用のバックアップを作成しておく。

感染時の対応

感染時の対応策は，次の手順で行います。

① 感染の拡大を防ぐために，ウイルスに感染した可能性のあるコンピュータをネットワークから切り離す。
② ウイルス対策ソフトで，ウイルスの検知と駆除を行う。
③ ウイルスの感染が確認された場合は，組織内の利用者にウイルス感染が発生したことを通知し，他のコンピュータについてもウイルス検知と駆除を行う。
④ ウイルス被害の再発防止対策を講じる。
⑤ 感染被害の拡大と再発の防止のために，ウイルスの種類，感染の経路，被害状況などを，IPA/ISEC（独立行政法人情報処理推進機構　セキュリティセンター）に届け出る。

ポイント

コンピュータウイルス対策の正しい手法について問われる問題が出題されています。事前の感染防止と，万が一感染してしまった際におけるそれぞれの対応策を覚えておきましょう。

参考

ウイルス検知後の操作：
ウイルス対策ソフトがウイルスを検出した場合，ウイルスの種類によって，次の操作が行えます。

- **駆除**：感染したファイルからウイルスのみを取り除き，元の状態に戻す。
- **隔離**：駆除ができない種類のウイルスを専用フォルダに移動し，実行されないようにする。
- **削除**：感染したファイルを削除する。よって，復元が行われない。

情報セキュリティ管理 《出題頻度 ★★★》

6-3 情報セキュリティの運用

企業での情報セキュリティ対策は，組織全体として取り組む必要があります。情報セキュリティマネジメントシステム（ISMS）は，組織のセキュリティ対策を計画的かつ継続的に推進することを目的とした国際標準規格です。

情報セキュリティマネジメントシステム（ISMS）

ISMSは，組織内の情報セキュリティを運用するしくみで，セキュリティ対策だけでなく，情報を扱う際の基本的な方針（セキュリティポリシ）と運用管理を含めた体制や制度を定めます。

ISMSで定められている情報セキュリティの管理業務の進め方については，PDCAサイクルを基としています（図6.4）。

用語
ISMS：Information Security Management System

知っておこう
PDCA：企業の事業活動における生産管理，品質管理に対するマネジメント手法です。計画（Plan）→実行（Do）→評価（Check）→改善（Act）のサイクルを繰り返して実施します。

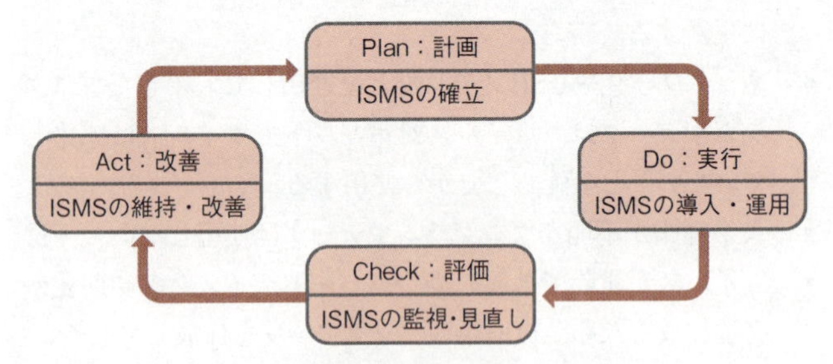

図6.4：ISMSのPDCAサイクル

組織で定めたISMSが適正であるかは，国際標準規格ISO/IEC 27001への適合度合いを第三者機関が認定するISMS適合評価制度があり，審査に合格すると認定組織として登録されます。

参考
情報セキュリティの対策基準：情報セキュリティに関する対策基準として，以下の2つがあります。
- コンピュータ不正アクセス対策基準：不正アクセスによる被害の予防，発見と復旧，再発防止などについて，組織や個人が実行すべき対策をまとめたもの。
- コンピュータウイルス対策基準：コンピュータウイルスに対する予防，発見，駆除，復旧などについての対策を取りまとめたもの。

ISMSの標準規格

ISMSの標準規格には，次のようなものがあります。

JIS Q 27000（ISO/IEC 27000）

JIS Q 27000では，**JIS Q 27001**および**JIS Q 27002**で用いられている用語の定義が示されています。6-1節に示した「機密性」「完全性」「可用性」は，この中の一部として定義されています。

「機密性」「完全性」「可用性」以外に試験問題で出題された用語とその定義を次ページ表6.5に示します。

表6.5：JIS Q 27000で定義されている用語の一部

用語	定義
真正性	エンティティ（利用者，システム，情報など）は，それが主張するとおりのものであるという特性
否認防止	主張された事象または処置の発生およびそれを引き起こしたエンティティを証明する能力
信頼性	意図する行動と結果とが一貫しているという特性
リスクレベル	結果とその起こりやすさの組合せとして表現される，リスクの大きさ

JIS Q 27001（ISO/IEC 27001）

正式名称は「情報セキュリティマネジメントシステム－要求事項」です。ISMSの確立，実施，維持，継続的に改善するための要求事項をまとめたもので，ISMS適合性認証制度の基準となる規格です。

ディジタルフォレンジックス：コンピュータに関連する犯罪や事件が起きたときに，証拠物件（機器，データ）を収集・分析し，科学的な根拠から原因を明らかにする手段や技術のことです。

JIS Q 27002（ISO/IEC 27002）

正式名称は「情報セキュリティマネジメントの実践のための規範」です。ISMSを実践するためのガイドとして，管理事項や目的，実施方法などを規定しています。

CSIRT

CSIRT（シーサート）は，企業内・組織内や政府機関に設置される，情報セキュリティインシデントの対応を専門に行う組織の総称です。情報セキュリティインシデントの発生時にそのインシデントに関する報告を受け取り，調査し，対応活動を行います。

日本国を代表するCSIRTとしては**JPSERT/CC**（JPCERTコーディネーションセンター）があります。JPSERT/CCでは，組織的なインシデント対応体制である「組織内CSIRT」の構築を支援する目的で**CSIRT**マテリアルが作成されています。

CSIRT：Computer Security Incident Response Team

JPCERT：Japan Computer Emergency Response Team

例題

JIS Q 27000:2014（情報セキュリティマネジメントシステム－用語）における真正性及び信頼性に対する定義a～dの組みのうち，適切なものはどれか。

〔定義〕

a　意図する行動と結果とが一貫しているという特性

b　エンティティは，それが主張するとおりのものであるという特性

c　認可されたエンティティが要求したときに，アクセス及び使用が可能であるという特性

d　認可されていない個人，エンティティ又はプロセスに対して，情報を使用させず，また，開示しないという特性

	真正性	信頼性
ア	a	c
イ	b	a
ウ	b	d
エ	d	a

解説

表6.5に示した用語の定義内容から，真正性はb，信頼性はaであることがわかります。正解はイです。ちなみに，cは「可用性」，dは「機密性」の用語の定義になります。

《解答》イ

情報セキュリティ管理 《出題頻度 ★★★》

6-4 リスクマネジメント

リスクマネジメントとは，リスクを分析し，どのように対処を行うかをまとめたものであり，ISMSの確立を担う重要な内容です。特にリスクアセスメントは，リスクマネジメントにおいて重要なプロセスとなるため，しっかりと理解しておく必要があります。

リスクマネジメント

リスクとは,「ある事態が起きたときの損失を伴う危険性」を意味します。**リスクマネジメント**は，そのリスクを分析し，どのように対処するかをプロセス化したものです。

リスクマネジメントプロセスは，ISMSのPDCAサイクルの中の「Plan（ISMSの確立)」で定めます。また,「Do（ISMSの導入・運用)」で行うリスクアセスメントのプロセスについても定めます（図6.5)。

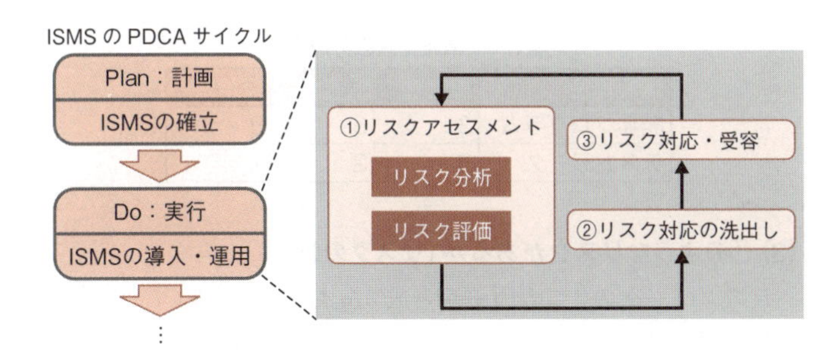

図6.5：リスクマネジメントのプロセス

リスクアセスメント

組織やシステムに内在するリスクを特定してその影響度を知り，最も効果のある対策を講じます。これは,「リスク分析」と「リスク評価」で行います。

●リスク分析

リスク分析は，次の手順で進めていきます。

(1) リスク分析の範囲

守るべき対象を特定し，範囲を決定します。対象範囲は，情報システムから事業所，会社全体などが挙げられます。

(2) 何(情報資産)を守ればよいか(情報資産の洗出し)

対象範囲内にある情報資産を洗い出し，分類化します。洗い出す情報資産の項目としては，「名称」「利用者／管理者」「記憶媒体」「保管場所」「廃棄方法」などが挙げられます(表6.6)。

知っておこう
MDM (Mobile Device Management)：会社や団体が従業員に貸与するモバイル端末の利用状況を一元管理するしくみのことです。

表6.6：情報資産の洗出しの例

情報資産の名称	利用者	保管場所	廃棄方法
開発プログラム	プロジェクトメンバ	開発用サーバ	プロジェクト終了時に削除
テストデータ	顧客	USBメモリ，開発用サーバ	プロジェクト終了時に削除

分類化は，洗い出した各情報資産に求められる「機密性」「完全性」「可用性」のレベルに応じて，情報資産の価値を数値で示します(表6.7)。これにより，情報資産の重要性に応じた対策を適切に行うための指標を示すことができます。

表6.7：情報資産の分類化

情報資産	機密性	完全性	可用性
開発プログラム	3	3	3
テストデータ	3	2	1

参考
意図的脅威の例：
不正アクセス，なりすまし，盗難，盗聴，情報の改ざん，情報資産の不正使用，マルウェア，ウイルス，DoS攻撃など
偶発的脅威の例：
入力ミス，記入ミス，紛失など
環境的脅威の例：
自然災害，火災，停電，断水，空調不良，ほこり，静電気，記憶媒体の劣化など

(3) どのようなリスクがあるか(リスクの特定)

リスクは，次の2つの因子から成り立ちます。

【脅威】：情報資産に損害を与える直接的な要因

【脆弱性】：(脅威に対する)情報資産がもつ弱点や欠陥

脅威には，分類として「意図的脅威」「偶発的脅威」「環境的脅威」があります。脅威の洗出しでは，考えられる脅威の内容とその脅威が発生する可能性を数値で示し，整理します。表6.8は，表6.6の「テストデータ」における脅威の洗出しを行った例です。

表6.8：情報資産(テストデータ)の脅威の洗出しの例

情報資産	脅威ID	内容	値
テストデータ	T1	顧客のUSBメモリを自社にもち帰る途中で紛失する(偶発的脅威)	3
	T2	開発用サーバへの不正アクセスによりデータが漏えいする(意図的脅威)	1
	T3	ウイルス感染によりデータの破壊または漏えいが発生する(意図的脅威)	2

脆弱性では，導き出した脅威の内容から考えられる欠陥内容を洗い出します。また，現在実施されている脅威への対策を考慮し，各脆弱性に対する顕在化の度合いを数値で表します。つまり，ある脆弱性に対して現在のセキュリティ管理対策が十分施されていれば，脆弱性は「低い」と判断できます。一方，十分施されておらず，弱点がむき出しであるような場合は，脆弱性は「高い」と判断できます。

たとえば，脆弱性のレベルを示す分類別判断基準が表6.9であるとします。この基準を基に，表6.8の各脅威が起きたときの現在の対応状況について，表6.10のようにレベルを付けていきます。また，レベル付けの異なる方法として，導き出された脅威に改善策を施した場合の後の脆弱性についてレベル付けを行う方法もあります。

知っておこう

磁気ディスクの廃棄：磁気ディスクにあるデータは，OS上でファイルの廃棄や初期化（フォーマット）をしても完全に消去することはできません。完全に消去するためには，何らかのデータ（たとえば，ランダムなビット列など）で磁気ディスクの全領域を複数回書込みを行うことが必要になります。

6

表6.9：脆弱性の分類別判断基準（3段階）の例

レベル	意図的脅威	偶発的脅威	環境的脅威
1	最高の対策を実施	最高の対策を実施	最高の対策を実施
2	専門家による対策が可能	専門家が気づかない場合に顕在化する可能性がある	専門家が気づかない場合に顕在化する可能性がある
3	対策なし	対策なし	対策なし

表6.10：脅威に対する脆弱性のレベル付けの例

脅威ID	脆弱性ID	内容	値
T1	Z1	顧客のUSBメモリを自社にもち帰る途中で紛失する（偶発的脅威）	2
T2	Z2	開発用サーバへの不正アクセスによりデータが漏えいする（意図的脅威）	3
T3	Z3	ウイルス感染によりデータの破壊または漏えいが発生する（意図的脅威）	1

●リスク評価

リスク分析から得られた情報（「情報資産の価値」「脅威」「脆弱性」）を基に，リスクの大きさを算出し，評価します。

たとえば，リスク値を次の式で求めるものとします。

リスク値＝情報資産の価値×脅威×脆弱性

ポイント

リスク値の算出に関する問題が午後問題で出題されています。

この式を基に，定性的評価に基づくリスク評価を行った結果が表6.11になります。

表6.11：定性的評価に基づくリスク評価の例

情報資産		脅威		脆弱性		リスク値		
名称	価値	ID	値	ID	値	機密性	安全性	可用性
テストデータ	機密性：3 安全性：2 可用性：1	T1	3	Z1	2	18	12	6
		T2	1	Z2	3	9	6	3
		T3	2	Z3	1	6	4	2

参考

「意図的脅威」「偶発的脅威」「環境的脅威」に該当する脆弱性には次のようなものがあります。

意図的脅威の場合：
- ソフトウェアの欠陥
- セキュリティホール
- 未暗号化
- 設定ミス

など

偶発的脅威の場合：
- セキュリティ管理の不備
- セキュリティ教育の不備
- 入力内容の未チェック

など

環境的脅威の場合：
- 耐震／防火／防水などに対する設備の不備
- 空調設備の不備
- 無停電電源装置の未実装
- バックアップ体制の不足

など

リスク対応・受容

リスクアセスメントにより明らかになったリスクに対して，どのような対応策を講じるかを，予算や組織構成などを考慮して明確にしていきます。

対応策には，表6.12に示す3つがあります。

表6.12：リスク対応

対応策	内容
リスク回避	リスクの発生要因を取り除き，リスクの発生を防ぐ
リスク転嫁 (リスク移転)	保険加入など，リスクの発生時の対応責任を第三者へ移す
リスク低減	リスク発生の確率や影響を低減させるための対策を実施する

リスクの中には，表6.12の対応策では対処し切れないものもあります。対処し切れないリスクに対しては，リスクの大きさと対応にかかる予算に応じて，リスクを受け入れます。これを「**リスク受容**」と呼びます。

情報セキュリティ技術 《出題頻度 ★★★》

6-5 暗号化技術

暗号化は元の情報を別の形に変える技術です。これにより，第三者による盗聴を防ぐことができます。

暗号化のしくみ

暗号化は，平文（元のデータ）を他人に見られてもわからない別の形式（暗号文）に変換することです。この変換に用いられる変換規則を**暗号化アルゴリズム**と呼びます。

暗号化アルゴリズムでは，平文を暗号文に変換する際に使用する**暗号化鍵**と暗号文を平文へ復号する際に使用する**復号鍵**が必要になります。

暗号化方式

暗号化方式には，使用する鍵の特徴によって，**共通鍵暗号方式**，**公開鍵暗号方式**，**ハイブリッド方式**があります。

ポイント
共通鍵暗号方式，公開鍵暗号方式，ハイブリッド方式のそれぞれの特徴を覚えておきましょう。

共通鍵暗号方式（秘密鍵暗号方式）

暗号化鍵と復号鍵に同じ鍵（共通鍵）を用いる方式で，あらかじめ鍵の受渡しが必要になります（図6.6）。

公開鍵暗号方式に比べて暗号化と復号の処理時間は短い半面，送受信者間で使用する鍵が共通であるため，第三者に鍵を知られてしまうと暗号文を第三者に復号されてしまいます。そのため鍵の受渡しを第三者に知られないように行う必要があるなど，管理が煩雑な面があります。

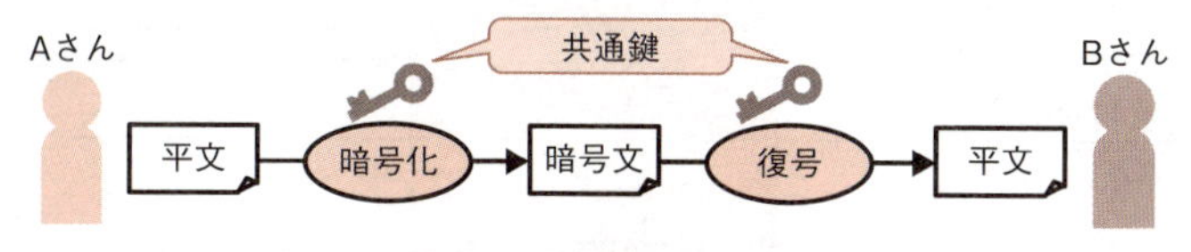

図6.6：共通鍵暗号方式

公開鍵暗号方式

対になった公開鍵と秘密鍵を使用する方式で，暗号化に公開鍵を使用し，その公開鍵と対になっている秘密鍵でのみ復号できるしくみになっています。実際の通信では，次の手順で行われます（図6.7）。

用語

認証局（CA：Certification Authority）：公開鍵を第三者として保証する認証機関。

① 受信者が生成した公開鍵と秘密鍵のうち，公開鍵を認証局（CA）に登録し，公開する。
② 送信者は，CAから受信者の公開鍵を取得し，その鍵で送信する平文を暗号化する。
③ 暗号文を受け取った受信者は，自分の秘密鍵で復号する。

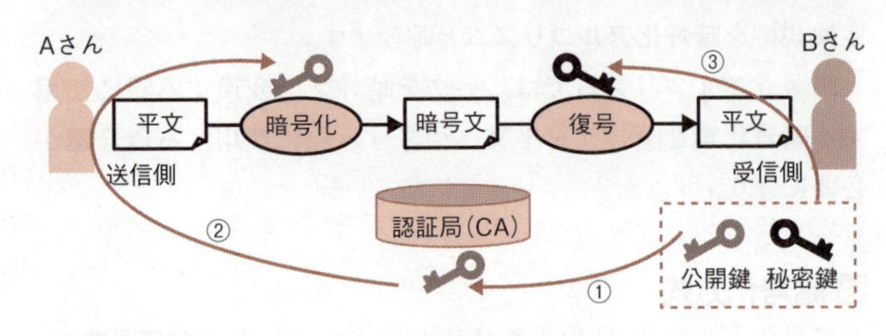

図6.7：公開鍵暗号方式

用語

DES（Data Encryption Standard）：米国標準の暗号化アルゴリズム。56ビットの長さの鍵を使い，暗号化処理を16回繰り返します。

AES（Advanced Encryption Standard）：安全性の問題から，DESに代わる暗号化アルゴリズムとして採用された方式。データベースで管理されるデータの暗号化にも利用できます。

RSA（Rivest Shamir Adleman）：桁数の大きな整数の素因数分解が困難である性質を利用した暗号化アルゴリズム。

楕円曲線暗号：楕円曲線上の離散対数問題を解くのに大きな計算量を必要とすることを安全性の根拠とする暗号。RSAと比べて，短い鍵長で同じレベルの安全性が実現できます。

共通鍵暗号方式とは逆に，鍵の管理の煩雑さは軽減されますが，暗号化と復号の処理に時間がかかります。共通鍵暗号方式と公開鍵暗号方式を比較した表を表6.13に示します。

表6.13：共通／公開鍵暗号方式の比較

共通鍵暗号方式		公開鍵暗号方式
暗号化，復号とも共通の鍵を使用	暗号化と復号	暗号化に受信者の公開鍵，復号に受信者の秘密鍵を使用
短い	処理時間	長い
あらかじめ鍵を受け渡す必要がある	鍵の受渡し方法	受信者の公開鍵を認証局より取得
共通鍵のため，厳重な管理が必要	鍵の管理	秘密鍵だけを厳重に管理すればよい
${}_nC_2$	必要な鍵の個数（利用者数n人として）	2n
DES，AES	暗号化アルゴリズム	RSA，楕円曲線暗号

ハイブリッド方式（セッション鍵方式）

共通鍵暗号方式の処理効率と，公開鍵暗号方式の鍵の管理の特長を組み合わせた方式です。平文の暗号化と復号に1回だけ有効な共通鍵であるセッション鍵を用い，さらにセッション鍵を受信者の公開鍵で暗号化して送信します。これにより第三者に盗まれることなくセッション鍵を受け渡すことができます。実際の通信はセッション鍵によって暗号化と復号を行います。セッション鍵の暗号化は処理に時間のかかる公開鍵暗号方式で行いますが，セッション鍵は共通鍵であるため，処理は短時間で済みます。

無線LANで使用される暗号化

無線LANでは，電波の届く範囲内であれば誰でも通信内容をのぞき見ることができるため，暗号化は必須です。無線LANで使用される暗号化には，**WEP**，**WPA**，**WPA2**などがあります。

WEP（Wired Equivalent Privacy）

暗号化にRC4アルゴリズムを使用した共通鍵暗号方式です。暗号化キーの解読が容易にできるという弱点があります。

用語

RC4アルゴリズム：1974年にロナルド・リベストによって開発されたストリーム暗号（平文をビットまたはバイト単位などで逐次，暗号化）。

WPA（Wi-Fi Protected Access）

Wi-Fi Allianceによって策定された，WEPに代わる暗号化方式です。ユーザ認証機能（IEEE 802.1X，PSK）や，暗号化キーを一定時間ごとに動的に生成するTKIP（Temporal Key Integrity Protocol）と呼ぶ暗号化プロトコルを採用するなどの改良が行われています。

用語

Wi-Fi Alliance：無線LANの規格の推進を図る業界団体。

用語

IEEE 802.1X：RADIUSサーバ（5-9節を参照）によるサーバベースのユーザ認証方法。

用語

PSK（Pre-Shared Key）：暗号キーを事前に共有する方式。「事前共有鍵方式」と呼ばれています。

WPA2（Wi-Fi Protected Access 2）

WPAを強化した暗号化方式です。暗号化にAESを使用し，128～256ビットの可変長鍵を利用した暗号化ができます。

WPA3（Wi-Fi Protected Access 3）

WPA2の後継にあたる規格で，WPA2における脆弱性への対応や通信上の暗号化の強化の仕組みが追加されています。

6

例題

暗号方式に関する記述のうち，適切なものはどれか。

ア 共通鍵暗号方式は多数の相手と通信の際，同一の暗号化鍵を用いても安全である。
イ 公開鍵暗号方式では，暗号化鍵を通信相手へ秘密裏に配信する必要がある。
ウ 公開鍵暗号方式は，共通鍵暗号方式に比べて復号処理が単純かつ高速である。
エ 通信の開始時に共通鍵を公開鍵暗号方式で暗号化して相手に送り，データの暗号化を共通鍵暗号方式で行う方法が実用化されている。

解説

ア：すべての通信相手に対して共通の鍵を用いた場合，他者がその鍵を使用して別の通信路に流れる暗号文を解読できてしまいます。よって，共通鍵暗号方式では，通信相手ごとに鍵を変える必要があります。

イ：公開鍵暗号方式では，暗号化に使用する鍵を認証局から取得します。認証局で管理されている鍵は，一般に公開されたものであるため，秘密裏に配信されるものではありません。

ウ：公開鍵暗号方式は，共通鍵暗号方式と比較すると，暗号化・復号処理が複雑化しています。そのため，処理速度は低下します。

エ：ハイブリッド方式の説明です。ハイブリッド方式では，送信する平文を共通鍵（セッション鍵）で暗号化し，さらに，共通鍵を受信者の公開鍵で暗号化して，暗号文とともに送信します。受信側では，受信者の秘密鍵で復号した共通鍵を使用して，暗号文を復号します。適切なものを選ぶのでエが正解です。

《解答》エ

情報セキュリティ技術　《出題頻度 ★★★》

6-6 認証技術

システムの利用者を，何らかの情報を基に確認することを認証と呼びます。これにより，第三者を装う「なりすまし」を防ぐことができます。

ユーザIDとパスワードによる認証

各認証方式の特徴を理解しておきましょう。

利用者の認証で最も一般的な方法が，ユーザIDとパスワードの組合せによるものです。ユーザIDは利用者を識別し，パスワードは利用者の正当性を確認するために用いられます。

近年では，利用者の認証に複数の認証要素を組み合わせて行う**多要素認証**が使われています。要素には，生体情報（指紋，静脈など），知識情報（パスワード，電話番号など），所持情報（IC，証明書など）が使われます。

ワンタイムパスワード

パスワードは定期的に変更することでセキュリティを高めることができます。**ワンタイムパスワード**は，利用のたびに異なるパスワードを用いる方式で，主な認証方式に，**チャレンジレスポンス方式**と**トークン方式**があります。

チャレンジレスポンス方式

利用のたびに**チャレンジ**と呼ばれる値を生成し，その値とハッシュ関数によって得られたレスポンスを用いて認証を行う方式です。認証の手順は次のとおりです（次ページ図6.8）。

① 利用者が認証サーバにユーザIDを送信する。
② サーバはチャレンジを生成し，利用者が使用するコンピュータ（クライアント）へ送信する。
③ クライアントは，受け取ったチャレンジとパスワードからレスポンスを生成し，サーバへ送信する。
④ レスポンスを受け取ったサーバは，②のチャレンジとユーザIDより取り出したパスワードから生成したレスポンスと比較し，一致すれば利用を許可し，不一致の場合には利用を拒否する。

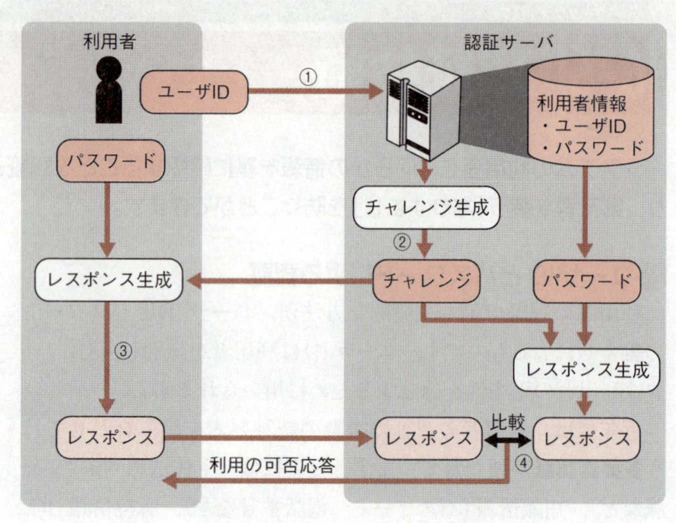

図6.8：チャレンジレスポンス方式

チャレンジレスポンス方式は，ネットワーク上にパスワードが流れないため，パスワードの窃取の心配がありません。そのため，ネットワークを通して認証を行う際に，第三者が認証情報を窃取し，別のコンピュータ上から同じ認証情報を使って接続先にアクセスするようなリプレイ攻撃の対策にも有効です。

知っておこう

CAPTCHA：歪めたり一部を隠したりした画像から文字を判読することは，人間には可能ですがコンピュータには難しいです。このことを利用し，判読した文字をユーザに入力させることにより，人間以外による自動入力を排除する技術のことです。

トークン方式

ワンタイムパスワードを生成するキーホルダーやカード型の**トークン**を用いる方式です。

トークンがワンタイムパスワードを発行する方式には，ハッシュ関数などを利用する方式や一定の時刻ごとに異なるパスワードを生成する方式があります。いずれも，サーバ側ではトークンと同じ方式によってワンタイムパスワードを求めて，利用者が入力したパスワードと照合することで認証を行います（図6.9）。

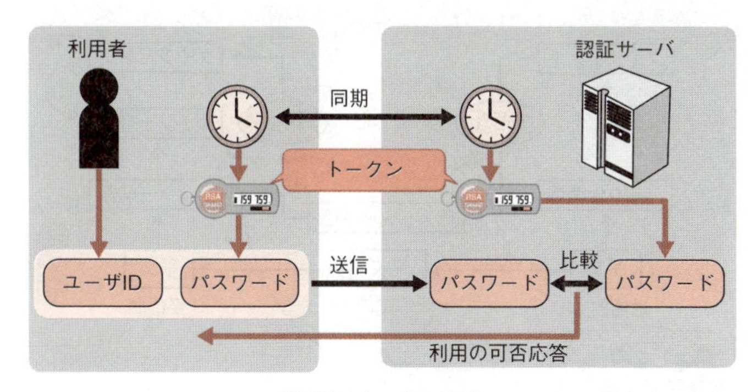

図6.9：トークン方式

生体認証（バイオメトリクス認証）

利用者の身体的特徴（指紋，虹彩，静脈など）や行動的特徴（例として，署名時の筆圧や筆記の速度など）により，認証を行う方式です。パスワードのような第三者への漏えいがなく，なりすましがほとんどできないのが特長です。

生体認証は，あらかじめ登録された身体的／行動的特徴とどれだけマッチングするかの確率で判断します。そのため，誤認識が起こることもあります。本人を他人と誤って認識する率（**本人拒否率:FRR**）と，他人を本人と誤って認識する率（**他人受入率:FAR**）のそれぞれの割合によって認証の精度が変化します。

ポイント
ディジタル署名はよく出題されています。特徴と認証の手順をよく覚えておきましょう。

ディジタル署名

ディジタル署名は，公開鍵暗号方式を応用したもので，なりすましと改ざんを検知する技術です。送信元の公開鍵と秘密鍵を使用する点に特徴があります。その手順は，次のとおりです（次ページ図6.10）。

① 送信者は，秘密鍵と公開鍵を生成し，公開鍵を認証局に登録する。
② 送信データからハッシュ関数でダイジェストを作成する。
③ ダイジェストを送信者の秘密鍵で暗号化し，これをディジタル署名として送信データに添付して送信する。
④ 受信者は，認証局から送信者の公開鍵を取得し，その鍵で受信したディジタル署名を復号する。
⑤ 送信者と同じハッシュ関数で受け取った送信データからダイジェストを作成し，④で得たダイジェストと比較する。

用語
ダイジェスト(要約)：送信データからハッシュ関数を通して生成した，一定の長さまたは大きさをもった値のこと。この値を使用した認証を「ダイジェスト認証」と呼びます。

知っておこう
SHA-256：ハッシュ関数の1つで，入力値から256ビット(32バイト)長の値を出力することができます。

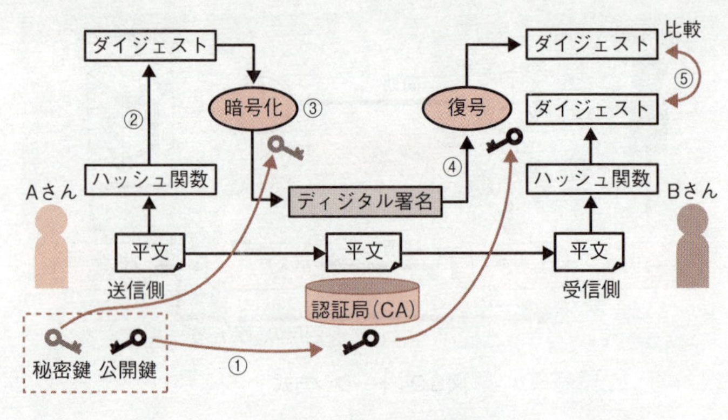

図6.10：ディジタル署名

ディジタル署名を送信者の公開鍵で復号できれば，対応する秘密鍵をもつ送信者本人がダイジェストを暗号化したことの証明になるため，なりすましの有無を確認することができます。また，ダイジェストから送信データの復元ができないというハッシュ関数の性質により，⑤の比較で両ダイジェストが一致すれば改ざんされていないことがわかります。もしも不一致であれば改ざんが行われた可能性があることがわかります。

認証局（CA：Certification Authority）

公開鍵暗号方式において，相手の公開鍵が正当なものであることを保証する機関が認証局です。認証局は信頼性のある第三者機関で，公開鍵の登録を希望する申請者に対して審査を行い，承認した申請者に対して**ディジタル証明書**を発行します。

ディジタル証明書には申請した公開鍵が含まれており，送信者がデータと一緒に送信したディジタル証明書を受信者が認証局へ問い合わせることで，送信者の公開鍵の正当性が保証されます。

ディジタル証明書の保証： 発行されるディジタル証明書には，認証局のディジタル署名が添付されています。これを図6.10の手順で確認することで，ディジタル証明書に改ざんがないことが確認できます。

メッセージ認証

ディジタル署名と同じ目的で，送信されたメッセージ（データ）が途中で改ざんされていないかを検知する技術に「**メッセージ認証**」があります。

ディジタル署名と異なる点は，暗号化と復号に使用する鍵に共通鍵が用いられています。また，共通鍵を基に作成された検査用データは，**メッセージ認証符号**(MAC：Message Authentication Code)と呼ばれています。

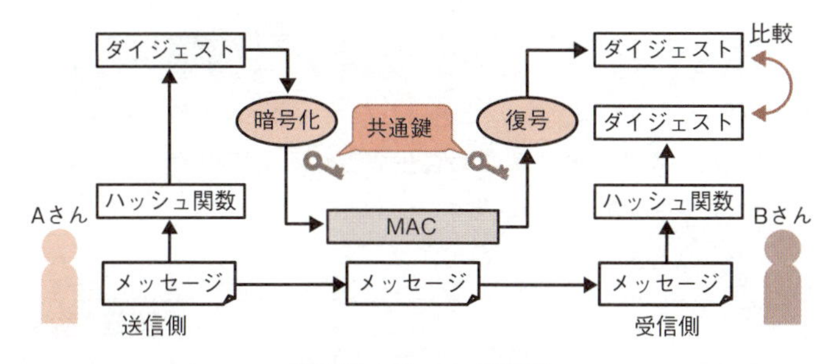

図6.11：メッセージ認証

コラム アクセス権

重要なデータを記録したファイルやディレクトリに対して，利用者の立場(役職，所属，担当業務など)に応じたアクセス権を設定することで，改ざんや破壊行為を防止できます。

設定できるアクセス権の内容はOSによって異なりますが，UNIX系のOSでは「所有者」「所有者が所属するグループ」「他の利用者」の3つのグループごとに，アクセス権として「r：読取り権限」「w：書込み権限」「x：実行権限」を設定します。

例：ファイル「pgm-a」のアクセス権

pgm-a	r w x	r - x	r - -
	所有者	所有者が所属するグループ	他の利用者

- 所有者　：読取り(r)，書込み(w)，実行(x)が可能。
- 所有者が所属するグループ　：読取り(r)と実行(x)が可能。
- 他の利用者　：読取り(r)が可能。

例題 1

メッセージ認証符号の利用目的に該当するものはどれか。

ア　メッセージが改ざんされていないことを確認する。

イ　メッセージの暗号化方式を確認する。

ウ メッセージの概要を確認する。

エ メッセージの秘匿性を確保する。

解説

メッセージ認証符号は，メッセージ認証において送信したメッセージ（データ）が送信途中で改ざんが行われていないかを検査するために生成される検査用データです。メッセージ認証符号の生成には，共通鍵が使われます。

よって，正解はアです。

《解答》ア

例題2

メッセージにRSA方式のディジタル署名を付与して2者間で送受信する。そのときのディジタル署名の検証鍵と使用方法はどれか。

ア 受信者の公開鍵であり，送信者がメッセージダイジェストからディジタル署名を作成する際に使用する。

イ 受信者の秘密鍵であり，受信者がディジタル署名からメッセージダイジェストを算出する際に使用する。

ウ 送信者の公開鍵であり，受信者がディジタル署名からメッセージダイジェストを算出する際に使用する。

エ 送信者の秘密鍵であり，送信者がメッセージダイジェストからディジタル署名を作成する際に使用する。

解説

ディジタル署名において，受信者が受け取ったディジタル署名からメッセージダイジェストを算出するのに使用する鍵は，「送信者の公開鍵」です。

よって，正解はウです。

《解答》ウ

情報セキュリティ技術 《出題頻度 ★★★》

6-7 ネットワークセキュリティ

ネットワークにおけるセキュリティ対策の基本は，ネットワーク間の境界を移動するパケットの監視です。代表的なものとしてファイアウォールがあります。

ファイアウォール

ファイアウォールは，組織の外部ネットワークと内部ネットワークの境界に設置し，双方のネットワーク通信のアクセスを監視します。ファイアウォールがもつ機能の一部として，**パケットフィルタリング**と**DMZ**があります。

パケットフィルタリング

ポイント
パケットフィルタリングに関する問題がよく出題されます。特に，あるアクセスルールに基づいた適切なフィルタリングルールを選ばせる問題が出題されています。

ネットワーク上に流れる通信データ（パケット）の内容を基に，そのデータの通過の許可／拒否を制御し，外部からの不正侵入を防止するものです。制御は，パケットのヘッダ部分にある送信元や宛先のIPアドレスとポート番号の情報を参照して，あらかじめファイアウォールに設定したフィルタリングルールと比較することで行います。

例として，図6.12に示す組織のネットワークで社外から社内にアクセスする際のフィルタリングルールを考えてみましょう。

① 社外からメールサーバへのアクセスを可能とする。
② 社外からWebサーバへのアクセスを可能とする。
③ 社外から社内LANへのアクセスは，不可とする。

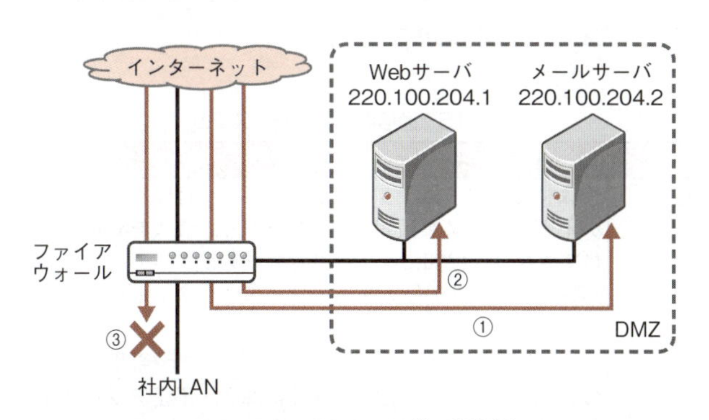

図6.12：フィルタリングの設定例

表6.14：フィルタリングルール（社外→社内）の設定例

ルール	送信先ポート番号	通過の可否	送信元IP	宛先IP
①	25	許可	＊	220.100.204.2
②	80	許可	＊	220.100.204.1
③	＊	不可	＊	＊

知っておこう

ペネトレーションテスト： コンピュータやネットワークに脆弱性がないかを確認するために，実際に攻撃して侵入を試みる手法のことです。

この場合，ファイアウォールに設定するフィルタリングルールは，表6.14に示す内容になります。ここで，表中の「＊」は，「いずれの値でも構わない」ことを意味します。各ルールの意味は，次のようになります。

① 社外から220.100.204.2宛て（メールサーバ）へのアクセスのうち，ポート番号25（SMTP）へのアクセスを許可する。

② 社外から220.100.204.1（Webサーバ）へのアクセスのうち，ポート番号80（HTTP）へのアクセスを許可する。

③ 上記以外のアクセス（社内LANなど）を行うパケットの通過を禁止する。

DMZ（DeMilitarized Zone）

外部ネットワークと内部ネットワークのどちらからでもアクセスが可能な領域を**DMZ**（非武装地帯）といいます。ここには，インターネット上に公開するWebサーバやメールサーバなどを設置します。

その他の監視システム

ファイアウォール以外でネットワーク上の通信内容を監視するシステムとして，表6.15があります。

IDS： Intrusion Detection System

IPS： Intrusion Prevention System

表6.15：通信内容の監視システム

名称	内容
IDS	侵入検知システム。ファイアウォールでは防ぐことができない不正アクセスを検知できる。ただし，侵入を防止することはできない。検知には，次の方法がある。 ・不正検出：不正侵入を示す特定のシグネチャパターンの一致による検知 ・異常検出：平常時から逸脱する動作による検知
IPS	侵入防止システム。IDSの機能に加え，不正アクセスをリアルタイムで防止することができる

例題

社内ネットワークとインターネットの接続点にパケットフィルタリング型ファイアウォールを設置して，社内ネットワーク上のPCからインターネット上のWebサーバ（ポート番号80）にアクセスできるようにするとき，フィルタリングで許可するルールの適切な組合せはどれか。

		送信元	あて先	送信元ポート番号	あて先ポート番号
ア	発信	PC	Webサーバ	80	1024以上
	応答	Webサーバ	PC	1024以上	80
イ	発信	PC	Webサーバ	1024以上	80
	応答	Webサーバ	PC	80	1024以上
ウ	発信	Webサーバ	PC	80	1024以上
	応答	PC	Webサーバ	80	1024以上
エ	発信	Webサーバ	PC	1024以上	80
	応答	PC	Webサーバ	80	1024以上

解説

設問に「社内ネットワーク上のPCからインターネット上のWebサーバ（ポート番号80）にアクセスできる」とあるため，パケットフィルタリングで送信元から発信されるパケットの監視すべき情報は，次のようになります。

- 送信元：PC（のIPアドレス）
- あて先：Webサーバ（のIPアドレス）
- 送信元ポート番号：1024以上
- あて先ポート番号：80

これに該当するのは，イのみとなります。

《解答》イ

脆弱性と対策 《出題頻度 ★★★》

6-8 ネットワークの脆弱性と対策

インターネットやLAN上に流れる通信データ（情報）は，第三者により簡単に盗聴することができます。情報資産を守るためには，情報を暗号化し，第三者からの情報の傍受や改ざんが安易に行えないようにすることが有効な手段の1つとなります。

ネットワークの脆弱性

ネットワーク通信で現在でも一般的に使われているIPv4は，次のような脆弱性があります。

- 送信元のアドレスを簡単に偽装することができる。
- データ（パケット）の暗号化が標準で行われない。

そのため，第三者による通信データの盗聴や改ざんが容易に行えてしまいます。

知っておこう

LANアナライザ：LAN上を流れるパケットの監視や記録ができるツールです。通信傍受などに悪用されると危険なため，厳重な管理が必要になります。

セキュリティ対策

具体的なセキュリティ対策は，利用する場面によって，いくつかに分類できます。ここでは，以下の4つについて説明します。

① TCP/IPプロトコル通信時のセキュリティ対策
② リモート接続時のセキュリティ対策
③ インターネットを介したプライベートネットワーク接続時のセキュリティ対策
④ 無線LAN接続時のセキュリティ対策

TCP/IPプロトコル通信時のセキュリティ対策：SSL/TLS

SSL/TLSは，TCPを利用するアプリケーション間（主にWebアクセスの通信）で認証とデータの暗号化を行う方式です。

SSL/TLSには，次のような特徴があります。

- アプリケーション層とトランスポート層の間で暗号化を行う。
- ディジタル証明書で通信相手の正当性を認証する。
- 暗号化方式にハイブリッド方式を利用する。

通信の確立は，次ページ図6.13に示すように複数の手順で行われます。

参考

TLS：インターネットで利用される技術の標準化を策定する組織であるIETFにおいて，SSLの標準規約を定めた際の呼び名です。SSLとTLSには互換性はありませんが，しくみはほぼ同じです。

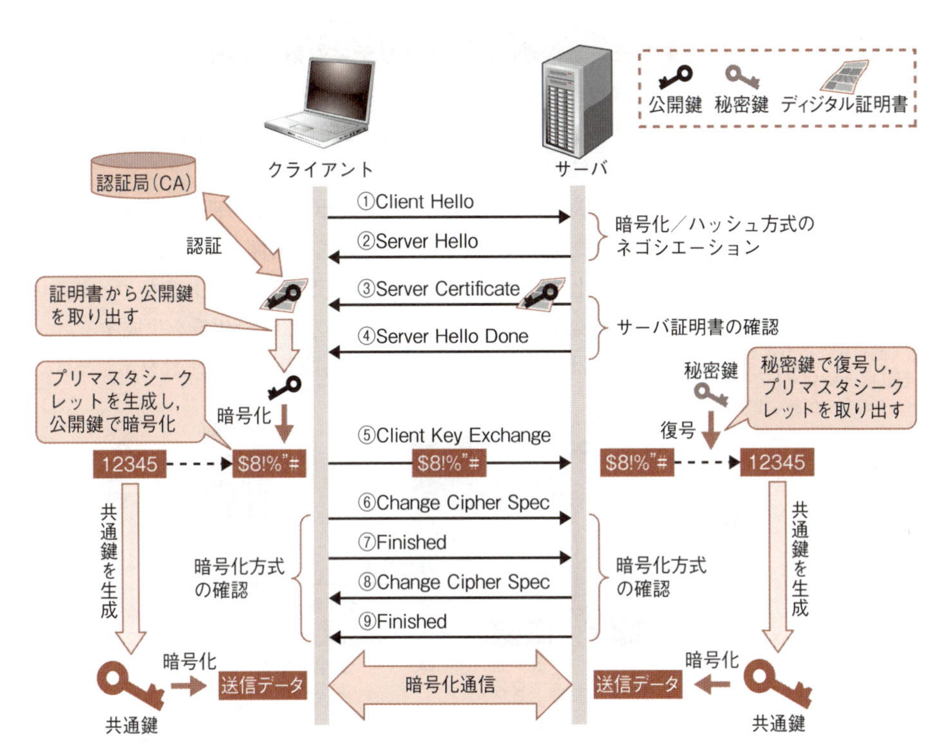

図6.13：SSL/TLSの通信手順

(1) クライアント・サーバ間で利用可能な暗号化・ハッシュ方式のネゴシエーションを行う(①，②)。
(2) サーバの公開鍵を付与したディジタル証明書をクライアントに送信する(③，④)。
(3) クライアントは，認証局の証明書により認証を行う。認証が成功した場合，サーバの公開鍵が取り出される。
(4) 暗号化通信に使用するセッション鍵の生成元となるプリマスタシークレットをクライアントで生成し，(3) で得られた公開鍵で暗号化して，サーバへ送信する(⑤)。
(5) サーバは，(4) から受け取った暗号化データを秘密鍵で復号し，プリマスタシークレットを受け取る。
(6) 暗号化通信を行う際に使用する暗号化方式を，クライアント・サーバ間で確認する(⑥，⑦，⑧，⑨)。
(7) クライアント・サーバ双方のプリマスタシークレットから共通鍵を生成し，送信データの暗号化キーとして使用する。

知っておこう

HTTPS (HTTP over SSL/TLS)：Webサーバとブラウザ間のHTTP通信をSSL/TLSを使用して通信内容の暗号化や電子証明書によるサーバ認証を行う通信プロトコルです。

リモート接続時のセキュリティ対策：SSH

遠隔地のホストにリモート接続する際に使用するTELNETは，送信データを暗号化しません。**SSH**は，暗号化機能を備えたリモート接続用の通信プロトコルです。特徴は次のとおりです。

- アプリケーション層とトランスポート層の間で暗号化を行う。
- 認証機能には，「パスワード方式」「公開鍵暗号方式」がある。
- 暗号化アルゴリズムとして，AES，Triple DESなどがある。
- 接続要求（セッション）ごとに異なる暗号化鍵を生成する。

Triple DES：DES（鍵長56ビット）を3回繰り返して暗号化する方式です。鍵長は，112ビットと168ビットの2つがあります。

図6.14は，公開鍵暗号方式による認証手順の流れを示します。

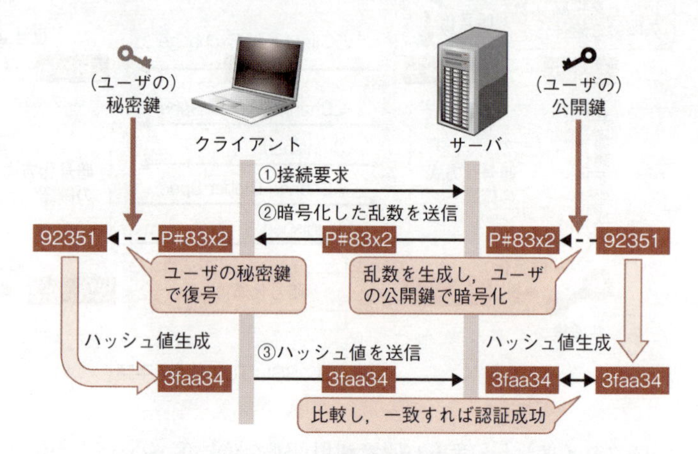

図6.14：SSHの認証手順

(1) 事前にクライアントの公開鍵をSSHサーバに登録する。
(2) クライアントがサーバに対して接続要求を行う（①）。
(3) サーバは乱数を生成し，クライアントの公開鍵で暗号化して，クライアントへ送信する（②）。
(4) クライアントは受け取ったデータを秘密鍵で復号し，取り出した乱数でハッシュ値を生成した後，サーバへ送信する（③）。
(5) サーバは，受け取ったハッシュ値と(3)で生成した乱数からのハッシュ値とを比較し，認証する。

インターネットを介したプライベートネットワーク接続時のセキュリティ対策：VPN

VPNは，インターネット上に仮想的な専用線（プライベートネットワーク）を構築する技術の総称です。

VPN接続は，接続元と接続先のVPNルータ（VPNゲートウェイ）間で通信路を確立します。この通信路内のデータ（パケット）は，一般のIPパケットを暗号化し，新たなヘッダ情報を付加してカプセル化したものです。このパケットを使って送受信する方法を**トンネリング**と呼びます（図6.15）。

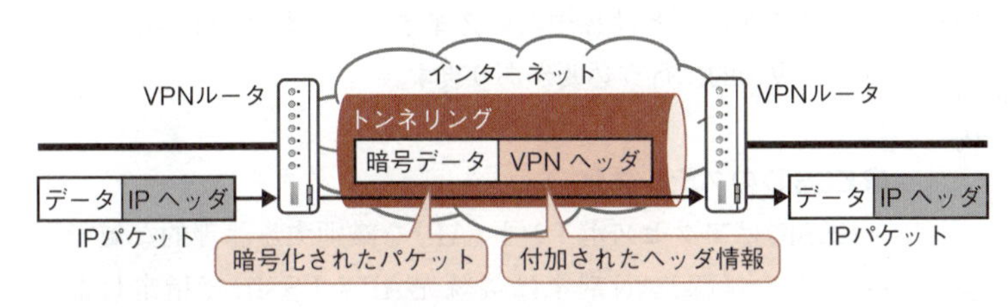

図6.15：トンネリング

通信事業者が提供するVPNサービスには，インターネット網を利用する「インターネットVPN」と閉鎖網を利用する「IP-VPN」があります。また，インターネットVPNでトンネリングを実現するプロトコルには，**IPsec**が標準的に使用されています。

IPsecにおいて，IPパケットの暗号化には共通鍵暗号方式を利用します。この方式では，VPNルータ間で暗号化鍵などの情報を秘密裏に交換し合うために，安全な通信路を確立する必要があります。これを**SA**（Security Association）と呼びます。実際の確立には，表6.16に示す2つのSAが必要になります。

表6.16：SAの種類

SA	内容
ISAKMP SA	最初に確立されるSA。双方向用の通信路のため，1つだけ生成される。暗号化鍵を安全に交換するしくみの1つとして，**Diffie-Hellman鍵交換法（DH法）**がある
IPsec SA	ISAKMP SAの確立後に生成するSAで，IPsecで暗号化したIPパケットを転送する。片方向用の通信路のため，送受信用の2つのIPsec SAを作成する必要がある

IPsecの通信モード：IPパケットの暗号化範囲により，2つのモードがあります。

- **トランスポートモード：**データのみを暗号化し，IPヘッダを暗号化しない。
- **トンネルモード：**IPパケット全体を暗号化する。

Diffie-Hellman鍵交換法：事前の共有化を行うことなく暗号化鍵を安全に共有することが可能な鍵交換アルゴリズム。離散対数問題を利用した公開鍵暗号方式を用い，両者で必要となる暗号化鍵を配送する方式のことです。

6

2つのSAの確立を自動生成し，管理を行うプロトコルに**IKE**があります。

IKEは，IPsecに必要な暗号化アルゴリズムの決定や暗号化鍵の共有，通信相手の認証などを行います。また，IKEの通信は暗号化されており，通信内容が解読されることはありません。

> **用語**
> **IKE：**Internet Key Exchange

> **参考**
> **IPsecのプロトコル：**IPパケットをIPsecによってカプセル化するときには，次の2つのIPsecプロトコルが利用できます。
> - **AH：**パケットの暗号化は行わず，改ざん検知の認証を行う。
> - **ESP：**パケットの暗号化を行い，改ざん検知の認証も行う。

無線LAN接続時のセキュリティ対策

無線LANでは，電波の届く範囲内にいれば誰でも通信を傍受することが可能です。そのため，通信データをWPAやWPA2で暗号化することは必須といえますが，それ以外にも，以下の対策を複合的に行う必要があります。

●ESSIDのステルス化

ESSIDはアクセスポイント（AP）を識別する論理的な値です。PCなどの無線LAN端末は接続先APをESSIDで指定します。ESSIDはAPから定期的に送信されるビーコン信号により周辺に通知されます。このため，ESSIDは誰でも見ることができます。

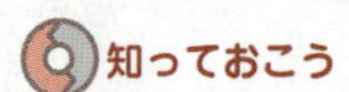

> **知っておこう**
> **プライバシーセパレータ：**同一のアクセスポイントに無線接続している端末同士の通信を禁止する機能です。

ESSIDの**ステルス化**は，ビーコン信号による周辺への通知を止める機能です。これにより，接続先APのESSIDを知っている無線LAN端末のみが接続できるようになるため，セキュリティが向上します。しかし，無線LAN端末から送信されるAPへの接続要求にはESSIDが含まれるため，傍受されるとESSIDが知られることになり，根本的な対策にはなりません。

●MACアドレスフィルタリングの適用

APへの接続を許可する無線LAN端末のMACアドレスを登録し，未登録の無線LAN端末からはアクセスさせないフィルタリング機能です。ただし，最近ではMACアドレスを簡単に偽装できるツールがあるため，これも根本的な対策になりません。

> **用語**
> **IEEE 802.1X：**IEEEで策定された認証規格の1つ。LAN全般に向けた仕様として策定されましたが，現在では無線LANの標準的な仕様として利用されています。
> **EAP（PPP Extensible Authentication Protocol）：**データリンク層プロトコルのPPPで利用されている認証機能を強化・拡張した認証プロトコル。

●IEEE 802.1X（EAP）による認証

IEEE 802.1Xを利用すると，ユーザ認証を強化できます。

IEEE 802.1Xによる認証システムは，「サプリカント」「オーセンティケータ」「認証サーバ」の3つの要素により構成され，各要素の通信プロトコルとして**EAP**を使用します。EAPによる認証手順は次のとおりです（図6.16）。

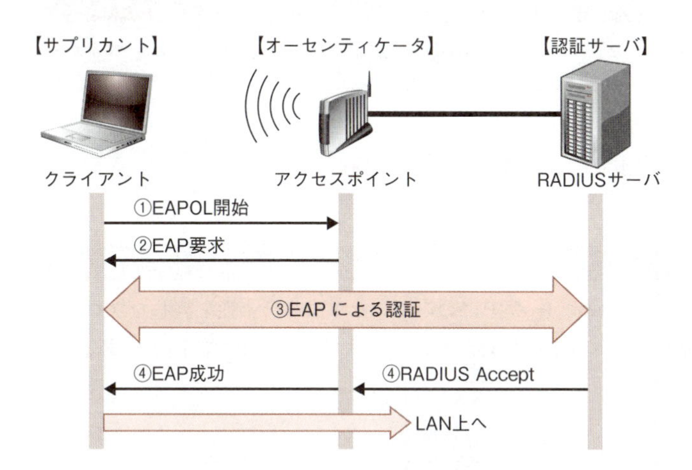

図6.16：IEEE 802.1Xの構成と認証手順

(1) サプリカントがオーセンティケータに実行したい認証方式を指定して，認証開始要求（EAPOL）を送信する（①）。この時点でLANへの接続は一時的にブロックされる。

(2) オーセンティケータは，指定された認証方式を通知し，EAP認証処理を開始する（②）。

(3) 認証方式に従い，ユーザ認証を行う（③）。EAPでは，表6.17に示す4つの認証方式があり，各要素の認証に使用する情報がそれぞれ異なる。

表6.17：EAPがサポートする認証方式

方式名	クライアント認証	サーバ認証
EAP-TLS	ディジタル証明書	ディジタル証明書
EAP-TTLS	ユーザ名／パスワード	ディジタル証明書
EAP-PEAP	ユーザ名／パスワード	ディジタル証明書
EAP-MD5	ユーザ名／パスワード	ユーザ名／パスワード

(4) 認証が成功すると，認証サーバからサプリカントに認証成功を通知し（④），ブロックを解除して通信を開始する。

参考

EAPによる認証方式：

- **EAP-TLS：** サプリカント・認証サーバ間でTLSによる相互認証を行う方式。
- **EAP-TTLS：** TLSによる認証を拡張した方式。サプリカントには，EAP-TTLSに対応したツールを入れる必要がある。
- **EAP-PEAP：** サプリカントの認証にEAP準拠の方式を利用する点を除けば，EAP-TTLSとほぼ同じ。
- **EAP-MD5：** サプリカントの認証はMD5によるチャレンジレスポンス方式でパスワードを暗号化して行う。サーバ認証は行わず，また，認証時の通信内容は暗号化されないため，無線LANでの認証方式には向かない。

例題1

OSI基本参照モデルのネットワーク層で動作し，“認証ヘッダ（AH）”と“暗号ペイロード（ESP）”の二つのプロトコルを含むものはどれか。

ア IPsec　イ S/MIME　ウ SSH　エ XML暗号

解説

IPsecは，第3層のプロトコルであるIPにおいて，セキュリティ性を施したプロトコルです。IPsecは複数のプロトコルを集めたものの総称で，その中に設問中にあるAHとESPが含まれています。

よって，正解はアです。

《解答》ア

例題2

HTTPS（HTTP over SSL/TLS）の機能を用いて実現できるものはどれか。

ア SQLインジェクションによるWebサーバへの攻撃を防ぐ。
イ TCPポート80番と443番以外の通信を遮断する。
ウ Webサーバとブラウザの間の通信を暗号化する。
エ Webサーバへの不正なアクセスをネットワーク層でのパケットフィルタリングによって制限する。

解説

HTTPSは，Webサーバとブラウザ間のHTTP通信をSSL/TLSを使用して，通信内容の暗号化や電子証明書によるサーバ認証を行う通信プロトコルです。よって，正解はウです。

ア：WAFの機能の説明です。
イ：ファイアウォールの機能の説明です。
エ：ファイアウォールの機能の説明です。

《解答》ウ

脆弱性と対策 《出題頻度 ★★★》

6-9 電子メールの脆弱性と対策

電子メールの送受信で使われるSMTPやPOP3は，現在でも利用されるプロトコルです。しかし，近年多く見られる迷惑メールやメールの盗聴などは，SMTPやPOP3に存在する脆弱性が主な原因となっています。

電子メールの脆弱性

電子メールで利用されるSMTPとPOP3のプロトコルには，次のような脆弱性があります。

- 送受信するメールは，暗号化せず平文で流れる。
- 受信時の認証情報（ユーザID／パスワード）を暗号化せずに情報のやり取りが行われる。
- メールの送信者を簡単に偽装することができるが，送信者を認証するしくみがない。

そのため，第三者による通信データの盗聴やなりすまし，迷惑メールを防ぐことができません。

セキュリティ対策

具体的なセキュリティ対策は，代表的なものとして，表6.18に示すセキュリティ技術が使われます。

表6.18：電子メールで使われるセキュリティ技術

送信／受信	セキュリティ技術
送信時	・SMTP Authentication（SMTP-AUTH） ・Outbound Port25 Blocking（OP25B） ・SMTP over SSL/TLS（SMTPS） ・S/MIME，PGP
受信時	・SPF ・Authentication POP（APOP） ・POP3 over SSL/TLS（POP3S）

SMTP Authentication（SMTP-AUTH）

ユーザ認証を備えた送信プロトコルです。使用するには，メールサーバとクライアントのメールソフトがプロトコルに対応している必要があります。認証方式は，次ページ表6.19に示す4つがサポートされています。

6

表6.19：SMTP-AUTHの認証方式

認証方式	概要
PLAIN	ユーザIDとパスワードを平文で送信する方式
LOGIN	方式はPLAINと同じだが，標準化されていない。そのため，実装方法がISPによって異なり，互換性が低い
CRAM-MD5	メールサーバからの任意の文字列（チャレンジ）と共通パスワードからMD5によるメッセージダイジェストで認証
DIGEST-MD5	CRAM-MD5のセキュリティ機能を強化し，辞書攻撃や総当たり攻撃への対応も行える

Outbound Port25 Blocking（OP25B）

従来のSMTP通信と比較して，以下の点が異なります（図6.17）。

- 正規利用者からのメールは，587番ポート（サブミッションポート）を使用する。
- メールサーバ間は，通常の25番ポートを使用する。
- ISPのメールサーバを経由しない外部からの25番ポート宛てのSMTP通信は遮断する。

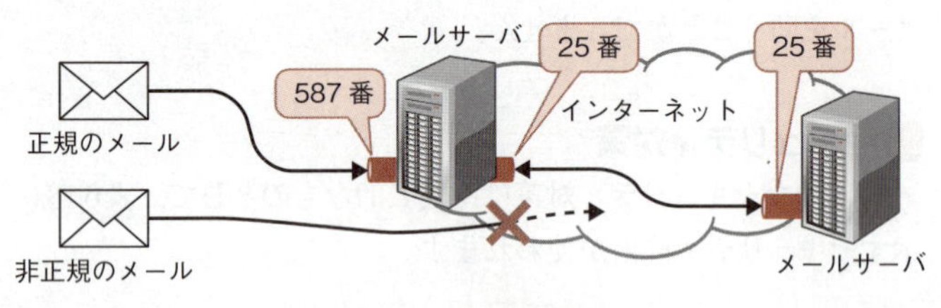

図6.17：OP25B

SMTP over SSL/TLS（SMTPS）

SSL（またはTLS）による暗号化を行ったSMTP通信です。ただし，暗号化はクライアントとメールサーバ間のみで行われます。

S/MIME，PGP

メール本文を暗号化するものとして，S/MIME（Secure Multipurpose Internet Mail Extensions）とPGP（Pretty Good Privacy）があります。どちらの方法にも次の特徴があります。

- 本文および添付ファイルの暗号化と電子署名が行える。
- 公開鍵暗号方式を利用する。

両者の相違点は，公開鍵の正当性を証明する方法です。S/MIMEでは認証局（CA），PGPではユーザ間で互いに署名し合う

知っておこう

MIME：電子メールで音声や動画などの各種形式を扱うための規格です。MIMEでは，BASE64やQuoted-Printableなどの方法でテキストデータに変換し，送信を行います。

「信用の輪（Web of Trust）」で確認を行います。

SPF

メールの送信元IPアドレスを基に，受信側で送信元メールサーバを認証する方式です。これにより，送信元メールアドレスを偽装したメールを防ぐことができます。

実装は，送信元ドメインのDNSサーバに正規のメールサーバのIPアドレスを記した**SPFレコード**を登録することで行います。

SPFの実装例と認証の流れを図6.18に示します。この図では，メールの送信元ドメイン（aaa.co.jp）のDNSに，そのドメイン内からメール送信を許すメールサーバのIPアドレス（209.165.201.1）をSPFレコードとして登録しています。

用語

SPF： Sender Policy Framework

SPF以外での送信元メールサーバの認証方式：

- Sender ID
- DomainKeys
- DKIM

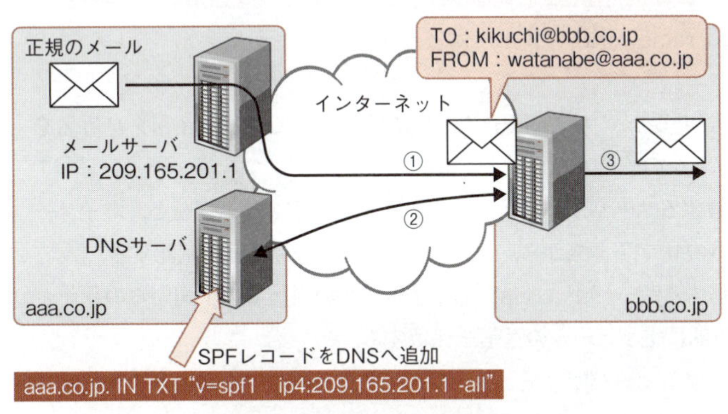

図6.18：SPFの実装例と手順

メールが送信され，受信側のメールサーバに届いたときの認証手順は次のとおりです。

(1) メールを受信する（①）。
(2) 送信元メールアドレス（FROM）のドメインを基に，ドメイン内のメールサーバからの送信であるかを送信元のDNSサーバに確認する（②）。
(3) 確認が取れた場合は，メールを受け取る（③）。

6

Authentication POP（APOP）

メール受信時のユーザ認証において，チャレンジレスポンス方式により，ユーザ情報（ユーザIDとパスワード）を平文で送ることなく認証する方法です。

ただし，メール自体は平文のまま送信されます。

POP3 over SSL/TLS（POP3S）

SSL（またはTLS）による暗号化を行ったPOP3通信です。ただし，暗号化はSMTPSと同様にクライアントとメールサーバ間のみです。

例題

SPF（Sender Policy Framework）の仕組みはどれか。

ア 電子メールを受信するサーバが，電子メールに付与されているディジタル署名を使って，送信元ドメインの詐称がないことを確認する。

イ 電子メールを受信するサーバが，電子メールの送信元のドメイン情報と，電子メールを送信したサーバのIPアドレスから，ドメインの詐称がないことを確認する。

ウ 電子メールを送信するサーバが，送信する電子メールの送信者の上司からの承認が得られるまで，一時的に電子メールの送信を保留する。

エ 電子メールを送信するサーバが，電子メールの宛先のドメインや送信者のメールアドレスを問わず，全ての電子メールをアーカイブする。

解説

SPFはメールの送信元IPアドレスを基に，受信側で送信元メールサーバを認証する方式です。これにより，送信元メールアドレスを偽装したメールを防ぐことができます。

よって，正解はイです。

《解答》イ

脆弱性と対策 《出題頻度 ★★★》

6-10 アプリケーションの脆弱性と対策

アプリケーションに潜む脆弱性は，正常動作への障害やマルウェアによる被害をもたらします。ここでは，「バッファオーバフロー」「セッションハイジャック」「SQLインジェクション」「クロスサイトスクリプティング」について説明します。また，WAF（Web Application Firewall）についても説明します。

バッファオーバフロー（BOF）

アプリケーションは，さまざまなデータを処理・保存しながら動作します。扱うデータは，データの幅（量）を考慮しながらメモリに格納する必要があります。しかし，本来格納できるデータ量を超えてデータを格納（これを，**バッファオーバフロー**と呼ぶ）した場合，不具合が生じます。

たとえば，次の擬似言語で宣言した2つの変数があるとします。

- 文字型：ch1= a
- 文字型：ch2 ［ ］＝ ｛“T”“, o”“, k”“, y”“, o”｝

この2つの変数が図6.19上段に示すメモリ上に格納されたとします。ここで，変数ch1に格納量を超えたデータを保存した場合，図6.19下段のように変数ch2の値が書き換えられてしまいます。

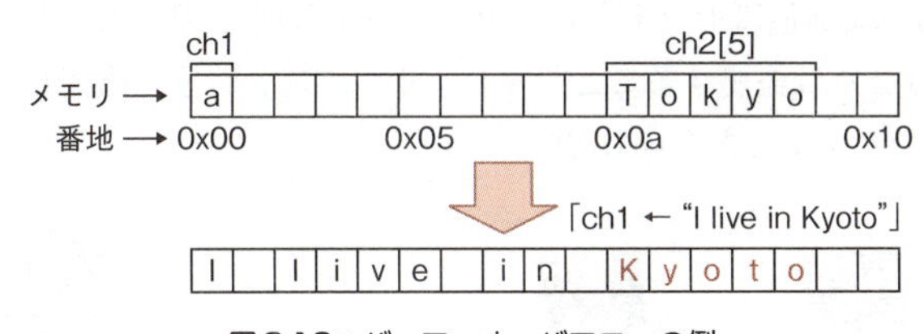

図6.19：バッファオーバフローの例

BOFを悪用した手法では，実際にはメモリのスタック領域を使った攻撃がよく行われます。スタックは，サブルーチンの呼出し時に自動的にメモリ上に確保され，主プログラムへの戻り値や変数値を格納します。

この攻撃では，不正動作を起こすプログラムの先頭番地に誘導するようにBOFを発生させ，意図しない動作を引き起こさせるようにします（次ページ図6.20）。

参考

スタック領域以外にも，ヒープ領域（実行中に動的に確保可能なメモリ領域）を使った攻撃があります。

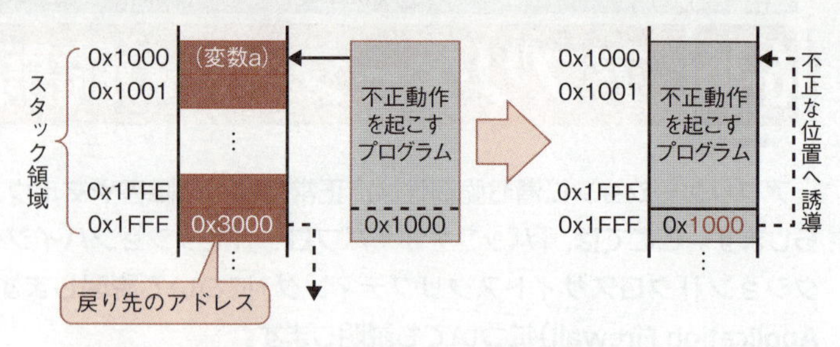

図6.20：スタックを利用したBOF

バッファオーバフローのセキュリティ対策

アプリケーション上でデータ格納時の容量チェックが行われていないことが原因であるため，その処理を施した修正プログラムの適用が必要です。また，外部からデータを受け取るような場合は，IPSなどでポートを遮断する方法もあります。

セッションハイジャック

通信を行うアプリケーション間のセッションを奪い取り，他人になりすましてアクセスする行為のことです。

Webアプリケーションでは，ページ間を関連付けて処理をする場合，**セッションID**を生成してURLやCookieにセットして利用者と情報をやり取りします。セッションハイジャックでは，URL，Cookieにセットされたセッション IDを推測（総当たり法など）または盗聴することで奪い，リクエスト信号を偽装して他人になりすまします（図6.21）。

参考

ステートレス性：HTTPによるページへのアクセスは，「リクエスト」と「レスポンス」を1対としたやり取りで行います。たとえば，「ログインページ」と「（ログイン後の）メインページ」は別々の「リクエスト」と「レスポンス」で得られます。また，各ページは互いに関連性をもたない独立したページです。これを，「ステートレス性」と呼びます。

ページ間に関連をもたせる場合は，セッションIDを発行して管理します。

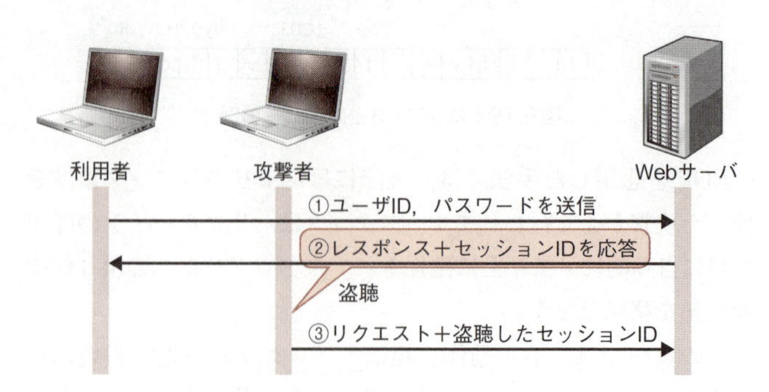

図6.21：盗聴によるセッションハイジャック

セッションハイジャックのセキュリティ対策

セッションIDが攻撃者に“推測されない”または“盗聴できない”ようにアプリケーションを作る必要があります。

“推測されない”ようにする方法として，乱数やハッシュを用いたセッションIDの作成が挙げられます。“盗聴できない”ようにするには，SSL/TLSで通信を暗号化する方法があります。

SQLインジェクション

データベース（SQL）を利用したWebアプリケーションにおいて，利用者の入力欄に故意にSQL文の一部を入力し，本来とは異なる動作を引き起こさせる攻撃手法です。

例として，ユーザアカウント情報（ユーザID，パスワード）をデータベースで管理し，ログイン処理時に登録されたユーザであるかをSQLで問い合わせるシステムを図6.22に示します。

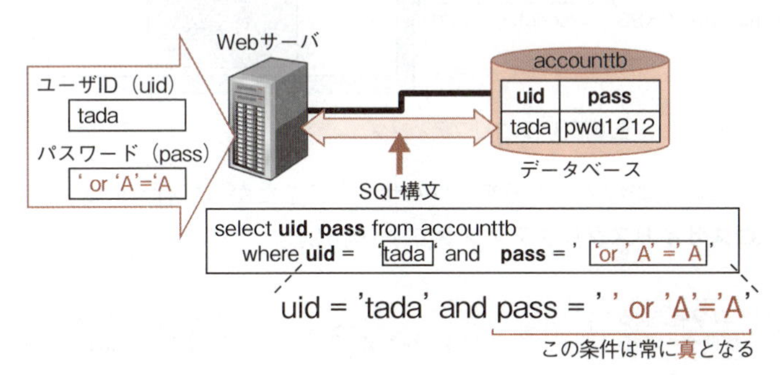

図6.22：SQLインジェクション

図6.22において，パスワードの入力欄にSQL文とうまくつながるような不正コードを入力します。この不正コードの入力により，パスワードを知らなくてもログインができるようになります。

SQLインジェクションのセキュリティ対策

対策としては，**エスケープ処理**による特殊文字の無効化操作があります。これを**サニタイジング**と呼びます。

SQLにおいて，「'」「%」「¥」「；」などの記号はメタ文字と呼ばれ，SQL文法上特別な意味をもちます。エスケープ処理は，入力データ中のメタ文字を通常の文字として置き換えます。たとえば，「'」は「''」に置き換えられて通常の文字として扱われます。

知っておこう

バインド機構：バインド機構はSQLインジェクション対策の1つで，変動箇所（プレースホルダ）を含むSQL文の雛型を用意し，後に変動箇所に実際の値（バインド値）を与えてSQL文を組み立てる機構のことです。バインド値は定数または文字列の変数に格納して扱うため，エスケープ処理の必要がありません。

参考

SQLのメタ文字：

\ | ( ) [ ] { } < > ^
$ * + ? . & ; ' ` ¯

クロスサイトスクリプティング(XSS)

スクリプト言語(JavaScriptやPHPなど)で作成されたWebアプリケーションの脆弱性を利用した攻撃手法の1つです。

図6.23の例では，通常は入力欄に文字を入力しますが，脆弱性のあるサイトでは，入力欄にスクリプトを入力するとそのスクリプトの内容を実行できてしまいます。これを**スクリプティング**と呼びます。

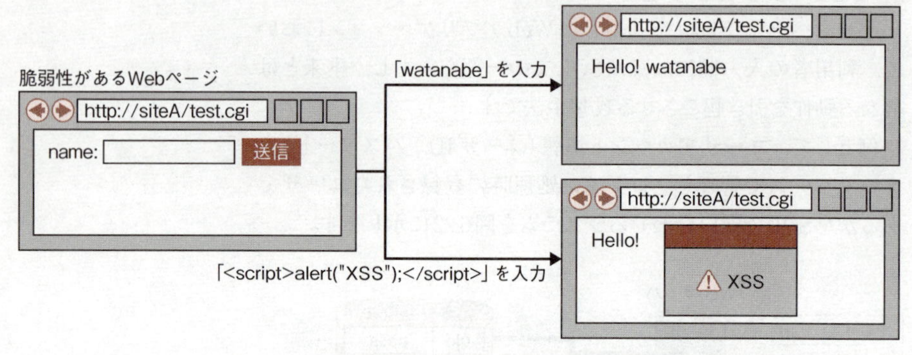

図6.23：スクリプティング

この脆弱性のしくみを2つのサイトにまたがって行うのが，**クロスサイトスクリプティング**です(図6.24)。

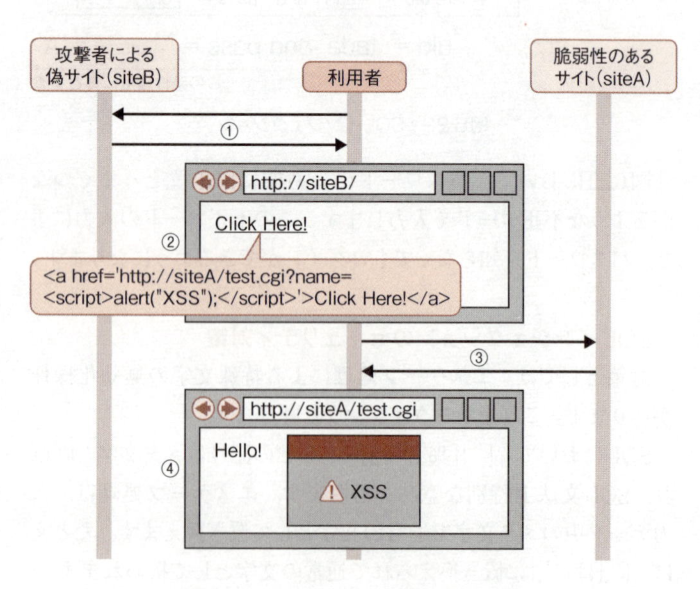

図6.24：クロスサイトスクリプティング

(1) 攻撃者は，利用者を誘惑し偽サイトに誘導する（①）。
(2) 利用者は，表示されたリンクをクリックし，脆弱性のあるサイト側へアクセスする。このリンクは，不正なスクリプトを含む内容となっている（②）。
(3) 脆弱性のあるサイトでは，(2) で送信された不正なスクリプトを含むWebページを生成し，利用者側へ送信する（③）。
(4) 受け取ったWebページをブラウザで表示する際に，不正なスクリプトが実行される（④）。

参考
Webサーバのコンテンツの改ざんを検知する方法： 1つの方法として，Webサーバのコンテンツの各ファイルのハッシュ値を保管しておき，定期的に各ファイルから生成したハッシュ値と比較することで検知を行えます。

クロスサイトスクリプティングのセキュリティ対策

入力される内容をそのまま当てはめて実行することが脆弱性の原因となります。これはSQLインジェクションと同じであり，対策としてはHTMLの文法上特別な意味をもつメタ文字（「<」「&」「"」など）に対するエスケープ処理を行います。

参考
HTMLにおけるエスケープ処理の例
・< → <
・> → >
・& → &
・' → '
・" → "

6

WAF（Web Application Firewall）

通常のファイアウォールでは，パケットのIPヘッダを参照していますが，データ部分をチェックしていません。また，IPSにおいてもアクセスフローのチェックを行いますが，上述した各脆弱性への制御に適用することはできません。

WAFは，パケットのデータ部分まで詳細にチェック（宛先ホスト，HTTPヘッダ情報，POSTデータ，Cookieなど）するため，バッファオーバフローを引き起こすデータの阻止や，セッションハイジャック，SQLインジェクション，クロスサイトスクリプティングなどのWebアプリケーションに対する攻撃の検知・排除ができます。

ホワイトリスト方式とブラックリスト方式

WAFにおいて通信を遮断する際の方式には，「正常な通信の検出パターン」に該当する通信のみを許可するホワイトリスト方式と，「不正な通信の検出パターン」に該当する通信を遮断するブラックリスト方式があります。

知っておこう
ホワイトリスト： 正常な通信の検出パターンが登録されたリストのこと。
ブラックリスト： ホワイトリストの逆で，不正な通信の検出パターンが登録されたリストのこと。

例題1

クライアントとWebサーバの間において，クライアントからWebサーバに送信されたデータを検査して，SQLインジェクションなどの攻撃を遮断するためのものはどれか。

ア SSL-VPN機能
イ WAF
ウ クラスタ構成
エ ロードバランシング機能

解説

WAFは，Webアプリケーションの通信に対する監視を主としたファイアウォールです。WAFでは，パケットのデータ部分まで詳細にチェック（宛先ホスト，HTTPヘッダ情報，POSTデータ，Cookieなど）するため，バッファオーバフローを引き起こすデータの阻止や，セッションハイジャック，SQLインジェクション，クロスサイトスクリプティングなどのWebアプリケーションに対する攻撃の検知・排除ができます。

よって，正解はイです。

《解答》イ

例題2

SQLインジェクション対策として行う特殊文字の無効化操作はどれか。

ア クロスサイトスクリプティング
イ サニタイジング
ウ パケットフィルタリング
エ フィッシング

解説

SQLにおいて，「'」「%」「¥」「；」などのメタ文字は，SQL文法上特別な意味をもつ特殊文字です。SQLインジェクションは，入力するデータの中にメタ文字を含めることで，本来とは異なる動作を引き起こさせる攻撃手法です。

SQLインジェクション対策では，エスケープ処理により特殊文字を通常の文字に置き換えて無害化します。これをサニタイジングと呼びます。

よって，正解はイです。

《解答》イ

6-11 演習問題

問1 コンピュータウイルス　CHECK ▶ □□□

データの破壊，改ざんなどの不正な機能をプログラムの一部に組み込んだものを送ってインストールさせ，実行させるものはどれか。

ア　DoS攻撃　　イ　辞書攻撃
ウ　トロイの木馬　　エ　バッファオーバフロー攻撃

問2 情報セキュリティの目的と脅威　CHECK ▶ □□□

図のように，クライアント上のアプリケーションがデータベース接続プログラム経由でサーバ上のデータベースのデータにアクセスする。データベース接続プログラム間で送受信されるデータが，通信経路上で盗聴されることに対する対策はどれか。

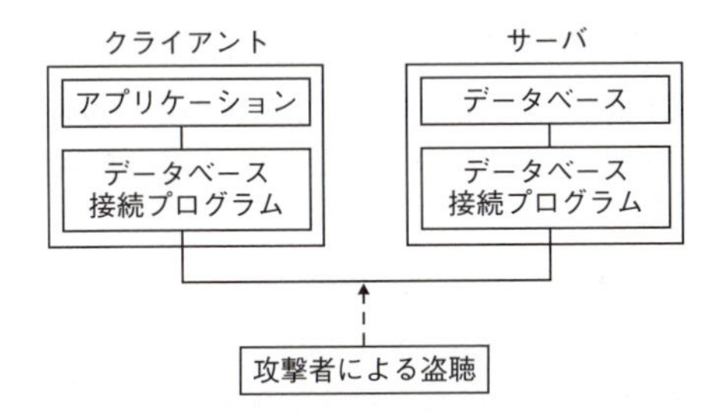

ア　クライアント側及びサーバ側にあるデータベース接続プログラム間の通信を暗号化する。
イ　サーバ側のデータベース接続プログラムにアクセスできるクライアントのIPアドレスを必要なものだけに制限する。
ウ　サーバ側のデータベース接続プログラムを起動・停止するときに必要なパスワードを設定する。
エ　データベース接続プログラムが通信に使用するポート番号をデータベース管理システムによって提供される初期値から変更する。

問3 情報セキュリティの運用　CHECK ▶ □□□

ISMSプロセスのPDCAモデルにおいて，PLANで実施するものはどれか。

ア 運用状況の管理
イ 改善策の実施
ウ 実施状況に対するレビュー
エ 情報資産のリスクアセスメント

問4 暗号化技術 CHECK ▶ □□□

公開鍵暗号方式に関する記述として，適切なものはどれか。

ア AESなどの暗号方式がある。
イ RSAや楕円(だえん)曲線暗号などの暗号方式がある。
ウ 暗号化鍵と復号鍵が同一である。
エ 共通鍵の配送が必要である。

問5 認証技術

バイオメトリクス認証には身体的特徴を抽出して認証する方式と行動的特徴を抽出して認証する方式がある。行動的特徴を用いているものはどれか。

ア 血管の分岐点の分岐角度や分岐点間の長さから特徴を抽出して認証する。
イ 署名するときの速度や筆圧から特徴を抽出して認証する。
ウ どう孔から外側に向かって発生するカオス状のしわの特徴を抽出して認証する。
エ 隆線によって形作られる紋様からマニューシャと呼ばれる特徴点を抽出し認証する。

問6 暗号化技術 CHECK ▶ □□□

ディジタル署名付きのメッセージをメールで受信した。受信したメッセージのディジタル署名を検証することによって，確認できることはどれか。

ア メールが，不正中継されていないこと
イ メールが，漏えいしていないこと
ウ メッセージが，改ざんされていないこと
エ メッセージが，特定の日時に再送信されていないこと

問7 情報セキュリティの目的と脅威 CHECK ▶ □□□

DNSキャッシュポイズニングに分類される攻撃内容はどれか。

ア DNSサーバのソフトウェアのバージョン情報を入手して，DNSサーバのセキュリティホールを特定する。
イ PCが参照するDNSサーバに誤ったドメイン情報を注入して，偽装されたWeb

サーバにPCの利用者を誘導する。

ウ　攻撃対象のサービスを妨害するために，攻撃者がDNSサーバを踏み台に利用して再帰的な問合せを大量に行う。

エ　内部情報を入手するために，DNSサーバが保存するゾーン情報をまとめて転送させる。

問8　利用者認証　CHECK ▶ □□□

利用者認証に関する次の記述を読んで，設問1，2に答えよ。

X社では，社外の端末から社内のサーバへのリモートログインを可能にするため，利用者認証の方式を検討している。社内では，利用者IDとパスワードをサーバに送信する方式を使用しており，そのパスワードの強化を含め，次の三つの方式の安全性を検討している。

〔方式1：利用者IDとパスワード方式〕

端末は，利用者が入力した利用者IDとパスワードをサーバに送信する。サーバは利用者IDから登録されているパスワードを検索し，送信されたパスワードと照合することによって，ログインの可否を応答する。利用者IDとパスワード方式を図1に示す。

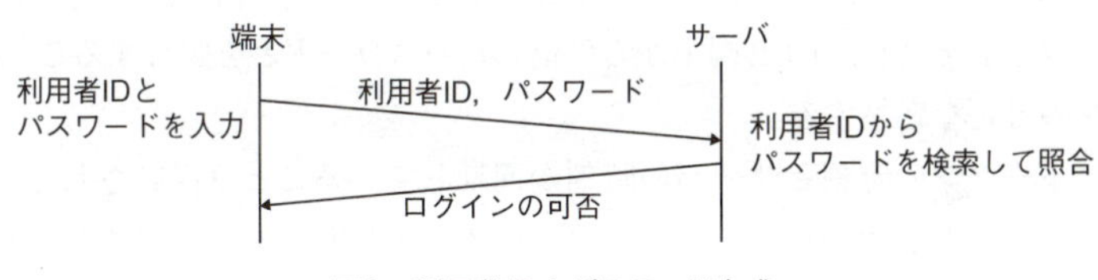

図1　利用者IDとパスワード方式

〔方式2：チャレンジレスポンス方式〕

端末は，利用者が入力した利用者IDをサーバに送信する。サーバは，利用者IDを受信すると，ランダムに生成したチャレンジと呼ばれる値 c を端末に送信する。端末は，利用者が入力したパスワード p とチャレンジ c から，ハッシュ値 $h(p, c)$ を計算して，レスポンスの値としてサーバに送信する。サーバは，利用者IDから登録されているパスワード p' を検索し，端末と同じハッシュ関数 h を使って計算したハッシュ値 $h(p', c)$ とレスポンスの値とを照合することによって，ログインの可否を応答する。ここで，ハッシュ関数 h は公知のものであり，どの端末でも計算可能とする。チャレンジレスポンス方式を図2に示す。

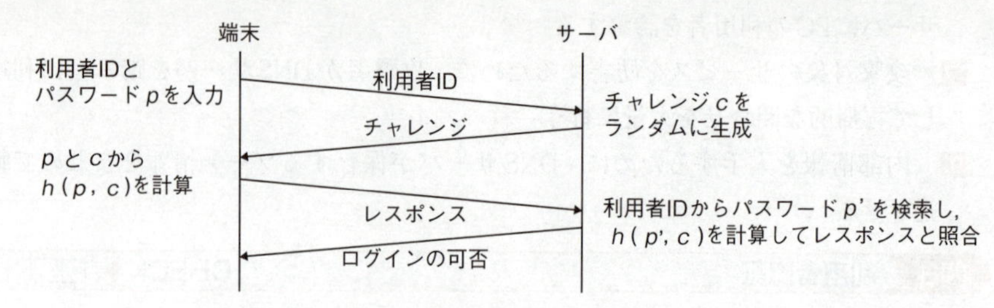

図2 チャレンジレスポンス方式

〔方式3：トークン（パスワード生成器）方式〕

利用者には，自身の利用者IDが登録されたトークンと呼ばれるパスワード生成器を配布しておく。トークンの例を図3に示す。

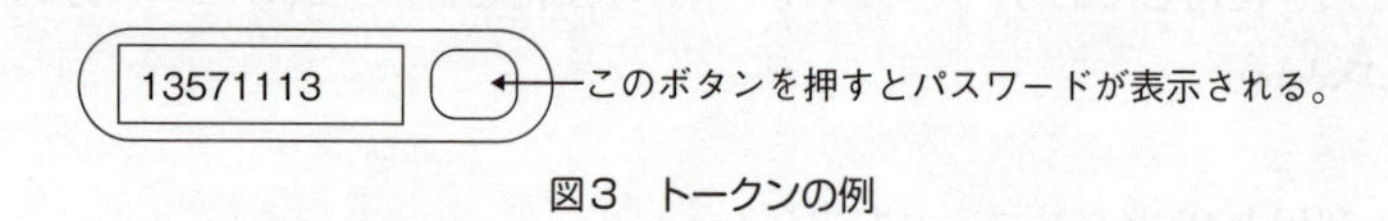

図3 トークンの例

トークンは時計を内蔵しており，関数gを使って，利用者IDであるuと時刻 tに応じたパスワード$g(u,\ t)$を生成し表示することができる。利用者は，利用者IDとトークンが生成し表示したパスワードを入力し，端末はこれらをサーバに送信する。サーバは，利用者IDであるuとサーバの時刻tからトークンと同じ関数gを使って生成したパスワード$g(u,\ t)$と端末から受信したパスワードとを照合することによって，ログインの可否を応答する。

なお，トークンの時刻とサーバの時刻が同期していることは保証されており，トークンのパスワード表示からサーバにおけるパスワード生成までの遅延も，一定の時間は許容する。トークン方式を図4に示す。

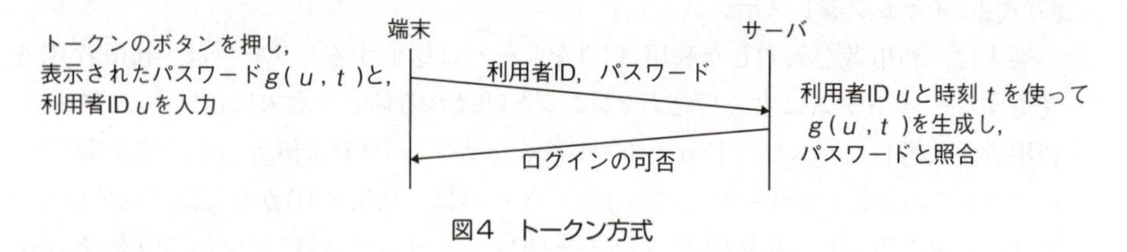

図4 トークン方式

設問1 パスワードの強度に関する次の記述中の空欄に入れる正しい答えを，解答群の中から選べ。

方式1，2では，利用者がパスワードを設定する。これらの方式を採用する場合には，容易には推定されないパスワード，すなわち，十分な強度をもつパスワードを，利用者に設定してもらう必要がある。

パスワードの強度を高めるためには，パスワードを長くすることやパスワードに利用する文字の種類を増やすことが考えられる。たとえば，英小文字26文字だけからなる8文字のパスワードに対して，総当たり方式による発見に必要な最大時間を1とすると，パスワードの長さを10文字にすれば必要な最大時間は [a] となる，また，同じ8文字であっても，英大文字も使用する場合，必要な最大時間は [b] となる。

解答群

ア 1.25　　イ 2　　ウ 208　　エ 256
オ 260　　カ 676　　キ 1,024

設問2 盗聴のリスクに関する次の記述中の空欄に入れる正しい答えを，解答群の中から選べ。解答は，重複して選んでもよい。

利用者認証の方式によっては，不正な方法によって入手した情報（たとえば利用者IDとパスワード）をそのまま利用することによって，不正ログインが行われる可能性がある。

(1) 社外からの通信経路上で通信内容が盗聴された場合，盗んだ情報をそのまま利用することによって，利用者がパスワードを変更しない限り，サーバへの不正ログインがいつでも可能になるのは，[c] である。ただし，通信経路は暗号化されていないものとする。
(2) 社外からのリモートログインに利用する端末上で，キーボード入力を読み取って，第三者に送信するプログラムが動作していた場合，盗んだ情報をそのまま利用することによって，利用者がパスワードを変更しない限り，サーバへの不正ログインがいつでも可能になるのは，[d] である。
(3) 誤って不正なサーバに接続して通常のログイン操作を行った場合，誤接続したサーバ上で端末から送信された情報が盗まれる場合がある。この盗んだ情報をそのまま利用することによって，利用者がパスワードを変更しない限り，サーバへの不正ログインがいつでも可能になるのは，[e] である。

解答群

ア 方式1だけ　　イ 方式2だけ　　ウ 方式3だけ
エ 方式1，2だけ　　オ 方式1，3だけ　　カ 方式2，3だけ
キ 方式1，2，3すべて

6-12 演習問題の解答

問1 《解答》ウ

無害なプログラムを装って侵入し，ユーザの実行によって発病するウイルスは，トロイの木馬です。よって，ウが正解です。

ア：サーバに対して接続要求を大量に送信し，サービスを停止させる攻撃です。

イ：パスワードクラックの一種で，辞書に載る単語を1つずつ試し，パスワードを見つけ出す手法です。

エ：プログラムの脆弱性を利用した攻撃手法で，許容範囲以上のデータを受信させ，システムに誤動作を引き起こさせる攻撃です。

問2 《解答》ア

通信路上に流れるデータを第三者に盗聴されないようにする方法は，暗号化です。解答欄では，アが相当します。

イ：ファイアウォールにおけるフィルタリング設定の説明です。特定のクライアントからのアクセス制御には役立ちますが，盗聴を防ぐことはできません。

ウ：データベースの運用管理におけるセキュリティ向上手法の説明です。

エ：DoS攻撃に対するセキュリティ対策の説明です。DoS攻撃では，一般的に使われるWebアプリケーションのポート番号を使用して攻撃するため，ポート番号を変えることで，DoS攻撃を防ぐことができます。

問3 《解答》エ

ア：PDCAサイクルのDoに相当します。

イ：PDCAサイクルのActに相当します。

ウ：PDCAサイクルのCheckに相当します。

エ：PDCAサイクルのPlanに相当します。

よって，エが正解です。

問4 《解答》イ

公開鍵暗号方式では，対となる鍵(公開鍵と秘密鍵)があり，一方で暗号化したものは他方の鍵のみで復号できます。また，公開鍵は認証局にあらかじめ登録する必要があります。公開鍵暗号方式で使用する暗号方式は，RSAや楕円曲線暗号です。よって，イが正解です。その他のアウエは，共通鍵暗号方式の特徴です。

問5 《解答》イ

ア：静脈認証のことであり，身体的特徴を抽出した認証方式です。

イ：筆圧は人間の行為によるものであるため，行動的特徴を抽出した認証方式です。

ウ：虹彩認証のことであり，身体的特徴を抽出した認証方式です。

エ：指紋認証のことであり，身体的特徴を抽出した認証方式です。

よって，イが正解です。

問6 《解答》ウ

ディジタル署名は，元の文(平文)からハッシュ関数を通してダイジェストを生成し，これを送信者の秘密鍵で暗号化したデータのことです。受信者が，このディジタル署名を送信者の公開鍵から復号できれば，正規の送信者からのものであることがわかります(なりすましを防止)。また，復号により得たダイジェストと，送られた平文を同じハッシュ関数に通して求めたダイジェストを比較することで，改ざんの有無を見つけることも可能です。よって，ウが正解です。

問7 《解答》イ

DNSサーバは，ユーザからドメインに対する名前解決の問合せに対して，対応するIPアドレスを返す機能をもちます。この問合せは頻繁に行われるため，素早く対応するためにはDNSサーバにキャッシュ機能をもたせ，ユーザからの名前解決の問合せをキャッシュに保持し，以降同様の問合せがあった場合にキャッシュから取り出して返答をすることができます。

DNSキャッシュポイズニングは，このキャッシュに偽情報を登録し，ユーザを悪意のあるサイトへ誘導する行為のことをいいます。

よって，正解はイです。

問8

《解答》設問1：a－カ，b－エ　設問2：c－ア，d－エ，e－ア

設問1：空欄a

英文字の小文字(26文字)からなる8文字のパスワードにおいて，作成が可能なパター

ンは，「aaaaaaaa」から「zzzzzzzz」までのものがあります。よって，パターン数は26^8個になります。この文字列を10文字にすれば，パターン数は26^{10}個になります。

総当たり攻撃は，端から順に文字を変えていき，すべてのパターンを試す攻撃手法です。設問では，8文字のパスワードにおいて総当たり攻撃を行ったときに要する最大時間は1とあるため，10文字のパスワードを総当たり攻撃した場合にかかる時間は，次の式で求まります。

$$\frac{26^{10}}{26^8} = 26^{(10-8)} = 26^2 = 676$$

よって空欄aは**カ**が正解です。

設問1：空欄b

大文字が加わることで，使用できる文字数は26×2文字になります。このパスワード方式における総当たり攻撃に必要な時間は，次の式で求まります。

$$\frac{(26\times2)^8}{26^8} = \frac{26^8\times2^8}{26^8} = 2^8 = 256$$

空欄bの正解は**エ**です。

設問2：空欄c，d，e

各認証方式について，手順ごとに動作をまとめてみます。

【方式1】

① 端末から利用者IDとパスワードを入力しサーバに送信する。

② サーバは，利用者IDから登録されているパスワードを検索し，送信されたパスワードと照合する。

【方式2】

① 端末から利用者IDをサーバに送信する。

② サーバは利用者IDを受信すると，ランダムに生成したチャレンジを端末に送信する。

③ 端末は，入力したパスワードと受信したチャレンジから，ハッシュ値を計算して，レスポンスをサーバに送信する（パスワードは送信されない）。

④ サーバは，①の利用者IDから登録されているパスワードを検索し，端末と同じハッシュ関数を使って計算したハッシュ値とレスポンスの値とを照合する。

【方式3】

① 端末から利用者IDとトークンが生成した毎回異なるパスワードを入力し，サーバに送信する。

② サーバは，利用者IDと端末側のトークンと同期を取っているトークンでパスワードを生成し，端末から受信したパスワードと照合する。

問題は，上記の各方式において，不正に取得したパスワードを1回取得すれば，そのパスワードを使ってログインがいつでも可能になる方式を問うものです。

空欄cは通信路上の盗聴が原因となるものです。この場合，方式1の手順①および方式3の手順①でパスワードを盗聴できます。方式2では，パスワードが通信路上に流れることはありません。ただし，方式3では，ログインごとにパスワードが異なるため，1回の盗聴で得られたパスワードを次に使用することはできません。よって，正解は方式1のみのアになります。

空欄dは端末側のパスワードの不正取得が原因となるものです。この場合，方式1では手順①，方式2では手順③，方式3では手順①で，パスワードの盗聴が可能になります。ただし，方式3では，ログインごとに異なるパスワードを入力するため，取得したパスワードを使い続けることはできません。よって，方式1と方式2のエになります。

空欄eは不正なサーバへパスワードを送信することが原因となるものです。この場合，方式1では手順①，方式3では手順①で，パスワードの取得が可能になります。ただし，方式3では，ログインごとに毎回異なるパスワードを送信するため，盗聴したパスワードを使い続けることはできません。よって，方式1のみのアとなります。

6

テクノロジ系

第7章

システム開発技術

現在のシステム開発は，年々増加する開発規模の拡大や開発期間の短縮に対応できなければなりません。また，開発に携わる者も必然と多くなり，1つのシステムを複数人で開発することが当然のこととなっています。これらの理由により，システム開発の管理は，より複雑なものとなっています。システム開発を工程に分けて管理するのは，過酷化する現在のシステム開発に対応するための試みであり，企業内でシステム開発に携わる者にとって，システム開発工程や各工程で行われるさまざまな技法を知ることは，とても重要です。

システム開発プロセス 《出題頻度 ★★★》

7-1 システムのライフサイクル

システムの開発はユーザの要望をかなえることに等しく，要望をいかに開発の初期段階で具現化させるかが重要になります。また，開発したシステムが要望にかなったものであるかをテストすることも重要です。

システムのライフサイクル

システムの誕生から廃棄までの間には一連の流れがあります。

システムは，ユーザの求める要望から新しいシステムの**企画・計画**が行われ，それを基に**開発**されて誕生します。開発されたシステムは，ユーザによって**運用**されます。運用中のシステムは取り巻く外部環境の変化に伴い，システムに対して新たな要望がユーザから発生します。このとき，システムの**保守**を実行して，変化した外部環境に適合できるようにします。こうしてシステムは，運用と保守を繰り返して継続しますが，いつかは外部環境の変化に保守では対応できなくなるときが来ます。その新たな要望は新システムへの企画・計画となり，新システムが完成した後に旧システムは廃棄されます。

このように，システムは誕生から廃棄までの間に「企画・計画」「開発」「運用」「保守」のプロセスを踏みます（図7.1）。この流れを**システムのライフサイクル**と呼びます。

知っておこう

構成管理：プロジェクトの成果物であるシステムやソフトウェアのライフサイクルにおいて変更が生じた場合に，その変更履歴を記録および管理することをいいます。一般的には，ソフトウェア構成管理（SCM：Software Configuration Management）のことを指します。

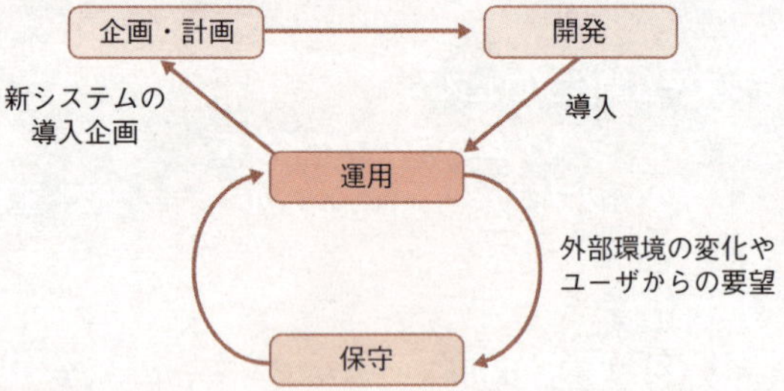

図7.1：システムのライフサイクル

開発プロセス

開発プロセスは，大きく「要求分析・定義」「設計」「制作」「テスト」の4つの工程に分けられます（次ページ図7.2）。

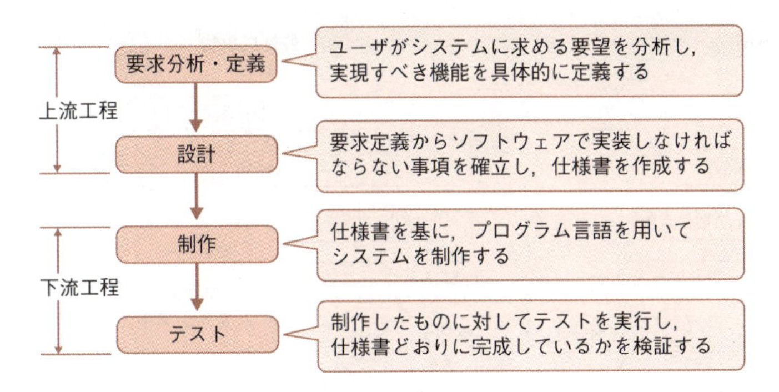

図7.2：開発プロセス

ここで，要求分析・定義から設計までの工程を**上流工程**，制作からテストまでの工程を**下流工程**と呼びます。上流工程は，要望を具体的な形（システムやプログラム）に詳細化する過程で，各種仕様書が成果物として出力され，次工程の入力となります。一方の下流工程は，上流工程で作成した各仕様書を基にシステムを制作し，最後のテスト工程でユーザの要望を満たしているかを検証します。

開発プロセス — アクティビティの流れ

実際の開発プロセスは，より詳細な作業（アクティビティ）に分かれます。次ページの図7.3は，上流工程から下流工程までのプロセスの流れを，共通フレーム2013で規定する10段階で表したもので，Vの字型をしていることから**V字モデル**と呼びます。

最終成果物の品質を保証するには，各工程の成果物に問題点やあいまいな点がないかを確かめることが必要になります。そのため，次工程に進む前に**レビュー**を実施し，本当に次の工程に進めてもよいかの討論が行われます。レビューの手法には，表7.1に示す2つがあります。

共通フレーム2013：ライフサイクルの各プロセスにおける標準的な作業および内容を規定し，システムの購入者と供給者との間の取引を明確にするための"共通の物差し"とした規格。

各工程で行う内容についての問題がよく出題されます。工程の流れと各工程で行われる内容を覚えておきましょう。

表7.1：レビュー手法

方式	内容
ウォークスルー	レビュー対象物の作成者と複数の関係者で実施。エラーの早期発見を目的として実施する
インスペクション	実施責任者（モデレータ）の主導により実施。モデレータはエラー修正や確認の責任を負う

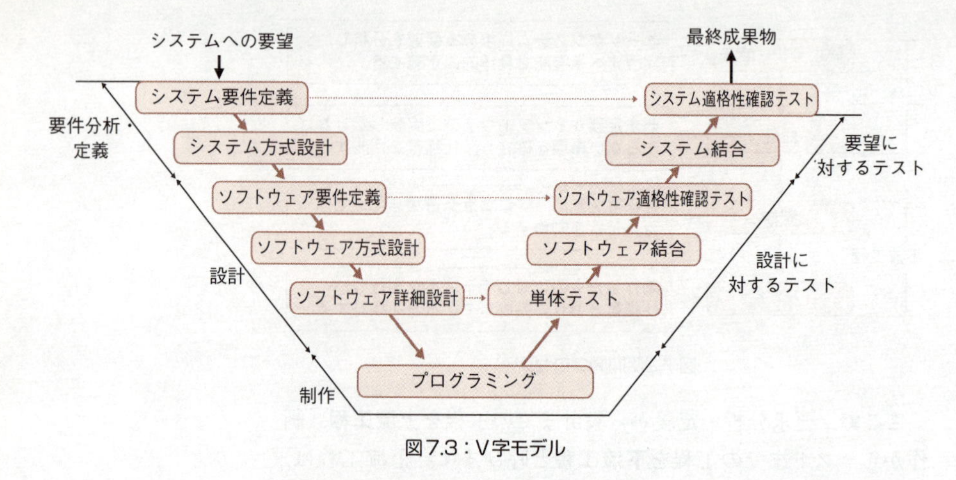

図7.3：V字モデル

要求分析・定義

図7.3にある「システム要件定義」「システム方式設計」の2つのアクティビティが相当します。このプロセスの目的は，開発実施の可否から実施に至る具体的な実行計画の作成です。また，ユーザがシステムに求める機能や性能を把握し，整理して文章化（定義）を行います。その成果物として，**システム要求定義書**，**システム結合テスト仕様書**ができあがります。

ソフトウェア要件定義（外部設計）

ソフトウェアの設計の最初の段階で，ユーザの視点から設計を行う工程です。主にユーザインタフェースの仕様に関する設計を行います。その成果物として，**ソフトウェア要件定義書**ができあがります。

ソフトウェア方式設計（内部設計）

ソフトウェア要件定義の内容から，ハードウェアの制約を考慮して，開発者の視点から見た設計を行います。主に機能をプログラム単位に分割し，処理の流れを図式化します。その成果物として，**ソフトウェア方式設計書**，**ソフトウェア結合テスト仕様書**ができあがります。

ソフトウェア詳細設計（詳細設計）

プログラム内の構造化設計（プログラムをモジュール単位に分割し，モジュール間のインタフェースを設計する）を行います。その成果物として，**ソフトウェア詳細設計書**，**ユニット（単体）テスト仕様書**ができあがります。

プログラミング

モジュール内の処理の設計とコーディングを行います。その成果物として，**ソースプログラム**ができあがります。

テスト

テスト工程では，単体のモジュール（プログラム）から結合したモジュール，さらにシステムとしての動作のテストを行います。その成果物として，**テスト報告書**ができあがります。

例題

システム適格性確認テストを実施するとき，用意しておくべきテストデータはどれか。

ア　実際に業務で使うデータや，業務上例外として処理されるデータ
イ　ソフトウェアユニット間のインタフェースに関するエラーを検出するデータ
ウ　ソフトウェアユニット内の全分岐を1回以上通るデータ
エ　ソフトウェアユニット内の全命令が1回以上実行されるデータ

解説

システム適格性確認テストは，利用者がシステムに対して求める要望が満たされているかをテストする工程です。そのため，テストは実際の実務に沿ったテストになるため，実際に実務で使用するデータを使う必要があります。

よって，アが正解です。

《解答》ア

システム開発プロセス 《出題頻度 ★★★》

7-2 ソフトウェア開発モデル

開発モデルは，開発するシステムの規模や開発期間によって，向き不向きがあります。各モデルの利点と欠点をよく理解しましょう。

ポイント
各開発モデルの特徴を問う問題がよく出題されます。モデルの内容および長所と短所を覚えておきましょう。

開発モデルの必要性

開発するソフトウェアの規模は年々拡大しています。一方で短期間の開発を実現しつつ，品質の良いものを作り上げることが求められています。また，開発のたびにすべてを一から作り直すのではなく，ソフトウェアをリサイクルできるしくみや，開発者が途中から参入しても携わることができるような方法が，システムを開発する定型的な技法として求められています。

ソフトウェア開発モデルは，ソフトウェアの開発工程を標準化して1つのモデルとしたものです。以下では，代表的なモデルについて説明します。

ウォータフォールモデル

要求定義から設計，制作，テストの工程を段階的に進める手法で，基本的に開発工程の後戻りを許さない開発モデルです。水が上から下へ流れる（一度流れたら上に戻れない）イメージからウォータフォール（滝）と呼ばれています（図7.4）。

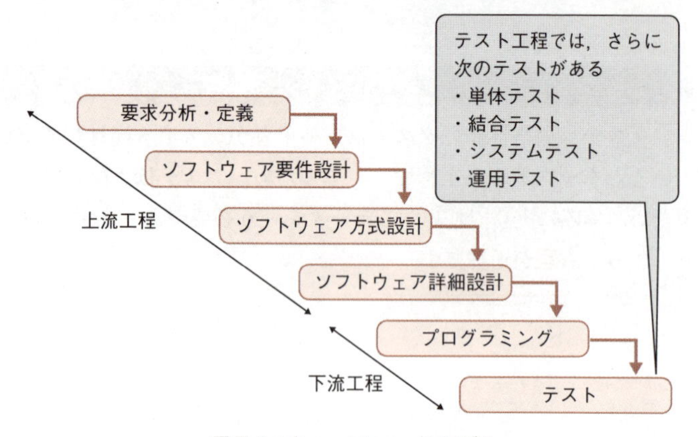

図7.4：ウォータフォールモデル

ウォータフォールモデルの長所と短所を表7.2に示します。

表7.2：ウォータフォールモデルの長所と短所

長所	・設計が全体から詳細，外部から内部の順番で行われるため，全体の把握が容易 ・作業工程が明確に分断されているため，スケジュールや資源配分（人員など），工数，責任などの明確化が行える
短所	・前工程の内容が正確であることを前提として，後戻りを基本的に許さないため，仕様変更による後戻りに弱い ・工程の並行作業ができないため，開発に時間がかかる

プロトタイプモデル

システム開発において最も重要な工程は要求分析・定義です。ユーザの要望にかなうシステムについての要求分析・定義が定まることで，後工程で仕様変更が発生することを抑えることができます。プロトタイプモデルは，開発の早い段階でシステムの試作品（**プロトタイプ**）の制作とユーザの試用（評価）を繰り返し，ユーザの要望の漏れがない仕様を確定していきます。

プロトタイプモデルの長所と短所を表7.3に示します。

知っておこう

プロトタイプモデルの開発プロセス

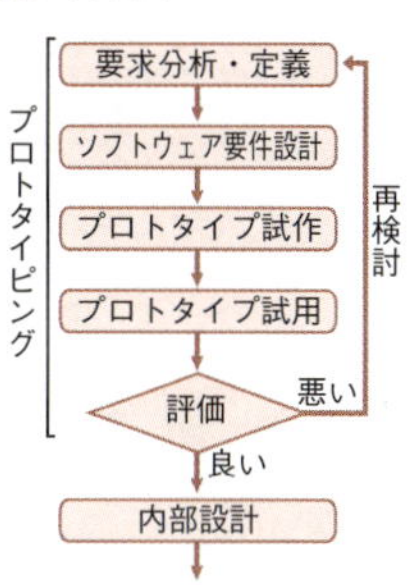

表7.3：プロトタイプモデルの長所と短所

長所	・ユーザの要求や設計者が気づかないミスを早期に発見できる ・プログラムの規模やスケジュールを予測しやすい
短所	・ユーザと開発側との間で意見の食い違いが起きると，開発期間やコストが膨らむ可能性がある ・ユーザの参画が必要なため，スケジュール調整がうまくいかない場合は，開発の遅延が起きる場合がある

スパイラルモデル

ウォータフォールモデルとプロトタイプモデルのそれぞれの長所を取り入れた開発モデルがスパイラルモデルです。開発するシステムにおいて，独立性の高い部分（機能）ごとに分割し，一連の開発工程を繰り返しながら徐々に拡大していき，完成度を高めていく開発手法です（次ページ図7.5）。比較的大規模なシステム開発にも適用できます。

スパイラルモデルの長所と短所を次ページの表7.4に示します。

7

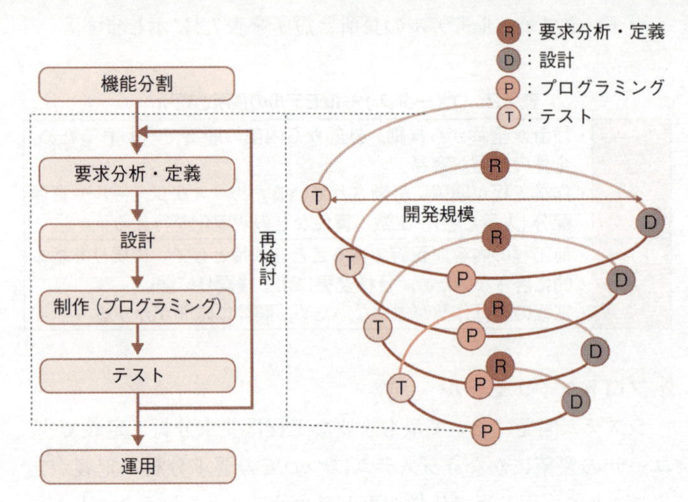

図7.5：スパイラルモデル

表7.4：スパイラルモデルの長所と短所

長所	・要求仕様の変更に対応しやすく，プログラムの規模やスケジュールなどの予測がしやすい ・開発する規模を抑え，開発要員の人数を減らすことができる
短所	・機能分割ができないシステムには適さない

アジャイル開発モデル

「要求は刻々と変化するもの」という考えに基づいた開発スタイルの1つです。開発対象を小さな機能ごとに分割し，優先度の高い機能から「要求分析」「設計」「プログラミング」「テスト」の工程を短い期間（約1～4週間）で行い，それを反復（イテレーション）して規模を拡大させます。

代表的なアジャイル開発手法に，「エクストリームプログラミング（XP）」「FDD（Feature Driven Development：ユーザー機能駆動開発）」「スクラム（Scrum）」などがあります。

【エクストリームプログラミング（XP）】

ソフトウェア開発において，「コミュニケーション」「シンプル」「フィードバック」「勇気」「尊重」の5つに価値を置きながら開発を行います。XPでは，次ページ表7.5に示す開発チームが行うべき19のプラクティス（習慣，実践）が定められています。

表7.5：XPのプラクティス

カテゴリ	プラクティス
共同のプラクティス	反復，共通の言語，オープンな作業空間，回顧
開発のプラクティス	テスト駆動開発，**ペアプログラミング**，**リファクタリング**，ソースコードの共同所有，**継続的インテグレーション**，YAGNI
管理者のプラクティス	責任の受入れ，援護，四半期毎の見直し，ミラー，最適なペース
顧客のプラクティス	ストーリーの作成，リリース計画，受入れテスト，短期リリース

知っておこう

ペアプログラミング：2人1組で実装を行い，1人がコーディング，1人がコードチェックをすることでコードの品質を上げていきます。

リファクタリング：外部から見た動作を変えずにプログラムを見やすく，論理的な構造にすることです。

継続的インテグレーション：短いサイクルでプログラムのビルドやテストを継続的に繰り返す開発手法です。

【FDD（Feature Driven Development：ユーザー機能駆動開発）】

ソフトウェア開発において，「顧客にとって価値のある機能のかたまり（feature）」に価値を置きながら開発を行います。FDDでは，5つのプロセスと8つのプラクティス（①ドメイン・オブジェクト・モデリング，②フィーチャー毎の開発，③クラス毎のオーナーシップ，④フィーチャーチーム，⑤インスペクション，⑥構成管理，⑦定期ビルド，⑧進捗と成果の可視化）が定められています。

【スクラム（Scrum）】

“顧客が望む要求は常に変化する”ことを前提にして，ソフトウェアの仕様定義に力を注がずに，機能の素早い開発とリリース，顧客の新たな要求／変化に素早く対応を行う開発を行います。スクラムでは，「スプリント」と呼ばれる概ね1ヵ月程度の期間を単位に開発を行います。スプリントで実施されるアクティビティには，①スプリントプランニング，②デイリースクラム，③開発作業，④スプリントレビュー，⑤スプリントレトロスペクティブ（ふりかえり），の5つがあり，小さな機能から開発を始めて，スプリントを繰り返しながら徐々に開発規模を大きくしていきます。

プロセス成熟度モデル統合（CMMI）

プロセス成熟度モデル統合は，ソフトウェアを開発する組織の能力を“プロセスの成熟度”で捉え，自組織の開発能力のレベルを把握し，プロセスの改善を図るモデルです。

“プロセスの成熟度”は，次ページ表7.6の5段階で評価します。

CMMI：Capability Maturity Model Integration

表7.6：プロセス成熟度モデル統合

レベル		内容
低	初期状態	場当たり的（勘に頼る）な作業レベル
	管理されたレベル	基本的なプロセス管理があり，同じプロジェクトなら反復が可能
	定義されたレベル	プロセスが定義され，標準的に利用されている
	定量的に管理されたレベル	プロセス管理が実施され，定量的に計測されている
高	最適化しているレベル	継続的にプロセスを最適化し改善している

例題

ソフトウェア開発の活動のうち，アジャイル開発においても重視されているリファクタリングはどれか。

ア　ソフトウェアの品質を高めるために，2人のプログラマが協力して，一つのプログラムをコーディングする。

イ　ソフトウェアの保守性を高めるために，外部仕様を変更することなく，プログラムの内部構造を変更する。

ウ　動作するソフトウェアを迅速に開発するために，テストケースを先に設定してから，プログラムをコーディングする。

エ　利用者からのフィードバックを得るために，提供予定のソフトウェアの試作品を早期に作成する。

解説

「リファクタリング」とは，外部から見た動作を変えずにプログラムを見やすく，論理的な構造にすることです。これにより，処理の効率性やソフトウェアの保守性を高めることができます。アジャイル開発手法の1つであるXPでは，開発チームが行うべきプラクティスの1つとして定められています。よって，正解はイです。

ア：ペアプログラミングの説明です。
ウ：テスト駆動開発の説明です。
エ：プロトタイプモデルによる開発の説明です。

《解答》イ

基本計画 《出題頻度 ★★★》

7-3 要求分析・定義

要求分析・定義は，システム開発を行う／行わないの是非と開発システムの全体像を決める工程です。ここでは，特に重要な要求定義を中心に説明します。

要求分析・定義の概要

要求分析・定義で行う内容は，大きく分けて2つあります。

1つは，システム開発の依頼元からの要求を受けて，開発担当者が現状システムの問題点を把握し，開発するシステムの開発計画や実行計画を立案することです。もう1つは，開発システムに対する要望をシステムの利用者からヒアリングし，必要とする機能・性能，システム構成要素を定義付けすることです。

上記の内容から次の点を決定し，書類としてまとめます。

① システム化計画（システム化計画書）
② プロジェクト実行計画（開発計画書）
③ 要求定義（要求定義書）

以下では，要求定義について説明します。

システム化計画：システム開発の実施の可否を決定するために行います。また，既存システムからの改良点や最終的な形がどうなるかを示します。

要求定義

開発するシステムに求められる要求を，機能としてまとめます。具体的には，次のとおりです。

1. 機能的要求仕様：システムに必要とされる機能
2. 非機能的要求仕様：システムに備える属性（性能や可用性）
3. 制約条件：ハードウェア・ソフトウェアに対する要求

上記の仕様や条件を決めるために，システム化の対象となる業務を分析します。このとき，業務の流れをわかりやすくするために，**DFD**，**E-R図**（4-2節を参照），**状態遷移図**，**決定表**，**UML**などの視覚化（モデル化）手法が用いられます。

プロジェクト実行計画：システム開発を実施するに当たって，次のような具体的な実行計画を立てます。

- システム開発の組織体制や外部委託（アウトソーシング）
- 開発に必要な資源の見積り
- 開発に必要な期間の予測とスケジュール

DFD（Data Flow Diagram）

DFDは，業務のデータの流れ（「入力」→「処理」→「記憶」→「出力」）に注目し，図で表現する手法です。DFDはデータの流れを明確化するため，処理を効率化する部分をわかりやすくします。

DFDの図式記号と例を次ページの表7.7と図7.6に示します。

各モデル化の特徴や図の意味について，出題されています。覚えておきましょう。

知っておこう

リバースエンジニアリング：ソフトウェアやハードウェアを分解・解析し，その仕様，構成部品，技術，目的などを明らかにする技法のことです。プログラムの分野では，プログラム（モジュール）からシステムの仕様分析などに適用できます。

表7.7：DFDの図式記号

記号	名称	意味
○	処理（プロセス）	データの加工および変換を表す
□	データの発生源，データの行先	システム外部からのデータの発生源または行先を表す
データ名 →	データフロー	データの流れを表す
＝	データストア	ファイル，データベースなどのデータの蓄積を表す

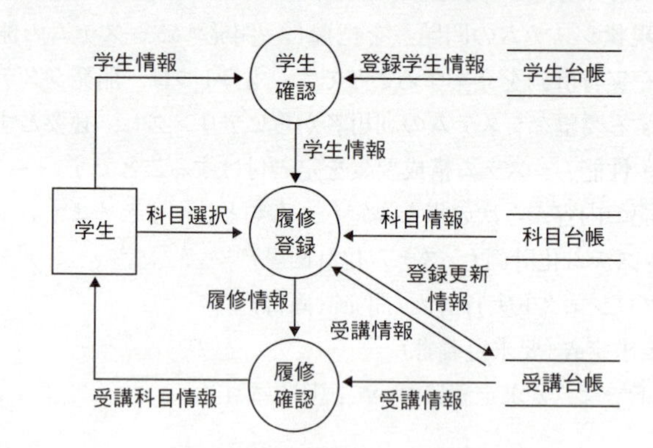

図7.6：履修登録システムのDFD

状態遷移図

状態遷移図は，システムに入力される内容に応じて状態が変化するようなシステムの動作を記述するときに用いられます。

状態遷移図の図式記号を表7.8に示します。

表7.8：状態遷移図の図式記号

記号	名称	意味
○	状態	システムの状態を表す
入力／出力 →	遷移	状態から状態への変化を表す

たとえば，「水温が80度未満の場合は，自動的に再沸騰する電気ポット」の状態遷移図は，次ページ図7.7のようになります。

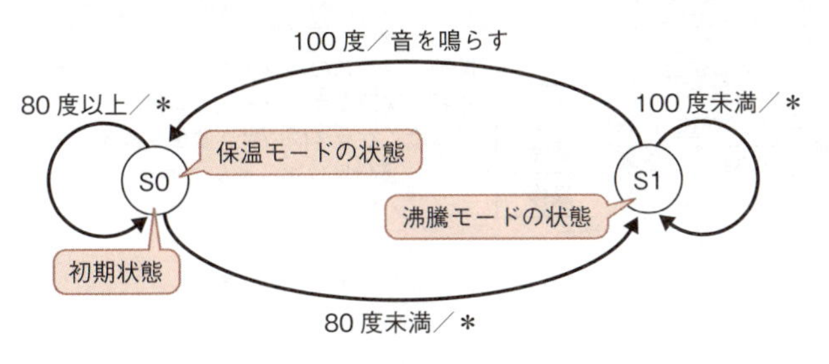

図7.7：電気ポットの状態遷移図

参考

状態遷移図の図表記：「状態iでXが入力されたとき，Yを出力し状態をjにする」を状態遷移図では，下記の図で表します。

・X：入力
・Y：出力（ない場合は＊）

決定表（デシジョンテーブル）

決定表は，複数の条件とその条件によって取り得る各状況の動作を表として整理したものです（図7.8）。表は，上側に条件欄，下側に動作欄を記述し，条件欄に記述した状態（真の場合「Y」，偽の場合「N」）に対して実行する動作を動作欄に示します（処理の実行を「X」，処理を実行しない場合は「－」）。

条件	基本情報資格	Y	Y	N	N
	英検資格	Y	N	Y	N
動作	手当て 8,000 円	X	X	－	－
	手当て 1 万円	X	－	X	－

基本情報の資格があり，英検の資格がなければ，手当ては 8,000 円

図7.8：決定表の例

UML（Unified Modeling Language）

UMLは，オブジェクト指向設計で用いられる標準的な表記法で，設計からテストまでの各工程における図の表現方式が決められています。表7.9，次ページ図7.9に図の例を示します。

表7.9：UMLで定義されている図（一部）

分類	図名称	表現する内容
構造図	クラス図	システムを構成する各クラス（属性，操作を含む）とそれらの関係（関連，集約，汎化，多重度など）を表現する
	オブジェクト図	オブジェクト間の関係を表現する
	コンポーネント図	ソフトウェアコンポーネント間の依存関係を表現する
振る舞い図	ユースケース図	システムが提供する機能とそこから生じるサービスの対象範囲を表現する
	シーケンス図	オブジェクト間のメッセージ送受信の関連性を表した図であり，各クラスがどのように協調して動作をするかを表現する
	アクティビティ図	ビジネスやプログラムの開始から終了までの処理の流れを表現する

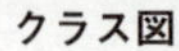

クラス図

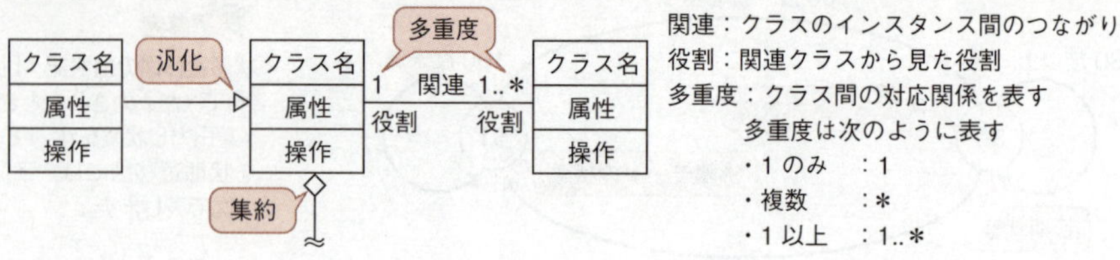

ユースケース図

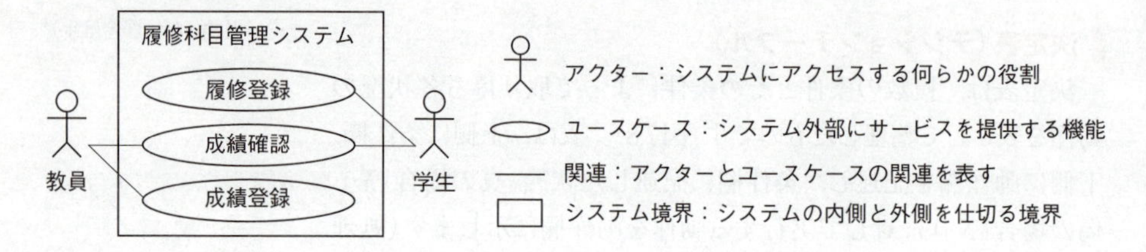

シーケンス図

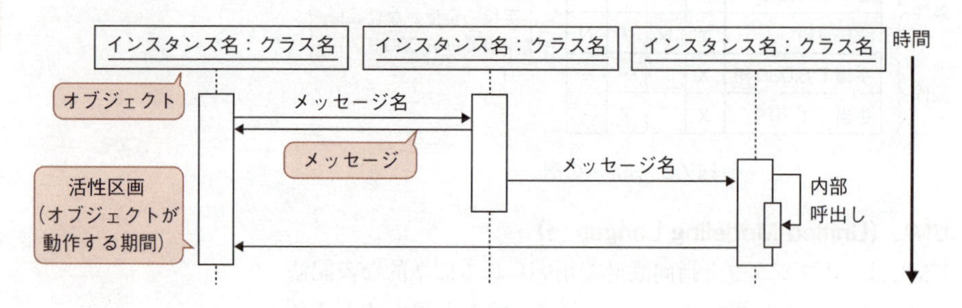

アクティビティ図

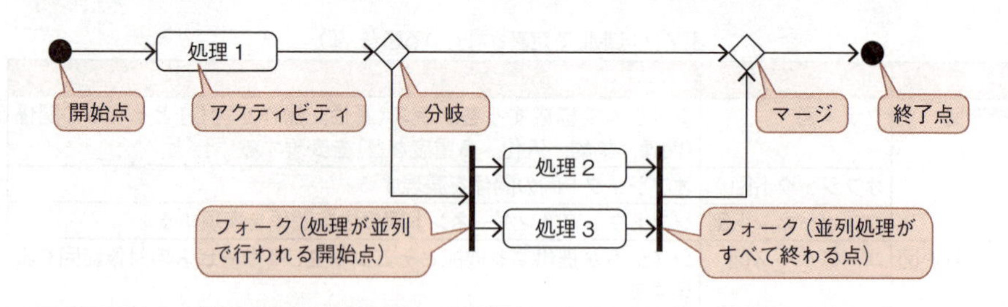

図7.9：クラス図，ユースケース図，シーケンス図，アクティビティ図

例題 1

図は構造化分析法で用いられるDFDの例である。図中の“○”が表しているものはどれか。

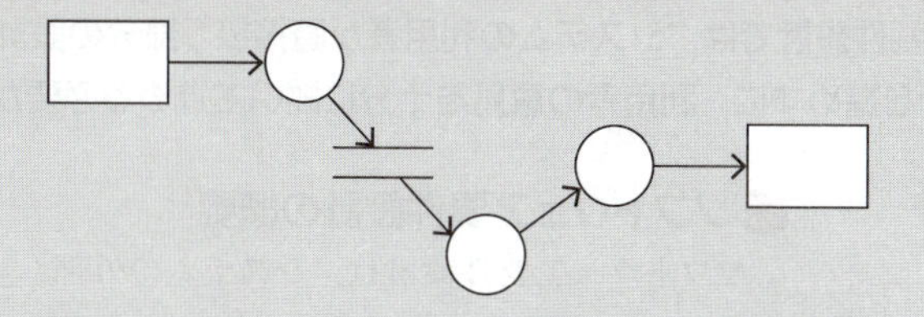

ア　アクティビティ　　イ　データストア

ウ　データフロー　　エ　プロセス

解説

DFDの図において，○は「処理（プロセス）」を表します。正解はエです。

《解答》エ

例題 2

UMLにおける振る舞い図の説明のうち，アクティビティ図のものはどれか。

ア　ある振る舞いから次の振る舞いへの制御の流れを表現する。

イ　オブジェクト間の相互作用を時系列で表現する。

ウ　システムが外部に提供する機能と，それを利用する者や外部システムとの関係を表現する。

エ　一つのオブジェクトの状態がイベントの発生や時間の経過とともにどのように変化するかを表現する。

解説

ア：正しいです。

イ：シーケンス図の説明です。

ウ：ユースケース図の説明です。

エ：ステートマシーン図（状態遷移図）の説明です。

《解答》ア

ソフトウェア設計　《出題頻度 ★★★》

7-4 ソフトウェア要件設計

ソフトウェア要件設計では，システムの利用者が直接扱う部分の設計を行います。開発者主導で設計を進めずに，利用者の意見を十分に聞いて進める必要があります。

ソフトウェア要件設計の概要

ソフトウェア要件設計は，システムの外部（ユーザや他のシステム）に対して，どのようなインタフェースを実装すべきかを設計する工程です。具体的には，次に示す設計を行います。

① システム分割
② 入出力概要設計
③ コード設計
④ 論理設計

ここでは，入出力概要設計とコード設計について，説明します。

参考

システム分割： 次の作業を行います。

- 要求定義で現行業務の流れを図式化したものに対して，要件事項を追加した新業務フローをDFDなどで図式化する。
- 新業務フローから，開発するシステムを，機能面から見て複数のサブシステムに分割する。

参考

論理設計： 入出力概要設計およびコード設計で決まったシステムへの入力方式について，コンピュータ内部で使用するデータを機能的にファイルやデータベースとしてまとめる方法を決めます。

ポイント

入出力方式の留意点に関する問題が出題されています。どのような点に気を付けるべきかを把握しておきましょう。

入出力概要設計

入出力概要設計では，利用者が直接扱う画面や帳票の設計を行います。ここでは，利用者のユーザビリティ（使いやすさ，わかりやすさ）を意識したヒューマンインタフェースを考慮する必要があります。留意点としては，次の点が挙げられます。

- すべての画面構成の標準化を行い，共通性をもたせる。
- 人間の特性を理解し，入力項目は，「上から下」「左から右」の流れに沿って配置する。また，関連項目は近くに配置する。
- 熟練度に応じた入力方式（段階的な入力方式を規準として，熟練者用にショートカットを用意するなど）を配置する。
- 入力箇所の位置をわかりやすくするために，［　　　　］などで強調する。
- 入力エラーを回避する（入力値の範囲指定や入力の必要がない箇所は入力できないようにする）。
- エラーメッセージをわかりやすくする（色や音を使用する）。

次ページ図7.10の画面設計では次の点を工夫しています。

- 曜日選択をボタンで行い，選択した曜日をわかりやすく表示する。
- 履修の選択をチェックボックスで簡単にできるようにする。
- 取得予定単位数を自動計算し，画面下に表示する。

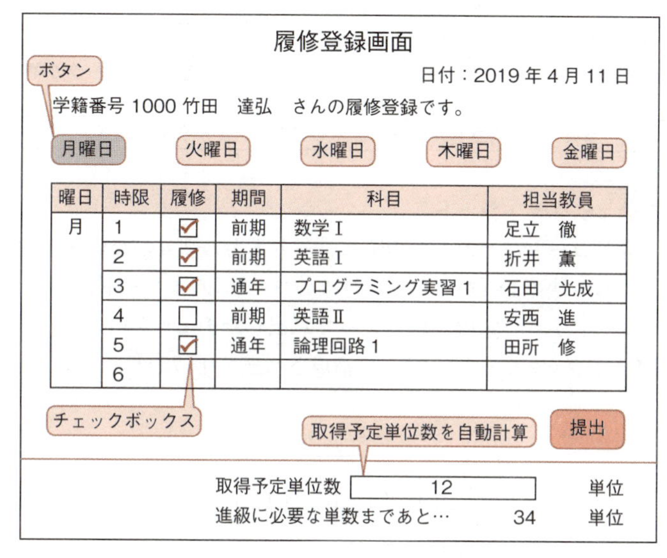

図7.10：履修登録画面の設計例

コード設計

コード設計では，入出力データとして使用する数値や文字などのコードの設計を行います。具体的には，コードを付与する対象項目に対して，コード表を作成します。留意点としては，次の点が挙げられます。

- コードがシステム外部でも使用される場合，システム内部処理に合わせたコード設計を行わず，標準化，運用性を考えて設計する。
- コードの利用期間を考えて設計する。長期に至る場合は，種類の増加に伴うコード長の不足が起きないように，拡張性をもたせる。
- コードの付番は，実際の業務を行う利用者が担当する。
- コード入力のミスを避けたい場合は，検査文字（次ページの**チェックディジット**など）を付加する必要がある。

知っておこう

選択式GUIの種類：

【チェックボックス】いくつかの項目について，各項目を選択するかを指定する。

【ラジオボックス】互いに排他的ないくつかの選択項目から1つを指定する。

【リストボックス】表示される一覧形式の項目の中から1つを指定する。

参考

コード体系の例：

【連番コード】

例：学生番号

1000 竹田　達弘

1001 岡部　卓也

【区分コード】

例：学部コード

1＊＊＊ 工学部

　1001　電気・電子科

　1002　情報科

2＊＊＊ 政治経済学部

　2001　政治学科

【10進コード】

例：図書分類コード

410 数学

　411 代数学

　412 数論

420 物理学

　421 理論物理学

【桁別コード】

例：会員番号

大分類（種別）	中分類（コース）	小分類（番号）
I：個人会員	1：初級	登録順（3桁）
C：法人会員	2：中級	
E：体験会員	3：上級	

個人会員で中級コースを受講した最初の会員 → I2001

【表意コード】

例：プリンタ用インクカートリッジ

PR111BK　黒色インク

PR111Y　黄色インク

PR111M　マゼンタインク

コードに要求される機能

コードには，表7.10に示す機能が要求されます。

表7.10：コードの機能

機能	内容
識別機能	データを区別する機能
分類機能	データを分類する機能
配列機能	データの並びを決める機能。形式を統一し，データが並び順になるようにする
チェック機能	入力されたデータが正しいかをチェックする機能

参考

識別機能の例：同音異字の識別があります。

例：番号による識別

森 亮太郎 → 2000

森 良太郎 → 2001

参考

分類機能の例：科目の識別があります。

例：数学系→A，英語系→B

数学Ⅰ → A01

数学Ⅱ → A02

英語Ⅰ → B01

英語Ⅱ → B02

チェックディジット

商品コードなどの入力の際にコード入力の誤りがないかを検出する方法の1つです。検査対象のコード（基本コード）と，そのコードから一定の規則によって算出したチェック用のコード（チェックディジット）によって構成されます（図7.11）。

参考

配列機能の例：年月日のデータ形式があります。

例：yyyymmdd形式

2011年4月13日

→ 20110413

1999年11月20日

→ 19991120

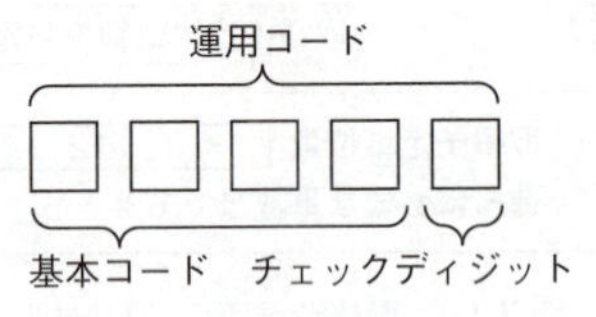

図7.11：チェックディジット

例として，書籍のISBN番号「978-4-8443-1234-?」のチェックディジットの求め方を以下に示します。

① 一番左の桁より順に重み（1，3，1，3…）を掛けて，それらの和を求める。

$9\times1+7\times3+8\times1+4\times3+8\times1+4\times3+4\times1+3\times3+1\times1+2\times3+3\times1+4\times3=105$

② 求まった値を10で割り，10より余りを引く。

$105\div10=10$余り$5\rightarrow10-5=5\rightarrow$チェックディジットは5

入力された基本コードから同様の計算で1桁の数値を求め，チェックディジットと一致すれば誤りはありません。

参考

チェックディジットを採用したコード：次のようなものがあります。

- JANコード（日本の共通商品コード）
- ISBN番号（国際標準図書番号）

その他のチェック方法

チェックディジット以外の入力コードのチェック方法には，次ページ表7.11に示すようなものがあります。

表7.11：その他のチェック方法

方法	内容
フォーマットチェック	指定されたフォーマット形式に沿っているかを検査
ニューメリックチェック	数字コードに数字以外のデータが入っていないかを検査
リミットチェック	値が指定された上限値に達しているかを検査
レンジチェック	定められた入力範囲にデータがあるかを検査
重複チェック	入力データが他の場所で入力されていないかを検査
照合チェック	入力データがファイル上にあるかどうかを検査
シーケンスチェック	キー項目として定義した項目の順番や抜けがないかを検査
論理チェック	注文日が入力日以前かなどの論理的な整合性を検査

例題

次の方式によって求められるチェックディジットを付加した結果はどれか。ここで，データを7394，重み付け定数を1234，基数を11とする。

〔方式〕

(1) データと重み付け定数の各桁の積を求め，その和を求める。

(2) 和を基数で割って，余りを求める。

(3) 基数から余りを減じ，その結果の1の位をチェックディジットとしてデータの末尾に付加する。

ア 73940　イ 73941　ウ 73944　エ 73947

解説

示された計算方式によりチェックディジットを求めると次のようになります。

(1)
コード 7 3 9 4
× × × ×
重み 1 2 3 4
7 ＋ 6 ＋27＋ 16 ＝ 56

(2) 56 ÷ 11 = 5 余り 1

(3) 11 − 1 = 10

運用コード 7 3 9 4 0

よって正解はアです。

《解答》ア

ソフトウェア設計 《出題頻度 ★★★》

7-5 ソフトウェア方式設計

ソフトウェア方式設計では，機能という概念レベルから具体的な実体レベルに近いプログラムへと詳細化を行います。この工程では，開発者の視点に立った設計を行います。

ソフトウェア方式設計の概要

ソフトウェア方式設計では，ソフトウェア要件設計の内容に基づいて，どのようにプログラムやシステムを実現すればよいかを具体的に定めます。

ソフトウェア方式設計で設計するものは，次のとおりです。

① 機能分割／階層構造化
② 物理データ設計
③ 入出力詳細設計
④ ソフトウェア結合テスト仕様の作成

機能分割／階層構造化

DFDなどで図式化した業務フローの図を基に，各機能をより詳細な機能（プログラム）へ分割します。図7.12の例では，DFD上の「履修登録」の処理をより詳細な機能に分割しています。

> **参考**
> **プログラム単位への分割：**
> 次のような点に注意する必要があります。
> ・1つのプログラムに複数の機能をもたせない。
> ・プログラム間の関連性を小さくする。
> ・階層を深くしない。

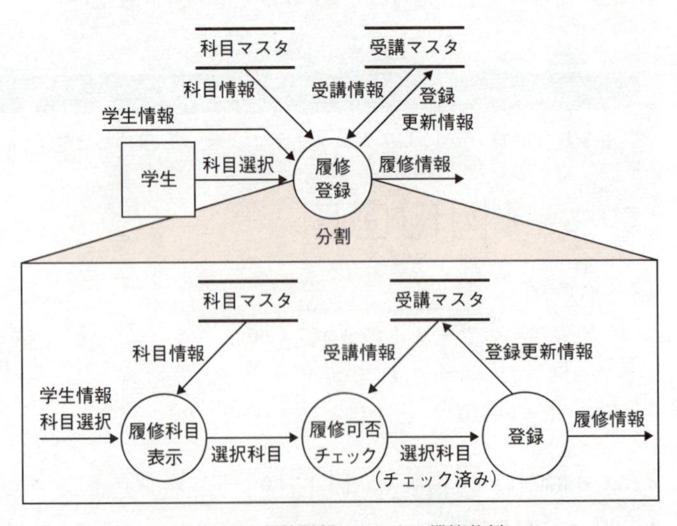

図7.12：履修登録システムの機能分割

分割した各機能は，同系列機能をまとめて階層化構造にします（図7.13左側）。また，階層化した各機能間の入出力インタフェースの仕様を決定し，プログラムの実行順序を**プロセスフロー**で表現します（図7.13右側）。

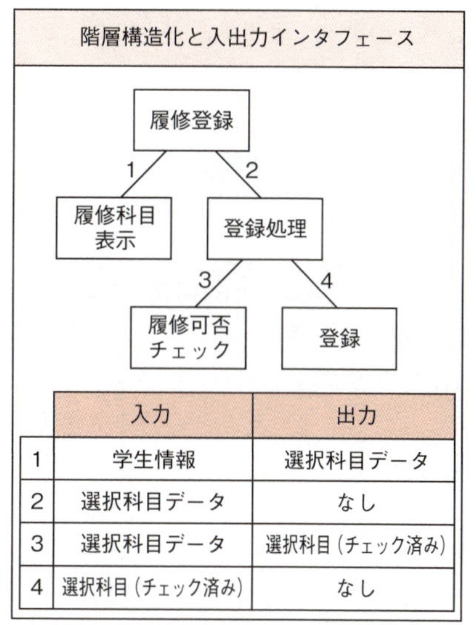

	入力	出力
1	学生情報	選択科目データ
2	選択科目データ	なし
3	選択科目データ	選択科目（チェック済み）
4	選択科目（チェック済み）	なし

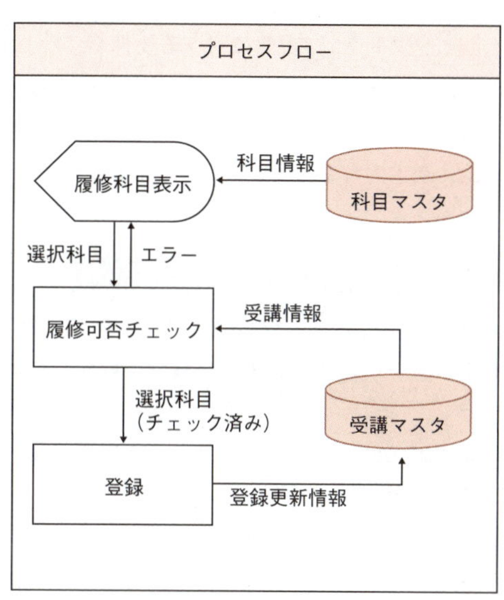

図7.13：履修登録システムの階層化構造とプロセスフロー

物理データ設計／入出力詳細設計

物理データ設計では，論理設計で決めた論理データについて，格納媒体，レコードレイアウト，ファイル編成方法などの具体的な実現方法を決定します。

入出力詳細設計では，入出力概要設計で決めた内容から，ハードウェア制約を考慮した具体的な入力設計（入力媒体，チェック方式などの決定），出力設計（出力媒体，レイアウトなどの決定）を行います。

物理データ設計で考慮すべき点：データの特性（データ量，更新頻度，処理形態など）を十分に分析した後に，格納媒体（磁気ディスク・テープなど），レコードレイアウト，ファイル編成方法を決定する必要があります。

ソフトウェア結合テスト仕様の作成

テスト工程の結合テストで実施するテストケースの仕様を作成します。テストケースの設計については，7-9節で説明します。

例題

開発プロセスにおいて，ソフトウェア方式設計で行うべき作業はどれか。

ア 顧客に意見を求めて仕様を決定する。

イ ソフトウェア品目に対する要件を，最上位レベルの構造を表現する方式であって，かつ，ソフトウェアコンポーネントを識別する方式に変換する。

ウ プログラムを，コード化した1行ごとの処理まで明確になるように詳細化する。

エ 要求内容を図表などの形式でまとめ，段階的に詳細化して分析する。

解説

ソフトウェア方式設計は，ソフトウェア要件設計の内容に基づいて，どのようにプログラムやシステムを実現すればよいかを具体的に定めます。

ア：要求分析・定義，ソフトウェア要件設計の内容です。

イ：正解です。

ウ：ソフトウェア詳細設計の内容です。

エ：ソフトウェア要件設計の内容です。

《解答》イ

ソフトウェア設計 《出題頻度 ★★★》

7-6 ソフトウェア詳細設計

ソフトウェア詳細設計では，1つのプログラムをモジュールの単位に分割して，より詳細なプログラム構造を作ります。この分割には独立性と呼ばれるモジュールの評価を示す指標があり，プログラム全体の保守性にかかわる重要な要素となっています。

ソフトウェア詳細設計の概要

ソフトウェア詳細設計では，ソフトウェア方式設計で決めた各プログラムを**モジュール**の単位に分割します。モジュール化することで，プログラム変更時の影響範囲を局所化でき，保守が容易になります。また，他のアプリケーションへの再利用が行えます。

分割後は，各モジュールの処理内容（アルゴリズム）を次工程のプログラミングで記述できるように文章化し，設計書として示します。

ソフトウェア詳細設計で設計するものは，次のとおりです。

① モジュール分割
② 単体テスト仕様の作成

モジュール分割

プログラムをモジュール単位に分割する**モジュール分割技法**は，①データの流れに着目した方法（**STS分割**，**TR分割**，**共通機能分割**）と②データの構造に着目した方法（ジャクソン法，ワーニエ法）の2種類に分類できます。ここでは，前者について詳しく説明します。

用語

ジャクソン法：プログラムの構造が入力と出力のデータ構造から決まるという考えから，出力するデータ構造を基にプログラム構造を作成する方法。

ワーニエ法：集合論を利用した構造化設計技法の1つ。

STS分割

STS分割は，一般的にプログラムがもつ「入力」「処理（変換）」「出力」の3つの構造を，それぞれ入力処理機能（源泉：Source），変換処理機能（変換：Transform），出力処理機能（吸収：Sink）の3つのモジュールに分割する方法です。分割後は，3つのモジュールの親モジュールを定義し，階層構造図を作成します。

次ページ図7.14は，図7.12の履修科目表示プログラムをSTS分割で分割した例を示しています。

用語

最大抽象入力点：入力データが変換され，入力データとしてみなせなくなった時点。

最大抽象出力点：初めて出力データとなった時点。

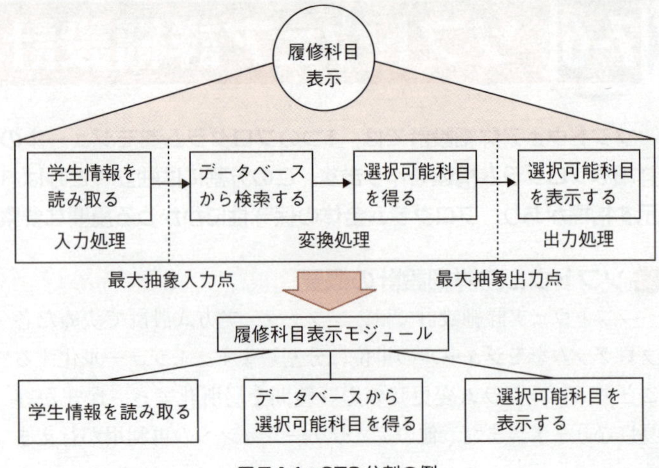

図7.14：STS分割の例

TR（トランザクション）分割

TR分割は，データの種類によって処理（トランザクション）が異なるような場合に適した分割技法です。

共通機能分割

共通機能分割は，STS分割やTR分割を含む各種分割手法により分割したモジュールの中で，共通する機能をもったモジュールを共通モジュールとして独立させる手法です。

ポイント

モジュール強度およびモジュール結合度とモジュールの独立性について，覚えておきましょう。

モジュールの独立性の評価

分割したモジュールは，**独立性**について評価する必要があります。独立性が高いモジュールは，そのモジュールの再設計や修正に対して，関連するモジュールへの影響の度合いが低いことを表します。すなわち，保守性の良さを表すことになります。

独立性を評価する指標には，**モジュール強度**と**モジュール結合度**があります。

モジュール強度

モジュール内の機能における関連性の強さを表します。強度が高いほど独立性が高いモジュールとなります（次ページ表7.12）。

表7.12：モジュール強度と独立性

強度	名称	概要
低	暗合的強度	関連性のない複数の機能をもち，モジュール機能を定義できないモジュール
↓	論理的強度	論理的に関連性のある複数の機能をもつモジュール。どの機能が実行されるかは，呼出し時の引数で決まる
	時間的強度	時間的推移をもった機能をもつモジュール。機能間に関連性はない
	手順的強度	逐次実行する機能を複数まとめたモジュール。機能間の関連性は，時間的強度よりもある
	連絡的強度	手順的強度の性質をもち，機能間でデータの受渡しがある（機能間に関連性がある）モジュール
	情報的強度	特定のデータを扱う複数の機能を1つにまとめたモジュール。機能ごとに入出口をもつ
高	機能的強度	モジュール内の全機能が単一機能を実行するためにあるモジュール

参考

暗合的：暗合的とは，「分割した意図が理解しにくい」という意味で，大した理由もなく，モジュールを分割したことを意味します。このような分割は，かえってプログラムをわかりにくくします。

モジュール結合度

モジュール間の関連性の強さを表します。結合度が弱いほど独立性の高いモジュールとなります（表7.13）。

表7.13：モジュール結合度と独立性

結合度	名称	概要
強	内容結合	グローバル変数や引数などを考慮せず，他のモジュールのデータを直接参照できる
↓	共通結合	共通領域にグローバル変数として定義し，モジュール間で参照し合う
	外部結合	グローバル変数を通して参照し合う点では，共通結合と同じだが，必要なデータだけを外部宣言して共有する点が異なる
	制御結合	他のモジュールの実行順序などの制御情報を引数として与えられる
	スタンプ結合	データ構造（構造体やレコード）を引数として受け渡す
弱	データ結合	単一データの変数を引数として受け渡す。呼出し側と呼び出された側のモジュールに特別な関係はない

単体テスト仕様の作成

テスト工程の単体テストで実施するテストケースの仕様を作成します。テストケースの設計については，7-8節で説明します。

例題

モジュール設計書を基にモジュール強度を評価した。適切な評価はどれか。

〔モジュール設計書（抜粋）〕

上位モジュールから渡される処理コードに対応した処理をする。処理コードが“I”のときは挿入処理，処理コードが“U”のときは更新処理，処理コードが“D”のときは削除処理である。

ア　これは“暗合的強度”のモジュールである。モジュール内の機能間に特別な関係はなく，むしろ他のモジュールとの強い関係性をもつ可能性が高いので，モジュール分割をやり直した方がよい。

イ　これは“情報的強度”のモジュールである。同一の情報を扱う複数の機能を，一つのモジュールにまとめている。モジュール内に各処理の入口点を設けているので，制御の結びつきがなく，これ以上のモジュール分割は不要である。

ウ　これは“連絡的強度”のモジュールである。モジュール内でデータの受渡し又は参照を行いながら，複数の機能を逐次的に実行している。再度見直しを図り，必要に応じて更にモジュール分割を行った方がよい。

エ　これは“論理的強度”のモジュールである。関連した幾つかの機能を含み，パラメタによっていずれかの機能を選択して実行している。現状では大きな問題となっていないとしても，仕様変更に伴うパラメタの変更による影響を最小限に抑えるために，機能ごとにモジュールを分割するか，機能ごとの入口点を設ける方がよい。

解説

設問内容から，パラメタ（外部からの引数）により機能の呼出しが行われています。よってこの場合の強度は，“論理的強度”になります。したがって，正解はエです。

「上位モジュールから渡される処理コードに対応した処理をする」とあるため，機能間に関連性があることから，“暗合的強度”とはいえません。1つの処理コードの入力で複数の機能を扱うため“情報的強度”も異なります。また，機能間に逐次実行するような要素がないことから，連絡的強度でもありません。

《解答》エ

ソフトウェア設計 《出題頻度 ★★★》

7-7 プログラミング

プログラミングの工程では，保守性や拡張性を意識したコーディングを行う必要があります。ここでは，コーディング規約とオブジェクト指向設計について説明します。

プログラミングの概要

プログラミングでは，前工程のソフトウェア詳細設計で作成した設計書を基にプログラム言語を用いてコーディングします。この工程で注意すべきことは，**保守性・拡張性**を意識したコーディングを行うことです。

コーディング規約

プログラムは，同じアルゴリズムでも，記述する人によって異なる表現方法になることがあります。システム開発では，あるモジュールの設計担当者が何度も入れ替わることがあります。そのため，誰が見ても読み解くことができるコーディングを行う必要があります。**コーディング規約**は，コーディングにルールを定めたもので，これによりコーディングスタイルが統一され，可読性および保守性が向上します。

知っておこう

コーディング規約は，大きく分けて3つあります。

- **命名規則：**変数・関数などに統一性のある名前を付ける。
- **コーディングスタイル：**インデント，カッコ，引数，演算子，初期化における記述を統一する。
- **禁止事項：**特定の記述を禁止する（たとえば，グローバル変数の使用を禁止するなど）。

オブジェクト指向設計

プログラミングで使用するプログラム言語の選定においても，保守性や拡張性を意識する必要があります。Javaを代表とするオブジェクト指向言語は，この保守性・拡張性に寄与する概念を多くもっています。

オブジェクト指向設計とは，「データ（**属性**）」と「データを操作する手続き（**メソッド**）」を一体化した**オブジェクト**を標準部品として定義してシステムを設計することです。これは，従来のシステム開発で主流だった**POA**または**DOA**におけるプログラムの再利用の困難さを改善する設計手法です。

次ページからは，オブジェクト指向の基本概念である，**カプセル化**，**クラス**，**抽象化**，**継承（インヘリタンス）**について説明します。

ポイント

オブジェクト指向の特徴を覚えておきましょう。

用語

POA（プロセス中心設計）：処理（プロセス）を中心にシステムを設計する手法。

DOA（データ中心設計）：データ構造からシステムを設計する手法。

参考

静的テスト：プログラムを実行せずにテストを行うことです。一方，実際にプログラムを実行して行うテストを「動的テスト」と呼びます。

知っておこう

静的テストツール：プログラムに誤りやコーディング規約違反がないかをプログラムを実行せずに解析・検証するソフトウェアのことです。

カプセル化

「属性」と「メソッド」を一体化させることをカプセル化と呼びます。カプセル化は，オブジェクト内の構造や仕様を外部から隠蔽(**情報隠蔽**)するため，オブジェクトの独立性が高まり，再利用がしやすくなります。また，利用者にとっては，データの内部構造を意識することなく，処理の指示(**メッセージ**)を送るだけでデータの処理を行うことができるようになります。

クラス

コンピュータ(PC)のオブジェクトを考えたとき，PCにはさまざまな種類(デスクトップ型やノート型)があるものの，PCというものを形作る共通の部品(属性)や操作(メソッド)が必ずあります。これらを集めてオブジェクトを一般化(抽象化)したものをクラスと呼び，オブジェクトを作る雛形とします。そして，クラスから具体的な値をもたせて作ったオブジェクトを**インスタンス(実体)**と呼びます(図7.15)。

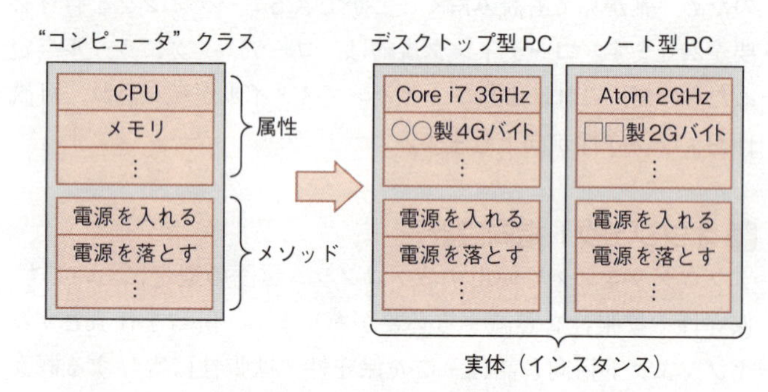

図7.15：クラスとインスタンス

知っておこう

オブジェクトの操作のしくみとして，次のようなものがあります。

伝搬(プロパゲーション)：あるオブジェクトに対して操作を適用したとき，関連するオブジェクトに対してもその操作が自動的に適用されるしくみ。

委譲(デリゲーション)：あるオブジェクトに対する操作をその内部で他のオブジェクトに依頼するしくみ。

継承(インヘリタンス)

既存のクラスの属性やメソッドを一部としてもつ新たなクラスを定義するときに，相違点だけを記述するだけで済ますことができる機能を継承(インヘリタンス)と呼びます。また，継承元となる上位クラスを**基底クラス(スーパクラス)**，継承先の下位クラスを**サブクラス**と呼びます(次ページ図7.16)。

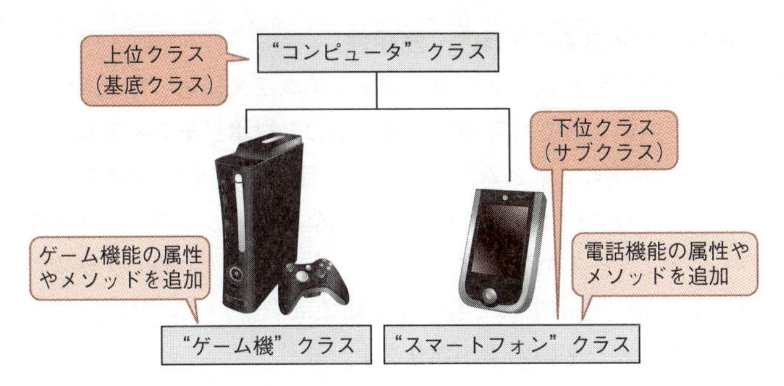

図7.16：継承

継承は，基底クラスの属性やメソッドを再び利用するため，再利用が行えるようになります。

参考

is-a関係： 下位クラスをA，上位クラスをBとしたとき，「A is-a B」の関係は，「Aのオブジェクトが足りなくても，Bのオブジェクトは成立する」ことを表します。

汎化・特化関係，集約・分解関係

階層構造をもったクラス（上位クラス，下位クラス）の間には，**汎化・特化関係（is-a関係）**と**集約・分解関係（part-of関係）**の2つがあります。

汎化・特化関係とは，下位クラスのすべてに共通する性質をまとめ，上位クラスを定義することができ（**汎化**），逆に上位クラスの性質を分割，具体化して下位クラスをそれぞれ定義することができる（**特化**）関係であることを指します（図7.17左）。

もう1つの集約・分解関係とは，下位クラスを1つにまとめ，上位クラスを構成する関係（**集約**）と，逆に上位クラスを下位クラスに分解する関係（**分解**）にあることを指します（図7.17右）。

参考

part-of関係： 下位クラスをA，上位クラスをBとしたとき，「A part-of B」の関係は，「Aのオブジェクトが1つでも足りない場合，Bのオブジェクトは成立しない」ことを表します。

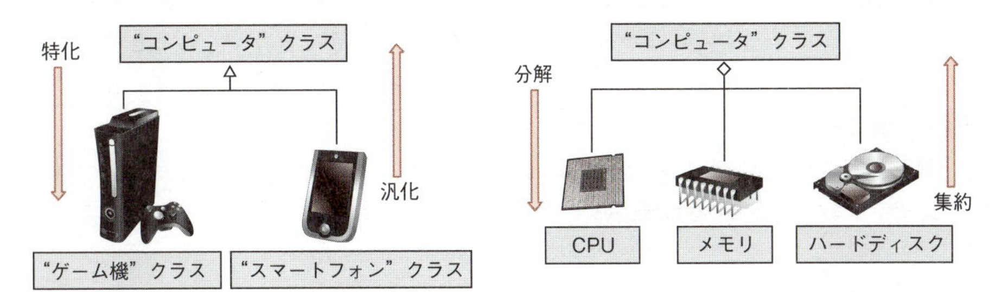

図7.17：汎化・特化（左）と集約・分解（右）

知っておこう
オーバライド：多様性を実現する方法の1つで，上位クラスで定義した操作(メソッド)を下位クラスで再定義することをいいます。

ポリモフィズム(多様性，多相性)

上位クラスから同じメッセージを下位クラスに送っても，受け取るクラスによって，各動作が異なることを**ポリモフィズム**と呼びます。ポリモフィズムでは，受け手側の構造を意識せずに送信側で1つのメッセージを送るだけとなるため，オブジェクト間のインタフェースが単純化されます。また，受け手側のクラスの増減や仕様変更が生じても送り手側には影響がないため，独立性が保たれるなどの効果があります。

例題

オブジェクト指向でシステムを開発する場合のカプセル化の効果はどれか。

ア オブジェクトの内部データ構造やメソッドの実装を変更しても，ほかのオブジェクトがその影響を受けにくい。

イ 既存の型に加えてユーザ定義型を追加できるので，問題領域に合わせてプログラムの仕様を拡張できる。

ウ 子クラスとして派生するので，親クラスの属性を子クラスが利用できる。

エ 同一メッセージを送っても，受け手のオブジェクトによって，それぞれが異なる動作をするので，メッセージを受け取るオブジェクトの種類が増えても，メッセージを送るオブジェクトには影響がない。

解説

カプセル化は，データをオブジェクトとして包み込み，オブジェクト内の構造や仕様を外部から隠蔽します。これにより，外部からデータに直接アクセスできないようにすることができます。外部から直接アクセスすることができなくなることにより，内部構造を変えても他のオブジェクトに与える影響を抑えることができます。よって，アが正解です。

イについては，クラス定義を新たに追加することで行える内容ですが，カプセル化の説明ではありません。ウは継承(インヘリタンス)，エはポリモフィズムの説明です。

《解答》ア

テスト工程 《出題頻度 ★★★》

7-8 単体テスト

単体テストの工程では，モジュール単位のテストを実施します。ここで説明するホワイトボックステストとブラックボックステストを，よく理解しておきましょう。

単体テストのテスト手法

単体テストでのテスト手法は，主に2つあります。

1つはモジュールの入出力に着目した**ブラックボックステスト**です。このテストは，モジュール内部の構造を隠し，モジュールの仕様（機能）に基づいたテストを実施します（図7.18）。

ポイント
ホワイトボックステスト，ブラックボックステストの特徴について，覚えておきましょう。

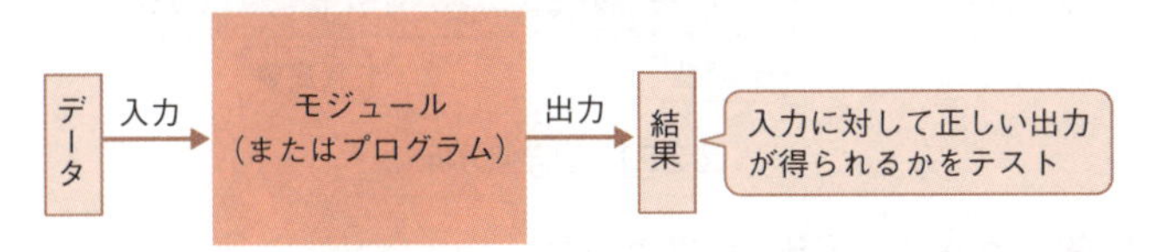

図7.18：ブラックボックステスト

もう1つは，モジュールの内部構造に着目した**ホワイトボックステスト**です。このテストは，モジュールの論理構造，つまり制御の流れについてテストします（図7.19）。

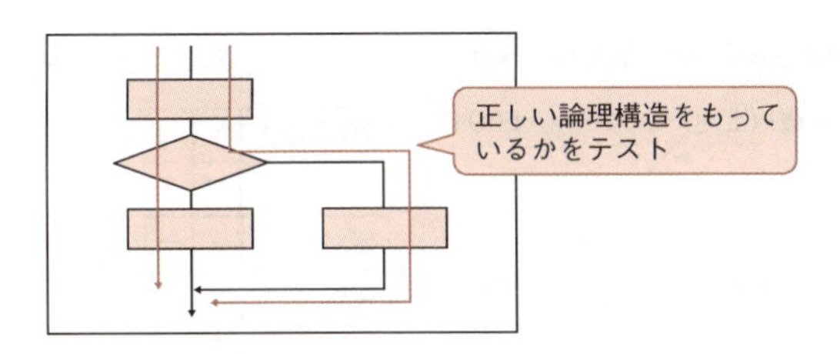

図7.19：ホワイトボックステスト

ブラックボックステスト

ブラックボックステストのテストケースの設計方法には，**同値分割**，**限界値分析**，**因果グラフ**があります。

参考
ブラックボックステストの用途：ブラックボックステストは，ユーザの立場から見た機能テストを行うのに適しています。そのため，単体テストのみならず，その他のテスト工程でも使われます。

同値分割

入力データを，正常に処理される値をもつ有効同値クラスとエラー処理される値をもつ無効同値クラスに分割し，各クラスから1つ取り出してテストケースとします（次ページ図7.20）。

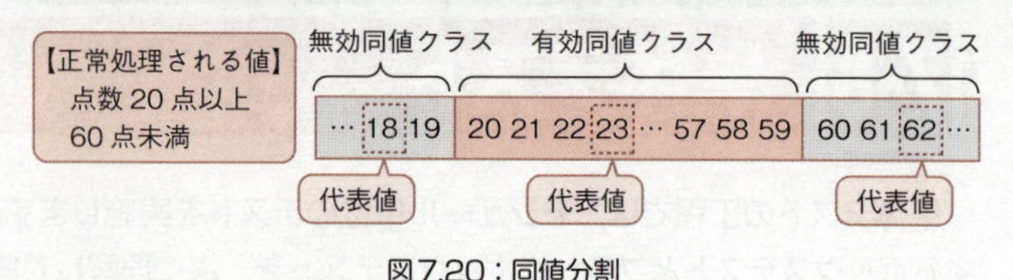

図7.20：同値分割

限界値分析（境界値分析）

同値分割において，各クラスの境界線をテストデータとして取り出し，テストケースとします（図7.21）。

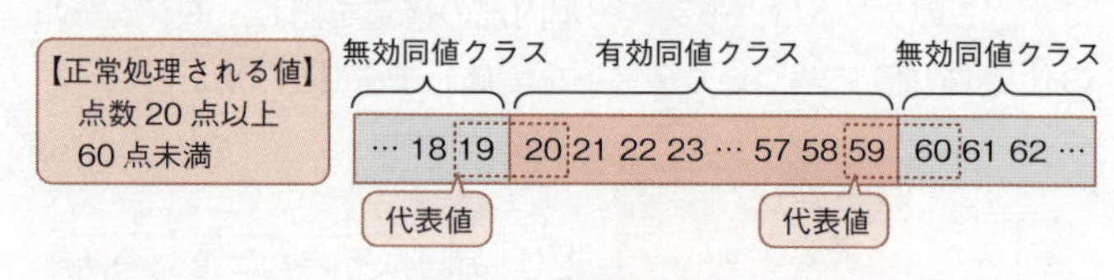

図7.21：限界値分析

因果グラフ（原因－結果グラフ）

入力データが明確にクラス分けできない場合に有効な方法で，入力（原因）と出力（結果）の因果関係をグラフで表し，その後，デシジョンテーブルを作成してテストケースを洗い出します（図7.22）。

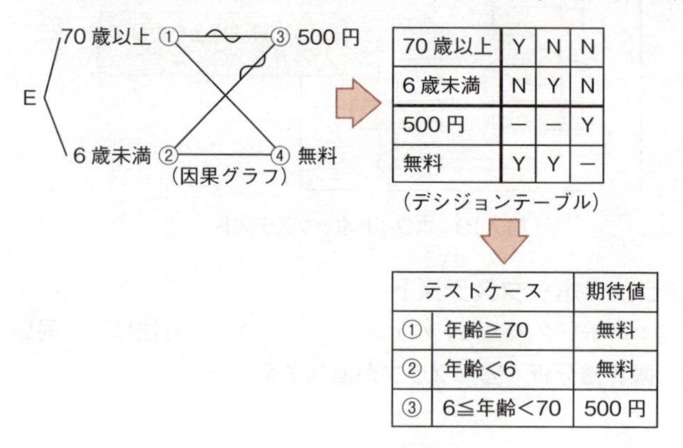

70歳以上	Y	N	N
6歳未満	N	Y	N
500円	－	－	Y
無料	Y	Y	－

テストケース		期待値
①	年齢≧70	無料
②	年齢＜6	無料
③	6≦年齢＜70	500円

図7.22：因果グラフ

ホワイトボックステスト

ホワイトボックステストのテストケースの設計方法には，**命令網羅**，**判定条件網羅（分岐網羅）**，**条件網羅**，**判定条件／条件網羅**，**複数条件網羅**があります。

命令網羅

全命令を最低1回は実行するようにテストケースを作ります（図7.23）。

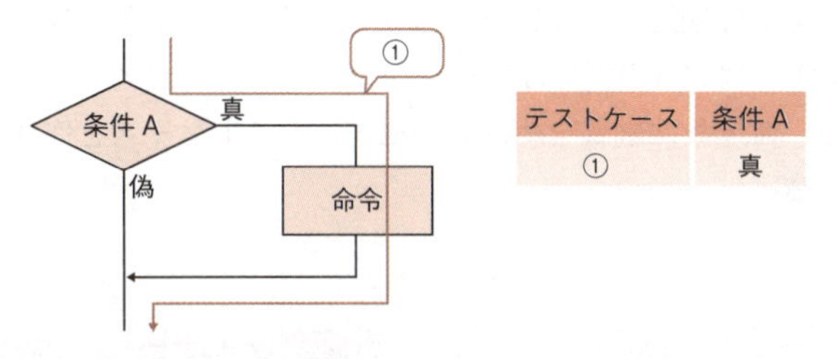

テストケース	条件A
①	真

図7.23：命令網羅

判定条件網羅（分岐網羅）

分岐の判定において，真と偽の分岐を少なくとも1回は実行するようにテストケースを設計します（図7.24）。

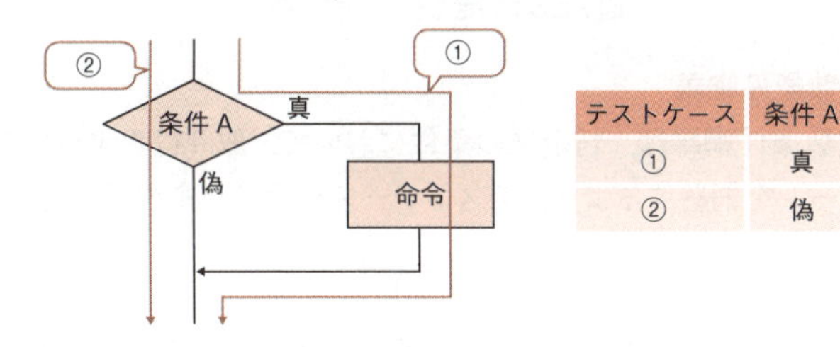

テストケース	条件A
①	真
②	偽

図7.24：判定条件網羅

条件網羅

分岐の判定文が複数の条件からなる場合に採用されます。判定文において，それぞれの条件が真と偽の場合を組み合わせたテストケースを設計します（次ページ図7.25）。

ポイント

フローチャートからテストケースを選ばせる問題が出題されています。「命令網羅」「判定条件網羅」「条件網羅」「判定条件／条件網羅」「複数条件網羅」の用語とフローチャートの流れを対応付けて覚えましょう。

知っておこう

テストカバレッジ分析： ホワイトボックステストにおいて，理想とするテストケースの設計は，すべての実行経路を通るようにすることです。しかし，内部構造が複雑になるとテストケースも増大し，すべてのテストケースを実行することが困難になります。一般的には，すべての経路のうち，どれだけカバーできたかを示す網羅率（カバレッジ）を利用して，生産性と信頼性を考慮した目標を立て，テストを実施します。

テストケース	条件Ａ	条件Ｂ	条件Ａor条件Ｂ
①	真	偽	真
②	偽	真	真

図7.25：条件網羅

判定条件／条件網羅

判定条件網羅と条件網羅を組み合わせてテストケースを設計します。図7.25の例では，判定が偽になるテストケースがないため，判定条件網羅を組み合わせて，テストケースを作ります(図7.26)。

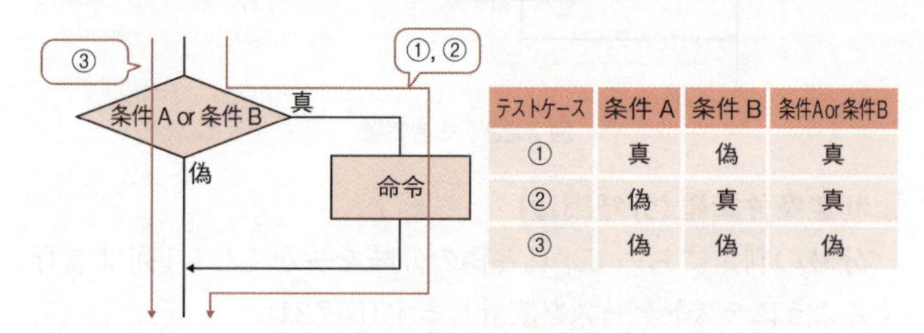

テストケース	条件Ａ	条件Ｂ	条件ＡorB条件Ｂ
①	真	偽	真
②	偽	真	真
③	偽	偽	偽

図7.26：判定条件／条件網羅

複数条件網羅

複数条件網羅は，判定文の条件において，取り得るすべてのパターンを網羅するようにテストケースを設計します(図7.27)。

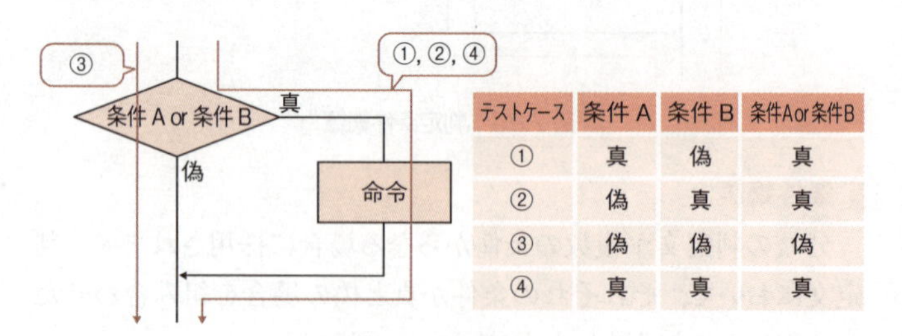

テストケース	条件Ａ	条件Ｂ	条件Ａor条件Ｂ
①	真	偽	真
②	偽	真	真
③	偽	偽	偽
④	真	真	真

図7.27：複数条件網羅

例題

プログラム中の図の部分を判定条件網羅（分岐網羅）でテストするときのテストケースとして，適切なものはどれか。

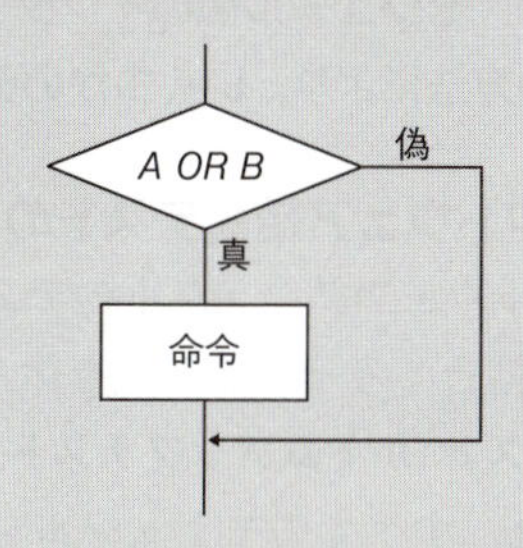

ア

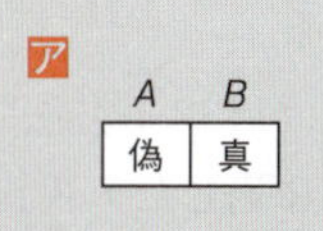

A	B
偽	真

イ

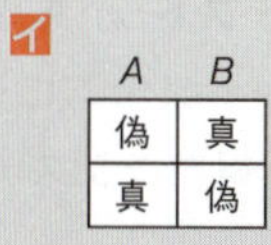

A	B
偽	真
真	偽

ウ

A	B
偽	偽
真	真

エ

A	B
偽	真
真	偽
真	真

解説

判定条件網羅（分岐網羅）は，真と偽の分岐を少なくとも1回は実行するようにテストケースを設計します。「*A OR B*」の条件式について，各解答候補の結果を見てみます。

ア：「偽 *OR* 真 ＝ 真」となりますが，条件式の結果が「偽」となるテストケースがありません。

イ：「偽 *OR* 真 ＝ 真」「真 *OR* 偽 ＝ 真」となり，条件式の結果が「偽」となるテストケースがありません。

ウ：正解です。

エ：「偽 *OR* 真 ＝ 真」「真 *OR* 偽 ＝ 真」「真 *OR* 真 ＝ 真」となり，条件式の結果が「偽」となるテストケースがありません。

よって，正解はウです。

《解答》ウ

テスト工程　《出題頻度　★★★》

7-9 ソフトウェア結合テスト

ソフトウェア結合テストでは，モジュール間のインタフェースに着目したテストを実施します。モジュールの結合の方法により，いくつかのテスト手法に分かれます。

ソフトウェア結合テストのテスト手法

ソフトウェア結合テストのテスト手法には，代表的な方法として，結合するモジュールを徐々に増やしながらテストを行う**増加テスト**(**ボトムアップテスト**，**トップダウンテスト**，**折衷テスト**)と，すべてのモジュールを結合し，一度にテストを行う**非増加テスト**(**ビッグバンテスト**)があります。

増加テストは，大規模なシステムに適したテスト方法です。一方，非増加テストは，小規模なシステムに適したテスト方法になります。

ポイント
ボトムアップテスト，トップダウンテストの特徴や，テスト実施時に必要なダミーモジュールの名称などを覚えておきましょう。

ボトムアップテスト

最下位モジュールから上位モジュールへと結合しながらテストする方法です。テストには，上位モジュールの働きをするダミーモジュールとして**ドライバ**が必要になります(図7.28)。

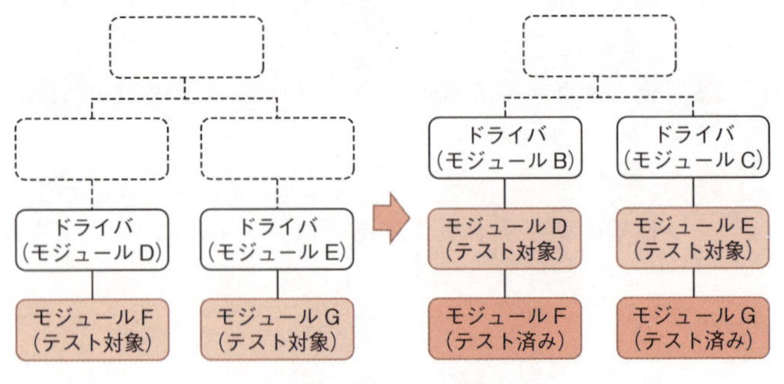

図7.28：ボトムアップテスト

参考
開発とテストの並行作業について：ボトムアップテストでは，下位モジュールからテストを行うため，並行作業が可能ですが，トップダウンテストの場合は，上位モジュールから結合するため，並行作業が困難になります。

トップダウンテスト

最上位モジュールから下位モジュールへと結合しながらテストする方法です。テストには，下位モジュールの働きをするダミーモジュールとして**スタブ**が必要です(次ページ図7.29)。

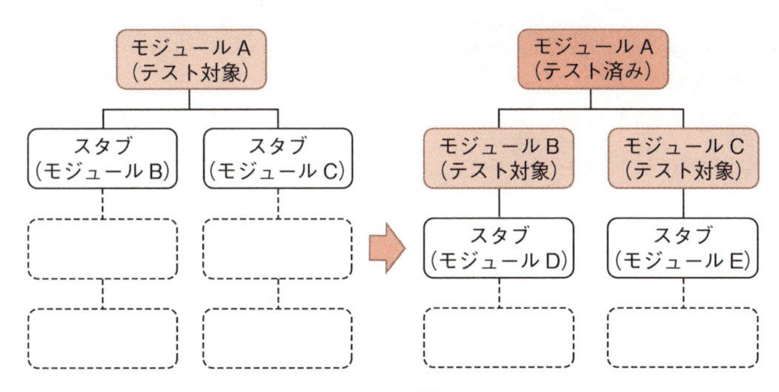

図7.29：トップダウンテスト

折衷テスト（サンドイッチテスト）

あらかじめ折衷ラインを定め，そのラインの上位をトップダウン，下位をボトムアップで並行してテストを行う方法です。上下から同時にテストを行うため，短期間でテストが行えますが，実施にスタブとドライバの両方が必要になります（図7.30）。

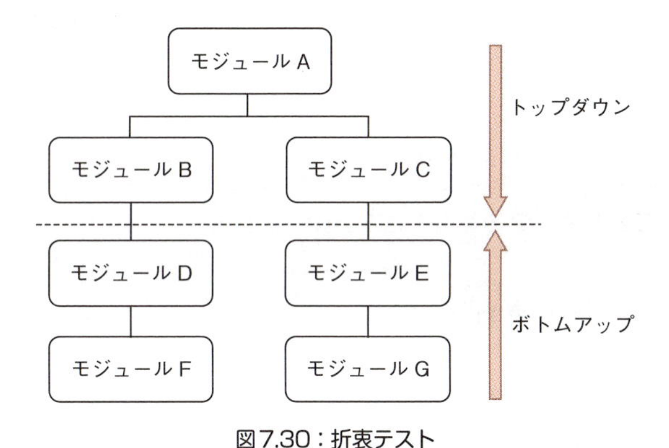

図7.30：折衷テスト

ビッグバンテスト

ビッグバンテストは，すべてのモジュールの単体テストが終了した後に，全モジュールを結合し，一気にテストを行う手法です。すべてのモジュールに対して最初からテストできる利点がありますが，モジュール間のインタフェースのエラーを見つけにくいことや，そのデバッグが難しいといった欠点があります。

例題1

階層構造のモジュール群から成るソフトウェアの結合テストを，上位のモジュールから行う。この場合に使用する，下位モジュールの代替となるテスト用のモジュールはどれか。

ア エミュレータ　　イ シミュレータ
ウ スタブ　　エ ドライバ

解説

上位モジュールから下位モジュールへと結合しながらテストする方法は，トップダウンテストです。このテストを行うには，下位モジュールの働きをするダミーモジュールとして「スタブ」が必要です。

よって，正解はウです。

《解答》ウ

例題2

ボトムアップテストの特徴として，適切なものはどれか。

ア 開発の初期の段階では，並行作業が困難である。
イ スタブが必要である。
ウ テスト済みの上位モジュールが必要である。
エ ドライバが必要である。

解説

ボトムアップテストは，最下位モジュールから上位モジュールへと結合しながらテストする方法です。テストには，上位モジュールの働きをするダミーモジュールとして「ドライバ」が必要になります。よって，正解はエです。

《解答》エ

テスト工程 《出題頻度 ★★★》

7-10 その他のテスト

システム開発の後半で行われるテスト工程では，システムとして正しく機能することの確認や，運用を想定したテストの実施を行います。

システム結合テスト

システム結合テストでは，システムとして要求された機能や操作性，性能などに問題がないかを確認するテストです。システム結合テストの種類を表7.14に示します。

知っておこう
共通フレーム2013においてシステム開発側主導で行われるテスト工程は，システム結合テストまでと示されています。

表7.14：システム結合テストの種類

種類	内容
機能テスト	ユーザが要求するシステム要件を満たすかをチェックする
性能テスト	ユーザが要求するシステム性能（応答速度や処理能力など）を満たしているかをチェックする
操作性テスト	ユーザインタフェースの使いやすさをチェックする
障害回復テスト	障害発生時の回復機能をチェックする
負荷テスト	通常の稼働状況よりも大きな負荷がかかったときのシステムの性能や機能をチェックする
耐久テスト	長時間の連続稼働に耐えられるかをチェックする
例外テスト	例外的な入力データに対して，適切な動作が行われるかをチェックする
セキュリティテスト	システムに十分なセキュリティ対策が施されているかをチェックする
状態遷移テスト	状態遷移図や状態遷移表から設計されたイベントと内部状態の組合せどおりにシステムが動作することをチェックする

運用テスト（導入テスト）

利用者が実施するテストで，実際の運用時と同じ条件で決められた業務手順どおりにシステムが稼働するかをテストします。このテストにより，最終的なシステム要件の確認が行われ，問題がなければ，開発したシステムはユーザ側に引き渡されます。

退行テスト（リグレッションテスト，回帰テスト）

バグや仕様変更でシステムを修正したことにより，他の部分の動作に不具合が発生していないかを検証するテストです。

テスト工程 《出題頻度 ★★★》

7-11 テスト管理

プログラムに潜在するバグは，どれだけ存在するかがはっきりとわかりません。テストの終了の判断は，実施したテスト項目数と発見したバグ数の推移を見て判断します。

プログラムの品質について

人によって作られたプログラムには，必ずバグがあるといわれています。プログラムの品質は，テスト工程でどれだけバグを見つけ出せたか（発見率）に関わってきます。

テストの評価方法には，次の2つの観点があります。

① 考えられるテストケースをどれだけ行ったか（**カバレッジ**）

② テスト項目数に対するバグ件数との関係（**バグ管理図**，**バグ埋込み法**）

以下では，②について，詳しく説明します。

カバレッジ（網羅率）：プログラム全体の経路のうち，テストをどれぐらいカバーできたかを表すもの。具体的には次の計算式で表されます。

網羅率＝テストで実行したステップ数÷プログラムの全ステップ数

ポイント

バグ管理図から読み取れる結果について答える問題が出題されています。

バグ管理図

横軸にテスト項目消化件数，縦軸に発見した累積バグ件数を取り，テスト結果をプロットして描かれる曲線を**バグ曲線**と呼びます。このバグ曲線と比較するものに**信頼度成長曲線**があり，この曲線の形状に近づくほど，プログラムの品質状況やテストの進行状況が良いと判断されます（図7.31）。

信頼度成長曲線の特徴：

・テスト初期段階はバグの発生件数が緩やか。

・時間の経過とともにバグ件数が増加。

・終盤に一定のバグ件数に収束（グラフの傾きが0に近づく）。

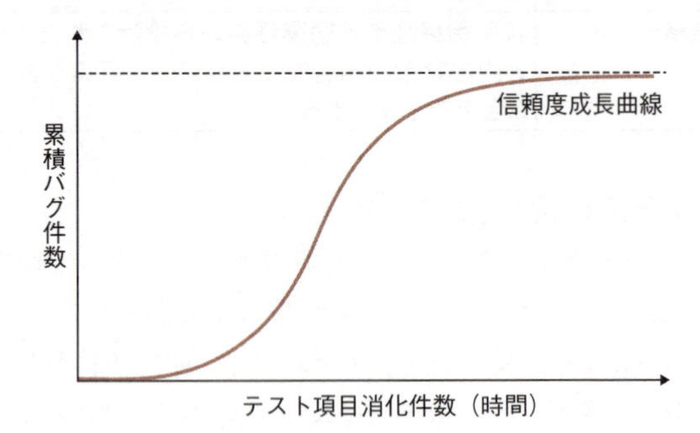

図7.31：信頼度成長曲線

バグ曲線が信頼度成長曲線から外れた曲線を描く場合は，何らかの原因があると判断できます。このように，実際のバグ曲線からテスト状況や品質を読み取る図のことを**バグ管理図**と呼びます（図7.32）。

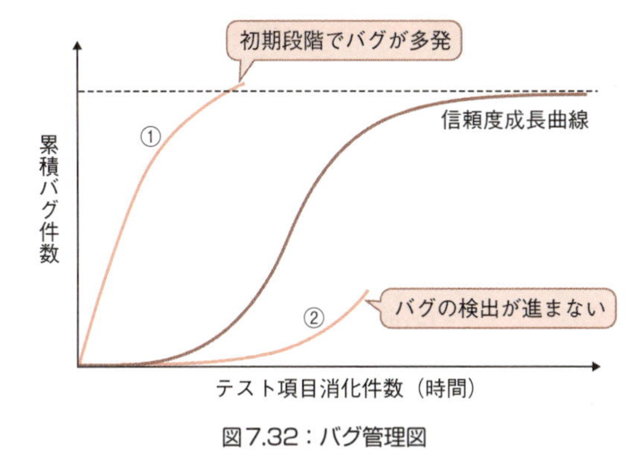

図7.32：バグ管理図

【例：初期段階で曲線が急激に立ち上がる①】

「プログラムの質が悪い」と考えられます。また，「設計段階でのミス」も考えられるため，設計段階までさかのぼって見直す必要があります。

【例：中盤になっても曲線の傾きが増えない②】

次のような点が考えられます。

- テストケースの質が悪い。
- 解決困難なバグに直面している。
- プログラムの質が良い。

よって，さまざまな観点から分析する必要があります。

バグ埋込み法（エラー埋込み法）

あらかじめ既知のバグをプログラムに埋め込み，その事実を知らないテスト実施者からのテスト結果を基に，潜在バグ数を推定します。その後，埋込みバグと潜在バグの発見率は同じであるという仮定のもとに，次の計算式で潜在バグ数を求めます。

$$\frac{\text{検出された埋込みバグ数}}{\text{埋込みバグ数}} = \frac{\text{検出された真のバグ数}}{\text{潜在バグ数}}$$

知っておこう

残存バグ数は，潜在バグ数から次の計算で求められます。

残存バグ数＝潜在バグ数－検出された真のバグ数

7-12 演習問題

問1 要求分析・定義　CHECK ▶ □□□

DFDの表記方法として，適切なものはどれか。

ア　2本の平行線は同期を意味し，名前は付けない。
イ　円には，データを蓄積するファイルの名前を付ける。
ウ　四角には，入力画面や帳票を表す名前を付ける。
エ　矢印には，データを表す名前を付ける。

問2 ソフトウェア方式設計　CHECK ▶ □□□

開発プロセスにおける，ソフトウェア方式設計で行うべき作業はどれか。

ア　顧客に意見を求めて仕様を決定する。
イ　既に決定しているソフトウェア要件を，どのように実現させるかを決める。
ウ　プログラム1行ごとの処理まで明確になるように詳細化する。
エ　要求内容を図表などの形式でまとめ，段階的に詳細化して分析する。

問3 ソフトウェア開発モデル　CHECK ▶ □□□

プロトタイプを1回作成するごとに未確定な仕様の50%が確定するとき，プロトタイプ開始時点で未確定だった仕様の90%以上を確定させるには，プロトタイプを何回作成する必要があるか。

ア　1　　イ　2　　ウ　3　　エ　4

問4 システムのライフサイクル　CHECK ▶ □□□

設計上の誤りを早期に発見することを目的として，各設計の終了時点で作成者と複数の関係者が設計書をレビューする方法はどれか。

ア　ウォークスルー　　イ　机上デバッグ
ウ　トップダウンテスト　　エ　並行シミュレーション

問5 要求分析・定義　CHECK ▶ □□□

プログラムからUMLのクラス図を生成することは何と呼ばれるか。

ア バックトラッキング　イ フォワードエンジニアリング
ウ リエンジニアリング　エ リバースエンジニアリング

問6 ソフトウェア詳細設計 CHECK ▶ □□□

モジュールの独立性を高めるためには，モジュールの結合度を弱くする必要がある。モジュール間の情報の受渡し方法のうち，モジュール結合度が最も弱いものはどれか。

ア 共通域に定義したデータを，関係するモジュールが参照する。
イ 制御パラメタを引数として渡し，モジュールの実行順序を制御する。
ウ データ項目だけをモジュール間の引数として渡す。
エ 必要なデータを外部宣言して共有する。

問7 プログラミング CHECK ▶ □□□

オブジェクト指向の特徴はどれか。

ア オブジェクト指向モデルでは，抽象化の対象となるオブジェクトに対する操作をあらかじめ指定しなければならない。
イ カプセル化によって，オブジェクト間の相互依存性を高めることができる。
ウ クラスの変更を行う場合には，そのクラスの上位にあるすべてのクラスの変更が必要となる。
エ 継承という概念によって，モデルの拡張や変更の際に変更部分を局所化できる。

7

問8 単体テスト CHECK ▶ □□□

ホワイトボックステストの説明として，適切なものはどれか。

ア 外部仕様に基づいてテストデータを作成する。
イ 同値分割の技法を使用してテストデータを作成する。
ウ 内部構造に基づいてテストデータを作成する。
エ 入力と出力の関係からテストデータを作成する。

問9 単体テスト CHECK ▶ □□□

ブラックボックステストにおけるテストケースの設計方法として，適切なものはどれか。

ア プログラム仕様書の作成又はコーディングが終了した段階で，仕様書やソースリストを参照して，テストケースを設計する。

イ プログラムの機能仕様やインタフェースの仕様に基づき，テストケースを設計する。

ウ プログラムの処理手順，すなわちロジック経路に基づき，テストケースを設計する。

エ プログラムのすべての条件判定で，真と偽をそれぞれ1回以上実行させることを基準に，テストケースを設計する。

問10 単体テスト CHECK ▶ □□□

プログラムの流れ図で示される部分に関するテストデータを，判定条件網羅（分岐網羅）によって設定した。このテストデータを複数条件網羅による設定に変更したとき，加えるべきテストデータのうち，適切なものはどれか。ここで，（ ）で囲んだ部分は，一組のテストデータを表すものとする。

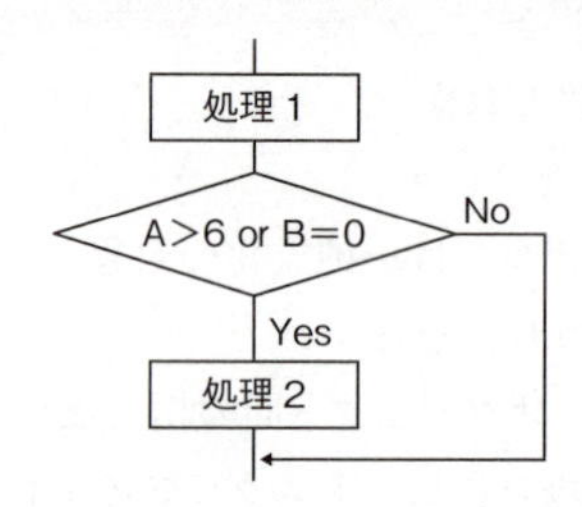

・判定条件網羅（分岐網羅）によるテストデータ
（A＝4，B＝1），（A＝5，B＝0）

ア （A＝3，B＝0），（A＝7，B＝2）
イ （A＝3，B＝2），（A＝8，B＝0）
ウ （A＝4，B＝0），（A＝8，B＝0）
エ （A＝7，B＝0），（A＝8，B＝2）

問11 航空券発券システム CHECK ▶ □□□

航空券発券システムに関する次の記述を読んで，設問1～3に答えよ。

オブジェクト指向分析／設計を用いて，航空券発券システムの設計を行う。
航空券発券業務の分析から，図1の分析クラス図を作成した。

〔航空券発券業務の内容〕
(1) 航空会社の航空券販売担当者（以下，販売担当者という）は，顧客が窓口で申し込んだ内容を基に，航空券発券システムで空席確認及び発券を行う。

(2) 顧客が窓口で申し込む内容は，出発日時，出発地及び到着地となる空港名，便名，グレード（ファースト，エコノミー），人数，席種（窓側，中間，通路側）である。すべての便は直行便である。

(3) 販売担当者は(2)で受け付けた申込み内容を確認し，その情報をシステムに入力する。システムはその便の空席状態を確認する。空席があれば(4)に進み，なければ，顧客は申込み内容を変更して再度申込みをする。

(4) 販売担当者は顧客が希望しているグレードと席種の座席を確保し，顧客情報を登録して航空券を発券する。

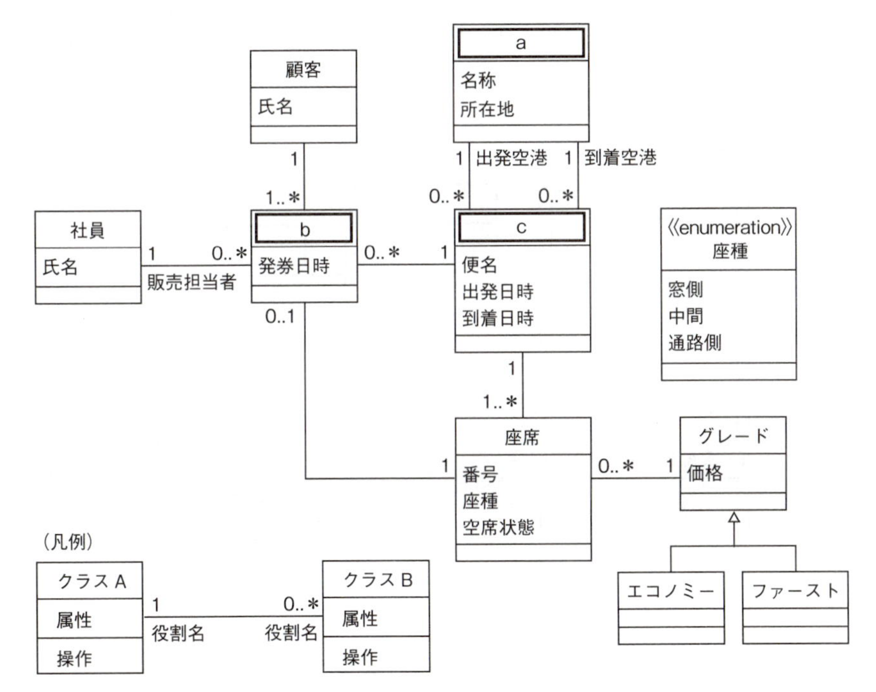

図1　分析クラス図

設問1 図1中の空欄に入れる適切なクラス名を，解答群の中から選べ。

解答群

- ア　空港
- イ　航空会社
- ウ　航空機
- エ　航空券
- オ　航空券発券システム
- カ　便

図1の分析クラス図に，実装を考慮して次の二つのクラスを追加した後，操作を洗い出すために，図2の販売担当者とシステムのオブジェクトとの関係のシーケンス図を作成した。

〔追加したクラス〕

① 航空券発券画面：データを入力する画面クラス

② 航空券発券管理：航空券を発券するための管理クラス

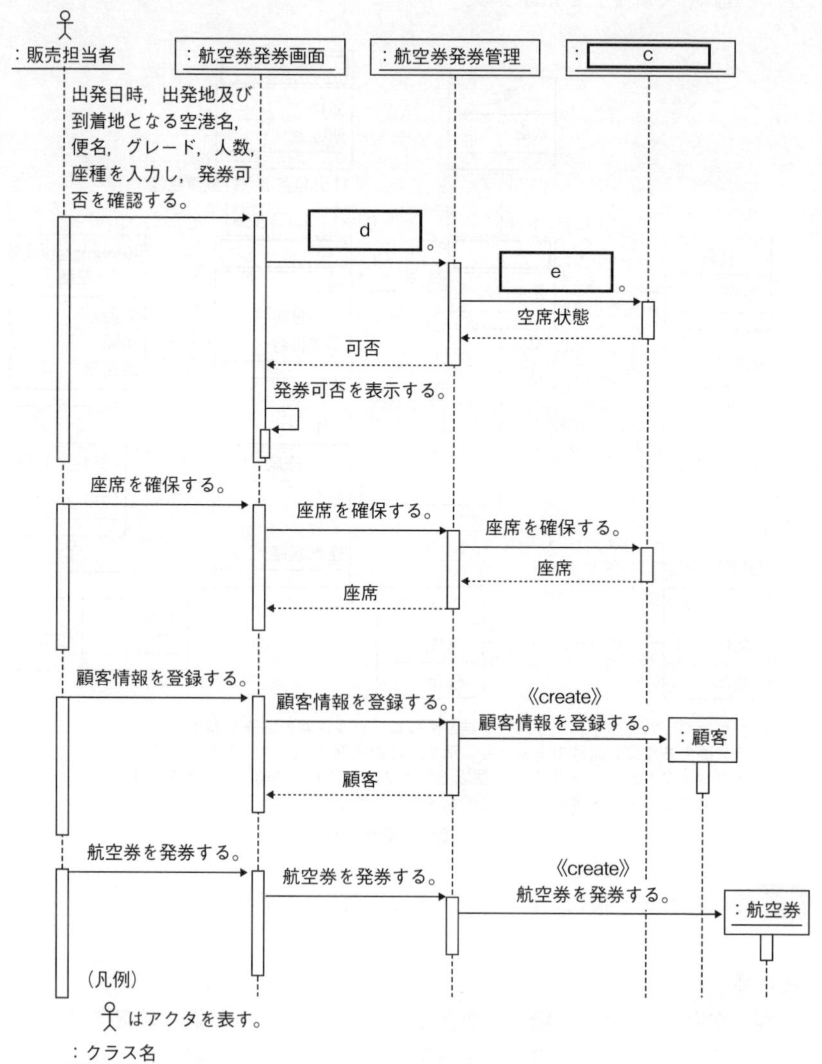

図２ 販売担当者とシステムのオブジェクトとのシーケンス図

設問2 図2中の空欄に入れる正しい答えを，解答群の中から選べ。ただし，図2中の空欄cには設問1の正しい答えが入っているものとする。

d，eに関する解答群

ア 空席を確認する
イ 航空券を発券する
ウ 顧客情報を登録する
エ 出発日時を問い合わせる
オ 出発日時を登録する
カ 発券可否を確認する

設問3 航空券発券画面クラスと航空券発券管理クラスを図3に示す。図3の操作中の空欄に入れる正しい答えを，解答群の中から選べ。ただし，図3中の空欄dには設問2の正しい答えが入っているものとする。

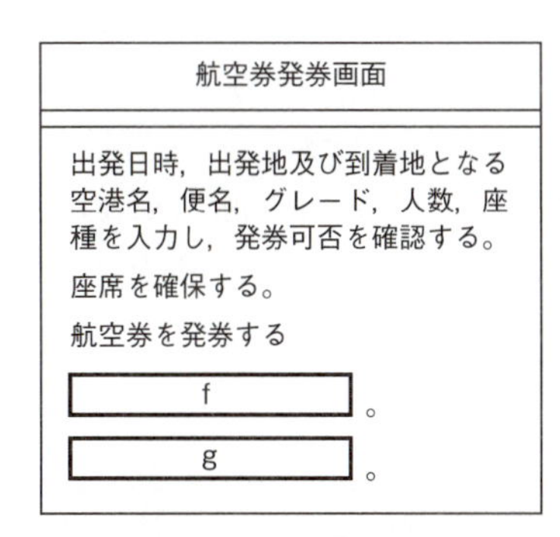

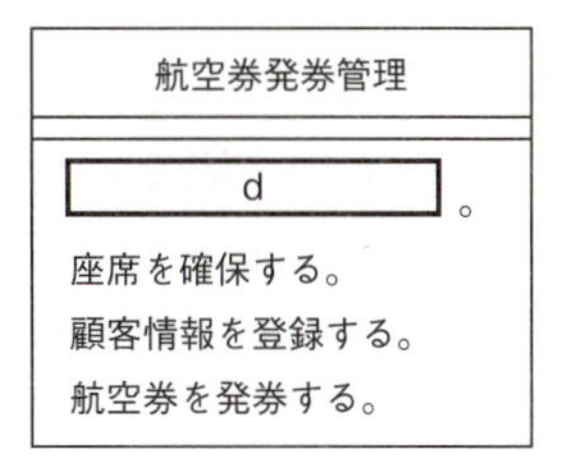

図３　航空券発券画面クラスと航空券発券管理クラス

f，gに関する解答群

ア 空席を確認する
イ 顧客情報を登録する
ウ 出発日時を登録する
エ 発券可否を確認する
オ 発券可否を表示する
カ 便の座席数を確認する

7-13 演習問題の解答

問1 《解答》エ

ア：═は，データストアを表し，2本の平行線の間に名前を付けます。

イ：○は，プロセスを表し，機能の名前を付けます。

ウ：□は，データの発生源・行先を表し，システム外部の要素を書きます。

エ：→は，データフローを表し，矢印の上にデータ名を書きます。

よって，正解はエになります。

問2 《解答》イ

ア：システムとしてもつべき仕様の決定であるため，システム要件定義になります。

イ：ソフトウェアの具体的な実装方法を決める工程であり，ソフトウェア方式設計です。

ウ：プログラムの詳細な設計であるため，ソフトウェア詳細設計になります。

エ：要件定義に示される要求事項を実装すべき機能としてDFDなどで図式化する工程であり，ソフトウェア要件定義になります。

よって，イが正解になります。

問3 《解答》エ

プロトタイプの試行回数における確定部分と未確定部分の割合は次のようになります。

- 1回目：確定部分　50%，未確定部分　50%
- 2回目：追加確定部分　50 × 0.5 = 25%，確定部分　75%，未確定部分　25%
- 3回目：追加確定部分　25 × 0.5 = 12.5%，確定部分　87.5%，未確定部分　12.5%
- 4回目：追加確定部分　12.5 × 0.5 = 6.25%，確定部分　93.75%，未確定部分　6.25%

よって4回目に90%を超えることになるので，正解はエです。

問4 《解答》ア

レビュー方法において，エラーの早期発見を目的として作成者と複数の関係者で実施するレビューを「ウォークスルー」といいます。よって，アが正解になります。

イ：机上デバッグは，ソースコードを印刷した紙面からプログラムの誤りを見つける作業です。

ウ：トップダウンは，プログラム（モジュール）の上位から下位に向かって順に結合しながらテストを行う方法です。

エ：並行シミュレーションは，監査対象のシステムと別の試験用システムを並行動作させ，結果を比較し合うことで差異がないかを見る監査手法です。

問5 《解答》エ

リバースエンジニアリングは，ソフトウェアやハードウェアを分解・解析し，その仕様，構成部品，技術，目的などを明らかにする技法のことで，プログラムの分野では，プログラム（モジュール）からシステムの仕様を分析するために使用されます。よってエが正解です。一般的にUMLは，クラス図やシーケンス図からプログラムを生成することができますが，逆にプログラムからクラス図などの図を生成する行為は，リバースエンジニアリングの技法に相当します。

ア：バックトラッキングは，探索アルゴリズムの1つで，パターンマッチング（パターンに一致するすべての組合せを試す）のことを指します。

イ：フォワードエンジニアリングは，リバースエンジニアリングにより得られた解析結果から，新たなシステムを開発することです。

ウ：リエンジニアリングは，既存システムを再設計することです。

問6 《解答》ウ

各選択肢に該当するモジュール結合度の名称は，アが共通結合，イが制御結合，ウがデータ結合，エが外部結合に該当します。この中で最もモジュール結合度が弱いのは，データ結合であるため，正解はウになります。

問7 《解答》エ

ア：オブジェクト指向ではインヘリタンス（継承）により，基底クラスからサブクラスを生成し，新たな属性や操作（メソッド）を作成できます。このとき，基底クラスに具体的なメソッドがなくてもインヘリタンスで追加が行えます。よって，あらかじめメソッドを指定する必要はありません。

イ：カプセル化はオブジェクト内の属性やメソッドを隠蔽し，独立性を高めます。

ウ：基底クラスに変更を加えず，サブクラスに変更を加えることで対応ができます。

エ：正解です。オブジェクト指向の継承では，変更部分を局所化できます。

よって，正解はエになります。

問8 《解答》ウ

ホワイトボックステストは，モジュールの内部構造に着目したテストケースを作成する手法です。よって，ウが正解です。

その他の内容は，すべてブラックボックステストによる手法です。

問9 《解答》イ

ブラックボックステストは，モジュール内の構造には一切着目せず，データの入出力に着目し，モジュールの機能が正常に働いているか調べるためのテストケースを作成する手法です。

アウエでは，すべて内部構造を知ったうえでテストケースを作成するため，ブラックボックステストによる手法には該当しません。よって，イが正解です。

問10 《解答》エ

用意されている2つのデータは，条件パターンとして（A＝4，B＝1）＝（偽，偽），（A＝5，B＝0）＝（偽，真）となります。複数条件網羅のテストケースとするには，条件パターンとして（真，真）と（真，偽）の条件が必要です。

ア：（A＝3，B＝0）＝（偽，真），（A＝7，B＝2）＝（真，偽）

イ：（A＝3，B＝2）＝（偽，偽），（A＝8，B＝0）＝（真，真）

ウ：（A＝4，B＝0）＝（偽，真），（A＝8，B＝0）＝（真，真）

エ：（A＝7，B＝0）＝（真，真），（A＝8，B＝2）＝（真，偽）

よってエが正解です。

問11

《解答》設問1：a－ア，b－エ，c－カ　設問2：d－カ，e－ア　設問3：f，g－イ，オ

設問1：空欄a～c

クラス図は，クラス間の相互関連を表した図です。

空欄a：役割名に「出発空港」「到着空港」があるため「空港」クラスであることがわかります。よって，アが入ります。

空欄b：属性として「発券日時」があるため，「航空券」クラスであると考えられます。よって，エが入ります。

空欄c：属性の内容から航空機に関するクラス名であることがわかりますが，出発および到着の日時は，機体に対する属性ではないため，「便」が適切です。よって，カが入ります。

設問2：空欄d，e

シーケンス図は，オブジェクト間のメッセージ送受信の関連を時系列で表したものです。

空欄d：航空券販売管理からの応答は，発券の「可否」を返していることがわかります。よって，「発券可否を確認する」になります。よって，カが入ります。

空欄e：dと同じく，応答結果を見ると「空席状態」を返しています。よって，「空席を確認する」になります。よって，アが入ります。

設問3：空欄f，g

図2において，航空券発券画面から航空券発券管理に送信しているメッセージは，「発券可否を確認する」「座席を確保する」「顧客情報を登録する」「航空券を発券する」の4つです。図3の航空券発券画面には，「発券可否を確認する」「座席を確保する」「航空券を発券する」はありますが，「顧客情報を登録する」はありません。よって，1つはイであることがわかります。

航空券発券画面に表示されるもう1つのメニューは，図2において航空券発券画面自身に戻るメッセージ「発券可否を表示する」であり，オであることがわかります。

よって，空欄fと空欄gはイとオ（順不同）になります。

マネジメント系

第8章

プロジェクトマネジメント・サービスマネジメント

システムのライフサイクルの中で「管理（マネジメント）」を必要とする場面は，開発時と運用時にあります。開発時では，複数のメンバ構成で開発を行うプロジェクトを計画的に遂行することを目的としたプロジェクトマネジメントです。そして運用時では，システムの効率的な運用や健全性をサービスの観点から実現するサービスマネジメントです。サービスマネジメントは，ITに関するサービスを提供する企業が顧客の要求事項を満たすために，ITサービスの品質を維持・改善するための管理活動を行います。

プロジェクトマネジメント 《出題頻度 ★★★》

8-1 プロジェクトマネジメントの概要

現在のシステム開発は，ほとんどがプロジェクト制で行われています。プロジェクトでは，「人」「作業」「予算」についての調整が必要になります。プロジェクトを成功に導くためには適切なマネジメント手法が必要になります。

プロジェクトマネジメントの目的

プロジェクトは，ある製品やシステムなどの開発を行うために，各専門分野の者が一時的に集まった開発組織です。

プロジェクトには，「納期」「品質」「予算」について1つの基準を設定し，それを満たすように開発が進められます。しかし，これらの要素は互いに相反する関係にあるため，調整が必要になることがあります。また，プロジェクトの実行中に起こるさまざまな問題を，リスクの少ない方法で解決していかなければなりません。

プロジェクトを成功させるためには，プロジェクトを計画，実行する中でさまざまな管理を行う必要があります。その管理を行う責任者を**プロジェクトマネージャ**（Project Manager：**PM**）と呼び，管理のために体系化された知識やツール，技法を適用して，プロジェクトを成功に導く管理活動を**プロジェクトマネジメント**と呼びます。

PMBOK（ピンボック）（Project Management Body Of Knowledge）

プロジェクトマネジメントに関する知識を体系化したもので，業種や分野を問わない汎用性の高い知識体系であることから，国際標準としてさまざまなプロジェクトに利用されています。

PMBOKでは，知識の体系を次ページ表8.1に示す10の領域で構成し，これに基づいてプロジェクトを管理していきます。

ここでは，その中からスコープマネジメントについて説明します。また，以下の節では，8-2節でスケジュールマネジメント，8-3節でコストマネジメント，8-4節でリスクマネジメントを説明します。

参考

プロジェクト憲章：プロジェクトの立上げに当たり，プロジェクトの目標を明確にし，ステークホルダ（プロジェクト運営の関係者，あるいはプロジェクトの成果によって利益面の影響を受ける利害関係者）からの正式な認可を受けるために作成する文書のことです。

表8.1：PMBOKにおける知識体系

知識エリア	概略
統合マネジメント	プロジェクト全体の整合性を図る
スコープマネジメント	作業範囲（スコープ）の定義と変更を管理する
スケジュールマネジメント	納期に間に合う日程を計画し，実績を管理する
コストマネジメント	費用（コスト）の見積りと，実際に発生した費用を管理する
品質マネジメント	品質基準を策定し，品質を満たすための管理を行う
資源マネジメント	チーム資源と物的資源を管理する
コミュニケーションマネジメント	情報伝達経路や情報共有の方法など，コミュニケーションの円滑化を図る
調達マネジメント	必要な資源（人・モノ・金）を調達し，各種の契約を管理する
リスクマネジメント	プロジェクト中に生じるさまざまな不確定要素（リスク）を分析し，進行に影響しないよう管理する
ステークホルダマネジメント	ステークホルダと良好な状態を保つための管理を行う

PMBOKにおいて，スコープ，スケジュール，コスト，リスクは出題されやすい傾向にあります。押さえておきましょう。

ステークホルダ：利害関係（ステーク）をもつ者（ホルダ）のこと。具体的には，企業活動の対象となる市場や社会に属している個人や集団などを指します。

スコープ管理

プロジェクトで作成する成果物およびそのための作業範囲を**スコープ**と呼びます。スコープの定義に不備があると，成果物や作業に漏れが生じ，本来は必要のない作業に時間やコストを費やすなど，プロジェクトの進行に悪影響を及ぼします。そこで，**WBS**という手法を使ってスコープの洗出しをします。

WBS（Work Breakdown Structure）

作業を段階的に分解する（トップダウン方式）ための手法です。これにより，プロジェクトの作業は階層構造となり，最下層の作業が実際の管理の単位（ワークパッケージ）になります（図8.1）。

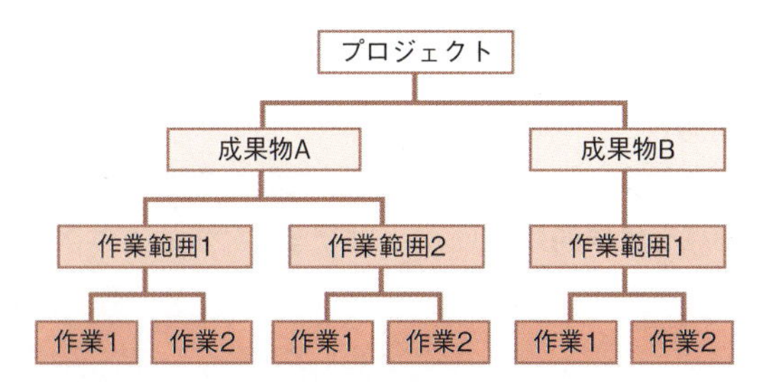

図8.1：WBS

8

プロジェクトマネジメント 《出題頻度 ★★★》

8-2 日程管理

スコープ管理で得られた作業は，特定の順序に従ってスケジュールが組まれる必要があります。この順序を管理するのが日程管理であり，アローダイアグラム（PERT図）で表します。

ポイント
アローダイアグラムは確実に出るといってよいほど出題されています。必ず理解しておきましょう。

用語
ダミー作業：実体のない作業のこと。作業手順を示す目的のためにあります。図8.2の例において，作業Fは，作業Bと作業Cが終わらなければ進めることができない作業です。同様に，作業Gは，作業B～Dが終わらなければ進めることができない作業になります。

ポイント
最早開始日と最遅開始日を求める問題が多く出題されています。求め方を理解しておきましょう。

アローダイアグラム

プロジェクトの所要日数を算出し，プロジェクト全体の進行に影響を及ぼす重要な作業を把握するための図です。使用する記号を，表8.2に示します。

表8.2：アローダイアグラムで使用する記号

記号	名称	意味
作業名 →（実線矢印） 作業日数	作業	作業名，作業日数を表す
○	結合点	作業の開始と終了を表す
- - - →（破線矢印）	ダミー作業	作業の順序関係のみを示す作業で，所要日数は0日となる

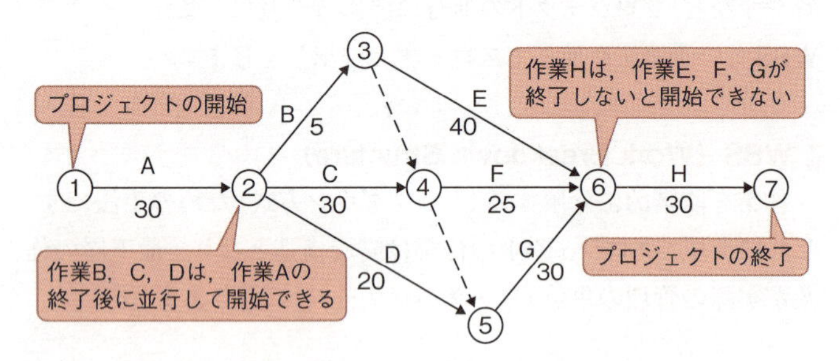

図8.2：アローダイアグラムの表記例

最早開始日

先行する作業がすべて終了して，後続の作業を開始できる最も早い時点を**最早開始日**（ES）と呼びます。求め方は次のとおりです。

- プロジェクト開始の結合点の最早開始日：0日とする。
- プロジェクト終了の結合点の最早開始日：プロジェクトの所要日数となる。
- 先行作業が1つの場合：先行作業の最早開始日に作業日数を加算する。
- 先行作業が複数の場合：先行作業ごとに最早開始日を求め，その中の最も遅いほうを最早開始日とする。

先行作業：アローダイアグラムの各結合点から見て，その結合点に入っていく作業のこと。

図8.2において，最早開始日を求める場合の計算過程は表8.3のようになります。

用語

最早終了日：先行作業が終了する時刻のこと。先行作業の最早開始日とその作業の作業時間を足した値になります。

表8.3：最早開始日

結合点	ES	先行作業の終了時刻（最早終了日）
①	0	先行作業なし
②	30	作業A：①のES（0）＋作業Aの作業日数（30）＝30
③	35	作業B：②のES（30）＋作業Bの作業日数（5）＝35
④	60	ダミー作業：③のES（35）＋ダミー作業の作業日数（0）＝35
		作業C：②のES（30）＋作業Cの作業日数（30）＝60
⑤	60	ダミー作業：④のES（60）＋ダミー作業の作業日数（0）＝60
		作業D：②のES（30）＋作業Dの作業日数（20）＝50
⑥	90	作業E：③のES（35）＋作業Eの作業日数（40）＝75
		作業F：④のES（60）＋作業Fの作業日数（25）＝85
		作業G：⑤のES（60）＋作業Gの作業日数（30）＝90
⑦	120	作業H：⑥のES（90）＋作業Hの作業日数（30）＝120

最遅開始日

先行作業が終了していなければならない最も遅い時点を**最遅開始日**（LS）と呼びます。求め方は次のとおりです。

- プロジェクト終了の結合点の最遅開始日：プロジェクトの所要日数とする。
- 後続作業が1つの場合：後続作業の終了となる結合点の最遅開始日から作業日数を引く。
- 後続作業が複数の場合：後続作業ごとに最遅開始日を求め，その中の最も早いほうを最遅開始日とする。

後続作業：アローダイアグラムの各結合点から見て，その結合点から出ていく作業のこと。

8

図8.2において，最遅開始日を求める場合の計算過程は表8.4のようになります。

表8.4：最遅開始日

結合点	LS	後続作業の開始時刻（最遅開始日）
⑦	120	後続作業なし
⑥	90	作業H：⑦のLS（120）－作業Hの作業日数（30）＝90
⑤	60	作業G：⑥のLS（90）－作業Gの作業日数（30）＝60
④	60	作業F：⑥のLS（90）－作業Fの作業日数（25）＝65
		ダミー作業：⑤のLS（60）－ダミー作業の作業日数（0）＝60
③	50	作業E：⑥のLS（90）－作業Eの作業日数（40）＝50
		ダミー作業：④のLS（60）－ダミー作業の作業日数（0）＝60
②	30	作業B：③のLS（50）－作業Bの作業日数（5）＝45
		作業C：④のLS（60）－作業Cの作業日数（30）＝30
		作業D：⑤のLS（60）－作業Dの作業日数（20）＝40
①	0	作業A：②のLS（30）－作業Aの作業日数（30）＝0

クリティカルパスを求める問題が多く出題されています。必ず理解しておきましょう。

クリティカルパス

最早結合点時刻と最遅結合点時刻の差が0（ゼロ）となる，余裕のない結合点をつないだ経路を，**クリティカルパス**と呼びます（図8.3）。クリティカルパス上の作業に遅れが生じるとプロジェクト全体の遅れにもつながるため，進捗を重点的に管理します。

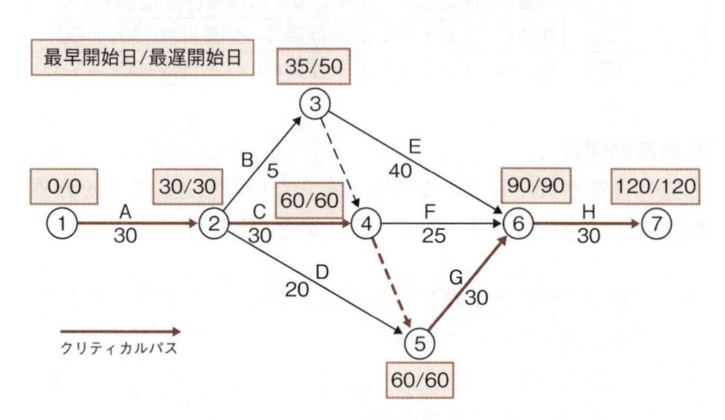

図8.3：クリティカルパス

クリティカルパスとなる作業への対応としては，①優先順位を上げて作業を行う，②作業に割り当てる資源を増やして所要期間を短縮する(**クラッシング**)，③並行実施できる部分とできない部分に分割して作業日数の短縮を図る(**ファーストトラッキング**)，などがあります。

進捗管理

プロジェクトの進捗状況は，計画と実績の比較によって把握します。進捗が遅れている場合は，納期までにプロジェクトが完了しない可能性があるため，遅れを取り戻すための対策が必要になります。また，進捗の遅れは計画との差が大きくなるほど，取り戻すことが困難になるため，できるだけ早いうちに把握することが重要です。そのためには，定期的に進捗を確認することが必要です。

進捗の把握に用いられる内容として，**ガントチャート**や**進捗率**があります。

参考
トレンドチャート：作業の進捗状況と，予算の消費状況を関連付けて折れ線で示したグラフです。

ガントチャート

作業ごとの開始日と終了日を，計画と実績それぞれの所要期間に比例する長さの横棒で表します(図8.4)。これにより，進捗の遅れている作業や遅れの度合いなどを，視覚的に判断することができます。

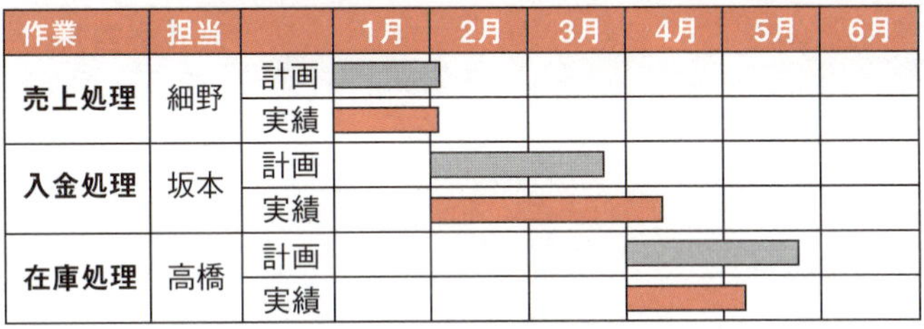

作業	担当		1月	2月	3月	4月	5月	6月
売上処理	細野	計画						
		実績						
入金処理	坂本	計画						
		実績						
在庫処理	高橋	計画						
		実績						

図8.4：ガントチャート

進捗率

計画した作業量に対して，実際に完了している作業量の割合を進捗率と呼び，作業の進捗状況を定量的に評価します。進捗率が100%であれば，計画した作業はすべて完了した，ということになります。

例題

あるプロジェクトの工数配分は表のとおりである。基本設計からプログラム設計までは計画どおり終了した。現在はプログラミング段階であり，3,000本のプログラムのうち1,200本が完成したところである。プロジェクト全体の進捗度は何%か。ここで，各プログラムの開発工数は，全て等しいものとする。

基本設計	詳細設計	プログラム設計	プログラミング	テスト
0.08	0.16	0.20	0.25	0.31

ア 40　　イ 44　　ウ 54　　エ 59

解説

設問から基本設計からプログラム設計までは完了していることがわかります。よって，「0.08 + 0.16 + 0.20 = 0.44」すなわち進捗度は44%を超えていることがわかります。

現在の作業はプログラミングの途中で，「3,000本のプログラムのうち1,200本が完成」とあることから，プロジェクト全体の進捗度は，

$$0.08 + 0.16 + 0.20 + \left(0.25 \times \frac{1200}{3000}\right) = 0.08 + 0.16 + 0.20 + 0.1 = 0.54 \ (54\%)$$

であることがわかります。正解はウです。

《解答》ウ

 《出題頻度 ★★★》

8-3 コスト管理

開発に必要な予算は，開発前の計画の段階である程度の根拠を基に見積りをする必要があります。ここでは，その見積り技法について説明します。

見積り技法

開発に必要なコストは，人件費や資源調達にかかる費用などさまざまあります。ここでは，システムのソフトウェア開発のコストを見積もる代表的な手法を説明します。

ポイント

見積りを求める計算問題が出題されます。FP法とCOCOMOの特徴を理解しておきましょう。

ファンクションポイント（FP：Function Point）法

ソフトウェアの機能を，表8.5に示す5つのファンクションタイプに分けて，それぞれの機能の複雑さに基づいて工数を見積もる手法です。画面や帳票などユーザの目に見える単位で工数を見積もるため，見積りの根拠をユーザが理解しやすい，という特徴があります。

表8.5：ファンクションタイプ

ファンクションタイプ	内容
外部入力	内部論理ファイルを更新するための入力機能（画面やファイル入力機能）
外部出力	見積り対象のソフトウェアから外部へデータを出力する機能（画面・帳票作成・ファイル出力機能）
内部論理ファイル	見積り対象のソフトウェアで作成・更新を行うファイル・データベース
外部インタフェースファイル	見積り対象のソフトウェアが参照する外部のアプリケーションプログラムにおいて，作成するファイル・データベース
外部照会	画面などの問合せ機能

COCOMO（Constructive Cost Model）

予想されるソフトウェアの規模（たとえば，プログラムの行数など）を基準に，プログラム行数の予測値にプログラマの生産性などの補正係数を掛けて工数を見積もる手法です。統計的なモデルに基づいて工数を求めるため，自社の開発生産性の収集と蓄積が必要になります。

標準タスク法

WBSに基づき，成果物単位や処理単位に工数を見積もり，積み上げて算出する見積り手法です。

例として，ある作業の標準作業日数が，表8.6のような「規模」と「複雑度」で示されたとします。

表8.6：作業当たりの標準作業日数（単位：人日）

規模＼複雑度	単純	複雑
小	0.4	0.8
大	0.8	1.2

「規模が小，複雑度が単純な作業が10，規模が大，複雑度が複雑な作業が20」の工数を標準タスク法で見積もった場合，次のようになります。

【規模：小，複雑度：単純】→0.4×10＝4
【規模：大，複雑度：複雑】→1.2×20＝24

よって，合計は28人日として求まります。

その他の見積り法

その他の見積り法として，表8.7のようなものがあります。

表8.7：その他の見積り法

見積り法	内容
3点見積り法	問題なく作業が完了するという「楽観値」，トラブルが生じることを想定した「悲観値」，最も可能性が高いと予測される「最頻値」から工数を見積もる手法。これら3種類の見積りに，それぞれルールに基づいて重みを付け，平均を求めることで，より精度の高い見積りを求める
プログラムステップ法	ソースコードのステップ数（行数）を基に工数を見積もる手法
類推見積り法	過去の類似するシステムを基に開発規模や工数を見積もる手法

開発工数

工数の基準となる単位として，**人日**や**人月**を用います。1人日は1人の要員が1日に行うことのできる作業量を，1人月は1人の要員が1か月（通常は休日を除いて，1か月を20日で換算する）に行うことのできる作業量をそれぞれ意味します。

工数が10人月の作業の場合，担当者を1人とすると完了までに10か月かかりますが，担当者を2人とすることで5か月（10人月＝2人×5か月）で完了する，と捉えることもできます。

参考

EVM (Earned Value Management)：プロジェクトの進捗状況とそこまでにかかったコストの合計値である出来高（EV：Earned Value）から，計画と実績の差を定量的に評価する手法です。

例題 1

あるアプリケーションプログラムの，ファンクションポイント法によるユーザファンクションタイプごとの個数及び重み付け係数は，表のとおりである。このアプリケーションプログラムのファンクションポイント数は幾らか。ここで，複雑さの補正係数は0.75とする。

ユーザファンクションタイプ	個別	重み付け係数
外部入力	1	4
外部出力	2	5
内部論理ファイル	1	10
外部インタフェースファイル	0	7
外部照会	0	4

ア 18　　イ 24　　ウ 30　　エ 32

解説

① ファンクションタイプごとの測定個数に重み付け係数を掛けて，総計を求めます。

$1 \times 4 + 2 \times 5 + 1 \times 10 + 0 \times 7 + 0 \times 4 = 24$

② 総計に複雑さの補正係数を掛けて，ファンクションポイント数を求めます。

$24 \times 0.75 = 18$

正解はアです。

《解答》ア

8

例題２

システムを構成するプログラムの本数とプログラム１本当たりのコーディング所要工数が表のとおりであるとき，システムを95日間で開発するには少なくとも何人の要員が必要か。ここで，システムの開発にはコーディングの他に，設計やテストの作業が必要であり，それらの作業の遂行にはコーディング所要工数の８倍の工数が掛かるものとする。

	プログラムの本数	プログラム１本当たりのコーディング所要工数（人日）
入力処理	20	1
出力処理	10	3
計算処理	5	9

ア 8　　イ 9　　ウ 12　　エ 13

解説

すべてのプログラムにかかるコーディング所要工数（人日）は，次の計算で求まります。

$\underbrace{20本 \times 1人日}_{入力処理} + \underbrace{10本 \times 3人日}_{出力処理} + \underbrace{5本 \times 9人日}_{計算処理} = 95人日$

また，コーディング以外の作業の工数は，コーディング所要工数の８倍かかるとあることから，全所要工数は，95 + 95 × 8 = 855人日になります。

全所要工数を95日で終わらせるのに必要な要員は，855人日 ÷ 95日 = 9人であることが求まります。正解はイです。

《解答》イ

例題３

10人が0.5kステップ／人日の生産性で作業するとき，30日間を要するプログラミング作業がある。10日目が終了した時点で作業が終了したステップ数は，10人の合計で30kステップであった。予定の30日間でプログラミングを完了するためには，少なくとも何名の要員を追加すればよいか。ここで，追加する要員の生産性は，現在の要員と同じとする。

ア 2　　イ 7　　ウ 10　　エ 20

解説

プログラム作業を終了するのに必要なステップ数は，0.5kステップ／人日×(10人×30日)＝150kステップです。10日を経過した時点で30kステップが終了していることから，残り20日で120kステップの作業を行う必要があることがわかります。

1人当たりの実際の生産性は，10日目において「10人の合計で30kステップ」とあることから，(30kステップ÷10人)÷10日＝0.3kステップ／人日と求まります。

よって，120kステップを20日間で終了するのに必要な要員は，次のように求まります。

120kステップ÷(0.3kステップ／人日×20日)＝20人

20人のうち10人は，作業開始から既にいた要員とすれば，残り10人を追加すればよいことがわかります。正解はウです。

《解答》ウ

8

例題4

システム開発において，工数(人月)と期間(月)の関係が次の近似式で示されるとき，工数が4,096人月のときの期間は何か月か。

$$期間 = 2.5 \times 工数^{1/3}$$

ア 16　　イ 40　　ウ 64　　エ 160

解説

4,096は2^{12}であるため，これを近似式に代入して期間を求めます。

$$期間 = 2.5 \times 2^{(12 \times \frac{1}{3})} = 2.5 \times 2^4 = 2.5 \times 16 = 40$$

よって，正解はイです。

《解答》イ

プロジェクトマネジメント 《出題頻度 ★★★》

8-4 リスク管理

開発中には不測の事態がよく発生します。その原因は，人災，天災などさまざまで，それによる被害も小さいものから大きなものまであります。プロジェクトでは，被害の影響を抑えるべく，リスクに備えた対策を用意する必要があります。

リスク

PMBOKではリスクを「プロジェクトの進行に影響を及ぼす不確定の事象や状態」と定義しています。プロジェクトに生じるリスクには，計画外の作業の発生や技術的なトラブル，要員数の不足などによるスケジュールの遅れや追加工数の発生などがあります。

リスク管理では，どのようなリスクが想定できるかを識別／分析し，個々のリスクの対応方法を計画します（図8.5）。

参考

リスク登録簿：「リスク識別」で洗い出されたリスクは，“リスク登録簿”に記載して管理します。「リスクの監視・コントロール」では，リスク登録簿を基に監視が行われます。また，新たにリスクが見つかった場合は，リスク登録簿を更新します。

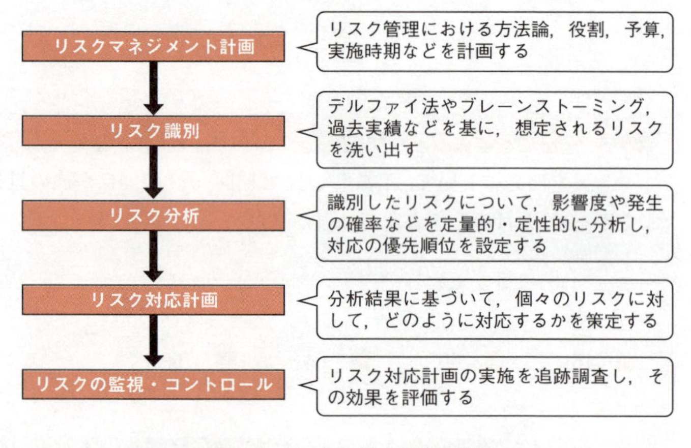

図8.5：リスクに対する計画手順

ポイント

リスクの識別手法について，覚えておきましょう。

リスクの識別

プロジェクトに生じるリスクを洗い出すには，1人ではなく，多くの人の意見を参考にします。手法としては，次ページに示す**デルファイ法**や**ブレーンストーミング**があります。

デルファイ法

質問状によって複数の専門家から匿名の見解を求め，得られた見解の要約を専門家に再配布します。これを繰り返すことで，リスクに対する見解をまとめる手法です。

ブレーンストーミング

多様なアイディアを得るために行われる会議で，他人のアイディアの批判をせずに，自由に多くのアイディアを出し合うことを目的とします。ブレーンストーミングは，次の4つのルールの下で行われます。

① 否定や結論など，自由なアイディアの発想を制限する発言を禁止する。
② 自由奔放なアイディアを歓迎する。
③ アイディアの質ではなく，数多くのアイディアを出す（質より量）。
④ 他人のアイディアを発展させたり，新しいアイディアを付け加えることを歓迎する。

リスク対応計画

洗出したリスクのすべてに対応することは，コストの面から考えて現実的ではありません。そのため，各リスクの発生確率と影響を定性的・定量的に分析し，対応すべきリスクの優先度を設定します。そのうえで，各リスクについて表8.8に示す対応方法を検討します。

リスクの損害額：リスクに対する損害額の計算方法はさまざまですが，暫定的に「リスクの損害額×リスクの発生確率」を求めます。一般的には，この額から優先度が決定されます。

表8.8：リスク対応

対応策	内容
リスク回避	プロジェクトの計画を変更するなどによってリスクの発生要因を取り除き，リスクの発生を防ぐ
リスク転嫁（リスク移転）	保険加入など，リスクの発生時の対応責任を第三者へ移す
リスク低減	リスク発生の確率や影響を低減させる対策を実施する
リスク保有（リスク受容）	リスク発生の影響が小さい場合にリスクを受け入れ，コンティンジェンシー計画を策定する
リスクファイナンス	リスクが顕在化した場合に備えて，保険をかけるなどにより対策のための資金確保を講じる

用語

コンティンジェンシー計画：最悪の事態を想定した計画のことで，災害，事故，不正アクセス，情報漏えいなどを踏まえた不測の事態に対する対応計画のこと。

サービスマネジメント 《出題頻度 ★★★》

8-5 サービスマネジメント

情報システムの運用や保守は，ハードウェアやソフトウェアなどの技術的な側面と顧客の要求を満たすためのサービスとしての側面から対応する必要があります。サービスマネジメントとは，高品質なサービスを顧客に提供するためのものです。ITILでは，この目的を実現するための指針を成功事例に基づいてまとめています。

用語

ベストプラクティス： 成功事例。規範となる業務の進め方を指します。

ITIL（アイティル）（Information Technology Infrastructure Library）

サービスマネジメントの成功事例（**ベストプラクティス**）を英国政府機関のOGC（Office of Government Commerce）が体系化したもので，世界的な標準規格として扱われています。サービスマネジメントは，情報システムの運用や保守などを行うITサービスの事業者が，顧客の要求を満たすために自社のサービスを管理するための取組み（フレームワーク）のことです（図8.6）。

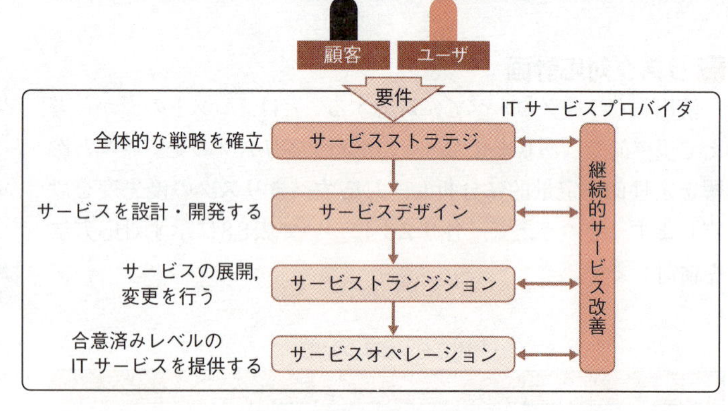

図8.6：ITILのフレームワーク

参考

JIS Q 20000は，以下の2部構成になっています。

- **JIS Q 20000-1：** サービスマネジメントシステムの要求事項
- **JIS Q 20000-2：** サービスマネジメントの適用の手引き

JIS Q 20000

ITILは，サービスマネジメントを実現するためのガイドラインです。これを日本工業規格（JIS）が日本におけるITサービスマネジメントの実践的な規格・ルールとして定めたものが**JIS Q 20000（JIS Q 20000-1，JIS Q 20000-2）**です。

JIS Q 20000-1では，図8.7に示すようなサービスマネジメントシステム（SMS）に求められる要求事項が示されています。また，SMSやサービスのあらゆる場面で**PDCA**の適用を要求しています。

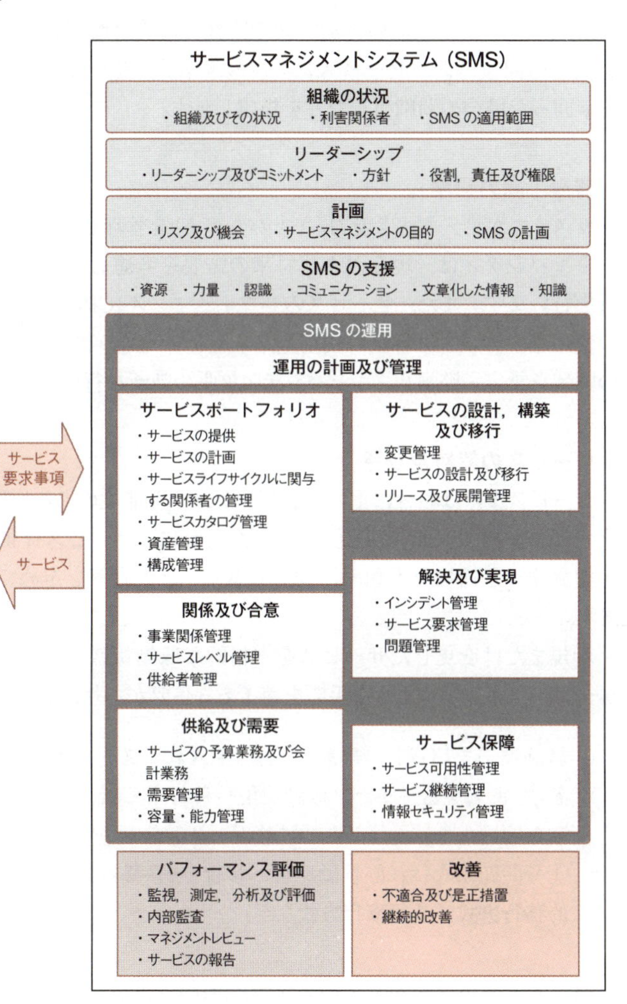

図 8.7：サービスマネジメントシステム（SMS）

以下では，要求事項の一部について説明します。

サービスレベル管理

サービスレベル管理とは，ITサービスを提供する側と利用者

知っておこう

図8.7の各要求事項は，以下のようにPDCAサイクルの各ステップに該当します。

Plan（計画）：
- 組織の状況
- リーダシップ
- 計画
- SMSの支援

Do（実行）：
- SMSの運用

Check（点検）：
- パフォーマンス評価

Act（処置）：
- 改善

知っておこう

逓減課金方式：サービスの使用量に応じて，利用単位当たりの利用料金が減少する課金方式です。

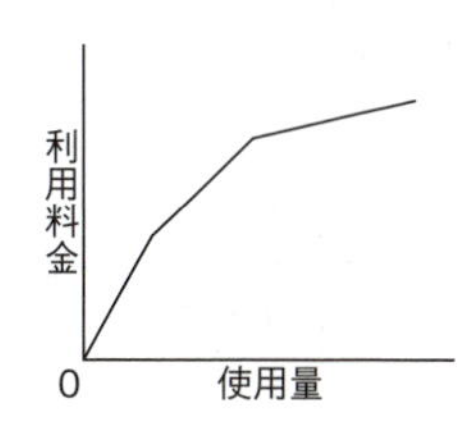

8

との間でサービスの品質（サービスレベル）に関する合意（**SLA：Service Level Agreement**）を取り交わし，システムの稼働状況や対応状況を監視，記録を行い，サービス品質を維持することです。

ポイント
SLAに関連して，サービスを満たすために必要な稼働時間を求めるような問題が出題されています。

SLAには，システムの稼働時間や問合せの受付時間帯，障害発生時の回復時間，サービスレベルの水準と，サービスレベルを下回った場合の罰則事項などを規定します。

容量・能力管理

システムが備えるべき能力（キャパシティ）を管理します。

キャパシティは，現在および将来の需要を考慮して計画・設計を行います。また，サービスのパフォーマンス（CPU／メモリの使用率，ディスク容量の使用量，ネットワークの利用率など）の閾値を設定・監視し，キャパシティ拡張の判断を行います。

サービスの設計及び移行

サービスまたは顧客に重大な影響を及ぼす可能性のある「新規サービス」や「サービス変更」が生じた場合に，サービス提供者が実施すべき適切な手順や活動，考慮すべき内容等を定めています。

新規または変更したサービスを本格的な稼働状態へ移行する場合は，以下に示すような手順を踏まえる必要があります。

知っておこう
受入れテスト：納入するシステムを受領側が運用上の範囲内で問題ないかを確認するテスト。
運用テスト：実際の運用時と同じ条件で行うテスト（7-10節参照）。

① 試験環境を用意し，事前に試験（**受入れテスト**や**運用テスト**）を実施する。また，稼働環境へ移行する際の切替え手順や問題点を確認するために移行テストを実施する。
② ①で問題がなければ稼働環境へ移行（**一斉移行方式**，**段階的移行方式**，**並行移行方式**など）させる。

知っておこう
一斉移行方式：ある時点で旧システムを停止し，一斉に新システムへ切り替える方式。移行のコストは低く抑えられますが，失敗のリスクが高い特徴があります。
段階的移行方式：機能拠点などの単位で段階的に旧システムから新システムへ切り替える方式。
並行移行方式：新旧システムを並行して運用しながら移行させる方式。

開発から運用への移行を円滑かつ効率的に進めるには，システムの開発部と顧客(または運用部)が連携し，顧客もシステムの運用に関わる要件の抽出に積極的に参加することが重要になります。

インシデント管理

インシデント管理は，“計画外の障害”や“顧客からのサービス障害報告”からの迅速なサービスの回復を行う管理を行います。

サービス要求管理

サービス要求管理は，顧客からのサービス要求（情報，助言，サービスへのアクセス，または事前に承認されている変更に対する要求）に応じるための管理を行います。

問題管理

JIS Q 20000-1では，「問題」を“一つ以上のインシデントの根本原因”と定義しています。問題管理では，問題となるあらゆる情報を記録して原因を究明し，今後の再発防止に役立てるための管理を行います。

サービス可用性管理

サービスの可用性（SLAの維持）の管理を行います。具体的には，「可用性（要求される機能を実行する能力）」「信頼性（壊れ難さ）」「保守性（障害から回復できる能力）」「サービス性（提供する可用性，信頼性，保守性の能力）」を測定・分析し，問題がないかを管理します。

サービス継続管理

サービスの継続性（天災などの重大なインシデントに対するサービス継続）の管理を行います。リスクアセスメント（6-4節参照）による評価結果を踏まえてリスクを特定し，サービスレベルを維持するための計画と実施を行います。

サービスの運用

サービス提供者の役割は，サービス提供のための計画・設計，導入・移行の他に，運用上の管理者（システム運用管理者）としての役割もあります。

システム運用管理の業務は，以下のようなものがあります。

- 資源管理
- 運用オペレーション

用語

インシデント：運用上で起きたシステム上の障害となる脅威の事象のこと。

参考

原因が特定できないインシデントの扱い：解決プロセスでは，運用上起きたインシデントはすべて記録して管理しますが，原因が特定できないインシデントは「問題」として扱い，原因究明を行います。

知っておこう

ITILでは，「問題」と「エラー」を次のように定義しています。

- **問題：**表面化されていない，未知の解決すべき対象。
- **エラー：**原因や対策がわかっている対象（既知の誤り）。

知っておこう

事業継続計画（BCP）：事業中断の原因（地震，火災などの自然災害やシステム障害など）とリスクを想定し，未然に回避又は被害を受けても速やかに回復できるように方針や行動手順を規定したものです。

知っておこう

目標復旧時間（RTO）：事業中断後，復旧までに要する時間の目標値のことです。

参考

資源管理：システムを構成する各種資源の維持・管理を行う活動です。次に示す資源が管理の対象になります。

・ハードウェア管理
・ソフトウェア管理
・データ管理
・ネットワーク資源管理

用語

監視ツール：サーバやネットワークの"状況の可視化"と"異常の通知"をするツール。たとえば，システムからのアラートを検知し，信号表示灯の点灯や報知器の鳴動と連動させます。

診断ツール：監視ツールで得た情報からパフォーマンスや品質，安全性を検証し，リスクの早期発見を行うためのツール。

- サービスデスク

以下では，「運用オペレーション」と「サービスデスク」について説明します。

運用オペレーション

日々の運用をルール化，手順化して実施することです。ルール化，手順化する内容としては，表8.9のようなものがあります。

表8.9：運用オペレーション

オペレーション	内容
ジョブスケジューリング	日常的に行う作業（ジョブ）をスケジュール化する。自動実行できるようにすることで，管理者の負担軽減や人為的な作業ミスをなくすことができる
バックアップ	システムの故障に備えてデータの定期的なバックアップを行う。バックアップ方法（4-6節参照）には，「フルバックアップ」「差分バックアップ」「増分バックアップ」などがある
システム監視	システムの稼働状況やセキュリティの監視を行う。「監視ツール」や「診断ツール」などの運用支援ツールが使われる

サービスデスク

サービスデスクとは顧客からの問合せの窓口のことで，「ヘルプデスク」とも呼ばれています。

サービスデスクの形態には，表8.10のような種類があります。

表8.10：サービスデスクの種類

形態	内容
ローカルサービスデスク	サービスデスクを利用者の近くに配置することによって，言語や文化の異なる利用者への対応，専用要員によるVIP対応などができる
中央サービスデスク	サービスデスクを1拠点または少数の場所に集中することによって，サービス要員を効率的に配置したり，大量のコールに対応したりすることができる
バーチャルサービスデスク	サービス要員は複数の地域や部門に分散していても，通信技術を利用して単一のサービスデスクであるかのようにサービスを提供することができる
フォロー・ザ・サン	分散拠点のサービス要員を含めた全員を中央で統括して管理することで，統制の取れたサービスを提供できる

例題1

システムの開発部門と運用部門が別々に組織化されているとき，開発から運用への移行を円滑かつ効果的に進めるための方法のうち，適切なものはどれか。

ア　運用テストの完了後に，開発部門がシステム仕様と運用方法を運用部門に説明する。
イ　運用テストは，開発部門の支援を受けずに，運用部門だけで実施する。
ウ　運用部門からもシステムの運用に関わる要件の抽出に積極的に参加する。
エ　開発部門は運用テストを実施して，運用マニュアルを作成し，運用部門に引き渡す。

解説

開発するシステムは運用部門によって運用されるため，運用側が要求する要件を開発部門がうまくくみ取る必要があります。そのため，「サービスの設計及び移行」においては，開発部門と運用部門が協調して作業することが適切です。正解はウです。

《解答》ウ

例題2

ITサービスマネジメントにおけるインシデントの記録と問題の記録の関係についての記述のうち，適切なものはどれか。

ア　インシデントの分類とは異なる基準で問題を分類して記録する。
イ　問題の記録1件は，必ずインシデントの記録1件と関連付けられる。
ウ　問題の記録には，問題の記録の発端となったインシデントの相互参照情報を含める。
エ　問題の記録の終了の際に既知の誤りが特定されていれば，問題の記録の発端となったインシデントの記録を削除する。

解説

JIS Q 20000-1では，「問題」を“一つ以上のインシデントの根本原因”と定義しています。そのため，問題に関するあらゆるインシデントの情報を記録する必要があります。よって，正解はウです。

《解答》ウ

サービスマネジメント 《出題頻度 ★★★》

8-6 ファシリティマネジメント

「ファシリティ」とは，“設備”や“施設”を意味します。情報システムを構成するサーバやネットワークは，決められた施設内に設置して運用が行われています。ファシリティマネジメントは，設備や施設をはじめとして，情報システムの維持保全を行うための一連の活動のことです。

ファシリティマネジメント

ITサービスを提供するためには，その前提として，そのITサービスを運用するための施設・設備が，健全な状態で維持管理されていることが必要になります。

ファシリティマネジメントは，サーバやネットワークなどの機器類を設置する施設を適切に設計・構築し，正しく運用することを目的としたマネジメント活動です。

施設管理・設備管理

システムを保有する施設や設備への障害となる内容とその対策の例として，表8.11のようなことが挙げられます。

UPS (Uninterruptible Power Supply)：無停電電源装置

表8.11：施設管理・設備管理の例

障害	内容
火災	電子機器は水に弱いため，水を使用しないハロゲン化物や二酸化炭素を用いた消火設備を備えて対応する
地震	免震構造をもつ耐震設備により，震動から機器を守る
落雷 停電 瞬断	・**サージプロテクト**：落雷により瞬間的に発生する高電圧（サージ電圧）による被害を防ぐ機器で，OAタップに備えて対応する ・**UPS**：内部にバッテリーを備えており，停電・瞬断時に電源供給を切り替えて対応（ただし，短時間）する ・**自家発電装置**：燃料により発電して電力を供給する装置で，長い停電に対応することができる
人的脅威	・**入退出管理**：施設内への出入り口にICカードや生体認証による認証で入退出管理を行う ・**セキュリティワイヤ**：可搬性のある電子機器を壁や机にワイヤで結び付け，盗難防止を行う

サービスマネジメント　《出題頻度　★★★》

8-7 システム監査

システム監査は，運用する情報システムを第三者の立場から点検／評価し，結果によって助言や勧告を行うことです。これにより，情報システムの健全性を高めます。

システム監査の目的

システム監査は，情報システムを，「安全性」「効率性」「信頼性」「機密性」「可用性」などの視点から総合的に評価して，助言や改善の勧告および改善結果の再評価（フォローアップ）までを行う一連の活動です。情報システムの健全性を高め，また組織のITガバナンスの実現を目的に実施するものです。

システム監査基準

システム監査基準は，経済産業省によりシステム監査をする上で必要となる基準を定めたものです。システム監査基準には，情報システムの評価を行う**システム監査人**に関する基準，監査の計画と実施に関する基準，監査の報告に関する基準が示されています。

知っておこう

監査業務の種類：システム監査以外の監査業務には次のようなものがあります。

- 会計監査：会計や決算に関する内容を監査する。
- 業務監査：企業の経営活動や業務活動の管理方法を監査する。
- 情報セキュリティ監査：情報セキュリティに対する基準や対策方法を監査する。

8

システム監査人

情報システムの客観的な評価を行うために，システム監査人は監査対象の情報システムに関わっていない（独立している）ことが要求されます。システム監査基準では，システム監査人として求められる要求について，次のように示されています。

【システム監査人としての独立性と客観性の保持】
システム監査人は、監査対象の領域又は活動から、独立かつ客観的な立場で監査が実施されているという外観に十分に配慮しなければならない。また、システム監査人は、監査の実施に当たり、客観的な視点から公正な判断を行わなければならない。

組織内に属するシステム監査人が「独立性」を保つためには，

システム監査人を内部監査部門に所属させ，システム監査を実施することが望ましいとされています。

システム監査の流れ

システム監査は，図8.8に示す流れで実施します。

参考

システム監査基準に基づくシステム監査においては，監査上の判断の尺度として，原則「システム管理基準」を利用することが望ましいとされています。

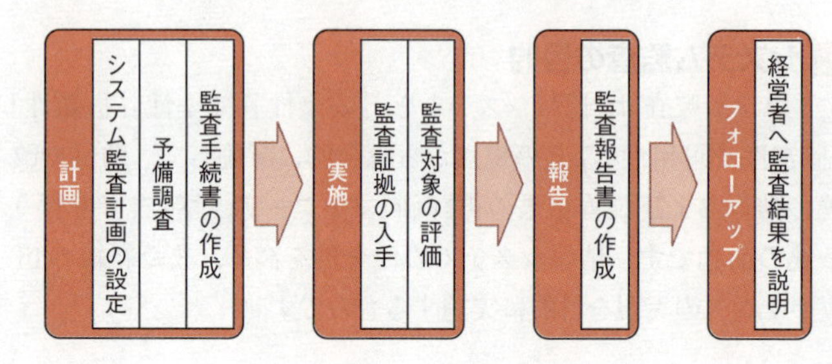

図8.8：システム監査の流れ

計画

システム監査人は，監査を効率的・効果的に実施するための手順を決めます。調査では，監査対象となる情報システムの範囲や問題点，監査の目標と時期，被監査部門などを明確にします。これらの内容は，「システム監査計画書」として策定し，関係者と共有します。また，監査に必要な社内文書の入手手続きの把握や事前入手などを行う必要があります。

実施

システム監査計画で設定した内容に基づき，社内文書の入手やヒアリングを実施し，監査対象のシステムの調査を行います。実施に当たっては，目的達成のためにシステム監査人以外の専門職の支援を受けることもできます。

情報システムの監査では，処理の内容やプロセスを時系列に沿って保存したデータ（ログファイル）が必要になります。これを**監査証跡**と呼びます。システム監査人は，監査証跡の内容に沿って，情報システムに信頼性や安全性，可用性があることを実証します。また，報告書で記載するシステム監査人の監査意見を立証するために必要な証拠資料も必要になります。これを，**監査証拠**と呼びます。

知っておこう

監査証拠として次のものが挙げられます。

- システム監査人が検証した動作の結果
- システムの運用記録
- ヒアリングによる証言

報告

監査業務の全体課程で監査人が収集または作成した資料（監査調書）は，監査の対象，概要，保証意見，助言意見，改善勧告などを盛り込み，監査の依頼人に報告するための「システム監査報告書」として作成します。作成した報告書は，被監査部門の代表者の意見交換を行い，監査報告書の記述内容に誤りがないかの確認が行われた後に，監査の依頼人に遅滞することなく提出しなければなりません。

用語

保証意見：情報システムの信頼性，安全性，効率性を一定の範囲で保証する意見。

助言意見：指導事項，改善事項を示した意見。

フォローアップ

システム監査基準には，システム監査人の監査業務について，監査計画の立案から監査報告書の提出および改善指導（フォローアップ）までの監査業務の全体を管理しなければならないことが明記されています。

フォローアップでは，報告内容から得られた必要な改善案を実施できるように，継続的な支援を行います。具体的には，改善勧告の追跡調査や，必要に応じてフォローアップ監査を実施します。

監査のチェックポイント

システム監査は，情報システムの「安全性」「効率性」「信頼性」「機密性」「完全性」「可用性」などの視点から行います。

監査のチェックポイントは，監査の対象やその視点によってさまざまです。表8.12では，試験に出題された内容から，監査の視点ごとにチェックポイントの例を示します。

知っておこう

システム監査基準において「安全性」「効率性」「信頼性」を次のように定義しています。

- **安全性：**情報システムの自然災害，不正アクセス及び破壊行為からの保護の度合
- **効率性：**情報システムの資源の活用及び費用対効果の度合
- **信頼性：**情報システムの品質並びに障害の発生，影響範囲及び回復の度合

表8.12：監査のチェックポイントの例

視点	監査したいこと	チェックポイントの例
安全性	システムが不正な使用から保護されているか	アクセス管理機能が適切に設計および運用されていること
信頼性 正確性	スプレッドシートの処理ロジックの正確性に関わる対応が行えているか	スプレッドシートのプログラムの内容が文書化され検証されていること
	ソフトウェアのパッチ適用において，システムに不具合が発生するリスクの低減が行えているか	本稼働前にシステムの動作確認を十分に実施していること

（続く）

視点	監査したいこと	チェックポイントの例
機密性	システムのドキュメントが漏えい・改ざん・不正使用されるリスクに対する対応が行えているか	機密性を確保するための対策（暗号化やアクセス制御，カギ付き書庫への格納など）を講じていること
	バージョン管理システムにおいて，ソースコードの機密性が確保されているか	バージョン管理システムのアクセスコントロールの設定が適切であること
	機密性が高い情報を電子メールで送る場合に，情報漏えい防止への対応ができているか	当該情報を記載した添付ファイルにパスワードを設定して，取引先に電子メールを送り，電子メールとは別の手段でパスワードを伝えていること
	経済産業省の「営業秘密管理指針」に基づく営業秘密データの管理状況における秘密管理性のコントロールができているか	当該データの記録媒体に秘密を意味する表示をしていること
可用性	情報セキュリティにおける可用性の確認	中断時間を定めたSLAの水準が保たれるように管理されていること
	マスタファイル管理に関する可用性の確認	マスタファイルが置かれているサーバを二重化し，耐障害性の向上を図っていること
適切性 必要性	ソフトウェア資産管理が適切に行われているか	ソフトウェアのライセンス証書などのエビデンス（証拠）が保管されていること
	事業継続計画（BCP）が適切であるか	従業員の緊急連絡先リストを作成し，最新版に更新していること
その他	システム設計の段階で，利用者要件が充足されないリスクの低減が行えているか	利用部門が参画して，システム設計書のレビューを行っていること

内部統制

企業などの組織の業務が健全で効率的に遂行されるように，違法行為や不正行為，作業ミスなどを防ぐための基準や手続きを定めて，管理・運営するしくみを**内部統制**と呼びます。内部統制で実施する対策には，違法行為やエラーなどについて，発生を防止する「予防統制」と，発生を検知する「発見統制」があります。

たとえば，データ入力の際の予防統制と発見統制には，次のような対策があります。

- 予防統制：「データ入力画面を入力ミスの発生が少なくなるように設計する」「データ入力担当者を限定して不正行為を牽制する」など
- 発見統制：「データ入力結果の出力リストと入力原票の照合をルール化する」など

例題1

システム監査の実施体制に関する記述のうち，適切なものはどれか。

ア 監査依頼者が監査報告に基づく改善指示を行えるように，システム監査人は監査結果を監査依頼者に報告する。

イ 業務監査の一部として情報システムの監査を行う場合には，利用部門のメンバによる監査チームを編成して行う。

ウ システム監査人が他の専門家の支援を受ける場合には，支援の範囲・方法，及び監査結果の判断などは，ほかの専門家の責任において行う。

エ 情報システム部門における開発状況の監査を行う場合には，開発内容を熟知した情報システム部門のメンバによる監査チームを編成して行う。

解説

システム監査基準では，監査した結果は，監査報告書を作成し，遅延することなく監査の依頼人に提出しなければならないと定めています。よって正解はアです。

《解答》ア

例題2

システムに関わるドキュメントが漏えい，改ざん，不正使用されるリスクに対するコントロールを監査する際のチェックポイントはどれか。

ア システムの変更に伴い，ドキュメントを遅滞なく更新していること

イ ドキュメントの機密性を確保するための対策を講じていること

ウ ドキュメントの標準化を行っていること

エ プロトタイプ型開発においても，必要なドキュメントを作成していること

解説

漏えい，改ざん，不正使用に対するコントロールのチェックポイントとして，機密性に対する対策が講じられているかが重要です。具体的には，暗号化やアクセス制御，鍵付きロッカーへの保管などの対策が有効です。よって正解はイです。

《解答》イ

8-8 演習問題

問1 プロジェクトマネジメントの概要 CHECK ▶ □□□

図のように，プロジェクトチームが実行すべき作業を上位の階層から下位の階層へ段階的に分解したものを何と呼ぶか。

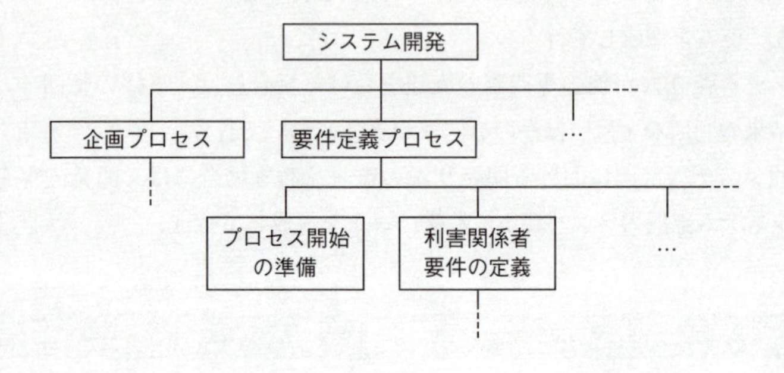

ア CPM　イ EVM　ウ PERT　エ WBS

問2 日程管理 CHECK ▶ □□□

図は，あるプロジェクトの作業（A ～ I）とその作業日数を表している。このプロジェクトが終了するまでに必要な最短日数は何日か。

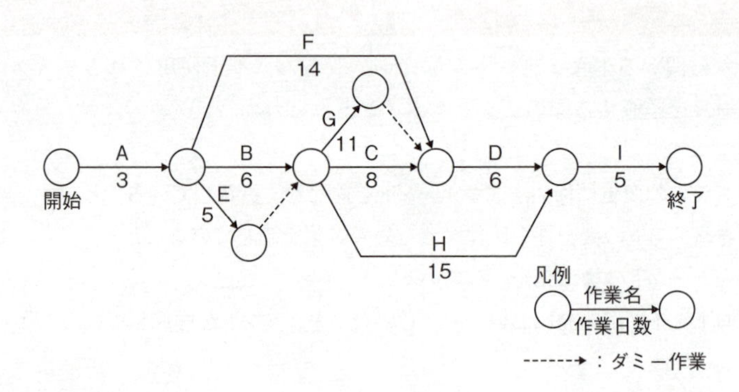

ア 27　イ 28　ウ 29　エ 31

問3 コスト管理 CHECK ▶ □□□

開発期間10か月，開発工数200人月のプロジェクトを計画する。次の配分表を前提とすると，ピーク時の要員は何人となるか。ここで，各工程の開始から終了までの人数は変わらないものとする。

項目＼工程名	要件定義	設計	開発・テスト	システムテスト
工数配分	16%	33%	42%	9%
期間配分	20%	30%	40%	10%

ア 18　イ 20　ウ 21　エ 22

問4 コスト管理 CHECK ▶ □□□

表は，1人で行うプログラム開発の開始時点での計画表である。6月1日に開発を開始し，6月11日の終了時点でコーディング作業の25%が終了した。6月11日の終了時点で残っている作業量は全体の約何%か。ここで，開発は，土曜日と日曜日を除く週5日間で行うものとする。

作業	計画作業量（人日）	完了予定日
仕様書作成	2	6月2日（火）
プログラム設計	5	6月9日（火）
テスト計画書作成	1	6月10日（水）
コーディング	4	6月16日（火）
コンパイル	2	6月18日（木）
テスト	3	6月23日（火）

ア 30　イ 47　ウ 52　エ 53

問5 コスト管理 CHECK ▶ □□□

ある新規システムの機能規模を見積もったところ，500 FP（ファンクションポイント）であった。このシステムを構築するプロジェクトには，開発工数のほかに，システム導入と開発者教育の工数が，合計で10人月必要である。また，プロジェクト管理に，開発と導入・教育を合わせた工数の10%を要する。このプロジェクトに要する全工数は何人月か。ここで，開発の生産性は1人月当たり10FPとする。

ア 51　イ 60　ウ 65　エ 66

問6 リスク管理 CHECK ▶ □□□

リスク識別に使用する技法の一つであるデルファイ法の説明はどれか。

ア 確率分布を使用したシミュレーションを行う。

イ 過去の情報や知識を基にして，あらかじめ想定されるリスクをチェックリストにまとめておき，チェックリストと照らし合わせることでリスクを識別する。

ウ 何人かが集まって，他人のアイディアを批判することなく，自由に多くのアイディアを出し合う。

エ 複数の専門家から得られた匿名の見解を要約して，再配布することを何度か繰り返して収束させる。

問7 ファシリティマネジメント CHECK ▶ □□□

情報システムを落雷によって発生する過電圧の被害から防ぐための手段として，有効なものはどれか。

ア サージ保護デバイス(SPD)を介して通信ケーブルとコンピュータを接続する。
イ 自家発電装置を設置する。
ウ 通信線を経路の異なる2系統とする。
エ 電源設備の制御回路をディジタル化する。

問8 サービスマネジメント CHECK ▶ □□□

次の条件でITサービスを提供している。SLAを満たすためには，サービス時間帯中の停止時間は1か月に最大で何時間以内であればよいか。ここで，1か月の営業日は30日とする。

〔SLAの条件〕
・サービス時間帯は営業日の午前6時から翌日午前1時まで。
・可用性99.5%以上とすること。

ア 1　　イ 2　　ウ 3　　エ 4

問9 システム監査 CHECK ▶ □□□

システム監査で実施するヒアリングに関する記述のうち，適切なものはどれか。

ア 監査対象業務に精通した被監査部門の管理者の中からヒアリングの対象者を選ぶ。
イ ヒアリングで被監査部門から得た情報を裏付けるための文書や記録を入手するよう努める。
ウ ヒアリングの中で気が付いた不備事項について，その場で被監査部門に改善を指示する。

エ　複数人でヒアリングを行うと記録内容に相違が出ることがあるので，1人のシステム監査人が行う。

問10 EVMによるプロジェクトの進捗管理 CHECK ▶ □□□

EVMによるプロジェクトの進捗管理に関する次の記述を読んで設問1～3に答えよ。

ソフトウェア開発会社のD社では，Webアプリケーション開発プロジェクト（以下，プロジェクトPという）の進捗管理にEVM（Earned Value Management）を活用することにした。

〔EVMについての説明〕

(1) EVMでは，出来高計画値PV（Planned Value），コスト実績値AC（Actual Cost）及び出来高実績値EV（Earned Value）といった三つの指標を用いて，プロジェクトのコスト及びスケジュールを管理する。

(2) PVは，計画時にプロジェクトの各工程での作業に割り当てられたコストの計画値であり，ACは，各工程での作業実行後のコストの実績値である。EVは，各工程の実行過程での進捗度をコストに換算した実績値であり，その時点での計画作業の完成率にPVを乗じた値である。

(3) EVとAC，EVとPVそれぞれの差をとることで，プロジェクトのある時点での計画値と実績値との差異を把握できる。EVとACとの差（EV－AC）をコスト差異CV（Cost Variance）といい，EVとPVとの差（EV－PV）をスケジュール差異SV（Schedule Variance）という。

(4) プロジェクトのある時点での計画値と実績値との差異を測る別の指標として，コスト効率指数CPI（Cost Performance Index）とスケジュール効率指数SPI（Schedule Performance Index）の二つがあり，次の式で求められる。

　CPI ＝ EV ／ AC

　SPI ＝ EV ／ PV

(5) “CVが0，すなわちCPIが1の場合は，計画どおりのコストでプロジェクトが進捗している。”，“CVが正，すなわちCPIが1を超える場合は，計画よりも少ないコストで進捗している。”，そして，“CVが負，すなわちCPIが1未満の場合にはコスト超過である。”と判断できる。

　同様に，“SVが0，すなわちSPIが1の場合は，プロジェクトが計画どおりのスケジュールで進捗している。”，“SVが正，すなわちSPIが1を超える場合は，計画よりもスケジュールが早まっている。”，そして，“SVが負，すなわちSPIが1未満の場合は，スケジュール遅延である。”と判断できる。

〔プロジェクトPの説明〕

(1) プロジェクトPでは40個の機能の開発が必要であり，その開発スケジュール及びコスト計画は，表1のとおりである。
なお，ここではコストを表す単位として工数を使用する。

表1 プロジェクトPの開発スケジュール及びコスト計画

工程	標準工数	1月		2月		3月		4月		5月	
		機能数	計画工数	機能数	計画工数	機能数	計画工数	機能数	計画工数	機能数	計画工数
外部設計	40	25	1,000	10	400	5	200				
内部設計	40			25	1,000	15	600				
実装	30					25	750	15	450		
テスト	30							20	600	20	600
合計工数			1,000		1,400		1,550		1,050		600
累計工数			1,000		2,400		3,950		5,000		5,600

(2) 表1中の機能数とは，各月に作業を予定している機能の個数である。
なお，各機能はそれぞれ独立している。

(3) 表1中の標準工数とは，開発するアプリケーションの1機能当たりに予定される工数である。計画工数は，標準工数×機能数で算出する。

(4) プロジェクトPの1～3月の開発実績は，表2のとおりであった。

表2 1～3月の開発実績

工程	完了機能数		
	1月	2月	3月
外部設計	25	5	10
内部設計		25	5
実装			25

2月に計画していた外部設計10機能のうち，5機能は計画どおりに2月に完了した。しかし，残り5機能については，2月途中に要件見直しの要請があり，外部設計が計画よりも遅れ，3月末に完了した。

設問1 表3及び表4は，プロジェクトPの途中段階での各指標（PV，AC，EV）の値を，工程別に示したものである。表3は2月末時点の値（1月と2月の合計）であり，表4は3月末時点の値（1～3月の合計）である。表中の空欄に入れる正しい答えを，解答群の中から選べ。

なお，ACは各月での工程別の工数の実績値を基に算出している。

表3　2月末時点での各指標の値

	PV	AC	EV
外部設計	1,400	1,200	a
内部設計	1,000	1,050	1,000

表4　3月末時点での各指標の値

	PV	AC	EV
外部設計	1,600	1,600	1,600
内部設計	b	1,260	1,200
実装	750	625	750

aに関する解答群

ア 1,000　　イ 1,050　　ウ 1,200　　エ 1,400

bに関する解答群

ア 1,200　　イ 1,400　　ウ 1,600　　エ 1,800

設問2 次の記述は，プロジェクトPの3月末時点でのスケジュール差異及びコスト差異の分析について述べたものである。空欄に入れる正しい答えを，解答群の中から選べ。

なお，各値は小数第3位を四捨五入するものとする。

スケジュールの進捗に関して，表2の結果から，内部設計はスケジュール遅延を起こしていることが明らかである。残りの外部設計と実装に関して，SVを用いてスケジュール差異の分析を行うと，［ c ］ことがわかる。

次に，工程別のコスト差異を分析する。CVの値は，［ d ］が負であり，コスト超過になっているが，［ e ］が正であり，計画よりもコスト低減されている。プロジェクト全体では，CPIが［ f ］であり，計画よりもコスト低減になっていることがわかる。

cに関する解答群

ア 外部設計と実装はSVがともに0で，計画どおりのスケジュールで進捗している

イ 外部設計と実装はSVがともに正で，計画よりもスケジュールが早まっている

ウ 外部設計はSVが負でスケジュール遅延であるが，実装はSVが0で計画どおりのスケジュールで進捗している
エ 外部設計はSVが負でスケジュール遅延であるが，実装はSVが正で計画よりもスケジュールが早まっている
オ 外部設計はSVが0で計画どおりであり，実装はSVが正で計画よりもスケジュールが早まっている

d，eに関する解答群

ア 外部設計　イ 内部設計　ウ 実装

fに関する解答群

ア 1.01　イ 1.02　ウ 1.03　エ 1.04

設問3 プロジェクトPの今後の予測に関する次の記述中の空欄に入れる正しい答えを，解答群の中から選べ。

プロジェクトメンバの努力で開発の遅れは順調に改善し，内部設計は4月半ばに完了し，実装も4月末までに完了した。その結果，4月のテストも順調に進捗し，スケジュールに関しては，プロジェクト全体として計画どおりに完了できる見込みである。

次に，コストについて予測する。4月の内部設計及び実装における1機能当たりの工数の実績値は，それぞれの1月から3月までの実績値と等しく，4月の1か月間での内部設計及び実装の工数の合計は［ g ］であった。4月のテストは計画どおりの工数で進捗した。そこで，5月のテストも計画どおりの工数で進捗すると仮定すると，プロジェクト全体での総コスト（総工数）の予測値は［ h ］となり，コストに関しても当初の計画値以下で完了できる見込みである。

gに関する解答群

ア 775　イ 795　ウ 850　エ 870

hに関する解答群

ア 5,320　イ 5,480　ウ 5,560　エ 5,600

8-9 演習問題の解答

問1 《解答》エ

プロジェクトの作業を明確にするために，作業範囲から具体的な作業へと階層化して表現する手法はWBSです。よってエが正解です。

ア：CPMは，プロジェクトの日程管理に用いられる手法です。

イ：EVMは，進捗管理に用いる手法で，金額を基に管理します。

ウ：PERTは，アローダイアグラムの別名でプロジェクトの各作業の日程管理に使われる手法です。

問2 《解答》エ

各結合点の最早開始日は次のようになります。

結合点	最早開始日	先行作業の終了時刻(最早終了日)
①	0	先行作業なし
②	3	作業A：①の最早開始日(0)＋作業Aの作業日数(3)＝3
③	8	作業E：②の最早開始日(3)＋作業Eの作業日数(5)＝8
④	9	ダミー作業：③の最早開始日(8)＋ダミー作業の作業日数(0)＝8
		作業B：②の最早開始日(3)＋作業Bの作業日数(6)＝9
⑤	20	作業G：④の最早開始日(9)＋作業Gの作業日数(11)＝20
⑥	20	作業C：④の最早開始日(9)＋作業Cの作業日数(8)＝17
		ダミー作業：⑤の最早開始日(20)＋ダミー作業の作業日数(0)＝20
		作業F：②の最早開始日(3)＋作業Fの作業日数(14)＝17
⑦	26	作業D：⑥の最早開始日(20)＋作業Dの作業日数(6)＝26
		作業H：④の最早開始日(9)＋作業Hの作業日数(15)＝24
⑧	31	作業I：⑦の最早開始日(26)＋作業Iの作業日数(5)＝31

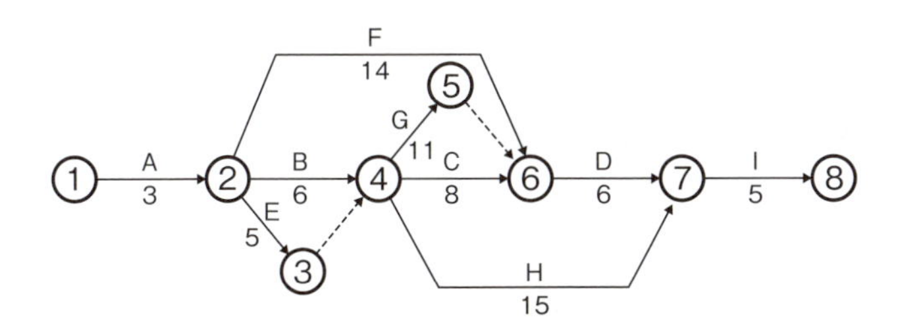

以上のように，プロジェクトが終了するまでには31日が必要です。よって正解はエです。

問3 《解答》エ

(1) 表の工数配分に従って，200人月の工数を工程ごとに配分します。

・要件定義：200人月×16%＝32人月

・設計：200人月×33%＝66人月

・開発・テスト：200人月×42%＝84人月

・システムテスト：200人月×9%＝18人月

(2) 同様に，開発期間10か月を期間配分に従って，工程ごとの期間を求めます。

・要件定義：期間＝10か月×20%＝2か月

・設計：期間＝10か月×30%＝3か月

・開発・テスト：期間＝10か月×40%＝4か月

・システムテスト：期間＝10か月×10%＝1か月

(3) (1)で求めた工程ごとの工数を(2)で求めた工程ごとの期間で割り，要員数を算出します。

・要件定義：要員数＝工数32人月÷2か月＝16人

・設計：要員数＝工数66人月÷3か月＝22人

・開発・テスト要員数＝工数84人月÷4か月＝21人

・システムテスト：要員数＝工数18人月÷1か月＝18人

以上より，要員数が最も多くなる(ピーク時)のは，設計工程の22人月になります。
正解はエです。

問4 《解答》イ

計画作業量の合計は，2＋5＋1＋4＋2＋3＝17人日です。

6月11日の終了時点までに終了した作業は，「コーディング作業の25%が終了」とあることから，

2＋5＋1＋(4×0.25)＝9人日
コーディング作業量の25%

であることがわかります。

残りの作業量は17－9＝8人日と求まるため，その割合は，8÷17≒0.47 (47%) であることがわかります。正解はイです。

問5 《解答》エ

開発の生産性が「1人月当たり10FP」とあることから，500FPの開発工数は，500FP÷10FP／人月＝50人月であることがわかります。

全工数を求めるには，システム導入と開発者教育にかかる10人月と，プロジェクト管理（開発と導入・教育を合わせた工数の10%）が必要となるため，合計は，

(50＋10)×1.1＝66人月

と求まります。正解はエです。

問6 《解答》エ

デルファイ法は，質問状によって複数の専門家から匿名の見解を求め，得られた見解の要約を専門家に再び配布することを繰り返すことで，リスクに対する見解をまとめる手法です。よって，エが正解です。

ア：モンテカルロシミュレーション法の説明です。

イ：チェックリスト法の説明です。

ウ：ブレーンストーミングの説明です。

問7 《解答》ア

落雷による電圧の過電圧は，サージと呼ばれています。これを防ぐには，コンピュータに接続するあらゆる経路上にサージ対策用のデバイスを配置します。経路としては，電源の他にネットワークケーブルも考えられるため，アの手法が適切です。

イ：停電時に有効な手法です。

ウ：一方からの接続が断線された場合，もう一方をバックアップルートとして使用する場合に有効な手法です。

エ：ディジタル化をしたとしても，サージは防げません。

よって，正解はアです。

問8 《解答》イ

(1) 1日のサービス提供時間は，午前6時から翌日午前1時までなので，19時間です。

(2) 1か月のサービス提供時間は30日なので，19時間×30日＝570時間になります。

(3) 可用性について，サービスを利用できる確率が99.5%以上とされているので，停止時間は570時間×(1－0.995)＝2.85時間未満であればSLAを満たせます。

よって正解はイです。

問9 《解答》イ

情報システムの関係者に対してシステム監査人が聞込みによる調査を行うことをヒアリングといいます。

ア：ヒアリング対象は，関係者に対してまんべんなく行う必要があります。

イ：正解です。ヒアリングにより得られた情報は，裏付けをする必要があります。

ウ：改善策の指示は，監査実施後のフォローアップで行います。

エ：ヒアリングは，複数のシステム監査人で行っても問題ありません。

よって，イが正解です。

問10
《解答》設問1：a－ウ，b－ウ　設問2：c－ア，d－イ，e－ウ，f－イ　設問3：g－イ，h－イ

設問1：空欄a

設問からEVは，「その時点での計画作業の完成率にPVを乗じた値」と記されています。外部設計の2月までの完了機能数は，計画では表1から35個であることがわかりますが，実際は表2から30個まで完成したことになります。よって，完成率は，$30 \div 35 = \frac{6}{7}$となります。この値にPVを乗じたものが2月の外部設計のEVになります。

$$EV = 1{,}400 \times \frac{6}{7} = 1{,}200$$

空欄aはウが正解です。

設問1：空欄b

空欄aの解答の求め方を応用し，EVからPVを求めるようにします。

内部設計の3月までの完了機能数は，計画では表1から40個であることがわかりますが，実際は表2から30個まで完成したことになります。よって，完成率は，$30 \div 40 = \frac{3}{4}$となります。この値から3月の内部設計のEVを求める式は次のようになります。

$$1{,}200 = PV \times \frac{3}{4}$$

この式よりPVを求めると，1,600となります。空欄bはウが正解です。

設問2：空欄c

問題文の〔EVMについての説明〕よりSVは，「EV－PV」から求まることがわかります。3月の外部設計と実装の各SVは表4から次のようになります。

外部設計のSV ＝1,600－1,600＝0

実装のSV　　＝750－750＝0

よって，計画どおりのスケジュールで進捗していることを表しているため，空欄cの正

解はアです。

設問2：空欄d，e

問題文の〔EVMについての説明〕よりCVは，「EV－AC」から求まることがわかります。3月の各工程のCVは表4から次のようになります。

外部設計のCV ＝1,600－1,600＝0

内部設計のCV ＝1,200－1,260＝－60

実装のCV ＝750－625＝125

設問2の内容から，負となるのは内部設計，正となるのは実装であることがわかるため，空欄dはイ，空欄eはウが正解です。

設問2：空欄f

問題文の〔EVMについての説明〕よりCPIは，「EV／AC」から求まることがわかります。3月の全工程におけるCPIは表4から次のようになります。

$$CPI = \frac{1,600 + 1,200 + 750}{1,600 + 1,260 + 625} = \frac{3,550}{3,485} \fallingdotseq 1.02$$

よって，空欄fの正解はイです。

設問3：空欄g

「4月の内部設計及び実装における1機能当たりの工数の実績値は，1月から3月までの実績値と等しい」とあることから，表4の値を参考に1機能当たりの工数の実績値を求めます。この計算は，3月末までのACの値を完了した機能数で割れば求まります。

内部設計 1,260÷30＝42

実装 625÷25＝25

4月において，内部設計および実装の完了した個数は，表1と表2より内部設計が10機能，実装が15機能となります。よって，4月の工数は次のようになります。

内部設計 10×42＝420

実装 15×25＝375

合計工数＝420＋375＝795

空欄gの正解はイです。

設問3：空欄h

(1) 3月までの総工数は，表4のACから求まります。

3月までの総工数＝1,600＋1,260＋625＝3,485

(2) 4月の総工数は，空欄gの解答から内部設計と実装の合計795と表1からテストの計画工数を合計した値になります。

4月の総工数＝795＋600＝1,395

(3) 5月の総工数は，表1からテストのみであり，計画どおりに実施すると予想するため，600となります。

(4) (1)から(3)までの工数を加算し，総工数を求めます。

プロジェクト全体の総工数＝3,485＋1,395＋600＝5,480

空欄hの正解はイです。

ストラテジ系

第章

経営戦略・システム戦略

ストラテジとは「戦略」を意味します。企業は，市場において同じ分野を商いとする競合他社と利益を求めて対立します。利益を求めるには，商品やサービスを提供するユーザのニーズを的確に把握する必要がありますが，ニーズは時代とともに変化します。そのため，企業は市場の動向を的確に把握し，安定的な経済活動を行う必要があります。つまり，企業の目的は，利益の追求とともに永続的な経済活動の維持にあります。これを実現するには，自社，他社をあらゆる角度から分析し，市場に対して的確に対応できる「戦略」が必要となるのです。

経営戦略 《出題頻度 ★★★》

9-1 経営戦略

経営戦略は，企業が目標を達成するための手法や手段を取りまとめた中長期的な計画で，経営活動の指針となるものです。経営戦略の策定には，自社を取り巻く環境を調査・分析し，自社にとって有利な手段を選択する必要があります。

ポイント
経営戦略における調査・分析手法および戦略手法が午前／午後問題で出題されています。いずれも，用語の知識があれば十分に解答できるレベルの問題です。

経営戦略の考え方

企業が，経営活動によって利益を上げて継続的に存続・成長し続けていくためには，さまざまな状況の変化にうまく対応しながら競合他社との競争に勝ち抜いていかなくてはなりません。そのため，自社と競合他社との位置付けや自社の現状を分析し，さらに将来の変化を見据えて中長期的な視点で経営戦略を策定する必要があります。

経営戦略では，最初に達成すべき「目標」を定めます。また，戦略の実施に当たっては，目標を達成するための「手段」と，その手段が適切に実施されているかを測定できるように「指標」を定めます。

上記の「目標」「手段」「指標」は，経営戦略において次の用語として用いられています。

- 目標：重要目標達成指数（KGI）
- 手段：重要成功要因（CSF）
- 指標：重要業績評価指数（KPI）

用語

重要目標達成指数（KGI：Key Goal Indicator）：
売上高や利益額などの最終的な経営目標を数値的に示したもの。つまり，目標達成における“何を”を明確にするものです。

重要成功要因（CSF：Critical Success Factors）：
経営戦略の目標・目的を達成するうえで決定的な影響をもつ要因のこと。

重要業績評価指数（KPI：Key Performance Indicator）：
KGIに示す目標の達成につながる業績評価の指標。つまり，目標達成における“どのレベルで”を意味します。

経営戦略を策定する場合，次の調査・分析や戦略の立案が必要になります。

① 自社の位置付けの分析とそれに基づく戦略の立案
② 顧客のニーズに合ったマーケティング戦略の立案
③ ①と②に基づいたビジネス戦略の立案

自社の位置付けの分析とそれに基づく戦略の立案

以下では，代表的な手法について説明します。

(1) ベンチマーキング

競合相手や先進企業の製品・サービス，業務手法などの優れた事例（ベストプラクティス）を調査し，それを自社に取り入れて経営を改革する手法です。同業種だけでなく異業種を含めた成功事例を自社と比較することで自社の問題点や課題を把握し，改善のための戦略を策定します。

(2) SWOT分析

自社の特性について**Strengths（強み）**，**Weaknesses（弱み）**，**Opportunities（機会）**，**Threats（脅威）**の4つの視点で分析を行う手法です（図9.1）。

	プラスとなる要因	マイナスとなる要因
内部の要因	**強み**（自社の特徴や優位点） ↓ 強みを活かす	**弱み**（自社の課題や問題点） ↓ 弱みを克服して強みに転換
外部の要因	**機会**（自社にとって有利な傾向） ↓ 機会を利用する	**脅威**（自社にとって不利な傾向） ↓ 脅威を回避または防御

図9.1：SWOT分析

強みと弱みは，自社の内部的な要因であり，自社の優れた点と問題点を明らかにします。機会と脅威は，経済状況，技術動向，法制度，社会変化などの外部的な要因を分析します。また，強みと機会は自社にとってプラスとなる要因，弱みと脅威は自社にとってマイナスとなる要因を示します。

用語

経営資源：企業の経営に欠かすことのできない要素のこと。「ヒト（人材），モノ（設備，資材製品），カネ（資金）」と「情報」を指します。

9

(3) コアコンピタンス経営

コアコンピタンス経営は，他社に比べて自社が優位にあり，さらに利益をもたらすことのできるノウハウや技術（コアコンピタンス）に経営資源を集中して，競合他社との差別化を図る経営戦略です。

用語

ポートフォリオ：投資案件に対する資産や資源の配分を，個々の投資案件の評価で決定するのではなく，複数の組合せで最適な効果を図るための意思決定手法をいいます。PPMは，経営戦略の分野にポートフォリオを適用したものです。

(4) プロダクトポートフォリオマネジメント（PPM）

自社の事業や製品を，市場における占有率（市場シェア）と成長率という2つの軸による4つの領域に当てはめて分析を行い，効果的な経営資源の配分と事業の組合せを検討する手法です（次ページ図9.2）。

参考

PPMの各領域の収益性： 各領域の収益性を，投資と収益の大小で整理すると，「金のなる木」は投資が小さく収益が大きいことがわかります。

	投資	収益
問題児	大	小
花形	大	大
金のなる木	小	大
負け犬	小	小

市場成長率 高	問題児	花形
市場成長率 低	負け犬	金のなる木
	市場占有率 低	市場占有率 高

図9.2：PPM

4つの領域は，それぞれ**花形**，**金のなる木**，**問題児**，**負け犬**と呼ばれており，表9.1に示すような特徴があります。

表9.1：PPMの4つの領域

名称	内容
花形	市場成長率と市場占有率が高く，大きな収益をもたらす一方で，市場の成長への対応と占有率維持に追加投資が必要なため，より収益性の高い金のなる木へ移行する必要がある
金のなる木	市場の成熟により成長率は低いが，市場占有率は高いため，追加投資を抑えて収益を確保することができる。金のなる木の収益を他の問題児や花形へ投資して，別の収益源を育成する必要がある
問題児	市場占有率が低く収益も低いが，市場成長率は高いため，追加投資で市場占有率を高めることにより花形へと移行させる必要がある。だが，市場成長率が低下すると，負け犬となる可能性もある
負け犬	投資する必要性はほとんどない。将来的な撤退を検討する

知っておこう

スケールメリット： 同じ事業の規模または製品の規模を拡大して得られる効果のことです。

シナジー効果： 異なる事業または製品を複数同時に扱うことで得られる相乗効果のことです。

(5) バリューチェーン分析

事業活動を主活動（購買物流，製造，出荷物流，販売とマーケティング，サービス）と支援活動（全般管理，人的資源管理，技術開発，調達活動）に分類し，どこから製品やサービスの付加価値が生み出されているかを分析する手法です。

顧客のニーズに合ったマーケティング戦略の立案

自社の製品やサービスについて，売れるしくみを作り上げる活動がマーケティングです。そして，マーケティングの手段や手法を組み立てたものを**マーケティング戦略**と呼びます。

(1) ファイブフォース分析（5F分析）

企業間の競争の状況などの業界構造を分析する手法の1つです。「売り手」「買い手」「業界競合他社」「代替品」「新規参入」の5つの視点から，自社の戦略を検討します（図9.3，表9.2）。

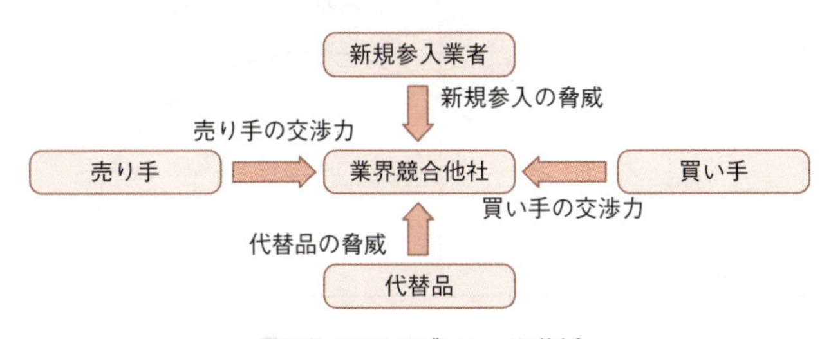

図9.3：ファイブフォース分析

表9.2：ファイブフォース分析の５つの視点

視点	内容
買い手の交渉力	自社と顧客の関係を意味する。顧客の交渉力が強い業界では，安値販売による利益率の低下につながる
売り手の交渉力	自社と仕入先の関係を意味する。仕入先が強い業界（たとえば，特許などで保護された製品で供給元が限られる場合など）では，仕入先の売値をそのまま受け入れざるを得ない状況にある
代替品の脅威	自社の製品が，別の機能や製品で代替される脅威を意味し，代替できる場合は自社の競争力が低下する
新規参入の脅威	競合他社による新規参入のしやすさを意味する。新規参入が容易な業界の場合，収益性の低下を招きやすく，難しい場合は，逆に有利となる
業界競合他社	業界内の競争力が激しいと，低価格化による利益率の低下や，品質・納期の強化を強いられ，その業界の魅力は小さくなる

(2) マーケティングミックス

マーケティング戦略を実施するために使われるツールで，目標達成のために，適切なマーケティング手法を組み合わせることをいいます。組合せは，一般的にマーケティングの基本要素である**製品（Product）**，**価格（Price）**，**流通（Place）**，**プロモーション（Promotion）**であり，**4P**と呼ばれています。

(3) プロダクトライフサイクル

マーケティング戦略では，商品（製品やサービス）の提供開始

知っておこう

マーケティング分析のその他の手法として次のようなものがあります。

・PEST分析：
政治（Politics）
経済（Economics）
社会（Society）
技術（Technology）
の視点から分析する。

・3C分析：
自社（Company）
競合他社（Competitor）
市場・顧客（Customer）
の視点から分析する。

知っておこう

ブルーオーシャン戦略：
これまでにない製品やサービスを提供して新しい市場を開拓する戦略のことです。競争が激しい成熟した市場を「レッドオーシャン」，未開拓な市場を「ブルーオーシャン」と呼びます。

から終了までの流れを考慮することも重要です。プロダクトライフサイクルは，図9.4に示す4つの期に区切って需要の推移を示したものです。

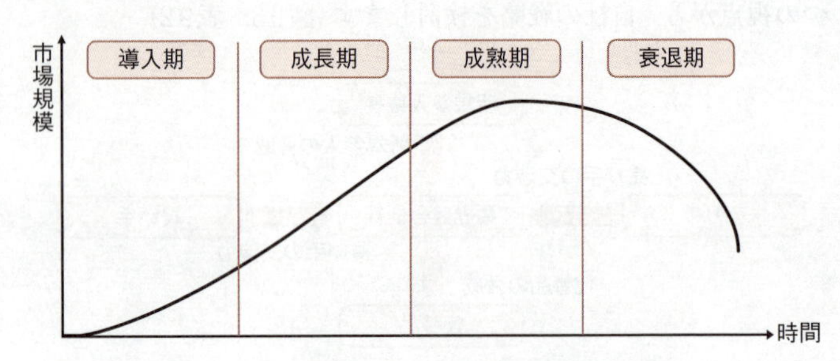

図9.4：プロダクトライフサイクル

① 導入期：市場へ商品を投入した段階。認知度が低いため，需要は部分的であり，新規の需要を開拓する必要がある。
② 成長期：市場における商品の認知度が高まり，需要が高まる段階。供給を増やすための投資が必要となる。
③ 成熟期：需要が大きくなり，企業間の競争が激化する段階。市場のシェアを維持するために，新しい品種の追加やコストダウンなどが重要となる。
④ 衰退期：需要が減少し，撤退する企業が現れる段階。市場からの撤退や代替市場への進出などを検討する。

知っておこう

技術のSカーブ：技術進化のペースを曲線で表したとき，初期と末期では緩やかで，中間では急な，S字の形状で表されることから呼ばれています。

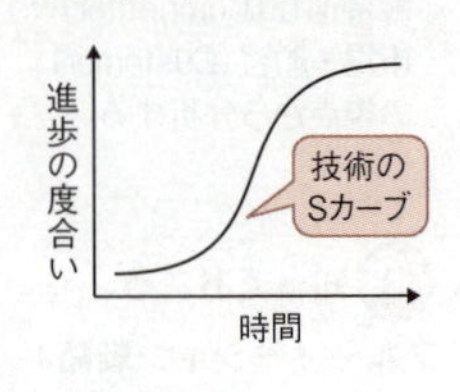

(4) リレーションシップマーケティング

顧客との良好な関係を維持することで個々の顧客から長期間にわたって安定した売上を獲得することを目指すマーケティング手法です。

ビジネス戦略の立案

自社の分析とマーケティング戦略に基づいて，業務活動における具体的な戦略を立案することを**ビジネス戦略**と呼びます。

(1) 競争地位別戦略（コトラーの競争戦略）

経営学者のフィリップ・コトラー（Philip Kotler）により提唱された競争戦略の理論で，市場における占有率（シェア）によっ

参考

コンバージョン率：広告の送信数やWebサイトへのアクセス数などから，資料請求や商品購入に至った数の割合のことを表します。

参考

リテンション率：顧客保持率という意味で，既存顧客を維持する割合を表します。

て，企業を**リーダ**，**チャレンジャ**，**ニッチャ**，**フォロワ**に類型化し，それぞれに適した戦略を採るための分析手法です（表9.3）。

表9.3：競争地位別戦略

名称	内容
リーダ	市場において最大のシェアをもつ企業が該当する。この位置を維持するために，新規需要の獲得や市場全体に適応する製品の投入（全方位戦略）などによって，市場規模を拡大する
チャレンジャ	リーダに次ぐ規模のシェアをもち，リーダの位置を狙う企業が該当する。リーダに対する差別化戦略により，市場におけるシェアの拡大を図る
ニッチャ	シェアは低いが，独自性により特定の市場に特化した企業が該当する。他社が参入しにくい「すきま市場（ニッチ市場）」に対して，専門化する特定化戦略を採り，高利益率を図る
フォロワ	上記のいずれにも該当しない企業が該当する。リーダの行動を観察し，迅速に模倣する戦略（模倣戦略）により，製品開発などのコスト削減を図る

ニッチ戦略：他社が参入しにくい小規模な市場に製品やサービスを提供し，利益を上げる戦略です。

(2) バランススコアカード

ビジネス戦略が計画的に実施されているかを評価する手法で，企業の過去，現在，未来の活動が適切であるかどうかを判断するために「財務（過去）」「顧客（現在）」「業務プロセス（現在）」「学習・成長（将来）」の各視点を用いて判断します。

(3) ニーズウォンツ分析

顧客がモノを求める観点において，ニーズとは必要に迫られて買うことで，ウォンツとはどうしても欲しいと思って買うことです。ニーズウォンツ分析は，顧客のもつニーズをウォンツに押し上げるために行う分析のことです。

知っておこう

ロングテール：売上の全体に対して，販売数の少ない商品群の売上合計が無視できない割合になることを指します。

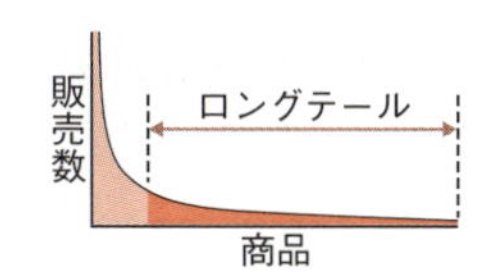

企業提携

新しい事業の立上げや既存事業の拡大を図るには，自社だけでは実現が困難な場合があります。このような場合，他の企業と連携・共同し，経営資源を補完し合いながら事業の拡大を図ります。これを**アライアンス（業務提携）**と呼びます。アライアンスには，提携の強さにより表9.4の種類があります。

知っておこう

TLO (Technology Licensing Organization): 大学が国の研究成果を民間企業へ技術移転するための仲介機関です。技術移転により新規事業の創出を促し，その収益を大学などの研究機関に還元し，研究への活性化を図ります。

表9.4：アライアンス形態

形態	資本関係	アライアンスの強さ
合併，買収（M&A）	あり	強い ↑
持株会社による統合	あり	
資本参加	あり	
ジョイントベンチャー	あり	↓
業務提携	なし	弱い

例題

企業経営で用いられるベンチマーキングを説明したものはどれか。

ア 企業全体の経営資源の配分を有効かつ総合的に計画して管理し，経営の効率向上を図ることである。

イ 競合相手又は先進企業と比較して，自社の製品，サービス，オペレーションなどを定性的・定量的に把握することである。

ウ 顧客視点から業務のプロセスを再設計し，情報技術を十分に活用して，企業の体質や構造を抜本的に変革することである。

エ 利益をもたらすことのできる，他社より優越した自社独自のスキルや技術に経営資源を集中することである。

解説

ベンチマーキングは，競合相手や先進企業の製品・サービス，業務手法などの優れた事例を調査し，自社に取り入れて経営改革を行う手法のことです。よって，正解はイです。

その他の選択肢については，アはERPの説明，ウはBPRの説明，エはコアコンピタンスの説明です。

《解答》イ

システム戦略 《出題頻度 ★★★》

9-2 情報システム戦略

情報システム戦略では，経営目標を達成するために導入する情報システムの構想をまとめます。この情報システムの構想に基づいて，具体的なシステム開発の検討が行われます。

情報システム戦略の目的

情報システム戦略は，情報システムを効果的に活用して経営目標を達成するための施策を，中長期的な視点で策定したものです。業務の改善には，新たな情報システムの導入で対応する方法がありますが，既存の情報システムの再構築で対応することもあります。

情報システムの導入には費用がかかります。そのため，投資が無駄にならないように，表9.5に示す観点で戦略を策定します。

表9.5：情報システム戦略の観点

観点	内容
経営戦略との整合性	経営目標を達成するために，経営の基本方針である経営戦略に基づいて策定する
全体最適化	各業務が効果的に連動するように，全社的な視点で業務の分析と整理を行い，システム化を検討する
投資対効果	情報システムの導入や再構築によって得られる効果が投資に見合うかどうかを的確に捉える

情報システム戦略の策定と実施は，情報化部門のトップである**CIO**（Chief Information Officer：最高情報責任者，情報化担当役員）が責任者となって行います。そのため，CIOにはITの専門知識だけでなく，経営に関する知識も求められます。

経営者，責任者の呼称：
CIO以外には次のようなものがあります。

- CEO（Chief Executive Officer）：経営最高責任者
- CFO（Chief Financial Officer）：最高財務責任者
- COO（Chief Operating Officer）：最高執行責任者
- CISO（Chief Information Security Officer）：最高情報セキュリティ責任者

情報システム戦略立案の流れ

情報システム戦略は，経営戦略と密接に関わりながら立案が行われます。情報システム戦略立案の流れを次ページの図9.5に示します。

経営戦略 → 全体最適化方針 → 全体最適化計画 → 情報化投資計画 → 情報システム企画

図9.5：情報システム戦略立案の流れ

全体最適化方針

情報システム戦略の立案では，まず経営戦略に基づき，企業全体で取り組む方針を明確にする必要があります。全体最適化方針では，組織全体の業務（業務モデル）および情報システムの方向性を明確にしていきます。

業務のモデル化は，業務の内容や機能（ビジネスプロセス），情報の流れや関連，組織などを，DFDやE-R図などを使って図式化します。業務を図式化することで業務を可視化し，適切な分析が行えるようになります。

全体最適化計画

全体最適化方針に基づき，計画を立てます。

① 環境の把握：現行業務の調査・分析と，ITの現状と将来の動向を分析し，採用すべき技術を検討する。
② 業務モデルの作成：業務で扱う情報の関連性を整理し，情報の標準化を行う。
③ 情報システム体系の策定と業務改善に対する課題の明確化：業務全体のシステム体系を策定する。また，策定した情報システムに対する問題点やニーズを把握し，業務改善の課題を明確にする。

参考

コモディティ化：製品やサービスの品質や機能において差別化が困難になる状態のことをいいます。コモディティ化は，技術や市場の発達や，標準化の浸透，ライフサイクルの成熟により起こるとされています。

②の業務と情報システムの標準化および最適化を図るための分析技法として，**EA**（Enterprise Architecture）があります。

EAでは，「ビジネスアーキテクチャ」「データアーキテクチャ」「アプリケーションアーキテクチャ」「テクノロジアーキテクチャ」の4つの体系から業務とシステムの現状（As-Is）とあるべき姿（To-Be）を分析し，全体最適化の観点から見直しを行います（表

9.6)。

表9.6：EAの4つの体系

体系	内容	成果物
ビジネス アーキテクチャ (政策・業務体系)	業務機能の構成 (業務の分析)	業務説明書，機能構成図(DMM)，機能情報関連図(DFD)，業務フロー図
データアーキテクチャ (データ体系)	業務機能に使われる情報の構成(情報の分析)	情報体系整理図(クラス図)，実体関連図(E-R図)，データ定義表
アプリケーション アーキテクチャ (適用処理体系)	業務機能と情報の流れをまとめたサービスの固まりの構成(業務と情報の固まりの分析)	情報システム関連図，情報システム機能構成図
テクノロジアーキテクチャ (技術体系)	各サービスを実現するための技術の構成	ネットワーク構成図，ソフトウェア構成図，ハードウェア構成図

情報化投資計画

全体最適化に必要なインフラストラクチャに関わる調達の計画を行います。

情報システムには，機器の購入費用や開発費用など，システムの導入段階で発生する**初期(イニシャル)コスト**と，保守費用，システム利用の教育費用など，システムを運用するために発生する**ランニングコスト**がかかります。つまり，情報システムへの投資は，陳腐化や老朽化によってシステムの運用が終了するまでの期間で捉えることが必要になります。

投資対効果は，情報システム導入の効果(売上利益の向上や経費の削減)と投資額の回収期間の両面で評価します。回収期間が長期化する場合は，経済状況の変化によって投資額の回収が計画どおりにできなくなる可能性も高くなるため，このような場合は戦略の見直しが必要になります。

情報化投資の手法の1つに**ITポートフォリオ**があります。これは，ポートフォリオをIT投資に応用したもので，情報化投資をリスクや投資価値の類似性でカテゴリ分けし，最適な資源配分を行う際に用いる手法です。

TCO (Total Cost of Ownership)：情報システムに発生するコストを，初期コストとランニングコストの総額で捉える考え方です。

知っておこう

ROI (Return On Investment：投下資本利用率)：投資額に対する経常利益の算出度合いを示す指標です。

ROI = 利益／投資額

9

システム管理基準

経済産業省では，“経営戦略に沿って立案された情報戦略に基づき，効果的な情報システムへの投資とリスクを低減するための

システム管理基準の原文：経済産業省のWebサイトからダウンロードすることができます。

施策を整備・運用するための実践規範”として，**システム管理基準**を策定しています。

システム管理基準では，システム管理のためのガイドラインとして10の大分野（Ⅰ：ITガバナンス，Ⅱ：企画フェーズ，Ⅲ：開発フェーズ，Ⅳ：アジャイル開発，Ⅴ：運用・利用フェーズ，Ⅵ：保守フェーズ，Ⅶ：外部サービス管理，Ⅷ：事業継続管理，Ⅸ：人的資源管理，Ⅹ：ドキュメント管理）により基準が定められています。

一例として，Ⅰ：ITガバナンスの「情報システム戦略の方針及び目標設定」では，以下の3つの基準が示されています。

(1) 経営陣は，情報システム戦略の方針及び目標の決定の手続きを明確化していること。
(2) 経営陣は，経営戦略の方針に基づいて情報システム戦略の方針・目標設定及び情報システム化基本計画を策定し，適時に見直しを行っていること。
(3) 経営陣は，情報システムの企画，開発とともに生ずる組織及び業務の変革の方針を明確にし，方針に則って変革が行われていることを確認していること。

また，Ⅱ：企画フェーズの「プロジェクト計画の管理」では，以下の4つの基準が示されています。

(1) 経営陣は，プロジェクト運営委員会を設置すること。
(2) プロジェクト運営委員会は，プロジェクトマネージャ（PM）を任命すること。
(3) PMは，プロジェクト計画を策定し，プロジェクト運営委員会の承認を得ること。
(4) PMは，要件定義に必要な体制を確保すること。

知っておこう

IT投資評価：業務で利用するITへの投資に対する効果を判断することで，IT投資評価を行うためのガイドラインが経済産業省により策定されています。評価は次の3つがあります。

- 事前評価：投資目的に基づいた効果目標を設定し，実施可否判断に必要な情報を提供する。
- 中間評価：実施中の状況を観測および評価を行い，計画から修正が必要であるかの情報を提供する。
- 事後評価：事前に設定した目的および効果が達成しているかを評価する。

例題

投資案件において，5年間の投資効果をROI（Return On Investment）評価した場合，四つの案件a～dのうち，最もROIが高いものはどれか。ここで，割引率は考慮しなくてもよいものとする。

a

年目		1	2	3	4	5
利益		15	30	45	30	15
投資額	100					

b

年目		1	2	3	4	5
利益		105	75	45	15	0
投資額	200					

c

年目		1	2	3	4	5
利益		60	75	90	75	60
投資額	300					

d

年目		1	2	3	4	5
利益		105	105	105	105	105
投資額	400					

ア a　イ b　ウ c　エ d

解説

ROIは，投資額に対する経常利益の算出度合いを示す指標で，次の式で求められます。

$$\mathrm{ROI} = \frac{利益}{投資額}$$

この計算式を基にa～dのROIを求めると次のようになります。

a：(15 + 30 + 45 + 30 + 15) ÷ 100 = 135%

b：(105 + 75 + 45 + 15 + 0) ÷ 200 = 120%

c：(60 + 75 + 90 + 75 + 60) ÷ 300 = 120%

d：(105 + 105 + 105 + 105 + 105) ÷ 400 = 131%

よって，正解はアです。

《解答》ア

システム戦略　《出題頻度　★★★》

9-3 業務改善

業務改善とは，業務全体の中でさまざまな無駄をなくし，効率的に商品やサービスが生み出せるようにすることです。業務改善には，業務の仕方を見直すことや，さまざまな情報システムの活用が必要となります。

ポイント
業務改善に関連する用語知識を問う問題が出題されています。紛らわしい用語があるため，それぞれの違いを整理し，理解しておくことが必要です。

業務プロセスの改善

業務プロセスの改善では，社内における現状の業務のやり方（プロセス）を改善し，業務効率化・経費削減を進めます。

ここでは，BPR，BPM，BPOについて説明します。

BPR（Business Process Re-engineering）

社内の業務全体を再構築することで業務改善を図る考え方を**BPR**と呼びます。情報システム戦略に基づく業務のIT化によって，業務を改善し，経営戦略を実現することが目的です。

BPRは，自社の業務プロセス全体を顧客の視点で根本から見直します。情報システムを含めて業務の流れや組織，企業の構造や体質を再構築することで抜本的な改革を行い，スピード化やコストの削減などを図ります。

たとえば，手続や業務の効率化や内部統制の強化を図る場合は，**ワークフローシステム**を用いることで，業務上で必要となる書類（申請書，通知書など）を電子化し，決められた手順に従って集配・承認・決算できるようになります。

BPM（Business Process Management）

BPRにおける改革の実行は，基本的に1回です。それに対し，分析／設計／実行／モニタリング・改善の4つのプロセス（PDCAサイクル）を繰り返して，業務改善を継続的に実施することを**BPM**と呼びます。

BPO（Business Process Outsourcing）

自社の業務プロセスを外部の業者へ委託（**アウトソーシング**）することです。アウトソーシングにより，業者の高い専門性を活用することで業務の品質や効率が向上し，自社で行うよりも低コストで業務を遂行できます。また，日本国内に比べて比較的人件費の安価な海外の企業にアウトソーシングすることを**オフショア**(offshore)と呼び，システム開発業務を委託する場合はオフショア開発，システムの運用業務やサービスデスク業務を委託する場合はオフショアアウトソーシングと呼びます。

ただし，自社で品質のコントロールが行えないため，アウトソーシングをする際は，サービス品質を示す指標(SLAなど)を用いて，目標とする品質のレベルを委託先と取り決めたうえで進めることが重要です。

ソリューションサービス

顧客の抱える問題や課題などに対して，解決策(ソリューション)の提案や，ハードウェア・ソフトウェア・ネットワークなどを組み合わせた情報システムの企画から導入までを行うサービスのことです。サービスを提供する企業を「ソリューションベンダ」または「システムインテグレータ」などと呼びます。

ソリューションサービスには次のようなものがあります。

クラウドサービス

業者が保有するアプリケーションソフトウェアの機能やサーバなどのシステム資源を，インターネットを介して利用するしくみのことで，表9.7のようなサービスがあります。

自社で環境設備やソフトウェアなどを導入する必要がないため，設備投資費用や管理費用の削減が可能となります。

表9.7：クラウドサービス

サービス	内容
SaaS（サース）	汎用的なアプリケーションソフトウェアの機能をインターネット経由で提供するサービス(次ページ図9.6)。同じ用語としてASPがある
PaaS（パース）	ソフトウェアの開発ツールや開発したシステムの運用環境をインターネット経由で提供するサービス
IaaS（イアース）	仮想化されたコンピュータ基盤(CPU，ストレージなど)をインターネット経由で提供するサービス

用語

システムインテグレータ(SI)：情報システムの導入のコンサルティングから，設計，開発，運用までの一連の業務を請負う企業。

知っておこう

ホスティングサービス：業者が保有するサーバを借りて，自社の情報システムを運用するサービスです。

ハウジングサービス：業者の保有するネットワーク回線や耐震設備などが整った施設に，自社の機器を設置して情報システムを運用するサービスです。

用語

ASP (Application Service Provider)：インターネットを介してアプリケーションソフトウェアの機能を提供するサービス。一般的にSaaSと同じものとされています。

9

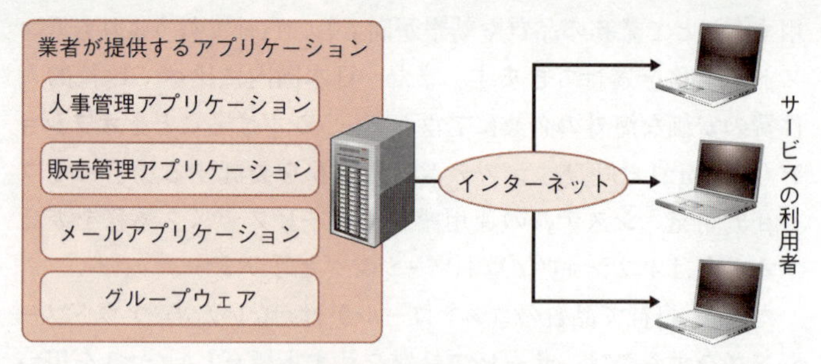

図9.6：SaaSのサービス体系

SOA（Service-Oriented Architecture）

ソフトウェアの機能をサービスという単位で捉え，サービスの組合せによってシステムを構築する考え方です。

各サービスは，「在庫照会」「商品発注」といった業務処理上の機能に対応するソフトウェアとしてネットワーク上に公開され，標準的なインタフェースを備えているため，他のサービスやシステムと組み合わせることができます。サービスの単位で追加や削除ができ，業務の変化に応じた柔軟なシステムが構築できます。

システム活用促進・評価

新しい情報システムを導入したとしても，そのシステムが有効に活用されなければ意味がありません。そのため，情報システムの活用促進や普及のための啓発活動を行い，また，情報システムの利用実態を評価・検証することが必要です。

システムの活用促進

情報システムを有効に活用し，経営に活かす方法として，表9.8のようなものがあります。

表 9.8：システムの活用促進

用語	内容
BYOD（Bring Your Own Device）	個人で所有している情報端末を企業の業務に利用することです。コスト削減や業務の効率化が図れますが，セキュリティリスクが増大します。
チャットボット	商品提案から販売，アフターサービスまでの，企業と顧客との双方向の対話を，AIを活用した自動応答機能などによって実現するシステム

普及啓発

情報システムの利用者がシステムをうまく扱えないことにより，社会的／経済的格差が生じることを**ディジタルディバイド**といいます。

普及啓発活動は，情報システムを活用するためにマニュアルの整備や教育（講習会，e-ラーニング）実施します。

データの分析・活用

情報システムに蓄積されたデータを分析して，今後の業務や事業に活用することが重要です。表9.9は，データの分析・活用方法に関する用語についてまとめています。

表9.9：データの分析・活用

用語	内容
BI（Business Intelligence）	企業や組織が保有する膨大な情報を分析・加工して，経営戦略の意思決定に役立てる手法または技術の総称です
ビッグデータ	長年蓄積された，または，インターネットなどを通して蓄積された膨大かつ多様なデータ群のことです。このデータを解析することで今まで得られなかった知見を導出し，ビジネスに役立てます
データマイニング	集められたデータを基に，統計的手法を用いて調査対象の傾向分析を行う手法。法則や因果関係を見つけ出すことができます
ナレッジマネジメント	社員の知識や経験によって習得したノウハウなどを，企業の共有資産として管理するしくみのこと。共有知識は，ナレッジベースというデータベースで管理され，必要な知識を検索して業務に活かします

例題 1

利用者が，インターネットを経由してサービスプロバイダ側のシステムに接続し，サービスプロバイダが提供するアプリケーションの必要な機能だけを必要なときにオンラインで利用するものはどれか。

ア ERP　イ SaaS　ウ SCM　エ XBRL

解説

インターネットを介して，業者が提供する汎用的なアプリケーションソフトウェアの機能を，必要に応じて利用できるサービスのことをSaaSと呼びます。よって，正解はイです。

《解答》イ

例題2

ビッグデータを企業が活用している事例はどれか。

ア カスタマセンタへの問合せに対し，登録済みの顧客情報から連絡先を抽出する。
イ 最重要な取引先が公表している財務諸表から，売上利益率を計算する。
ウ 社内研修の対象者リスト作成で，人事情報から入社10年目の社員を抽出する。
エ 多種多様なソーシャルメディアの大量な書込みを分析し，商品の改善を行う。

解説

ビッグデータは，長年蓄積された，または，インターネットなどを通して蓄積された膨大かつ多様なデータ群のことです。このデータを解析することで今まで得られなかった知見を導出し，ビジネスに役立てます。

設問の中で，その活用事例にもっともあっているのはエです。正解はエです。

《解答》エ

システム戦略 《出題頻度 ★★★》

9-4 システム化企画

情報システムの企画は，全体的なシステム化の構想，具体的な要件の整理，システムの調達といった段階を追って進められます。システム化の構想は，経営戦略や情報システム戦略に基づいて立案されます。

システム化企画の流れ

システム化の企画は，経営戦略と情報システム戦略の内容に基づいて実施されます。その流れは，共通フレーム2013において図9.7の手順として示されています。

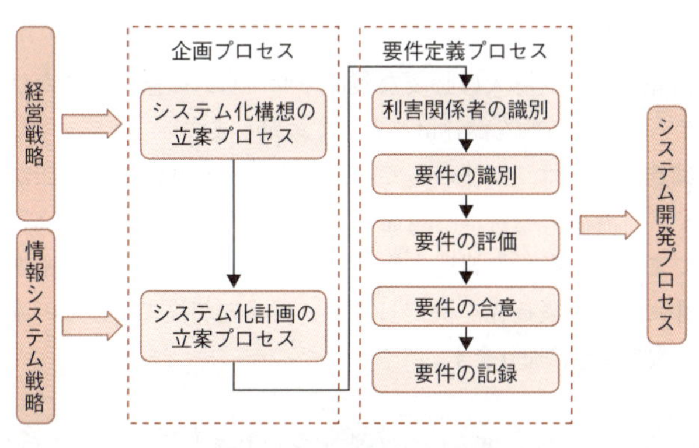

図9.7：システム化企画の流れ

企画プロセス（システム化計画）

企画プロセスでは，①経営・事業の目的や目標達成に必要なシステムに関係する経営上の要件，②システム化の方針，③システムを実現するための実施計画，を定義します。

「システム化構想の立案プロセス」では，新しい業務の全体像（業務機能や業務組織）とそれを実現するためのシステム化構想および推進体制を立案します。それを受けて「システム化計画の立案プロセス」では，運用や効果などの実用性を考慮したシステム化計画を具体化し，利害関係者の合意を得ます。

ポイント

システム化計画の内容，調達計画の流れが出題されています。調達計画については，RFP（提案依頼書）の作成からベンダ企業との契約締結までの流れを理解しておきましょう。

参考

「システム開発プロセス」の流れ：7-1節の「開発プロセス」を参照。

9

知っておこう

コンカレントエンジニアリング：製品の設計，開発，生産計画などの工程を同時並行で行う手法のことです。開発期間の短縮化や生産性の効率化を促進させます。

要件定義プロセス

要件定義プロセスでは，新しい業務の在り方や業務手順，入出力情報，業務上の責任と権限，業務上のルールや制約などの要求事項を定義します。要求事項については，表9.8に示す観点で定義します。

表9.8：要件の観点

要件	内容
業務要件	業務の手順，ルール，制約条件など，業務遂行に必要な要件
機能要件	業務要件を実現するために必要なシステムの機能の要件
非機能要件	性能，信頼性，移行方法や開発基準など，機能以外の要件

EMS（Electronics Manufacturing Service）：他メーカから電子機器などの受託生産を行うサービスや企業のことをいいます。

調達計画

情報システム導入に必要な製品やサービスの購入，またはシステム開発の計画を調達計画として策定します。

調達方法には，自社のみで調達する方法と外注する方法があります。外注の場合は，調達の対象，条件，要求事項を文書としてまとめ，複数の調達先候補に提供し，回答があった中から条件に見合う調達先を決定します。調達先が決まるまでの流れは，次のようになります。

RFPに記載する事項：
- システム開発の概要（背景，目的，目標，予算など）
- 提案依頼事項（要求事項，システムに関する条件など）
- 開発，品質，契約に関する条件

① 調達に先立って，自社の要求を取りまとめるために必要な，技術動向や実現方法などの情報提供を依頼する**RFI**（**Request For Information：情報提供依頼書**）を作成し，調達先として検討中のベンダ企業へ配布する。
② ベンダ企業に対して，システムに対する要求を要件仕様書として取りまとめ，提案を依頼する**RFP**（**Request For Proposal：提案依頼書**）を作成する。
③ ベンダ企業からの提案を評価して調達先を決定するための基準を作成し，対象のベンダ企業を絞り込む。
④ ベンダ企業に対して導入するシステムの概要や要求，提案依頼内容，調達条件などを説明して提案書の作成を依頼する。ベンダ企業が作成した提案書を③で作成した基準に従って評価し，調達先を選定する。
⑤ ベンダ企業と調達に関する契約を締結する。

調達の流れを図9.8に示します。

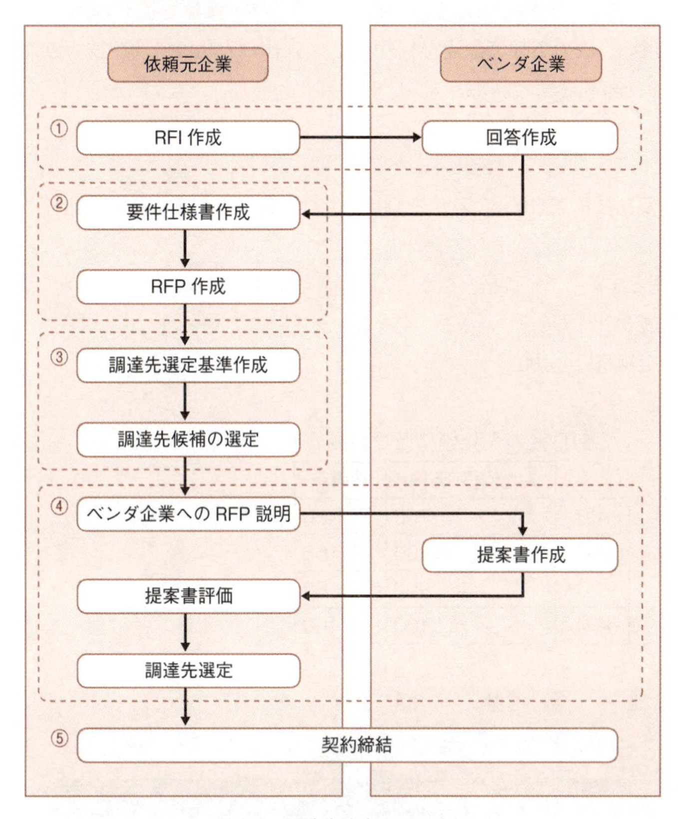

図9.8：調達先決定までの流れ

最近では，調達のプロセスを独立して扱わずに，情報システムの発注から資源調達，開発，流通，販売，供給までの一連の流れ（サプライチェーン）に関わる情報を，企業間でリアルタイムに交換する**SCM（サプライチェーンマネジメント）**と呼ばれるシステムがあります。SCMにより，製品供給の業務を全体最適化することで，納期の短縮や在庫削減，コストの最適化を図ります。

知っておこう

グリーン調達：調達の際に，品質や価格の要件を満たすだけでなく，環境負荷の小さい製品やサービスの開発や提供に努める事業者から優先して選定し，購入することをいいます。

グリーン購入：国や地方公共団体などが，環境への配慮を積極的に行っていると評価されている製品・サービスを選ぶことをいいます。

参考

調達先選定の代表的な方法：次のような方法があります。

- 企画競争：調達先のベンダ企業に企画書の提出やプレゼンテーションを依頼し，その情報を基に決定する方法。
- 一般競争入札：参加資格を示した入札情報を告示し，入札参加者に対して企画書，見積書の提出を求め，決定する方法。

例題

総合評価落札方式を用い，次の条件で調達を行う。A ～ D社の入札価格及び技術点が表のとおりであるとき，落札者はどれか。

〔条件〕

(1) 価格点（100点満点）及び技術点（100点満点）を合算した総合評価点が最も高い入札者を落札者とする。

(2) 予定価格を1,000万円とする。予定価格を超える入札は評価対象とならない。

(3) 価格点は次の計算式で算出する。

[1 −（入札価格／予定価格）] × 100

〔A ～ D社の入札価格及び技術点〕

	入札価格（万円）	技術点
A社	700	50
B社	8,800	65
C社	900	80
D社	1,100	100

ア A社　　イ B社　　ウ C社　　エ D社

解説

各社の評価点を求めます。

【A社】価格点 = [1 − (700 ／ 1000)] × 100 = 30点
技術点 = 50点
総合評価点 = 30点 + 50点 = 80点

【B社】価格点 = [1 − (800 ／ 1000)] × 100 = 20点
技術点 = 65点
総合評価点 = 20点 + 65点 = 85点

【C社】価格点 = [1 − (900 ／ 1000)] × 100 = 10点
技術点 = 80点
総合評価点 = 10点 + 80点 = 90点

【C社】条件 (2) より，評価対象外

よって，正解はウです。

《解答》ウ

ビジネスインダストリ 《出題頻度 ★★★》

9-5 さまざまな情報システム

情報システムには，用途や目的に応じたさまざまな種類があります。ここでは，企業の基幹業務を支援する「ビジネスシステム」，生産・製造業務を支援する「エンジニアリングシステム」，電子商取引に関わる「eビジネス」，組込みシステムを内蔵した「民生機器・産業機器」のそれぞれの主要なシステムについて解説します。

ビジネスシステム

ビジネスシステムは，企業の基幹業務の効率化や支援を目的とする情報システムです。業務に関わる情報の共有化や意思決定のスピード化を図ります。ビジネスシステムには，次に示す**ERP**，**CRM**，**SFA**などがあります。

ポイント
「ビジネスシステム」「エンジニアリングシステム」「eビジネス」の各用語と内容を覚えておきましょう。

ERP（Enterprise Resource Planning）

企業の経営資源や業務を統合し，一元管理する手法をERP（企業資源計画）と呼び，それを実現するソフトウェアパッケージをERPパッケージと呼びます。

ERPパッケージは，人事・会計・製造・販売などの基幹業務ごとのソフトウェアで構成されます。それぞれのソフトウェアは連携して機能し，また共通のデータベースでデータを管理することで，統合的な情報システムを実現します（図9.9）。

用語
ソフトウェアパッケージ： 不特定多数の利用者に適用可能な汎用的な機能をもつソフトウェアで，ソフトウェアを記録した媒体とマニュアルなどをひとまとめにして販売されるもの。

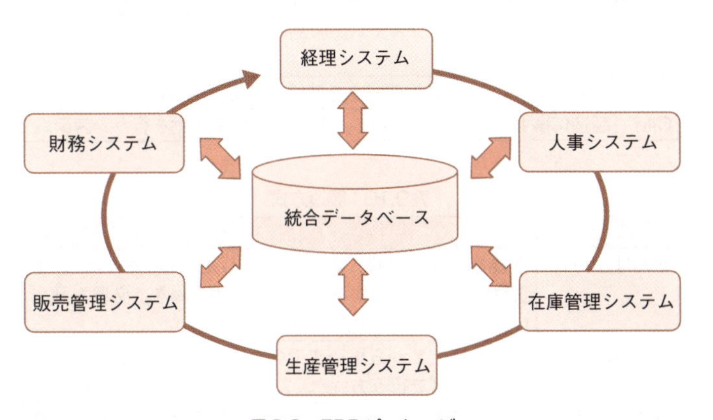

図9.9：ERPパッケージ

参考
マイナンバー： 国民全員に固有の12桁の番号を割り当てて，個人の所得，納税，年金などを管理するための個人番号のことです。

CRM（Customer Relationship Management）

顧客情報を全社的に共有することで，顧客満足度を高めるためのシステムです。注文状況や問合せ内容など，顧客のさまざまな情報を専用データベースで一元的に管理し，データマイニングによって分析した顧客ニーズを基にきめ細かなアプローチを行うことで，顧客との長期的な関係を築き，収益向上を図ります。

SFA（Sales Force Automation）

営業活動を支援する情報システムを活用して，営業活動の効率化を図る手法です。営業活動に関するさまざまな情報をデータベースで管理し，営業活動の履歴（コンタクト管理）や顧客情報の共有化により，営業部門全体として効果的な営業活動を行う環境を実現します。

エンジニアリングシステム

エンジニアリングシステムは，工場における生産の自動化（FA：Factory Automation）を目的とし，設計から製造までの一連の工程を効率化するシステムです。エンジニアリングシステムの一部として，表9.9に示すものがあります。また，生産活動の代表的な運用方式には，表9.10に示すものがあります。

参考

CAD（Computer Aided Design）：コンピュータ支援設計

CAM（Computer Aided Manufacturing）：コンピュータ支援製造

CIM（Computer Integrated Manufacturing）：コンピュータ統合生産

表9.9：エンジニアリングシステム

種類	説明
CAD	設計工程を支援するシステム。製品の形状などを解析して，設計図を作成する
CAM	CADで作成した設計用データを基に，加工用機械の制御を行う
CIM	製造に関わる情報を一元化し，効率的な生産活動を行うシステム

表9.10：製造方式

方式	説明
かんばん方式	必要な部品，仕様，数量を記入した伝票（かんばん）を工程間でやり取りすることで，必要な物を，必要な数だけ，必要なときに生産する方式
セル生産方式	部品の組立てから検査までの全工程を，1人または少人数グループで行う方式
ライン生産方式	前工程で生産したものに対して，各自が決められた作業を行い，後工程へ受け渡す方式。いわゆる，流れ作業

MRP（Materials Requirements Planning：資材所要量計画）

生産管理手法の1つで，以下の手順で計画を策定します。

① 生産に必要な部品の必要量を，製品の種類，数量および部品構成表から算出する。

② 引当可能な在庫量から正味所要量を計算し，各部品の発注量を求める。

③ 製造／調達のリードタイムを考慮して，部品の発注時期を決定する。

用語

正味所要量：総所要量から在庫量を差し引いた量のこと。

eビジネス

コンピュータやネットワークを利用したビジネス活動のことで，eマーケットプレイス，**EC**（Electronic Commerce：電子商取引）や**EDI**（Electronic Data Interchange：電子データ交換），**ソーシャルメディア**などがあります。

eマーケットプレイス

売り手と買い手を結び付ける市場をインターネット上で提供するサービスのことで，中間業者を介さずに直接取引できるという利点があります。

EC（Electronic Commerce：電子商取引）

電子商取引には，消費者（C：Consumer），企業（B：Business），政府（G：Government）の組合せによって，表9.11に示す形態があります。

表9.11：電子商取引の形態とその例

形態	取引の例
C to C	ネットオークション
B to C	インターネットショッピング
G to B	自治体への電子入札
G to C	住民票，パスポートなどの電子申請
G to G	自治体間の住民票データの交換
B to B	EDIによる受発注データ交換

電子商取引で利用される代表的なシステムを以下に示します。

逆オークション：インターネット上で，一般消費者が買いたい品物とその購入条件を提示し，単数または複数の売り手がそれに応じる取引形態のことをいいます。

O to O（Online to Offline）：ネット上（オンライン）で行った情報提供により，実地（オフライン）へ行動を促す施策のことをいいます。例として，ネット上で得たクーポンを実店舗で利用する方法などがあります。

9

(1) カードシステム

商取引で代金の支払いに使用するカードには，前払い方式のプリペイドカード，後払い方式のクレジットカード，銀行のキャッシュカードを利用するデビットカードがあります（表9.12）。

表9.12：カードシステムの種類

種類	内容
プリペイドカード	事前にカードを購入し，支払いに使用するたびにカードの残額から代金を差し引く。交通機関の乗車カード，図書カード，QUOカードなど
クレジットカード	代金の支払い時にカードを提示し，1か月分の利用総額を銀行の口座引落しなどの方法で清算する
デビットカード	代金の支払い時に銀行のキャッシュカードを提示し，その場で口座から代金を引き落とす

(2) RFID（Radio Frequency IDentification）

RFIDは，情報を記録した超小型のICチップ（RFタグ）と専用装置間で，無線によるデータ交換を行う技術です。これに商品に関する情報などを格納し，無線で読み出すことができます。RFタグは搭載したアンテナを介して無線で情報の読取りや書込みを行うため，汚れの影響を受けにくく，読取り装置との間に障害物があってもデータ交換が可能です。

参考

RFIDの応用例

- RFタグを組み込んだセキュリティカードによる入退室管理
- SuicaやPASMOなどの自動改札システム
- 商品にRFタグを貼り付け，流通経路を追跡するシステム

EDI（Electronic Data Interchange：電子データ交換）

ネットワークを介して企業間の取引に関するデータを交換するしくみです。データ交換を行うためには，データの形式や送受信方法などを標準化する必要があり，そのための国際的な規約としてEDIFACTがあります。また，日本国内の標準規格にはCII標準や，銀行間のデータ交換の規約である全銀協標準プロトコルなどがあります。

参考

オンデマンド型サービス：
利用者の要求に応じてサービスを提供することをいいます。再放送ドラマの配信や，書籍の注文を受けてから印刷して販売するサービスなどがあります。

ソーシャルメディア

Web上のサービスの1つで，多数のユーザ間のコミュニケーションを主要価値として提供するサービスの総称です。

消費者が配信するコンテンツによりインターネット上のメディアが形成される**CGM**（Consumer Generated Media：消費者生成メディア）があり，代表的なものとして掲示版，SNS，ブログ，動画投稿サイトなどがあります。

民生機器・産業機器

現在では身の回りにあるさまざまなモノにコンピュータが組み込まれています。こうした傾向は，機器に組み込む情報機器が小型化したことや，無線によるネットワーク通信が容易になったことが大きく影響しています。

一般家庭や公共で利用される「民生機器」や産業で利用される「産業機器」が小型化およびネットワーク化されることで，表9.13に示すような環境やシステムが実現できるようになります。

表9.13：環境・システムの例

名称	内容
ユビキタスコンピューティング	コンピュータの存在を意識させることなく，人間がどこに移動してもコンピュータを利用できる環境のこと
ウェアラブルコンピュータ	身に着けて利用できるコンピュータのこと
センサネットワーク	センサの付いた無線端末を特定の空間上に複数配置し，それらを協調させることで，環境や状況を把握する
HEMS	家庭内で電力を消費するすべての機器をネットワークで管理し，使用電力の可視化や自動制御を行う管理システム
スマートグリッド	電力網とIT技術を融合させて，再生可能エネルギーの活用，安定的な電力供給，最適な需給調整を図るシステム
ディジタルサイネージ	ディスプレイに映像，文字などの情報を表示する電子看板のこと

身の回りのあらゆるモノがインターネットに接続されて情報の取得や利用が行える状態は，**IoT**（Internet of Things）と呼ばれています。また，これまでのように機器に対する情報のやり取りを人が行うのではなく，機器同士がネットワークを介して情報のやり取りを行って制御や動作が行われる**M2M**（Machine to Machine）への期待が高まっています。

例題 1

インターネット上で，一般消費者が買いたい品物とその購入条件を提示し，単数又は複数の売り手がそれに応じる取引形態はどれか。

ア B to B　　イ G to C
ウ 逆オークション　　エ バーチャルモール

解説

一般消費者が購入条件を提示して，売り手が取引に応じる形態を「逆オークション」と呼びます。よって，正解はウです。

《解答》ウ

例題 2

IC タグ（RFID）の特徴はどれか。

ア GPS を利用し，現在地の位置情報や属性情報を表示する。
イ 専用の磁気読取り装置に挿入して使用する。
ウ 大量の情報を扱うので，情報の記憶には外部記憶装置を使用する。
エ 汚れに強く，記録された情報を梱包の外から読むことができる。

解説

RFID は超小型の IC チップに記憶した情報を，無線を使って交換する技術です。無線を使って読み書きを行うため，汚れに強く，多少の障害物があっても読込みを行うことが可能です。よって，正解はエです。

《解答》エ

9-6 演習問題

問1 経営戦略 CHECK ▶ □□□

SWOT分析を説明したものはどれか。

ア 企業の財務諸表を基に，収益性及び安全性を分析する手法である。
イ 経営戦略を立てるために，自社の強みと弱み，機会と脅威を分析する手法である。
ウ 自社製品・サービスの市場での位置付けや評価を明らかにする手法である。
エ 自社製品の価格設定のために，市場での競争力を分析する手法である。

問2 経営戦略 CHECK ▶ □□□

プロダクトポートフォリオマネジメント（PPM）マトリックスのa，bに入れる語句の適切な組合せはどれか。

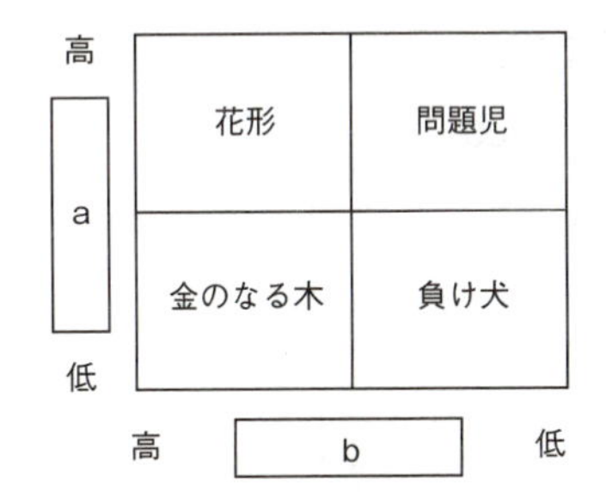

	a	b
ア	売上高利益率	市場占有率
イ	市場成長率	売上高利益率
ウ	市場成長率	市場占有率
エ	市場占有率	市場成長率

問3 経営戦略 CHECK ▶ □□□

競争上のポジションで，フォロワの基本戦略はどれか。

ア シェア追撃などのリーダ攻撃に必要な差別化戦略
イ 市場チャンスに素早く対応する模倣戦略
ウ 製品，市場の専門特化を図る特定化戦略
エ 全市場をカバーし，最大シェアを確保する全方位戦略

問4 情報システム戦略 CHECK ▶ □□□

エンタープライズアーキテクチャに関する図中のaに当てはまるものはどれか。ここで，網掛けの部分は表示していない。

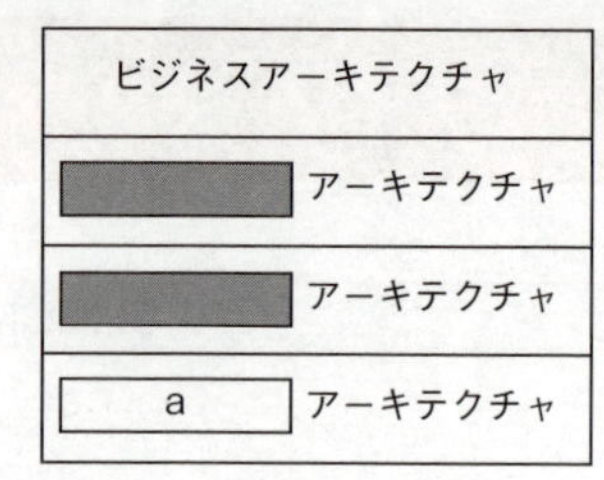

ア アプリケーション イ データ ウ テクノロジ エ コンピュータ

問5 情報システム戦略 CHECK ▶ □□□

2種類のIT機器a，bの購入を検討している。それぞれの耐用年数を考慮して投資の回収期間を設定し，この投資で得られる利益の全額を投資額の回収に充てることにした。a，bそれぞれにおいて，設定した回収期間で投資額を回収するために最低限必要となる年間利益に関する記述のうち，適切なものはどれか。ここで，年間利益は毎年均等に上げられ，利率は考慮しないものとする。

	a	b
投資額(万円)	90	300
回収期間(年)	3	5

ア aとbは同額の年間利益を上げる必要がある。

イ aはbの2倍の年間利益を上げる必要がある。

ウ bはaの1.5倍の年間利益を上げる必要がある。

エ bはaの2倍の年間利益を上げる必要がある。

問6 業務改善 CHECK ▶ □□□

BPRを説明したものはどれか。

ア 企業全体の経営資源の配分を有効かつ総合的に計画して管理し，経営の効率向上を図ることである。

イ 顧客視点から業務のプロセスを再設計し，情報技術を十分に活用して，企業の体質や構造を抜本的に変革することである。

ウ 最強の競合相手又は先進企業と比較して，製品，サービス，オペレーションなどを定性的・定量的に把握することである。

エ 利益をもたらすことのできる，他社より優越した自社独自のスキルや技術に経営資源を集中することである。

問7 業務改善 CHECK ▶ □□□

ASPとは，どのようなサービスを提供する事業者か。

ア　顧客のサーバや通信機器を設置するために，事業者が所有する高速回線や耐震設備が整った施設を提供するサービス

イ　顧客の組織内部で行われていた総務，人事，経理，給与計算などの業務を外部の事業者が一括して請負うサービス

ウ　事業者が所有するサーバの一部を顧客に貸し出し，顧客が自社のサーバとして利用するサービス

エ　汎用的なアプリケーションシステムの機能をネットワーク経由で複数の顧客に提供するサービス

問8 業務改善 CHECK ▶ □□□

SOAを説明したものはどれか。

ア　企業グループ全体の業務プロセスを統合的に管理し，経営資源を有効活用することによって，経営の効率向上を図る考え方のことである。

イ　業務の流れを単位ごとに分析し整理することによって問題点を明確化し，効果的に，また効率よく仕事ができるように継続的に改善する管理手法である。

ウ　再利用可能なサービスとしてソフトウェアコンポーネントを構築し，そのサービスを活用することで高い生産性を実現するアーキテクチャである。

エ　自社の業務の一部を，業務システムだけでなく業務そのものを含めて，企画から運用までを一括して外部企業に委託することである。

問9 システム化企画 CHECK ▶ □□□

非機能要件項目はどれか。

ア　新しい業務の在り方や運用に関わる業務手順，入出力情報，組織，責任，権限，業務上の制約などの項目

イ　新しい業務の遂行に必要なアプリケーションシステムに関わる利用者の作業，システム機能の実現範囲，機能間の情報の流れなどの項目

ウ　経営戦略や情報戦略に関わる経営上のニーズ，システム化・システム改善を必要とする業務上の課題，求められる成果・目標などの項目

エ　システム基盤に関わる可用性，性能，拡張性，運用性，保守性，移行性などの項目

問10 システム化企画 CHECK ▶ □□□

“提案評価方法の決定”に始まる調達プロセスを，調達先の選定，調達の実施，提案依頼書（RFP）の発行，提案評価に分類して順番に並べたとき，cに入るものはどれか。

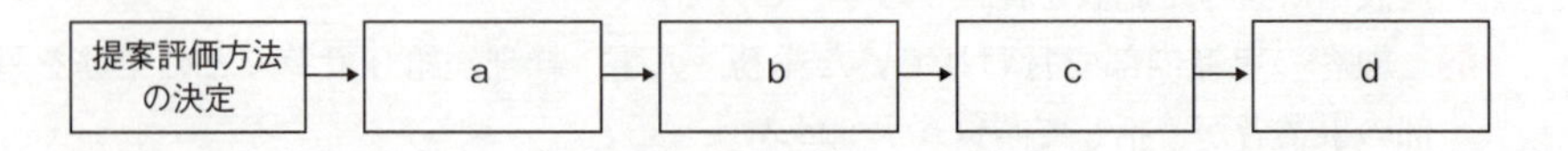

ア　調達先の選定　　イ　調達の実施
ウ　提案依頼書（RFP）の発行　　エ　提案評価

問11 システム化企画 CHECK ▶ □□□

サプライチェーンマネジメントを説明したものはどれか。

ア　購買，生産，販売及び物流を結ぶ一連の業務を，企業間で全体最適の視点から見直し，納期短縮や在庫削減を図る。
イ　個人がもっているノウハウや経験などの知的資産を共有して，創造的な仕事につなげていく。
ウ　社員のスキルや行動特性を管理し，人事戦略の視点から適切な人員配置・評価などを行う。
エ　多様なチャネルを通して集められた顧客情報を一元化し，活用することで，顧客との関係を密接にしていく。

問12 さまざまな情報システム CHECK ▶ □□□

EDIを説明したものはどれか。

ア　OSI基本参照モデルに基づく電子メールサービスの国際規格であり，メッセージの生成・転送・処理に関する総合的なサービスである。
イ　ネットワーク内で伝送されるデータを蓄積したり，データのフォーマットを変換したりするサービスなど，付加価値を加えた通信サービスである。
ウ　ネットワークを介して，商取引のためのデータをコンピュータ（端末を含む）間で標準的な規約に基づいて交換することである。
エ　発注情報をデータエントリ端末から入力することによって，本部又は仕入先に送信し，発注を行うシステムである。

問13 事業の分析 CHECK ▶ □□□

事業の分析に関する次の記述を読んで，設問1，2に答えよ。

SWOT分析は，企業又は組織の強み，弱み，機会及び脅威を分析する手法であり，事業戦略を策定するために利用される。ある地域で食料品の生産及び販売をしているA社の企画課では，自社の健康飲料事業の戦略を策定するためにこのSWOT分析を使って，内部環境や外部環境から導かれる課題を考察することにした。

設問1 A社の健康飲料事業の強みと弱みに関する次の記述中の空欄に入れる適切な答えを，解答群の中から選べ。

企画課のK氏は，上司から，自社の健康飲料事業の，競合他社と比較した強みと弱みを列挙し，それらを資産に関するものと業務プロセスに関するものとに分類するように指示を受けた。

K氏は，A社の健康飲料事業の強みと弱みについて分析し，表1にまとめた。

表1　A社の健康飲料事業の強みと弱み

強み	①　生産業務を効率よく行っていることによって，売上総利益率を業界での上位に保っている。 ②　知的財産の件数が，業界平均を上回っている。 ③　就業環境の改善を図るため，従業員満足度に関する調査・分析業務を10年以上継続しており，その結果を業務改善に結び付けるノウハウを蓄積している。 ④　売れ筋製品で使用している特殊な原料について，1社しかない供給業者との独占購入権を保有している。
弱み	①　情報システムのアプリケーション開発プロセスの効率が低い。 ②　顧客の製品ブランドに対する好感度が，競合他社と比較して低い。 ③　本社スタッフ部門による営業支援が十分ではない。 ④　物流工程が，周辺環境に配慮したプロセスとなっていない。

表1の強みのうち，業務プロセスに関する記述は，①と③である。②の知的財産の件数や④の独占購入権は健康飲料事業のもつ資産に関する強みといえる。しかし，K氏の分析した強みの③については，［　a　］，上司の指示どおりになっていないので見直す必要がある。弱みのうち，資産に関する記述は，［　b　］である。

aに関する解答群

ア　A社の健康飲料事業の内部で効果を上げているだけで，競合他社と比較すると劣っていることが明らかであり

イ　A社の健康飲料事業の内部で効果を上げているものの，競合他社と比較した強みかどうかは不明確であり

ウ　競合他社と比較した強みであることは間違いないが，A社の健康飲料事業の内部で効果を上げているかは不明確であり

エ　競合他社と比較した強みであることは間違いないが，A社の健康飲料事業の内部では明らかに効果を上げておらず

bに関する解答群

ア　①	イ　②	ウ　③	エ　④
オ　①と②	カ　①と③	キ　①と④	ク　②と③
ケ　②と④	コ　③と④		

設問2　A社の健康飲料事業の機会と脅威に関する次の記述中の空欄に入れる適切な答えを，解答群の中から選べ。

K氏は，A社の健康飲料事業に関するSWOT分析の機会と脅威を考察するための準備として，A社の事業地域における健康飲料業界の収益性について分析を行うように上司から指示を受けた。K氏は，ファイブフォース分析を使って，業界における，売り手の交渉力，買い手の交渉力，新規参入者の脅威，代替製品の脅威及び競争業者間の敵対関係の強さを分析して，業界の収益性や成長性を評価することにした。

たとえば，新規参入者の脅威は，国の規制に守られている場合や，多大な設備投資が必要な業界の場合に低くなる。また，売り手の交渉力は，売り手の提供する製品やサービスが特殊ではなく，買い手が売り手を多数の候補の中から選べる場合に弱くなる。代替製品の脅威は，提供している製品やサービスに代わるものが，ほかにあまりない場合に低くなる。売り手や買い手の交渉力が弱いほど，また新規参入者や代替製品の脅威が低く競争業者間の敵対関係が弱いほど，業界の収益性は高くなりやすいと考えられている。

K氏は，A社の事業地域における健康飲料業界の分析を行って上司に報告した。図は，K氏と上司が完成させた分析結果である。

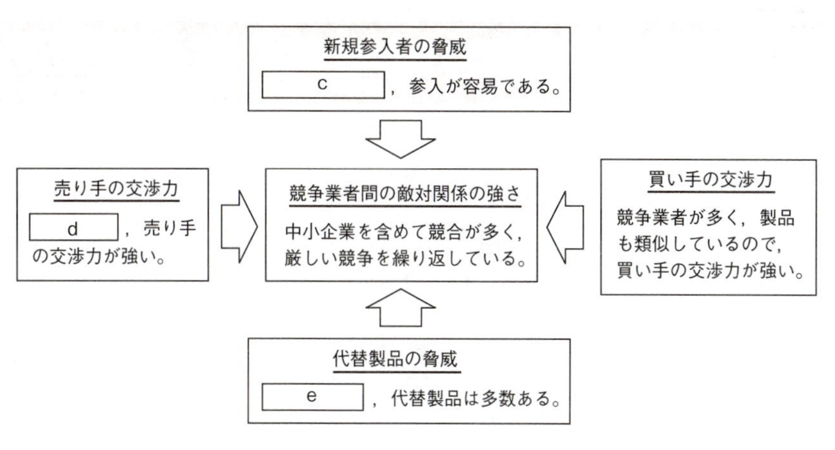

図　A社の事業地域における健康飲料業界の分析結果

解答群

ア　栄養補助食品などの競合製品が多く
イ　脅威となる競合製品はほとんどなく
ウ　供給業者の少ない固有の包装資材が多く
エ　供給業者の少ない固有の包装資材がなく
オ　消費者の健康意識レベルが高く
カ　消費者の健康意識レベルが低く
キ　特殊な設備が必要であり
ク　特殊な設備が不要であり

9-7 演習問題の解答

問1 《解答》イ

SWOT分析は,「強み:Strengths」「弱み:Weaknesses」「機会:Opportunities」「脅威:Threats」から,自社の現状を分析します。よって,イが正解です。

問2 《解答》ウ

各領域の特徴は次のようになります。

- 花形 — 市場成長率:高い,市場占有率:高い
- 金のなる木 — 市場成長率:低い,市場占有率:高い
- 問題児 — 市場成長率:高い,市場占有率:低い
- 負け犬 — 市場成長率:低い,市場占有率:低い

よって,縦軸が市場成長率,横軸が市場占有率になるためウが正解です。

問3 《解答》イ

市場における占有率(シェア)によって,企業を「リーダ」「チャレンジャ」「ニッチャ」「フォロワ」に類型化し,適した戦略を採る手法を競争地位別戦略と呼びます。「フォロワ」は,「リーダ」の行動を注意深く観察し,迅速に模倣する戦略(模倣戦略)を行います。設問内容からこれに該当するのは,イです。

ア:チャレンジャの説明です。
ウ:ニッチャの説明です。
エ:リーダの説明です。

問4 《解答》ウ

エンタープライズアーキテクチャは,次の4つの体系(アーキテクチャ)から分析し,全体最適化の観点から見直しを行います。

- ビジネス:業務の内容や流れを分析する。
- データ:業務や情報システムで使用される情報の内容や関連性を分析する。
- アプリケーション:業務とデータから情報システムの機能を分析する。
- テクノロジ:ハードウェア,ソフトウェア,ネットワーク,セキュリティの技術的要

素を分析する。

以上の内容から，aにはテクノロジが入ります。よって，ウが正解です。

問5 《解答》エ

投資額と回収期間から，各IT機器で1年間に利益を得る必要がある額を求めます。

aの場合は，90万円／3年＝30万円／年と求まるため，年間30万円の利益が必要であることがわかります。

bの場合は，300万円／5年＝60万円／年と求まるため，年間60万円の利益が必要であることがわかります。

このことから，bはaよりも2倍の年間利益を得る必要があることがわかります。正解はエです。

問6 《解答》イ

BPRは，自社の業務プロセス全体を顧客の視点で根本から見直して，情報システムを含めた業務の流れや組織，企業の構造や体質を含めて再構築することで抜本的な改革を行い，業務のスピード化やコストの削減などを図ります。よって，イが正解です。

ア：ERPの説明です。

ウ：ベンチマーキングの説明です。

エ：コアコンピタンス経営の説明です。

問7 《解答》エ

ASPは，インターネットを介して，業者が提供する汎用的なアプリケーションソフトウェアの機能を，必要に応じて利用することのできるサービスの1つです。よって，エが正解です。

ア：事業者の施設を利用するサービスはハウジングです。

イ：業務を一括して請負うのはBPOです。

ウ：事業者のサーバを利用するサービスはホスティングです。

問8

《解答》ウ

SOAは，ソフトウェアの機能をサービスという単位で捉え，サービスの組合せによってシステムを構築する考え方です。よって，正解はウです。

ア：ERPの説明です。

イ：BPMの説明です。

エ：アウトソーシングの説明です。

問9

《解答》エ

非機能要件とは，システムに求められる要件のうち，機能要件以外の要件（性能，信頼性，移行方法，開発基準など）のことです。よって，エが正解です。

ア：業務要件です。

イ：機能要件です。

ウ：業務要件，機能要件，非機能要件のいずれにも該当しません。

問10

《解答》ア

調達計画の流れは，以下のようになります。

提案評価方法の決定→提案依頼書（RFP）の発行（ウ）→提案評価（エ）
→調達先の選定（ア）→調達の実施（イ）

よって，アが正解です。

問11

《解答》ア

SCM（サプライチェーンマネジメント）は，情報システムの発注から資源調達，開発，流通，販売，供給までの一連の流れ（サプライチェーン）に関わる情報を，企業間でリアルタイムに交換するシステムであり，これを使用して，製品供給の業務を全体最適化することで，納期の短縮や在庫削減，コストの最適化を図ります。よって，アが正解です。

イ：ナレッジマネジメントの説明です。

ウ：コンピテンシ評価の説明です。

エ：CRMの説明です。

問12

《解答》ウ

EDIはネットワークを介して企業間の取引に関するデータを交換するしくみです。データ交換を行えるようにするには，標準規格化された形式を積極的に利用する必要があります。よって，ウが正解です。

ア：MHS（Message Handling System：メッセージ通信処理システム）の説明です。

イ：VAN（Value Added Network：付加価値通信網）の説明です。

エ：EOS（Electronic Ordering System：電子発注システム）の記述です。EOSは，小売店と卸売業者間で受発注データを交換するシステムで，POS（Point Of Sales：販売時点情報管理）端末や携帯端末から入力した発注情報を伝送することで，発注業務の効率化を図ります。

問13

《解答》設問1：a－イ，b－イ　設問2：c－ク，d－ウ，e－ア

設問1：空欄a

業務プロセスは，業務の流れや手法に関する要因が該当します。資産は「経済的価値をもつもの」のことで，不動産や証券などの物理的に存在する資産（有形資産）と，知的財産や技術，ブランドなどの物理的には存在しない資産（無形資産）があります。

表1の強みのうち，業務プロセスに関する①は「生産業務」，③は「人事業務」についての項目で，資産に関する②は「知的財産」，④は「供給業者」についての項目です。いずれも事業部内部を要因とするものです。

空欄aには，③は他社と比べて強みにはならない，という指摘が入ります。③の記述からは，「ノウハウの蓄積」という事業部内部で効果を上げていることはわかりますが，他社との比較による優劣は明示されていません。したがって，イの記述が該当します。

設問1：空欄b

表1の弱みのうち，資産に関する項目は，②の「ブランド」になります。正解はイです。ブランドは，商標やイメージなど，競合他社との差別化を図る概念です。自社のブランドの力によって，企業の価値は左右され，収益にも影響を及ぼします。

設問2：空欄c，d，e

ファイブフォース分析は，自社が事業を行う業界について，企業間の競争の状況や収益構造などを，次ページの5つの視点で分析する手法です。

9

視点	説明
売り手(供給企業)の交渉力	自社商品に必要な資材や原材料を供給する側の力。供給企業の数や，供給企業にとって自社の重要度などの要因が影響する
買い手の交渉力	自社の商品を購入する側の力。買い手の数，商品の差別化の度合い，買い手の購買力などの要因が影響する
競争企業間の敵対関係の強さ(業界競合他社)	業界内の競争の度合い。競合他社の規模や数，製品の差別化の容易さ，業界の成長度などの要因が影響する
新規参入の脅威	新規参入の障壁の高さ。新規参入が容易であれば，競合他社が増加するという脅威になる。参入障壁の有無，設備投資の規模，政府の政策などの要因が影響する
代替製品の脅威	代替製品の有無。魅力のある代替製品が存在すると，買い手が代替製品へ切り替えるという脅威となる。代替製品の価格，代替製品に対する買い手の意識などの要因が影響する

空欄cには，問題文より，「国の規制に守られている場合」や，「多大な設備投資が必要な場合」は，新規参入者の脅威は低くなるとあります。図の分析結果では，「参入が容易」となっていることから，クの「特殊な設備が不要」が当てはまります。

空欄dには，「製品やサービスが特殊ではない場合」や，「買い手が多数の売り手から候補を選べる場合(いわゆる買い手市場)」は，売り手の交渉力が弱くなるとあります。図の分析結果では，「売り手の交渉力が強い」となっています。解答群の記述のうち，ウの「供給業者の少ない固有の包装資材が多い」については，供給業者の少ない包装資材は供給も少なく，さらにそのような資材をA社が多く使用していることから業界全体の「売り手が少ない」と考えられます。したがって，買い手は少ない売り手から候補を選ぶことになり，売り手の交渉力が強くなります。よって空欄dの正解はウです。

空欄eには，「提供している製品の代替品が少ない場合」に，代替製品の脅威は弱くなります。図の分析結果では，「代替製品が多数ある」となっているため，アの「栄養補助食品などの競合製品が多く」が該当します。

ストラテジ系　第10章

企業と法務

企業にとっての経営資源は，「ヒト，モノ，カネ，情報」の4つです。企業は，自社の永続を望むためにこれらの資源を安全，適切に使用する必要があります。本章の前半では，「カネ」について，その流れや経費の分析を行う手法を説明します。後半では，「ヒト，モノ，情報」について，企業の資源を法律により守る制度やしくみを説明します。

企業組織 《出題頻度 ★★★》

10-1 企業の組織

企業は，「ヒト，モノ，カネ，情報」という経営資源を有効活用して企業活動を行っています。企業活動を効率的に行うには，適切な組織構造を取る必要があります。

ポイント
経営組織の特徴をよく理解しておきましょう。

企業活動

企業の活動は，商品やサービスを提供し，その代価を求める営利活動が中心になりますが，その根本には，ある目的を実現するために事業を遂行するという，企業設立の原点となる経営理念が存在します。

経営理念は，経営に対する信念や価値観など，企業の存在意義を社内外に表明するもので，企業のすべての活動における行動規範となるものです。この経営理念に基づき，企業が実現すべき目標を経営目標として設定し，さらに経営目標を達成するための方策を経営戦略として策定します（図10.1）。

参考
ゴーイングコンサーン（企業の存続可能性）：企業は将来にわたって事業を継続していくものという前提で，企業の経営を行う考え方です。そのため経営戦略を，企業の存続を目的とする方策と捉えることもできます。

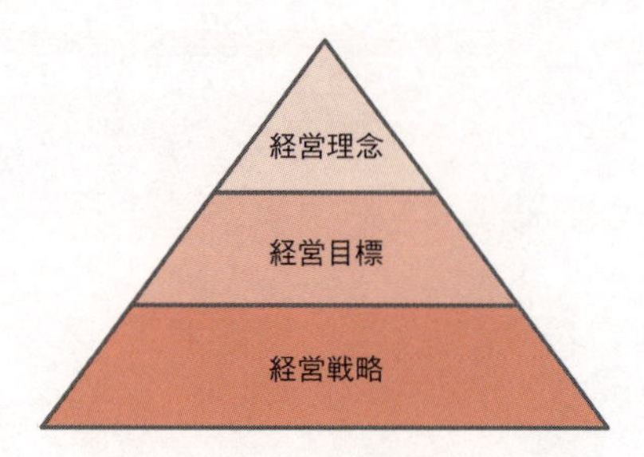

図10.1：経営理念

用語
コーポレートガバナンス（企業統治）：企業の経営において，不正や違法な行為が行われないように監視するしくみ。

CSR（Corporate Social Responsibility：企業の社会的責任）

企業には，自社の営利を追求するだけでなく，社会に影響を与える組織として，社会的な責任を果たすことが求められています。この考え方を**CSR**と呼び，企業が社会に受け入れられ，経営活動を継続するためには不可欠な概念となっています。

CSRの取組みとして，**コーポレートガバナンス**（企業統治）や**コンプライアンス**（法令遵守）の実現，適切な情報開示（ディスクロージャ）の実施，**ユニバーサルデザイン**の採用，原材料や廃棄物削減などによる環境への配慮，地域社会や非営利組織（NPO）

用語
コンプライアンス（法令遵守）：企業が法令に従って経営を行うこと。企業に対する社会的責任として，コンプライアンスの取組みは非常に重視されています。

への支援などがあります。

経営組織

企業を構成する組織は，企業活動を効率的に行うことができる構造をもつことが重要になります。

職能別組織

製造，営業，総務など，業務の機能（職能）単位に部門を構成する組織です（図10.2）。各部門が担当業務について専門化することで知識と経験が蓄積され，業務の効率化を図ります。

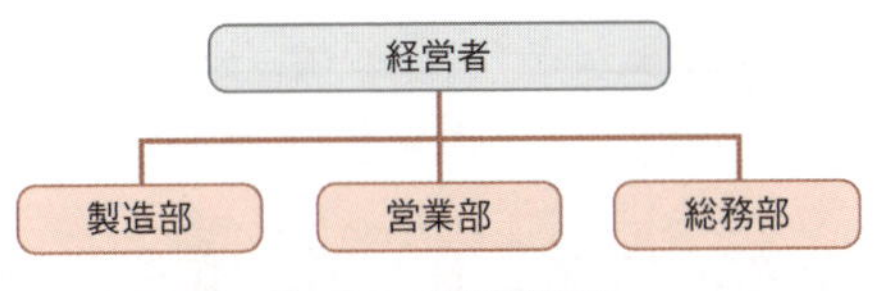

図10.2：職能別組織

事業部制組織

製品の種類や担当地域，顧客の種類（個人・法人）別といった単位に，自己完結的な事業部を設置する組織です（図10.3）。各事業部に権限を委譲し，配下に職能別などの組織を配して，事業部単位に独立した事業を遂行します。また，利益責任をもたされていることが事業部制の特徴です。

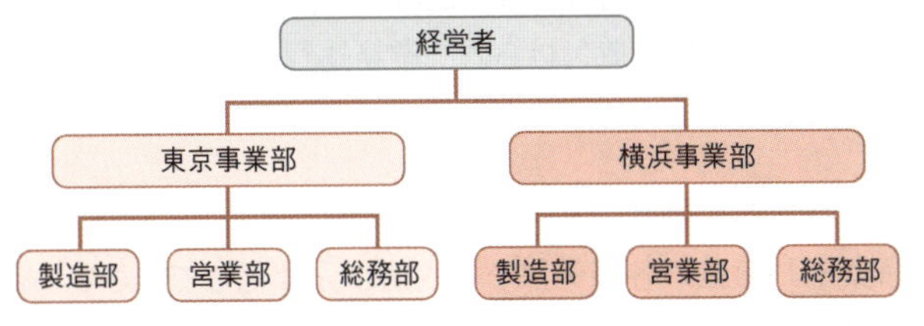

図10.3：事業部制組織

プロジェクト組織

ある目的を達成するために，必要な能力をもった従業員を部門横断的に招集して構成する組織です（次ページ図10.4）。この組織は，プロジェクトの目的達成によって解散します。

用語

ユニバーサルデザイン：
国の文化や人の特徴（性別，年齢，障害など）に依存せずに，すべての人が共通に利用できるように施設・製品・情報をデザインすること。

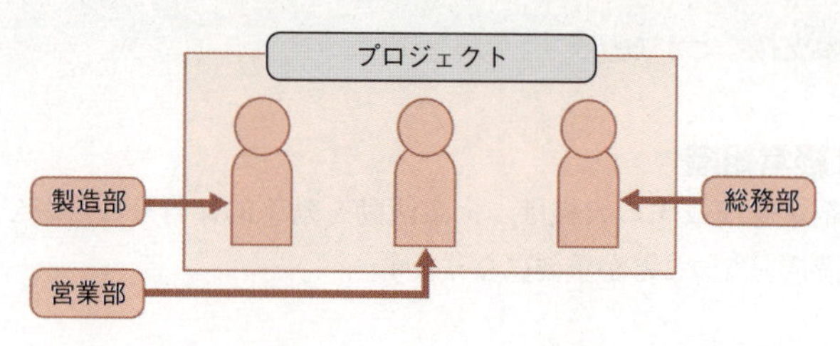

図10.4：プロジェクト組織

マトリックス組織

職能別の部門とプロジェクトなど，異なる組織構造を組み合わせた組織をマトリックス組織といいます（図10.5）。

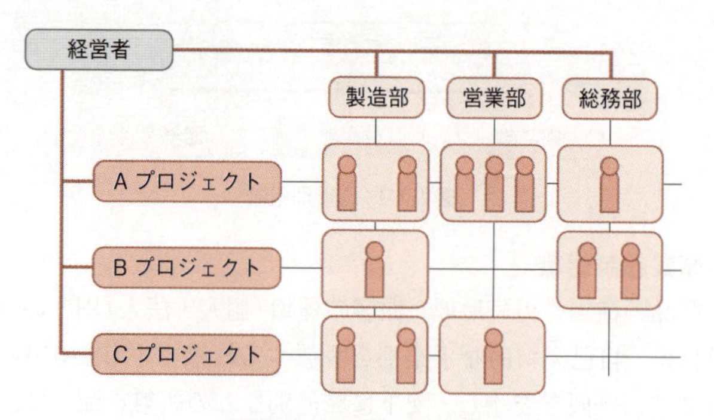

図10.5：マトリックス組織

社内ベンチャ組織

社内の独立部門が新規事業を遂行する制度です。社内ベンチャは子会社のように位置付けられ，業務遂行の権限と利益責任がもたされます。

カンパニ制組織

事業部制組織の各事業部を社内的に分社化して，さらに多くの権限を委譲する形態をカンパニ制といいます（図10.6）。

参考

社内カンパニ制：事業分野ごとの仮想企業を作り，経営資源配分の効率化，意思決定の迅速化，創造性の発揮を促進するための組織形態です。

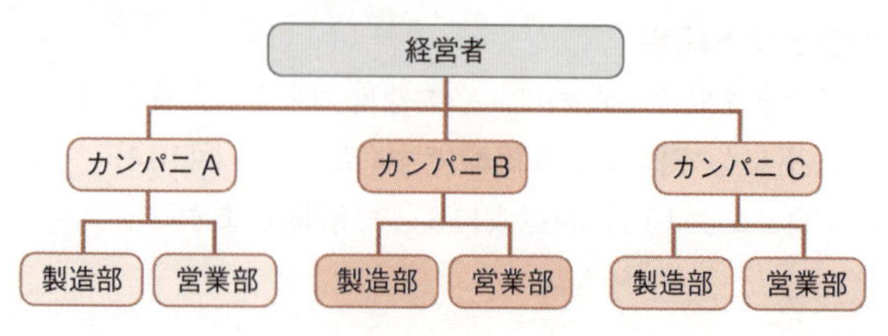

図10.6：カンパニ制組織

企業会計 《出題頻度 ★★★》

10-2 財務会計

企業は，経営活動によって出入りするお金の流れの記録・管理を行う必要があります。これは，商法や税法などの法律に基づいて行われており，株主や顧客，国に対して財務会計の報告をする義務があります。

財務諸表

企業は，継続して行われる経営活動をある一定の期間（会計期間：通常は1年）に区切り，その間に行われた取引を会計処理として記録（仕訳）します。このときに作成する資料を**総勘定元帳**と呼びます。

株主や顧客，従業員などのステークホルダ（利害関係者）に対して，自社の経営成績や財務状況を報告するための資料を**財務諸表**と呼びます。株式会社の場合は，法律によって財務諸表の作成が義務付けられており，総勘定元帳を基に作ります。以下では，財務諸表のうちの**貸借対照表**と**損益計算書**，**キャッシュフロー計算書**について説明します。

ポイント
貸借対照表および損益計算書からどのようなことがわかるかをよく理解しておきましょう。

貸借対照表（B/S：Balance Sheet）

会計期間の最終日時点において，自社が保有する資産，負債，資本を一覧化したもので，自社の財務状況がわかるようになります（図10.7）。資本と負債，資産には，次の関係が成り立ちます。

資産＝資本＋負債

資産		負債・資本	
流動資産	12,800	流動負債	5,800
固定資産	2,800	固定負債	1,200
		資本	8,600
合計	15,600	合計	15,600

図10.7：貸借対照表（B/S）

用語
資産：企業が所有している財産，または，将来受け取ることができる現金への権利（債権）のこと。
負債：返済の義務を負った債権のこと。
資本：資産から負債を引いた金額のこと。「純資産」とも呼ばれています。

参考
貸借対照表の体裁：貸借対照表は，左側に資産，右側に負債と資本の金額を記載します。左右の合計金額が一致することから「バランスシート（B/S）」とも呼ばれています。

損益計算書(P/L：Profit and Loss statement)

会計期間中に発生した収益と費用，および算出した利益(損益)を記載したもので，企業の経営成績がわかるようになります(図10.8)。

損益計算書の書式：図10.8の書式は，「報告式」と呼ばれるものです。その他の書式として，左側に費用(借方)，右側に収益(貸方)を記載する「勘定式」があります。

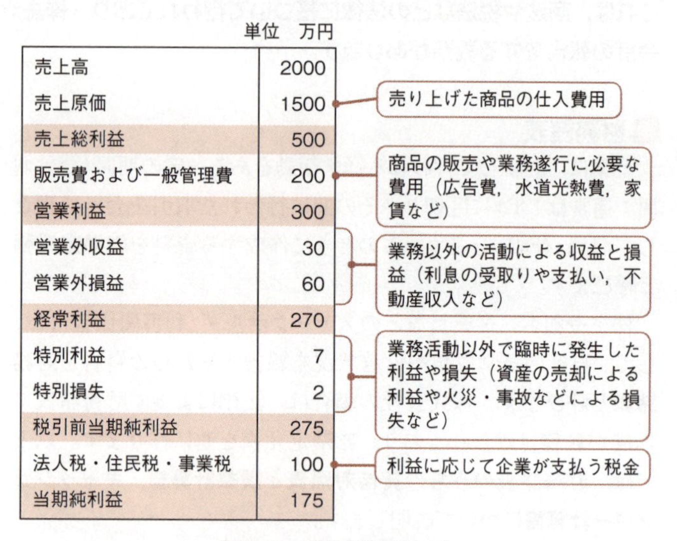

単位 万円

売上高	2000
売上原価	1500
売上総利益	500
販売費および一般管理費	200
営業利益	300
営業外収益	30
営業外損益	60
経常利益	270
特別利益	7
特別損失	2
税引前当期純利益	275
法人税・住民税・事業税	100
当期純利益	175

図10.8：損益計算書(P/L)

利益の算出には，次の式を利用します。

売上総利益(粗利)＝売上高－売上原価
営業利益＝売上総利益－販売費および一般管理費
経常利益＝営業利益＋営業外収益－営業外損益
税引前当期純利益＝経常利益＋特別利益－特別損失
当期純利益＝税引前当期純利益－法人税・住民税・事業税

キャッシュフロー計算書(C/S：Cash flow Statement)

企業の一定期間における資金の流れの状況を表したもので，「営業活動」「投資活動」「財務活動」に区分けして，収入と支出(キャッシュフロー)を記載します。

キャッシュフロー計算書が示す内容は，会社が費用として使用できる金額の大きさを表すため，企業の支払い能力の大きさを示しています。損益計算書や貸借対照表と合わせて見ることで，安定的な資金管理および計画の策定が行えます。

企業会計 《出題頻度 ★★★》

10-3 資産管理

資産管理とは，所有する各種資産を正確に管理することをいいます。収入・損失に関する管理には，在庫の評価（棚卸評価）や，固定資産（機械や建物など）の評価（減価償却）などがあります。

棚卸評価

棚卸評価は，在庫として保有する商品の仕入額から在庫の価値を評価することです。商品の仕入単価は時期によって変動するため，**先入先出法**，**後入先出法**，**移動平均法**，**総平均法**などの基準に基づいて仕入単価を算定します。以下では，表10.1に示す取引内容を基に，先入先出法，後入先出法による期末棚卸高と売上原価の求め方を説明します。

ポイント
棚卸評価，減価償却の計算問題がよく出題されます。計算方法を理解しておきましょう。

棚卸資産：販売や製造により消費される資産のこと。

表10.1：3月の取引例

取引日	取引内容	数量	単価（円）
1日	前月繰越	100	10
9日	仕入	150	11
12日	売上	200	
23日	仕入	150	12
26日	売上	100	
31日	次月繰越	100	

先入先出法

売上があった時点で先に仕入れたものから引き出して販売します。表10.1から先入先出法による引当結果を表10.2に示します。

先入先出法で高い評価を得るパターン：先入先出法は，購入単価が徐々に高くなるような商品に対して，最も高い評価を得ることができます。

表10.2：売上に対する引当状況（先入先出法）

売上日	数量	引当	個数	単価（円）
12日	200	前月繰越	100	10
		9日仕入	100	11
26日	100	9日仕入	50	11
		23日仕入	50	12

月末在庫数：100個（23日仕入分）

10

よって，売上原価と期末棚卸高は，次のように求まります。

売上原価 = 100 × 10 + (100 + 50) × 11 + 50 × 12 = 3,250円

期末棚卸高 = 100 × 12 = 1,200円

後入先出法で高い評価を得るパターン：後入先出法は，購入単価が徐々に安くなるような商品に対して，最も高い評価を得ることができます。

後入先出法

後入先出法は，売上があった時点の直前に仕入れたものから引き出して販売します（表10.3）。

表10.3：売上に対する引当状況（後入先出法）

売上日	数量	引当	個数	単価（円）
12日	200	9日仕入	150	11
		前月繰越	50	10
26日	100	23日仕入	100	12

月末在庫数：100個（前月繰越分：50個，23日仕入分：50個）

よって，売上原価と期末棚卸高は，次のように求まります。

売上原価 = 150 × 11 + 50 × 10 + 100 × 12 = 3,350円

期末棚卸高 = 50 × 10 + 50 × 12 = 1,100円

減価償却

固定資産は，購入時点からの利用回数や時間経過によって老朽化し，資産としての価値が徐々に減少します。**減価償却**とは，価値の減少分を費用として配分する会計上の手続きのことで，資産から減少した額のことを**減価償却費**と呼びます。

減価償却の一般的な計算方法は，「定額法」と「定率法」が用いられます（表10.4）。

用語

償却率：資産の耐用年数に応じて定められた償却の割合。定額法の償却率は，「1÷耐用年数」で求まります。一方，定率法の償却率は，国税庁により耐用年数に応じた償却率が定められています。

表10.4：減価償却の種類

計算方法	内容
定額法	毎期に同じ減価償却費を取得価格から減価償却する方法 【減価償却費の計算方法】 減価償却費＝取得価格×償却率
定率法	取得価格から現在までの減価償却を引いた資産額（未償却残高）に対して，一定の償却率を掛け合わせ，これをその期の減価償却費とする方法 【減価償却費の計算方法】 減価償却費＝未償却残高×償却率

例題1

事業年度初日の平成21年4月1日に，事務所用のエアコンを100万円で購入した。平成23年3月31日現在の帳簿価額は何円か。ここで，耐用年数は6年，減価償却は定額法，定額法の償却率は0.167，残存価額は0円とする。

ア 332,000　イ 499,000　ウ 666,000　エ 833,000

解説

減価償却は定額法で行うため，毎年引かれる減価償却費は次の計算で求まります。

減価償却費 = 100万円 × 0.167 = 16.7万円

エアコンは購入日から2年間が過ぎているため，帳簿価額は次のように求まります。

帳簿価額 = 100万円 − (16.7万円 × 2年) = 66.6万円

よって，正解はウです。

《解答》ウ

例題2

当期の建物の減価償却費を計算すると，何千円になるか。ここで，建物の取得価額は10,000千円，前期までの減価償却累計額は3,000千円であり，償却方法は定額法，会計期間は1年間，耐用年数は20年とし，残存価額は0円とする。

ア 150　イ 350　ウ 500　エ 650

解説

定額法は，毎期に同じ減価償却費を取得価格から減価償却する方法です。

設問では，償却方法が定額法とあることから，償却率は1 ÷ 20年 =0.05であることがわかります。よって，減価償却費は，10,000千円 × 0.05=500千円／年が求まります。よって，正解はウです。

ちなみに,「残存価額」とは,耐用年数を経過した後に残る価値のことです。

《解答》ウ

例題3

ある商品の前月繰越と受払いが表のとおりであるとき,先入先出法によって算出した当月度の売上原価は何円か。

日付	摘要	受払個数		単価(円)
		受入	払出	
1日	前月繰越	100		200
5日	仕入	50		215
15日	売上		70	
20日	仕入	100		223
25日	売上		60	
30日	翌月繰越		120	

ア 26,290　イ 26,450　ウ 27,250　エ 27,586

解説

先入先出法によって在庫から引当が行われる様子は,次の表のとおりです。

売上日	数量	引当て	個数	単価(円)
15日	70	前月繰越	70	200
25日	60	前月繰越	30	200
		5日仕入	30	215

この表から,当月度の売上原価は,次のようにして求まります。

200円×100個+215円×30個=20,000円+6,450円=26,450円

よって,正解はイです。

《解答》イ

企業会計 《出題頻度 ★★★》

10-4 損益分岐点分析

商品を製造して販売するには，さまざまな費用（損失）がかかります。企業は，商品の売上に応じて，損失が利益へと転じる分岐点を分析します。これにより，一商品に設定する定価や1日の売上目標を立てることができるようになります。

費用

費用には，売上高の増減にかかわらず常に一定の金額が発生する**固定費**と，売上高の増減に応じて金額が変動する**変動費**があります。

損益分岐点分析は，頻繁に出題されています。よく理解しておきましょう。

固定費

固定費には，従業員の給与（人件費），水道光熱費，オフィスの家賃（地代家賃），借入金の利息（支払利息）などがあり，これらは毎月ほぼ一定の額が発生する費用です。

知っておこう

コストプラス法：製品の価格設定方法の1つで，原価に一定の利幅（マージン）をプラスし，価格を決定します。売れれば利益が出る特徴があります。

変動費

変動費には，材料費や仕入費用（仕入原価）などがあります。商品がたくさん売れる（売上高が増える）に従って，商品の製造や仕入も増えるため費用が増加します。逆に，商品が売れないと製造や仕入も減るため，金額は減少します。

利益

売上高が費用を上回ると，差額が利益になります。反対に，売上高より費用が上回ると赤字となり，差額が損失となります。

利益（損益）＝売上高－費用＝売上高－（固定費＋変動費）
売上高＞費用…利益
売上高＜費用…損失

機会損失

機会損失とは，商品の需要に対して供給が間に合わず，利益を得る機会を逃したことによる売上の損失のことです。

10

損益分岐点分析

売上高と費用が一致する金額を**損益分岐点売上高（損益分岐点）**と呼びます。損益分岐点を境に，売上高のほうが大きくなれば利益となり，売上高よりも費用が大きくなれば損失になります。

損益分岐点売上高は以下の式で求めることができます。

参考

貢献利益率：売上高が利益に貢献する割合のことで，「1－変動費率」のことを指します。

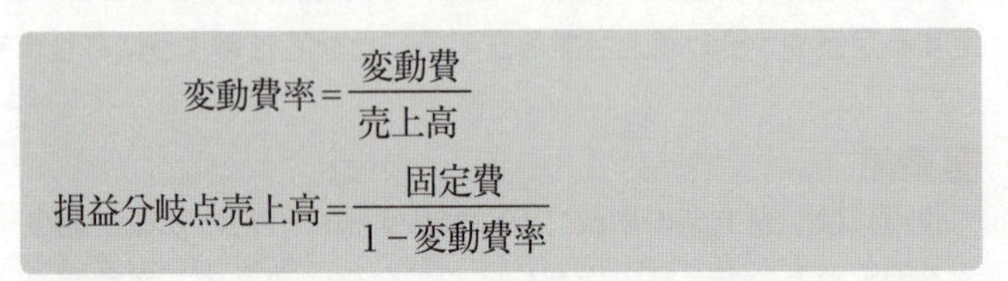

$$変動費率 = \frac{変動費}{売上高}$$

$$損益分岐点売上高 = \frac{固定費}{1 - 変動費率}$$

例として，売上高が1,000万円，変動費が800万円，固定費が100万円の場合，損益分岐点は次のようになります。

$$変動費率 = \frac{800}{1{,}000} = 0.8$$

$$損益分岐点 = \frac{100}{1 - 0.8} = 500万円$$

以上から，売上高が500万円を超えると利益となり，500万を下回ると損失になることがわかります。この関係を図として表したものが，図10.9になります。

参考

売上高の線：売上高を表す線は，45度の傾きで引きます。売上高の線は，総費用の線よりも傾きが大きくなるため，原則的に売上高の線と総費用の線は交差します。

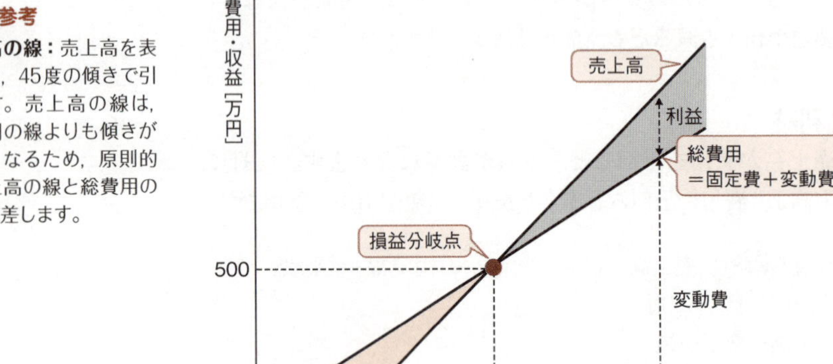

図10.9：損益分岐点

例題

表の条件でA～Eの商品を販売したときの機会損失は何千円か。

商品	商品1個当たり利益(千円)	需要数(個)	仕入数(個)
A	1	1,500	1,400
B	2	900	1,000
C	3	800	1,000
D	4	700	500
E	5	500	200

ア 800　　イ 1,500　　ウ 1,600　　エ 2,400

解説

機会損失とは，商品の需要に対して，供給が間に合わず，利益を得る機会を逃したことによる売上の損失のことです。つまり，設問の表において「需要数>仕入数」となっているところは，機会損失を生じている商品となります。

機会損失を生じている商品は，A，D，Eの3商品であるため，各商品の機会損失の合計は，次のように求まります。

$$\underbrace{(1500-1400)\times 1}_{\text{商品Aの機会損失}} + \underbrace{(700-500)\times 4}_{\text{商品Dの機会損失}} + \underbrace{(500-200)\times 5}_{\text{商品Eの機会損失}} = 2{,}400\text{千円}$$

よって，正解はエです。

《解答》エ

10

経営科学・経営工学 《出題頻度 ★★★》

10-5 オペレーションズリサーチ

経験や知識，勘だけに頼らずに数学的・科学的な方法やデータに基づいて経営を行うことを「経営科学」と呼びます。経営科学では，問題を解決するためのさまざまな情報を集めて整理し，経営方針に関する意思決定を支援します。オペレーションズリサーチはそのためのツールの1つです。

オペレーションズリサーチ（OR）

オペレーションズリサーチとは，数学的・科学的手法に基づいて，有限の資源を有効に活用し，最大限の利益を達成するための意思決定の支援を行うものです。

ORによる手法はさまざまありますが，ここでは，**線形計画法**と**在庫管理**について説明します。

線形計画法

ポイント
線形計画法の計算問題を解くには，連立1次方程式を解く能力も必要になります。

線形計画法は，最大の利益・効果（最適解）を得るために，資源（材料や時間など）をどのように配分するかを求める手法です。資源の使用条件（制約条件）が1次不等式で表せる場合に適用することができます。

例として，次に示す内容から最大利益を線形計画法で求める方法を説明します。

T商店では，毎日KとLという菓子を作り，これを組み合わせて箱詰めした製品MとNを販売しています。箱詰めの組合せと商品1個当たりの利益，および1日で製造できるKとLそれぞれの最大の個数は表10.5のとおりです。

表10.5：商品Mと商品Nの製造に関する制約

	K（個）	L（個）	販売利益（円）
商品Mの必要量	6	2	600
商品Nの必要量	3	4	400
1日当たりの最大製造個数	360	240	

(1) 目的関数を求める

目的関数は，線形計画法で求める対象を式で表したものです。

例では，商品MとNの販売利益を求める式が目的関数となります。商品Mの製造個数をx，商品Nの製造個数をy，利益をzとすると，目的関数は次のようになります。

$$z = 600x + 400y$$

(2) 制約条件を求める

制約条件式：ある条件に基づいて示された式のこと。一般的に不等式で表されます。

菓子KとLの製造個数の制約条件を式で表します。

菓子Kは，商品Mを1個作るたびに6個必要になるため，商品Mをx個作った場合，菓子Kは$6x$個必要になります。また，商品Nを1個作るたびに3個必要になるため，商品Nをy個作った場合，菓子Kは$3y$個必要になります。ただし，菓子Kは，1日当たりの最大製造個数が360個と決められているため，これを製品MとNの製造数xとyの条件式として表すと次のようになります。

$$6x + 3y \leqq 360$$

同様に菓子Lは，商品Mを1個作るたびに2個必要になるため，商品Mをx個作った場合，菓子Lは$2x$個必要になります。また，商品Nを1個作るたびに4個必要になるため，商品Nをy個作った場合，菓子Lは$4y$個必要になります。ただし，菓子Lは，1日当たりの最大製造個数が240個と決められているため，これを製品MとNの製造数xとyの条件式として表すと次のようになります。

$$2x + 4y \leqq 240$$

その他の条件として，販売個数は0未満になることはないので，非負条件になります。

$$x \geqq 0,\ y \geqq 0$$

制約条件をまとめると，以下のようになります。

$6x + 3y \leqq 360$…菓子Kの制約条件
$2x + 4y \leqq 240$…菓子Lの制約条件
$x \geqq 0,\ y \geqq 0$…非負条件

10

(3) 最適解を求める

菓子KとLの制約条件を2次元のグラフで表すと，図10.10のようになります。

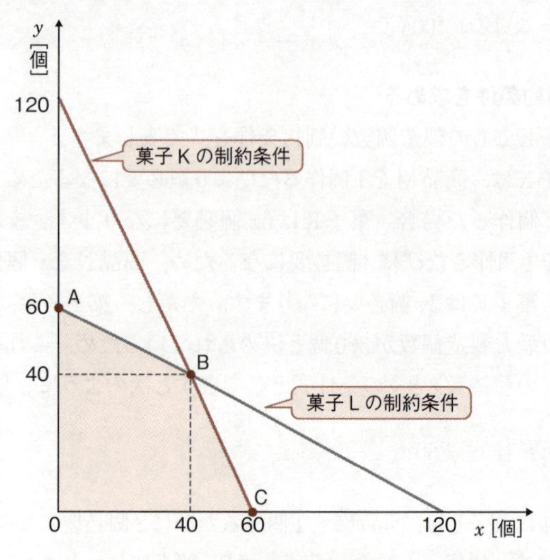

図10.10：線形計画法

グラフから，利益が最大となるようなxとyを取るべき個数（最適解）は，図10.10の色を塗った部分の領域の頂点，すなわちA，B，Cのいずれかになります。各点のx，yの値を目的関数に代入した結果は，次のとおりです。

A：600（商品Mの販売利益）×0（商品Mの製造個数）＋
　400（商品Nの販売利益）×60（商品Nの製造個数）
　＝24,000（円）

B：600（商品Mの販売利益）×40（商品Mの製造個数）＋
　400（商品Nの販売利益）×40（商品Nの製造個数）
　＝40,000（円）

C：600（商品Mの販売利益）×60（商品Mの製造個数）＋
　400（商品Nの販売利益）×0（商品Nの製造個数）
　＝36,000（円）

以上から，最大となる販売利益はB点の40,000円で，その際には商品Mと商品Nを，それぞれ40個ずつ製造すればよいことがわかります。

在庫管理

在庫管理では,「在庫切れを起こさない」「過剰な在庫を保持しない」という要件を満たす効率の良い管理が必要となります。ここでは,在庫管理での代表的な発注方式として,**定期発注方式**と**定量発注方式**について説明します。

二棚法:2つの倉庫に在庫を保持し,一方がなくなったらもう片方の倉庫で在庫を補い,その間になくなったほうの在庫を補充する方式です。

定期発注方式

発注時点の在庫量にかかわらず,一定の期間(発注サイクル)ごとに発注を行う方式で,需要予測を行って毎回の発注量を求めます(図10.11)。発注量は,次の式で求めます。

ポイント

定期発注方式と定量発注方式の特徴を覚えておきましょう。また,計算問題もときどき出題されます。計算式も覚えておきましょう。

発注量=(調達期間+発注間隔)×予定出庫量
　　　　−現在在庫量−発注残+安全在庫量

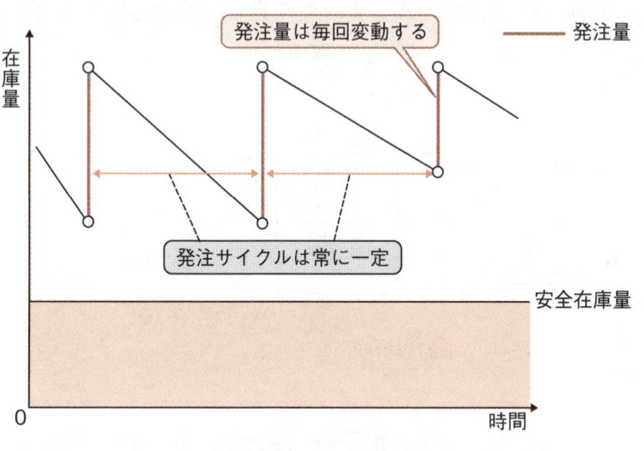

図10.11:定期発注方式

定量発注方式

定量発注方式は,在庫量が,あらかじめ計算によって求められた基準量である発注点を下回った時点で発注を行う方式で,発注点方式ともいいます(次ページ図10.12)。発注量は,次の式で求めます。

発注量=調達期間×予定出庫量+安全在庫量

10

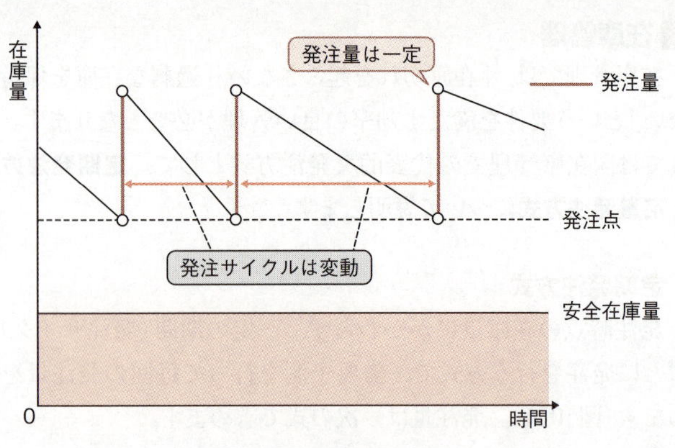

図10.12：定量発注方式

例題

あるコンピュータセンタでは，定期発注方式によって納期3か月の用紙を毎月月初めに購入している。次の条件のとき，今月の発注量は何千枚か。

単位　千枚

当月初在庫量	180
月間平均使用量	60
発注残	50
安全在庫量	30

ア　10　　イ　40　　ウ　30　　エ　180

解説

設問から，定期発注方式の計算に必要な各要素は，「調達期間：3か月」「発注間隔：1か月」「予定出庫量：60」「現在在庫：180」「発注残：50」「安全在庫：30」となりますので，これを式に当てはめてみます。

発注量＝（調達期間＋発注間隔）×予定出庫量－現在在庫量－発注残＋安全在庫量
　　　＝（3+1）× 60 － 180 － 50 + 30 = 40［千枚／月］

よって正解はイです。

《解答》イ

経営科学・経営工学　《出題頻度　★★★》

10-6 インダストリアルエンジニアリング

生産性の向上を目的として，経営活動に数学・工学的な分析や設計を利用するのが「経営工学（インダストリアルエンジニアリング）」です。

インダストリアルエンジニアリング（IE）

インダストリアルエンジニアリングは，経営活動における生産性やサービス性の問題解決を行うための手法です。

IEにはさまざまな手法があります。ここでは品質管理（QC：Quality Control）に着目し，品質管理手法で使われる図解技法の「QC七つ道具」と「新QC七つ道具」について説明します。

参考
品質管理：生産する製品の品質に顧客が常に満足できるように，生産の計画を立案する活動です。

QC七つ道具

QC七つ道具は，データを定量化して分析するための7つの手法です。これによりさまざまな問題や現象を具体的な数値として把握できます。

QC七つ道具の種類を表10.6および，次ページの図10.13に示します。

ポイント
QC七つ道具の各特徴を覚えておきましょう。

表10.6：QC七つ道具

種類	説明
管理図	時系列データの特性値をプロットし，折れ線グラフで表した図。打点のばらつきから，品質の異常を客観的に把握できる
特性要因図	問題の要因とその因果関係を整理するための図。要因と結果の関連を魚の骨のような形状（フィッシュボーン）で表す
ヒストグラム	データを区間に分類し，各区間のデータの個数（度数）を棒グラフで表した図。データのばらつきや分布を視覚的に把握できる
パレート図	度数の大きい順に棒グラフを並べ，度数の累積割合を折れ線グラフで重ねて表示した図。重要な項目の把握に用いる
散布図	2つの項目を縦軸と横軸とする座標にデータの特性値をプロットし，その分布状況から項目間の相関関係（正の相関，負の相関，無相関）を分析する図
チェックシート	調査項目や確認項目を決められたフォーマットに従って明記する調査専用の用紙
層別	データを分類して特徴などをわかりやすくしたもの

知っておこう
OC曲線：抜取検査において，ロットの不良率とそのロットの合格率の関係性を示す曲線です。検査特性曲線ともいいます。

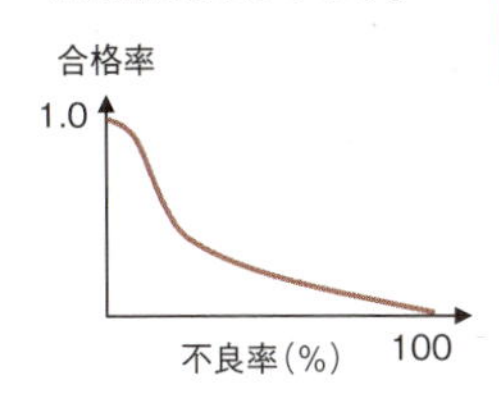

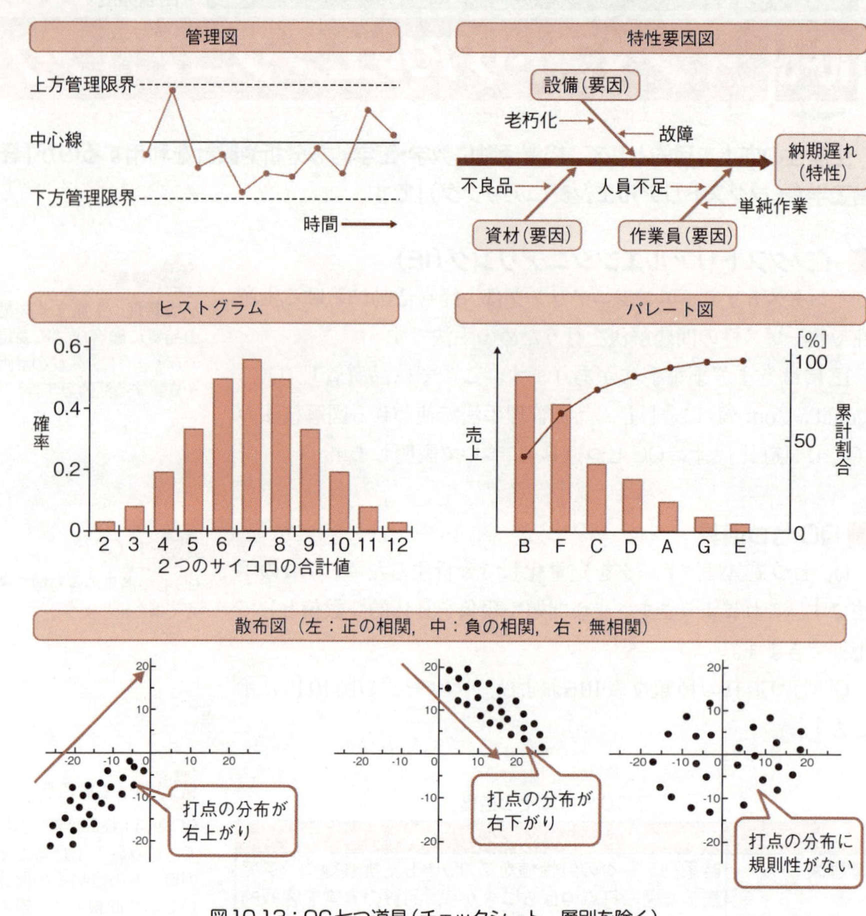

図10.13:QC七つ道具(チェックシート,層別を除く)

ABC分析が使用される場面やグラフの形状を問う問題が出題されています。

ABC分析

パレート図を用いて,重点的に管理すべき項目を明確にする分析手法です。パレート図で示される構成比率によって,分析対象をABCの3グループに分類します(次ページ図10.14)。

- Aグループ:構成比率が70%までのグループ。対象項目は少ないが,占める割合が大きいため,重点的な管理が必要。
- Bグループ:累積構成比率が71〜90%を占めるグループ。
- Cグループ:累積構成比率が91〜100%を占めるグループ。対象項目が多く,占める割合が少ないため,コストをかけないように管理を簡易にする。

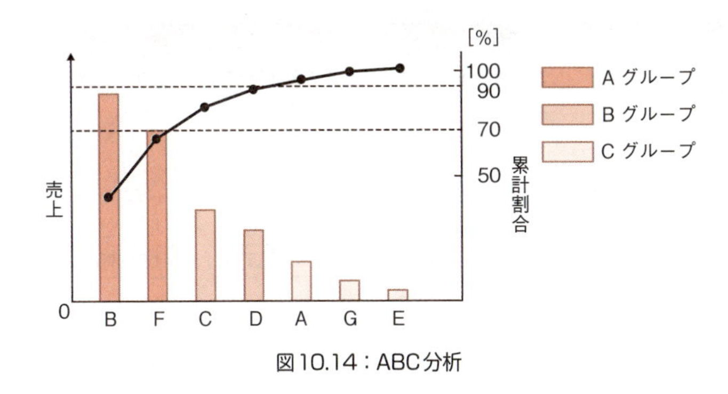

図10.14：ABC分析

新QC七つ道具

定量的な分析を行うQC七つ道具に対して，印象や感覚などの定性的データの分析を行う技法が新QC七つ道具です。

新QC七つ道具の種類を表10.7，次ページの図10.15に示します。

表10.7：新QC七つ道具

種類	説明
PDPC	未経験の活動や試行錯誤が困難な活動について，実行過程における不測の事態をあらかじめ想定した活動計画を立案する手法
親和図法	アンケートや討議によって得られたキーワードを記入したカードを関連性によってグループ化して，課題の構造を明らかにする手法
連関図法	原因と結果，目的と手段の関係が複雑に込み入った課題について，それぞれの関係を図式化することで，課題の構造を明らかにする手法
系統図法	目的と手段を分析し，さらにその手段の実施に必要な手段を明らかにしていきながら，目的を達成するための具体的な手段を分析する手法
マトリックス図法	行と列で表される2次元のマトリックス表を用いて，複数項目の関連性を分析する手法
マトリックスデータ解析法	マトリックス図法で得られた分析結果を基に，主成分分析や重要度による重み付けなどによって数値的な解析を行う手法
アローダイアグラム法	アローダイアグラムを用いて最適な作業計画を立案する手法

知っておこう

ジョンソン法：加工順序の決まった2台の機械を用いる製造工程について，製造時間が最小となる作業順序を求める手法です。機械A→機械Bの順に加工を行う場合，以下の手順ですべての作業の順序を確定していきます。

①作業時間が最短の作業を選択する。

②選択した作業が，機械Aの加工作業の場合は作業順序の先頭から，機械Bの加工作業の場合は作業順序の後ろから，それぞれ順に配置する。

ポイント

QC七つ道具と同様に新QC七つ道具の各特徴を覚えておきましょう。

用語

PDPC (Process Decision Program Chart)：過程決定計画図

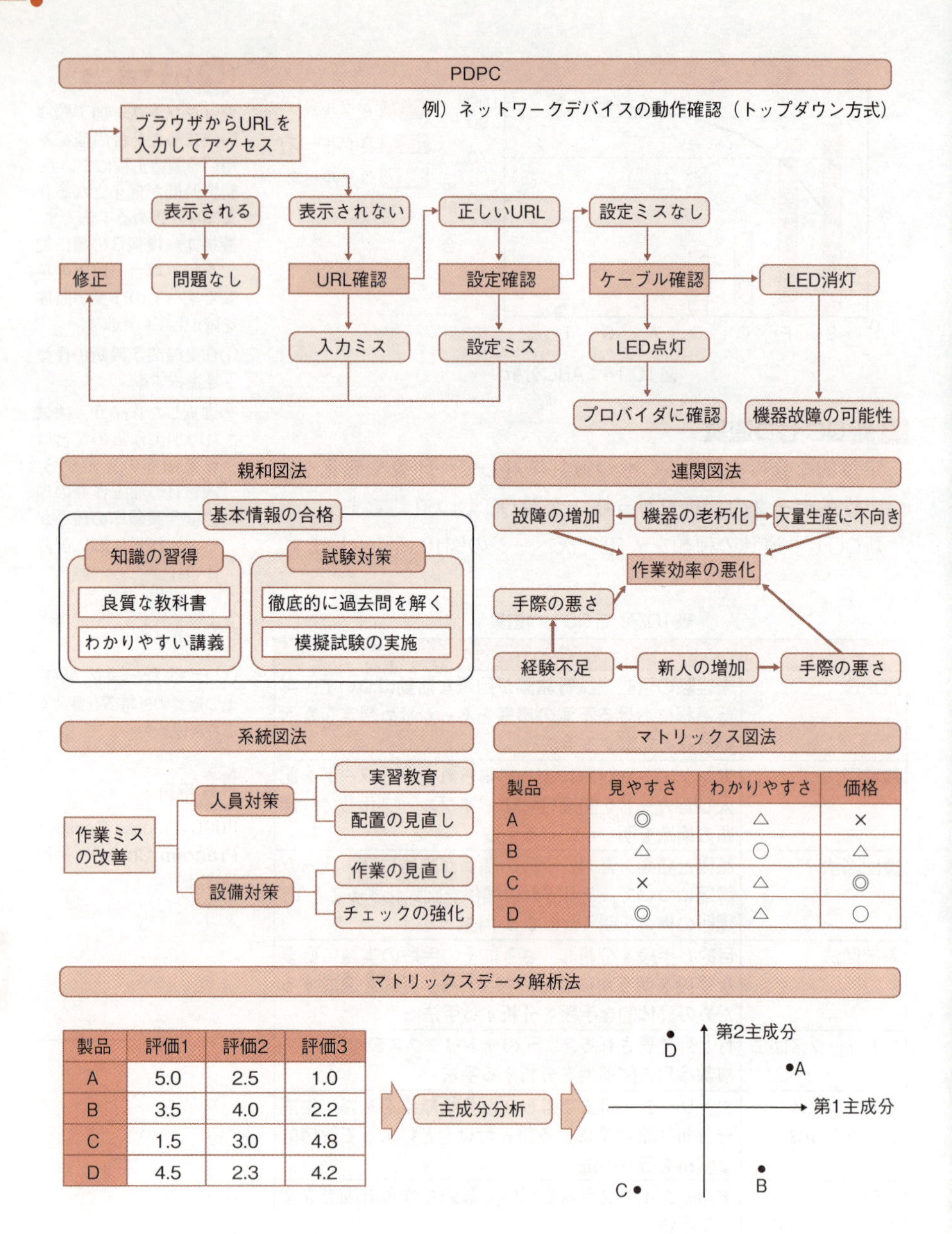

製品	見やすさ	わかりやすさ	価格
A	◎	△	×
B	△	○	△
C	×	△	◎
D	◎	△	○

製品	評価1	評価2	評価3
A	5.0	2.5	1.0
B	3.5	4.0	2.2
C	1.5	3.0	4.8
D	4.5	2.3	4.2

図10.15：新QC七つ道具（アローダイアグラム法を除く）

例題 1

改善の効果を定量的に評価するとき，複数の項目で評価した結果を統合し，定量化する方法として重み付け総合評価法がある。表の中で優先すべき改善案はどれか。

評価項億	評価項目の重み	改善案			
		案1	案2	案3	案4
省力化	4	6	8	2	5
期間短縮	3	5	5	9	5
資源削減	3	6	4	7	6

ア 案1　イ 案2　ウ 案3　エ 案4

解説

重み付けによる評価法では，評価項目の点数と重みを乗じた値をその評価項目の評価点とします。複数の評価項目がある場合は，全評価項目の評価点の総和を求めて総合評価点とします。

案1から案4の総合評価点を計算してみます。

案	各評価項目の評価点（点数×重み）			総合評価点
	省力化	期間短縮	資源削減	
案1	6×4=24	5×3=15	6×3=18	57
案2	8×4=32	5×3=15	4×3=12	59
案3	2×4=8	9×3=27	7×3=21	56
案4	5×4=20	5×3=15	6×3=18	53

よって，正解は案2のイです。

《解答》イ

例題2

不良品の個数を製品別に集計すると表のようになった。ABC分析を行って，まずA群の製品に対策を講じることにした。A群の製品は何種類か。ここで，A群は70%以上とする。

製品	P	Q	R	S	T	U	V	W	X	合計
個数	182	136	120	98	91	83	70	60	35	875

ア 3　　イ 4　　ウ 5　　エ 6

解説

不良品の合計は875個であり，そのうちの70%以上をABC分析におけるA群にするとあります。そのため，A群に該当する個数は，875個×0.7＝612.5個と求まります。

A群に属する製品は，Pの製品の不良個数から順にQ→R→S→…の製品の不良個数を加えていったときに，その個数が612.5個を超えるまでの範囲がA群となります。

結果として，PからSまでの製品の不良個数の合計は，182＋136＋120＋98＝536個となり，Tまで加えると536＋91＝627個となるため，A群はP，Q，R，Sの4製品であると求まります。

正解はイです。

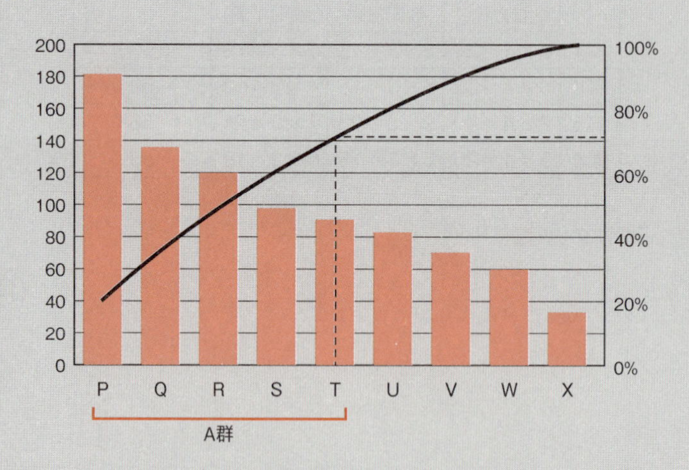

《解答》イ

法務 《出題頻度 ★★★》

10-7 知的財産権

人の創作活動によって得られた生産物（知的生産物）は，財産としての権利（財産権）が与えられます。法規では，これを知的財産権と呼びます。企業活動で作られたソフトウェアもその1つに該当します。

知的財産権の種類

知的財産権は，知的な活動によって生み出された創造物から得られる権利を保護するための法律で，図10.16の種類があります。

知的財産権に関する問題がよく出題されています。用語の内容を覚えておきましょう。

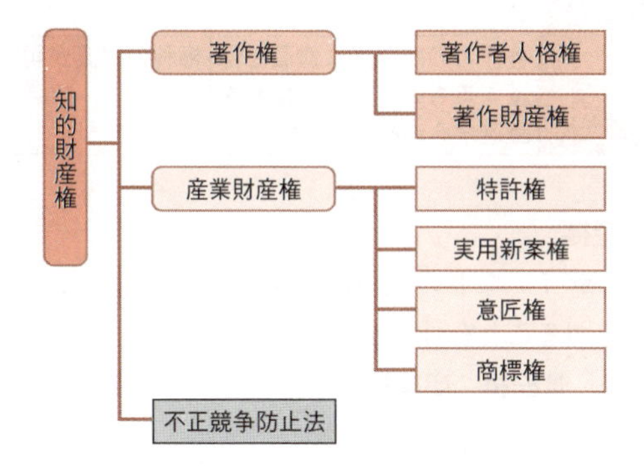

図10.16：知的財産権

著作権

知的活動によって創造された著作物について，それを創作した著作者の権利を保護するための法律です。

著作権法は，「表現」を保護するもので，登録や申請を必要とせず，著作物が創作された時点で著作者に権利が発生します（知らずに既存の著作物に類似した著作物を創作した場合も同様で，この場合は，著作権の侵害になりません）。

著作権の対象となるもの，ならないものの例を以下に示します。

【著作権の対象となるもの】
　小説，音楽，映画，プログラム，データベースなど
【著作権の対象とならないもの】
　プログラム言語，アルゴリズム，アイディアなど

パブリックドメイン：著作者が知的創作物の著作権を放棄し，著作権が一般公衆に属する状態にあることをいいます。

また，企業の業務で創作した著作物（プログラムや業務資料な

ど）は，就業規則などに規定がない限り，その著作権は従業員が従事する企業などの法人に帰属します。

著作権における著作者の権利には，**著作者人格権**と**著作財産権**があり，表10.8に示すような違いがあります。

参考

著作物の引用：著作物は，無断でコピー・転載した場合は原則として著作権の侵害になりますが，引用元を明記した場合や，公共機関が作成した白書を転載する場合など，特定の条件下では例外が認められています。

表10.8：著作者人格権と著作財産権の違い

	著作者人格権	著作財産権
権利の概要	著作物に対する，著作者の人格的な利益を保護する権利	著作者が自身の著作物により得られる代価を保護する権利
権利の保護期間	著作物が創作されてから著作者が生存している期間まで	著作物が創作されてから，著作者の死後70年間
権利の譲渡	著作者の感情的な側面を保護するものとされ，権利を譲渡することはできない	権利の譲渡が可能

産業財産権

技術やデザインなどの独占的な権利を与えることで研究開発の活性化を図ることを目的とするもので，表10.9に示す**特許権**，**実用新案権**，**意匠権**，**商標権**から構成されています。

表10.9：産業財産権の種類

権利	説明
特許権	自然法則を利用した創作のうち，高度な技術（発明）を保護
実用新案権	自然法則を利用した創作のうち，物品の構造や形状を保護
意匠権	物品の形状やデザイン，色などを保護
商標権	商品やサービスを判別するための商標を保護

不正競争防止法

不正競争防止法は，不正な営業活動の防止と損害賠償に関する措置などを規定する法律で，事業者同士の公正な競争を保護し，経済の健全な発展を目的とするものです。

不正競争防止法では，広く知られた商品の名称やデザインの模倣，商品の性質や特性の誤認を引き起こすような広告，営業上の機密情報（トレードシークレット）の不正利用，競合他社の信用低下を目的とした虚偽の告知，などの行為を禁止しています。

例題1

プログラム中のアイディアやアルゴリズムは保護しないが，プログラムのコード化された表現を保護する法律はどれか。

ア 意匠法　イ 商標法　ウ 著作権法　エ 特許法

解説

「表現」を保護するもので，知的活動によって創造された著作物について，それを創作した著作者の権利を保護するための法律は，著作権法です。よって，正解はウです。

《解答》ウ

例題2

A社は，B社と著作物の権利に関する特段の取決めをせず，A社の要求仕様に基づいて，販売管理システムのプログラム作成をB社に依頼した。この場合のプログラム著作権の原始的帰属はどれか。

ア A社とB社が話し合って決定する。
イ A社とB社の共有となる。
ウ A社に帰属する。
エ B社に帰属する。

解説

企業の業務で創作した著作物（プログラムや業務資料など）は，就業規則などの取決めに規定がない限り，その著作権は従業員が従事する企業などの法人に帰属します。

設問では，A社はB社に権利に関する特段の取決めをせずにプログラム作成を依頼しています。そのため，著作権はプログラムを作成したB社に帰属することになります。

よって，正解はエです。

《解答》エ

法務 《出題頻度 ★★★》

10-8 労働と契約の法制度

労働に関する重要な法律に労働基準法があり，労働時間，賃金，懲戒処分・解雇などについて示されています。また，自社の労働者を他社へ派遣させる場合には，その契約に関する法規である労働者派遣法も重要になります。

派遣と請負の違いを問う問題が出題されています。雇用形態の種類と各形態によって，雇用関係や指揮命令系統がどのような関係となっているかを覚えておきましょう。

知っておこう

派遣契約で開発した著作物は，基本的に派遣先企業に著作権があります。

参考

その他の派遣形態：

- 労働者供給：労働力を他者に対して供給するもので，雇用関係は，供給元および供給先にあり，指揮命令権は供給先にある。
- 出向：雇用関係と指揮命令権がいずれも出向元，出向先の両方にある。

用語

瑕疵担保責任：「瑕疵」とは「欠陥があること」を意味し，成果物に欠陥がある場合，その修繕や損害による賠償を受け入れなければならない責任のことです。

労働者派遣法

派遣労働は，派遣労働者の保護，および人材派遣事業の適正な運営に関する規定を定めた労働者派遣法によって法制度化されています。

労働者派遣法では，派遣労働の適用業務，派遣先企業から別の企業へ派遣労働者を派遣する二重派遣の禁止や，派遣労働者からの苦情に対する派遣先企業の対応などが規定されています。以下では，**派遣契約**，**請負契約**，**委任契約**について説明します。

派遣契約

派遣は，人材派遣企業に所属する労働者が，派遣先企業の指揮命令のもとで労務を提供する労働形態です（図10.17）。

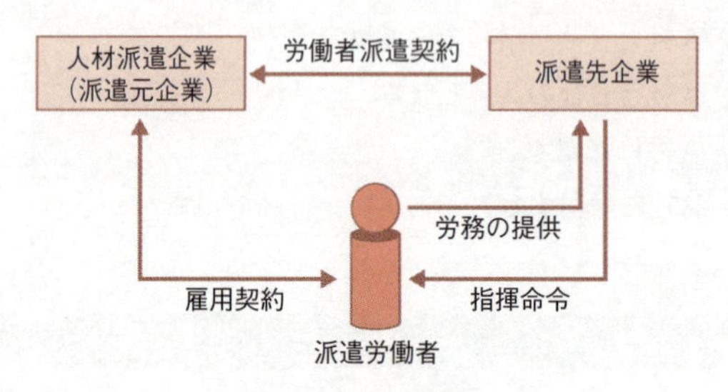

図10.17：派遣契約

派遣労働者は，人材派遣企業との間に雇用契約があり，派遣先企業との間には指揮命令·労務の提供の関係があります。また，人材派遣企業（派遣元企業）と派遣先企業との間では，労働者派遣契約が結ばれ，派遣先企業からは派遣労働者の労務時間に応じた料金が人材派遣企業へ支払われます。

派遣労働者には，業務の完成責任および**瑕疵担保責任**はありません。

請負契約

ある企業の業務を他の企業が請負う形態で，民法に基づく契約です（図10.18）。

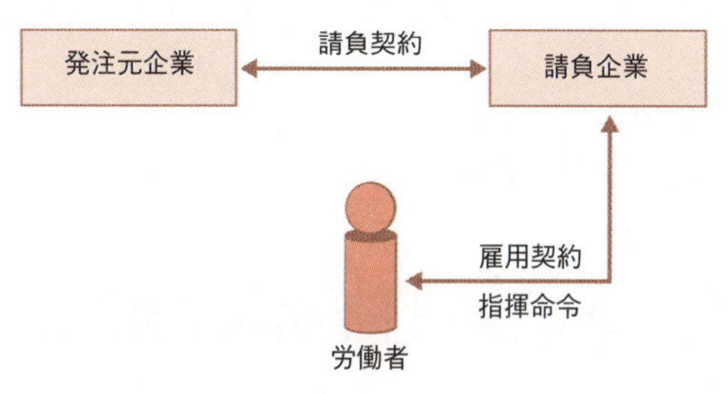

図10.18：請負契約

業務を委託する発注元企業と，業務を受託した請負企業との間で業務請負契約を結び，請負企業は受託した業務を，自社と雇用関係のある従業員，あるいは，自社が指揮命令する派遣労働者に対して指示します。

請負企業は受託した業務の完成責任と瑕疵担保責任を負います。

一括請負契約

一括請負契約は，受託した業務のすべてを，契約した金額と期間で遂行するものです。システム開発の場合は，請負企業が，受託したシステム開発業務について指定期日までにすべてを完成させて発注元企業へ一式を納品する義務を負います。また，発注元企業は契約した金額を対価として支払います。納期と金額が契約時に決まるため，請負企業には厳重な作業管理が求められます。

準委任契約

業務形態は請負契約と同様になります。ただし，請負契約が成果物の完成を目的とするのに対し，委任契約では業務の遂行に対して契約することに目的があります。よって，成果物の完成を約束されませんが，委託元の求めに応じて報告する義務があります。

知っておこう
請負契約で開発した著作物は，基本的に請負側に著作権があります。

知っておこう
下請法（下請代金支払遅延等防止法）：親事業者が下請業者に業務を委託した場合に，下請事業者への代金の支払いが公正に行われるように制定された法律です。下請代金の支払い遅延や減額，返品，買いたたきなど下請取引に関する不公正な取引を規制しています。

知っておこう
裁量労働制：実際の労働時間に関係なく，労働者との協定で定めた時間を働いたとみなし，給与を支払うしくみで，労働時間と成果が必ずしも同じとはいえない職種に適用されます。

知っておこう
ワークシェアリング：従業員1人当たりの勤務時間短縮や，仕事配分の見直しをして，雇用を確保する取組みのことです。

例題1

ソフトウェア開発を外部業者へ委託する際に，納品後一定の期間内に発見された不具合を無償で修復してもらう根拠となる項目として，契約書に記載するものはどれか。

ア 瑕疵(かし)担保責任　イ 善管注意義務
ウ 損害賠償責任　エ 秘密保持義務

解説

成果物に欠陥がある場合にその修繕や損害による賠償を受け入れなければならない責任のことを瑕疵担保責任といいます。「瑕疵」とは「欠陥があること」を意味します。

よって，正解はアです。

《解答》ア

例題2

請負契約を締結していても，労働者派遣とみなされる受託者の行為はどれか。

ア 休暇取得のルールを発注者側の指示に従って取り決める。
イ 業務の遂行に関する指導や評価を自ら実施する。
ウ 勤務に関する規律や職場秩序の保持を実施する。
エ 発注者の業務上の要請を受託者側の責任者が窓口となって受け付ける。

解説

請負契約と派遣契約の違いの1つは，雇用契約の締結先にあります。請負契約の場合，請負企業側になりますが，派遣契約の場合は派遣元企業側になります。

設問に「労働者派遣とみなされる…」とあるように，雇用契約の出所が業務の発注者側から行われているものが，その行為に該当します（設問にあるような契約の状態は「偽装請負」と呼ばれる）。

よって，解答群の中でそれに該当するものはアになります。

《解答》ア

法務　《出題頻度 ★★★》

10-9 その他の法制度

IT分野に関連する法制度は，著作権法，労働派遣法以外にもあります。ここでは，IT分野に関連する法制度について説明します。

サイバーセキュリティ基本法

サイバー攻撃への対策に関する国の責務を定めた法律で，基本理念や国の責任範囲を明確にし，施策の基本的事項の取組みや体制の設置などを規定しています。

サイバーセキュリティ基本法では，関係者（国，地方公共団体，重要社会基盤事業者，サイバー関連事業者・その他の事業者，教育研究機関，国民）ごとに責務と努力事項が定められています。たとえば，「国民」に対する努力事項については，次のように言及されています。

- サイバーセキュリティの重要性に関する関心と理解を深める。
- サイバーセキュリティの確保に必要な注意を払うよう努める。

また，内閣に「サイバーセキュリティ戦略本部」の設置と内閣官房で処理する事務の内容が規定されています。この規定に基づいて内閣官房に設置された機関は，**内閣サイバーセキュリティセンター（NISC）**と呼ばれています。

サイバーセキュリティ： サイバーセキュリティ基本法では，サイバーセキュリティの対象とする情報を「電磁的方式により記録，発信，伝送，受信される情報」と定義しています。また，サイバーセキュリティとは，以下の事項について必要な措置が講じられていることを定義しています。

- 情報の漏洩，破壊の防止
- 情報を扱う情報システムやネットワークの安全性かつ信頼性の確保
- 上記の状態が適切に維持管理されていること

個人情報保護法

インターネットの普及による個人情報の利用拡大を背景に，プライバシー侵害や個人情報を悪用する犯罪行為などが問題となったことを受け，個人情報の適切な取扱いに関する法律として制定されたものです。

個人情報保護法は，個人情報を次のように定義しています。

① 生存する個人に関する情報（氏名，生年月日，住所など）であって，当該情報に含まれる氏名，生年月日その他の記述等により特定の個人を識別することができるもの
② 個人識別符号（DNA，指紋，マイナンバーなど）が含まれるもの

知っておこう

匿名加工情報： 特定の個人を識別することができないように個人情報を加工し，当該個人情報を復元できないようにした情報のことです。これは，ビッグデータ時代への対応を背景に，個人情報を本人の同意を得ずに利用できるようにした制度です。

知っておこう

マイナンバー法：マイナンバー（個人番号）や法人番号の利用やその保護および違反した場合の罰則を規定しています。

知っておこう

製造物責任法(PL法)：製造物の欠陥により損害が生じた場合の製造業者に対する損害賠償責任について定めた法律です。本法では製造物を「製造又は加工された動産」と定義しています。

不正アクセス禁止法

他人のパスワードの無断使用などによる不正アクセス行為や，他人のパスワードを故意に流出するなどの不正アクセスを助長する行為を禁止する法律です。たとえば，以下のような行為が禁止されています。

- 他人のIDやパスワードを無断で使用してシステムに接続する。
- システムのセキュリティホールを悪用して侵入する。
- 他人のIDやパスワードを無断で第三者に提供する。

刑法

刑法において，情報セキュリティに関する犯罪類型の一部として以下の規定があります。

不正指令電磁的記録に関する罪（通称，ウイルス作成罪）

正当な理由なく他人のコンピュータで実行させることを目的としたコンピュータウイルスを作成・提供・保管することを禁止しています。

電子計算機損壊等業務妨害罪

業務で使用するコンピュータやその内部の記録内容を損壊したり，偽の情報や指示で誤作動をさせて業務を妨害したりする行為を罰する規定です。

例題

コンピュータウイルスを作成する行為を処罰の対象とする法律はどれか。

ア 刑法　　イ 不正アクセス禁止法
ウ 不正競争防止法　　エ プロバイダ責任制限法

解説

コンピュータウイルスを作成・提供・保管する行為は，刑法の「不正指令電磁的記録に関する罪」にて禁じられています。正解はアです。

《解答》ア

10-10 演習問題

問1 企業の組織 CHECK ▶ □□□

事業部制組織を説明したものはどれか。

ア ある問題を解決するために一定の期間に限って結成され，問題解決とともに解散する。
イ 業務を機能別に分け，各機能について部下に命令，指導を行う。
ウ 製品，地域などで構成された組織単位に，利益責任をもたせる。
エ 戦略的提携や共同開発など外部の経営資源を積極的に活用することによって，経営環境に対応していく。

問2 財務会計 CHECK ▶ □□□

売上総利益の計算式はどれか。

ア 売上高－売上原価
イ 売上高－売上原価－販売費及び一般管理費
ウ 売上高－売上原価－販売費及び一般管理費＋営業外損益
エ 売上高－売上原価－販売費及び一般管理費＋営業外損益＋特別損益

問3 資産管理 CHECK ▶ □□□

商品Aを先入先出法で評価した場合，当月末の在庫の評価額は何円か。

日付	摘要	受払個数		単価（円）
		受入	払出	
1	前月繰越	10		100
4	仕入	40		120
5	売上		30	／
7	仕入	30		130
10	仕入	10		110
30	売上		30	／

ア 3,300　　イ 3,600　　ウ 3,660　　エ 3,700

問4 損益分岐点分析 CHECK ▶ □□□

損益分岐点の特性を説明したものはどれか。

ア 固定費が変わらないとき，変動費率が低くなると損益分岐点は高くなる。
イ 固定費が変わらないとき，変動費率の変化と損益分岐点の変化は正比例する。
ウ 損益分岐点での売上高は，固定費と変動費の和に等しい。
エ 変動費率が変わらないとき，固定費が小さくなると損益分岐点は高くなる。

問5 オペレーションズリサーチ CHECK ▶ □□□

ある工場では表に示す3製品を製造している。実現可能な最大利益は何円か。ここで，各製品の月間需要量には上限があり，組立て工程に使える工場の時間は月間200時間までとする。

	製品X	製品Y	製品Z
1個当たりの利益（円）	1,800	2,500	3,000
1個当たりの組立て所要時間（分）	6	10	15
月間需要量上限（個）	1,000	900	500

ア 2,625,000　イ 3,000,000　ウ 3,150,000　エ 3,300,000

問6 オペレーションズリサーチ CHECK ▶ □□□

生産設備の導入に際し，予測した利益は表のとおりである。期待値原理を用いた場合，設備計画案Ａ～Ｄのうち，期待利益が最大になるものはどれか。

単位　百万円

		経済状況の予測			
		状況1	状況2	状況3	状況4
予想確率		0.2	0.3	0.4	0.1
設備計画案	A	40	10	0	−6
	B	7	18	10	−10
	C	8	18	12	−5
	D	2	4	12	30

ア Ａ　イ Ｂ　ウ Ｃ　エ Ｄ

問7 オペレーションズリサーチ CHECK ▶ □□□

ある営業部員の1日の業務活動を分析した結果は，表のとおりである。営業支援システムの導入によって訪問準備時間が1件当たり0.1時間短縮できる。総業務時間と1件当たりの顧客訪問時間を変えずに，1日の顧客訪問件数を6件にするには，"その他業務時間"を何時間削減する必要があるか。

1日の業務活動の時間分析表

総業務時間				
	顧客訪問時間	社内業務時間		
			訪問準備時間	その他の業務時間
8.0	5.0	3.0	1.5	1.5

1日の顧客訪問件数
5件

ア 0.3　　イ 0.5　　ウ 0.7　　エ 1.0

問8 インダストリアルエンジニアリング CHECK ▶ □□□

ヒストグラムを説明したものはどれか。

ア 原因と結果の関連を魚の骨のような形態に整理して体系的にまとめ，結果に対してどのような原因が関連しているかを明確にする。

イ 時系列的に発生するデータのばらつきを折れ線グラフで表し，管理限界線を利用して客観的に管理する。

ウ 収集したデータを幾つかの区間に分類し，各区間に属するデータの個数を棒グラフとして描き，ばらつきをとらえる。

エ データを幾つかの項目に分類し，出現頻度の大きさの順に棒グラフとして並べ，累積和を折れ線グラフで描き，問題点を絞り込む。

問9 インダストリアルエンジニアリング CHECK ▶ □□□

散布図のうち，"負の相関"を示すものはどれか。

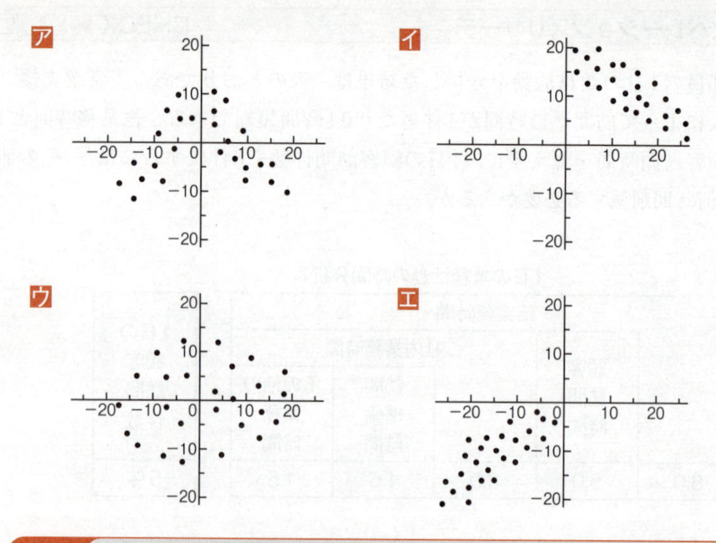

問10 インダストリアルエンジニアリング CHECK ▶ □□□

四つの工程A，B，C，Dを経て生産される製品を，1か月で1,000個作る必要がある。各工程の，製品1個当たりの製造時間，保有機械台数，機械1台1か月当たりの生産能力が表のとおりであるとき，能力不足となる工程はどれか。

工程	1個製造時間(時間)	保有機械台数(台)	生産能力(時間／台)
A	0.4	3	150
B	0.3	2	160
C	0.7	4	170
D	1.2	7	180

ア A　イ B　ウ C　エ D

問11 知的財産権 CHECK ▶ □□□

日本において，産業財産権と総称される四つの権利はどれか。

ア 意匠権，実用新案権，商標権，特許権
イ 意匠権，実用新案権，著作権，特許権
ウ 意匠権，商標権，著作権，特許権
エ 実用新案権，商標権，著作権，特許権

問12 知的財産権 CHECK ▶ □□□

著作権法に照らして適法な行為はどれか。

ア　ある自社製品のパンフレットで使用しているスポーツ選手の写真を，撮影者に無断で，ほかの自社製品のパンフレットに使用する。

イ　経済白書の記載内容を説明の材料として，出所を明示してWebページに転載する。

ウ　新聞の写真をスキャナで取り込んで，提案書に記載する。

エ　ユーザ団体の研究会のように限られた対象者に対し，雑誌の記事をコピーして配布する。

問13 労働と契約の法制度 CHECK ▶ 

労働者派遣法に基づく，派遣先企業と労働者との関係（図の太線部分）はどれか。

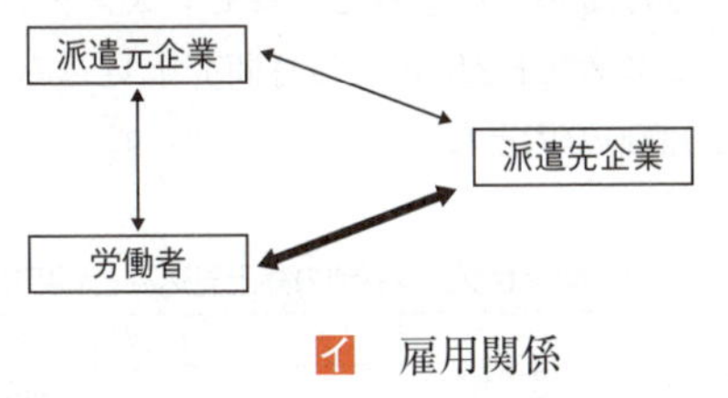

ア　請負契約関係　　イ　雇用関係

ウ　指揮命令関係　　エ　労働者派遣契約関係

問14 ゲーム理論を活用した出店戦略 CHECK ▶ □□□

ゲーム理論を活用した出店戦略に関する次の記述を読んで，設問1，2に答えよ。

A社はドラッグストアチェーンで，地方都市X市を中心に20店舗を展開している。A社の店舗には，駅ビル内店舗と，郊外ショッピングモール内店舗の2種類がある。

A社のライバルであるB社は，同じく地方都市X市を中心に12店舗を展開しているドラッグストアチェーンである。B社の店舗には，駅ビル内店舗と，駅前商店街店舗の2種類がある。A社とB社の各店舗の種類と立地は，表1のとおりである。

なお，A社とB社が各店舗で取り扱う商品には，大きな相違点はない。

表1　店舗の種類と立地

店舗の種類	立地
駅ビル内店舗	駅に直結する建物内
駅前商店街店舗	駅前の商店街
郊外ショッピングモール内店舗	郊外にあるショッピングモール内

X市内のY地区は，私鉄のY駅を中心に開発が活発に進められている地区である。したがって，表1に示すどの種類の店舗でも出店のための店舗スペースの確保が十分可能である。A社は来年度の事業展開としてY地区への1店舗の出店を計画している。A社は出店の方針として，駅ビル内店舗又は郊外ショッピングモール内店舗の2種類の店舗に絞っている。A社はY地区について，どちらの種類の店舗を出店すべきか戦略を立案することになった。

A社は，Y地区への出店に関して外部の調査機関に依頼して，Y地区に店舗を出店した場合の売上見込みなどの調査結果を得た。

〔市場環境〕

購買動機などの基準によって，消費者全体を幾つかの独立した小部分に区分したものを消費者セグメントと呼ぶ。Y地区における，ドラッグストアを利用する消費者全体を，利用する店舗の種類で四つの独立した消費者セグメントに区分した。それぞれのセグメントに対する月間売上見込みと，各セグメントが利用する店舗の種類を表2に示す。たとえば，セグメント2に対する月間売上見込みは，駅ビル内店舗と駅前商店街店舗との合計で1,000万円となる。

表2　Y地区の消費者セグメント別の売上見込みと利用する店舗の種類

消費者セグメント	セグメントに対する月間売上見込み	利用する店舗の種類		
		駅ビル内店舗	駅前商店街店舗	郊外ショッピングモール内店舗
セグメント1	2,000万円	○	×	×
セグメント2	1,000万円	○	○	×
セグメント3	1,000万円	×	○	○
セグメント4	1,000万円	×	×	○

注　○：対象となる消費者セグメント　×：対象とならない消費者セグメント

Y地区における競合環境に関して，次のような情報が得られている。

〔競合環境〕

(1)　X市のY地区は，これまでドラッグストアチェーン店が出店したことはない。しかし，最近のY地区の人口増加傾向を受けて，A社のライバルであるB社も来年度，Y地区に駅ビル内店舗又は駅前商店街店舗のいずれか1店舗を出店する可能性が高い。B社がどちらの種類の店舗を出店するのか，又は出店しないのかに関しての情報は入手できていない。

(2)　A社とB社が競合する他地区での売上実績から推測して，Y地区でA社とB社の店舗が同じ消費者セグメントを対象として販売する場合，対象とする消費者セグメントに対する売上は，双方の店舗で50%ずつ獲得するものと予想される。

設問1 調査結果に基づいて，Y地区へのA社が採り得る出店戦略とB社が採り得る出店戦略との組合せによって，売上高がどうなるかの予測に関する次の記述中の空欄に入れる正しい答えを，解答群の中から選べ。

(1) [a] 出店した場合，セグメント1及びセグメント2で見込まれる売上はB社が，セグメント3及びセグメント4で見込まれる売上はA社が独占して獲得する。

(2) [b] 出店した場合，セグメント1及びセグメント2で見込まれる売上の合計額を，両社が50%ずつ獲得する。

解答群

- ア A社が駅ビル内店舗を，B社が駅前商店街店舗を
- イ A社が郊外ショッピングモール内店舗を，B社が駅ビル内店舗を
- ウ A社が郊外ショッピングモール内店舗を，B社が駅前商店街店舗を
- エ A社，B社ともに駅ビル内店舗を

A社では，Y地区への出店戦略の検討に当たって，B社との競合が発生する可能性があることから，B社が採り得る出店戦略を考慮した上で，A社の売上を最大化すべく，ゲーム理論を活用することとした。そこで，調査結果に基づいて，A社が採り得る出店戦略とB社が採り得る出店戦略との組合せによって，売上がどうなるか利得行列を使って整理した。

利得行列とは，ゲームの要素である“プレイヤ”，“戦略”，“利得”の3要素を，表3のような行列の形で表したものである。たとえば，プレイヤAが戦略A-1，プレイヤBが戦略B-1を採ったときのプレイヤA及びプレイヤBの利得は，網掛け部分で表される。

表3 利得行列

プレイヤB / プレイヤA	戦略B-1	戦略B-2
戦略A-1	(プレイヤAの利得，プレイヤBの利得)	(プレイヤAの利得，プレイヤBの利得)
戦略A-2	(プレイヤAの利得，プレイヤBの利得)	(プレイヤAの利得，プレイヤBの利得)

設問2 市場環境及び競合環境の記述に基づいて作成された，表4の利得行列の中，及び次の記述中の空欄に入れる正しい答えを，解答群の中から選べ。

表4 Y地区のA社並びにB社の月間売上予測の利得行列

単位 百万円

A社＼B社	駅ビル内店舗	駅前商店街店舗	出店しない
駅ビル内店舗	(15, 15)	(c , 15)	(d , 0)
郊外ショッピングモール内店舗	(20, 30)	(e , 15)	(20, 0)

ゲーム理論では，相手がどのような戦略を採ったとしても，自分にとって最も有利となる戦略を支配戦略と呼ぶ。表4で予測した利得行列をB社の立場からみると，A社がどの戦略を採った場合でも，B社は［ f ］ことによって自社の売上を最大とすることができる。

そこで，B社が自社の売上を最大とすることができる戦略である［ f ］ことを仮定した場合，A社として自社の売上を最大とすることができる戦略は［ g ］ことであることがわかる。

c～eに関する解答群

ア 0　イ 5　ウ 10　エ 15　オ 20　カ 25　キ 30

f，gに関する解答群

ア 駅ビル内店舗を出店する
イ 駅前商店街店舗を出店する
ウ 郊外ショッピングモール内店舗を出店する
エ Y地区への出店を見送る

10-11 演習問題の解答

問1 《解答》ウ

事業部制組織は，製品の種類や担当地域，顧客の種類別などにより事業部を設置する組織構造で，各事業部に利益責任をもたせます。よって，ウが正解です。

ア：プロジェクト組織の説明です。

イ：職能別組織の説明です。

エ：アライアンスの説明です。

問2 《解答》ア

売上総利益（粗利）は，売上高から売上原価を引いた値になります。よって，アが正解です。

イ：営業利益を求める式です。

ウ：経常利益を求める式です。

エ：税引前当期利益を求める式です。

問3 《解答》エ

先入先出法によって在庫から引当が行われる様子は，次の表のとおりです。

売上日	数量	引当	個数	単価（円）
5日	30	前月繰越	10	100
		4日仕入	20	120
30日	30	4日仕入	20	120
		7日仕入	10	130

月末在庫数：30個（7日仕入分：20個，10日仕入分：10個）

よって，在庫評価額は，次のようにして求まります。

130円×20個＋110円×10個＝3,700円

正解はエです。

問4 《解答》ウ

損益分岐点売上高は，次の式から求まります。

$$損益分岐点売上高 = \frac{固定費}{1 - 変動費}$$

この式から，設問の内容を考察してみます。

ア：固定費が変わらず，変動費が小さくなる場合，分母が大きくなるため損益分岐点は小さくなります。

イ：変動費が小さくなれば，損益分岐点も小さくなりますが，比例の関係ではありません。

ウ：正解です。損益分岐点は利益と損失がともに0となる点であり，総費用（固定費＋変動費）と売上高が等しくなるときです。

エ：変動費が変わらず，固定費が小さくなる場合，損益分岐点は小さくなります。

以上から，正解はウとなります。

問5 《解答》エ

各製品においての単位時間当たりの利益を求め，最も高い利益をもつ製品を優先的に製造することで最大利益を求めます。

各製品における製造時間1分当たりの利益は，次のようになります。

製品X： 1,800円÷6分＝300円／分

製品Y： 2,500円÷10分＝250円／分

製品Z： 3,000円÷15分＝200円／分

上記の内容から，X→Y→Zの順に製造すると最も多くの利益が得られることがわかります。各製品の月間需要量上限個数と工場の月間稼働時間（200時間＝12,000分）を考慮すると，製造する個数は，次のようになります。

製品	製造個数	総所要時間	残り時間（分）	利益
製品X	1,000	6分×1,000＝6,000	6,000	1,800円×1,000個＝1,800,000円
製品Y	600	10分×600＝6,000	0	2,500円×600個＝1,500,000円

まず，製品Xを製造個数の上限である1,000個作ります。所要時間は表にあるように6,000分です。次に，残りの6,000分で製品Yを作ります。製品Yの月間需要量上限は900個ですが，900個作ると900個×10分＝9,000分で，残り時間を超過してしまいます。そこで，残り時間に収まるように6,000分÷10分＝600個を作ります。

よって，最大利益を求めるためには製品Xを1,000個，製品Yを600個作ればよいこと

がわかります。

以上を合計すると，総利益は3,300,000円になることがわかります。正解はエです。

問6　《解答》ウ

期待値を求める計算式となるため，次の式で期待利益を求めます。

期待利益＝状況1の予想確率×状況1の利益＋状況2の予想確率×状況2の利益
＋状況3の予想確率×状況3の利益＋状況4の予想確率×状況4の利益

各計画案の期待利益は，次のようになります。

A：0.2×40＋0.3×10＋0.4×0＋0.1×(−6)　＝8＋3＋0−0.6＝10.4百万円

B：0.2×7＋0.3×18＋0.4×10＋0.1×(−10)＝1.4＋5.4＋4−1＝9.8百万円

C：0.2×8＋0.3×18＋0.4×12＋0.1×(−5)　＝1.6＋5.4＋4.8−0.5＝11.3百万円

D：0.2×2＋0.3×4＋0.4×12＋0.1×30　　＝0.4＋1.2＋4.8＋3＝9.4百万円

以上より，最も高い期待利益をもつ計画案は，Cとなります。正解はウです。

問7　《解答》ウ

1件の顧客訪問に必要な時間は，次のようにして求まります。

顧客訪問時間＝5.0時間÷5件＝1.0時間／件

訪問準備時間＝1.5時間÷5件＝0.3時間／件

1件の顧客訪問に必要な時間＝1.0＋0.3＝1.3時間

業務支援システムの導入により，1件の顧客訪問に必要な時間は，訪問準備時間の短縮により1.0＋0.2＝1.2時間になります。よって，1日の顧客訪問件数を6件にしたときに必要な時間は，1.2時間×6件＝7.2時間が必要になります。

「その他業務時間」に割り当てられる時間は，総業務時間（8時間）から上記で求まった7.2時間を差し引いた，8時間−7.2時間＝0.8時間であることがわかります。よって，現在の1.5時間から0.8時間に短縮するためには，0.7時間の削減が必要となります。

正解はウです。

問8　《解答》ウ

ヒストグラムはデータを区間に分類し，各区間のデータの個数（度数）を棒グラフで表した図です。よって，ウが正解です。

ア：特性要因図（フィッシュボーン）の説明です。

イ：管理図の説明です。

エ：パレート図の説明です。

10

問9 《解答》イ

負の相関の場合，点の散らばり具合が，右斜め下の方向へと向かうような形になります。よって，イが正解です。

問10 《解答》ウ

各工程で1,000個を作った場合にかかる時間は，「1,000×1個製造時間（時間）」で求まります。一方，各工程の総生産能力（時間）は，「保有機械台数（台）×生産能力（時間／台）」で求まります。

能力不足となる工程は，「1,000個作るのにかかる時間」＞「総生産能力（時間）」になるときです。各工程での計算結果は次のとおりです。

工程	1,000個作るのにかかる時間	総生産能力（時間）
A	1,000×0.4時間＝400時間	3台×150時間／台＝450時間
B	1,000×0.3時間＝300時間	2台×160時間／台＝320時間
C	1,000×0.7時間＝**700**時間	4台×170時間／台＝**680**時間
D	1,000×1.2時間＝1,200時間	7台×180時間／台＝1,260時間

結果から，能力不足となる工程はCとなります。正解はウです。

問11 《解答》ア

産業財産権は，「特許権」「実用新案権」「意匠権」「商標権」の4つの権利からなります。よって，アが正解です。

問12 《解答》イ

著作権法では，原則として，著作物を無断でコピーしたり，転載することを認めていませんが，引用元を明記した場合や，公共機関が作成した白書を転載する場合など，特定の条件下では例外が認められています。

ア：写真の撮影者の著作権を侵害する可能性があり，また，スポーツ選手や芸能人などの写真を無断で掲載することは，肖像権（パブリシティ権）の侵害にもなります。

イ：正解です。周知を目的とする公共団体機関が作成した資料は，基本的に転載が許されています。

ウ：著作権の侵害に当たります。

エ：配布する範囲の大小によらず，無断でコピーを配布した場合，著作権の侵害に当たります。

よって，イが正解です。

問13 《解答》ウ

労働派遣法では，派遣契約についての派遣元，派遣先，労働者の関係を次のように示しています。

- 派遣元⇔派遣先：労働者派遣契約関係
- 派遣元⇔労働者：雇用関係
- 派遣先⇔労働者：指揮命令関係

よって，ウが正解です。

問14 《解答》設問1：a−イ，b−エ　設問2：c−カ，d−キ，e−エ，f−ア，g−ウ

設問1：空欄a，b

出店する箇所にA社とB社が競合した場合，セグメントに対する売上は50％となることが問題文に記述されています。つまり，「独占状態である」という条件は，出店箇所において他社が存在しないことが条件となります。

空欄aの直後に，「セグメント1とセグメント2をB社が売上を独占」「セグメント3とセグメント4をA社が売上を独占」とあります。問題文にあるように，B社の店舗は駅ビル内店舗と駅前商店街店舗です。また表2を見ると，セグメント1で○になっているのは駅ビル内店舗だけです。よって，B社がセグメント1とセグメント2で共通する店舗の種類で出店できるのは，“駅ビル内店舗”であることがわかります。また，A社はB社とは競合しないようにする必要がありますが，セグメント4で○になっているのは郊外ショッピングモール内店舗だけです。よって，A社は“郊外ショッピングモール内店舗”に出店する必要があることがわかります。空欄aの正解はイです。

空欄bですが，その直後に「両者が50％ずつ獲得」とあります。問題文の〔競合環境〕の(2)を読むと「同じ消費者セグメントを対象として販売する場合…双方の店舗で50％ずつ獲得」とあります。つまり，空欄bはA社とB社が同じセグメントに出店した場合を指します。表2でセグメント1とセグメント2の両方が○になっており，かつA社とB社の両方が出店できる店舗は，駅ビル内店舗のみです。よって空欄bはエです。

10

設問2：空欄c，d，e

利得行列において，両社とも“駅ビル内店舗”に出店した場合の利得は“(15，15)”，すなわち1,500万円ずつとなっています。これは，表2のセグメント1とセグメント2の売上(3,000万円)の50%を各社が取得するためです。

わかりやすいところで空欄dでは，A社が駅ビル内店舗を独占しているため，セグメント1とセグメント2の両方の売上(3,000万円)を取得できます。よって“(30, 0)”となります。空欄dはキが入ります。

空欄cですが，A社は，セグメント1を独占(2,000万円)，セグメント2はB社との競合(1,000万円×0.5＝500万円)となるため，“(25，15)”となります。よって，カが入ります。

同じく空欄eは，A社は，セグメント4を独占(1,000万円)，セグメント3はB社との競合(1,000万円×0.5＝500万円)となるため，“(15，15)”となります。よって，エが入ります。

設問2：空欄f，g

表4のいずれかの列において，「A社の利得≦B社の利得」が当てはまるのは，B社が“駅ビル内店舗”に出店したときだけです。よって，空欄fにはアが入ります。

空欄gは，空欄fでB社が“駅ビル内店舗に出店する”とありますので，その列の中でA社の利得が最も高い行は，“郊外ショッピングモール内店舗”に出店したとき(2,000万円)です。よって，空欄gにはウが入ります。

第11章

模擬問題

基本情報技術者試験は，午前問題と午後問題に分かれており，それぞれの試験時間，出題形式，出題数は以下のとおりです。

午前		午後	
試験時間	150分	試験時間	150分
出題形式	多岐選択式（四肢択一）	出題形式	多岐選択式
出題数	80問	出題数	11問（内5問解答）

本章では，午前および午後（ソフトウェア開発を除く）の模擬問題を用意しました。これまでの章で学んだ知識の腕試しをしてみましょう。

11-1 午前問題

問1から問50までは，テクノロジ系の問題です。

問1 10進数の演算式7 ÷ 32の結果を2進数で表したものはどれか。

ア 0.001011　イ 0.001101　ウ 0.00111　エ 0.0111

問2 桁落ちの説明として，適切なものはどれか。

ア 値がほぼ等しい浮動小数点数同士の減算において，有効桁数が大幅に減ってしまうことである。
イ 演算結果が，扱える数値の最大値を超えることによって生じるエラーのことである。
ウ 浮動小数点数の演算結果について，最小の桁より小さい部分の四捨五入，切上げ又は切捨てを行うことによって生じる誤差のことである。
エ 浮動小数点の加算において，一方の数値の下位の桁が結果に反映されないことである。

問3 XとYの否定論理積 X NAND Yは，NOT(X AND Y)として定義される。X OR YをNANDだけを使って表した論理式はどれか。

ア ((X NAND Y) NAND X) NAND Y
イ (X NAND X) NAND (Y NAND Y)
ウ (X NAND Y) NAND (X NAND Y)
エ X NAND (Y NAND (X NAND Y))

問4 Random(n)は，0以上n未満の整数を一様な確率で返す関数である。整数型の変数A，B及びCに対して次の一連の手続を実行したとき，Cの値が0になる確率はどれか。

A = Random(10)
B = Random(10)
C = A − B

ア $\frac{1}{100}$　イ $\frac{1}{20}$　ウ $\frac{1}{10}$　エ $\frac{1}{5}$

問5　平均が60，標準偏差が10の正規分布を表すグラフはどれか。

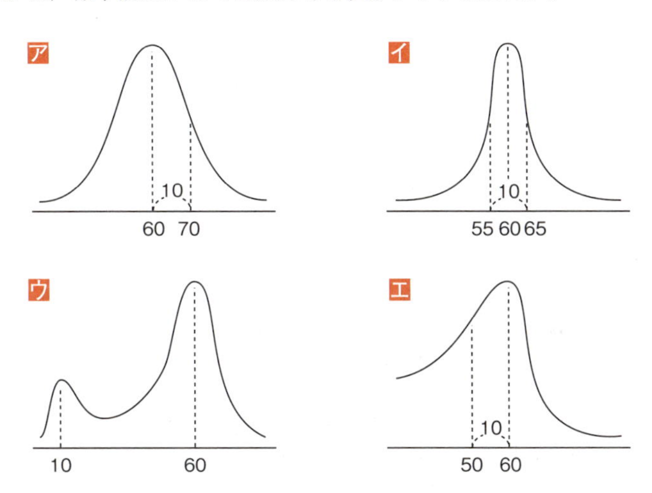

問6　AIにおける機械学習の説明として，最も適切なものはどれか。

ア　記憶したデータから特定のパターンを見つけ出すなどの，人が自然に行っている学習能力をコンピュータにもたせるための技術

イ　コンピュータ，機械などを使って，生命現象や進化のプロセスを再現するための技術

ウ　特定の分野の専門知識をコンピュータに入力し，入力された知識を用いてコンピュータが推論する技術

エ　人が双方向学習を行うために，Webシステムなどの情報技術を用いて，教材や学習管理能力をコンピュータにもたせるための技術

問7　次の二つのスタック操作を定義する。

PUSH *n*：スタックにデータ（整数値*n*）をプッシュする。

POP：スタックからデータをポップする。

空のスタックに対して，次の順序でスタック操作を行った結果はどれか。

PUSH 1 → PUSH 5 → POP → PUSH 7 → PUSH 6 → PUSH 4 → POP → POP → PUSH 3

ア

1
7
3

イ

3
4
6

ウ

3
7
1

エ

6
4
3

問8 配列Aが図2の状態のとき，図1の流れ図を実行すると，配列Bが図3の状態になった。図1のaに入れるべき操作はどれか。ここで，配列A，Bの要素をそれぞれ$A(i,\ j)$，$B(i,\ j)$とする。

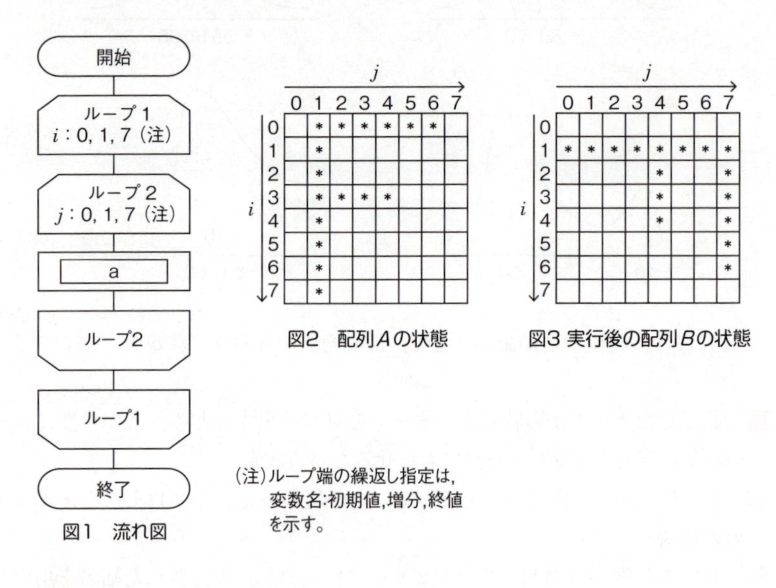

図1 流れ図

図2 配列Aの状態

図3 実行後の配列Bの状態

ア $B(7-i,\ 7-j) \leftarrow A(i,\ j)$

イ $B(7-j,\ i) \leftarrow A(i,\ j)$

ウ $B(i,\ 7-j) \leftarrow A(i,\ j)$

エ $B(j,\ 7-i) \leftarrow A(i,\ j)$

問9 表探索におけるハッシュ法の特徴はどれか。

ア 2分木を用いる方法の一種である。

イ 格納場所の衝突が発生しない方法である。

ウ キーの関数値によって格納場所を決める。

エ 探索に要する時間は表全体の大きさにほぼ比例する。

問10 整数x，y（$x > y \geqq 0$）に対して，次のように定義された関数$F(x, y)$がある。$F(231, 15)$の値は幾らか。ここで，$x \bmod y$はxをyで割った余りである。

$$F(x, y) = \begin{cases} x & (y=0\text{のとき}) \\ F(y, x \bmod y) & (y>0\text{のとき}) \end{cases}$$

ア 2　　イ 3　　ウ 5　　エ 7

問11 50MIPSのプロセッサの平均命令実行時間は幾らか。

ア 20ナノ秒　　イ 50ナノ秒　　ウ 2マイクロ秒　　エ 5マイクロ秒

問12 キャッシュメモリに関する記述のうち，適切なものはどれか。

ア キャッシュメモリにヒットしない場合に割込みが生じ，プログラムによって主記憶からキャッシュメモリにデータが転送される。

イ キャッシュメモリは，実記憶と仮想記憶とのメモリ容量の差を埋めるために採用される。

ウ データ書込み命令を実行したときに，キャッシュメモリと主記憶の両方を書き換える方式と，キャッシュメモリだけを書き換えておき，主記憶の書換えはキャッシュメモリから当該データが追い出されるときに行う方式とがある。

エ 半導体メモリのアクセス速度の向上が著しいので，キャッシュメモリの必要性は減っている。

問13 システムのスケールアウトに関する記述として，適切なものはどれか。

ア 既存のシステムにサーバを追加導入することによって，システム全体の処理能力を向上させる。

イ 既存のシステムのサーバの一部又は全部を，クラウドサービスなどに再配置することによって，システム運用コストを下げる。

ウ 既存のシステムのサーバを，より高性能なものと入れ替えることによって，個々のサーバの処理能力を向上させる。

エ 一つのサーバをあたかも複数のサーバであるかのように見せることによって，システム運用コストを下げる。

問14 MTBFが45時間でMTTRが5時間の装置がある。この装置を二つ直列に接続したシステムの稼働率は幾らか。

ア 0.81　　イ 0.90　　ウ 0.95　　エ 0.99

問15 スプーリング機能の説明として，適切なものはどれか。

ア あるタスクを実行しているときに，入出力命令の実行によってCPUが遊休（アイドル）状態になると，他のタスクにCPUを割り当てる。
イ 実行中のプログラムを一時中断して，制御プログラムに制御を移す。
ウ 主記憶装置と低速の入出力装置との間のデータ転送を，補助記憶装置を介して行うことによって，システム全体の処理能力を高める。
エ 多数のバッファから成るバッファプールを用意し，主記憶装置にあるバッファにアクセスする確率を上げることによって，補助記憶装置のアクセス時間を短縮する。

問16 優先度に基づくプリエンプティブなスケジューリングを行うリアルタイムOSで，二つのタスクA，Bをスケジューリングする。Aの方がBより優先度が高い場合にリアルタイムOSが行う動作のうち，適切なものはどれか。

ア Aの実行中にBに起動がかかると，Aを実行可能状態にしてBを実行する。
イ Aの実行中にBに起動がかかると，Aを待ち状態にしてBを実行する。
ウ Bの実行中にAに起動がかかると，Bを実行可能状態にしてAを実行する。
エ Bの実行中にAに起動がかかると，Bを待ち状態にしてAを実行する。

問17 ファイルシステムの絶対パス名を説明したものはどれか。

ア あるディレクトリから対象ファイルに至る幾つかのパス名のうち，最短のパス名
イ カレントディレクトリから対象ファイルに至るパス名
ウ ホームディレクトリから対象ファイルに至るパス名
エ ルートディレクトリから対象ファイルに至るパス名

問18 メモリセルにフリップフロップ回路を利用したものはどれか。

ア DRAM　　イ EEPROM　　ウ SDRAM　　エ SRAM

問19 次の回路の入力と出力の関係として，正しいものはどれか。

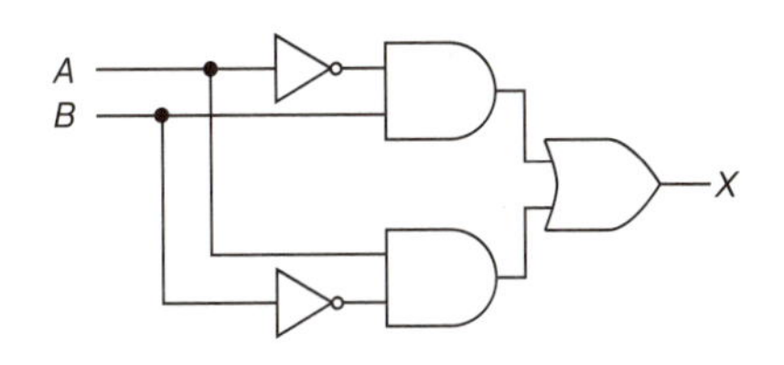

ア

入力		出力
A	*B*	*X*
0	0	0
0	1	0
1	0	0
1	1	1

イ

入力		出力
A	*B*	*X*
0	0	0
0	1	1
1	0	1
1	1	0

ウ

入力		出力
A	*B*	*X*
0	0	1
0	1	0
1	0	0
1	1	0

エ

入力		出力
A	*B*	*X*
0	0	1
0	1	1
1	0	1
1	1	0

問20 次のような注文データが入力されたとき，注文日が入力日以前の営業日かどうかを検査するために行うチェックはどれか。

注文データ

伝票番号 （文字）	注文日 （文字）	商品コード （文字）	数量 （数値）	顧客コード （文字）

ア シーケンスチェック　　イ 重複チェック
ウ フォーマットチェック　　エ 論理チェック

問21 H.264/MPEG-4 AVCの説明として，適切なものはどれか。

ア 5.1チャンネルサラウンドシステムで使用されている音声圧縮技術
イ 携帯電話で使用されている音声圧縮技術
ウ ディジタルカメラで使用されている静止画圧縮技術
エ ワンセグ放送で使用されている動画圧縮技術

問22 リンカの機能として，適切なものはどれか。

ア 作成したプログラムをライブラリに登録する。
イ 実行に先立ってロードモジュールを主記憶にロードする。
ウ 相互参照の解決などを行い，複数の目的モジュールなどから一つのロードモジュールを生成する。
エ プログラムの実行を監視し，ステップごとに実行結果を記録する。

問23 OSIによるオープンソースソフトウェアの定義に従うときのオープンソースソフトウェアに対する取扱いとして，適切なものはどれか。

ア ある特定の業界向けに作成されたオープンソースソフトウェアは，ソースコードを公開する範囲をその業界に限定することができる。
イ オープンソースソフトウェアを改変し再配布する場合，元のソフトウェアと同じ配布条件となるように，同じライセンスを適用して配布する必要がある。
ウ オープンソースソフトウェアを第三者が製品として再配布する場合，オープンソースソフトウェアの開発者は第三者に対してライセンス費を請求することができる。
エ 社内での利用などのようにオープンソースソフトウェアを改変しても再配布しない場合，改変部分のソースコードを公開しなくてもよい。

問24 属性 a の値が決まれば属性 b の値が一意に定まることを，a→bで表す。例えば，社員番号が決まれば社員名が一意に定まるということの表現は，社員番号→社員名である。この表記法に基づいて，図の関係が成立している属性 a ～ j を，関係データベース上の三つのテーブルで定義する組合せとして，適切なものはどれか。

ア テーブル1 (a)
テーブル2 (b, c, d, e)
テーブル3 (f, g, h, i, j)

イ テーブル1 (a, b, c, d, e)
テーブル2 (b, f, g, h)
テーブル3 (e, i, j)

ウ テーブル1 (a, b, f, g, h)
テーブル2 (c, d)
テーブル3 (e, i, j)

エ テーブル1 (a, c, d)
テーブル2 (b, f, g, h)
テーブル3 (e, i, j)

問25 関係モデルにおいて，関係から特定の属性だけを取り出す演算はどれか。

ア 結合（join）
イ 射影（projection）
ウ 選択（selection）
エ 和（union）

問26 “学生”表と“学部”表に対して次のSQL文を実行した結果として，正しいものはどれか。

学生

氏名	所属	住所
応用花子	理	新宿
高度次郎	人文	渋谷
午前桜子	経済	新宿
情報太郎	工	渋谷

学部

学部名	住所
工	新宿
経済	渋谷
人文	渋谷
理	新宿

〔SQL文〕
```
SELECT 氏名 FROM 学生, 学部
    WHERE 所属 = 学部名 AND 学部.住所 = '新宿'
```

ア

氏名
応用花子

イ

氏名
応用花子
午前桜子

ウ

氏名
応用花子
情報太郎

エ

氏名
応用花子
情報太郎
午前桜子

問27 データベースの更新前や更新後の値を書き出して，データベースの更新記録として保存するファイルはどれか。

ア ダンプファイル　　イ チェックポイントファイル
ウ バックアップファイル　　エ ログファイル

問28 ビッグデータの活用例として，大量のデータから統計学的手法などを用いて新たな知識（傾向やパターン）を見つけ出すプロセスはどれか。

ア データウェアハウス　　イ データディクショナリ
ウ データマイニング　　エ メタデータ

問29 1.5Mビット／秒の伝送路を用いて12Mバイトのデータを転送するために必要な伝送時間は何秒か。ここで，伝送路の伝送効率を50%とする。

ア 16　　イ 32　　ウ 64　　エ 128

問30 携帯電話網で使用される通信規格の名称であり，次の三つの特徴をもつものはどれか。

(1) 全ての通信をパケット交換方式で処理する。
(2) 複数のアンテナを使用するMIMOと呼ばれる通信方式が利用可能である。
(3) 国際標準化プロジェクト3GPP（3rd Generation Partnership Project）で標準化されている。

ア LTE（Long Term Evolution）
イ MAC（Media Access Control）
ウ MDM（Mobile Device Management）
エ VoIP（Voice over Internet Protocol）

問31 LAN間接続装置に関する記述のうち，適切なものはどれか。

ア ゲートウェイは，OSI基本参照モデルにおける第1～3層だけのプロトコルを変換する。
イ ブリッジは，IPアドレスを基にしてフレームを中継する。

ウ　リピータは，同種のセグメント間で信号を増幅することによって伝送距離を延長する。

エ　ルータは，MACアドレスを基にしてフレームを中継する。

問32　TCP/IPネットワークでDNSが果たす役割はどれか。

ア　PCやプリンタなどからのIPアドレス付与の要求に対して，サーバに登録してあるIPアドレスの中から使用されていないIPアドレスを割り当てる。

イ　サーバにあるプログラムを，サーバのIPアドレスを意識することなく，プログラム名の指定だけで呼び出すようにする。

ウ　社内のプライベートIPアドレスをグローバルIPアドレスに変換し，インターネットへのアクセスを可能にする。

エ　ドメイン名やホスト名などとIPアドレスとを対応付ける。

問33　次のネットワークアドレスとサブネットマスクをもつネットワークがある。このネットワークをあるPCが利用する場合，そのPCに**割り振ってはいけない**IPアドレスはどれか。

ネットワークアドレス：200.170.70.16
サブネットマスク　　：255.255.255.240

ア　200.170.70.17　　イ　200.170.70.20
ウ　200.170.70.30　　エ　200.170.70.31

問34　非常に大きな数の素因数分解が困難なことを利用した公開鍵暗号方式はどれか。

ア　AES　　イ　DH　　ウ　DSA　　エ　RSA

問35　SQLインジェクション攻撃の説明はどれか。

ア　Webアプリケーションに問題があるとき，悪意のある問合せや操作を行う命令文をWebサイトに入力して，データベースのデータを不正に取得したり改ざんしたりする攻撃

イ　悪意のあるスクリプトを埋め込んだWebページを訪問者に閲覧させて，別の

Webサイトで，その訪問者が意図しない操作を行わせる攻撃

ウ 市販されているDBMSの脆弱性を利用することによって，宿主となるデータベースサーバを探して伝染を繰り返し，インターネットのトラフィックを急増させる攻撃

エ 訪問者の入力データをそのまま画面に表示するWebサイトを悪用して，悪意のあるスクリプトを訪問者のブラウザで実行させる攻撃

問36 ディジタル署名における署名鍵の使い方と，ディジタル署名を行う目的のうち，適切なものはどれか。

ア 受信者が署名鍵を使って，暗号文を元のメッセージに戻すことができるようにする。

イ 送信者が固定文字列を付加したメッセージを署名鍵を使って暗号化することによって，受信者がメッセージの改ざん部位を特定できるようにする。

ウ 送信者が署名鍵を使って署名を作成し，その署名をメッセージに付加することによって，受信者が送信者を確認できるようにする。

エ 送信者が署名鍵を使ってメッセージを暗号化することによって，メッセージの内容を関係者以外にわからないようにする。

問37 ボットネットにおけるC&Cサーバの役割として，適切なものはどれか。

ア Webサイトのコンテンツをキャッシュし，本来のサーバに代わってコンテンツを利用者に配信することによって，ネットワークやサーバの負荷を軽減する。

イ 外部からインターネットを経由して社内ネットワークにアクセスする際に，CHAPなどのプロトコルを用いることによって，利用者認証時のパスワードの盗聴を防止する。

ウ 外部からインターネットを経由して社内ネットワークにアクセスする際に，チャレンジレスポンス方式を採用したワンタイムパスワードを用いることによって，利用者認証時のパスワードの盗聴を防止する。

エ 侵入して乗っ取ったコンピュータに対して，他のコンピュータへの攻撃などの不正な操作をするよう，外部から命令を出したり応答を受け取ったりする。

問38 検索サイトの検索結果の上位に悪意のあるサイトが表示されるように細工する攻撃の名称はどれか。

ア DNSキャッシュポイズニング　イ SEOポイズニング
ウ クロスサイトスクリプティング　エ ソーシャルエンジニアリング

問39 情報の"完全性"を脅かす攻撃はどれか。

ア Webページの改ざん
イ システム内に保管されているデータの不正コピー
ウ システムを過負荷状態にするDoS攻撃
エ 通信内容の盗聴

問40 JIS Q 27000:2014(情報セキュリティマネジメントシステム－用語)において，"エンティティは，それが主張するとおりのものであるという特性"と定義されているものはどれか。

ア 真正性　イ 信頼性　ウ 責任追跡性　エ 否認防止

問41 1台のファイアウォールによって，外部セグメント，DMZ，内部セグメントの三つのセグメントに分割されたネットワークがあり，このネットワークにおいて，Webサーバと，重要なデータをもつデータベースサーバから成るシステムを使って，利用者向けのWebサービスをインターネットに公開する。インターネットからの不正アクセスから重要なデータを保護するためのサーバの設置方法のうち，最も適切なものはどれか。ここで，Webサーバでは，データベースサーバのフロントエンド処理を行い，ファイアウォールでは，外部セグメントとDMZとの間，及びDMZと内部セグメントとの間の通信は特定のプロトコルだけを許可し，外部セグメントと内部セグメントとの間の直接の通信は許可しないものとする。

ア WebサーバとデータベースサーバをDMZに設置する。
イ Webサーバとデータベースサーバを内部セグメントに設置する。
ウ WebサーバをDMZに，データベースサーバを内部セグメントに設置する。
エ Webサーバを外部セグメントに，データベースサーバをDMZに設置する。

問42 自社の中継用メールサーバで，接続元IPアドレス，電子メールの送信者のメールアドレスのドメイン名，及び電子メールの受信者のメールアドレスのドメイン名から成るログを取得するとき，外部ネットワークからの第三者中継と判断できるログはどれか。ここで，AAA.168.1.5 と AAA.168.1.10 は自社のグローバルIP

アドレスとし，BBB.45.67.89 と BBB.45.67.90 は社外のグローバルIPアドレスとする。a.b.c は自社のドメイン名とし，a.b.d と a.b.e は他社のドメイン名とする。また，IPアドレスとドメイン名は詐称されていないものとする。

	接続元IPアドレス	電子メールの送信者のメールアドレスのドメイン名	電子メールの受信者のメールアドレスのドメイン名
ア	AAA.168.1.5	a.b.c	a.b.d
イ	AAA.168.1.10	a.b.c	a.b.c
ウ	BBB.45.67.89	a.b.d	a.b.e
エ	BBB.45.67.90	a.b.d	a.b.c

問43 SQLインジェクション攻撃を防ぐ方法はどれか。

ア 入力中の文字が，データベースへの問合せや操作において，特別な意味をもつ文字として解釈されないようにする。
イ 入力にHTMLタグが含まれていたら，HTMLタグとして解釈されない他の文字列に置き換える。
ウ 入力に上位ディレクトリを指定する文字(../)を含むときは受け付けない。
エ 入力の全体の長さが制限を超えているときは受け付けない。

問44 条件に従うとき，アプリケーションプログラムの初年度の修正費用の期待値は，何万円か。

〔条件〕
(1) プログラム規模：2,000kステップ
(2) プログラムの潜在不良率：0.04件／kステップ
(3) 潜在不良の年間発見率：20%／年
(4) 発見した不良の分類
影響度大の不良：20%，影響度小の不良：80%
(5) 不良1件当たりの修正費用
影響度大の不良：200万円，影響度小の不良：50万円
(6) 初年度は影響度大の不良だけを修正する

ア 640　　イ 1,280　　ウ 1,600　　エ 6,400

問45 モジュール結合度が最も弱くなるものはどれか。

ア 一つのモジュールで，できるだけ多くの機能を実現する。
イ 二つのモジュール間で必要なデータ項目だけを引数として渡す。
ウ 他のモジュールとデータ項目を共有するためにグローバルな領域を使用する。
エ 他のモジュールを呼び出すときに，呼び出されたモジュールの論理を制御するための引数を渡す。

問46 オブジェクト指向の基本概念の組合せとして，適切なものはどれか。

ア 仮想化，構造化，投影，クラス
イ 具体化，構造化，連続，クラス
ウ 正規化，カプセル化，分割，クラス
エ 抽象化，カプセル化，継承，クラス

問47 ブラックボックステストに関する記述として，最も適切なものはどれか。

ア テストデータの作成基準として，プログラムの命令や分岐に対する網羅率を使用する。
イ 被テストプログラムに冗長なコードがあっても検出できない。
ウ プログラムの内部構造に着目し，必要な部分が実行されたかどうかを検証する。
エ 分岐命令やモジュールの数が増えると，テストデータが急増する。

問48 テストで使用するスタブ又はドライバの説明のうち，適切なものはどれか。

ア スタブは，テスト対象のモジュールからの戻り値の表示・印刷を行う。
イ スタブは，テスト対象モジュールを呼び出すモジュールである。
ウ ドライバは，テスト対象モジュールから呼び出されるモジュールである。
エ ドライバは，引数を渡してテスト対象モジュールを呼び出す。

問49 階層構造のモジュール群から成るソフトウェアの結合テストを，上位のモジュールから行う。この場合に使用する，下位モジュールの代替となるテスト用のモジュールはどれか。

ア エミュレータ　　イ シミュレータ
ウ スタブ　　エ ドライバ

問50 モデリングツールを使用して，本稼働中のデータベースシステムの定義情報からE-R図などで表現した設計書を生成する手法はどれか。

ア コンカレントエンジニアリング
イ ソーシャルエンジニアリング
ウ フォワードエンジニアリング
エ リバースエンジニアリング

問51から問60までは，マネジメント系の問題です。

問51 ソフトウェア開発プロジェクトにおいてWBS（Work Breakdown Structure）を使用する目的として，適切なものはどれか。

ア 開発の期間と費用がトレードオフの関係にある場合に，総費用の最適化を図る。
イ 作業の順序関係を明確にして，重点管理すべきクリティカルパスを把握する。
ウ 作業の日程を横棒（バー）で表して，作業の開始や終了時点，現時点の進捗を明確にする。
エ 作業を階層的に詳細化して，管理可能な大きさに細分化する。

問52 あるプロジェクトの日程計画をアローダイアグラムで示す。クリティカルパスはどれか。

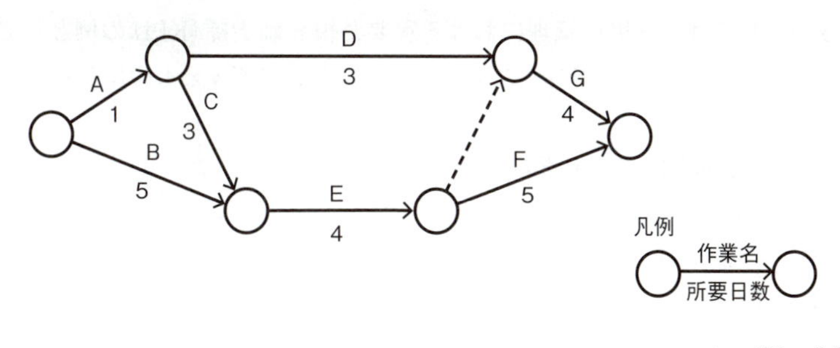

ア A, C, E, F　イ A, D, G
ウ B, E, F　エ B, E, G

問53 ソフトウェア開発の見積方法の一つであるファンクションポイント法の説明として，適切なものはどれか。

ア 開発規模が分かっていることを前提として，工数と工期を見積もる方法である。ビジネス分野に限らず，全分野に適用可能である。
イ 過去に経験した類似のソフトウェアについてのデータを基にして，ソフトウェアの相違点を調べ，同じ部分については過去のデータを使い，異なった部分は経験に基づいて，規模と工数を見積もる方法である。
ウ ソフトウェアの機能を入出力データ数やファイル数などによって定量的に計測し，複雑さによる調整を行って，ソフトウェア規模を見積もる方法である。
エ 単位作業項目に適用する作業量の基準値を決めておき，作業項目を単位作業項目まで分解し，基準値を適用して算出した作業量の積算で全体の作業量を見積もる方法である。

問54 プロジェクトメンバが16人のとき，2人ずつの総当たりでプロジェクトメンバ相互の顔合わせ会を行うためには，延べ何時間の顔合わせ会が必要か。ここで，顔合わせ会1回の所要時間は0.5時間とする。

ア 8　イ 16　ウ 30　エ 60

問55 ITILでは，可用性管理における重要業績評価指標（KPI）の例として，保守性を表す指標値の短縮を挙げている。この指標に該当するものはどれか。

ア 一定期間内での中断の数
イ 平均故障間隔
ウ 平均サービス回復時間
エ 平均サービス・インシデント間隔

問56 システムの開発部門と運用部門が別々に組織化されているとき，システム開発を伴う新規サービスの設計及び移行を円滑かつ効果的に進めるための方法のうち，適切なものはどれか。

ア 運用テストの完了後に，開発部門がシステム仕様と運用方法を運用部門に説明する。
イ 運用テストは，開発部門の支援を受けずに，運用部門だけで実施する。
ウ 運用部門からもシステムの運用にかかわる要件の抽出に積極的に参加する。
エ 開発部門は運用テストを実施して，運用マニュアルを作成し，運用部門に引き渡す。

問57 新規システムにおけるデータのバックアップ方法に関する記述のうち，最も適切なものはどれか。

ア 業務処理がバックアップ処理と重なると応答時間が長くなる可能性がある場合には，両方の処理が重ならないようにスケジュールを立てる。
イ バックアップ処理時間を短くするためには，バックアップデータをバックアップ元データと同一の記憶媒体内に置く。
ウ バックアップデータからの復旧時間を短くするためには，差分バックアップを採用する。
エ バックアップデータを長期間保存するためには，ランダムアクセスが可能な媒体を使用する。

問58 システム監査人がインタビュー実施時にすべきことのうち，最も適切なものはどれか。

ア インタビューで監査対象部門から得た情報を裏付けるための文書や記録を入手するよう努める。

イ インタビューの中で気が付いた不備事項について，その場で監査対象部門に改善を指示する。

ウ 監査対象部門内の監査業務を経験したことのある管理者をインタビューの対象者として選ぶ。

エ 複数の監査人でインタビューを行うと記録内容に相違が出ることがあるので，1人の監査人が行う。

問59 システム監査実施体制のうち，システム監査人の独立性の観点から**避けるべきもの**はどれか。

ア 監査チームメンバに任命された総務部のAさんが，ほかのメンバと一緒に，総務部の入退室管理の状況を監査する。

イ 監査部のBさんが，個人情報を取り扱う業務を委託している外部企業の個人情報管理状況を監査する。

ウ 情報システム部の開発管理者から5年前に監査部に異動したCさんが，マーケティング部におけるインターネットの利用状況を監査する。

エ 法務部のDさんが，監査部からの依頼によって，外部委託契約の妥当性の監査において，監査人に協力する。

問60 アクセス制御を監査するシステム監査人の行為のうち，適切なものはどれか。

ア ソフトウェアに関するアクセス制御の管理台帳を作成し，保管した。

イ データに関するアクセス制御の管理規程を閲覧した。

ウ ネットワークに関するアクセス制御の管理方針を制定した。

エ ハードウェアに関するアクセス制御の運用手続を実施した。

問61から問80までは，ストラテジ系の問題です。

問61 IT投資評価を，個別プロジェクトの計画，実施，完了に応じて，事前評価，中間評価，事後評価を行う。事前評価について説明したものはどれか。

ア 計画と実績との差異及び原因を詳細に分析し，投資額や効果目標の変更が必要かどうかを判断する。

イ 事前に設定した効果目標の達成状況を評価し，必要に応じて目標を達成するための改善策を検討する。

ウ 投資効果の実現時期と評価に必要なデータ収集方法を事前に計画し，その時期に合わせて評価を行う。

エ 投資目的に基づいた効果目標を設定し，実施可否判断に必要な情報を上位マネジメントに提供する。

問62 BPOを説明したものはどれか。

ア 自社ではサーバを所有せずに，通信事業者などが保有するサーバの処理能力や記憶容量の一部を借りてシステムを運用することである。

イ 自社ではソフトウェアを所有せずに，外部の専門業者が提供するソフトウェアの機能をネットワーク経由で活用することである。

ウ 自社の管理部門やコールセンタなど特定部門の業務プロセス全般を，業務システムの運用などと一体として外部の専門業者に委託することである。

エ 自社よりも人件費が安い派遣会社の社員を活用することによって，ソフトウェア開発の費用を低減させることである。

問63 SOAの説明はどれか。

ア 売上・利益の増加や，顧客満足度の向上のために，営業活動にITを活用して営業の効率と品質を高める概念のこと

イ 経営資源をコアビジネスに集中させるために，社内業務のうちコアビジネス以外の業務を外部に委託すること

ウ コスト，品質，サービス，スピードを革新的に改善させるために，ビジネスプロセスをデザインし直す概念のこと

エ ソフトウェアの機能をサービスという部品とみなし，そのサービスを組み合わせることによってシステムを構築する概念のこと

問64 ビッグデータ活用の発展過程を次の4段階に分類した場合，第4段階に該当する活用事例はどれか。

〔ビッグデータ活用の発展段階〕
第1段階：過去や現在の事実の確認（どうだったのか）
第2段階：過去や現在の状況の解釈（どうしてそうだったのか）

第3段階：将来生じる可能性がある事象の予測（どうなりそうなのか）
第4段階：将来の施策への展開（どうしたら良いのか）

ア　製品のインターネット接続機能を用いて，販売後の製品からの多数の利用者による操作履歴をビッグデータに蓄積し，機能の使用割合を明らかにする。
イ　多数の利用者による操作履歴が蓄積されたビッグデータの分析結果を基に，当初，メーカが想定していなかった利用者の誤操作とその原因を見つけ出す。
ウ　ビッグデータを基に，利用者の誤操作の原因と，それによる故障率の増加を推定し，利用者の誤操作を招きにくいユーザインタフェースに改良する。
エ　利用者の誤操作が続いた場合に想定される製品の故障率の増加を，ビッグデータを用いたシミュレーションで推定する。

問65　図に示す手順で情報システムを調達するとき，bに入れるものはどれか。

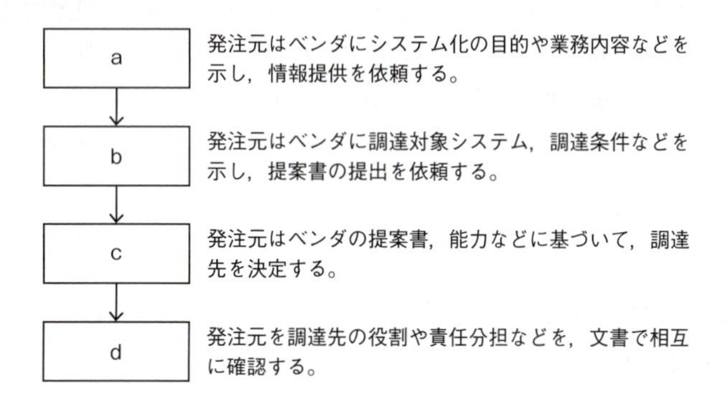

ア　RFI　　イ　RFP
ウ　供給者の選定　　エ　契約の締結

11

問66　非機能要件の定義で行う作業はどれか。

ア　業務を構成する機能間の情報（データ）の流れを明確にする。
イ　システム開発で用いるプログラム言語に合わせた開発基準，標準の技術要件を作成する。
ウ　システム機能として実現する範囲を定義する。
エ　他システムとの情報授受などのインタフェースを明確にする。

問67 プロダクトライフサイクルにおける成長期の特徴はどれか。

ア 市場が製品の価値を理解し始める。製品ラインもチャネルも拡大しなければならない。この時期は売上も伸びるが，投資も必要である。

イ 需要が大きくなり，製品の差別化や市場の細分化が明確になってくる。競争者間の競争も激化し，新品種の追加やコストダウンが重要となる。

ウ 需要が減ってきて，撤退する企業も出てくる。この時期の強者になれるかどうかを判断し，代替市場への進出なども考える。

エ 需要は部分的で，新規需要開拓が勝負である。特定ターゲットに対する信念に満ちた説得が必要である。

問68 コストプラス法による価格設定方法を表すものはどれか。

ア 価格分析によって，利益最大，リスク最小を考慮し，段階的に価格を決める。

イ 顧客に対する値引きを前提にし，当初からマージンを加えて価格を決める。

ウ 市場で競争可能と推定できるレベルで価格を決める。

エ 製造原価，営業費を基準にし，希望マージンを織り込んで価格を決める。

問69 企業経営で用いられるコアコンピタンスを説明したものはどれか。

ア 企業全体の経営資源の配分を有効かつ統合的に管理し，経営の効率向上を図ることである。

イ 競争優位の源泉となる，他社よりも優越した自社独自のスキルや技術などの強みである。

ウ 業務プロセスを根本的に考え直し，抜本的にデザインし直すことによって，企業のコスト，品質，サービス，スピードなどを劇的に改善することである。

エ 最強の競合相手又は先進企業と比較して，製品，サービス，オペレーションなどを定性的・定量的に把握することである。

問70 SWOT分析において，一般に脅威として位置付けられるものはどれか。

ア 競合他社に比べて高い生産効率

イ 事業ドメインの高い成長率

ウ 市場への強力な企業の参入

エ 低いマーケットシェア

問71 IoTの応用事例のうち，HEMSの説明はどれか。

ア 工場内の機械に取り付けたセンサで振動，温度，音などを常時計測し，収集したデータを基に機械の劣化状態を分析して，適切なタイミングで部品を交換する。

イ 自動車に取り付けたセンサで車両の状態，路面状況などのデータを計測し，ネットワークを介して保存し分析することによって，効率的な運転を支援する。

ウ 情報通信技術や環境技術を駆使して，街灯などの公共設備や交通システムをはじめとする都市基盤のエネルギーの可視化と消費の最適制御を行う。

エ 太陽光発電装置などのエネルギー機器，家電機器，センサ類などを家庭内通信ネットワークに接続して，エネルギーの可視化と消費の最適制御を行う。

問72 CGM（Consumer Generated Media）の例はどれか。

ア 企業が，経営状況や財務状況，業績動向に関する情報を，個人投資家向けに公開する自社のWebサイト

イ 企業が，自社の商品の特徴や使用方法に関する情報を，一般消費者向けに発信する自社のWebサイト

ウ 行政機関が，政策，行政サービスに関する情報を，一般市民向けに公開する自組織のWebサイト

エ 個人が，自らが使用した商品などの評価に関する情報を，不特定多数に向けて発信するブログやSNSなどのWebサイト

問73 ロングテールの説明はどれか。

ア Webコンテンツを構成するテキストや画像などのディジタルコンテンツに，統合的・体系的な管理，配信などの必要な処理を行うこと

イ インターネットショッピングで，売上の全体に対して，あまり売れない商品群の売上合計が無視できない割合になっていること

ウ 自分のWebサイトやブログに企業へのリンクを掲載し，他者がこれらのリンクを経由して商品を購入したときに，企業が紹介料を支払うこと

エ メーカや卸売業者から商品を直接発送することによって，在庫リスクを負うことなく自分のWebサイトで商品が販売できること

問74 CIOの果たすべき役割はどれか。

ア 各部門の代表として，自部門のシステム化案を情報システム部門に提示する。
イ 情報技術に関する調査，利用研究，関連部門への教育などを実施する。
ウ 全社的観点から情報化戦略を立案し，経営戦略との整合性の確認や評価を行う。
エ 豊富な業務経験，情報技術の知識，リーダシップをもち，プロジェクトの運営を管理する。

問75 商品の1日当たりの販売個数の予想確率が表のとおりであるとき，1個当たりの利益を1,000円とすると，利益の期待値が最大になる仕入個数は何個か。ここで，仕入れた日に売れ残った場合，1個当たり300円の廃棄ロスが出るものとする。

		販売個数			
		4	5	6	7
仕入個数	4	100%	—	—	—
	5	30%	70%	—	—
	6	30%	30%	40%	—
	7	30%	30%	30%	10%

ア 4　イ 5　ウ 6　エ 7

問76 図は特性要因図の一部を表したものである。a，bの関係はどれか。

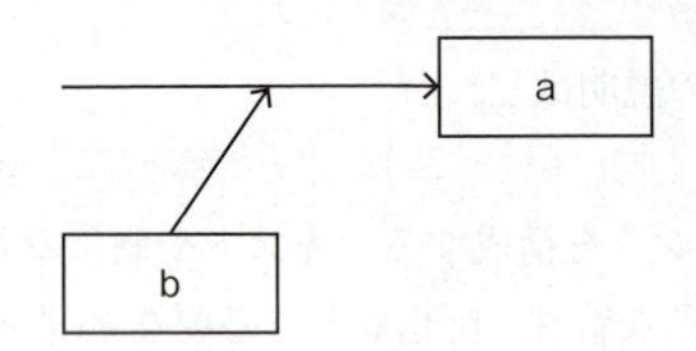

ア bはaの原因である。　イ bはaの手段である。
ウ bはaの属性である。　エ bはaの目的である。

問77 製品X及びYを生産するために2種類の原料A，Bが必要である。製品1個の生産に必要となる原料の量と調達可能量は表に示すとおりである。製品XとYの1個当たりの販売利益が，それぞれ100円，150円であるとき，最大利益は何円か。

原料	製品Xの1個 当たりの必要量	製品Yの1個 当たりの必要量	調達可能量
A	2	1	100
B	1	2	80

ア 5,000　　イ 6,000　　ウ 7,000　　エ 8,000

問78 財務諸表のうち，一定時点における企業の資産，負債及び純資産を表示し，企業の 財政状態を明らかにするものはどれか。

ア 株主資本等変動計算書　　イ キャッシュフロー計算書
ウ 損益計算書　　エ 貸借対照表

問79 著作権法によるソフトウェアの保護範囲に関する記述のうち，適切なものはどれか。

ア アプリケーションプログラムは著作権法によって保護されるが，OSなどの基本プログラムは権利の対価がハードウェアの料金に含まれるので，保護されない。
イ アルゴリズムやプログラム言語は，著作権法によって保護される。
ウ アルゴリズムを記述した文書は著作権法で保護されるが，そのアルゴリズムを用いて作成されたプログラムは保護されない。
エ ソースプログラムとオブジェクトプログラムの両方とも著作権法によって保護される。

問80 コンピュータウイルスを用いて，企業で使用されているコンピュータの記憶内容を消去する行為を処罰の対象とする法律はどれか。

ア 刑法　　イ 製造物責任法
ウ 不正アクセス禁止法　　エ プロバイダ責任制限法

11-2 午前問題の解答と解説

問1 《解答》ウ

「7 ÷ 32」の式は，「$7 \div 2^5$」と表すことができます。つまり，「7を2で5回割っている」ことと同じです。

2進数の数値を2で1回割ることは，2進数の数値を1ビット右シフトすることと同じです。よって，

111 →(右シフト) 11.1 →(右シフト) 1.11 →(右シフト) 0.111 →(右シフト) 0.0111 →(右シフト) 0.00111

と求めることができます。正解はウです。

問2 《解答》ア

「桁落ち」とは，値がほぼ等しい数値の減算により，有効桁数が減少することを言います。よって，正解はアです。

イ：オーバフローの説明です。

ウ：丸め誤差の説明です。

エ：情報落ちの説明です。

問3 《解答》イ

ド・モルガンの法則を使って，「X OR Y」の論理式を変換します。変換の過程をわかりやすくするために，ここでは1.6節で説明した記号（ORは「+」，ANDは「・」）を使って説明します。

「$X+Y$」に対してド・モルガンの法則を適用することはできないので，論理演算の性質を利用して「$X+Y = \overline{\overline{X+Y}}$」のように二重の否定を適用します。この式より，ド・モルガンの法則を適用すると次のように式を変換できます。

$$X+Y = \overline{\overline{X+Y}} = \overline{\overline{X} \cdot \overline{Y}}$$

「X」は，論理演算の性質として「$X \cdot X$」としても同じ意味になります。同様に，「Y」は「$Y \cdot Y$」としても同じです。よって，次のように表すことができます。

$$\overline{\overline{X} \cdot \overline{Y}} = \overline{\overline{(X \cdot X)} \cdot \overline{(Y \cdot Y)}}$$

右辺にある論理式は全てNANDで表されています。これを問題文で示す表現方法で表すと，「(X NAND X) NAND (Y NAND Y)」となります。正解はイです。

問4 《解答》ウ

AとBに入れられる値は，ともに0～9の10種類です。そのため，AとBの値からなる組合せの数は，「10通り×10通り＝100通り」となります。

「$C = A - B$」によって，Cの値が0となるのは，AとBの値が同じときです。すなわち，「$A = B = 0$」，「$A = B = 1$」…「$A = B = 9$」の10通りとなります。

よって，Cの値が0となる確率は，「10通り／100通り＝1／10」となります。正解はウです。

問5 《解答》ア

正規分布の形状は，平均値と標準偏差の値で決まります。その形状は，図11.1のように平均値を中心に左右対称の凸型の形をしています。

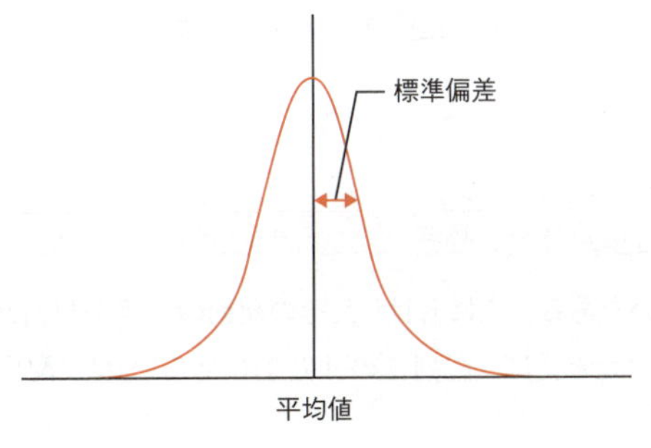

図11.1：正規分布

よって，正解はアです。

問6 《解答》ア

機械学習は，機械に与えるデータをAI自身が解析してルールや法則を反復的に学習し，人間が行う知的な振る舞いを人工的に再現する技法です。設問の中では，アの説明が機械学習の説明として最も適しています。正解はアです。

問7 《解答》ウ

設問にあるスタック操作を実行したときの様子は，図11.2のようになります。

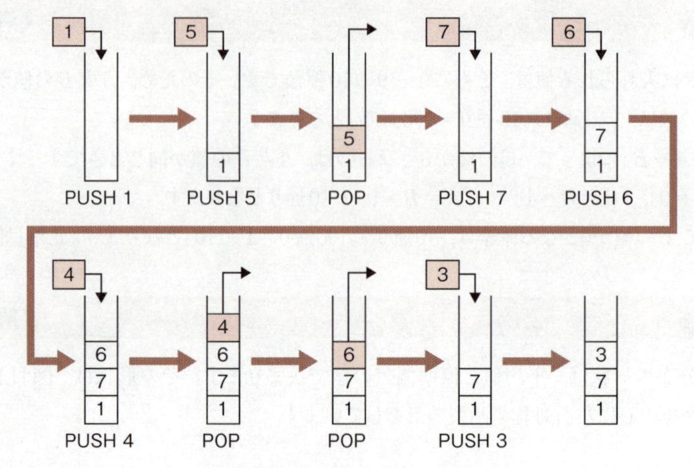

図11.2：スタック操作の様子

よって，正解はウです。

問8 《解答》エ

配列Aの「*」の付いたある一点に着目し，その配列の位置が配列Bのどの位置に移動したのかを見てみます。たとえば，配列Aの$A(0, 1)$にある「*」は，配列Bにおいて$B(1, 7)$に移動しています。同様に，

移動元：$A(1, 1)$,　移動先：$B(1, 6)$

移動元：$A(2, 1)$,　移動先：$B(1, 5)$

：

となります。

設問のaに入るのは，この配列位置の変換を行う式なので，上記のように移動元と移動先の配列位置の変換が正しく行われているかを見ればよいことになります。

たとえば，$A(i, j) = A(0, 1)$は，解答候補のアからエの各式に代入すると次のようになります。

ア：$B(7-i, 7-j) = B(7-0, 7-1) = B(7, 6)$

イ：$B(7-j, i) = B(7-1, 0) = B(6, 0)$

ウ：$B(i, 7-j) = B(0, 7-1) = B(0, 6)$

エ：$B(j, 7-i) = B(1, 7-0) = B(1, 7)$

正しく変換が行えているのはエとなるため，正解はエです。

問9　《解答》ウ

ハッシュ法は，データを識別するキーの値からハッシュ関数を通して得たハッシュ値に基づいて，データの格納位置を決定する方法です。よって，ウが正解です。

ア：ハッシュ法では2分木を用いません。

イ：ハッシュ法は衝突が発生する可能性があります。

エ：探索に要する時間は，データ量の多さにかかわらず一定です。

問10　《解答》イ

関数$F(x, y)$は，yの値が0のときに，xの値をその関数の出力値としています。一方，yの値が0ではないときは，「$x \leftarrow y$;」，「$y \leftarrow x \bmod y$;」としてxとyを置き換えて，再び関数$F(x, y)$を実行する再帰関数となっています。

$x = 231$，$y = 15$として$F(x, y)$を求めると，その計算過程は次のようになります。

回数	x	y	x mod y	$F(x, y)$の実行結果
1	213	15	6	y>0のため，$F(15, 6)$として再帰処理を行う
2	15	6	3	y>0のため，$F(6, 3)$として再帰処理を行う
3	6	3	0	y>0のため，$F(3, 0)$として再帰処理を行う
4	3	0	-	y=0のため，$F(x, y) = 3$として出力

よって，正解はイです。

問11　《解答》ア

MIPSは，「1秒間当たりに実行可能な命令数を100万単位で表したもの」です。よって，1命令当たりの平均命令実行時間は，次の計算で求めることができます。

$$\frac{1}{50 \times 10^6} = 0.02 \times 10^{-6} = 20 \times 10^{-9} = 20 \text{（ナノ秒）}$$

よって，正解はアです。

11

問12 《解答》ウ

キャッシュメモリは，CPUと主記憶装置の間に配置される高速な記憶装置で，主記憶装置のデータの一部をコピーしておき，CPUが次に同じデータを読み込む際にはキャッシュメモリにアクセスすることで，メモリアクセスを高速化します。

データ更新が起きた際には，主記憶装置とキャッシュメモリの更新方法として，ライトスルー（キャッシュメモリと主記憶装置の両方を更新）とライトバック（キャッシュメモリだけを更新し，そのデータが置き換えられるタイミングで，主記憶装置を更新）の2通りの方法があります。設問にある解答候補のウは，この説明になります。正解はウです。

問13 《解答》ア

スケールアウトは，サーバの処理能力向上のためのアプローチ方法の1つで，サーバの数を増やしてサーバ群全体のパフォーマンスを向上させます。解答候補から，この説明に該当するのはアになります。正解はアです。

問14 《解答》ア

MTBF（平均故障間隔）とMTTR（平均修理時間）から稼働率を求めるには，次の式で計算します。

$$稼働率=\frac{MTBF}{MTBF+MTTR}$$

設問から，ある装置1台のMTBFが45時間，MTTRが5時間とあるため，装置1台の稼働率は次のように求まります。

$$稼働率=\frac{MTBF}{MTBF+MTTR}=\frac{45}{45+5}=\frac{45}{50}=0.9$$

また，設問から二つの装置を「直列に接続」しているとあるため，システム全体の稼働率は次のようにして求まります。

システム全体の稼働率＝0.9×0.9＝0.81

よって，正解はアです。

問15 《解答》ウ

スプーリングは，CPUに比べて低速な装置からの入出力処理からCPUを解放して，スループットの向上を図るしくみです。プリンタへの出力処理を行う場合は，プリンタへの出力データを磁気ディスク装置のスプールファイルへ格納しておき，そこからプリンタがデータを取り出して印刷している間に，CPUを他の処理へ割り当てることができます。

正解はウです。

問16 《解答》ウ

OSのタスク管理では，図11.3に示す3つの状態の中でタスクを遷移させながら実行管理を行います。

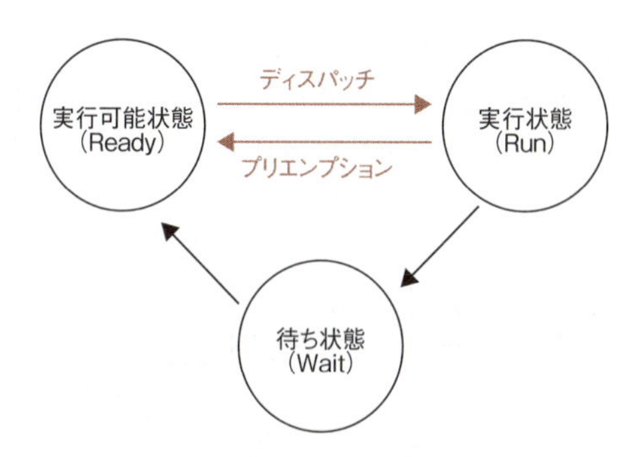

図11.3：タスク実行の状態遷移

タスクの実行（実行状態）は，「実行可能状態」にあるタスクから1つのタスクを取り出して「実行状態」に割り当てる（ディスパッチ）ことで行います。逆に，「実行状態」から「実行可能状態」にタスクを遷移させる（プリエンプション）ことがあります。遷移の条件としては，次のような場合です。

① CPUのタイムクウォンタムを使い切ったとき

② 優先度の高いタスクが実行可能状態に入り，実行権を奪われたとき

設問では，「Aの方がBより優先度が高い場合」の動作について問われていたため，解答候補の中で正しい動作を説明しているのは，ウとなります。正解はウです。

問17 《解答》エ

パスの指定方法には，ルートディレクトリを起点とする絶対パス指定と，カレントディレクトリを起点とする相対パス指定があります。

設問では「絶対パス名」とあるため，絶対パス指定を問われていることから，「ルートディレクトリから対象ファイルに至るパス名」が正しいです。正解はエです。

問18 《解答》エ

メモリセルにフリップフロップ回路を利用したメモリは，SRAMです。SRAMは，不揮発性（電源供給が無くなると記憶した内容が消える性質）メモリの1つで，リフレッシュ動作が不要で高速にメモリアクセスが可能なメモリです。正解はエです。

問19 《解答》イ

A と B に0を入力したときの出力値 X を回路図から求めてみると，上下にあるAND回路の2端子の一方は必ず0が入力されることになります。ANDは「すべての入力値が1のとき→1を出力，それ以外→0を出力」の動作をするため，上下にあるANDの出力値はともに0となり，結果として X は0となります（図11.4）。そのため，解答候補としてウとエは消えます。

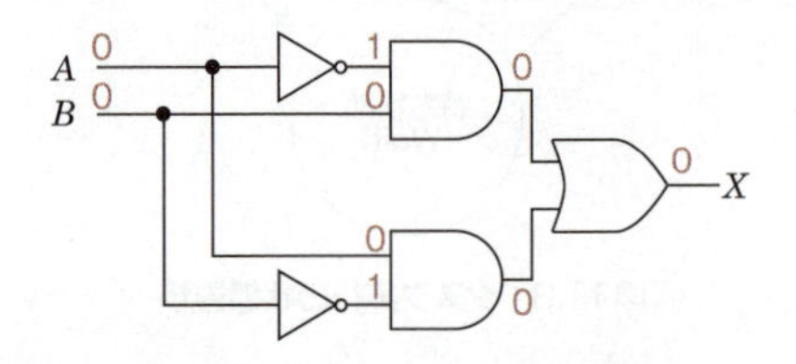

図11.4：A=0，B=0のときの様子

同様に，A と B に1を入力したときでも，上下にあるAND回路の2端子の一方は必ず0になり，出力値 X は0です。残りの解答候補アとイにおいて，この出力結果を示しているのはイになります。正解はイです。

問20 《解答》エ

注文日が入力日以前であるかなどの論理的な整合性を検査するのは「論理チェック」といいます。正解はエです。

ア：キー項目として定義した項目の順番や抜けがないかを検査します。
イ：入力データが他の場所で入力されていないかを検査します。
ウ：指定されたフォーマット形式に沿っているかを検査します。

問21 《解答》エ

H.264/MPEG-4 AVCは，ワンセグやインターネットで用いられる動画データの圧縮符号化方式です。正解はエです。

問22 《解答》ウ

リンカ(リンケージエディタ)は，コンパイラによって生成された目的プログラムに，サブルーチンや関数として呼び出す他の目的プログラムを組み合わせるツールです。これにより，実行可能なプログラム(ロードモジュール)が生成されます。正解はウです。

問23 《解答》エ

オープンソースソフトウェア(OSS)は，ソフトウェア作成者の知的財産権を保持したまま，開発したソフトウェアを無償で公開し，誰にでもそのソフトウェアの改良，再配布を行えるようにしたライセンス形態，または，そのライセンス形態に従ったソフトウェアを指します。

ア：OSSの公開は誰にでも行われるもので，限定的に行われません。

イ：OSSの定義には，「派生物が存在でき，派生物に同じライセンスを適用できること」とありますが，適用しなければならないという定義ではありません。

ウ：OSSの定義には，「自由な再頒布ができること」とあります。ウにある行為は，この定義に違反します。

エ：正しいです。

よって，正解はエです。

問24 《解答》イ

設問にある図の関係性の内容をテーブル形式で表したものを図11.5に示します。

「ある属性Xが決まるとその他の属性が決まる」という関係は「関数従属」と言います。関係データベースにおいて，テーブルに関数従属がある部分は，属性Xを主キーとした別のテーブルとして分割することができます。設問では，属性aが決まると属性b～eが定まる関係にあるため，

主キー：属性a,　非キー：属性b，属性c，属性d，属性e

からなるテーブル(テーブル1)に分割できます。同様に

主キー：属性b,　非キー：属性f，属性g，属性h

主キー：属性e,　非キー：属性i，属性j

からなる2つのテーブル(テーブル2，テーブル3)に分割することができます。

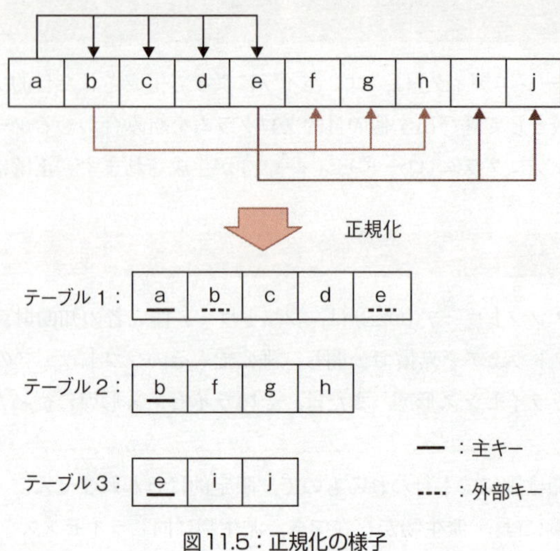

図11.5：正規化の様子

よって，正解はイです。

問25 《解答》イ

設問では「…特定の属性だけを取り出す…」とあるため，表中の特定の列を取り出す演算について答えることを求めています。

解答候補のア～ウの演算は，次の通りです。

結合(join)：2つの表で共通にもつ属性(結合列)同士で結合し合い，新しい表を作る。

射影(projection)：表の中から特定の列を取り出して，新しい表を作る

選択(selection)：表の中から特定の条件に合った行を取り出し，新しい表を作る

よって，正解はイです。ちなみに，和(union)の演算は，「同じ属性をもつ2つの表を足し合わせて(行を追加)，新しい表を作る」ための操作です。

問26 《解答》ウ

SQL文の操作手順を順に追っていくと，次のようになります。

① 学生表の“所属”と学部表の“学部名”が一致した行同士を結合する

氏名	所属	住所	学部名	住所
応用花子	理	新宿	理	新宿
高度次郎	人文	渋谷	人文	渋谷
午前桜子	経済	新宿	経済	渋谷
情報太郎	工	渋谷	工	新宿

学生表　　　学部表

② ①の表から学部表の“住所”に「新宿」とある行を取り出す

氏名	所属	住所	学部名	住所
応用花子	理	新宿	理	新宿
情報太郎	工	渋谷	工	新宿

③ ②の表から“名前”にある列を取り出す

氏名
応用花子
情報太郎

よって，正解はウです。

問27 《解答》エ

データベースに対して行われた更新処理を記録するファイルは，ログファイル（ジャーナルファイル）です。正解はエです。

ア：データベースの現在の内容を書き出したものです。

イ：メモリ上にある更新内容を定期的に書き出したものです。

ウ：データベース全体の内容をチェックポイント時に別の場所に保存したものです。

問28 《解答》ウ

集められたデータを基に統計的手法を用いて調査対象の傾向分析し，法則や因果関係を見つけ出すプロセスは，データマイニングと呼びます。正解はウです。

問29 《解答》エ

1.5Mビット／秒の伝送路において，その伝送路の伝送効率が50%であることから，実際の伝送速度は，次のように求まります。

1.5Mビット／秒×0.5＝0.75Mビット／秒

よって，12Mバイト（12M×8＝96Mビット）のデータの転送に必要な時間は，次のように求まります

$$\frac{12\times10^6\times8}{0.75\times10^6}=128\text{秒}$$

正解はエです。

問30 《解答》ア

LTEは，第3世代携帯電話（3G）と第4世代携帯電話（4G）との間で使われる通信規格であり，「3.9G」とも呼ばれています。この通信規格は，3GPPで標準化されています。また，複数のアンテナを使用することで，無線通信を高速化するMIMOと呼ばれる通信方式が利用できます。よって，正解はアです。

イ：OSI基本参照モデルのデータリンク層に位置する通信プロトコルの1つです。

ウ：会社や団体が従業員に貸与するモバイル端末の利用状況を一元管理するしくみのことです。

エ：インターネット上の通信パケットで音声データの通信を可能にさせる技術です。

問31 《解答》ウ

ア：ゲートウェイは，OSI基本参照モデルの第1層から第7層のすべてのプロトコルを変換します。

イ：ブリッジは，MACアドレスを基にデータ転送を行う装置です。

ウ：正解です。

エ：ルータは，IPアドレスを基にデータを転送する装置です。

よって，正解はウです。

問32 《解答》エ

DNS（Domain Name Service）は，ドメイン名やホスト名とIPアドレスを対応付けて変換を行うプロトコルです。よって，正解はエです。

ア：DHCPの説明です。

イ：RPC（Remote Procedure Call）の説明です。

ウ：NATの説明です。

問33 《解答》エ

200.170.70.16のネットワークアドレスはクラスCのアドレスです。よって，第1～3オクテットまでの値はネットワーク部になります。さらに，クラスCのホスト部（第4オクテット）は，図11.6のようにサブネットマスクからホスト部の一部がサブネット化されていることがわかります。

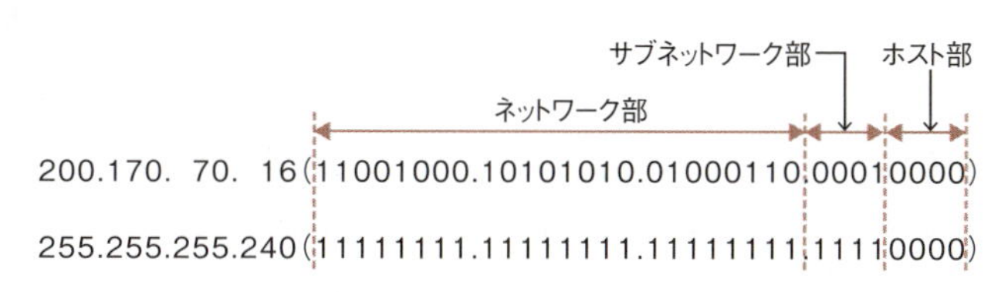

図11.6：ネットワーク部とホスト部

以上のことから，200.170.70.16のネットワークアドレスは，下位4ビットのみがホスト部として使用されていることがわかります。

200.170.70.16のネットワークアドレスで割り当て可能なIPアドレスは，図11.7に示す16個です。ただし，ホスト部が全て0または全て1は，それぞれネットワークアドレス，ブロードキャストアドレスを示すものになるため，IPアドレスとしてホストに割り当てることができません。そのため，ホストに割り当て可能なIPアドレスの範囲は，200.170.70.17～200.170.70.30になります。

よって，正解はエです。

```
200.170.70.16(11001000.10101010.01000110.00010000) ← ネットワークアドレス
200.170.70.17(11001000.10101010.01000110.00010001) ┐
200.170.70.18(11001000.10101010.01000110.00010010) │ 200.170.70.16 のネット
200.170.70.19(11001000.10101010.01000110.00010011) │ ワークで割り振り可能な
      :                                            │ IP アドレス
200.170.70.30(11001000.10101010.01000110.00011110) ┘
200.170.70.31(11001000.10101010.01000110.00011111) ← ブロードキャストアドレス
```

図11.7：割り当て可能なIPアドレス

11

問34 《解答》エ

桁数の大きな整数の素因数分解が困難である性質を利用した暗号化アルゴリズムは，RSAです。よって，正解はエです。

ア：共通鍵暗号方式の1つです。

イ：暗号鍵の受け渡しを安全に行うためのプロトコルです。

ウ：ディジタル署名方式の1つです。

問35 《解答》ア

SQLインジェクションは，データベース(SQL)を利用したWebアプリケーションにおいて，利用者の入力欄に故意にSQL文の一部を入力し，本来とは異なる動作を引き起こさせる攻撃手法です。よって，正解はアです。

問36 《解答》ウ

ディジタル署名は，元の文(平文)からハッシュ関数を通してダイジェストを生成し，これを送信者の秘密鍵(署名鍵)で暗号化したデータのことです。受信者が，このディジタル署名を送信者の公開鍵から復号できれば，正規の送信者からのものであることがわかります(なりすましを防止)。また，復号により得たダイジェストと，送られた平文を同じハッシュ関数に通して求めたダイジェストを比較することで，改ざんの有無を見つけることも可能です。よって，正解はウです。

ア：署名鍵(秘密鍵)は送信者が保持するものであるため，受信者は利用できません。

イ：ディジタル署名は，元の文が改ざんされたことを検知できますが，どの部分が改ざんされたかまでは特定できません。

エ：ディジタル署名は，元の文の暗号化を行うものではありません。

問37 《解答》エ

C&Cサーバは，「コマンド&コントロールサーバ」のことで，ボットネット(コンピュータウイルスなどの感染により外部からの指令で操られる状態となり，攻撃のための踏み台とされたPC群)に対して，情報収集や攻撃活動の指示を行うサーバです(図11.8)。よって，正解はエです。

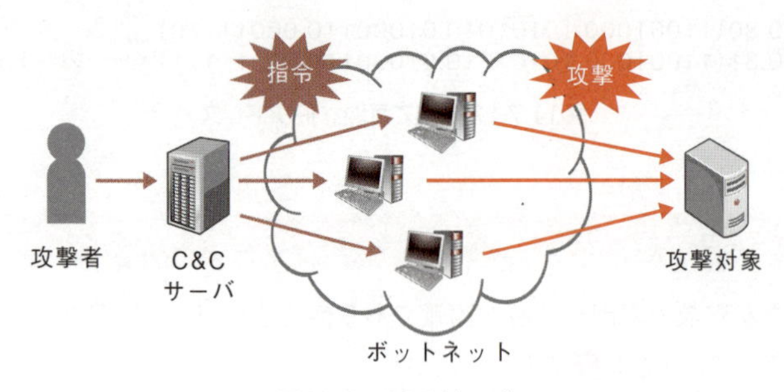

図11.8：C&Cサーバ

問38 《解答》イ

検索エンジンで特定のキーワードを検索したときの結果が上位に表示されるように最適化を図る手法のことをSEO（Search Engine Optimization）と呼びます。これを悪用し，悪意のあるサイトを検索結果の上位に並ぶように細工する攻撃は，SEOポイズニングです。よって，正解はイです。

問39 《解答》ア

情報セキュリティにおいて，安全性とは「情報が常に正確で完全な状態であること」を言います。解答候補において，安全性を脅かす攻撃に該当するのはアの「Webページの改ざん」になります。よって，正解はアです。

イ：機密性を脅かす攻撃です。

ウ：可用性を脅かす攻撃です。

エ：機密性を脅かす攻撃です。

問40 《解答》ア

設問に示された特性は，「真正性」についての定義になります。よって，正解はアです。

イ：信頼性は，「意図する行動と結果とが一貫しているという特性」のことです。

ウ：責任追跡性は，「ユーザが情報資産に対して行われた操作とその動作が特定でき，過去にさかのぼって追跡できる特性」のことです。

エ：否認防止は，「主張された事象または処置の発生およびそれを引き起こしたエンティティを証明する能力」のことです。

問41 《解答》ウ

DMZ（非武装地帯）は，外部ネットワーク（外部セグメント）と内部ネットワーク（内部セグメント）のどちらからでもアクセスが可能な領域で，一般的に，ここにはインターネットへ公開するWebサーバや，外部との電子メールの送受信を行うメールサーバなどを設置します。

重要なデータをもつデータベースをDMZに配置すると外部セグメントから直接アクセスが可能となるため，不正利用のリスクが高まります。そのため，データベースサーバは内部セグメントにおきます。設問の文中には，「Webサーバでは，データベースサーバのフロントエンド処理を行い，ファイアウォールでは，外部セグメントとDMZとの間，及びDMZと内部セグメントとの間の通信は特定のプロトコルだけを許可し，…」とあることから，図11.9に示すような配置とアクセス許可をファイアウォールが担うことで適切なWebサービスの運用が可能となります。

よって，正解はウです。

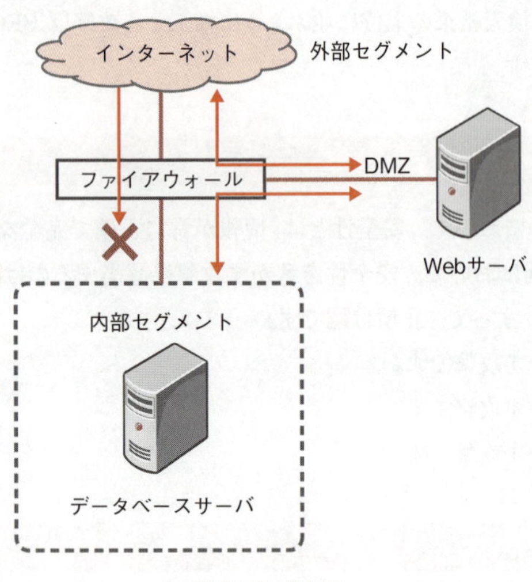

図11.9：DMZ

問42 《解答》ウ

設問のIPアドレス，ドメイン名をもとに，メールサーバによるメール送信の様子を図として表したものが図11.10になります。

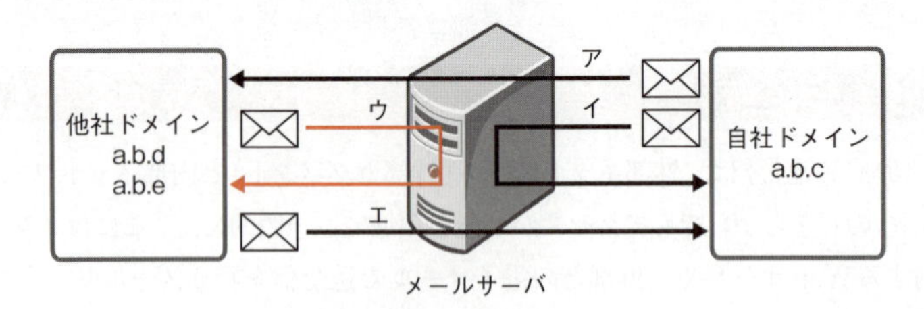

図11.10：メールの送信の様子

アは自社から他社宛てへのメール，イは自社宛てへのメール，エは他社から自社宛てへのメールであって特に問題がありません。一方，ウは自社のメールサーバが他社からのメールを別の外部宛てへメールを送信（転送）しています。これは，自社以外の第三者が自社のメールサーバを不正に利用してメールを送信（第三者中継）している可能性を示しています。よって，正解はウです。

問43 《解答》ア

SQLインジェクション攻撃への対策には，入力された文字の中にデータベースへの操作に用いられる特別な意味をもつ文字を別の文字に変換する「エスケープ処理」があります。たとえば，「'」はSQL文において文字列の開始または終了を意味しますが，これを「''」などの別の文字に変えることで，SQL文として成立しないようにします。

よって，正解はアです。

問44 《解答》ア

条件(1)および(2)より，プログラムに含まれる潜在不良件数を求めます。

2,000kステップ×0.04件／kステップ＝80件

条件(3)より，潜在不良件数から見つかる1年ごとの件数を求めます。

80件×0.2＝16件

条件(4)および(6)より，初年度の修正は，影響度大の不良のみを行えばよいことがわかるため，影響度大の不良の件数を求めます。

16件×0.2＝3.2件

条件(5)より，修正に必要な費用を算出します。

3.2件×200万円＝640万円

よって，正解はアです。

問45 《解答》イ

モジュール間の関連性の強さを表す指標としてモジュール結合度があります。結合度が弱いほど，モジュールの独立性が高いものとなります。結合度の強いものから順に「内容結合」「共通結合」「外部結合」「制御結合」「スタンプ結合」「データ結合」の6つがあります。

ア：モジュール強度に関する説明です。

イ：データ結合の説明です。

ウ：外部結合の説明です。

エ：制御結合の説明です。

よって，正解はイです。

問46 《解答》エ

オブジェクト指向の基本概念は，カプセル化，クラス，抽象化，継承（インヘリタンス）の4つです。よって，正解はエです。

問47 《解答》イ

ブラックボックステストは，モジュールの入出力に着目したテストで，モジュール内部の構造を隠し，モジュールの仕様（機能）に基づいたテストを実施します。一方，モジュール内部の構造についてのテストは，ホワイトボックステストになります。

ア，ウ，エは，内部構造に着目したテスト内容で，ホワイトボックステストの記述となります。よって，正解はイです。

問48 《解答》エ

スタブはトップダウンテストで用いる擬似的なモジュールで，テスト対象の上位モジュールから未完成の下位モジュール（スタブ）を呼び出してテストを行います。スタブは，呼び出された際に意図した値が必ず返却されるように作成します。

ドライバはボトムアップテストで用いる擬似的なモジュールで，未完成の上位モジュールの代わりとして，テスト対象の下位モジュールに意図した引数を渡して呼び出しを行うように作成します。

ア：スタブは，テスト対象のモジュールから呼び出されて値を返却する擬似モジュールです。

イ：スタブではなくドライバの説明です。

ウ：ドライバではなくスタブの説明です。

エ：正解です。

よって，正解はエです。

問49 《解答》ウ

トップダウンテストにおいて，下位モジュールの代わりとなるテスト用モジュールはスタブです。よって，正解はウです。

問50 《解答》エ

ソフトウェアやハードウェアを分解・解析し，その仕様，構成部品，技術，目的などを明らかにする技法は，リバースエンジニアリングです。正解はエです。

ア：製品の設計，開発，生産計画などの工程を同時並行で行う手法のことです。

イ：人間の心理や行動の隙をついて，情報を不正に入手する行為です。

ウ：リバースエンジニアリングで解析された仕様をもとに，新規にシステムを開発することです。

問51 《解答》エ

WBS（Work Breakdown Structure）は，プロジェクトで必要な作業を段階的に分解するための手法です。これにより，プロジェクトの作業は階層構造となり，最下層の作業が実際の管理の単位（ワークパッケージ）になります。よって，正解はエです。

ア：EVMの説明です。

イ：アローダイアグラムにおけるクリティカルパスの説明です。

ウ：ガントチャートの説明です。

問52 《解答》ウ

各結合点の番号を図11.11のようにしたとき，最早開始日（ES）と最遅開始日（LS）は，次のようになります。

結合点	ES	先行作業の終了時刻（最早終了日）
①	0	先行作業なし
②	1	作業A：①のES（0）＋作業Aの作業日数（1）＝1
③	5	作業B：①のES（0）＋作業Bの作業日数（5）＝5
		作業C：②のES（1）＋作業Cの作業日数（3）＝4
④	9	作業E：③のES（5）＋作業Eの作業日数（4）＝9
⑤	9	作業D：②のES（1）＋作業Dの作業日数（3）＝4
		ダミー作業：④のES（9）＋ダミー作業の作業日数（0）＝9
⑥	14	作業F：④のES（9）＋作業Fの作業日数（5）＝14
		作業G：⑤のES（9）＋作業Gの作業日数（4）＝13

結合点	LS	後続作業の開始時刻（最遅開始日）
⑥	14	後続作業なし
⑤	10	作業G：⑥のLS（14）－作業Gの作業日数（4）＝10
④	9	作業F：⑥のLS（14）－作業Fの作業日数（5）＝9
		ダミー作業：⑤のLS（10）－ダミー作業の作業日数（0）＝10
③	5	作業E：④のLS（9）－作業Eの作業日数（4）＝5
②	2	作業C：③のLS（5）－作業Cの作業日数（3）＝2
		作業D：⑤のLS（10）＋作業Dの作業日数（3）＝7
①	0	作業A：②のLS（2）－作業Aの作業日数（1）＝1
		作業B：③のLS（5）－作業Bの作業日数（5）＝0

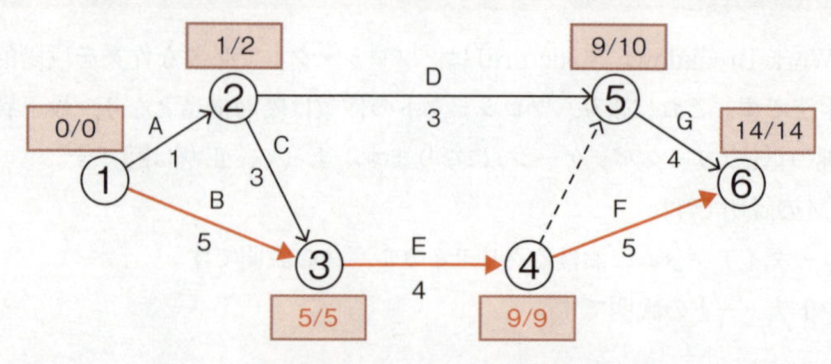

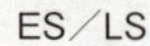

図11.11：クリティカルパス

各結合点において，最早開始日と最遅開始日が等しい場所は作業に余裕が許されない結合点になります。この点を開始点から終了点までの通り道としたルートがクリティカルパスです。図11.11からクリティカルパスは，①→③→④→⑥と求まります。

よって，正解はウです。

問53 《解答》ウ

ファンクションポイント法は，ソフトウェアの機能を，外部入力，外部出力，内部論理ファイル，外部インタフェースファイル，外部照会の5つのファンクションタイプごとに集計し，それぞれの機能の複雑さに基づいて工数を見積もる手法です。よって，正解はウです。

- ア：COCOMO法の説明です。
- イ：類推見積り法の説明です。
- エ：標準タスク法の説明です。

問54 《解答》エ

「プロジェクトメンバが16人のとき，2人ずつの総当たりでプロジェクトメンバ相互の顔合わせ会を行う」とあることから，顔合わせをする回数は，“16人から2人を選ぶ”組合せの数を求めればよいことがわかります。

$${}_{16}C_2 = \frac{16!}{2!(16-2)!} = \frac{16\times15}{2\times1} = 120$$

顔合わせ会1回の所要時間は0.5時間であるため，総時間は，120回×0.5時間＝60時間になります。よって，正解はエです。

問55　《解答》ウ

「保守性」とは，“障害から回復できる能力”のことです。ITサービスにおいては，システム障害によりシステムが停止したのちに，システムを修理してサービスが再開できるようになるまでの平均時間（平均サービス回復時間）を保守性を図る上での指標としています。よって，正解はウです。

問56　《解答》ウ

開発するシステムは運用部門によって運用されるため，運用側が要求する要件を開発部門がうまくくみ取る必要があります。そのため,「サービスの設計及び移行」においては，開発から運用への移行を円滑かつ効率的に進めるために，システムの開発部と顧客（または運用部）が連携し，顧客もシステムの運用にかかわる要件の抽出に積極的に参加することが重要になります。よって，正解はウです。

問57　《解答》ア

- ア：正解です。バックアップの処理はシステムや回線に負荷を与えるため，バックアップ中に業務処理が行われるとその応答時間が長くなる場合があり，業務に支障が出る可能性があります。そのため，処理が重ならないようにスケジュールを立てる必要があります。
- イ：バックアップデータがバックアップ対象のデータをもつ記憶媒体と同一箇所に保存した場合，もしその記憶媒体が故障したときには，バックアップデータも消失してしまいます。バックアップは，別の記憶媒体に保存すべきです。
- ウ：差分バックアップは，定期的なバックアップに必要な時間の短縮に有効ですが，復旧には，ある時点から復旧時までに取得した差分バックアップをすべて適用する必要があるため，時間がかかります。
- エ：ランダムアクセスが可能な媒体が長期間保存に向いているとは限りません。

問58　《解答》ア

システム監査人は，システム監査計画で設定した内容に基づき，社内文書の入手やヒアリング（インタビュー）を実施し，監査対象のシステムに対する具体的な調査を行います。

ヒアリングで得られた情報は，その情報が確かな場合もあれば，記憶違いによる間違った情報が得られる場合があります。そのため，情報の正確性を裏付ける証拠（監査証拠）

を入手する必要があります。よって，正解はアです。

問59 《解答》ア

情報システムの客観的な評価を行うために，システム監査人は監査対象の情報システムから独立していることが要求されています。システム監査基準では，システム監査人として求められる要求について，「システム監査人は，監査対象の領域又は活動から，独立かつ客観的な立場で監査が実施されているという外観に十分に配慮しなければならない。また，システム監査人は，監査の実施に当たり，客観的な視点から公正な判断を行わなければならない。」と示されています。

解答候補において，アは総務部の方が総務部の監査を実施していることから，システム監査人の独立性に問題があります。正解はアです。

問60 《解答》イ

システム監査は，情報システムを，「安全性」「効率性」「信頼性」「機密性」「可用性」などの視点から総合的に評価して，助言や改善の勧告および改善結果の再評価（フォローアップ）までを行う一連の活動です。

システム監査人は，監査のために資料の閲覧や関係者とのヒアリングを実施します。また，監査で見つかった指摘点に対して，「助言」や「改善の勧告」「改善結果の再評価」を行います。ただし，監査人自ら改善活動を行うことはしません。

ア：「…管理台帳を作成し，保管した」の行為は，不適切な行為です。
イ：正解です。
ウ：「…の管理方針を制定した」の行為は，不適切な行為です。
エ：「…の運用手続きを実施した」の行為は，不適切な行為です。

よって，正解はイです。

問61 《解答》エ

IT投資評価における「事前評価」では，投資目的に基づいた効果目標を設定して，その目標達成の実現性を評価し，プロジェクトの実施の可否の判断に必要な情報提供を行います。よって，正解はエです。

ア：中間評価の説明です。
イ：事後評価の説明です。
ウ：事後評価の説明です。

問62 《解答》ウ

BPO（Business Process Outsourcing）は，自社の業務プロセスを外部の業者へ委託（アウトソーシング）することです。

よって，正解はウです。

ア：ホスティングサービスの説明です。

イ：ASPの説明です。

エ：人材派遣サービスの説明です。

問63 《解答》エ

SOA（Service-Oriented Architecture）は，ソフトウェアの機能をサービスという単位で捉えて，サービスの組合せによってシステムを構築する考え方です。よって，正解はエです。

ア：SFAの説明です。

イ：BPOの説明です。

ウ：BPRの説明です。

問64 《解答》ウ

ビッグデータとは，その名の通り，巨大かつ複雑なデータの集まりです。データは，人々の日常生活や業務活動から生じた多種多様な情報をネットワークを通して集められたものです。

設問にある第4段階の「将来の施策への展開（どうしたら良いのか）」は，ビッグデータを利用する製品について，既存製品の改良や新たなサービスの開発などが該当します。

ア：第1段階の活用事例に該当します。

イ：第2段階の活用事例に該当します。

ウ：正解です。

エ：第3段階の活用事例に該当します。

よって，正解はウです。

11

問65 《解答》イ

調達の手順は，次の通りです。

①RFI（情報提供依頼書）を作成し，調達先として検討中のベンダ企業の配布

②ベンダ企業は，提案内容としてRFP（提案依頼書）を作成する

③RFPの内容や調達条件などをもとに調達先を絞り込み，選定する

④選定したベンダ企業と調達に関する契約を締結する

よって，設問のbに入る内容は，上記の②に該当します。正解はイです。

問66 《解答》イ

システム開発における要件定義では，システム化するために必要な要件を調査・分析する必要があります。このとき，“業務要件を実現するためにシステムに必要な機能に関する要件”を「機能要件」と呼びます。一方，“性能，信頼性，移行方法や開発基準など，機能以外の要件”は，「非機能要件」と呼びます。

解答候補の中で非機能要件を示しているのはイです。他のア，ウ，エは，機能要件についての説明です。よって，正解はイです。

問67 《解答》ア

プロダクトライフサイクルは，商品（製品やサービス）の提供開始から終了までの流れを「導入期」「成長期」「成熟期」「衰退期」の4つの期に区切り，時系列に需要の推移を示したものです。

「成長期」は，“市場における商品の認知度が高まり，需要が高まる段階。供給を増やすための投資が必要となる”という段階になります。よって，正解はアです。

イ：成熟期の説明です。

ウ：衰退期の説明です。

エ：導入期の説明です。

問68 《解答》エ

コストプラス法は，原価に一定の利幅（マージン）をプラスし，価格を決定します。売れれば利益が出る特徴があります。よって，正解はエです。

問69 《解答》イ

コアコンピタンスとは，他社に比べて自社が優位にあり，さらに利益をもたらすことのできるノウハウや技術のことです。これをもとに，競合他社との差別化を図る経営戦略を「コアコンピタンス経営」と呼びます。よって，正解はイです。

ア：ERPの説明です。

ウ：BPRの説明です。

エ：ベンチマーキングの説明です。

問70 《解答》ウ

SWOT分析は自社の特性について，図11.12に示すような，Strengths（強み），Weaknesses（弱み），Opportunities（機会），Threats（脅威）の4つの視点で分析を行う手法です。

	プラスとなる要因	マイナスとなる要因
内部の要因	**強み**（自社の特徴や優位点） ↓ 強みを活かす	**弱み**（自社の課題や問題点） ↓ 弱みを克服して強みに転換
外部の要因	**機会**（自社にとって有利な傾向） ↓ 機会を利用する	**脅威**（自社にとって不利な傾向） ↓ 脅威を回避または防御

図11. 12：SWOT分析

設問の「脅威」は，“マイナスとなる要因”かつ“外部の要因”に該当するものであることがわかります。

ア：企業内部におけるプラス要因であることから，「強み」です。

イ：企業外部におけるプラス要因であることから，「機会」です。

ウ：企業外部におけるマイナス要因であることから，「脅威」です。

エ：企業内部におけるマイナス要因であることから，「弱み」です。

よって，正解はウです。

問71 《解答》エ

HEMS（Home Energy Management System）は，家庭内で電力を消費するすべての機器をネットワークで管理し，使用電力の可視化や自動制御を行う管理システムのことです。よって，正解はエです。

問72 《解答》エ

CGM（Consumer Generated Media：消費者生成メディア）とは，掲示板やSNS，ブログ，動画投稿サイトなどの消費者が配信するコンテンツによりインターネット上のメディアが形成されるような，インターネット上のメディアの総称をいいます。よって，正解はエです。

問73 《解答》イ

ロングテールは，多くの商品を扱う企業の売上において，その売上の全体に対して，販売数の少ない商品群の売上合計が無視できない割合になることを指します。商品別売上高を図11.13のようにグラフで示したときに，売り上げ数の少ない商品が横に長く伸びた形が尻尾のように見えることから"ロングテール"と呼ばれています。よって，正解はイです。

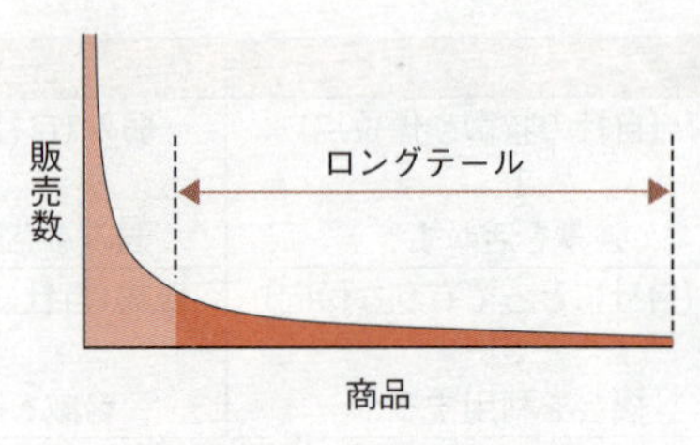

図11.13：ロングテール

問74 《解答》ウ

企業の情報化部門のトップであるCIO（Chief Information Officer：最高情報責任者，情報化担当役員）は，情報システム戦略の策定と実施の責任者であり，経営戦略に基づく情報システム戦略を立案するために，ITの専門知識だけでなく，経営に関する知識も求められます。よって，正解はウです。

ア：システムアドミニストレータの役割です。

イ：情報システム推進部門の役割です。

エ：プロジェクトマネージャの役割です。

問75 《解答》ウ

1日の利益額は，1個当たりの利益（1,000円）と売れ残った場合の廃棄ロス（300円）を基に，仕入個数と販売個数から次の式で求まります。

利益額＝1000円×販売個数－300円×（仕入個数－販売個数）

上記の式から表中の各枠に利益額を記載した結果は以下のとおりとなります。

		販売個数			
		4	5	6	7
仕入個数	4	4,000円(100%)	—	—	—
	5	3,700円(30%)	5,000円(70%)	—	—
	6	3,400円(30%)	4,700円(30%)	6,000円(40%)	—
	7	3,100円(30%)	4,400円(30%)	5,700円(30%)	7,000円(10%)

各利益額には，仕入個数に応じて，その利益が生じる発生確率があります。よって，総利益額は，利益額にその発生確率を乗じたものの総和で求まります。仕入個数ごとの総利益額は次のようにして求まります。

仕入個数4個の場合：$4{,}000 \times 1.0 = 4{,}000$円
仕入個数5個の場合：$3{,}700 \times 0.3 + 5{,}000 \times 0.7 = 1{,}110 + 3{,}500 = 4{,}610$円
仕入個数6個の場合：$3{,}400 \times 0.3 + 4{,}700 \times 0.3 + 6{,}000 \times 0.4$
$= 1{,}020 + 1{,}410 + 2.400 = 4{,}830$円
仕入個数7個の場合：$3{,}100 \times 0.3 + 4{,}400 \times 0.3 + 5{,}700 \times 0.3 + 7{,}000 \times 0.1$
$= 930 + 1{,}320 + 1{,}710 + 700 = 4{,}660$円

上記の結果から，期待値が最大となる仕入個数は6個のときであるとわかります。よって，正解はウです。

問76 《解答》ア

特性要因図は，問題の要因(原因)とその因果関係を整理するための図です。図は，要因と結果(特性)の関連を魚の骨のような形状になることから，フィッシュボーンとも呼ばれています。

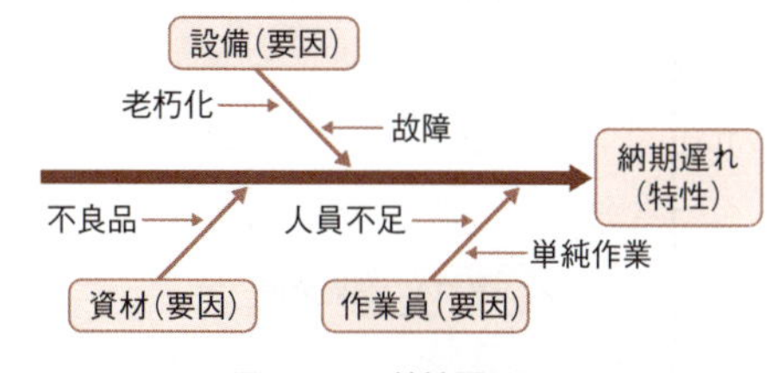

図11.14：特性要因図

よって，正解はアです。

問77 《解答》ウ

利益をZとして，線形計画法により，XとYの個数を求めます。

(1) 目的関数を求めます。

$$Z = 100X + 150Y$$

(2) 制約条件を求めます。

$$\begin{cases} 2X + Y \leqq 100 & \cdots 式1 \\ X + 2Y \leqq 80 & \cdots 式2 \end{cases}$$

(3) 最適解を求めます。

式1の両辺を2倍した式1から式2を引き，Xを求めます。

$$\begin{array}{rl} & 4X + 2Y \leqq 200 \\ -) & X + 2Y \leqq 80 \\ \hline & 3X \quad\quad \leqq 120 \longrightarrow X \leqq 40 \end{array}$$

これにより，制約条件の範囲内において，Xは0～40まで生産可能であることがわかります。X=40として生産したときのYの値を，式1より求めます。

$$\begin{aligned} 2 \times 40 + Y &\leqq 100 \\ 80 + Y &\leqq 100 \\ Y &\leqq 100 - 80 \\ Y &\leqq 20 \end{aligned}$$

よって，調達可能量の範囲で原料Aと原料Bを使用したときのXとYの最大生産数は，X=40，Y=20，であることがわかります。

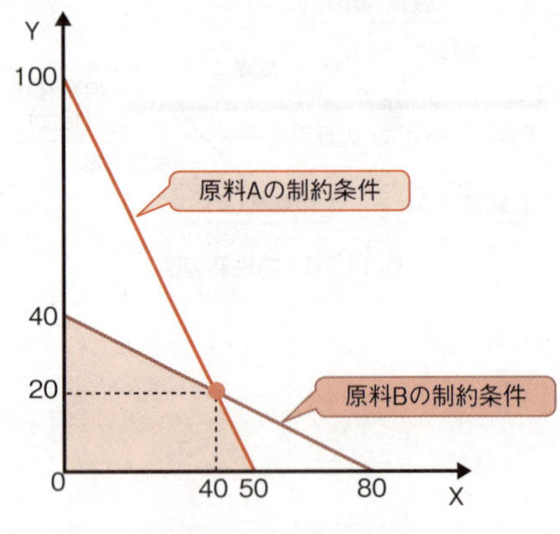

図11.15：線形計画法

(4) 最適解を求めます。

X = 40，Y = 20を目的関数に代入し，最大利益Zを求めます。

$$Z = 100 \times 40 + 150 \times 20 = 7000$$

よって，最大利益は7,000円と求まります。正解はウです。

問78 《解答》エ

会計期間の最終日時点において，自社が保有する資産，負債，資本（純資産）を一覧化したものは，貸借対照表です。よって，エが正解です。

ア：貸借対照表の資本の変動状況を表します。

イ：会計期間中の現金の出入りを表した計算書です。

ウ：会計期間中に発生した収益と費用および算出した利益（損益）を記載したものです。

問79 《解答》エ

著作権法は，知的活動によって創造された著作物について，それを創作した著作者の権利を保護するための法律です。著作権の対象となるものとならないもの例として，以下のようなものがあります。

【著作権の対象となるもの】小説，音楽，映画，プログラム，データベースなど

【著作権の対象とならないもの】プログラム言語，アルゴリズム，アイディアなど

ア：OSは著作権の保護対象です。

イ：アルゴリズムは，保護の対象にはなりません。

ウ：プログラムは，保護の対象です。

エ：正解です。

よって，正解はエです。

問80 《解答》ア

刑法では，情報セキュリティに関する犯罪類型の一部として「不正指令電磁的記録に関する罪（通称，ウイルス作成罪）」や「電子計算機損壊等業務妨害罪」があります。特に後者については，業務で使用するコンピュータやその内部の記録内容を損壊したり，偽の情報や指示で誤作動をさせて業務を妨害したりする行為を罰する規定が示されています。

よって，正解はアです。

11-3 午後問題

〔問題一覧〕

- 問1（必須問題）

問題番号	出題分野	テーマ
問1	情報セキュリティ	情報セキュリティ事故と対策

- 問2～問5（4問中2問選択）

問題番号	出題分野	テーマ
問2	データベース	従業員データベースの設計と運用
問3	ネットワーク	イーサネットを介した通信
問4	ソフトウェア設計	通信講座受講管理システム
問5	プロジェクトマネジメント	プロジェクトにおける品質管理

- 問6（必須問題）

問題番号	出題分野	テーマ
問6	データ構造及びアルゴリズム	ビットの検査

注）実際の試験では，この後にソフトウェア開発（C，Java，Python，アセンブラ言語，表計算ソフト）の問題が，問7～問11（1問選択）まで出題されます。

共通に使用される擬似言語の記述形式

擬似言語を使用した問題では，各問題文中に注記がない限り，次の記述形式が適用されているものとする。

〔宣言，注釈及び処理〕

<table>
<tr><th colspan="2">記述形式</th><th>説明</th></tr>
<tr><td colspan="2">○</td><td>手続，変数などの名前，型などを宣言する。</td></tr>
<tr><td colspan="2">/* 文 */</td><td>文に注釈を記述する。</td></tr>
<tr><td rowspan="7">処理</td><td>・変数 ← 式</td><td>変数に式の値を代入する。</td></tr>
<tr><td>・手続(引数, …)</td><td>手続を呼び出し，引数を受け渡す。</td></tr>
<tr><td>▲ 条件式
　処理
▼</td><td>単岐選択処理を示す。
　条件式が真のときは処理を実行する。</td></tr>
<tr><td>▲ 条件式
　処理1
――――
　処理2
▼</td><td>双岐選択処理を示す。
　条件式が真のときは処理1を実行し，偽のときは処理2を実行する。</td></tr>
<tr><td>■ 条件式
　処理
■</td><td>前判定繰返し処理を示す。
　条件式が真の間，処理を繰り返し実行する。</td></tr>
<tr><td>■
　処理
■ 条件式</td><td>後判定繰返し処理を示す。
　処理を実行し，条件式が真の間，処理を繰り返し実行する。</td></tr>
<tr><td>■ 変数：初期値，条件式，増分
　処理
■</td><td>繰返し処理を示す。
　開始時点で変数に初期値（式で与えられる）が格納され，条件式が真の間，処理を繰り返す。また，繰り返すごとに，変数に増分（式で与えられる）を加える。</td></tr>
</table>

〔演算子と優先順位〕

演算の種類	演算子	優先順位
単項演算	＋，－，not	高
乗除演算	×，÷，%	↑
加減演算	＋，－	
関係演算	＞，＜，≧，≦，＝，≠	
論理積	and	↓
論理和	or	低

注記　整数同士の除算では，整数の商を結果として返す。%演算子は，剰余算を表す。

〔論理型の定数〕

true，false

次の問1は必須問題です。必ず解答してください。

問1 情報セキュリティ事故と対策に関する次の記述を読んで，設問1～3に答えよ。

自動車の販売代理店であるA社は，Webサイトで自動車のカタログ請求を受け付けている。Webサイトは，Webアプリケーションソフト（以下，Webアプリという）が稼働するWebサーバと，データベースが稼働するデータベースサーバ（以下，DBサーバという）で構成されている。WebサーバはA社のDMZに設置され，DBサーバはA社の社内LANに接続されている。Webサイトの管理はB氏が，A社の社内LANに接続されている保守用PCからアクセスして行っている。カタログ請求者は，Webブラウザからインターネット経由でHTTP over TLSによってWebサイトにアクセスする。

〔カタログ請求者の情報の登録〕

A社では，次の目的で，カタログ請求者の情報を保持し，利用することの同意を，カタログ請求者から得ている。

- 情報提供や購入支援を行う。
- カタログ請求者が別のカタログを請求したいときなどに，登録した電子メールアドレスとパスワードを使用してログインできるようにする。

同意が得られたときは，氏名，住所，電話番号，電子メールアドレス，パスワード，購入予定時期，購入予算，希望車種などの情報を，Webアプリに入力してもらい，データベースに登録している。パスワードはハッシュ化して，それ以外の情報は平文で，データベースに格納している。A社では，カタログ請求者から要求があったときにだけ，データベースからそのカタログ請求者の情報を消去する運用としている。

〔カタログ請求者への対応〕

A社では，カタログ請求者へのカタログ送付後の購入支援を，データベースに登録されている情報を基に，電子メールと電話で行っている。

〔情報セキュリティ事故の発生〕

ある日，A社の社員から，“A社のカタログ請求者一覧と称する情報が，インターネットの掲示板に公開されている”とB氏に連絡があった。公開されている情報をB氏が確認したところ，データベースに登録されている情報の一部であったので，自社のデータベースから情報が流出したと判断して上司に報告した。B氏は上司からの指示を受けて，Webサイトのサービスを停止し，情報が流出した原因と流出した情報の範囲を特定することにした。

〔情報セキュリティ事故の原因と流出した情報の範囲〕

B氏の調査の結果，WebアプリにSQLインジェクションの脆弱性があることが分かった。そのことからB氏は，攻撃者が①インターネット経由でSQLインジェクション攻撃を行い，データベースに登録されているカタログ請求者の情報を不正に取得したと推測した。Webサーバとデータベースではアクセスログを取得しない設定にしていたこともあり，流出した情報の範囲は特定できなかった。そこで，データベースに登録されている全ての情報が流出したことを前提に，A社では，データベースに登録されている全てのカタログ請求者に情報の流出について連絡するとともに，対策を講じることにした。

〔情報セキュリティ事故を踏まえたシステム面での対策〕

B氏は，今回の情報セキュリティ事故を踏まえたシステム面での対策案を，表1のようにまとめた。

表1　情報セキュリティ事故を踏まえたシステム面での対策案

目的	対策
SQLインジェクション攻撃からの防御	・SQL文の組立てはプレースホルダで実装する。 ・［ a ］
情報流出リスクの低減	・［ b ］
情報流出の原因と流出した情報の範囲の特定	・［ c ］

設問1 本文中の下線①について，この攻撃の説明として適切な答えを，解答群の中から選べ。

解答群

ア　攻撃者が，DNSに登録されているドメインの情報をインターネット経由で外部から改ざんすることによって，カタログ請求者を攻撃者のWebサイトに誘導し，カタログ請求者のWebブラウザで不正スクリプトを実行させる。

イ　攻撃者が，インターネット経由でDBサーバに不正ログインする。

ウ　攻撃者が，インターネット経由でWebアプリに，データベース操作の命令文を入力することによって，データベースを不正に操作する。

エ 攻撃者が，インターネット経由で送信されている情報を盗聴する。

設問2 表1中の ＿＿＿＿ に入れる対策として最も適切な答えを，解答群の中から選べ。

aに関する解答群

ア Webアプリへの入力パラメタには，Webサーバ内のファイル名を直接指定できないようにする。

イ Webサーバのメモリを直接操作するような命令を記述できないプログラム言語を用いて，Webアプリを作り直す。

ウ Webページに出力する要素に対して，エスケープ処理を施す。

エ データベース操作の命令文の組立てを文字列連結によって行う場合は，連結する文字列にエスケープ処理を施す。

bに関する解答群

ア カタログ請求者の情報の適切な保管期間を定め，カタログ請求者の同意を得た上で，保管期間を過ぎた時点でデータベースから消去する。

イ カタログ請求者の情報を，カタログ送付後に直ちに，データベースから消去する。

ウ カタログ請求者へ送付する電子メールにディジタル署名を付ける。

エ データベースに登録されている情報を定期的にバックアップする。

cに関する解答群

ア Webサイトの管理に使用する保守用PCは，必要なときだけ起動する。

イ WebサーバとDBサーバにインストールするミドルウェアは，必要最低限にする。

ウ WebサーバとDBサーバのハードディスクのデフラグメンテーションを，定期的に行う。

エ データベースへのアクセスログを取得する。

設問3 B氏は上司から，表1にまとめた対策案だけで十分なのか検討せよとの指示を受けた。そこで，社外のセキュリティコンサルタント会社に相談したところ，“Webアプリに脆弱性がないか調査をした方がよい”と助言され，Webアプリの一部について脆弱性の調査を依頼した。その結果，クロスサイトスクリプティングの脆弱性が存在することが判明した。また，“Webアプリの他の部分にも脆弱性があることが疑われるので，Webアプリ全体の調査を行うとともに，新たな対策を講じた方がよい”と助言された。新たな対策として適切な答えを，解答群の中から選べ。

解答群

ア　DBサーバを，Webサーバと同じく，DMZに設置する。

イ　不正な通信を遮断するために，WAF（Web Application Firewall）を導入する。

ウ　Webサーバを増設して冗長化した構成にする。

エ　保守用PCのログインパスワードには英数字及び記号を使用し，推測が難しい複雑なものを設定する。

次の問2から問5までの4問については，この中から2問を選択し，解答してください。
なお，本試験では，3問以上解答した場合には，はじめの2問について採点されます。

問2 従業員データベースの設計と運用に関する次の記述を読んで，設問1～4に答えよ。

C社は，2011年4月1日の組織編成の変更に伴い，従業員データベースの再構築を行った。組織編成の変更前は図1に示すとおり，部だけで編成されていたが，事業の拡大及び従業員数の増加に合わせて，図2に示すとおり，部と課からなる組織編成となった。

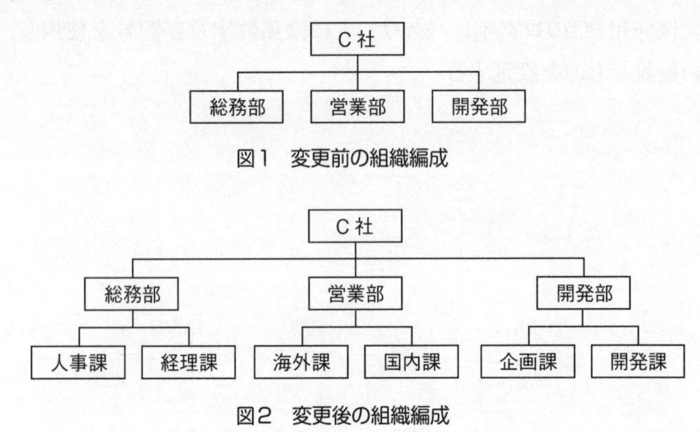

図1 変更前の組織編成

図2 変更後の組織編成

設問1 組織編成の変更を反映するために，図3に示す表中の部に関する情報の変更について，A案とB案を考えて比較検討した。図4に示すA案では，部名と課名の組合せに対して一意の部署コードを割り当てた。図5に示すB案では，部名と課名のそれぞれにコードを割り当て，従業員表の部コードを課コードに変更した。
次の記述中の [　　　] に入れる適切な答えを，解答群の中から選べ。

部表

部コード	部名

従業員表

従業員番号	氏名	部コード	内線	入社年月日	住所	自宅電話	年齢

図3 変更前の従業員データベースの表構成

部署表

部署コード	部署名
D001	総務部人事課

従業員表

従業員番号	氏名	部署コード	内線	入社年月日	住所	自宅電話	年齢
2005012	情報太郎	D001	211	20020401	東京都…	03-123…	31

図4　A案の表構成とデータの格納例

部表

部コード	部名
D001	総務部

課表

課コード	課名	部コード
S001	人事課	D001

従業員表

従業員番号	氏名	課コード	内線	入社年月日	住所	自宅電話	年齢
2005012	情報太郎	S001	211	20020401	東京都…	03-123…	31

図5　B案の表構成とデータの格納例

最初は，部名と課名の組合せに対して一意の部署コードを割り当てた，A案によって管理しようとした。しかし，これでは，[a]を変更する必要が生じた場合に複数行を修正する必要があるので，正規化における[b]の観点から好ましくない。また，たとえば[c]を表示する際にLIKE述語を使用したデータ依存の検索が必要になるなど，柔軟性が低いことがわかった。このため，B案の構成でデータベースを再構築した。

aに関する解答群

ア　課名　　イ　氏名　　ウ　表名　　エ　部名

bに関する解答群

ア　関係喪失　　イ　検索性能　　ウ　事前登録　　エ　重複更新

cに関する解答群

ア ある課に属する従業員の氏名の一覧
イ ある部に属する従業員の氏名の一覧
ウ 従業員の氏名の一覧
エ 部署名の一覧

設問2 B案の構成でデータベースを再構築した後に，課ごとの平均年齢を算出し，表示する。次のSQL文の［　　　］に入れる正しい答えを，解答群の中から選べ。

```
SELECT 課表.課コード，課表.課名，AVG（従業員表.年齢）
  FROM 課表，従業員表
  WHERE [                    ]
```

解答群

ア 課表.課コード = 従業員表.課コード
GROUP BY 課表.課コード，課表.課名
イ 課表.課コード = 従業員表.課コード
GROUP BY 課表.部コード，課表.課名
ウ 従業員表.年齢 = ANY（SELECT COUNT(従業員表.年齢）FROM 従業員表）
エ 従業員表.年齢 = ANY
（SELECT COUNT（従業員表.年齢）FROM 従業員表 GROUP BY 課表.課コード）

設問3 従業員表は，受発注情報を管理する表などから，従業員番号を外部キーとして参照される。このため，従来は特に利用を制限せずに社外公開していたが，個人情報保護の観点から，必要最小限の情報だけを公開するビューを作成することにした。ビューで公開する項目は，従業員番号，氏名，課コード，内線とする。次のSQL文の［　　　］に入れる正しい答えを，解答群の中から選べ。

```
CREATE VIEW 従業員公開表 AS [                    ]
```

解答群

ア ALTER TABLE 従業員表
ADD（従業員番号，氏名，課コード，内線）
イ ALTER TABLE 従業員表

DROP 入社年月日，住所，自宅電話，年齢

ウ SELECT * FROM 従業員表 WHERE 従業員番号 IS NOT NULL

エ SELECT 従業員番号，氏名，課コード，内線 FROM 従業員表

設問4 設問3で作成したビューと図6に示す受注表を使用して，営業部海外課に在籍する従業員が，2011年7月1日から2011年9月30日の期間中に受注した案件の受注総額を算出する。営業部海外課の課コードは“S101”で，2011年7月1日以降の従業員の異動はない。次のSQL文の ［　　　　］ に入れる正しい答えを，解答群の中から選べ。

受注表

伝票番号	受注日	従業員番号	顧客コード	受注額	納品日

図6　受注表の構成

```
SELECT SUM (受注表.受注額)
    FROM 受注表, 従業員公開表
    WHERE 従業員公開表.課コード = 'S101' AND
          [                              ]
```

解答群

ア 受注表.従業員番号 = 従業員公開表.従業員番号 AND
受注表.受注日 BETWEEN '20110701' AND '20110930'

イ 受注表.受注日 BETWEEN '20110701' AND '20110930'

ウ 受注表.受注日 IN (SELECT COUNT (*) FROM 受注表
WHERE 受注表.受注日 BETWEEN '20110701' AND '20110930')

エ 受注表.受注日 IN (SELECT SUM (受注表.受注額) FROM 受注表
WHERE 受注表.受注日 BETWEEN '20110701' AND '20110930')

問3 イーサネットを介した通信に関する次の記述を読んで，設問1，2に答えよ。

IPネットワークにおいて，あるホストが別のホストと通信する場合，通信相手のホストのIPアドレスを指定して通信する。下位層にイーサネットを用いるときには，通信相手のホストのMACアドレス，又は通信相手のホストに到達可能なルータのMACアドレスが必要になる。しかし，IPネットワークで通信を行うアプリケーションでは，通信相手のIPアドレスやホスト名を明示的に指定することはあっても，MACアドレスを明示的に指定することはない。したがって，IPアドレスを手掛かりとして必要なMACアドレスを得るために，IPネットワークではARP（アドレス解決プロトコル）というプロトコルが用いられる。

〔MACアドレスに関する説明〕

イーサネットとIPをOSI基本参照モデルに当てはめた場合，イーサネットは物理層とデータリンク層に該当し，IPはネットワーク層に該当する。つまり，IPネットワークでの通信で取り扱うIPデータグラムを，下位層のイーサネットで送信するためには，IPデータグラムを［ a ］したイーサネットフレームを送信する。このとき，イーサネットフレームの宛先を表すアドレスとして用いられるのがMACアドレスである。MACアドレスの長さは48ビットであり，表現可能なアドレスの個数は［ b ］個となる。

なお，ここではMACアドレスを表記する際，8ビットごとに2桁の16進数00～FFで表し，それぞれの間はコロンで区切る。たとえば，00:53:00:12:C5:8A のように表す。

〔ARPの機能の説明〕

IPアドレスを基にMACアドレスを得るARPの機能は，問合せとして“ARP要求”を送信し，それに対する回答として“ARP応答”を受け取ることで実現される。

たとえば，セグメント 10.1.1.0/24 において，ホストA（IPアドレス 10.1.1.10，MACアドレス 00:53:00:DA:C7:OB）がホストB（IPアドレス 10.1.1.20，MACアドレス 00:53:00:EC:17:27）宛てにIPデータグラムを送信しようとしたとき，ホストBのMACアドレスはARPによって，次のようにして得られる。

(1) ホストAは，IPアドレス 10.1.1.20 に対するARP要求を送信する。このとき，ARP要求は［ c ］される。

(2) ARP要求を受け取ったホストBは，そのARP要求が自分のIPアドレスに対する 問合せであることを確認すると，自分のIPアドレス 10.1.1.20 とMACアドレス 00:53:00:EC:17:27 を格納したARP応答を送信する。同じARP要求を受け取ったその他のホストは，それが自分のIPアドレスに対する問合せではないので，無視する。

(3) ホストAは，ホストBが送信したARP応答を受け取ることによって，IPアドレス 10.1.1.20 に対応するMACアドレスが 00:53:00:EC:17:27 であることがわかる。

ホストAは,ホストBのIPアドレスと得られたMACアドレスの対応付けをキャッシュする。キャッシュが破棄されるまで 10.1.1.20 宛てのIPデータグラムを送る際,イーサネットフレームの宛先MACアドレスとして 00:53:00:EC:17:27 を使用する。

設問1 本文中の［　　　］に入れる正しい答えを，解答群の中から選べ。

aに関する解答群

ア 宛先として格納　イ 送信元として格納　ウ データ部に格納
エ プリアンブルに格納　オ ヘッダ部に格納

b に関する解答群

ア 48　イ 254　ウ 256
エ 2^{32}　オ 2^{48}

c に関する解答群

ア TCPセグメントとして送信　イ UDPデータグラムとして送信
ウ ブロードキャスト　エ ホストBのMACアドレス宛てに送信
オ ユニキャスト

設問2 次の記述中の［　　　］に入れる正しい答えを，解答群の中から選べ。

図1は，ある企業の社内ネットワークの構成（一部）である。

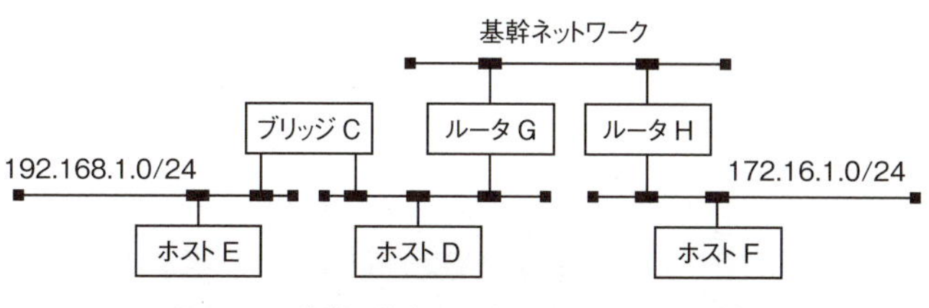

図1 ある企業の社内ネットワークの構成（一部）

このネットワークにおいて，ホストDが，いくつかの宛先にIPデータグラムを送信しようとするとき，ホストDはARPによって送信に必要なMACアドレスを得る。ここで，ホストDがIPデータグラムを送信しようとしたとき，宛先のMACアドレスはホストDにキャッシュされていないものとする。

ホストEに対してIPデータグラムを送信しようとするとき，ホストDは［ d ］のIPアドレスに対するARP要求を送信する。

ホストFに対してIPデータグラムを送信しようとするとき，ホストDは［ e ］のIPアドレスに対するARP要求を送信する。

解答群

ア ブリッジC　イ ホストD　ウ ホストE

エ ホストF　オ ルータG　カ ルータH

問4 通信講座を提供している企業の受講管理システムに関する次の記述を読んで，設問1，2に答えよ。

A社では資格を取得するための通信講座を提供している。資格には上級，中級，初級の3種類があり，各講座の修了判定で合格すると合格証が発行され，資格取得となる。上級資格向けの講座を受講するには，中級資格を取得している必要がある。A社通信講座の概要を表1に示す。

表1　A社通信講座の概要

資格区分	受講期間	受講条件
上級資格	12か月	中級資格を取得していること
中級資格	10か月	なし
初級資格	6か月	なし

〔通信講座運用の概要〕

A社では，受講者の受講状況や成績を，受講管理システムを使って管理し，修了判定を行っている。通信講座運用の概要を次に示す。

(1) 各講座は毎月初めに開始する。
(2) テキストと課題が，受講期間中の毎月初めに受講者に到着するように送付される。
(3) 学習後の受講者から，課題に対する答案がA社に提出される。答案の提出期限は，受講者が課題を受け取った月の25日とする。
(4) A社に答案が到着した日を提出日として，受講管理システムに入力する。
(5) 到着から3日以内に，答案を添削して100点満点で採点し，添削済み答案と模範解答を受講者に返送する。
(6) 点数と返送日を受講管理システムに入力する。

提出された答案の処理の流れを，図1に示す。

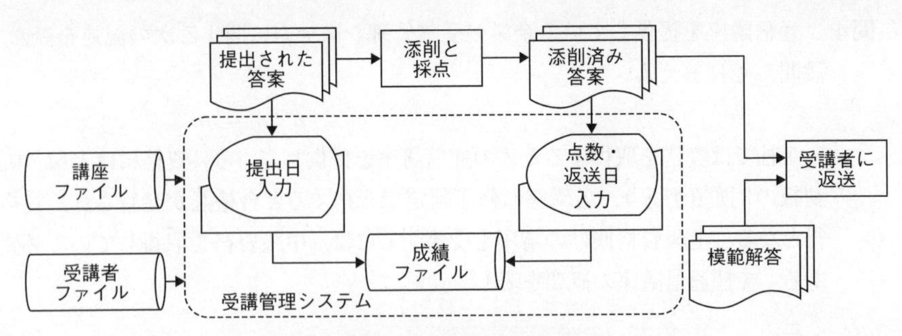

図1 提出された答案の処理の流れ

〔初級，中級資格向けの講座の修了判定処理の概要〕

(1) 毎月初めに，前月で受講期間が終了した受講者を対象に，答案の提出回数と平均点を算出し，修了判定処理を行う。平均点は，全ての答案の合計点を受講期間の月数で除算して求める。答案が未提出の場合，及び提出期限を過ぎて答案が到着した場合は，提出回数に含めず，点数は0点とする。

(2) 判定区分には，優秀，合格，不合格の3種類がある。

(3) 初級資格向けの講座では，4回以上答案を提出し，かつ，平均点が60点以上の受講者を合格と判定する。

(4) 中級資格向けの講座では，7回以上答案を提出し，かつ，平均点が60点以上の受講者を合格と判定する。

(5) 全ての答案を提出し，かつ，平均点が90点以上の受講者は優秀と判定する。

(6) (3)，(4)の条件を満たさない受講者は，不合格と判定する。

(1) ～ (6)の処理は，成績ファイルと講座ファイルを修了判定プログラムに入力して行われる。

〔初級，中級資格向けの講座の修了判定後の処理の概要〕

(1) 合格者には合格証を発行する。

(2) 優秀者には優秀者用の合格証を発行する。優秀者は，修了判定した月の翌月1日(以下，起算日という)から24か月間，上位の講座(初級資格向けの講座の場合は中級資格向けの講座，中級資格向けの講座の場合は上級資格向けの講座)を半額で受講することができる。優秀者には優秀者用の合格証と併せて割引受講案内を送付する。

(3) 不合格者には，起算日から12か月間，同じ講座を半額で再受講することができる割引受講案内を送付する。

(1) ～ (3) の処理は，修了判定処理の結果に基づき，受講者ファイルと成績ファイルを参照して行われる。

受講者ファイル，講座ファイル，成績ファイルのレコード様式を，図2～4に示す。各ファイルは，全て索引順編成ファイルである。初級，中級資格向けの講座の修了判定プログラムの流れを図5に，主なモジュールの処理内容を表2に示す。

受講者コード	受講者名	住所	電話番号

注記　下線はキー項目を表す。

図2　受講者ファイルのレコード様式

講座番号	講座名称	開始年月日	終了年月日	受講期間の月数	答案１の提出期限	…	答案ｎの提出期限

注記　下線はキー項目を表す。

図3　講座ファイルのレコード様式

受講者コード	講座番号	判定区分	起算日	答案１			…	答案ｎ		
				提出日	点数	返送日		提出日	点数	返送日

注記１　下線はキー項目を表す。
注記２　判定区分の初期値には空白が設定されている。
注記３　提出日の初期値には提出期限の翌日の日付が設定されている。
注記４　点数の初期値には０点が設定されている。

図4　成績ファイルのレコード様式

11

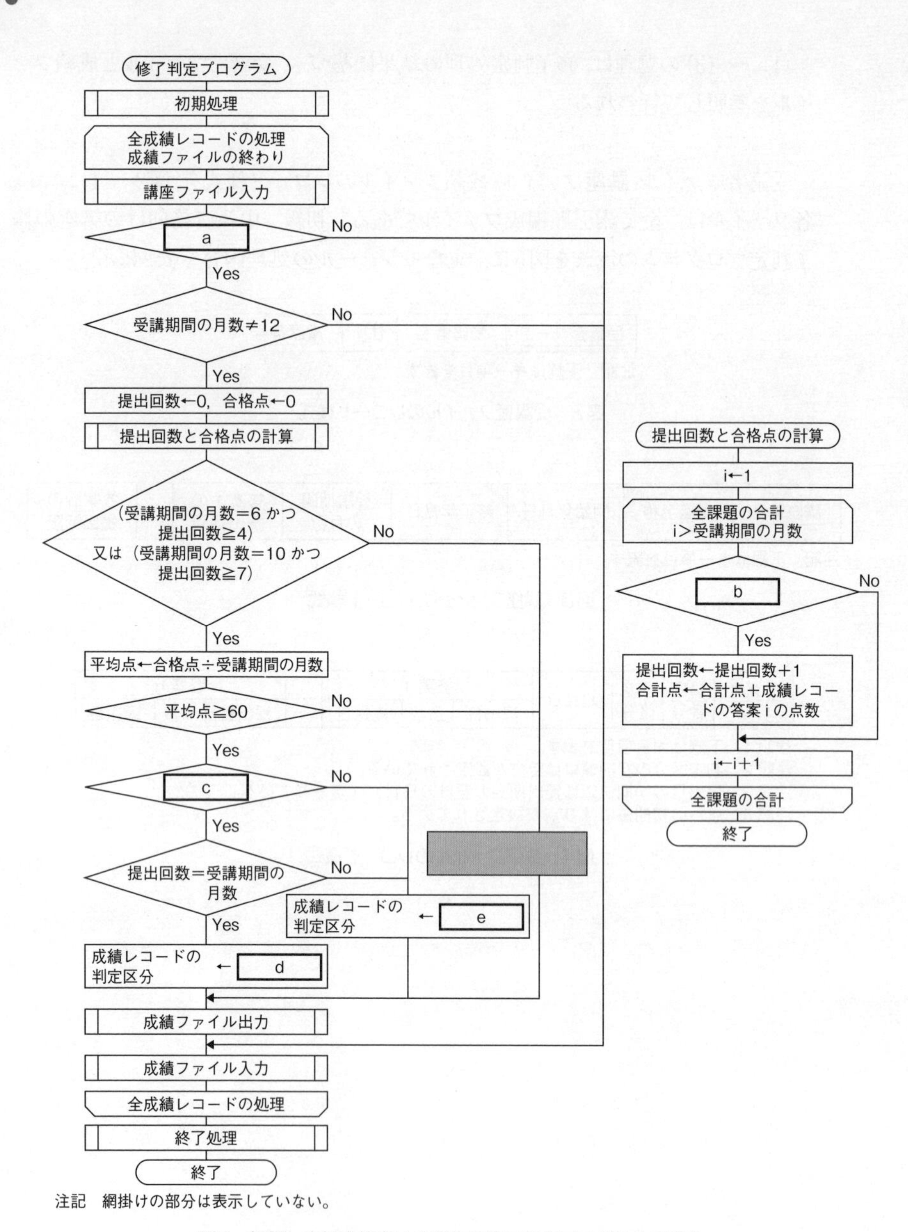

注記 網掛けの部分は表示していない。

図5 初級，中級資格向けの講座の修了判定プログラムの流れ

表2　主なモジュールの処理内容

モジュール名	処理内容
初期処理	各ファイルを開く（成績ファイルは順次アクセスする）。 成績ファイルを読む（判定区分が空白以外のレコードは，読み飛ばす）。
講座ファイル入力	成績レコードの講座番号をキーとして，講座ファイルを読む。
成績ファイル出力	成績レコードを，成績ファイルに書き込む。
成績ファイル入力	成績ファイルを読む（判定区分が空白以外のレコードは，読み飛ばす）。
終了処理	各ファイルを閉じる。

設問1　図5中の［　　　　　］に入れる正しい答えを，解答群の中から選べ。ここで，日付については早い方が小さい数として扱われる。

aに関する解答群

ア　講座レコードの開始年月日＜現在日付
イ　講座レコードの答案iの提出期限＜現在日付
ウ　講座レコードの終了年月日＜現在日付
エ　成績レコードの答案iの提出日＜現在日付
オ　成績レコードの答案iの返送日＜現在日付

bに関する解答群

ア　成績レコードの答案iの提出日＝講座レコードの答案iの提出期限
イ　成績レコードの答案iの提出日≠講座レコードの答案iの提出期限
ウ　成績レコードの答案iの提出日＞講座レコードの答案iの提出期限
エ　成績レコードの答案iの提出日≦講座レコードの答案iの提出期限
オ　成績レコードの答案iの提出日の前日＞講座レコードの答案iの提出期限

cに関する解答群

ア　平均点＝60　　イ　平均点＜60　　ウ　60＜平均点＜90
エ　平均点＞90　　オ　平均点≧90

d，eに関する解答群

ア　“合格”　　イ　“不合格”　　ウ　“優秀”

設問2 割引を使用した受講の利用率を向上させるために，割引対象期間の残り月数(以下，割引残存期間という)が少なくなっている受講者に，ダイレクトメールを発送することになった。割引を使用した受講の利用状況を調べるために，割引対象受講者と割引残存期間を全て抽出し，結果ファイルに書き込む，割引残存期間抽出プログラムを作成する。割引対象期間を過ぎている場合，割引残存期間に99を入れる。結果ファイルのレコード様式を図6に，割引残存期間抽出プログラムの流れを図7に示す。[ ] に入れる正しい答えを，解答群の中から選べ。

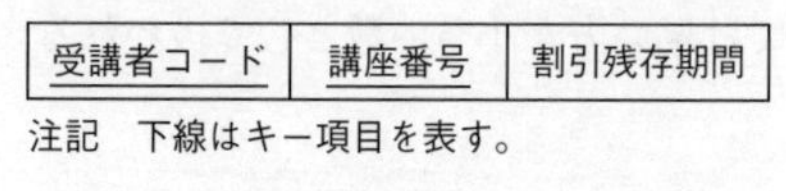

受講者コード	講座番号	割引残存期間

注記 下線はキー項目を表す。

図6 結果ファイルのレコード様式

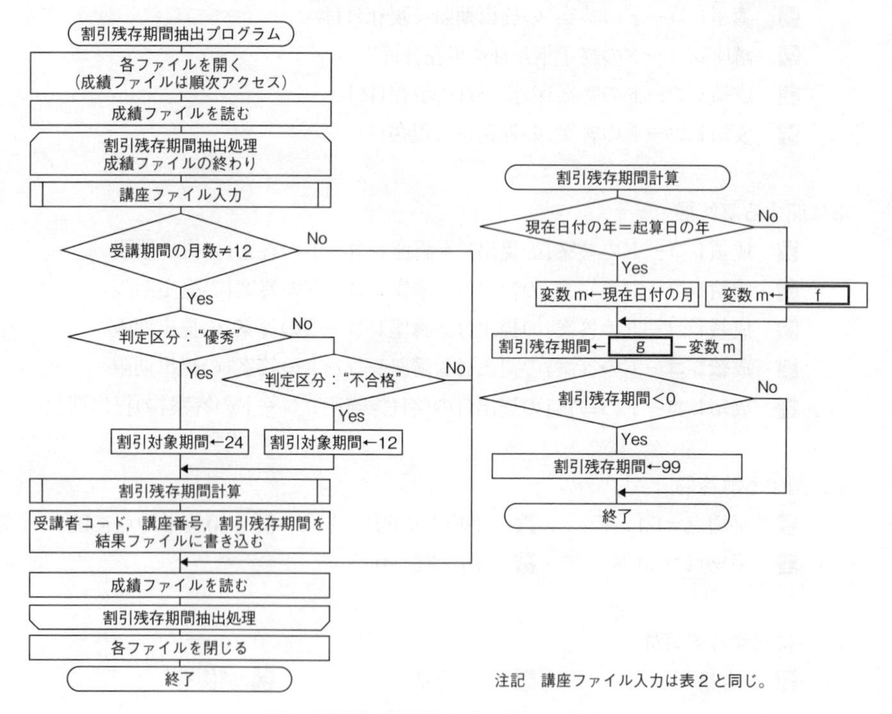

図7 割引残存期間抽出プログラムの流れ

fに関する解答群

- ア　起算日の月＋(起算日の年－現在日付の年)×12
- イ　起算日の月＋(現在日付の年－起算日の年)×12
- ウ　現在日付の月＋(起算日の年－現在日付の年)×12
- エ　現在日付の月＋(現在日付の年－起算日の年)×12
- オ　現在日付の月－(現在日付の年－起算日の年)×12

gに関する解答群

- ア　起算日の月
- イ　起算日の月－割引対象期間
- ウ　割引対象期間
- エ　割引対象期間＋起算日の月
- オ　割引対象期間－起算日の月

問5 プロジェクトにおける品質管理に関する次の記述を読んで，設問1，2に答えよ。

システムインテグレータX社は，Y社のシステム開発を3年前から担当している。初年度の新規開発が終了後，半年ごとにシステムの機能拡張を継続的に行っている。今年度は比較的大規模なシステム開発（以下，プロジェクトPという）をすることになり，表1のとおりに開発体制を変更（新規メンバを，グループG1に1名，G2に2名追加）した。プロジェクトPでは，開発体制の変更に伴うシステムの品質低下を防止するために，従来以上にプロジェクトにおける品質管理を徹底することにした。

表1 Y社向けシステムの開発体制の変更

グループ名	G1	G2	G3
要員数（グループリーダを含む）	4名→5名	3名→5名	3名
担当サブシステム	S1	S2	S3

注 “→”は要員数の変更を表す。

過去のプロジェクトで蓄積された品質データ（バグ件数，バグ摘出率など）は，次のプロジェクトの品質管理に役立てることができる。蓄積された品質データを基に，新規プロジェクトの目標値を設定し，各開発工程での実績値との差異を分析する。差異が生じた場合には，その原因を見いだして，品質向上のための施策の実行，目標値の見直しなど，適切に対処することを繰り返す。これによって，開発工程が進むにつれて品質管理の精度が向上し，システムの品質が確保される。

(1) プロジェクトPの開発工程は，設計工程，製造工程，単体テスト工程及び結合テスト工程の四つの工程から成る。
(2) 設計工程の開始時点では，Y社のシステム開発における過去のプロジェクトでの品質データの実績値を基に，バグ総件数を予測し，工程ごとのバグ摘出率の目標値を設定する。設計工程の終了時には，バグ摘出件数の予測値と実績値の比較・分析を行い，バグ総件数の予測値を見直して，以降の工程での残存バグ件数を予測する。製造工程，単体テスト工程及び結合テスト工程の終了時に，この予測を繰り返す。
(3) 設計工程又は製造工程で生じた誤り（バグ）をテスト工程で発見して修正する場合には多くの工数を要するので，開発の生産性及びシステムの品質向上には，バグの早期発見が重要である。

X社では，設計工程及び製造工程でのバグ摘出率の向上を目指し，品質管理の全社目標を，“設計工程及び製造工程でのバグ摘出率65%以上”に設定している。各グループのこれまでの品質データに今回の開発体制の変更の影響を加味した結果と全社目標を基に，プロジェクトPの設計工程開始時点での工程ごとの目標バグ摘出率を表2のように設定した。

表2　各工程での目標バグ摘出率

工程	設計	製造	単体テスト	結合テスト
目標バグ摘出率(%)	30	35	20	15

(4) 各サブシステムとも，設計工程は計画どおりの期間で終了した。設計工程でのバグ摘出件数の実績値及び算出したバグ摘出率は，表3のとおりであった。

表3　設計工程でのバグ摘出件数(実績値)及びバグ摘出率

サブシステム名	S1	S2	S3
バグ摘出件数(件)	280	175	112
バグ摘出率(%)	35	25	28

設計工程でのバグ摘出率(%)は，次の式で算出する。

$$\text{設計工程でのバグ摘出率} = \frac{\text{設計工程でのバグ摘出件数(実績値)}}{\text{全工程でのバグ総件数(予測値)}} \times 100$$

(5) 製造工程でのバグ摘出件数の実績値は，表4のとおりであった。バグ摘出件数の予測値と実績値を比較・分析した結果，製造工程の終了時に各サブシステムでの残存バグ件数を表4のとおりに予測した。

表4　製造工程でのバグ摘出件数(実績値)と残存バグ件数の予測値

サブシステム名	S1	S2	S3
バグ摘出件数(件)	210	170	143
残存バグ件数の予測値(件)	262	170	137

(6) テスト工程(単体テスト工程及び結合テスト工程)でのバグ摘出件数の実績値は，表5のとおりであった。

表5　テスト工程でのバグ摘出件数(実績値)

サブシステム名		S1	S2	S3
バグ摘出件数	単体テスト工程(件)	160	100	90
	結合テスト工程(件)	100	60	45

設問1 次の記述中の[ ]に入れる適切な答えを，解答群の中から選べ。

プロジェクトマネージャのM課長は，表3の結果を見て，グループG1とG2の設計品質に対して表6に示す疑問をもち，グループリーダに各サブシステムの設計品質についての見解を説明させた。グループリーダからの回答内容は，表7のとおりであった。M課長は，この説明に納得して，各グループに製造工程への着手を指示した。

表6 設計品質に対するM課長の疑問点

グループ	グループ設計品質への疑問内容
G1	設計工程が終了した時点で算出したバグ摘出率（35%）が目標値（30%）よりも高くなっている。担当サブシステムの難度が予測よりも高かったのか，新規メンバのスキルに問題があったのではないか。
G2	新規メンバを2名も追加したにもかかわらず，バグ摘出率（25%）が目標値（30%）よりも低くなっている。設計レビューが適切に実施されなかったのではないか。

表7 M課長の疑問点に対する回答

グループ	グループリーダからの回答内容
G1	[a] と [b] が要因として考えられる。今回，設計品質の向上のために，これまでよりも設計レビューを強化した。これらのことから，前述の要因によって発生したと考えられるバグを含めて全体のバグ摘出件数が増加した。よって，バグ摘出率が目標値を上回っているが，バグの改修は終了しており，品質を十分に確保した。
G2	[c] によって，設計の再利用率が計画値よりも高まった。さらに，[d] によって，メンバの生産性が計画値よりも高まった。これらのことから，バグ摘出件数が減少した。よって，バグ摘出率が目標値を下回っているが，設計レビューは適切に実施しており，品質を十分に確保した。

解答群

- ア 過去のシステムの機能拡張で改造した機能と類似しているモジュールが予想以上に多かったこと
- イ 新規メンバが要求仕様を完全に理解していなかったためにバグが発生したこと
- ウ 新規メンバの1人が，類似システムの開発に関して，既存メンバを上回る経験を有していたこと
- エ 設計の難度が高いモジュールが予測以上に多かったこと
- オ 他システムの保守対応など緊急の割込み業務が多発して工数不足だったこと

設問2　テスト工程での品質に関する次の記述中の［　　　　］に入れる適切な答えを，解答群の中から選べ。

なお，解答群の数値は小数点以下を四捨五入した値である。

表4及び表5の結果を見たM課長は，S2に関して，製造工程終了時の残存バグ件数の予測値が170件であるのに対し，テスト工程でのバグ摘出件数は160件であり，10件の摘出不足があることから，まだバグが残っており，テスト不足ではないのかとの疑問をもった。

そこで，S2に対して追加テストが必要かどうかを見極めるために，テスト工程でのバグ成長曲線を確認することにした。テスト工程における検査項目の完了数とバグ摘出件数との関係を表すグラフが［　e　］であることから，S2のテスト工程での品質は十分に安定していると評価した。また，S2の設計工程においても，表7の回答内容から品質の良さが想定される。さらに，最終的な製造工程のバグ摘出率は［　f　］%であり，製造工程での品質確保も十分であると考えられる。最終的な製造工程のバグ摘出率（%）は，次の式で算出する。

$$製造工程でのバグ摘出率 = \frac{製造工程でのバグ摘出件数（実績値）}{全工程でのバグ総件数（実績値）} \times 100$$

これらのことから，S2のバグ総件数の実績値は当初の予測値よりも少ない値であるが，バグは残っていないと判断してテストを完了した。

その後，Y社へシステムをリリースして3か月が経過したが，Y社からの不具合の報告はなかった。この結果から，最終的に設計工程及び製造工程でのバグ摘出率の合算値が最も高かったのは，グループ［　g　］であり，バグ摘出率の合算値は［　h　］%である。

eに関する解答群

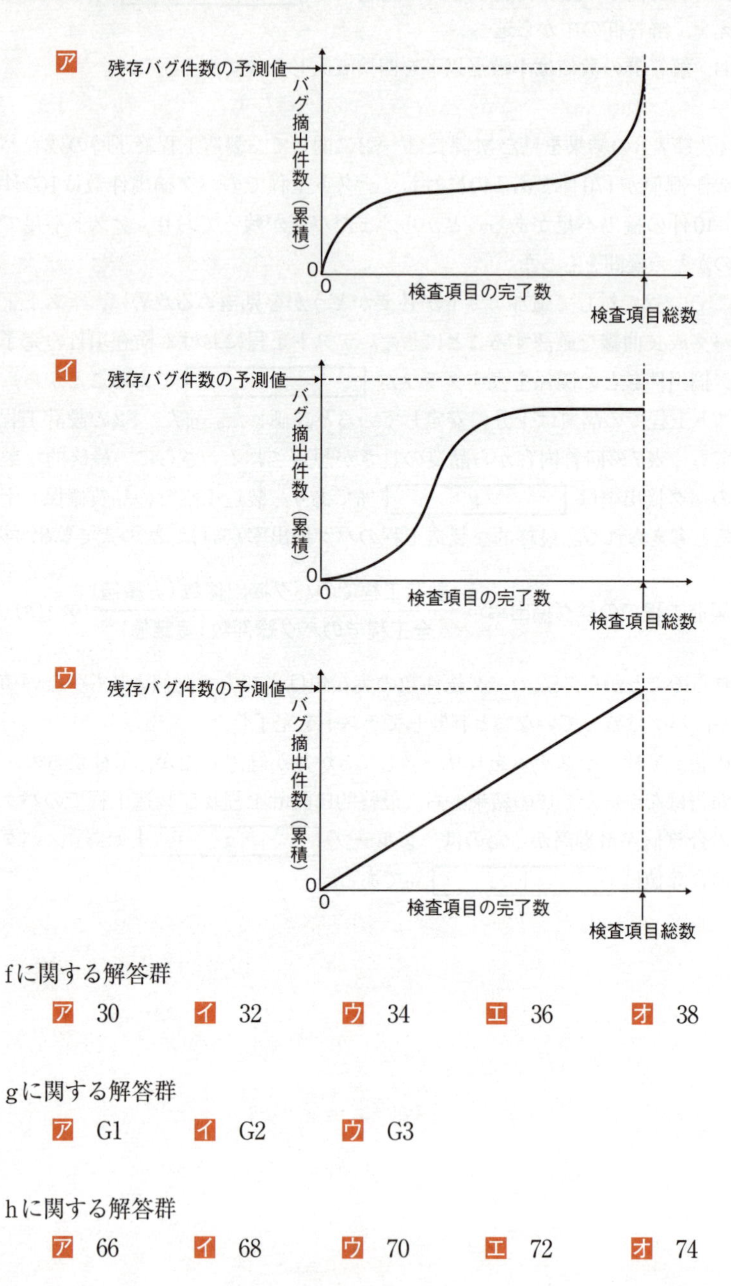

fに関する解答群

ア 30　イ 32　ウ 34　エ 36　オ 38

gに関する解答群

ア G1　イ G2　ウ G3

hに関する解答群

ア 66　イ 68　ウ 70　エ 72　オ 74

次の問6は必須問題です。必ず解答してください。

問6　次のプログラムの説明及びプログラムを読んで，設問1～3に答えよ。

整数型関数BitTestは，8ビットのデータ中の指定したビット位置にあるビットの値を検査して，結果を返す。整数型関数BitCountは，8ビットのデータ中にある1のビットの個数を返す。

なお，本問において，演算子“&”，“|”は，二つの8ビット論理型データの対応するビット位置のビット同士について，それぞれ論理積，論理和を求め，8ビット論理型で結果を得るものとする。また，" ～ "Bという表記は，8ビット論理型定数を表す。

〔プログラム1の説明〕

整数型関数BitTestを，次のとおりに宣言する。

○整数型関数：BitTest (**8ビット論理型**：Data, **8ビット論理型**：Mask)

検査される8ビットのデータは入力用の引数Dataに，検査をするビット位置の情報は入力用の引数Maskに，それぞれ格納されている。Mask中のビットの値が1であるビット位置に対応したData中のビットを検査して，次の返却値を返す。ここで，Mask中には1のビットが1個以上あるものとする。

返却値　0：検査した全てのビットが0
　　　　1：検査したビット中に0と1が混在
　　　　2：検査した全てのビットが1

たとえば，図1の例1では，Maskのビット番号7～5の3ビットが1であるので，Dataのビット番号7～5の3ビットの値を検査し，0と1が混在しているので返却値1を返す。例2では，Maskのビット番号4と0の2ビットが1であるので，Dataのビット番号4と0の2ビットの値を検査し，どちらも1であるので返却値2を返す。

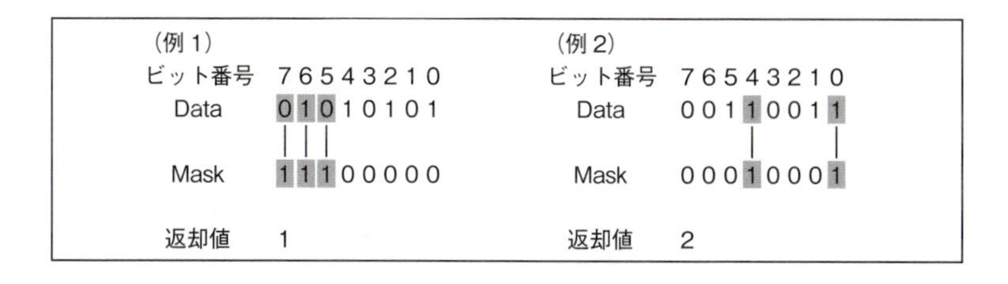

図1 BitTestの実行例

〔プログラム1〕

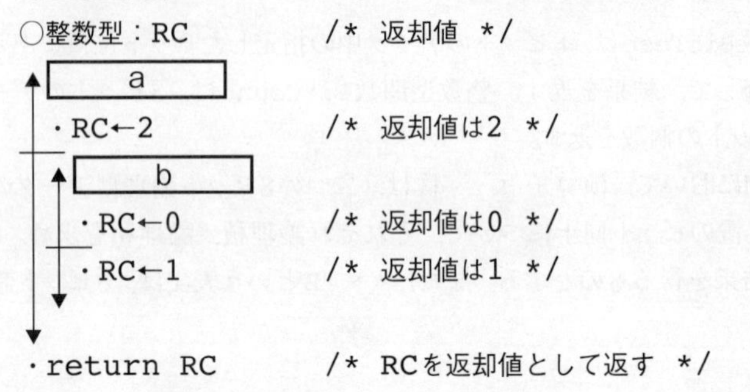

```
○整数型関数：BitTest（8ビット論理型：Data, 8ビット論理型：Mask）
○整数型：RC              /* 返却値 */
▲ [   a   ]
│ ・RC←2                /* 返却値は2 */
├─────
│ ▲ [   b   ]
│ │ ・RC←0              /* 返却値は0 */
│ ├─────
│ │ ・RC←1              /* 返却値は1 */
│ ▼
▼
・return RC             /* RCを返却値として返す */
```

〔プログラム2，3の説明〕

整数型関数BitCountを，次のとおりに宣言する。

○整数型関数：BitCount（**8ビット論理型**：Data）

検査される8ビットのデータは入力用の引数Dataに格納されている。

このためのプログラムとして，基本的なアルゴリズムを用いたプログラム2と，処理効率を重視したプログラム3を作成した。

プログラム2，3中の各行には，ある処理系を想定して，プログラムの各行を1回実行するときの処理量（1，2，…）を示してある。選択処理と繰返し処理の終端行の処理量は，それぞれの開始行の処理量に含まれるものとする。

なお，演算子“－”は，両オペランドを8ビット符号なし整数とみなして，減算を行うものとする。

〔プログラム2〕

(処理量)

```
     ○整数型関数：BitCount (8ビット論理型：Data)
     ○8ビット論理型：Work
     ○整数型：Count, Loop
1    ・Work←Data
1    ・Count←0
4    ■Loop：0, Loop<8, 1
3    │ ▲ Workの最下位ビットが1
1    │ │ ・Count←Count+1
     │ ▼
1    │ ・Workを右へ1ビット論理シフトする
     ■
2    ・return Count          /* Countを返却値として返す */
```

〔プログラム3〕

(処理量)

```
     ○整数型関数：BitCount (8ビット論理型：Data)
     ○8ビット論理型：Work
     ○整数型：Count
1    ・Work←Data
1    ・Count←0
2    ■Work中に1のビットがある
1    │ ・Count←Count+1
3    │ ・Work←Work & (Work−1)      ← α
     ■
2    ・return Count          /* Countを返却値として返す */
```

設問1 プログラム1中の ［　　　］ に入れる正しい答えを，解答群の中から選べ。

解答群

ア (Data & Mask)＝"00000000"B
イ (Data & Mask)＝Data
ウ (Data & Mask)＝Mask
エ (Data | Mask)＝"00000000"B
オ (Data | Mask)＝Mask

設問2 次の記述中の ［　　　］ に入れる正しい答えを，解答群の中から選べ。

プログラム1は，Mask中に1のビットが1個以上あることを前提としている。ここで，この前提を取り除いて，Mask中の1のビットが0個の場合は返却値0を返すようにしたい。そのために，プログラム1の処理部分について，次の修正案①～③を考えた。ここで，修正案①は，プログラム1のままで何も変更しない。また，［ a ］と［ b ］には，設問1の正しい答えが入っているものとする。

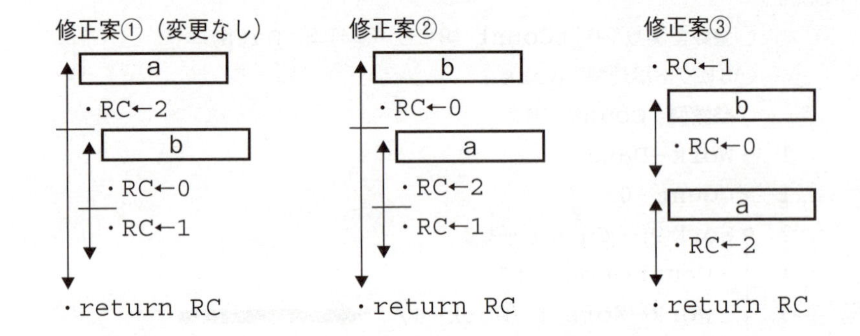

これらの修正案のうち，正しく動作するのは［ c ］である。

解答群

ア 修正案①　イ 修正案②　ウ 修正案③
エ 修正案①及び②　オ 修正案①及び③　カ 修正案②及び③

設問3 次の記述中の [ ] に入れる正しい答えを，解答群の中から選べ。

プログラム2，3の処理効率について考えてみる。表1にプログラム2，3の処理量の比較結果を示す。

表1 プログラム2，3の処理量の比較

	最小	最大
プログラム2	72	[d]
プログラム3	[e]	54

プログラム3では，αの行での変数Workの更新において効率の良いアルゴリズムが使われている。たとえば，プログラム3で引数Dataの内容が"01101010"Bであったとき，繰返し処理においてαの行の2回目の実行が終了した時点で変数Workの内容は，"[f]"Bになっている。このようなビット変換の処理によって，繰返し処理の繰返し回数は，検査されるデータ中の1のビットの個数と同じになる。

dに関する解答群

ア 80　イ 88　ウ 104　エ 112

eに関する解答群

ア 6　イ 10　ウ 20　エ 22

fに関する解答群

ア 00000011　イ 00000110　ウ 00001010
エ 01010000　オ 01100000　カ 10100000

11-4 午後問題の解答と解説

問1

《解答》設問1：ウ　設問2：a－エ，b－ア，c－エ　設問3：イ

設問1

SQLインジェクション攻撃は，データベースを利用したWebアプリケーションにおいて，利用者の入力欄に故意にSQL文の一部を入力し，本来とは異なる動作を引き起こさせる攻撃手法です。

図11.16は，設問内容からカタログ請求を行う際のログイン処理の様子を示したものです。Webページから入力されたログイン情報（メールアドレスとパスワード）は，SQL文で事前にデータベースに登録されたカタログ請求者のユーザ情報（mailとpass）と比較を行い，認証の可否を行っています。

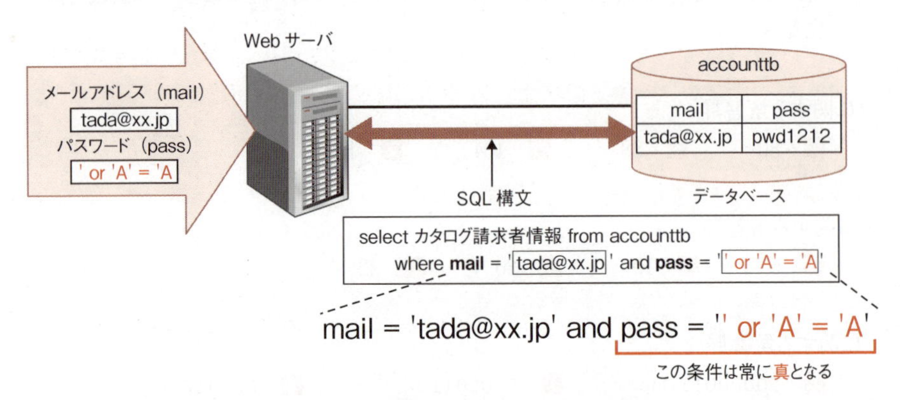

図11.16：SQLインジェクションの例

図11.16では，パスワードに「' or 'A' = 'A」が入力されています。これは，データベースに登録されているカタログ請求者のパスワードと異なるものです。しかし，認証処理で実行するSQL文に内容を当てはめると，where以降の条件式が「真」となり，正規のユーザとして判断されてしまいます。これは，「' or 'A' = 'A」の内容がSQL文の条件式を不正に操作できるように，わざと「SQL文の一部となるような値」を入力しているからです。この仕組みを悪用することで，正規のパスワードを知らなくても，メールアドレスさえ知っていれば誰でもユーザ認証が通るようになります。

よって，正解はウです。

設問2：空欄a

SQLインジェクションのセキュリティ対策の1つに，エスケープ処理があります。

エスケープ処理は，入力データ中のメタ文字（「'」「%」「\」「;」など）を通常の文字として置き換えます。たとえば，SQLにおいて「'」は特別な意味をもつ記号になりますが，「'」を2つ重ねた「''」にすることで通常の文字として扱うことができます（図11.17）。

図11.17：エスケープ処理の例

よって，正解は**エ**です。

設問2：空欄b

情報流出リスクの大きさは，流出した情報量が多さで決まります。

リスクが最も小さいのは，保持する情報量が全くないときです。しかし，この状況では設問上の「A社では，カタログ請求者へのカタログ送付後の購入支援を，データベースに登録されている情報を基に電子メールと電話で行っている。」という営業活動が行えなくなります。そのため，情報流出リスクを抑えるためには，必要以上の情報をデータベースに保持しないことが重要です。

以上のことを踏まえて解答群を見てみます。

ア：正解です。

イ：カタログ送付後にデータベースから消去すると，その後の購入支援が行えなくなります。

ウ：情報流出を防ぐ方法として，ディジタル署名による効果は望めません。

エ：**ウ**と同様に，効果は望めません。

11

設問2：空欄c

セキュリティ事故を起こしたときに，その原因や影響の範囲を知るために行うべきことは，セキュリティ事故を起こしたアプリケーションの動作履歴を遡って調べることです。

データベースでは，「どの情報に」「誰がアクセスしたか」などの履歴をアクセスログとして残す機能があります。このアクセスログを取ることが「情報流出の原因と流出した情報の範囲の特定」を行うために重要になります。

設問からは，「…。Webサーバとデータベースではアクセスログを取得しない設定にしていたこともあり，流出した情報の範囲は特定できなかった。…」とあることから，アクセスログを取得していなかったことにより，「情報流出の原因と流出した情報の範囲の特定」ができていないことが伺えます。

よって，正解はエです。

設問3

設問から他の脆弱性の存在も確認されていて，さまざまな視点からセキュリティ対策を講じる必要性が求められていることがわかります。

このような場合，WAF（Web Application Firewall）を用いることが対策の1つとして挙げられます。WAFは，パケットのデータ部分まで詳細にチェック（宛先ホスト，HTTPヘッダ情報，POSTデータ，Cookieなど）するため，バッファオーバフローを引き起こすデータの阻止や，セッションハイジャック，SQLインジェクション，クロスサイトスクリプティングなどのWebアプリケーションに対する攻撃の検知・排除が行えるようになります。

よって，正解はイです。

問2

《解答》設問1：a－エ，b－エ，c－イ　設問2：ア　設問3：エ　設問4：ア

設問1：空欄a，b

図2の組織編成からA案の部署表の部署名に入る値は，たとえば開発部の場合，「開発部企画課」と「開発部開発課」の2つになります。

仮に，「開発部」の部名が「研究部」に変わった場合，上記の2つを「研究部企画課」「研究部開発課」に変更することになります。このように1つの情報が更新されたとき，複数行でデータの修正が必要になることを“重複更新”と呼び，関係データベースにおいて，データ操作による影響範囲を限定するために必要な，「データの独立性」に反する内容であり好ましくありません。

よって，正解は空欄aがエの「部名」，空欄bがエの「重複更新」になります。なお，データベースの構造をB案のように正規化することで重複更新の問題は解決できます。

設問1：空欄c

部名と課名を組み合わせた名称（以下では，「部名課名1」「部名課名2」…で示す）を値としてもったA案のデータベースの場合，同じ部に属する従業員を表示するには，次のようなSQLを発行しなければなりません。

```
記述例1：SELECT 氏名 FROM 部署表，従業員表
      WHERE 部署表.部署コード = 従業員表.部署コード AND
            部署名 = 部名課名1 OR 部署名 = 部名課名2 OR …
記述例2：SELECT 氏名 FROM 部署表，従業員表
      WHERE 部署表.部署コード = 従業員表.部署コード AND
            部署名 LIKE '部名%'
```

記述例2のLIKE述語は，文字列の一部分が一致したものを引き当てる内容となります。いずれにしても，部名だけの指定では検索が行えず，課名を伴わなければ操作ができないようなデータベースは，関係データベースにおいてのデータとプログラムとの独立性に反するものとなります。

以上のことから，空欄cの正解はイの「ある部に属する従業員の氏名の一覧」です。

設問2

解答群のウおよびエの構文は，副問合せについての内容です。副問合せでは，主問合せ側のWHERE句直後の属性（「従業員表．年齢」）と副問合せ側のSELECT句の直後の属性（「COUNT（従業員表．年齢）」）が一致する必要がありますが，ウエともに主問合せ側のWHERE句の直後にCOUNT関数がなく，副問合せ側と一致していません。そのため，構文として不適切な内容です。

```
SELECT 課表．課コード，… FROM 課表，従業員表
    WHERE 従業員表．年齢 = ANY (SELECT COUNT（従業員表．年齢） FROM…
```

不一致

解答群のアおよびイの構文は，「課表.課コード = 従業員表.課コード」で2つの表を“課コード”を基に連結後，「GROUP BY」でグループ化を行っています。

アでは，“課コード”と“課名”をグループ化しているため，設問にある「課ごとの平均年齢を算出し，…」を満たす表を取り出すことができます。一方のイでは，“部コード”と“課名”をグループ化する記述であり，この場合，正しい結果を取り出すことはできません。

よって，設問2の正解はアです。

設問3

ビュー定義を行う書式は，次のとおりです。

```
書式：CREATE VIEW ビュー名 [（列名1，列名2，…）] AS SELECT …
```

公開したい項目は，設問から「従業員番号」「氏名」「課コード」「内線」とあることから，従業員表からSELECT文で取り出す書式をAS以降に記述します。

よって，設問3の正解はエです。

設問4

解答群のウおよびエの構文は，副問合せを行っています。この場合，設問2の解説で述べたように主問合せ側のWHERE句に指定した属性と副問合せ側のSELECT句で指定した属性が一致する必要がありますが，ウとエのどちらも一致しません。よって構文として不適切です。

アおよびイの構文の違いは，受注表と従業員公開表を従業員番号を基に結合するか(ア)，しないか(イ)の違いです。設問から「WHERE 従業員公開表.課コード = 'S101'」とあるように，従業員公開表から特定の属性値を取り出す操作を行っているため，表の結合が必要になります。

よって，設問4の正解はアです。

問3

《解答》設問1：a−ウ，b−オ，c−ウ　設問2：d−ウ，e−オ

設問1：空欄a

データをネットワーク上に流すためには，OSI7階層モデルの上位層から下位層に向けて，各層でデータ通信に必要なヘッダ情報をデータに付与していきます。

ネットワーク層(TCP/IPモデルではインターネット層)では，トランスポート層からのデータにヘッダ情報(宛先／送信元のIPアドレスなどの情報)を付与して「IPデータグラム」を作ります(図11.18)。

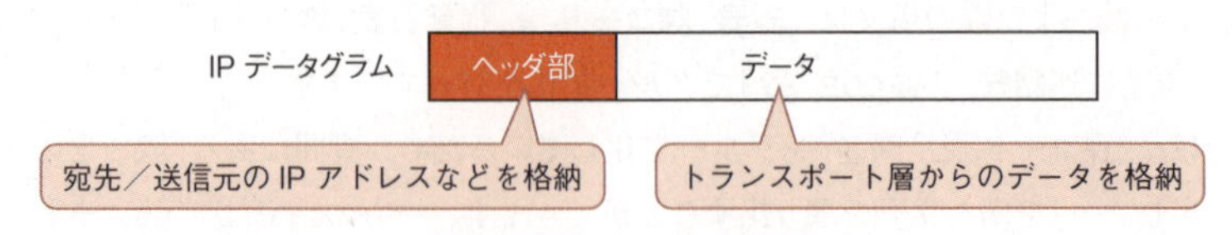

図11.18：IPデータグラム

ネットワーク層のさらに下の層(TCP/IPモデルではネットワークインタフェース層)では，ネットワーク層からのIPデータグラムにヘッダ情報(宛先／送信元のMACアドレスなどの情報)を付与して「イーサネットフレーム」を作ります(図11.19)。なお「プリアンブル」とは，イーサネットフレームの開始を示すビット列です。

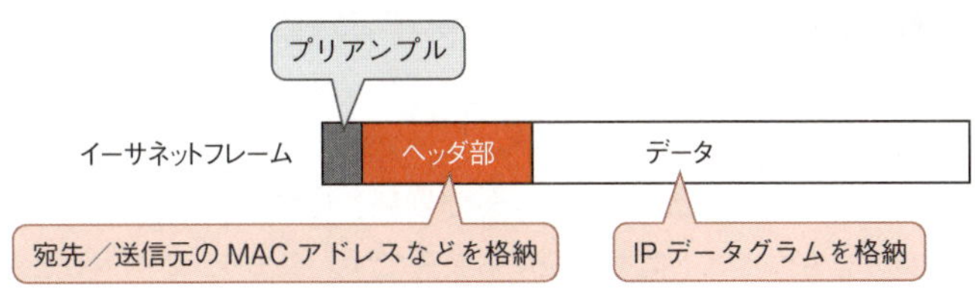

図11.19：イーサネットフレーム

よって，正解はウです。

設問1：空欄b

設問にあるように，MACアドレスは48ビットで表されます。表現可能なアドレスの数は，2^{48}個となります。正解はオです。

設問1：空欄c

通信を始めるときは宛先を指定する必要がありますが，この宛先の指定にはIPアドレス（URLを指定する場合はDNSでIPアドレスに変換）を使います。ここで，ネットワーク通信の開始時に必要なアドレス情報がすべて揃っているかを考えてみましょう。

ネットワーク上にデータを流すためには，最終的にデータを「イーサネットフレーム」にしてから流す必要があります。このイーサネットフレームを作るために必要なアドレスの情報は，設問1aで説明したように，宛先／送信元のMACアドレスが必要になります。また，イーサネットフレームのデータとなるIPデータグラムを作るには，ヘッダ情報に宛先／送信元のIPアドレスが必要になります。つまり，4つのアドレス情報をあらかじめ知っておかなければ，イーサネットフレームを作ることができません。

では，通信の開始時点で4つのアドレス情報のうち，どれを知り得ているかを考えてみます。まず，通信を始める際にアクセス先のIPアドレスを指定するため，「宛先IPアドレス」は知っています。また，「送信元IPアドレス」と「送信元MACアドレス」も知っています。不明な情報は「宛先MACアドレス」のみです。この「宛先MACアドレス」を知るために利用するのが「ARP」です。ARPは，IPアドレスからMACアドレスを知ることができるプロトコルです。

通信相手の「宛先MACアドレス」を知るために，送信元は「宛先IPアドレス」を基にARP要求を送信します。このARP要求は，送信元が属するネットワークアドレスのホスト全体に対して行います。そのため，ARP要求はブロードキャストで行います。ARP要求を受け取ったホストの中で「宛先IPアドレス」をもったホストがいた場合は，そのホストのMACアドレスをARP応答として送り返します。これにより，イーサネットフレームを作るために必要な情報がすべてそろえることができます。

よって，正解はウです。

設問2：空欄d

ホストDとホストEとの通路間はブリッジで接続されています。ブリッジは同じネットワークアドレスをもつホスト間を接続する装置です。つまり，ホストDとホストEは，192.168.1.0/24のネットワークアドレスに属するホストです。

ARP要求はブロードキャストで送信します。そのため，ホストDがARP要求を送信すると，同じネットワークアドレスをもつホストEに届けることができます。

よって，正解はウです。

設問2：空欄e

ホストDとホストFとの通路間はルータをまたがって接続されています。

ルータは異なるネットワークアドレス間のホストを接続する装置です。そのため，ホストDから送信したARP要求は，直接ホストFに届けることはできません。

設問の場合，ホストDからホストFまでの経路は，「ホストD→ルータG→ルータH→ホストF」となっています。そのため，ホストDはデフォルトゲートウェイとなるルータGにARP要求を送信し，ルータGのMACアドレスを得ることを行います。その後，ホストDは，ルータGにIPデータグラムを送信して，他のネットワークに転送してもらいます。

よって，正解はオです。

問4

《解答》設問1：a−ウ，b−エ，c−オ，d−ウ，e−ア　設問2：f−エ，g−エ

設問1：空欄a

空欄aの前では，成績ファイルから1件分のレコードの取出しと講座ファイルの入力が行われています。この後に行われるべき処理は，取り出した成績ファイルのレコードが修了判定処理を行うべき対象レコードであるかを判別することです。

A社で行われている資格講座には，初級・中級・上級の3つがあり，成績ファイルにはこの3つの講座の成績が収められていることになります。しかし，図5のプログラムは，「初級」および「中級」の資格向け講座に対する修了判定プログラムであるため，上級資格は処理の対象外になります。つまり，成績ファイルから取り出したレコードが「初級」または「中級」の成績レコードであるかを判別する必要があります。これは，空欄aの下にある判定文の条件「受講期間の月数≠12」で行われます。

修了判定としてのもう1つの条件は，〔初級，中級資格向けの講座の修了判定処理の概要〕(1)の次の内容が該当します。

前月で受講期間が終了した受講者を対象に，…，修了判定処理を行う。

これは，講座ファイルのレコードにある「終了年月日」が現在日付より前であるかで判別できます。すなわち，「講座レコードの終了年月日<現在日付」となります。

よって，正解はウです。

設問1：空欄b

流れ図から，空欄bの条件が真の場合は，提出回数のカウントアップと合計点の計算を行い，偽の場合は行わないことが読み取れます。設問内容からこの処理に該当するのは，〔初級，中級資格向けの講座の修了判定処理の概要〕(1)の次の文が該当します。

答案が未提出の場合，及び提出期限を過ぎて答案が到着した場合は，提出回数に含めず，点数は0とする

成績レコードの答案1～nにある「提出日」は，答案の提出状況により，次の2つの値を取り得ることが〔通信講座運用の概要〕(4)および図4の注記3からわかります。

- 答案をA社に提出した：到着した日を「提出日」に登録する。
- 答案を未提出：「提出日」には提出期限の翌日の日付が設定されている。

このことから，条件式として「成績レコードの答案iの提出日≦講座レコードの答案iの提出期限」を適用することにより，提出期限内に提出された答案であるかどうかの判定が行えるようになります。

よって，正解はエです。

設問1：空欄c，d，e

空欄dおよびeに入る内容は，格納先である「成績レコードの判定区分」の内容から，答案の結果に応じて「判定区分」を決定する内容であることがわかります。この処理にたどり着くまでに通過する4つの分岐文は，その判定を行うための分岐文であることもわかります。

設問では，判定区分について，〔初級，中級資格向けの講座の修了判定処理の概要〕(2)から「優秀」「合格」「不合格」の3つがあることがわかります。

(2)　判定区分には，優秀，合格，不合格の3種類がある。

また,3種類の判定区分は,(3)～(6)の基準によって行われることも記述されています。

(3) 初級資格向けの講座では，4回以上答案を提出し，かつ，平均点が60点以上の受講者を合格と判定する。
(4) 中級資格向けの講座では，7回以上答案を提出し，かつ，平均点が60点以上の受講者を合格と判定する。
(5) 全ての答案を提出し，かつ，平均点が90点以上の受講者は優秀と判定する。
(6) (3)，(4)の条件を満たさない受講者は，不合格と判定する。

上記の各内容を基に，4つの分岐文の役割を考えてみます。

図11.20に示す前段の2つの分岐文は，条件式に「提出回数≧4」「提出回数≧7」「平均点≧60」を使用しています。この内容から，修了判定処理の概要に示されている(3)および(4)の“受講者が合格か不合格か”を判定するための分岐文であることがわかります。

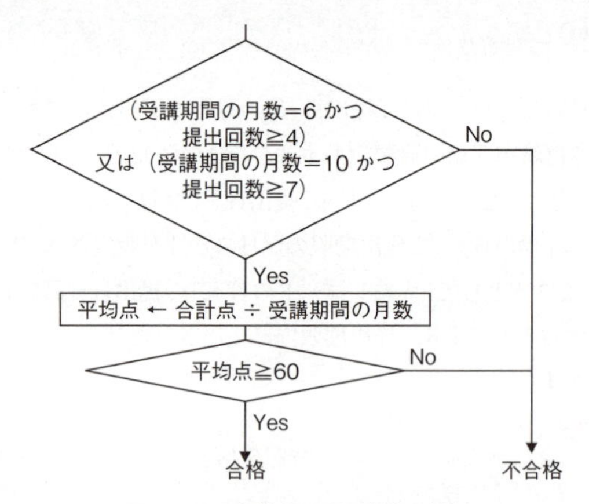

図11.20：合格または不合格の判定

合格側の流れでは，さらに2つの分岐文で空欄dおよびeの処理へ分けることになります。この時点で，dとeには「優秀」または「合格」のどちらかが入ることになります。

まず空欄dに入る内容から先に考えます。この処理にたどり着くには，その前段の分岐文が真にならなければなりません。その条件は，「提出回数＝受講期間の月数」とあります。これは，修了判定処理の概要に示されている(5)の条件に該当します。このことから，空欄dには“優秀”が入ります。正解はウです。

また，空欄dが埋まったことで空欄eには自動的に“合格”が入ります。よって，正解はアとなります。

空欄cは，判定区分が“優秀”となるための1つの条件が入ることになります。これは，修了判定処理の概要に示されている(5)から「平均点が90点以上」を入れればよいことがわかります。よって，正解はオです。

設問2：空欄f，g

割引残存期間は，「割引対象期間（12か月または24か月）」の値と「割引対象期間の開始月（起算日）から経過した月」の値から，次の式で求めることができます。

割引残存期間←割引対象期間－割引対象期間の開始月（起算日）から経過した月

ここで，「割引対象期間の開始月（起算日）から経過した月」の値を求めるには，“起算日の年”と“現在日付の年”の値によって，計算式が異なります。

「起算日の年＝現在日付の年」の場合

この場合，起算日から経過した月の計算は，「現在日付の月－起算日の月」で求まります。よって，割引残存期間は次の式で求めます。

割引残存期間←割引対象期間－（現在日付の月－起算日の月）

↓

割引残存期間←割引対象期間＋起算日の月－現在日付の月

ここで，「現在日付の月」は図7の流れ図から，「現在日付の年＝起算日の年」の条件で真の場合，「現在日付の月」を変数mに入れていることがわかります。そのため，上記の式は次のように変換されます。

割引残存期間←割引対象期間＋起算日の月－変数m

上記の式を空欄gと比較すると，gには「割引対象期間＋起算日の月」が入ることがわかります。よって，正解は**エ**です。

「起算日の年≠現在日付の年」の場合

現在日付の年が，起算日の年の翌年になった場合は，経過した月を単純な引き算で求めることができません。この場合，次の手順で経過した月を求めることができます。

① 「現在日付の年－起算日の年」を求め，求まった値を12倍する。
② ①の値から起算日の月を引く。
③ ②の値と現在日付の月を加算する。

よって，割引残存期間の式は次のようになります。

割引残存期間←割引対象期間－
（現在日付の月＋（現在日付の年－起算日の年）×12－起算日の月）

↓

割引残存期間←割引対象期間＋起算日の月－
（現在日付の月＋（現在日付の年－起算日の年）×12）

図7では，「現在日付の年＝起算日の年」が偽の場合の処理の流れとなります。変数mへ代入する式は，空欄gに入る「割引対象期間＋起算日の月」と上記で求めた式との比較から，「現在日付の月＋（現在日付の年－起算日の年）×12」であることがわかります。

11

よって，空欄fの正解はエです。

問5

《解答》設問1：a，b－イ，エ（順不同），c－ア，d－ウ
設問2：e－イ，f－ウ，g－イ，h－イ

設問1：空欄a，b

G1に対する疑問点の内容は，“バグが多く摘出された原因”についてです。よって，解答群からは，その内容に該当するものを選び出していきます。

ア：類似モジュールが過去のシステムから使用できることは，早期開発やバグの抑制になります。よって，バグの増加につながる原因を説明していません。

イ：新規メンバの参入は，仕様の把握に時間を要するため，バグの増加につながる原因といえます。よって，妥当な内容です。

ウ：既存システムの開発経験をもったメンバであれば，バグを減少させることができると考えられます。よって不適切です。

エ：難易度の高いモジュール開発は，バグの増加につながる説明です。よって，妥当な内容です。

オ：工数不足は開発の遅延となる要因の説明で，バグの増加とは関係ありません。

よって，空欄a，bの正解はイとエ（順不同）です。

設問1：空欄c，d

G2に対する疑問点の内容は，“バグ摘出率の低さ”についてです。

空欄cの直後に「設計の再利用率が計画値よりも高まった」とあるので，これに当てはまるのはアの「過去のシステムの機能拡張で改造した機能と類似しているモジュールが予想以上に多かった」が妥当と考えられます。正解はアです。

空欄dの直後に「メンバの生産性が計画値よりも高まった」とあるので，新規メンバの中に今回の開発に関連する経験をもった人がいる可能性が考えられます。これに近い選択肢はウの「新規メンバの1人が，類似システムの開発に関して，既存メンバを上回る経験を有していた」が妥当です。よって正解はウです。

設問2：空欄e

テスト項目数に対するバグ件数との関係を表すグラフはバグ管理図と呼ばれ，テスト対象となるプログラムの品質が良いと評価されるグラフの傾向は「信頼度成長曲線（ゴンペルツ曲線）」です（図11.21）。

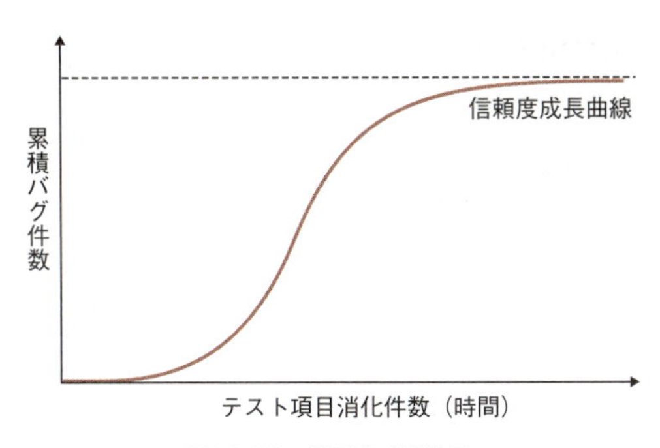

図11.21：信頼度成長曲線

空欄eの直後に「S2のテスト工程での品質は十分に安定していると評価した」とあります。これに基づき選択肢のバグ成長曲線を見ると，信頼度成長曲線に類似する**イ**が正解であることがわかります。

設問2：空欄f

製造工程のバグ摘出率は，次の式で求めることが設問に示されています。

$$製造工程でのバグ摘出率 = \frac{製造工程でのバグ摘出件数（実績値）}{全工程でのバグ総件数（予測値）} \times 100$$

S2において，「全工程でのバグ総件数」は，表3～表5から，設計工程:175件，製造工程:170件，単体テスト工程：100件，結合テスト工程：60件となっており，合計すると505件となります。

上記の式から，製造工程でのバグ摘出率を求めると，

$$製造工程でのバグ摘出率 = \frac{170}{505} \times 100 \fallingdotseq 33.7 \fallingdotseq 34\%$$

よって，空欄fの正解は**ウ**です。

設問2：空欄g，h

設計工程と製造工程のバグ摘出率の合算値は，次の式で求めます。

$$\frac{設計工程でのバグ摘出件数 + 製造工程でのバグ摘出件数}{全工程でのバグ総件数（実績値）} \times 100$$

各サブシステムについて，上記の式から計算します。

- S1
  全工程でのバグ総件数　　：280 + 210 + 160 + 100 = 750件

設計工程でのバグ摘出件数　：280
製造工程でのバグ摘出件数　：210

$$\text{バグ摘出率の合算値} = \frac{280 + 210}{750} = 65.33 \fallingdotseq 65\%$$

- S2

全工程でのバグ総件数　：175 + 170 + 100 + 60 = 505件
設計工程でのバグ摘出件数　：175
製造工程でのバグ摘出件数　：170

$$\text{バグ摘出率の合算値} = \frac{175 + 170}{505} = 68.32 \fallingdotseq 68\%$$

- S3

全工程でのバグ総件数　：112 + 143 + 90 + 45 = 390件
設計工程でのバグ摘出件数　：112
製造工程でのバグ摘出件数　：143

$$\text{バグ摘出率の合算値} = \frac{112 + 143}{390} = 65.38 \fallingdotseq 65\%$$

以上の結果から，バグ摘出率の合算値が最も高かったのはS2を担当したG2であり，その合算値は68%となります。

よって，正解は，空欄gがイ，空欄hがイです。

問6

《解答》設問1：a－ウ，b－ア　設問2：c－イ
設問3：d－ア，e－ア，f－オ

設問1：空欄a

空欄aが真のときの処理の内容に着目します。この処理は「RC←2」とあることから，空欄aに入る条件式として「検査した全てのビットが1」であることがわかります。

解答群の内容に着目すると，DataとMaskに対して論理積（AND）または論理和（OR）を行う内容となっています。

論理積を行った場合を図1の例2を基に考えてみます。論理積は，演算する2つの値がともに1のときだけ，出力として1を出す論理演算です。そのため，Maskの1の位置において，Dataの同じ位置においても1がなければ，出力として1を出すことはありません。図11.22に示すように，「検査したビットが1」となるためには，「DataとMaskを論理積した結果がMaskと同じになる」ことで判断ができることがわかります。

ビット番号	7	6	5	4	3	2	1	0
Data	0	0	1	1	0	0	1	1
Mask	0	0	0	1	0	0	0	1
論理積	0	0	0	1	0	0	0	1

図11.22：検査したビットがすべて1になる場合

以上のことから，空欄aには，(Data & Mask)＝Maskが入ります。

よって，正解はウです。

設問1：空欄b

空欄bは，残りの返却値を判断するための条件式が入ります。

空欄bの条件式が真のときの処理である「RC←0」に着目して，条件式を考えてみます。この場合は，「検査した全てのビットが0」となることを判断する条件式となります。

DataとMaskを論理積したときの各ビットの出力値について着目します。Maskの1がある位置では，Data側は必ず0がなければなりません。一方，Maskの0がある位置では，Data側は0または1があることになります。この2つの値を論理積した場合，結果は図11.23のようになります。このことから，「検査した全てのビットが0」となるためには，「DataとMaskを論理積した結果が"00000000"Bとなる」ことで判断ができることがわかります。

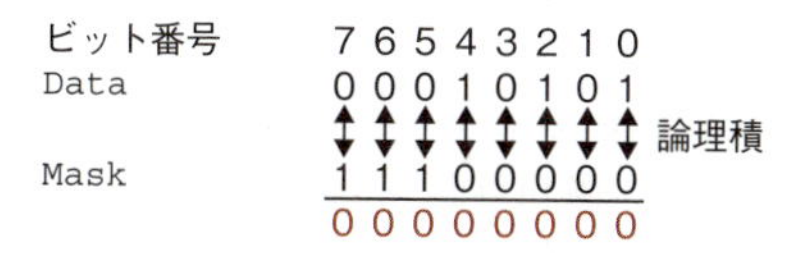

図11.23：検査したビットがすべて0になる場合

以上のことから，空欄bには，(Data & Mask)＝"00000000"Bが入ります。

よって，正解はアです。

設問2：空欄c

修正案①～③において，設問1で求めた解答を基にそれぞれ考察をしてみます（次ページ図11.24）。以下では，各修正案について，Maskが"00000000"Bのときの処理内容について見てみます。

修正案①(修正なし)

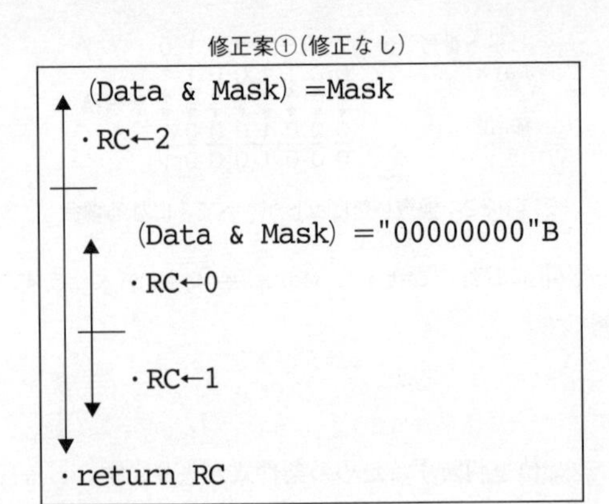

修正案②

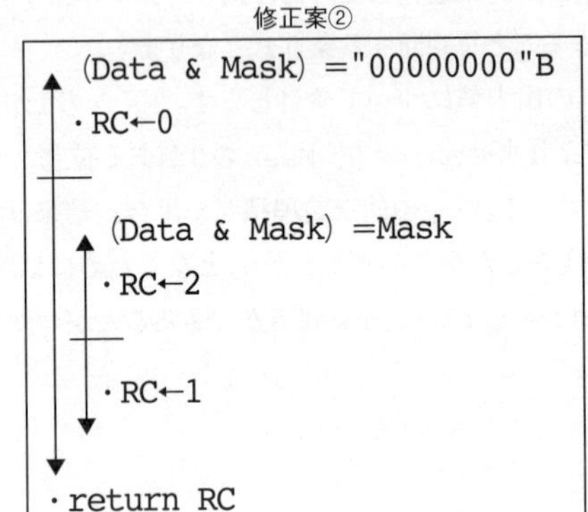

修正案③

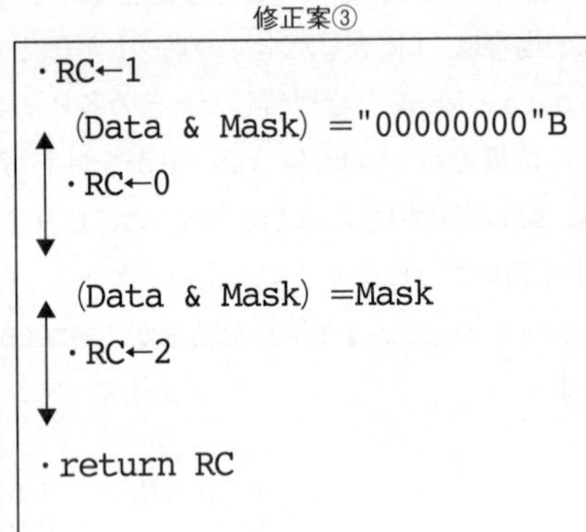

図11.24：修正案①〜③

- 修正案①
  Maskに"00000000"Bが入れられた場合，(Data & Mask)＝Maskでは，論理積の結果がMaskと同じ値になることから，RCの値は2となるため，正しく動作しないことがわかります。
- 修正案②
  Maskに"00000000"Bが入れられた場合，(Data & Mask)＝"00000000"Bでは，論理積の結果が"00000000"Bと同じ値になることから，RCの値は0となるため，正しく動作します。
- 修正案③
  Maskに"00000000"Bが入れられた場合，最初の条件判断である(Data & Mask)＝"00000000"Bにおいて，RCには0が格納されます。しかし，続く(Data & Mask)＝MaskによってRCの値は2に上書きされてしまうため，正しく動作しないことがわかります。

以上のことから，正しく動作するプログラムは修正案②のみとなります。

正解はイです。

設問3：空欄d

プログラム2は，Data中にある1の数を数えるアルゴリズムとして，1ビットずつ右方向へ論理シフトしながら，最下位ビットに1があるかを判断し，1であればカウントする方法であることがわかります。

この処理方法において，処理量が最小および最大となるDataのパターンは，最小が"00000000"B，最大が"11111111"Bのときです。

Dataが"00000000"Bのときは，「Workの最下位ビットが1」の条件式を各ビットにおいて実行しても，すべて偽となります。つまり，「・Count←Count＋1」はまったく実行されません。

Dataが"11111111"Bのときは，「Workの最下位ビットが1」の条件式を各ビットにおいて実行すると，すべて真となります。つまり，「・Count←Count＋1（処理量は1）」は必ず実行されます。これは，"00000000"Bの処理と比べて8回分多く実行することになります。

表1から最小の処理量は72とあります。これは，「・Count←Count＋1」がまったく実行されなかったときの処理量となります。最大となる場合は，「・Count←Count＋1」が8ビット分発生するため，8回分追加となり，72＋8＝80となります。

よって，正解はアです。

設問3：空欄e

処理量が最大および最小となるDataのパターンは，プログラム2と同じです。

Dataが"00000000"Bのときは，「Work中に1のビットがある（処理量は2）」の条件式の実行後，繰返し処理を行うことなく「・return Count（処理量は2）」に移ります。

そのため，初期設定である「・Work←Data（処理量は1）」「・Count←0（処理量は1）」を含めると，処理量は1＋1＋2＋2＝6となります。

よって，正解はアです。

設問3：空欄f

繰返し処理の内容について，Dataの値が"01101010"Bのときのαの部分の処理結果を次ページの表11.10に示します。

表11.10：Dataの値が"01101010"Bのときのαの処理結果

繰返し回数	Work	Work－1	結果
1	01101010	01101001	01101000
2	01101000	01100111	**01100000**
3	01100000	01011111	01000000
4	01000000	00111111	00000000

以上のことから，2回目の実行が終了した時点での変数Workの内容は"01100000"Bとなります。正解はオです。

INDEX

索引

か行

さ行

た行

な行

は行

ま行

や行

ら行

わ行

出題頻度リスト

本書で解説した項目を過去の出題回数をもとにランク付けした出題頻度一覧です。出題傾向が一目でわかりますので，学習の計画を立てる際に活用してください。

 基礎	出題頻度に関わらず基礎となる項目です。

出題頻度 ★★★	最も出題頻度の高い項目です。

出題頻度 ★★☆	出題頻度が比較的高い項目です。

出題頻度 ★☆☆	出題頻度が比較的低い項目です。

■監修

大滝 みや子（おおたき みやこ）

IT企業にて地球科学分野を中心としたソフトウェア開発に従事した後，日本工学院八王子専門学校ITカレッジの教員を経て，現在，資格対策書籍の執筆に専念するかたわら，IT企業における研修・教育を担当。

《主な著書》

「応用情報技術者 合格教本」
「応用情報技術者 試験によくでる問題集【午前】」
「応用情報技術者 試験によくでる問題集【午後】」
「改訂4版　要点・用語早わかり 応用情報技術者 ポケット攻略本」（以上，技術評論社）
「基本情報技術者 かんたんアルゴリズム解法—流れ図と擬似言語（第4版）」（リックテレコム）
「基本情報技術者 スピードアンサー338」（翔泳社）
「基本情報 SQLドリル」
「基本情報＋ITパスポート 計算ドリル」（以上，実教出版）
他多数

■著者

月江 伸弘（つきえ のぶひろ）

2005年，東京工科大学大学院工学研究科博士課程後期修了。その後，東京工科大学工学部 助手，千葉商科大学商経学部 非常勤講師，日本工学院八王子専門学校 ITカレッジ教員を経て，現在，株式会社 サイバー創研 教育研修事業部門 主任コンサルタントとして，IT分野に係る研究や書籍の執筆，研修・教育を担当。

《主な著書》

「基本情報技術者試験　アルゴリズムと表計算」（実教出版）
「これでナットク！基本情報技術者［午前］マネジメント／ストラテジ 集中対策」（リックテレコム）
その他，情報通信系資格対策本2冊を執筆。

STAFF

編集	久保靖資
	片元 諭
編集協力	小宮雄介
制作	SeaGrape
本文デザイン	株式会社トップスタジオ
表紙デザイン	馬見塚意匠室
編集長	玉巻秀雄

■商品に関する問い合わせ先

このたびは弊社商品をご購入いただきありがとうございます。本書の内容などに関するお問い合わせは、下記のURLまたはQRコードにある問い合わせフォームからお送りください。

https://book.impress.co.jp/info/

上記フォームがご利用頂けない場合のメールでの問い合わせ先
info@impress.co.jp

※お問い合わせの際は、書名、ISBN、お名前、お電話番号、メールアドレス に加えて、「該当するページ」と「具体的なご質問内容」「お使いの動作環境」を必ずご明記ください。なお、本書の範囲を超えるご質問にはお答えできないのでご了承ください。

●電話やFAX でのご質問には対応しておりません。また、封書でのお問い合わせは回答までに日数をいただく場合があります。あらかじめご了承ください。
●インプレスブックスの本書情報ページ https://book.impress.co.jp/books/1121101058 では、本書のサポート情報や正誤表・訂正情報などを提供しています。あわせてご確認ください。
●本書の奥付に記載されている初版発行日から５年が経過した場合、もしくは本書で紹介している製品やサービスについて提供会社によるサポートが終了した場合はご質問にお答えできない場合があります。

■落丁・乱丁本などの問い合わせ先

TEL 03-6837-5016 FAX 03-6837-5023
service@impress.co.jp
（受付時間／10:00～12:00、13:00～17:30土日祝祭日を除く）
※古書店で購入された商品はお取り替えできません。

■書店／販売会社からのご注文窓口

株式会社インプレス 受注センター
TEL 048-449-8040
FAX 048-449-8041

徹底攻略 基本情報技術者教科書 令和4年度

2021年12月 1日 初版発行

監　修　大滝みや子
著　者　月江 伸弘

発行人　小川 亨
編集人　高橋隆志
発行所　株式会社インプレス
〒101-0051　東京都千代田区神田神保町一丁目105番地
ホームページ　https://book.impress.co.jp/

印刷所　日経印刷株式会社

ISBN978-4-295-01292-4 C3055

Printed in Japan